Die

Fortschritte der Physik

im Jahre 1884.

Dargestellt

von

der physikalischen Gesellschaft zu Berlin.

XL. Jahrgang.

Erste Abtheilung,

enthaltend:

Physik der Materie.

Redigirt von

Dr. E. Budde.

Berlin.

Druck und Verlag von Georg Reimer.

1890.

Die Fortschritte
der
Physik der Materie
im Jahre 1884.

Dargestellt

von

der physikalischen Gesellschaft zu Berlin.

Redigirt

von

Dr. E. Budde.

Berlin.
Druck und Verlag von Georg Reimer.
1890.

Vorwort.

Für diesen 40. Jahrgang hat Herr Dr. E. Rosochatius den grössten Theil der Litteraturnotizen gesammelt, der Unterzeichnete aber das Gesammelte ordnend ergänzt und die übrige redactionelle Thätigkeit ausgeführt.

Einige Referate sind wörtlich aus den Beiblättern entnommen worden; für die freundlichst ertheilte Erlaubniss hierzu sei Herrn Prof. E. Wiedemann und dem Herrn Verleger der Beiblätter hiermit Dank gesagt.

Ich habe ferner den Herrn Berichterstattern den Dank der physikalischen Gesellschaft auszusprechen für die Bereitwilligkeit, womit sie meinem Streben, die Herausgabe der Fortschritte zu beschleunigen, entgegengekommen sind; derselbe gilt insbesondere auch den älteren Mitarbeitern, welche im Interesse der Sache theils selbst wieder Referate übernommen, theils durch ihr Beispiel und Ansehn dem Werk eine Reihe von werthvollen Kräften zugeführt haben.

Berlin, im März 1890.

E. Budde.

Erklärung der Citate.

Ein Kreuz (†) bedeutet, dass der Berichterstatter den citirten Abdruck nachgelesen, ein Sternchen (*), dass der Berichterstatter oder der Redacteur nochmals sich von der Richtigkeit des Citats überzeugt hat. [vor einem Citat bedeutet Auszug bezw. Referat der angegebenen Abhandlung in der dann genannten Zeitschrift. Wenn der Herr Referent über russische Arbeiten von einem Herrn Verfasser freundlichst unterstützt wurde und er die Mittheilung desselben für das in diesen Berichten gegebene Referat benutzen konnte, befindet sich vor der Chiffer des Referenten der eingeklammerte Name des Verfassers. Entsprechendes gilt für Referate aus dem Gebiet der Mechanik, wenn der Herr Referent bereits vorhandene, von andern Mitarbeitern herrührende Referate aus dem Jahrbuch über die Fortschritte der Mathematik benutzt hat, so wie für Referate, welche wörtlich aus den Beiblättern entnommen sind.

Eine rund eingeklammerte (arabische) Zahl vor der (römischen) Bandzahl bezeichnet, welcher Reihe (Folge, Serie) einer Zeitschrift der betreffende Band angehört; hinter der Bandzahl deutet eine eckig eingeklammerte arabische Zahl auf gleichzeitige, eine rund eingeklammerte auf zeitlich getrennte, nacheinander erscheinende Abtheilungen. H bedeutet Heft, L Lieferung und (L) bei den Citaten aus Nature Brief, Briefliche Mittheilung, N (oder Nr.) Nummer.

Zeitschriften, von welchen für jedes Jahr ein Band erscheint, sind nach dieser Jahreszahl citirt, welche von der Jahreszahl des Erscheinens manchmal verschieden ist, wie bei den Rep. Brit. Ass., oder auch gleichzeitig nach dem Bande.

Im Folgenden ist angegeben, welche Abkürzungen für die Titel bei den Citaten benutzt sind. Abkürzungen, welche an sich vollständig verständlich sind, sind nicht mitgetheilt.

Manche nähere Angaben über die citirten Zeitschriften sind zu finden in diesen Berichten 1852, S. VIII-XXIV und 1854, S. X-XII etc.

Abh. d. Berl. Ak. = Physikalisch-mathematische Abhandlungen der Königlichen Preussischen Akademie der Wissenschaften zu Berlin. Aus dem Jahre ···. Berlin: (Dümmler's Verlagsbuchhandlung [jetzt Georg Reimer] in Comm.) 4°. — Erscheinen auch in einzelnen Heften. R.

Abh. d. Böhm. Ges. d. W. = Abhandlungen der königl. böhmischen Gesellschaft der Wissenschaften. Prag: Selbstverlag der Kgl. böhm. Ges. 4°. R.

Abh. d. Brem. naturw. Ver. = Abhandlungen hrsg. vom naturwissenschaftlichen Vereine zu Bremen. Bremen: Müller. gr. 8°.

Abh. d. G. d. W. zu Gött. = Abhandlungen der königlichen Gesellschaft der Wissenschaften zu Göttingen. Göttingen: Dietrich's Verlag. gr. 4⁰.

Abh. d. k. bayr. Ak. = Abhandlungen der Münchener Akademie der Wissenschaften. 2. Classe. München. In einzelnen Heften erhalten. R.

Abh. d. k. sächs. G. d. W. = Abhandlungen der mathematisch-physikalischen Classe der Königl. Sächsischen Gesellschaft der Wissenschaften. Leipzig: Hirzel. Erscheint in einzelnen Nummern mit durchlaufender Pagination, hoch 8⁰. R.

Abh. d. Senk. Naturf. Ges. = Abhandlungen hrsg. von der Senkenbergischen naturforschenden Gesellschaft. Frankfurt a/M.: Diesterweg. gr. 4⁰.

Ac. di Bologna sh. **Mem. di Bol.** und **Rend di Bol.**

Ac. d. Brux. = **Ac. d. Belg.** sh. **Bull. de Belg.** und **Mem. de Belg.**

Ac. dei Lincei sh. **Atti R. Acc. dei Lincei.**

Act. de la soc. Helv. = **Verh. d. Schweiz. Naturf. Ges.** sh. **Verh.** ...

Act. soc. Ups. = Nova acta Regiae societatis scientiarum Upsaliensis. Upsala. R.

Act. Univ. Lund. = Acta Uuiversitatis Lundensis. Lund. 4⁰.

Acta Ac. Leopoldinae = Nova acta academiae caesareae Leopoldino-Carolinae Germanicae naturae curiosorum. Halis Saxonum (Lipsiae: W. Engelmann) 4⁰; auch mit dem Titel: Verhandlungen der Kaiserlichen Leopoldinisch-Carolinischen Deutschen Akademie der Naturforscher ...

Aerztl. Intelligzbl. München. = Aerztliches Intelligenz-Blatt; Münchener medicinische Wochenschrift. Organ für amtliche und praktische Aerzte, Hrsg. von Bollinger. .... Red.: Leop. Graf. München; J. A. Finsterlin. Imp. 4⁰.

Allg. J. f. Uhrm. = Allgemeines Journal für Uhrmacherkunst. Red: Ferd. Rosenkranz. Leipzig: Kunath & Rosenkranz. gr. 4⁰.

Allg. Wien. med. Zeitung = Allgemeine Wiener medizinische Zeitung. Red. u. Hrsg.: B. Kraus. Wien: Sallmayer in Comm. Fol.

D'Almeida J. sh. **J. de phys.**

Alpine J. = The Alpine Journal. (Zeitschrift des englischen Alpenklubs.)

Amer. Chem. = The American Chemist. A monthly journal of theoretical, analytical and technical chemistry. New-Series. (Citate, einzelnen Zeitschriften entnommen.)

Amer. Chem. J. = American Chemical Journal.

Amer. Ass. bezieht sich auf die Verhandlungen der nordamerikanischen Naturforscherversammlung, sh. **Proc. Amer. Ass.**

Amer. J. of. Math. = American Journal of Mathematics pure and applied. Editor in chief: J. J. Sylvester, Associate Editor in charge: W. E. Story. ... Published under the auspices of the John Hopkins University. Baltimore: Murphy. 4⁰.

Amer. J. of science sh. **Sill. J.**

Ann. agron. = Annales de l'Institut national agronomique, administration, enseignement et recherches. Année .... Paris: impr. et lib. Tremblay. — Ministère de l'agriculture et du commerce. — 8⁰.

Ann. d. Bur. d. Long. sh. **Annu. d. Bur. des Long.**

Ann. chim. phys. = Annales de chimie et de physique, par MM. Chevreul,

Dumas, Boussingault, Wurtz, Berthelot, Pasteur, avec la collaboration de M. Bertin. (Sixième série.) Paris: G. Masson. 8⁰. Erscheint in 12 Monatsheften. R.

Ann. d. Hydr. = Annalen der Hydrographie und maritimen Meteorologie. Organ des hydrographischen Amtes und der deutschen Seewarte. Hrsg. von dem hydrographischen Amt der Admiralität. Berlin: Mittler & Sohn. Lex. 8⁰. 12 H. R.

Ann. d. mines = Annales des Mines ou Recueil de mémoires sur l'exploitation des mines et sur les sciences et les arts qui s'y rapportent, rédigées par les Ingénieurs des Mines et publiées sous l'autorisation du Ministre des travaux publics. Paris. 8⁰.

Ann. d. l'obs. d. Mosc. = Annales de l'Observatoire de Moscou.

Ann. d'ocul. = Annales d'oculistique. Bruxelles: Bureau, Avenue de la Toison d'Or, 74.

Ann. d. Phys. u. Chem, sh. **Wied. Ann.** [früher (vor 1877) **Pogg. Ann.**]

Ann. d. phys. CObs. = Annalen des physikalischen Central-Observatoriums, hrsg. v. H. Wild. St. Petersburg. (Leipzig: Voss Sort.) Imp.-4⁰. R.

Ann. des mal. de l'oreille = Annales des Maladies de l'Oreille et du Larynx. Erscheint in Paris jährlich 6 Mal.

Ann. éc. norm. = **Ann. de l'éc. norm.** = Annales scientifiques de l'école normale supérieure publiées sous les auspices du ministre de l'instruction publique par un comité de redaction ···. Paris: Gauthier-Villars. 4⁰. (Das Erscheinen wurde durch den Krieg unterbrochen und 1872 mit einer neuen Serie wieder aufgenommen.)

Ann. obs. Brux. = Annales de l'observatoire royal de Bruxelles, publiées aux frais de l'État. Bruxelles: F. Hayez. 4⁰.

Ann. soc. mét. d. France = Annales de la société météorologique de France.

(Diese Citate sind entnommen ZS. f. Met.)

Ann. soc. scient. d. Brux. = Annales de la société scientifique de Bruxelles. Bruxelles: F. Hayez. 8⁰.

Ann. tél. = Annales télégraphiques.

Annu. d. Br. des Long. = Annuaire pour l'an ..., publié par le bureau des longitudes. — Avec des Notices scientifiques: Paris: Gauthier-Villars. kl. 8⁰.

Annu. de Belg. = Annuaire de l'Academie royale des sciences, des lettres et des beaux arts de Belgique. Bruxelles: F. Hayez. kl. 8⁰. (Enthält Lebensbeschreibungen etc.)

Annu. d. Club. alpin = Annuaire du Club Alpin français. Paris: Hachette & Co. 8⁰.

Annu. d. Soc. Met. It. = Annuario della Società meteorologica Italiana (red. von Ragona).

Annu. obs. Brux. = Annuaire de l'observatoire royal de Bruxelles.

Arch. de Genève sh. **Arch. sc. phys.**

Arch. de Math. = Archiv der Mathematik und Physik mit besonderer Rücksicht auf die Bedürfnisse der Lehrer an höheren Unterrichtsanstalten. Gegründet von J. A. Grunert, fortgesetzt von R. Hoppe. Leipzig: C. A. Koch. Die Bände fallen nicht mit den Jahrgängen zusammen. 8⁰. R.

Arch. de Physiol. = Archives de physiologie normale et pathologique.

Directeurs MM. Brown-Séquard, Charcot, Vulpian. Directeur-adjoint: M. A. Joffroy. Paris: G. Masson (jährlich 2 Bde.).

Arch. f. Anat. = Archiv für Anatomie und Entwicklungsgeschichte. Zugleich Fortsetzung der Zeitschrift für Anatomie und Entwickelungsgeschichte. Unter Mitwirkung von Chr. Aeby, Al. Ecker, Jos. Gerlach etc. hrsg. von Wilh. His und Wilh. Braune. Leipzig: Veit & Co. gr. 8°. 6 H.

Arch. f. Anat. u. Physiol. = Archiv für Anatomie und Physiologie. Fortsetzung des von Reil, Reil und Autenrieth, J. F. Meckel, Joh. Müller, Reichert und Du Bois-Reymond herausgegebenen Archives. Hrsg. von Wilh. His und Wilh. Braune, und Emil Du Bois-Reymond. Leipzig: Veit & Co. gr. 8°. 2 Abtheilungen zu 6 Heften und 1 Suppl.-Bd. 1. Anatomische Abtheilung sh. **Arch. f. Anat.** 2. Physiologische Abtheilung sh. **Arch. f. Physiol.**

Arch. f. Augenheilk. = Archiv für Augenheilkunde. Unter Mitwirkung von H. Pagenstecher in deutscher und englischer Sprache hrsg. von H. Knapp und C. Schweigger. Wiesbaden: Bergmann. gr. 8°. 4 H.

Arch. f. mikrosk. Anat. = Archiv für mikroskopische Anatomie, hrsg. von v. la Valette St. George und W. Waldeyer. Bonn: Cohen & Sohn. gr. 8°.

Arch. f. Ohrenheilk. = Archiv für Ohrenheilkunde im Verein mit A. Böttcher, Ad. Fick, C. Hasse etc., hrsg. von A. v. Tröltzsch, Adam Politzer und H. Schwartze. Leipzig: F. C. W. Vogel. gr. 8°. 4 H.

Arch. f. Ophth. = Albr. v. Graefe's Archiv f. Ophthalmologie. Hrsg. von F. Arlt, F. C. Donders u. Th. Leber. Berlin: H. Peters. gr. 8°.

Arch. f. path. Anat. = **Virchow Arch.** = Archiv für pathologische Anatomie und Physiologie und für klinische Medicin. Hrsg. v. Rud. Virchow. Berlin: Georg Reimer. gr. 8°.

Arch. f. Pharm. = Archiv für Pharmacie. Zeitschrift des deutschen Apotheker-Vereins Hrsg. vom Vereins-Vorstande unter Redaction von E. Reichardt. (3. Reihe.) Halle: Buchh. d. Waisenh. in Comm. 12 H. 8°. R.

Arch. f. Physiol. = **Du Bois Arch.** = Archiv für Physiologie (physiologische Abtheilung des Archivs für Anatomie und Physiologie). Unter Mitwirkung mehrerer Gelehrten hrsg. von Emil Du Bois-Reymond. Leipzig: Veit & Co. gr. 8°. 6 H. u. 1 Suppl.-Bd. (Der Suppl.-Bd. von 1883 ist die Festschrift für E. du Bois-Reymond zum 15. October 1883). R.

Arch. f. ges. Physiol. = **Pflüger Arch.** = Archiv für die gesammte Physiologie des Menschen und der Thiere. Hrsg. von E. F. W. Pflüger. Bonn: Strauss. R.

Arch. f. Psych. = Archiv für Psychiatrie und Nervenkrankheiten. Hrsg. v. B. v. Gudden, L. Meyer, Th. Meynert, C. Westphal. Red. v. C. Westphal. Berlin: Hirschwald. gr. 8°.

Arch. Mus. Teyl. = **Arch. Teyler** = Archives du Musée Teyler. Haarlem. 4°.

Arch. Néerl. = Archives néerlandaises des sciences exactes et naturelles publiées par la société hollandaise des sciences à Harlem, et rédigées par E. H. von Baumhauer, Secrétaire de la Société, avec la collaboration de MM. D. Bierens de Haan, C. A. J. A. Oudemans, W. Koster, C. H. D. Buijs Ballot et C. K. Hoffmann. Haarlem: les héritiers Loosjes. 8°. 5 livraisons. R.

Arch. sc. phys. = Bibliothèque universelle et revue suisse. Archives des sciences physiques et naturelles. Lausanne: Bridel. 8°. 12 H. R.

Astr. Nachr. = **Astron. Nachr.** = Astronomische Nachrichten, begründet von H. C. Schumacher. Unter Mitwirkung des Vorstandes der Astronomischen Gesellschaft hrsg. von Professor Dr. A. Krueger, Director der Sternwarte in Kiel. Kiel: Druck von C. F. Mohr (P. Peters). 4⁰. (Hamburg: Mauke Söhne in Comm.) Erscheint in einzelnen Nummern. Die Bände fallen nicht mit Jahrgängen zusammen. R.

Astr. Soc. bezieht sich auf Berichte über die Astronomical Society of London in Nature etc.

Ath. = **Athen.** = **Athenaeum** = The Athenaeum, Journal of English and Foreign Literature, Science, the fine Arts, Music and Drama. For the year 1884. (In zwei Bänden: I. von Januar bis Juni, II. von Juli bis December.) R.

Atti R. Acc. dei Lincei = Atti della R. Accademia dei Lincei (3. Ser.) 1) Transunti (**Trans.**) delle letture fatte nelle adunanze col bulletino bibliografico. 2) Memorie (**Mem.**) della Classe di scienze fisiche, matematiche e naturali. R. Seit December 1884 sind an die Stelle der Transunti Rendiconti (**Rend.**) getreten. R.

Atti Acc. Pont. dei Linc. = Atti dell' Accademia pontificia dei Nuovi Lincei. Roma.

Atti di Napoli = Atti della Reale Accademia delle scienze fisiche e matematiche. Napoli. 4⁰.

Atti di Torino = Atti della Reale Accademia delle scienze. Torino. 8⁰.

Atti R. Ist. Ven. = Atti del Reale Istituto Veneto di scienze, lettere ed arti.

Aus all. Weltth. = Aus allen Welttheilen. Illustrirtes Familienblatt für Länder- und Völkerkunde und verwandte Fächer. Red.: Osk. Lenz. Leipzig: Fues's Verl. gr. 4⁰.

Ausl. = **Ausland** = Das Ausland. Wochenschrift für Länder- und Völkerkunde, unter Mitwirkung von Frdr. Ratzel und anderen Fachmännern herausgegeben. Stuttgart: Cotta. gr. 4⁰. 52 Nrn. R.

Basler Verh. = Verhandlungen der naturforschenden Gesellschaft in Basel. Basel: H. Georg's Verlag. gr. 8⁰.

Bayr. Ind. u. Gewbl. = Bayerisches Industrie- und Gewerbeblatt. Zugleich Organ des bayerischen Dampfkessel-Revisions-Vereins. Hrsg. vom Ausschuss des polytechn. Vereins in München, red. von Egb. Hoyer. München: Literar.-artist. Anstalt. 6 H. Lex. 8⁰.

Behm's Jahrbuch = **Behm's geogr. Jahrb.** = Geographisches Jahrbuch. Begründet 1866 durch E. Behm. Unter Mitwirkung von A. Auwers, G. v. Boguslawski, O. Drude etc. hrsg. von Herm. Wagner. Gotha: J. Perthes. 8⁰.

Beibl. = Beiblätter zu den Annalen der Physik und Chemie. Hrsg. unter Mitwirkung befreundeter Physiker von G. u. E. Wiedemann. Leipzig: Johann Ambrosius Barth. 8⁰. Jährlich 12 Nummern. R.

Beng. Soc. bezieht sich auf die Verhandlungen der englischen asiatischen Gesellschaft.

Ber. d. bot. Ges. = Berichte der Deutschen botanischen Gesellschaft. Berlin. (Band II, 1884.)

Ber. d. chem. Ges. = Berichte der deutschen chemischen Gesellschaft. Red.: Ferd. Tiemann. Berlin: Friedländer & Sohn in Comm. 8⁰. Erscheint in einzelnen Heften (jährlich 19), ungefähr jede 14 Tage ein Heft (Nummer) ausser den Sommermonaten. R.

Ber. d. naturf. Ges. Bamb. = Bericht über die Verhandlungen der naturforschenden Gesellschaft zu Bamberg.

Ber. der naturf. Ges. Freib. = Berichte über die Verhandlungen der naturforschenden Gesellschaft in Freiburg i./B. Red. von F. Himstedt. Freib. i./Br.: Stoll & Bader in Comm.

Ber. d. naturw. Ges. Chemn. = Bericht der naturwissenschaftlichen Gesellschaft Chemnitz.... Chemnitz: Bülz.

Ber. d. Oberhess. Ges. = Berichte der oberhessischen Gesellschaft für Natur- und Heilkunde. Giessen: Ricker in Comm. gr. 8⁰.

Ber. d. sächs. Ges. d. Wiss. sh. **Leipz. Ber.**

Ber. d. ung. Acad. = **Ber. Ungarn** = Mathematische und naturwissenschaftliche Berichte aus Ungarn. Mit Unterstützung der ungar. Akademie der Wissenschaften und der königl. ungar. naturwissenschaftlichen Gesellschaft hrsg. von Baron R. Eötvös, Jul. König, Jos. v. Szabó, Koloman, v. Szily, Karl v. Than. Red. v. J. Fröhlich. Budapest. Berlin: Friedländer und Sohn. gr. 8⁰. — (Juni 1883—Juni 1884.)

Ber. d. Wien. Ak. sh. **Wien. Ber.**

Berl. klin. Wochenschr. = Berliner klinische Wochenschrift. Organ f. prakt. Aerzte. Mit Berücksichtigung der preuss. Medicinalverwaltung und Medicinalgesetzgebung nach amtlichen Mittheilungen. Red.: C. A. Ewald. Berlin: Hirschwald. 52 N. gr. 4⁰.

Berl. Monatsber. = Monatsberichte der Königlich Preussischen Akademie der Wissenschaften zu Berlin. Berlin: (Dümmler's Vlgsbuchhandlung). (Bis 1881; von 1882 ab:)

Berl. Sitzber. = **Berl. Ber.** = Sitzungsberichte der Königl. Preussischen Akademie der Wissenschaften zu Berlin. Berlin: Dümmler's Verl. [jetzt Georg Reimer] in Comm.) 53 N. Lex. 8⁰.

Berl. stat. Jahrb. = Statistisches Jahrbuch der Stadt Berlin ... Hrsg. v. Rich. Böckh. Berlin: Simion. gr. 8⁰.

Bern. Mitth. = Mittheilungen der Naturforschenden Gesellschaft in Bern. ... Bern: Huber & Co. in Comm. 8⁰. R.

Biederm. CBl. f. Agr. Chem. = Biedermann's Central-Blatt für Agrikulturchemie und rationellen Landwirtschafts-Betrieb. Referirendes Organ für naturwissenschaftliche Forschungen in ihrer Anwendung auf die Landwirtschaft. Fortgesetzt unter der Red. v. Mor. Fleischer und unter Mitwirkung von E. Borgmann, O. Kellner, A. Kern, etc. Leipzig: Leiner. 12 H. gr. 8⁰.

Bih(ang) Sv. Vet. Ak. Handl. = Bihang till Kongl. Svenska Vetenskaps-Akademiens Handlingar. Stockholm.

du Bois. Arch. = **du Bois-Reymond Arch.** sh. **Arch. f. Physiol.**

Boll. soc. geogr. Ital. = Bulletino della Società geografica italiana (seit 1868). Red. Dalla Vedova.

Bot. Ztg. = Botanische Zeitung. Red: A. de Bary, L. Just. Leipzig: Felix. 4⁰. 52 N.

Brioschi Ann. = Annali di matematica pura ed applicata, diretti da F. Brioschi e L. Cremona in continuazione degli Annali già pubblicati in Roma dal Prof. Tortolini. Milano: 4⁰.

Brit. J. of photogr. bezieht sich auf die Verhandlungen der photographischen Gesellschaft in London, die der Redaction nicht direct zugänglich waren.

Brit. med. J. = The British Medical Journal being the Journal of the British Medical Association, edited by Ernest Hart. London. 4⁰.

Bull. de Belg. = **Bull. Brux.** = **Bull. de Brux.** = Académie Royale des sciences, des lettres et des beaux-arts de Belgique. Bulletins des séances de la Classe des sciences. Bruxelles: F. Hayez. 8⁰. (2 Bände im Jahre.) R.

Bull. d'enc. = Bulletin de la société d'encouragement pour l'industrie nationale, par Combes et Peligot. Paris. 4⁰. (Nach verschiedenen Journalen citirt.)

Bull. de Marseille = Bulletin de la société scientifique et industrielle de Marseille.

Bull. de Moscou = Bulletin de la Société Impériale des naturalistes de Moscou. Moscou. Red von Renard.

Bull. de Mulhouse = Bulletin de la société industrielle de Mulhouse.

Bull de Nancy = Bulletin de la société de géographie de l'Est. Nancy.

Bull. d. Neuch. = Bullétin de la société des sciences naturelles de Neufchatel.

Bull. de Pét. = **Bull. Pétersb.** = Bulletin de l'Académie Imperiale de St. Pétersbourg. St. Pétersbourg et Leipzig. gr. 4⁰. R.

Bull. de Toulouse = Bulletin de la société des sciences physiques et naturelles de Toulouse.

Bull. Phil. Soc. Wash. = Bulletin of the Philosophical Society of Washington. Washington. 8⁰.

Bull. sc. math. = Bulletin des sciences mathématiques et astronomiques, rédigé par MM. G. Darboux et J. Hoüel avec la collaboration des MM. André, Lespiault, Painvin et Radau, sous la direction de la commission des hautes études. Paris; Gauthier-Villars. 8⁰.

Bull. soc. Belg. de Géogr. = Bulletin de la société belge de géographie. Bruxelles.

Bull. soc. chim. = Bulletin de la Société Chimique de Paris comprenant le procès-verbal des séances, les mémoires présentées à la société, l'analyse des travaux de chimie···. Comité de rédaction: MM. Ph. de Clermont, P.-T. Clève···. Secrétaire de la rédaction: M. Th. Schneider. Paris: G. Masson. (2 Bände im Jahre, jeder besteht aus 12 H.) R.

Bull. soc. math. = Bulletin de la société mathématique de France publié par les secrétaires. Paris: au siége de la société···. 8⁰.

Bull. soc. min. = **Bull. soc. min. de France** = Bulletin de la société mineralogique de France.

Bull. soc. philomat. = Bulletin de la société philomatique de Paris. R.

Bull. Soc. Vaud. = Bulletin de la société vaudoise des sciences naturelles. Publié, sous la direction du Comité, par M. F. Roux. Lausanne: F. Rouge.

Bull US. Geol. Survey = Bulletin of the United States geological survey, herausg. durch das Departement of the Interior, Washington. Einzelne numerirte Hefte.

Cambridge Phil. Soc. bezieht sich auf Berichte in Nature etc.

Carinthia = Carinthia. Zeitschrift für Vaterlandskunde, Belehrung und Unterhaltung. Hrsg. vom Geschichtsvereine und naturhistorischen Landesmuseum in Kärnthen. Red.: MARKUS Frhr. v. JABORNEGG. Klagenfurt: v. Kleinmayr in Comm. 12 Nrn. 8°.

Cas. = Casopis: Zeitschrift zur Pflege der Mathematik und Physik, red. mit besonderer Rücksicht auf Studirende der Mittel- und Hochschulen von F. J. STUDNIČKA, hrsg. vom Vereine böhmischer Mathematiker in Prag. Prag. (Böhmisch) 8°.

CBl. f. Agr. Ch. sh. **Biederm. CBl. f. Agr. Chem.**

CBl. f. Augenheilk. = Centralblatt für praktische Augenheilkunde. Hrsg. von J. HIRSCHBERG. Leipzig: Veit & Co. gr. 8°. 12 N.

CBl. f. d. Forstw. = Centralblatt für das gesammte Forstwesen. Hrsg. von GUSTAV HEMPEL. Wien: Frick. 12 H.

CBl. f. d. med. Wiss. = **Centrbl. f. d. med. Wiss.** = Centralblatt für die medicinischen Wissenschaften. Red. von H. KRONECKER und H. SENATOR und M. BERNHARDT. Berlin: Hirschwald. gr. 8°. 52 N.

CBl. f. Nervenheilk. = Centralblatt für Nervenheilkunde, Psychiatrie und gerichtliche Psychopathologie. Hrsg. u. red. von ALB. ERLENMEYER. Leipzig: Thomas. gr. 8°. 24 N.

Centrztg. f. Opt. u. Mech. = Central-Zeitung für Optik und Mechanik. Red.: OSC. SCHNEIDER. Leipzig: Gressner & Schramm. gr. 4°. 24 N.

Chem. CBl. = Chemisches Centralblatt. Repertorium für reine, pharmazeutische, physiologische und technische Chemie. Red.: RUD. ARENDT. Hamburg und Leipzig: Leopold Voss. (Wöchentlich eine Nummer.) R.

Chem. Ind. = Die chemische Industrie. Monatsschrift, hrsg. vom Verein zur Wahrung der Interessen der chemischen Industrie Deutschlands. Red. von EMIL JACOBSEN. Berlin: Springer. hoch 4°.

Chem. News = The Chemical News and Journal of Physical Science. With which is incorporated the „Chemical Gazette“. A Journal of Practical Chemistry in all its applications to pharmacy, arts and manufactures. Edited by WILLIAM CROOKES. Vol. IL (No. 1258—1283). London: Published at the office, Boy Court, Ludgate Hill, E. C. Vol. L (No. 1284—1309). 4°. R.

Chem. Ztg. = Chemiker-Zeitung. Central-Organ für Chemiker, Techniker, Fabrikanten, Apotheker, Ingenieure. Chemisches Central-Annoncenblatt. Hrsg.: G. KRAUSE. Köthen: Verlag der Chemiker-Ztg. gr. 4°. 52 N.

Cim. = Il nuovo Cimento, Giornale fondato per la fisica e la chimica da C. MATTEUCCI e R. PIRIA, continuato per la fisica esperimentale e matematica da E. BETTI e R. FELICI. Pisa: Tip. Pieraccini dir. da P. Salvioni. (Jährlich 2 Bände, in je drei Heften.) R.

Civiling. = Der Civilingenieur. ··· hrsg. von E. HARTIG. Neue Folge. Leipzig: Felix. gr. 4°. 8 H.

Coast Survey of the U. S. Rep. sh. **Rep. U. S. C. S.**

Comptes rendus de l'acad. des sc. de Stockholm = Kongliga Svenska Vetenskaps-Akademiens Handlingar. Ny Följd.

Cosmos di Cora = Cosmos. Communicazione sui progressi più recenti e notevoli della geografia e delle scienze affini di GUIDO CORA.

C. R. = Comptes rendus hebdomadaires des séances de l'Académie des sciences, publiés, conformément à une décision de l'académie en date du 13 Juillet 1835 par MM. les secrétaires perpétuels. Tome XCVIII, IC, 1884. Paris: Gauthier-Villars. 4⁰. (In jedem Jahr 2 Bände. Jan.—Juni, Juli bis Dec.). R.

Crelle J. = Journal für die reine und angewandte Mathematik. In zwanglosen Heften. Hrsg. von L. Kronecker und K. Weierstrass. Mit thätiger Beförderung hoher Königlich-Preussischer Behörden. Fortsetzung des von A. L. Crelle [1826—1856] und C. W. Borchardt [1856—1880] herausgegebenen Journals. Berlin: Georg Reimer. gr. 4⁰. (Erscheint in Bänden zu vier Heften.) R.

d'Almeida J. sh. **J. de phys.**

Danske. Geogr. Selsk. Tidskr. = Det Danske Geografiske Selskabs Tidskrift. Kopenhagen. (Vom 2. Bde. an kürzer: Geografisk Tidskr. betitelt. Seit Jan. 1877 monatliche Hefte.)

Denkschr. d. K. Acad. d. Wiss. Wien sh. **Wien. Denkschr.**

Dingl. J. = Dingler's Polytechnisches Journal. Hrsg. von Joh. Zeman und Ferd. Fischer. 251.—254. Bd. Jahrgang 1884 …. Augsburg: Cotta-sche Buchh. (Jährlich 4 Bände und zu jedem Bande ein Atlas mit 30 bis 40 Tafeln. Jeder der Bände besteht aus 13 Heften.) R.

Diss. = **Dissert.** = Inaugural-Dissertation ….

D. LZtg. = **Dtsch. LZtg.** = Deutsche Litteraturzeitung. Hrsg. von Max Roediger. Berlin: Weidmann. Hoch 4⁰. 52 N.

Dtsch. Arch. f. klin. Med. = Deutsches Archiv für klinische Medicin. Hrsg. v. Ackermann, Bauer, Bäumler etc. Red. von H. v. Ziemssen und F. A. Zenker. Leipzig: F. C. W. Vogel. (2 Bde zu je 6 H.) gr. 8⁰.

Dtsch. Bauz. = Deutsche Bauzeitung. Verkündigungsblatt des Verbandes deutscher Architekten- und Ingenieur-Vereine. Red.: K. E. O. Fritsch und F. W. Büsing. Berlin: Toeche in Comm. 104 N. hoch 4⁰.

Dtsch. geogr. Blätter = Deutsche geographische Blätter. … Neue Folge d. Mittheilungen d. früher. Ver. f. d. deut. Nordpolarfahrt. Red. M. Lindeman. Bremen: v. Halem in Comm. 4 H. gr. 8⁰. (1. Jahrg. 1877.)

Dtsch. Indztg. = Deutsche Industriezeitung. Organ der Handels- und Gewerbekammern zu Chemnitz, Dresden, Plauen und Zittau. Red.: Max Diezmann. Chemnitz: Bülz in Comm. 52 N. Imp. 4⁰.

Dtsch. med. Wochenschr. = Deutsche medicinische Wochenschrift. Mit Berücksichtigung der öffentlichen Gesundheitspflege und der Interessen des ärztlichen Standes. Red.: P. Börner. Berlin: Georg Reimer. 52 N. gr. 4⁰.

Dtsch. Rundsch. f. Geogr. = Deutsche Rundschau für Geographie und Statistik. Unter Mitwirkung hervorragender Fachmänner hrsg. von Frdr. Umlauft. Wien: Hartleben. 12 H. gr. 8⁰.

Dtsch. ZS. f. prakt. Med. = Deutsche Zeitschrift für praktische Medicin. Red.: C. F. Kunze. Leipzig: Veit & Co. (52 N. jährl.)

D. R. P. = Deutsches Reichs Patent. (Für jedes Patent erscheint eine besondere Patentschrift.)

Dubl. J. of med. sc. = Journal of medical science. Dublin.

Dubl. Phil. Trans. = Philosophical Transactions of the Royal Society of Dublin.

Dublin Proc. sh. **Proc. Dublin.**

Du Bois Arch. = **Du Bois-Reymond Arch.** sh. **Arch. f. Physiol.**

Edinb. Trans. = Transactions of the Royal Society of Edinburgh. Edinburgh. 4⁰.

Electr. = **Electrician** = The Electrician. A weekly journal of theoretical and applied electricity and chemical physics. London: James Gray. Fol.

Electricien = L'Electricien. Paris.

Elektrot. ZS. = Elektrotechnische Zeitschrift. Hrsg. vom elektrotechnischen Verein. Red. von R. Rühlmann. Berlin: Springer. 12 H. hoch 4⁰.

Encéphale = L'encéphale. Journal des maladies mentales et nerveuses. Sous la direction de B. Ball ··· J. Luys. Paris 8⁰ (I 1881, jährlich 1 Band).

Eng. and Min. J. = The Engineering and Mining Journal. New-York.

Engineering = Engineering: An Illustrated Weekly Journal. Edited by W. H. Maw and J. Dredge. London. Offices for Advertisements and Publication, ···. Fol. Vol. XXXVII. — From January to June 1884 (N. 940—965). Vol. XXXVIII. — From July to December 1884 (N. 966—991) ···. (Erscheint in Wochennummern.) R.

Erdm. J. sh. **J. f. prakt. Chem.**

Erlang. Ber. = **Erl. Sitzber.** = Sitzungsberichte der physikalisch-medizinischen Societät zu Erlangen. Erlangen. 8⁰. R.

Exner Rep. sh. **Rep. d. Phys.**

Exner Prot. = Protocolle der chemisch physikalischen Gesellschaft zu Wien, abgedruckt in Exner Rep. Die Seitenzahlen beziehen sich auf Exners Repertorium.

Explorat. = L'Exploration. Journal des conquêtes de la civilisation sur tous les points du globe. (Fortsetzung des seit 1875 erschienenen L'explorateur géographique et commerciale, welcher 1876 einging.)

Forh. Christiania = Forhandlinger i Videnskabs-Selskabet i Christiana Aar ···.

Fortschr. d. Med. = Fortschritte der Medicin. Unter Mitwirkung hervorragender Fachmänner hrsg. von Carl Friedländer. Berlin: Fischer's med. Buchh. gr. 8⁰. 24 N.

Frankl. J. = The Journal of the Franklin Institute. Philadelphia. (Nach englischen Journalen citirt.)

Gaea = Gaea. Natur und Leben. Zeitschrift zur Verbreitung naturwissenschaftlicher und geographischer Kenntnisse, sowie der Fortschritte auf dem Gebiete der gesammten Naturwissenschaften. Unter Mitwirkung von R. Avé-Lallemant, O. Buchner, J. Egli hrsg. von Herm. J. Klein. Köln: Mayer. 12 H. Lex. 8⁰.

Gazz. chim. (Ital.) = Gazzetta chimica Italiana. (Citirt nach Chem. CBl., Ber. d. chem. Ges., J. chem. soc. etc.)

Geol. Soc. bezieht sich auf die Verhandlungen der Englischen Geologischen Gesellschaft nach Phil. Mag.

G. d. mat. = Giornale matematico ad uso degli studenti delle università italiane pubblicato per cura del Prof. G. BATTAGLINI. Napoli. gr. 8⁰.

G. d. Palermo = Giornale di scienze naturali ed economiche pubblicato per cura del consiglio di perfezionamento annesso al R. Istituto tecnico di Palermo.

Gesundheit = Gesundheit. Zeitschrift für körperliches und geistiges Wohl hrsg. von CARL RECLAM. Elberfeld: Loll. 24 N. gr. 4⁰. (1. Jahrg. erschien Oct. 1875 bis Sept. 1876.)

Gewerbehalle = Gewerbehalle. Organ für den Fortschritt in allen Zweigen der Kunstindustrie ... red. von LUDW. EISENLOHR und CARL WEIGLE. Stuttgart: Engelhorn. 12 H. Fol.

Globus = Globus. Illustrirte Zeitschrift für Länder- und Völkerkunde. Mit besonderer Berücksichtigung der Anthropologie und Ethnologie. Begründet von KARL ANDREE. ... hrsg. von R. KIEPERT. Braunschweig: Vieweg und Sohn. hoch 4⁰.

Gött. Nach. = Nachrichten von der Königlichen Gesellschaft der Wissenschaften und der Georgia-Augusta-Universität zu Göttigen. Göttingen: Dietrich's Verlag. 8⁰.

Gornij J. = Journal für Bergwesen. St. Petersburg. (Russisch.)

Gräfe's Arch. f. Oph. sh. **Arch. f. Opht.**

Groth ZS. f. Kryst. sh. **ZS. f. Kryst.**

Grun. Arch. sh. **Arch. d. Math.**

Heidelberger Physiol. Unters. = Untersuchungen aus dem physiologischen Institute der Universität Heidelberg. Hrsg. von W. KÜHNE (= Ergänzungshefte zu den Verhandlungen des naturhistorisch-medicinischen Vereins zu Heidelberg). Heidelberg: C. Winter. gr. 8⁰.

Hoppe Arch. sh. **Arch. d. Math.**

Humb. — Humboldt = Humboldt. Monatsschrift für die gesammten Naturwissenschaften. Hrsg. v. G. KREBS. Stuttgart: Encke. 12 H. hoch 4⁰. (1. Jahrg. 1882.)

Hydrog. Not. = Hydrographic Notices. Washington.

Jahrb. d. Math. = **F. d. Math.** = Jahrbuch über die Fortschritte der Mathematik begründet von CARL ORTHMANN. Im Verein mit anderen Mathematikern und unter besonderer Mitwirkung von FELIX MÜLLER und ALBERT WANGERIN hrsg. von MAX HENOCH und EMIL LAMPE. Berlin: Georg Reimer. 8⁰.

Jahrb. d. Medic. sh. **Schmidt's Jahrb. d. Med.**

Jahrb. d. Schweiz. A. C. = Jahrbuch des Schweizer Alpen-Club. Bern: Schmid, Francke & Co. in Comm. 8⁰.

Jahrb. f. Min. = Neues Jahrbuch für Mineralogie, Geologie und Palaeontologie ... hrsg. von E. W. BENECKE, C. KLEIN und H. ROSENBUSCH etc. Stuttgart: Schweizerbart.

Jahrb. geol. Reichsanst. = Jahrbuch der k. k. geologischen Reichsanstalt. Wien: Hölder. 4 H. R.

Jahrb. d. met. Centralanst. = Jahrbuch der k. k. Centralanstalt für Meteorologie und Erdmagnetismus. Wien. R.

Jahresh. d. Ver. f. Würt. = Jahreshefte für vaterländische Naturkunde in Württemberg. Hrsg. von dessen Redactions-Commission H. v. Fehling, O. Fraas, F. v. Kraus, P. v. Zech. Stuttgart: Schweizerbart. gr. 8°.

J. chem. soc. = The Journal of the Chemical Society of London by Foster etc. Editor H. Watts. London (Van Voorst). (Jährlich 2 Bände in 12 Heften. Der eine Band enthält Abhandlungen, der andere Referate.) R.

J. d. math. = Journal de mathématiques pures et appliquées fondé en 1836 et publié jusqu'en 1874 par J. Liouville. Publié par H. Resal avec la collaboration de plusieurs savants. Paris: Gauthier-Villars. 4°. R.

J. d. Pharm. = **J. de Pharm. et de Chim.** = Journal de Pharmacie et Chimie. Paris. (Erscheint in Heften. Nach Citaten anderer Zeitschriften.)

J. de phys. = Journal de physique théorique et appliquée, fondé par J.-Ch. d'Almeida et publié par MM. E. Bouty, A. Cornu, E. Mascart, A. Potier. (2e série) — Paris: au bureau du Journal de Physique .... 8°. (Erscheint in 12 Monatsheften.) R.

J. d. russ. chem.-phys. Ges. = Journal der physico-chemischen Gesellschaft zu St. Petersburg. (Russisch.) [1] = 1. Abtheilung: Chemie, [2] = 2. Abtheilung: Physik.

J. éc. pol. = Journal de l'école polytechnique, publié par le conseil d'instruction de cet établissment. Paris: Gauthier-Villars. 4°.

Jelinek ZS. sh. **ZS. f. Met.**

Jen. ZS. = Jenaische Zeitschrift für Naturwissenschaft, hrsg. von der medicinisch-naturwissenschaftlichen Gesellschaft zu Jena. Jena: Fischer. gr. 8°. (Mit den Sitzungsberichten der Gesellschaft.)

J. f. Gasbel. = Journal für Gasbeleuchtung und Wasserversorgung. Organ d. Vereins v. Gas- und Wasserfachmännern Deutschlands mit seinen Zweigvereinen hrsg. von N. H. Schilling und H. Bunte. München: Oldenburg. 24 N. Lex. 8°.

J. f. prakt. Chem. (2) = Journal für praktische Chemie. Neue Folge hrsg. von Ernst von Meyer. Bd. XXIX, XX (Journal für praktische Chemie gegründet von Otto Linné Erdmann. CXXXVII, CXXXVIII. Band.) Leipzig: Johann Ambrosius Barth. 1883. 8°. (Der Jahrgang (= 2 Bände) besteht aus 22 Nummern, von denen mehrere gemeinsam erscheinen.) R.

J. Frankl. Inst. = **J. of the Franklin Inst.** sh. **Frankl J.**

Inaug. Diss. = Inaugural-Dissertation.

Ind. Antiqu. = The Indian Antiquary a journal of oriental research in archeology, history, literature, languages, philosophy, religion, folklore etc. Edited by Jas. Burgess. Bombay. gr. 4°.

Ind. Bl. = Industrie-Blätter. Wochenschrift für gemeinnützige Erfindungen .... Hrsg. von E. Jacobson. Berlin: Gaertner. gr. 4°.

J. of anat. = The Journal of anatomy and physiology normal and pathological. Conducted by G. M Humphry, Wm. Turner and J. G. Mac Kendrik. London and Cambridge: Macmillan and Co. 4 H.

J. of Telegr. Eng. = Journal of the Society of the Telegraph Engineers. London.

Iron = Iron. An illustrated weekly Journal of Science, Metals & Manufactures in Iron and Steel. London. 2 Bde. Fol.

J. Scott. Met. Soc. = Journal of the Scottish Meteorological Society.

Isis = Isis. Zeitschrift für alle naturwissenschaftliche Liebhabereien. ··· Hrsg. von Karl Russ und Bruno Dürigen. Berlin: Gerschel. 52 Nrn. gr. 4⁰.

Iswestija = **Isw. geogr. Ob.** = Nachrichten (Iswestija) der kais. geographischen Gesellschaft. St. Petersburg. (Russisch; aus dieser Zeitschrift bringen Peterm. Mitth. kürzere Auszüge.)

Isw. Peterb. T. Inst. = Schriften des St. Petersburger technologischen Institutes. St. Petersburg. (Russisch.)

Klin. Mon.-Bl. f. Augenheilk. = Klinische Monatsblätter für Augenheilkunde. Hrsg. v. W. Zehender. Stuttgart: Enke. gr. 8⁰.

Kolbe J. sh. **J. f. prakt. Chem.**

Kronecker J. sh. **Crelle J.**

K. Sv. Vet. Ak. Handl. = Kongliga Svenska Vetenskaps-Akademiens Handlingar. Stockholm. R.

La Lum. électr. sh. **Lum. électr.**

La Nat. = **La Nature** = La Nature; Revue des sciences et de leurs applications aux arts et à l'industrie. Journal hebdomadaire illustré fondé par M. le ministre de l'instruction publique d'une souscription pour les bibliothèques populaires et scolaires. Rédaction en chef Gaston Tissandier. 12. Année 1884 1., 2. semestre. Paris: G. Masson. gr. 8⁰. (Jährlich 2 Bände.)

Lancet = The Lancet. A journal of british and foreign medicine, physiology, surgery, chemistry, criticism, literature and news. Edited by James G. Wakley.

Landw. Jahrb. = Landwirthschaftliche Jahrbücher. Zeitschrift für wissenschaftliche Landwirthschaft und Archiv des Königl. Preuss. Landes-Oekonomie-Kollegiums. Hrsg. von H. Thiel. Berlin: Parey. 6 H. gr. 8⁰.

Landw. Versuchs-St. = Die landwirthschaftlichen Versuchs-Stationen. Organ für naturwissenschaftliche Forschungen auf dem Gebiete der Landwirthschaft. Unter Mitwirkung sämmtlicher deutscher Versuchs-Stationen hrsg. von Frdr. Nobbe. Berlin: Parey. 6 H. gr. 8⁰.

Leipz. Abh. sh. **Abh. d. k. sächs. Ges. d. W.**

Leipz. Ber. = Berichte über die Verhandlungen der königlich sächsischen Gesellschaft der Wissenschaften zu Leipzig. Mathematisch-physikalische Classe. Leipzig: Hirzel. 8⁰. R.

Leipz. Jahrb. d. Ver. f. Erdk. = Mittheilungen des Vereins für Erdkunde zu Leipzig. Nebst dem . . . Jahresbericht des Vereins. Leipzig: Dunker u. Humblot. (Seit 1872 als Fortsetzung d. Jahresberichte.)

L'Électricien sh. **Électricien.**

Leop. = Leopoldina. Amtliches Organ der kaiserl. Leopoldinisch-Carolinischen deutschen Akademie d. Naturforscher. Hrsg. unter Mitwirkung der Sektionsvorstände von dem Präs. C. H. Knoblauch. Halle a. S. Leipzig: Engelmann in Comm. 15 N. gr. 4⁰.

Lieb. Ann. = JUST. LIEBIG's Annalen der Chemie. Hrsg. von F. WÖHLER, H. KOPP, A. W. HOFMANN, A. KEKULÉ, E. ERLENMEYER, J. VOLHARD. Leipzig: C. F. Winter. 8°. R.

Lincei Trans., Lincei Rend. und **Lincei Mem.** sh. **Atti R. Ac. dei Lincei.**

Liouville J. sh. **J. de math.**

Lit(er). CBl. = Literarisches Centralblatt für Deutschland. Hrsg. u. verantwortl. Red. FR. ZARNCKE. Leipzig: Avenarius. 52 N. gr. 4°.

Lond. phys. Soc. bezieht sich auf die Verhandlungen der Physikalischen Gesellschaft zu London nach Berichten in Nature etc.

London Trans. = **Trans. Roy. Soc.** sh. **Phil. Trans.**

Lotos = Lotos. Jahrbuch für Naturwissenschaft. Im Auftrage des Vereines „Lotos“ hrsg. von TH. KNOLL. Prag: Tempsky. gr. 8°.

Lund's Univ. Aarsskrift sh. **Act. Univ. Lund.**

Lum. électr. = La lumière électrique, Journal universel de l'électricité. — Directeur: Dr. CORNELIUS HERZ — ··· 6e Année. Paris: Aux bureaux du journal ··· 1884. 4°.

Manch. Soc. = **Manch. Philos. Soc.** bezieht sich auf die Verhandlungen der naturwissenschaftlichen Gesellschaft zu Manchester nach Berichten in Nature etc.

Masch.-Constr. = Der practische Maschinen-Constructeur. Zeitschrift für Maschinen- und Mühlenbau, Ingenieure und Fabrikanten. ··· hrsg. v. WILH. HEINR. UHLAND. Leipzig: Baumgärtner. 24 H. gr. 4°.

Math. = Mathésis, recueil mathématique à l'usage des écoles spéciales et des établissements d'instruction moyenne, publié par P. MANSION et J. NEUBERG; Gand, Korte. Paris: Gauthier Villars. 8°.

Math. Ann. = Mathematische Annalen. In Verbindung mit C. NEUMANN begründet durch RUD. FRDR. ALFR. CLEBSCH. ··· hrsg. von FEL. KLEIN u. ADPH. MAYER. Leipzig: B. G. Teubner. gr. 8°.

Math. Soc. bezieht sich auf die Verhandlungen der Londoner mathematischen Gesellschaft nach Berichten in Nature etc.

Med. Jahrb. Wien = Medizinische Jahrbücher. Hrsg. von der k. k. Gesellschaft der Aerzte, red. von E. ALBERT, H. KUNDRAT und E. LUDWIG. Wien: Braumüller. 4. H. gr. 8°.

Mém. c. de Belg. = Mémoires couronnés et mémoires des savants étrangers publiés par l'académie royale des sciences, des lettres et des beaux-arts de Belgique. Bruxelles: F. Hayez. 4°.

Mém. de Belg. = Mémoires de l'académie royale des sciences, des lettres et des beaux-arts de Belgiqne. Bruxelles. F. Hayez. 4°.

Mém. de Bordeaux = Mémoires de la société des sciences physiques et naturelles à Bordeaux. Bordeaux, Paris. 8°.

Mém. de Cherbourg = Mémoires de la société des sciences de Cherbourg. Paris et Cherbourg. 8°. R.

Mém. de Liège = Mémoires de la société royale des sciences de Liège. Liège. 8°.

Mém. de Lille = Mémoires de la société des sciences de l'agriculture et des arts de Lille et publications faites par ses soins. Paris, Lille. 8°.

Mém. de Paris = Mémoires de l'Académie des sciences de l'Institut de France. 4°.

Mém. p. de Paris = Mémoires présentés par divers savants à l'Académie des sciences de l'Institut de France et imprimés par son ordre. Paris. 4°.

Mém. de St.-Pétersb. = **Mém. de Pét.** = Mémoires de l'académie impériale des sciences de St.-Pétersbourg. St.-Pétersbourg. Leipzig: Voss' Sort. Imp. 4°. R.

Mém. de Toulouse = Mémoires de la société des sciences physique et naturelle de Toulouse.

Mem. di Bol. = **Mem. di Bologna** = **Bol. Mem.** = Memorie dell' Accademia Reale di scienze dell' Istituto di Bologna. 4 Hefte. 4°.

Mem. di Modena = Memorie della Accademia Reale di Modena. Modena.

Mem. di Torino = Memorie della Reale Accademia delle scienze di Torino. Torino.

Mem. Ist. Lomb. = Memorie del Reale Istituto Lombardo di Scienze e Lettere. Classe di scienze matematiche e naturali. Milano, Napoli, Pisa: Ulrico Hoepli. 4°.

Mem. Ist. Ven. = Memorie del Reale Istituto Veneto di scienze, lettere ed arti. Venezia.

Mem. Manch. Soc. = Memoirs of the literary and philosophical society of Manchester. London: H. Baillière. 8°.

Mem. of Russ. geogr. Soc. bezieht sich auf die Sapiski (Schriften) der Kais. Russischen Geographischen Gesellschaft. Petersburg.

Mem. Roy. Astr. Soc. = Memoirs of the Royal Astronomical Society. London. 4°.

Mem. Spettr. = Memorie della società degli spettroscopisti italiani. (Gegründet 1872.)

Mess of Math. = The Messenger of Mathematics edited by Allen Whitworth, C. Taylor, R. Pendlebury, J. W. L. Glaisher. London and Cambridge: Macmillan and Co. 8°.

Met. Ital. = Meteorologia Italiana. Memorie e Notizie.

Met. Soc. bezieht sich auf die Verhandlungen der Meteorologischen Gesellschaft zu London nach Berichten in Nature etc.

Microsc. Soc. bezieht sich auf das Journal der Londoner Mikroskopischen Gesellschaft, das nach Nature und Athenaeum citirt ist.

Min. Mitth. = **Miner. u. petrogr. Mittheil.** = Mineralogische und petrographische Mittheilungen, hrsg. von G. Tschermak. Wien: Hölder. gr. 8°.

Mitt. a. d. Geb. d. Seew. = Mittheilungen aus dem Gebiete des Seewesens. Hrsg. vom k. k. hydrographischen Amte, Marine-Bibliothek. Nebst Kundmachung für Seefahrer und Hydrographische Nachricht. Pola. Wien: Gerold's Sohn in Comm. gr. 8°.

Mitt. d. Arch. Ver. Böhmen = Mittheilungen des Architekten- und Ingenieur-Vereins im Königreich Böhmen. Red.: R. v. Schubert-Soldern und Jos. Saska. Prag: Rziwnatz in Comm. 4 H. Imp. 4°.

Mitt. d. d. ö. A. V. = Mittheilungen des deutschen und österreichischen Alpenvereins, red. von Th. Trautwein. Wien. München: Lindauer in Comm. 10 H. gr. 8°.

Mitt. d. Ges. f. Natur- u. Völkerk. = Mittheilungen der Deutschen Gesellschaft für Natur- und Völkerkunde Ostasiens hrsg. vom Vorstande. Yokohama. Berlin: Asher & Co gr. 4°.

Mitt. d. naturf. Ges. in Bern sh. **Bern. Mitth.**

Mitt. d. naturw. Ver. v. Neuvorpomm. = Mittheilungen aus dem naturwissenschaftlichen Vereine von Neu-Vorpommern und Rügen in Greifswald. Red. v. TH. MARSSON. Berlin: Gaertner. gr. 8⁰.

Mitt. naturw. Ver. Steiermark = Mittheilungen des naturwissenschaftlichen Vereins für Steiermark. Unter Mitverantwortung der Direction red. von AUG. v. MOJSISOVICS. Graz: Wiessner in Comm.

Mitt. f. Erdk. Leipzig sh. **Leipz. Jahrb. d. Ver. f. Erdk.**

Mitt. geo. Ges. Wien = Mittheilungen der k. k. geographischen Gesellschaft in Wien. Red. von JOS. CHAVANNE. Wien: Verlag der „Steyrermühl". 12 H. gr. 8⁰.

Monatsber. d. preuss. Ak. d. Wiss. = **Monatsber. d. Berl. Ak.** sh. **Berl. Monatsb.**

Monatschr. für Ohrenheilk. = Monatschrift für Ohrenheilkunde, sowie für Kehlkopf-, Nasen-, Rachen-Krankheiten. Hrsg. von JOS. GRUBER, J. M. ROSSBACH, N. RÜDINGER, LEOP. v. SCHRÖTTER, R. VOLTOLINI und WEBER-LIEL. Berlin: Expedition der allgemeinen medicinischen Centralzeitung. 12 N. Fol.

Monatsh. f. Chem. = **Monatshefte d. Chem.** = Monatshefte für Chemie und verwandte Theile anderer Wissenschaften. Gesammelte Abhandlungen aus den Sitzungsberichten der Kaiserl. Akademie der Wissenschaften. Wien: Gerold's Sohn in Comm. 12 H. gr. 8⁰.

Mondes = Cosmos Les Mondes, Revue hebdomadaire des sciences et de leurs applications aux arts et à l'industrie, fondée par M. l'abbé MOIGNO et publiée sous sa direction par M. l'abbé H. VALETTE. 33ᵉ Année. — 3ᵉ Série. Tome VII, VIII, IX. Paris. 1884. R.

Mon. ind. belge = Moniteur industriel belge. Bruxelles.

Mon. scient. = Le Moniteur scientifique. Journal des sciences pures et appliquées à l'usage des chimistes, des pharmaciens et des manufacturiers avec une revue de physique et d'astronomie par M. R. RADAU. Année de publication par le Dr. QUESNEVILLE. Paris. (Nach anderen Journalen.)

Month. Not. = **Monthl. Not.** = Monthly Notices of the Royal Astronomical Society. (Band und Jahr fällt nicht zusammen.)

Morscoi Sbornik = Repertorium für Seewesen. St. Petersburg. (Russisch.)

Münch. Sitzber. = **Münch. Ber.** = Sitzungsberichte der mathematisch-physikalischen Classe der k. b. Akademie der Wissenschaften zu München. München: G. Franz in Comm. gr. 8⁰. R.

Müttr. Beobergebn. = Beobachtungsergebnisse der von den forstlichen Versuchsanstalten des Königreichs Preussen, des Herzogthums Braunschweig, der thüringischen Staaten, der Reichslande mit dem Landesdirectorium der Provinz Hannover eingerichteten forstlich-meteorologischen Stationen. Hrsg. von A. MÜTTRICH. Berlin: Springer. 12 N. 8⁰. sh. ZS. f. Forst- und Jagdwesen.

Nach. d. Götting. Ges. d. W. sh. **Gött. Nach.**

Natur = Die Natur. Zeitung zur Verbreitung naturwissenschaftlicher Kenntniss und Naturanschauung für Leser aller Stände. Organ des „Deutschen Humboldt-Vereins". Begründet unter Hrsg. von OTTO ULE und KARL MÜLLER. Hrsg. von KARL MÜLLER Halle: Schwetschke. 52 N. gr. 4⁰.

Nature = Nature, a weekly illustrated journal of science. Volume XXIX. November 1883 to April 1884 (No. 740. 3. January 1884 — No. 756. 24. April 1884) London and New York: Macmillan and Co. 1884: Volume XXX. May 1884 to October 1884 ···; Volume XXXI. November 1884 to April 1885 (No. 779. 2. October 1884 — No. 791. 25. December 1884). (Erscheint in Wochennummern.) R.

Naturen (holländisches Journal) nach Citaten.

Naturf. = **Natf.** = Der Naturforscher, Wochenblatt zur Verbreitung der Fortschritte in den Naturwissenschaften. Hrsg. v. WILH. SKLAREK. Berlin: Dümmler's Verlag. 52 N. 4⁰.

Naturw. Verein in Karlsruhe = Verhandlungen des naturwissenschaftlichen Vereins in Karlsruhe.

Nat. Tijdsch. v. Ned. Indie = Naturkundig Tijdschrift voor Nederlandsch-Indie, uitgegeven door de Koninklijke Natuurkundige Vereeniging in Nederlandsch-Indie, onder redactie van H. ONNEN. Batavia. (Tijdschrift voor Nederl. Indie).

N. Cim. sh. **Cim.**

Nederl. met. Jaarb. = Nederlandsch meteorologisch Jaarboek ··· hrsg. von BUIJS-BALLOT. Querfolio.

N. Jahrb. f. Min. sh. **Jahrb. f. Min.**

Nieuw. Arch. = Nieuw Archief voor Wiskunde. Amsterdam.

North. Chin. Branch. of R. As. Soc. = Journal of the North-China Branch of the Royal Asiatic Society. Shanghai. 8⁰.

Nouv. Ann. = Nouvelles annales de mathématiques. Journal des candidats aux écoles polytechnique et normale, rédigé par MM. GERONO et CH. BRISSE. Paris: Gauthier-Villars. 8⁰.

Nov. Act. Ups. = Nova acta Regiae Societatis Upsaliensis.

Nuovo Cimento sh. **Cim.**

Nyt Mag. = Nyt Magazin for Naturvidenskaberne, ··· udgivet ved TH. KJERULF ···. Christiania: P. T. Mallings Boghandel. gr. 8⁰.

Observatory = The Observatory, a monthly review of astronomy. Edited by W. N. M. CHRISTIE. London.

Öf. af Finska Vet. Soc. Förh. = Öfversigt af Finska Vetenskaps Societetens Förhandlingar. Helsingfors.

Öfvers. Svensk. Vet. Ak. Förh. = Öfversigt af Kongl. Ventenskaps-Akademiens Förhandlingar. Stockholm. 8⁰. R.

Oesterr. med. Jahrb. = Medizinische Jahrbücher. Hrsg. von der k. k. Gesellschaft der Aerzte, red. von E. ALBERT und E. Ludwig. Wien: Braumüller. 4 H. gr. 8⁰.

Oesterr. ZS. f. Bergw. = Oesterreichische Zeitschrift für Berg- und Hüttenwesen. Red.: HANNS HÖFER und C. v. ERNST. Wien: Manz. 52 N. gr. 4⁰.

Org. f. Eisenbahnw. = Organ für die Fortschritte des Eisenbahnwesens in technischer Beziehung. ··· Hrsg. von E. HEUSINGER v. WALDEGG. Wiesbaden: Kreidel. 6 H. gr. 4⁰.

Org. f. Rübenz. Ind. = Organ des Centralvereins für Rübenzucker-Industrie der österreichisch-ungarischen Monarchie. Zeitschrift für Landwirthschaft und technischen Fortschritt der landwirthschaftlichen Gewerbe. Red. v. Otto Kohlrausch Wien: Frick in Comm.

Overs. Danske Vid. Selsk. = **Overs. k. dan. Vidensk. Selsk. Forh.** = Oversigt over det Kongelige Danske Videnskabernes Selskabs Forhandlinger og dets Medlemmers Arbejder···. Kopenhagen. 8°. (Es erscheinen im Jahre gewöhnlich 4 Nummern, oft ist ein französisches Resumé hinzugefügt.) R.

Peterm. Mitth. = A. Petermann's Mittheilungen aus Justus Perthes geographischer Anstalt, Hrsg. von E. Behm. Gotha: J. Perthes. 4°. R.

Petersb. med. Wochenschr. = St. Petersburger medicinische Wochenschrift unter Redaction von E Moritz und L. v. Holst. St. Petersburg: Röttger gr. 4°. 52 N.

Pflüg. Arch. = **Pflüger Arch.** sh. **Arch. f. ges. Physiol.**

Pharm. Centralh. = Pharmaceutische Centralhalle für Deutschland. Zeitung für wissenschaftliche und geschäftliche Interessen der Pharmacie. Hrsg. v. Dr. Herm. Hager und Ewald Geissler. Berlin: Springer in Comm. 52 N. 8°.

Pharm. ZS. = Pharmaceutische Zeitschrift für Russland. Hrsg. von der pharmaceutischen Gesellschaft zu St. Petersburg. Red.: Edwin Johanson. St. Petersburg: Ricker. 52 N. gr. 8°.

Phil. Mag. (5) XVII. bez. XVIII. = The London, Edinburgh and Dublin Philosophical Magazine and Journal of Science. Conducted by Sir Robert Kane, Sir William Thomson and William Francis. ··· Vol. XVII u. XVIII, — Fifth Series··· 1884. London: Taylor and Francis. 8°. (Erscheint in 12 Monatsheften.) R.

Phil. Trans. = **Phil. Trans. Lond.** = Pilosophical Transactions of the Royal Society of London. 4°.

Phot. Arch. = Photographisches Archiv. Hrsg. v. P. E. Liesegang. Düsseldorf: Liesegang. 20 H. gr. 8°.

Phot. Corresp. = Photographische Correspondenz. Zeitschrift für Photographie und verwandte Fächer. Organ der photogr. Gesellschaft in Wien, ··· red. v. E. Hornig. Wien: Verlag der photographischen Correspondenz. 25 H. gr. 8°.

Phot. Mitth. = Photographische Mittheilungen. Zeitschrift des Vereins zur Förderung der Photographie. Hrsg. von Herm. W. Vogel. Berlin: Oppenheim. 24 H. gr. 8°.

Phot. Soc. London bezieht sich auf die Verhandlungen der Londoner photographischen Gesellschaft nach Berichten in englischen Journalen.

Phys. Soc. bezieht sich auf die Verhandlungen der physikalischen Gesellschaft zu London in Nature etc. sh. Proc. Phys. Soc.

Pogg. Ann. = Annalen der Physik und Chemie, hrsg. zu Berlin von J. C. Poggendorf. Leipzig: Barth. (CLX von Poggendorf, jetzt von Wiedemann red. sh. Wied. Ann)

Pol. Notizbl. = **Polyt. Notizbl.** = Polytechnisches Notizblatt für Chemiker Gewerbtreibende, Fabrikanten und Künstler. Gegründet von Rud. Böttger

Hrsg. und red. von THEODORR PETERSEN. Frankfurt a. M.: Expedition. 24 N. 8⁰. R.

Practitioner = The Practitioner. A journal of therapeutics and public health. Edited by T. LAUDER BRUNTON and DONALD MACALISTER. London: Macmillan and Co. (Jährlich 2 Bände.)

Prag. Ber. = Sitzungsberichte der königl. böhmischen Gesellschaft der Wissenschaften zu Prag. Prag: Tempsky in Comm. gr. 8⁰. R.

Prag. med. Wochenschr. = Prager medizinische Wochenschrift. Red.: FRDR. GANGHOFNER u. OTTO KAHLER. Prag: Tempsky. 52 N. fol.

Preuss. Stat. = Preussische Statistik (amtliches Quellenwerk). Hrsg. in zwanglosen Heften v. Kgl. statistischen Büreau in Berlin. Berlin: Verlag d. k. statist. Büreaus. Imp. 4⁰.

Proc. Amer. Acad. = Proceedings of the American Academy of sciences and arts. Boston.

Proc. Amer. Ass. = Proc. of the American Association for the advancement of science.

Proc. Amer. Phil. Soc. = Proceedings of the American Philosophical Society. Philadelphia. 8⁰.

Proc. Amer. Soc. of Microscop. = Proceedings of the American Society of Microscopists.

Proc. California Acad. = Proceedings of the Academy of Sciences in California. San Francisco.

Proc. Camb. Soc. = Proceedings of the Cambridge Philosophical Society. Cambridge. 8⁰.

Proc. Dubl. Soc. = **Proc. Dublin** = The Scientific Proceedings of the Royal Dublin Society.

Proc. Glasgow Soc. = Proceedings of the Philosophical Society at Glasgow.

Proc. Manch. Soc. = Proceedings of the Literary and Philosophical Society of Manchester. Manchester 8⁰.

Proc. Math. Soc. = Proceedings of the Mathematical Society. London: C. F. Hogdson and Son. 8⁰.

Proc. Phys. Soc. = Proceedings of the Physical Society of London. Vol. VI part. I, II, III, 1884.

Proc. R. Edinb. Soc. = **Proc. Edinb.** = Proceedings of the Royal Society of Edinburgh. Edinburgh.

Proc. Roy. Geogr. Soc. = Proceedings of the Royal Geographical Society. London.

Proc. Roy. Soc. = **Proc. London** = Proceedings of the Royal Society of London. London: Taylor und Francis. 8. (Erscheint in einzelnen Nummern.)

Prof. pap. = Professional Papers (of the signal service,) einzelne numerirte Abhandlungen, herausgeg. vom War Department oder vom Navy Department der vereinigten Staaten, Washington.

Progr. = Programm (bezieht sich auf Schulprogramme).

Progrès méd. = Le Progrès Médical Journal de médecine, de chirurgie et de pharmacie. Redacteur en chef: BOURNEVILLE Secrétaire de la Rédaction: A. BLONDEAU ···. Paris aux bureaux du journal ···. gr. 4⁰. (Wöchentlich eine Nummer.)

Publ. d. astro-phys. Obs. zu Potsdam = Publicationen des astro-physikalischen Observatoriums zu Potsdam. Potsdam. Leipzig: Engelmann in Comm. 4°.

Publ. d. l'ass. Franç. = Publications de l'Association Française pour l'avancement des sciences. (Verhandlung der Gesellschaft französicher Naturforscher, den Rep. d. engl. Ges. entsprechend.)

Quart. J. Met. Soc. = Quarterly Journal of the Meteorological Society. (schottische meteorologische Gesellschaft, ganz entsprechend für die englische Gesellschaft.)

Quart. J. of Math. = **Quart. J.** = The quartely Journal of pure and applied Mathematics, by J. J. SYLVESTER, N. M. FERRERS, G. G. STOKES, A. CAYLEY, M. HERMITE. London. R.

Rec. trav. chim. = Recueil des travaux chimiques des Bays-Bas par MM. W. A. VAN DROP, A. P. N. FRANCHIMONT ···. Leide: A. W. Sijthoff. 8°.

Rend. di Bol. = Rendiconto delle sessioni dell' accademia reale delle scienze dell' Istituto di Bologna. Bologna. 8°.

Rend. di Nap(oli) = Rendiconto dell' accademia delle scienze fisiche e matematiche di Napoli. Napoli. 4°. R.

Rend. Lomb. = **Rend. Ist. Lomb.** = Reale Istituto Lombardo di science e lettere. Rendiconti. Classe di scienze matematiche e naturali. Milano. R.

Rep. anal. Chem. = Repertorium der analytischen Chemie für Handel, Gewerbe und öffentliche Gesundheitspflege. Organ des Vereins analytischer Chemiker. Red.: J. SKALWEIT. Hamburg: Voss. (seit 1881).

Rep. Brit. Ass. = Report of the meeting of the British Association for the advancement of science, held at Montreal August 1884. London: John Murray 1884. 8°.

Rep. d. Phys. = Repertorium der Physik. Hrsg. von F. EXNER. XX. Band. Jahrgang 1884. München: Oldenbourg. Lex. 8°. 12 H.

Rep. f. Met. = Repertorium für Meteorologie, hrsg. von der kaiserlichen Akademie der Wissenschaften, red. v. HEINR. WILD. St. Petersburg. Leipzig: Voss' Sort. Imp. 4. R.

Rep. Smith. Inst. sh. **Smiths. Rep.**

Rep. U. S. C. S. = Report of the Superint. of the U. S. Coast Survey. Washington.

Rev. des trav. scient. = Revue des travaux scientifiques. Paris.

Rev. scient. = La Revue scientifique de la France et de l'étranger. Revue des cours scientifiques (3e série) ··· Paris: G. Baillière et Cie. (Jährlich 2 Bände zu je 25 oder 26 N.)

Riv. scient. ind. = **Riv. scient.-indust.** = Rivista scientifico-industriale. Firenze (von Vimercati). Nach Citaten in anderen Journalen.

Sap. Chark. Univ. = Schriften (Sapiski) der Charkower Universität. (Russisch.)

Sap. Noveruss. Univ. = Schriften der Odessaer Universität. Odessa. (Russisch.)

Sap. k. r. techn. Ges. = Schriften der kaiserlich russischen technischen Gesellschaft. St Petersburg. (Russisch.)

Schmidt's Jahrb. d. Med. = SCHMIDT'S Jahrbücher der in- und ausländischen gesammten Medizin. Red. v. ADF. WINTER. Leipzig: O. Wigand. (Im Jahre erscheinen mehrere Bände.)

Schr. d. Königsb. Ges. = Schriften der physikalisch-ökonomischen Gesellschaft zu Königsberg. Königsberg: in Comm. bei W. Koch. 4⁰. XXIV. (1., 2. Abtheilung.) ··· 1883, 1884. R.

Schweiz. Alpen-Ztg. = Schweizer Alpen-Zeitung.

Schweiz. Denkschr. = Neue Denkschriften der allgemeinen Schweizerischen Gesellschaft für die gesammten Naturwissenschaften. Zürich. = Nouveaux mémoires etc. R.

Science = Science. An illustrated Journal published weekly. Cambridge, Mass: The Science Company.

Scient. Amer. = Scientific American. New-York. (Nach verschiedenen Journalen citirt.)

Scient. Proc. Ohio Mech. Inst. = Scientific Proceedings of the Ohio Mechanics' Institute. Publishing Committee: ROBT. B. WARDER, Editor; LEWIS M. HOSEA; JAS. B. STANWOOD. Vol. II. 1883. Cincinnati, Ohio: Ohio Mechanics' Institute, departement of science and arts. 8⁰.

Sill. J. (3) = The American Journal of Science. Editors: JAMES D. and E. S. DANA, and B. SILLIMAN. Associate editors: Professors ASA GRAY, JOLIAN P. COOKE, and JOHN TROWBRIDGE, of Cambridge, Professors H. A. NEWTON and A. E. VERVILL. of New Haven, Professor GEORGE F. BARKER, of Philadelphia. — 3. Series. Vol. XXVII. — [Whole Number CXXVII] Nos 157-162. January to June, 1884 ···. New Haven, Comm.: J. D. and E. S. DANA. 1884. 8⁰; Vol. XXVIII — [Whole Number, CXXVIII] Nos 163 bis 168. July to Dezember, 1884 ···. 8⁰. (12 Monatshefte.) R.

Sirius = Sirius. Zeitschrift für populäre Astronomie ···. Hrsg. ··· von HERM. J. KLEIN. Leipzig: Scholtze. 12 H. gr. 8⁰.

Sitzber. d. Bayr. Akad. sh. **Münch. Ber.** = **Münch. Sitzber.**

Sitz. d. Jen. Ges. f. Med. Nat. sh. **Jen. ZS.**

Sitzber. d. Wien. Ak. sh. **Wien. Ber.**

Smiths. Contrib. = Smithsonian Contributions to Knowledge. Washington: Smithsonian Institution.

Smiths. Inst. = **Smiths. Rep.** = Annual report of the board of regents of the Smithsonian Institution. Washington. 7⁰. R.

Soc. mét. de France bezieht sich auf die Schriften der meteorologischen französischen Gesellschaft.

Svensk. Vet. Handl. = Kongliga Svenska Ventenskaps-Akademiens Handlingar.

Tagbl. d. Naturf.-Vers. in Freiburg = Tageblatt der 56. Versammlung deutscher Naturforscher und Aerzte in Magdeburg vom 18. bis 24 September 1884.

Tech. Bl. = Technische Blätter. Vierteljahrsschrift d. deutschen polytechnischen Vereins in Böhmen. Red. von EMAN. CZUBER ···. Prag: Calwe in Comm. gr. 8⁰.

Techniker = Der Techniker. Internationales Organ über die Fortschritte der Wissenschaft, Erfindungen und Gewerbe. Hrsg. und Red.: PAUL GOEPEL. New-York (Berlin: Polytechnische Buchh. in Comm.). gr. 4⁰. 24 Nrn.

Telegr. J. = Telegraphic Journal, (gegr. 1872).

Tijdschr. Aardrijks Gen. = Tijdschrift van het Aardrijkskund Genootschap te Amsterdam.

Trans. Cambr. Soc. = Transactions of the Philosophical Society of Cambridge. Cambridge. 4⁰.

Trans. Con. Acad. = Transactions of the Connecticut Academy of Arts and Sciences. New-Haven.

Trans. Dubl. Soc. = The Scientific Transactions of the Royal Dublin Society. 4⁰.

Trans. Edinb. = **Trans. Edinb. Roy. Soc.** = Transactions of the Royal Society of Edinburgh.

Trans. Royal Soc. of London sh. **Phil. Trans.**

Trans. Edinb. Geol. Soc. = Transactions of the Geological Society of Edinburgh.

Trans. N. Z. Inst. = Transactions and Proceedings of the New Zealand Institute.

Trans. R. S. of Victoria = Transactions and Proceedings of the Royal Society of Victoria. Melbourne.

Tschermak Mitth. sh. **Min. Mitth.**

U. S. Coast Survey sh. **Rep. U. S. C. S.**

Verh. d. Ges. f. Erdk. = Verhandlungen der Gesellschaft für Erdkunde zu Berlin. 8⁰. (Enthaltend Sitzungsberichte, Nachrichten über andere Gesellschaften etc. sh. ZS. f. Erdk.)

Verh. d. k. k. geol. Reichsanst. = Verhandlungen der k. k. geologischen Reichsanstalt. Wien: Hölder. 17—18 N. Lex.-8⁰. R.

Verh. d. k. k. zool.-bot. Ges. Wien = Verhandlungen der k. k. zoologisch-botanischen Gesellschaft in Wien. Hrsg. von der Gesellschaft. Wien: Hölder in Comm. Leipzig: Brockhaus' Sort. in Comm.

Verh. d. naturf. Ges. zu Basel = Verhandlungen der naturforschenden Gesellschaft in Basel. Basel: Schweighauser. 8⁰. R.

Verh. d. naturw. Ver. f. Rheinl. = Verhandlungen des naturhistorischen Vereines der preussischen Rheinlande und Westphalens. Hrsg. von C. J. ANDRÄ. Bonn: Cohen & Sohn in Comm. gr. 8⁰.

Verh. physik. Ges. Berlin = Verhandlungen der physikalischen Gesellschaft zu Berlin. Berlin: Georg Reimer. 8⁰. R.

Verh. d. physiol. Ges. Berl. = Verhandlungen der physiologischen Gesellschaft zu Berlin, enthalten in DU BOIS-Arch. R.

Verh. d. Schweiz. Naturf. Ges. in (Luzern), 1884, LXVII = ··· in Luzern den 11., 12. und 13. September 1884. — 67. Jahresversammlung. — Jahresbericht 1884. Glarus: Buchdruckerei von Frid. Schmidt. 1884. 8⁰. R. Erscheint gleichzeitig in französischer Ausgabe, und der wesentliche Inhalt wird einer der letzten Jahresnummern der Arch. sc phys. beigefügt.

Verh. d. Ver. f. Gewerbfl. = Verhandlungen des Vereins zur Beförderung des Gewerbefleisses Red.: Herm. Wedding. Berlin: Simion. 10 H. gr. 4⁰.

Verh. Polyt. Ges. Berlin = Verhandlungen der Polytechnischen Gesellschaft zu Berlin. 8⁰.

Versl. K. Ak. d. Wet. (Afd. Nat.) = Verslagen en Mededeelingen d. Koninklijke Akademie van Wetenschappen Afdeeling Natuurkunde. Amsterdam.

Vidensk. Selsk. Skr. = Videnskabs Selskabs Skriften, naturvidenskabelig og matematisk Afd. (Erscheint in einzelnen Heften.) Kopenhagen. 4⁰. R.

Vierteljschr. d. Astr. Ges. = Vierteljahrschrift der Astronomischen Gesellschaft. Hrsg. von E. Schönfeld, A. Winnecke. Leipzig: W. Engelmann. 8⁰.

Vierteljschr. d. naturf. Ges. Zürich. = Vierteljahrschrift der naturforschenden Gesellschaft in Zürich. Red. von Rud. Wolf. Zürich: Höhr in Comm. 8⁰. R.

Virchow's Arch. sh. **Arch. f. path. Anat.**

Warsch. Univ. Isw. = Nachrichten (Iswestija) der Warschauer Universität. Warschau. (Russisch.)

Wied. Ann. = Annalen der Physik und Chemie. Unter Mitwirkung der Physikalischen Gesellschaft zu Berlin und insbesondere des Herrn H. von Helmholtz hrsg. von G. Wiedemann. Leipzig: J. A. Barth. 8⁰. 3 Bände. R.

Wien. Anz. = **Wien. Anzeig.** = Anzeiger der Kaiserlichen Akademie der Wissenschaften. — Mathematisch naturwissenschaftliche Classe. — XXII. Jahrgang. 1884. N. I—XXVIII. Wien: Aus der K. K. Hof- und Staatsdruckerei. 8⁰. R.

Wien. Ber. = Sitzungsberichte der mathematisch-naturwissenschaftlichen Classe der Kaiserlichen Akademie der Wissenschaften. LXXXIX. und XC. Bd. ··· Abtheilung (I. Abtheilung enthält die Abhandlungen aus dem Gebiete der Mineralogie, Botanik, Zoologie, Geologie und Paläontologie. II. Abtheilung ··· Mathematik, Physik, Chemie, Mechanik, Meteorologie und Astronomie. III. Abtheilung ··· Physiologie, Anatomie und theoretischen Medicin.) Jahrgang 1884. Wien: in Comm. bei Carl Gerold's Sohn. 1884. (Der Band jeder Abtheilung besteht aus 5 Heften.) R.

Wien. Denkschr. = Denkschriften der Kaiserlichen Akademie der Wissenschaften. Mathematisch naturwissenschaftliche Classe. Wien: Gerold's Sohn in Comm. Imp. 4⁰.

Wien. med. Blätter = Wiener medizinische Blätter ···. Hrsg. von Wilh. Schlesinger. Red.: G. A. Egger. Wien: Braumüller in Comm. 52 Nrn. Imp. 4⁰. (I. Jahrg. 1878.)

Wien. med. Presse = Wiener medizinische Presse. Organ für praktische Aerzte. Hrsg. u. Chef-Red: Joh. Schnitzler. Mit Beiblatt: Wiener Klinik. Vorträge aus der gesammten praktischen Heilkunde. Wien: Urban und Schwarzenberg. 12 H. gr. 8⁰.

Wien. med. Rundschau = Medicinisch-chirurgische Rundschau ··· hrsg. von W. F. Loebisch. Wien: Urban u. Schwarzenberg. 12 H. gr. 8⁰.

Wien. med. Wochenschr. = Wiener medizinische Wochenschrift. Hrsg. u. Red.: L. Wittelshöfer. Wien: Seidel & Sohn in Comm. gr. 8⁰.

Wochenschr. D. Ing. = Wochenschrift des Vereins deutscher Ingenieure sh. ZS. D. Ing.

Wolf Vierteljahrsschrift = **Wolf ZS.** sh. **Vierteljschr. d. naturf. Ges. Zürich.**

Württemb. Corr.-Bl. = Medicinisches Correspondenz-Blatt des württembergischen ärztlichen Landesvereins. Aus Auftrag desselben hrsg. von B. Arnold, O. Köstlin, J. Teuffel. Stuttgart: Schweizerbart. gr. 4°. 40 N.

Württemb. Jahrb. f. Statistik = Württembergische Jahrbücher für Statistik nnd Landeskunde. Hrsg. v. dem k. statistisch-topograph. Bureau. Stuttgart: Kohlhammer. Lex. 8°.

Würz. Ber. = Sitzungsberichte der physikalisch-medicinischen Gesellschaft zu Würzburg. Würzburg: Stahel. gr. 8°.

Würz. Verh. = Verhandlungen der physikalisch-medicinischen Gesellschaft in Würzburg. Würzburg: Stahel. gr. 8°.

Zool. Anzeiger = Zoologischer Anzeiger hrsg. v. J. Vict. Carus. Leipzig: Engelmann. 26 N. gr. 8°.

Zool. Gart. = Der Zoologische Garten. Zeitschrift für Beobachtung, Pflege und Zucht der Tiere. Gemeinsames Organ f. Deutschland und angrenzende Gebiete. Hrsg. von der „Neuen Zoologischen Gesellschaft“ in Frankfurt am Main. Red. v. F. C. Noll. Frankfurt a. M.: Mahlau & Waldschmidt. 8°. 12 H.

ZS. anal. Chem. = Zeitschrift für analytische Chemie. Hrsg. von C. Remigius Fresenius unter Mitwirkung von Heinr. Fresenius. Wiesbaden: Kreidel. 4 H. gr. 8°.

ZS. d. d. ö. A. V. = Zeitschrift des deutschen und österreichischen Alpenvereins. Redigirt von Th. Trautwein. Wien. München: Lindauer in Comm. gr. 8°.

ZS. d. geol. Ges. = **ZS. d. deutschen geol. Ges.** = Zeitschrift der deutschen geologischen Gesellschaft. Berlin: Hertz. 4 H. gr. 8°.

ZS. d. Ges. f. Erdk. sh. **ZS. f. Erdk.**

ZS. D. Ing. = Zeitschrift des Vereins deutscher Ingenieure. Red. Th. Peters. Nebst Wochenschrift desselben Vereines. Berlin: Springer in Comm. 12 H. und 52 N. Imp. 4°.

ZS. d. k. preuss. statist. Bur. = Zeitschrift des königl. preussischen statistischen Bureaus. Berlin: Verlag des k. stat. Bureaus. Imp. 4°.

ZS. d. V. f. Rübenz. = Zeitschrift des Vereins für die Rübenzucker-Industrie. des Deutschen Reichs. Hrsg. vom Vereins-Directorium. Red. Karl Stammer. Berlin: Verein für die Rübenzucker-Industrie des Deutschen Reichs. 8°. 12 H.

ZS. f. angew. Elekr. = Zeitschrift für angewandte Elektricitätslehre ... Hrsg. von F. Uppenborn jun. München: Oldenbourg. 24 N. Lex. 8°.

ZS. f. Berg- u. Hüttenw. = Zeitschrift für das Berg-, Hütten- und Salinenwesen in dem preussischen Staate, hrsg. im Ministerium der öffentl. Arbeiten. Berlin: Ernst & Korn. 6 H. gr. 4°.

ZS. f. Biol. = Zeitschrift für Biologie von M. v. Pettenkofer u. C. Voit. München: Oldenbourg. 4 H. gr. 8°.

ZS. f. Erdk. = Zeitschrift der Gesellschaft für Erdkunde zu Berlin .... hrsg.

von W. Koner. Nebst: Verhandlungen der Gesellschaft für Erdkunde zu Berlin. Red.: G. Nachtigal. Berlin: D. Reimer. 6 H. u. 18 N. 8⁰.

ZS. f. Forst- und Jagdwesen = Zeitschrift für Forst- und Jagdwesen. Zugleich Organ für forstliches Versuchswesen. Hrsg. ··· v. B. Danckelmann. Berlin: Springer. (Mit Müttr. Beobergebn.)

ZS. f. Gasb. = **ZS. f. Gasbeleuchtung** = Zeitschrift für Gasbeleuchtung und Wasserversorgung.

ZS. f. Instrk. IV = Zeitschrift für Instrumentenkunde. Organ für Mittheilungen aus dem gesammten Gebiete der wissenschaftlichen Technik. — Hrsg. von E. Abbe in Jena, Fr. Arzberger in Wien, C. Bamberg in Berlin, ··· Red.: A. Leman und A. Westphal. Vierter Jahrgang. 1884. Berlin: Julius Springer. R.

ZS. f. Kryst. = Zeitschrift für Krystallographie und Mineralogie unter Mitwirkung zahlreicher Fachgenossen des In- und Auslandes, hrsg. von P. Groth. VIII. Bd. ··· Leipzig: Wilhelm Engelmann. 1884. 6 H. R. IX. Bd. ··· 1884.

ZS. f. Math. (u. Phys.) = Zeitschrift für Mathematik und Physik, hrsg. unter der verantwortlichen Redaction von O. Schlömilch, E. Kahl und M. Cantor. ··· Leipzig: B. G. Teubner. 8⁰.

ZS. f. Met. = Zeitschrift der österreichischen Gesellschaft für Meteorologie. Red. von J. Hann. Wien: Braumüller. 12 H. Lex. 8⁰.

ZS. f. Naturw. = **ZS. f. ges. Naturw.** = Zeitschrift für Naturwissenschaften····. Hrsg. vom naturwissenschaftlichen Vereine für Sachsen und Thüringen in Halle ···. Berlin: Parey. 6 H. gr. 8⁰.

ZS. f. Ohrenheilk. = Zeitschrift für Ohrenheilkunde. Unter Mitwirkung von C. Agnew, E. Berthold, G. Brunner etc. hrsg. von H. Knapp und S. Moos. Wiesbaden: Bergmann. 4 H. gr. 8⁰.

ZS. f. physiol. Chem. = Zeitschrift für physiologische Chemie, unter Mitwirkung von E. Baumann, Gätgens, O. Hammersten etc. hrsg. von F. Hoppe-Seyler. Strassburg: Trübner. gr. 8⁰.

ZS. f. vergl. Augenheilk. = Zeitschrift für vergleichende Augenheilkunde, unter Mitwirkung von O. Bollinger, L. Franck, R. Leuckart u. A. hrsg. von K. Berlin und O. Eversbusch. Leipzig: F. C. W. Vogel. 2 H. gr. 8⁰. (Erscheint mit der Deutschen Zeitschrift für Thiermedicin und vergleichende Pathologie. ···)

ZS. f. Verm. = Zeitschrift für Vermessungswesen. Organ des deutschen Geometervereins. Unter Mitwirkung von F. R. Helmert und F. Lindemann hrsg. von W. Jordan. Stuttgart: Wittwer in Comm. 24 H. gr. 8⁰.

ZS. f. wiss. Geogr. = Zeitschrift für wissenschaftliche Geographie, in Verbindung mit O. Delitsch, J. I. Egli, Th. Fischer etc. hrsg. von J. I. Kettler. Lahr: Schauenberg. 6 H. Lex. 8⁰.

ZS. f. wiss. Zool. = Zeitschrift für wissenschaftliche Zoologie, hrsg. von Carl Thdr. v. Siebold u. Alb. v. Köllicker unter der Red. von Ernst Ehlers. Leipzig: Engelmann. gr. 8⁰.

Zürch. Vierteljschr. sh. **Vierteljschr. d. naturf. Ges. Zürich.**

Bedeutung der Abkürzungen für die einzelnen Abschnitte.

I. Allgemeine Physik.

- I. 1a. Allgemeines.
- I. 1b. Maass und Messen.
- I. 1c. Allgemeine Laboratoriumseinrichtungen.
- I. 2. Dichtigkeit.
- I. 3a. Allgemeine Molecularphysik.
- I. 3b. Krystallographisches.
- I. 4. Mechanik.
- I. 5. Hydrodynamik.
- I. 6. Aërodynamik.
- I. 7. Cohäsion und Adhäsion.
  - I. 7a. Elasticität und Festigkeit.
  - I. 7b. Capillarität.
  - I. 7c. Lösung.
  - I. 7d. Emulsion und Suspension.
  - I. 7e. Diffusion.
  - I. 7f. Absorption.

II. Akustik.

- II. 8. Physikalische Akustik.
- II. 9. Physiologische Akustik.

III. Optik.

- III. 10. Theorie des Lichtes.
- III. 11. Fortpflanzung, Spiegelung und Brechung des Lichtes.
- III. 12. Objective Farben, Spectrum, Absorption.
- III. 13. Photometrie.
- III. 14. Phosphorescenz und Fluorescenz.
- III. 15. Interferenz, Polarisation, Doppelbrechung, Krystalloptik.
  - III. 15a. Circularpolarisation.
  - III. 15b. Krystalloptik.
- III. 16. Chemische Wirkungen des Lichtes.
- III. 17. Physiologische Optik.
  - III. 17a. Der dioptrische Apparat des Auges.
  - III. 17b. Physiologie der Retina.
  - III. 17c. Farbensinn.
  - III. 17d. Psychische Verarbeitung der Gesichts-Eindrücke.
  - III. 17e. Wirkungen des Lichtes auf Pflanzen und niedere Thiere.

III. 18. Optische Apparate.
III. 18a. Spiegel und Spiegelinstrumente.
III. 18b. Refractionsinstrumente.
1) Fernrohr und Theile desselben.
2) Mikroskop und Theile desselben.
3) Spectroskop.
4) Photographische Apparate.
III. 18c. Verschiedene optische Instrumente.

IV. Wärmelehre.

IV. 19. Theorie der Wärme und calorische Maschinen.
Allgemeines.
a. Erster Hauptsatz.
b. Zweiter Hauptsatz.
c. Anwendung beider Hauptsätze auf die Theorie der thermischen Aenderungen.
d. Gastheorie.
e. Technische Anwendungen der mechanischen Wärmetheorie.
IV. 20. Thermometrie und Ausdehnung.
IV. 21. Quellen der Wärme.
IV. 21a. Mechanische Quellen der Wärme.
IV. 21b. Chemische Quellen der Wärme, Verbrennung.
IV. 21c. Physiologische Quellen der Wärme.
IV. 22. Aenderung des Aggregatzustandes.
IV. 23. Specifische Wärme, Calorimetrie.
IV. 24. Verbreitung der Wärme.
IV. 24a. Wärmeleitung.
IV. 24b. Wärmestrahlung.
IV. 24c. Radiometer und Bolometer.

V. Elektricitätslehre.

V. 25. Allgemeine Theorie der Elektricität und des Magnetismus nebst Diëlektricität.
V. 26. Elektricitätserregung.
V. 27. Elektrostatik.
V. 28. Batterieentladung.
V. 29. Galvanische Ketten.
V. 30. Galvanische Messapparate.
V. 31. Theorie der Kette.
V. 32. Elektrochemie.
V. 33. Thermoelektricität.
V. 34. Elektrische Wärmeerzeugung.
V. 35. Elektrisches Licht.
V. 36. Magnetismus.
V. 37. Elektromagnetismus.
V. 38. Elektrodynamik, Induction.
V. 39. Elektrophysiologie.
V. 40. Anwendungen der Elektricität.
V. 40a. Elektrische Maschinen und Kraftübertragung.
V. 40b. Accumulatoren.
V. 40c. Elektrisches Bogenlicht und Glühlicht.

V. 40d. Telephon und Mikrophon.
V. 40e. Telegraphie.
V. 40f. Verschiedenes.

VI. Physik der Erde.

VI. 41. Astrophysik.
VI. 41 A. Allgemeines. Theorie der Gestirnbewegungen. Beobachtungen von Observatorien.
VI. 41 B. Die Planeten und ihre Trabanten.
VI. 41 C. Die Fixsterne und Nebel.
VI. 41 D. Die Sonne.
VI. 41 E. Die Kometen.
VI. 41 F. Die Sternschnuppen.
VI. 41 G. Meteorsteine.
VI. 41 H. Das Polar- und Zodiakallicht.

VI. 42. Meteorologie.
VI. 42 A. Allgemeines. Theorien. Kosmische Meteorologie; allgemeine Eigenschaften der Atmosphäre (Zusammensetzung etc.).
VI. 42 B. Apparate.
VI. 42 C. Meteorologische Optik.
VI. 42 D. Temperatur.
VI. 42 E. Luftdruck und Höhenmessungen.
VI. 42 F. Winde.
VI. 42 G. Feuchtigkeit, Wolken und Nebel.
VI. 42 H. Atmosphärische Niederschläge.
VI. 42 J. Allgemeine Beobachtungen (Klimatologie), Beobachtungen auf Reisen.

VI. 43. Erdmagnetismus.

VI. 44. Atmosphärische Elektricität. Erdströme.

VI. 45. Physikalische Geographie.
VI. 45 A. Physik der Erde.
1. Ortsbestimmungen, Pendelbeobachtungen, allgemeine Eigenschaften der Erde (Dichte etc.)
2. Boden- und Erdtemperatur.
3. Vulkane.
4. Erdbeben.
5. Hebungen und Senkungen, Gebirge, Thalbildungen, Niveauveränderungen, besondere Verwitterungserscheinungen.
6. Theorien der Erdbildung.

VI. 45 B. Physik des Wassers.
1. Meere (Oceanographie).
2. Seen.
3. Flüsse.
4. Quellen, Grundwasser.
5. Glacialphysik. Eis, Eiszeit, Gletscher.

VI. 46. Geographie und Reisen, in denen physikalische Beobachtungen sich vorfinden.

Inhalt.

Erster Abschnitt.

Allgemeine Physik.

Seite

1a. Sammelwerke und Abhandlungen, die sich auf die gesammte Physik oder grössere Theile derselben beziehen, historische Werke derselben Art und Biographieen.

1b. Maass und Messen.

1c. Laboratoriumseinrichtungen.

2. Dichtigkeit.

3a. Allgemeine Molecularphysik.

3b. Krystalle.

4. Mechanik.

5. Hydromechanik.

Zweiter Abschnitt.

Akustik.

8. Physikalische Akustik.

9. Physiologische Akustik.

a) Physiologische Erzeugung des Schalles.

Verzeichniss der Herren, welche für die 1. Abtheilung des XL. Jahrganges (1884) der Fortschritte der Physik Berichte geliefert haben.

Herr Dr. Böttger (*Bgr.*) in Berlin.
Dr. Budde (*Bde.*) in Berlin.
Prof. Dr. Chwolson (*O. Chw.*) in Petersburg.
Dr. R. Cohen (*Cn.*) in Berlin.
Dr. Grunmach (*L. Grnm.*) in Berlin.
Dr. Gruss (*Gr.*) in Prag.
Prof. Dr. Hoh (*Hh.*) in Bamberg †.
Prof. Dr. Hoppe (*He.*) in Berlin.
Dr. F. Kötter (*F. K.*) in Berlin.
Prof. Dr. Lampe (*Lp.*) in Berlin.
Prof. Dr. Liebisch (*Lh.*) in Göttingen.
Prof. Dr. Lommel (*L.*) in München.
Dr. Pernet (*Pt.*) in Berlin.
Dr. Richarz (*Rz.*) in Endenich bei Bonn.
Dr. Rosochatius (*E. R.* u. *R.*) in Berlin.
Prof. Dr. Schumann (*Schn.*) in Berlin.
Dr. Siebert (*Sbt.*) in Lichterfelde.
Prof. Dr. Wangerin (*Wn.*) in Halle a./S.

Erster Abschnitt.

Allgemeine Physik.

1a. Sammelwerke und Abhandlungen, die sich auf die gesammte Physik oder grössere Theile derselben beziehen, historische Werke derselben Art und Biographien.

Litteratur.

A. Wüllner. Lehrbuch der Experimentalphysik. II. Bd.: Die Lehre vom Licht. Leipzig: B. G. Teubner. [Beibl. VIII, 543.

H. Resal. Physique mathématique: Electrodynamique, capillarité, chaleur, électricité, magnétisme, élasticité. Paris: Gauthier-Villars. VI+376 p.

F. Kohlrausch. Leitfaden der praktischen Physik mit einem Anhange. 5. Aufl. Leipzig: B. G. Teubner. [Beibl. VIII, 542; ZS. f. Math. u. Phys. XXX, litt.-Abth., 56.

G. Helm. Die Elemente der Mechanik und mathematischen Physik. Leipzig: B. G. Teubner. 22 p. [Beibl. VII, 782; ZS. f. Math. u. Phys., litt.-Abth., 54.

F. R. Helmert. Die mathematischen und physikalischen Theorien der höheren Geodäsie. 2. Thl. Die physikalischen Theorien. Leipzig: Teubner.

L. Blum. Lehrbuch der Physik und Mechanik für gewerbliche Fortbildungsschulen. 3. Aufl., bearbeitet von R. Blum. Leipzig: C. F. Winter.

R. H. Hofmeister. Leitfaden der Physik. Zürich: Orell, Füssli & Co.

W. Abendroth. Leitfaden der Physik mit Einschluss der einfachsten Lehren der Chemie und mathematischen Geographie. 2. Bd.: Kursus der Unter- und Oberprima. Leipzig: Hirzel. 290 p. 8°. [Liter. CBl. 1884, 1451; ZS. f. Math. u. Phys., litt.-Abth., 59.

Umschau auf dem Gebiete physikalischer Forschung. CBl. f. Elektrot. VI, Nr. 20.

Die Physik im Dienste der Wissenschaft, der Kunst und des praktischen Lebens. Herausgegeben von G. KREBS. Stuttgart. [ZS. f. Math. XXX, litt.-Abth., 60-62; Arch. d. Math. (2) II, Lit. Ber. VI, 15-16; Beibl. IX, 285.

CREUTZMANN und MÜLLER. Die wichtigsten physikalischen Eigenschaften der Körper, sowie die einfachsten Gesetze der Mechanik. Zusammengestellt und mit besonderer Rücksicht für den Vortrag an den Regimentsschulen der Artillerie bearbeitet. Dresden: Höckner. 31 S. 8°. *Bde.*

J. KOWALSKY. Sammlung von Experimenten um die einfachsten physikalischen und chemischen Erscheinungen zu demonstriren. (Russ.) Petersburg: Polubojarinoff 1884, 8°, 275 p.

Für den Elementarunterricht bestimmt; enthält 310 Abbildungen. *O. Chw.*

A. DANIELL. A textbook of the principles of physics. London: Macmillan. 642 p.. [(Titel) Science III, 631; Athenaeum 1884 I, 761; Nature XXX, 49.

C. J. WOODWARD. Mathematical physics. Acoustics, Light and Heat. Magnetism and Electricity. London. [Beibl. IX, 288.

J. VIOLLE. Cours de physique. I, 1 u. 2, Physique moléculaire. Paris: Masson. 1021 p. [Beibl. VIII, 542; Rev. scient. XXXIV, 695-696.

J. MOUTIER. Cours de physique. T. 1 fasc. 1. Paris: Dunod. 640 p.

H. PELLAT. Cours de physique à l'usage des élèves de la classe de mathématiques spéciales. Paris: Dupont. 830 p.

Questions de physique données à la Sorbonne aux

examens du baccalauréat ès sciences et du baccalauréat ès lettres. Enoncés et solutions. Paris: G. Masson. 86 S. kl. 8°.

A. Angot. Traité de physique élémentaire. Paris. [Beibl. IX, 479.

C. Haraucourt. Cours de physique. Paris: Hachette & Co. 504 p.

Edm. Jacquier. Problèmes de physique, de mécanique, de cosmographie, de chimie. Paris: Gauthier-Villars; [Rev. Scient. XXXIV, 697; La Nature XII (2) 231.

A. Focillon. Expériences et instruments de physique. Tours: Mame. 215 p.

A. Roiti. Elementi di Fisica. Libro di testo per i licei. 4 Bde. Firenze, Successori Le Monnier 1880 bis 1883. [Beibl. VIII, 845.

L. Palmieri. Nuove lezioni di fisica sperimentale e di fisica terrestre. Napoli. XII+895 p.

R. Ferrini. Trattato di fisica elementare ad uso delle scuole secondarie. F. Vallardi. 883 p. [Beibl. IX, 482; Cim. (3) XVI, 159.

A. Santel. Physikalische Kleinigkeiten. Prog. Gym. Görz. 24 S. 8°.

H. v. Helmholtz. Vorträge und Reden. Zugleich 3. Aufl. der Populären wissenschaftlichen Vorträge des Verfassers. Braunschweig: Vieweg & Sohn.

James Prescott Joule. The scientific papers of. Vol. I. London: Taylor and Francis. [Beibl. VIII, 541; Phil. Mag. (5) XVIII, 153-154; Nature XXX, 27-29; Chem. News. IL, 254.

P. de Heen. Essai de physique comparée. Mem. cour. de Belg. XXXVI, 166 p.

Lösung einer 1882 von der belgischen Akademie gestellten Preisaufgabe. Verf. begränzt seinen Zwek dahin, die Beziehungen, welche zwischen den verschiedenen Naturkörpern bestehen können, durch Vergleichung ihrer physicalischen Constanten zu bestimmen. Es werden zu dem Ende die specifischen Wärmen, die Ausdehnungscoefficienten, die Schmelz- und Siedepunkte, Capillaritätsconstanten von Körpergruppen verglichen; im Anhang werden auch Refractionsäquivalente, spectroskopische Eigenthümlichkeiten, VERDET'sche Constanten und calorische Absorptionscoefficienten berührt. *Bde.*

H. F. WEBER. Bericht über Gruppe 32 der schweizerischen Landesausstellung Zürich 1883. Physikalische Industrie. Wissenschaftliche Instrumente. Zürich: Orell, Füssli & Co.

Year Book of the scientific and learned societies of Great-Britain and Ireland: Giving an account of their origin, constitution and working. Compiled from official sources. Aus Engineering XXXVIII, 221.

LORD RAYLEIGH. Inaugural adress before the British Association for the advancement of science. Rep. Brit. Ass. 1884; Nature XXX, 410; Science IV, 179; Chem. News L, 95; Rev. scient. XXXIV, 417; [Athenaeum 1884, II, 265; L'Ingénieur conseil 1884, 86.

G. F. BARKER. An account of the progress in physics in the year 1883. From the Smithsonian report for 1883. Washington D. C., Gov't Printing Office. 2+52 S. 8⁰.

Oeuvres complètes de LAPLACE publiées sous les auspices de l'Académie des sciences par M. M. les secrétaires perpetuels. Tome VI. Paris: Gauthier-Villars 1884.

Oeuvres DE LAGRANGE. Herausgegeben von SERRET. Tom X. Paris: Gauthier-Villars 1884.

Mémoires de Coulomb; publiés par la Société franç. de physique. Paris: Gauthier-Villars 1884.

R. CLAUSIUS. Ueber den Zusammenhang zwischen den grossen Agentien der Natur. Bonn: Cohen & Sohn.

Sir W. R. Grove. The correlation of physical forces. London: Longmans-Green 1884.

K. Kroman. Unsere Naturerkenntniss. Beiträge zu einer Theorie der Mathematik nnd Physik. Kopenhagen: Höst & Sohn 1883, XVIII u. 458 S. gr. 8°. [Beibl. VIII, 83.

The duke of Argyll. The Unity of Nature. 2nd ed. Strahaw 576 S. 8°.

L. Secchi. Die Einheit der Naturkräfte. Uebersetzt von L. R. Schulze. 2. Aufl. Leipzig: Frohberg.

G. Zanon. Analisi delle ipotesi fisiche. Venezia, Tondelli 1885.

Amédéé Guillemin. Le Monde physique. Paris: Hachette 1884. 8°.

A. Frhr. v. Veyder-Malberg. Ueber die Einheit aller Kraft. Wien: Seydel & Sohn. 129 p.

Undeveloped sources of power. J. of the Telegr. XVII, No. 372.

Jos. Schlesinger. Substantielle Wesenheit des Raumes und der Kraft. Motive für die nothwendige Umgestaltung der gegenwärtig zur wissenschaftlichen Erklärung der Naturerscheinungen dienenden Grundlagen. ZS. d. österr. Ing.- u. Archit.-Ver. März 1884; Wien: Hölder in Comm. VIII+52 p. 8°.

B. Troost. Die Lichtäther-Hypothese zur Erklärung der Entstehung der Naturkräfte, der Körper, des Bewustseins und der Geisteskraft des Menschen naturwissenschaftlich begründet und gemeinfasslich dargestellt. Leipzig: Klötzsch.

K. Hullmann. Der Raum und seine Erfüllung. Eine Abhandlung zur Licht- und Wärmelehre. Berlin: Weidmann. [Lit. CBl. 1884, 1788; ZS. f. Math., litt.-Abth., 53.

B. Troost. Abschluss der Lichtätherhypothese etc. Leipzig: Klötsch.

F. Rosenberger. Die Geschichte der Physik in Grundzügen mit synchronistischen Tabellen der Mathematik, der Theorie und beschreibenden Naturwissenschaften, sowie der allgemeinen Geschichte.

II. Theil. Geschichte der Physik in der neueren Zeit (führt von 1600 bis zum Jahre 1780). Braunschweig: Vieweg 1884, 406 p. [Litt. CBl. 1884, 1787; ZS. f. Naturw. (4) IV, 203, Beibl. VIII, 733.

A. Heller. Geschichte der Physik von Aristoteles bis auf die neueste Zeit.

II. Band. Von Descartes bis Robert Mayer. Stuttgart: Enke, 1884. 753 p.; [Arch. d. Math. u. Phys. (2) I lit.-Abth. IV, 43, Beibl. VIII, 844.

Max. Marie. Histoire des sciences mathématiques et physiques. T. III-V.

T. III. De Viète à Descartes, IV. De Descartes à Huyghens, V. De Huyghens à Newton. Paris: Gauthiers-Villars. [Rev. Scient. XXXIII, 759-761; ZS. f. Math. u. Phys. XXIX, litt.-Abt., 180; Beibl. VIII, 878, wo Marié Davy statt Max. Marie gedruckt ist.

F. J. Studnička. Bericht über die mathematischen und naturwissenschaftlichen Publicationen der Königl. Böhm. Ges. der Wissenschaften. I Heft. Verh. Acad. Prag. Besonderes Bändchen.

Hardy. Der Begriff der Physik in der griechischen Philosophie. Band 1. Berlin: Weidmann. 8°.

Volta. Unedirte Briefe. Besprochen von den Brüdern A. und Z. Volta. Como 1883. 33 p.

A. Genevay. James Watt. Poitiers, impr. Tolmer & Co. Paris, libr. Delagrave. 93 S. kl. 8°.

E. Meyerson. R. Rey und das Gesetz von der Erhaltung der Materie. Rev. Scient. XXXIV, 299-303; [Beibl. VIII, 537; Chem. CBl. XV, 692.

E. Grimaux. Boyen und Jean Rey. Rev. Scient. XXIV, 408-409.

Meyerson macht darauf aufmerksam, dass der Arzt Jean Rey bereits in einem Werk, welches 1630 erschien, das Princip der Constanz des Gewichts aufgestellt und die Oxidation der Metalle als Aufnahme von Luft gedeutet habe. Wie klar seine Vorstellungen vom Gewichte der Luft gewesen sind, geht daraus hervor, dass er äussert, von zwei scheinbar gleich schweren Stücken Eisen und Gold sei das erstere thatsächlich schwerer, weil es mehr Luft verdränge. Lavoisier soll nichts von Rey gewusst haben, doch bemerkt Grimaux, dass Rey von Boyen citirt wird. *Bde.*

J. Franz. Festrede aus Veranlassung von Bessel's hundertjährigem Geburtstag. Schr. d. Königsb. Ges. XXV, 113-134; Berlin: Friedländer 1884.

F. Rudio. Leonhard Euler. Vortrag gehalten auf dem Rathhause in Zürich am 6. December 1883. Basel: Benno Schwabe 1884. 24 S. 8°.

v. Voit. Peter Theophil Riess. Münch. Sitzber. 1884, 241-244.

E. Schering. Todesanzeige von Ernst Friedrich Wilhelm Klinkerfues. Astron. Nachr. CVIII, 65-68.

E. von Meyer. Zur Erinnerung an Hermann Kolbe. Kolbe's J. XXX, 417-466.

Zusammenstellung der Arbeiten von Wilhelm Siemens. Verhandl. d. Ver. z. Beförd. d. Gewerbefleisses, 1884, Januar.

W. Kraus. Siemens und Edison. Elektrot. Rundschau, Nr. 6. Halle a./S. 1883.

Aimé Witz. Sir William Siemens. Revue des questions scient. 1884, livr. 2.

Gustav van Muyden. Die Gebrüder Siemens. Westermann's illust. d. Monatsh. XXVIII, Oct.

Strecker. Nachruf für Dr. Hagen †. Glaser's Ann. f. Gew. u. Bauw. Nr. 163.

Jul. Wilh. Gintl. ZS. f. Elektrot. II, Nr. 12.

A. Seidl † 27. December 1883 zu Bodenbach. ZS. f. Met. XIX, 30.

W. Rollmann. Friedrich Adolph Nobert. Mitth. a. d. naturw. Ver. Greifswald XV.

Sir Edward Sabine. Monthly Not. XLIV, 136-138.

J. Tyndall. Faraday as a discoverer. London: Longmans. 4 ed. 212 S. 12°.

William Spottiswoode. Monthly Not. XLIV, 150-153.

Robert Angus Smith †. Athen. 1884 I, 635-636, No. 2951.

Bierens de Haan. Matériaux pour l'histoire des sciences mathématiques et physiques dans les Pays-Bas. K. Acad. Amsterdam (2) XIX, 249-295.

A. Brieger. Die Urbewegung der Atome und die Weltentstehung bei Leukipp und Democrit. Progr. Stadt G. Halle a. S.

J. Masson. The atomic theory of Lucretius contrasted with modern doctrines of atoms and evolution. London: Bell. 254 p.

A. de Rochas. La science dans l'antiquité. Les origines de la science et ses premières applications. Paris: G. Masson. 288 p. [Beibl. VIII, 406.

— — Sur la science des philosophes et l'art des thaumaturges dans l'antiquité. Bull. de la Soc. de statistique, de sc. nat. et desarts indust. du départ. de l'Isère (3) XI, 1882; [Rev. trav. scient. IV, 158-159.

— — Les savants de la renaissance. Le père Schott. La Nat. No. 580, 85-87.

Terquem. Les origines de la physique. Rev. scient. 1884, I, 10.

Dan. Bernoulli und Leonh. Euler. Die Basler Mathematiker . . . gefeiert v. d. naturf. Gesell. Basel: Georg.

F. Fischer. Johannes Keppler's Leben und Entdeckungen. Prog. Leipzig. Realsch. II. Ord. 35 S. 4°.

K. Lassovitz. Giordano Bruno und die Atomistik. Beibl. VIII, 167; Aus d. Vierteljahrsschrift für wissenschaftl. Philos. VIII, 18-55.

Wilh. Stoss. Le Sage als Vorkämpfer der Atomistik. Inauguraldiss. 60 p. Halle.

F. Fischer. Joh. Keppler's Leben und Entdeckungen. Prog. Realsch. II. Ord. Leipzig. 35 S. 4°. [Arch. d. Math. u. Phys. (2) I, Lit. Ber. IV, 44.

P. van Geer. Het geboorte-jaar van Willebrordus Snellius. Overgedr. uit het Album der Natuur. 4. S.

— — Notice sur la vie et les travaux de W. Snellius. Ext. des Arch. Néerl. XVIII, 16 p.; [Arch. d. Math. u. Phys. (2) I, Lit. Ber. IV, 45-46.

Jul. Fries. Prokop Divisch. Ein Beitrag zur Geschichte der Physik. Programm d. Oberrealschule Olmütz.

E. Perrochet. Notes sur le savant Ohm. Musée neuchâtelois XXI, Juin 1884.

Zimmermann. Faraday's wichtigste Entdeckungen. Prog. Lübben i. d. L. Realprogymn. 16 S. 4°.

A. Favaro. Einige unedirte Schriften von Galileo Galilei, entnommen den Manuscripten der Biblioteca nazionale zu Florenz. Beibl. VIII, 536; aus Boncompagni Bulletino XVI, 1 u. 135, 1883.

L'abbé Moigno. La Nat. [2] XII, 126; Nature XXX, 291.

Claude Jouffroy. La Nat. 1884 II, 209, No. 588.

J. B. Dumas. Charles et Henri Sainte-Claire Deville. Rev. scient. 1884 I, 577-586.

— — Athenaeum 1884 I, 508, No. 2947.

Comte d'Haussonville, J. Bertrand, Rolland, Wurtz, Melsens. Discours prononcés aux obsèques de M. Dumas. C. R. XCVIII, 934-945.

Ph. Gilbert. Victor Puiseux, Esquisse biographique. Bruxelles: A. Vromant. 8°. (Extrait de la Revue des questions scientifiques).

CH. D. COMBEROUSSE. J. B. DUMAS. (1800—1884.) Paris. Imp. Chaix. (40 S. 8° u. Portr.) Extrait du Génie civil.

ANTOINE FRANÇOIS JOSEPH YVON VILLARCEAU. Monthly Not. XLIV, 154-158.

R. P. DELSAUX. Les travaux scientifiques de JOSEPH PLATEAU. Revue des questions scient. 1884 livr. 2.

WURTZ †. Athenaeum 1884 I, 636, No. 2951.

GASTON TISSANDIER. EUGÈNE BOURDON. La Nat. 1884 II, 289-291.

FRIEDEL, BOUQUET DE LA GRYE. Discours prononcés aux obsèques de M. WURTZ. C. R. XCVIII, 1199-1205.

The late M. YVON VILLARCEAU. Nature XXIX, 246.

J. BERTRAND. Eloge de M. VICTOR PUISEUX. Paris. Impr. Firmin-Didot & Co. Institut de France. 14 p. 4°.

EDM. BECQUEREL. Notice sur les travaux de M. TH. DU MONCEL. C. R. XCVIII, 453-56.

G. A. HIRN. Biographie de O. HALLAUER. Mulhouse. Imp. Bader, 1884. 4°.

G. T(ISSANDIER). HENRI LARTIQUE. La Nat. 1884 II, 403 No. 600.

GASTON PLANTÉ. ZS. f. Elektrot. Wien 1884. 2. Jahrg. Heft 3.

JAMIN. Discours prononcé à Broglie à l'occasion de l'inauguration du monument de FRESNEL. C. R. XCIX, 451-463; La Nat. 1884 II, 255-256.

F. UPPENBORN. Kalender für Elektrotechniker. München und Leipzig bei Oldenburg 1884.

Enthält Logarithmen, trigonometrische Tabellen, Potenzentafeln, Maass- und Gewichtstabellen nebst Vergleichstabellen, Dimensionen der Erde, häufig gebrauchte mathematische Formeln, Dichtigkeitstabellen, Formeln für Trägheitsmomente, Angaben über Geschwindigkeiten, über Reibung und Festigkeit nebst gesammelten Formeln aus der Mechanik. Unter „Akustik" sind die Grundformeln und eine Reihe von Schallgeschwindigkeiten angegeben; unter „Optik" photometrische Notizen und Brechungsexponenten, unter „Wärme" Ausdehnungscoefficienten, Schmelz- und Siedepunkte, latente, specifische und Verbrennungswärmen; unter „Magnetismus und Electricität" Declinations- und Intensitätstafeln, Spannungsreihen, Widerstandsformeln, Morsealphabet, Atomgewichte. Unter „Maschinen" die einfachen Maschinen, Formeln der Dampfmaschinentheorie, Brennmaterial, Heizungsvorschriften etc. Unter „Electrotechnik" die absoluten und technischen Einheiten, Widerstandstabellen (sehr eingehend), Dielectricitätsconstanten, Polarisationswerthe, elektrische Messmethoden, nebst ziemlich eingehender Behandlung der Dynamomaschinen. Zum Schluss gemeinnützige Sammlung von Gesetzen, Reglements u. dergl.

R. BIEDERMANN. Techniker-Kalender. Berlin, Springer 1884.

Enthält an Dingen, die den Physiker interessiren können: Atomgewichte, Volumgewichte, Spectralreactionen. Eine Beilage bringt Münztabellen, mathematische Formeln, Maass und Gewicht, Thermometrisches, Kältemischungen, Siede- und Schmelzpunkte, specifische Wärme, Wärmetönungen, Ausdehnungscoefficienten, Dampfspannungen, Brechungsindices, Drehungsvermögen, Atomgewichte, einzelne electrische Leitungsfähigkeiten u. dergl.

Zu den Ann. de chim. et phys. ist gegen Ende des Jahres 1884 ein von 1885 datirter Registerband erschienen, der die Jahre 1874—1883 umfasst. *Bde.*

1b. Maass und Messen.

R. LEHMANN-FILHÉS. Beitrag zur Methode der kleinsten Quadrate. Astron. Nachr. CX, Nr. 2622, 81-96†.

T. N. THIELE. Ueber Ausgleichung abgerundeter Beobachtungen. Ibid. Nr. 2633, 257-262†.

R. LEHMANN-FILHÉS. Bemerkungen zu dem Artikel des Herrn Prof. THIELE: „Ueber Ausgleichung abgerundeter Beobachtungen. Ibid. Nr. 2633 u. Nr. 2638, 369 bis 372†.

Neben den constanten und zufälligen Beobachtungsfehlern will Hr. LEHMANN-FILHÉS noch eine dritte Klasse von gewissen Fehlern einführen, welche bei der Ablesung des beobachteten Werthes begangen werden. Er untersucht in der ersten Abhandlung den Einfluss, welcher durch die Abrundung der Ablesungen auf den mittleren Beobachtungsfehler hervorgebracht wird, und gelangt zu dem Resultate, dass, wenn man aus Wiederholungen einer Beobachtung den mittleren Fehler der einzelnen Beobachtungen bestimmen will, man nicht die bekannte Formel

$$\sqrt{\frac{(\delta\delta)}{n-1}},$$

welche stets eine zu grosse scheinbare Genauigkeit des Resultats ergebe, anwenden dürfe, sondern dass zu der Grösse unter dem Wurzelzeichen noch eine additive Grösse $\frac{\varepsilon^2}{3}$ hinzutreten müsse, in welcher ε das halbe Intervall der beiden ganzen Nachbarablesungen bedeutet. Hr. THIELE sucht in der zweiten Abhandlung nachzuweisen, dass dies Resultat auf einem Irrthume beruhen müsse, während Hr. LEHMANN-FILHÉS in seiner Replik die Einwände des Hrn. THIELE zurückweist und seine frühere Behauptung aufrecht erhält. *L. Grnm.*

W. WERNER. Das Idiometer. ZS. f. Instrk. IV, 129-132.

Beschreibung eines Instrumentes zur Bestimmung des Werthes der absoluten persönlichen Gleichung. *Rz.*

Travaux et mémoires du bureau international des poids et mesures, publiés sous l'autorité du comité international par le directeur du bureau. Paris: Gauthier-Villars 1884. Tome III†.

[International weights and measures. Nature XXX, 529-530, 612-613†.

Das vorliegende Werk ist die dritte Publikation des internationalen Maass- und Gewichtsbureaus zu Bréteuil. Unter der Verantwortlichkeit des internationalen Comités von dem Direktor des Bureaus, Hrn. Broch, veröffentlicht, zerfällt es in zwei umfangreiche Abhandlungen, von denen die erste Hrn. Benoit, die zweite Hrn. Marek zum Verfasser hat. Den Gegenstand der ersten Abhandlung bilden die Längenbestimmungen während der Jahre 1882 und 1883, welche von Hrn. Benoit in derselben Art und unter Anwendung derselben Apparate und Methoden ausgeführt wurden, die von dem Verfasser im II. Bande der Travaux et mémoires du bureau international des poids et mesures eingehend beschrieben und dargelegt sind. Für die Untersuchung der Stäbe in Flüssigkeiten empfiehlt sich nach den Erfahrungen des Verfassers die Anwendung von reinem destillirten Wasser für Stäbe aus Platin, Platin-Jridium, Bronze und Messing. Für Eisen- und Stahlstäbe ist zwar Petroleum eine recht geeignete Flüssigkeit, es entwickelt indessen in Folge der starken Verdunstung eine Atmosphäre, welche auf die Dauer für den Beobachter unerträglich wird; dagegen eignet sich, wie zuerst der Institutsmechaniker Wagner gefunden, eine gesättigte Boraxlösung, zumal sie hinsichtlich der Fluidität und der optischen Eigenschaften sich wie reines Wasser verhält, sehr gut für die Untersuchung von Eisen- und Stahlstäben. — Die Grundlage der folgenden Maassbestimmungen bildet das von dem Comité für die Arbeiten des internationalen Bureaus vorläufig als Urprototyp angenommene Platin-Iridiummeter J_2, dessen aus Vergleichungen mit dem Mètre des Archives abgeleitete Gleichung bei 0° lautet:

$$J_2 = 1 \text{ Meter} + 6{,}00\mu.$$

Die Resultate der Untersuchung sind in folgender tabellarischen Zusammenstellung niedergelegt:

Form und Bezeichnung des Maassstabs	Gleichung bei 0° C. bezogen auf (J_2—6μ)	Mittlerer Ausdehnungscoefficient zwischen 0° und t° C.
Normalmeterstab J_2 aus Platin-Iridium (Johnson - Matthey) X-Form	+ 6,00 μ	$10^{-9}(8594{,}6 + 1{,}26\,t)$

Form und Bezeichnung des Maassstabs	Gleichung bei 0° C. bezogen auf (J_2—6$^\mu$)	Mittlerer Ausdehnungs-coefficient zwischen 0° und t° C.
Normalmeterstab *I* aus Platin-Iridium (Johnson-Matthey) von rechteckigem Querschnitt	+76,04 μ	$10^{-9}(8602{,}9+2{,}09\,t)$
Normalmeterstab *II*, ähnlich dem vorigen	+80,61 μ	$10^{-9}(8569{,}1+2{,}79\,t)$
Normalmeterstab *III* aus Platin-Iridium (Johnson-Matthey), *X*-Form	+14,53 μ	$10^{-9}(8560{,}0+1{,}63\,t)$
Normalmeterstab No. 13 aus Platin-Iridium (Französ. Sektion) *X*-Form	+ 3,05 μ	$10^{-9}(8540{,}6+2{,}62\,t)$
Normalmeterstab *N* aus Bronze mit eingelegter Silberskale, Π-Form	+48,58 μ	$10^{-9}(17483+7{,}07\,t)$
Barometermaassstab T_1 aus Messing mit eingelegter Silberskale von rechteckigem Querschnitt	— 7,2 μ	$10^{-9}(18178+7{,}9\,t)$
Barometermaassstab T_2 derselben Art	—31,6 μ	$10^{-9}(18213+7{,}2\,t)$
Barometermaassstab T_3 derselben Art	— 0,5 μ	$10^{-9}(18037+4{,}7\,t)$
Barometermaassstab *P* aus Messing mit flachem, rechteckigem Querschnitt	—149,3 μ	$10^{-9}(18821+8{,}4\,t)$
Normalmeterstab *E* des spanischen Maass- und Gewichtsbureaus aus Platin von dreieckigem Querschnitt	+ 4,95 μ	$10^{-9}(8898)$
Normalmeterstab *US* (Repsold) aus Eisen mit eingelegten Platinplättchen, der Lake Survey der Vereinigten Staaten Amerikas, *H*-Form	+97,8 μ	$10^{-9}(10563)$
Normalmeterstab H_A der Wiener Normal-Aichungs-Kommission aus Messing mit eingelegten Silberplättchen, von flachrechteckigem Querschnitt	+14,1 μ	$10^{-9}(18708+3{,}00\,t)$
Normalmeterstab A_A der Wiener Normal-Aichungs-Kommission aus Messing mit eingelegter Silberskale, *H*-Form	— 8,9 μ	$10^{-9}(17971+3{,}15\,t)$

Form und Bezeichnung des Maassstabs		Gleichung bei 0°C. bezogen auf (J_2—6μ)	Mittlerer Ausdehnungs-coefficient zwischen 0° und t° C.
Normalmeterstab *F* aus Eisen der „Société genevoise" von quadratischem Querschnitt		—31,4 μ	10^{-9}(11063)
Normalmeterstab *L* aus Messing der „Société genevoise" von quadratischem Querschnitt		—62,6 μ	10^{-9}(19155)
Normalmeterstab (aus zwei Metallen) zum Basisapparat des französ. Kriegs-Depots	Messingmeter *C*	—111,8 μ	10^{-9}(18699)
	Stahlmeter *A*	+ 31,1 μ	10^{-9}(10420)
Normalmeterstab *Cu* aus Rothguss des Hrn. Tresca, *X*-Form		+ 10,7 μ	10^{-9}(16334+5,82 t)
Normalmeterstab *V* aus grünem Glase		+128,2 μ	10^{-9}(8392+4,8 t)

Die der Abhandlung anhangsweise beigefügten Tafeln enthalten neben den gesammten Originalbeobachtungen die Fehlertafeln für die angewandten Thermometer und für die Mikrometerschrauben.

Den zweiten, bei weitem grösseren Theil des Werkes bildet die Abhandlung des Hrn. Marek über die während der Zeit vom Oktober 1881 bis zum Januar 1883 im bureau international des poids et mesures ausgeführten Wägungsarbeiten. Die Abhandlung zerfällt in zwei Theile. Nach den Beschlüssen des internationalen Comités sollte das als internationales Prototyp angenommmene Platin-Iridiumkilogramm *K* III[1]) mit den anderen Normalkilogrammen des Bureaus verglichen, hierauf einer Volumenbestimmung durch Wasserwagung unterworfen und hernach wieder mit jenen Kilogrammen verglichen werden. Diesen Bestimmungen, welche eigentlich den Hauptgegenstand der ganzen Abhandlung bilden, mussten einige vorbereitende Untersuchungen vorangehen, welche sich auf die Ausdehnung des reinen Wassers beziehen, sowie auf den Einfluss, den die im Wasser gelöst enthaltene Luft auf die Dichtigkeit des Wassers ausübt.

Diese vorbereitenden Versuche, welche wohl noch an anderer Stelle dieser Berichte ihre Besprechung finden werden, sowie einige gleich näher zu erwähnenden Arbeiten bilden den

[1]) Vergleiche den folgenden Bericht.

ersten Theil der Abhandlung, während der zweite Theil ausschliesslich den eigentlichen Vergleichungen der internationalen Kilogramme gewidmet ist. In aller Ausführlichkeit werden im ersten Theile zunächst die Einrichtung und die Theorie der benutzten Hülfsinstrumente auseinandergesetzt, nämlich der Thermometer, der Barometer und der Hygrometer. Es schliesst sich daran eine Theorie der Wägung; insbesondere werden die beiden Methoden der Wägung eines Körpers in der Luft, die Tarirmethode und die GAUSS'sche Methode, ferner die Methode der hydrostatischen Wägung entwickelt und die nöthigen Formeln mit allen Korrektionen und Konstanten aufgestellt.

Als kubische Ausdehnungscoefficienten werden folgende Werthe angenommen:

Für Platin-Iridium (10 auf 100)	$+0{,}000025707\tau + 0{,}0000000086\tau^2$
- Bergkrystall	$+0{,}00003294\tau + 0{,}0000000371\tau^2$
- Französisches Krystallglas	$+0{,}00002220\tau$

Als specifisches Gewicht eines abgestumpften Kugelgewichts von 400 g aus sehr reinem Bergkrystall, bez. mit Q400, ergab sich bei 0° C. der Werth 2,65074.

Es folgen weiter die Ausgleichung eines OERTLING'schen Gewichtssatzes (bez. mit Oe) von 1000 g bis 1 mg aus Platin-Iridium, mit doppelten Zweierstücken, eines WESTPHAL'schen Gewichtssatzes (bez. mit W[1]) von 500 mg bis 1 mg aus Platin, mit doppelten Einerstücken, sowie schliesslich die Vergleichung des dem norwegischen Centralbureau für Maass- und Gewichtswesen gehörigen Normalkilogramms F aus vergoldetem Messing mit dem Platin-Iridium-Kilogramm S. Unter Zugrundelegung des Werthes

$$S = 1000{,}000470\,\text{g},$$

ergab sich für F der Werth $F = 1000{,}00267$ g.

Der zweite Theil handelt von den eigentlichen Vergleichungen folgender sechs Kilogramme: 1. des dem Bureau gehörigen internationalen Platin-Iridium-Prototyps K III, welches genau übereinstimmend mit dem Kilogramme des Archives gefunden worden war, 2. des dem Bureau gehörigen internationalen Platin-Iridium-Kilogramms K I, 3. des dem Bureau gehörigen Platin-Iridium-Kilogramms C, 4. des dem Bureau gehörigen Platin-

Iridium-Kilogramms *S*, 5. des der spanischen Regierung gehörigen Platin-Normalkilogramms *H* und 6. des der Normal-Aichungs-Kommission Oesterreichs gehörigen Platin-Normalkilogramms *Z*.

Die Volumina dieser Gewichtsstücke sind folgende:

		ml[1]) ml ml
Volumen von *K* I	bei τ^0 *C* =	$46{,}3975+0{,}001193\tau+0{,}000000399\tau^2$
- - *K* III	- - - =	$46{,}4005+0{,}001193\tau+0{,}000000399\tau^2$
- - *C*	- - - =	$46{,}5074+0{,}001175\tau+0{,}000000557\tau^2$
- - *S*	- - - =	$46{,}6406+0{,}001179\tau+0{,}000000558\tau^2$
- - *H*	- - - =	$47{,}6192+0{,}001286\tau$
- - *Z*	- - - =	$48{,}4368+0{,}001308\tau$

Die Endresultate der Vergleichungen sind in folgender tabellarischer Zusammenstellung wiedergegeben:

		mg mg
K I—*K* III	=	$-0{,}1232\pm0{,}0026$
C—*K* III	=	$+0{,}3217\pm0{,}0034$
S—*K* III	=	$+0{,}4632\pm0{,}0034$
H—*K* III	=	$-1{,}8762\pm0{,}0034$
Z—*K* III	=	$-1{,}3501\pm0{,}0034$

Mit Ausnahme des Gewichtsstückes *Z* haben sämmtliche Gewichtsstücke, wie aus mannichfachen Kontrolbestimmungen hervorgeht, sich als unverändert erwiesen.

Anhangsweise sind auch dieser Abhandlung sämmtliche Originalbeobachtungen sowie die Fehlertafeln für die benutzten Hülfsinstrumente beigefügt. *L. Grnm.*

Comité international des poids et mesures. Procès-verbaux des séances de 1883. Paris: Gauthier-Villars, 1884, 1-144†.

H. W. BLAIR. The international bureau of weigths and measures. Science III, 305-306†.

Die Sitzungsprotokolle enthalten zunächst die übliche Uebersicht über die Geschäftsleitung des internationalen Comités während des Jahres 1883, über die von ihm mit den einzelnen Mitgliedern und verschiedenen Gelehrten gepflogenen Verhandlungen und Korrespondenzen, über die Publikationen des Comités und des internationalen Bureaus und geben dann der Reihe nach

[1]) ml = Milliliter oder Kubikcentimeter.

Bericht über die Instrumente und Prototype, über die innere Organisation, über Personal, Bibliothek, Wohnräume, über die Rechnungsabschlüsse und über die Korrespondenz mit den einzelnen Regierungen. Zum Direktor des Bureaus wird Herr BROCH*) gewählt. — Ferner beschliesst das Comité, den türkischen Botschafter, Herrn HUSNY-BEY, welcher im Jahre 1875 zum Mitgliede der internationalen Meter-Kommission ernannt wurde, aber seit dem Jahre 1876 weder an einer der alljährlich stattfindenden Sessionen Theil genommen, noch auf eine der wiederholt an ihn ergangenen officiellen Mittheilungen seither überhaupt geantwortet hat, als nicht mehr zum Comité gehörig zu betrachten, und behält sich gemäss Artikel 14 des Reglements der Konvention eine Ersatzwahl für denselben vor. — Bezüglich der Instrumente wäre die Anschaffung von 70 Quecksilberthermometern zu erwähnen, welche sorgfältigst geprüft und den einzelnen nationalen Prototypen des Meters und des Kilogramms beigegeben werden sollen, ferner, dass die BUNGE'sche Vakuumwaage von Herrn STÜCKRATH mit einer ingeniösen Centrirvorrichtuug für die Aufsetzung der Gewichte versehen, und dass ferner die Achatschneiden derselben durch Stahlschneiden von ihm ersetzt worden sind. — An dem BRUNNER'schen Komparator sollen einige für die Vergleichung der Maassstäbe in Flüssigkeiten zweckmässige Einrichtungen ausgeführt werden. — Es wird das Programm für die von dem internationalen Bureau demnächst auszuführenden wissenschaftlichen Arbeiten festgesetzt, insbesondere für die Vergleichungen des Quecksilberthermometers mit dem Gasthermometer, sowie für die Längen- und Gewichtsbestimmungen. — Behufs Aufstellung der Gleichungen für die Prototype des Kilogramms wird beschlossen, das Platin-Iridium-Kilogramm *K* III, welches genau übereinstimmend mit dem Prototype des Archives gefunden worden ist, als internationales Urprototyp des Kilogramms zu wählen. Dieses Kilogramm *K* III soll vor Beginn aller Arbeiten mit drei anderen Normalkilogrammen verglichen und hierauf mit densel-

*) Inzwischen verstorben. Zur Zeit ist Direktor des Bureaus Hr. BENOIT. [D. Ref.]

ben im Gewölbe des internationalen Bureaus aufbewahrt werden. Wenn die relativen Gleichungen aller anderen Prototype aufgestellt worden sind, so sollen sie einzeln mit dem internationalen Urprototyp *K* III verglichen, und letzteres endlich am Schlusse aller Wägungen von Neuem mit jenen drei Normalkilogrammen verglichen werden zum Nachweis seiner Unveränderlichkeit. —

Anhangsweise ist den Sitzungsprotokollen beigefügt der 7. Jahresbericht (pro 1883) des internationalen Comités für Maass und Gewicht an die Signatarmächte der Meterkonvention. — Ein von dem internationalen Comité veröffentlichtes und den Protokollen gleichfalls beigefügtes Circulair enthält das Prüfungsreglement für die von dem internationalen Maass- und Gewichtsbureau in Gemässheit des Artikels 6 der Meter-Konvention auszuführenden Vergleichungen von Längenmaassen, von Gewichten, von getheilten Skalen, von Präcisions-Thermometern und Barometern, deren Verifikation und Beglaubigung von Regierungen, Behörden, wissenschaftlichen Instituten, Gelehrten und Künstlern gewünscht wird. Prüfungen und Beglaubigungen von Instrumenten, welche von Regierungen, die der Meterkonvention angehören, gewünscht werden, finden in erster Linie Berücksichtigung und erfolgen kostenfrei. Im Uebrigen werden, abgesehen von den Transportkosten der zur Prüfung eingesandten Instrumente, folgende Gebühren erhoben:

A.	1.	Für die Vergleichung eines Maassstabes bei gewöhnlicher Temperatur	20 Fr.
	2.	Für die Vergleichung eines Maassstabes bei drei Temperaturen	50 -
	3.	Für die Vergleichung eines Maasstabes bei fünf Temperaturen	80 -
	4.	Ausserdem für die Untersuchung der Theilungsfehler bis zu 130 Strichen	60 -
B.	1.	Für die Vergleichung eines Kilogramms	20 -
	2.	Für die Vergleichung eines Kilogramms und die Bestimmung des specifischen Gewichts	50 -
	3.	Für die Bestimmung eines Gewichtssatzes bis zu 15 Stücken	100 -

C.	1. Für die Bestimmung der Fundamentalpunkte und dreier anderer Punkte eines Thermometers	20 Fr.
	2. Für die Kalibrirung oder Vergleichung der Skale	60 -
D.	1. Für die Vergleichung eines Barometers nebst Bestimmung der Luftspannung im Vakuum	20 -
	2. Ausserdem für die Untersuchung der Theilung in einem Intervall von 50mm und des zugehörigen Thermometers	30 -

L. Grnm.

A. Hirsch et Th. von Oppolzer. Unification des longitudes par l'adoption d'un méridien initial unique et Introduction d'une heure universelle. Berlin: Georg Reimer 1884. [Science III, 517-518†, IV, 414-415†.

C. v. Bauernfeind. Die siebente Generalkonferenz der europäischen Gradmessung zu Rom im Oktober 1883. München: J. G. Cotta 1884†.

W. Foerster. Denkschrift über die Bedeutung eines universalen Systems von Zeit- und Längenangaben für den Dienst der Verkehrsanstalten und für die Wissenschaft. Berlin: W. Möser's Hofbuchdr. 1884.

R. Gauthier. L'unification des longitudes et l'introduction d'une heure universelle. Arch. sc. phys. (3) XI, 593-617†.

Caspari. Sur l'heure universelle. C. R. XCIX, 368-370†.

Der siebenten Generalconferenz der europäischen Gradmessung, welche im Oktober 1883 zu Rom tagte, lag ausser ihren eigentlichen Gradmessungsarbeiten ein neuer und wichtiger Berathungsgegenstand vor, welcher vom Senate der freien und Hansastadt Hamburg angeregt worden war, und der sich auf die Einführung eines universellen Anfangsmeridians und einer Universal-Zeit für den internationalen Verkehr, insbesondere für den Telegraphen-, Eisenbahn- und Dampfschiff-Verkehr, sowie für die Zwecke der beobachtenden Wissenschaften (Astronomie, Geodäsie, Meteorologie) bezog. Die Frage nach der Annahme eines Anfangs- oder Ersten Meridians, von dem aus alle geographischen

Längen zu zählen wären, hat, da von der Natur nicht ein Meridian gerade besonders ausgezeichnet ist, wie etwa der Erdäquator für die Zählung der geographischen Breiten, von Alters her die betheiligten Kreise beschäftigt. In neuerer Zeit wurde die Frage zuerst von dem internationalen Meteorologen-Kongress zu Rom im Jahre 1879, dann vom internationalen Geographen-Kongress zu Venedig im Jahre 1881 wieder angeregt, welcher den Wunsch aussprach, die Regierungen der verschiedenen Staaten möchten zu diesem Zwecke eine besondere Kommission ernennen. Durch Vermittelung der italienischen Regierung wurde im darauf folgenden Jahre dieser Wunsch den verschiedenen Regierungen unterbreitet, im Jahre 1883 endlich wandte sich der Hamburger Senat an die permanente Kommission der europäischen Gradmessung mit dem Ersuchen, ein Gutachten auszuarbeiten, welches als technische Grundlage für die Berathung und Schlussfassung eines völkerrechtlichen Vertragsentwurfs über die Wahl eines einheitlichen Anfangsmeridians und einer Universalzeit dienen sollte. Die Universalzeit sollte aber natürlich nur für den Weltverkehr eingeführt werden, für die Zwecke des bürgerlichen Lebens sollte nach wie vor die mittlere Sonnenzeit des Ortes, die Lokalzeit, in Geltung bleiben. Ein internationaler Nullmeridian, welcher als Ausgangspunkt aller Längenzählungen dienen soll, muss nun folgenden Bedingungen genügen: Er muss durch eine Sternwarte ersten Ranges gehen, denn er muss in erster Linie mit aller möglichen Genauigkeit astronomisch bestimmt und gegen Fixpunkte geodätisch festgelegt sein; er muss sich ferner an einem leicht zugänglichen Orte befinden, behufs Ermittelung von Zeit- und Längendifferenzen, sowie behufs Anschlusses an ein Dreiecksnetz erster Ordnung des umliegenden Landes, er muss drittens einem Institute angehören, welches für die Berechnung und den Verlag der jährlich erscheinenden astronomischen und nautischen Jahrbücher maassgebend ist. Es konnten unter diesen Umständen nur die vier Sternwarten von Greenwich, Paris, Berlin und Washington in Frage kommen, und unter diesen hatte nur der Meridian von Greenwich als der bei weitem verbreitetste die Aussicht, von einer internationalen diplomatischen Konferenz aller Kulturstaaten als gemeinsamer Nullmeridian angenommen zu werden. In Rom haben selbst die Franzosen sich für den Meridian von Greenwich ausgesprochen, wenn auch mit schwerem Herzen und mit dem Vorbehalte, dass die englische Regierung gewissermaassen zum Aequivalent für die Erhebung ihres Greenwicher Meridians zum Weltmeridian sich zur obligatorischen Einführung des internationalen metrischen Maass- und Gewichts-Systems in allen ihren Staaten, in denen es zur Zeit nur fakultativ gilt, baldmöglichst entschliesse. — Nach langen Berathungen und Verhandlungen gelangten schliesslich folgende Resolutionen seitens der siebenten Generalconferenz der europäischen Gradmessung in Rom zur Annahme:

1. Die einheitliche Zählung der Längen und der Zeit ist sowohl im Interesse der Wissenschaft, als in dem des Handels, der Schifffahrt und des internationalen Eisenbahn und Telegraphen-Verkehrs wünschenswerth.

2. Trotz mehrfacher Vortheile, welche die allgemeine Einführung der Decimaltheilung des Kreisquadranten in wissenschaftlicher wie praktischer Hinsicht zu bieten vermag, scheint es bei der Wichtigkeit der Einführung einer einheitlichen Längen- und Zeitzählung aus rein praktischen Rücksichten opportun, von derselben abzusehen.

3. Die Konferenz schlägt den Regierungen vor, den Meridian von Greenwich, welcher durch die Pfeileraxe des Meridianinstrumentes der dortigen Sternwarte geht, als Anfangsmeridian zu wählen.

4. Es empfiehlt sich, die geographischen Längen vom Meridian von Greenwich aus nur in der Richtung von West noch Ost von 0° bis 360° zu zählen.

5. Die Konferenz hält aus wissenschaftlichen, wie aus wirthschaftlichen Gründen hinsichtlich des Weltverkehrs die Einführung einer universellen Zeit neben den lokalen oder nationalen Zeiten, welche im bürgerlichen Leben fortbestehen sollen, für nothwendig.

6. Die Konferenz empfiehlt als Anfangspunkt der univer-

sellen Zeit und des kosmopolitischen Datums den mittleren Mittag von Greenwich anzunehmen, welcher mit dem Eintritt der Mitternacht oder dem Beginn des bürgerlichen Tages auf dem um 12 Stunden oder 180° von Greenwich entfernten Meridian zusammenfällt. Es empfiehlt sich, die universelle Zeit von 0 bis 24 Stunden zu zählen.

7. Es ist wünschenswerth, dass diejenigen Staaten, welche behufs des Anschlusses an die einheitliche Zählung der Längen und der Zeit ihren Meridian ändern müssen, das neue Längen- und Zeitsystem sobald als möglich und auch beim Unterrichte einführen.

8. Die Konferenz hofft, dass wenn der Meridian von Greenwich als Anfangsmeridian für die einheitliche Längen- und Zeitzählung der Erde allgemein angenommen wird, Grossbritannien hierin einen Beweggrund mehr finden wird, der internationalen Meterkonvention vom 20. Mai 1875 beizutreten.

9. Die vorstehenden Beschlüsse sollen den Staatsregierungen zur Kenntnissnahme zugleich mit dem Ausdrucke des Wunsches empfohlen werden, dass ein internationaler Vertrag, wie ihn die Vereinigten Staaten vorgeschlagen haben, über die Festsetzung eines einheitlichen Anfangsmeridians und einer universellen Zeit durch eine besondere Konferenz abgeschlossen werde.

L. Grnm.

WERNER SIEMENS. Ueber elektrische und Lichteinheiten nach den Beschlüssen der Pariser internationalen Konferenz. Elektrot. ZS. V, 244-246†.

Conférence internationale pour la détermination des unités électriques. II. Session. Paris, 1884.

Internationale elektrische Konferenz zu Paris 1884.
ZS. f. Opt. u. Mech. V, 142†; ibid. 178†; WIED. Ann. XXII, 616†.

Zu den im vergangenen Jahrgange dieser Berichte, Seite 12 bis 14, vom Referenten mitgetheilten Beschlüssen des internationalen Elektriker-Kongresses zu Paris sei an dieser Stelle noch hinzugefügt, dass als neue Arbeitseinheit angenommen worden ist das Watt, welches definirt ist als die Arbeit, welche von einem Strome, dessen Intensität 1 Ampère, und dessen elektromotorische Kraft 1 Volt ist, in der Zeiteinheit geleistet wird.

$$1 \text{ Watt} = 1 \text{ Volt-Ampère} = 10^7 [ML^2T^{-2}]$$

absolute Arbeitseinheiten (erg's).

Ferner ist die Lichteinheit folgendermaassen definirt worden:

Die Einheit des weissen Lichtes ist diejenige Lichtmenge, welche in senkrechter Richtung von 1 Quadratcentimeter geschmolzenen reinen Platins bei der Erstarrungstemperatur ausgestrahlt wird. Als Einheit jeder einfachen Lichtart gilt jene Lichtmenge derselben Art, welche in senkrechter Richtung von einem Quadratcentimeter geschmolzenen reinen Platins bei der Erstarrungstemperatur ausgestrahlt wird.

Zur Messung von Lichtintensitäten auf Grund dieser Einheit hat Hr. W. Siemens einen Apparat konstruirt, dessen Einrichtung auf Schmelzung eines dünnen Platindrathes durch den galvanischen Strom beruht. Vorausgesetzt wird, dass bei chemisch reinem Metall die Lichtmenge, welche vom schmelzenden Metall ausgestrahlt wird, gleich ist der vom erstarrenden Metall ausgestrahlten Menge. Die nähere Einrichtung des Apparates wird wohl an anderer Stelle dieser Berichte noch ihre Besprechung finden. *L. Grnm.*

F. Uppenborn. Das internationale elektrische Maasssystem im Zusammenhange mit anderen Maasssystemen. München u. Leipzig 1884, 1-26†.

Im Anschluss an die Grund- und mechanischen Einheiten werden in elementarer Weise die elektrostatischen und elektromagnetischen Einheiten und endlich die auf Grund der Beschlüsse der beiden Pariser Kongresse (1881 und 1884) auf internationalem Wege adoptirten praktischen elektromagnetischen Einheiten definirt und deren Beziehungen zu anderen gebräuchlichen Einheiten angegeben. Vergl. hierzu das vom Referenten im vorigen Jahrgange dieser Berichte, Seite 12—14 gegebene Referat.

L. Grnm.

PAUL VOLKMANN. Bemerkungen zu der zweiten Abhandlung des Hrn. C. BOHN „Ueber absolute Maasse“. WIED. Ann. XXI, 516-518†.

Hr. VOLKMANN weist in seiner Replik die Einwände des Hrn. BOHN (vergl. den vorigen Jahrgang dieser Berichte, Seite 7 bis 8) als irrthümlich zurück und erklärt es für zwecklos, die für die theoretische Astronomie richtige Dimensionsbestimmung

$$M = [L^3T^{-2}]$$

in die allgemeine Mechanik einzuführen. *L. Grnm.*

O. CHWOLSON. Das metrische Maass- und Gewichtssystem und dessen Einführung in Russland. (Russ.). St. Petersburg, herausgeg. v. d. kais. russ. techn. Ges. 1884, 152 p.†.

Inhaltsübersicht:

Erster Theil. Cap. I p. 1-7. Allgemeines über das metrische System der Maasse und Gewichte.

Cap. II p. 7-32. Die Vorzüge des metrischen Systems. Uebersicht; Vorzüge beim Rechnen; vortheilhafte absolute Grösse; über die wahre Bedeutung des Verhältnisses von Erdquadrant zu Meter; die wahren zukünftigen Etalone; über die in Russland gebräuchlichen Maasse und Gewichte; Vorzüge im internationalen Verkehr.

Cap. III p. 32-48. Geschichte der Einführung des metrischen Systemes in verschiedenen Ländern.

Cap. IV p. 48-72. Geschichte der Frage der Einführung des metrischen Systemes in Russland. Einführung desselben in Finnland.

Cap. V p. 72-96. Plan einer Einführung des metrischen Systemes in Russland. Umstände, welche diese Einführung erleichtern; vier mögliche Methoden der Einführung und Kritik derselben; vorläufige Maassregeln; drei Perioden während der Einführung; über die Benennung der neuen Einheiten in Russland. —

Zweiter Theil. 36 Beilagen, meist Actenstücke, Auszüge aus Reden, Geschichtliches u. s. w. Uebergangstabellen.

O. Chw.

W. N. SHAW. On dimensional equations and change of units. Proc. Cambridge Phil. Soc. V, 137-141†.

Es werden die Grundbegriffe des Messens physikalischer Grössen, des absoluten Maasssystems und der Dimensionsgleichungen erläutert und gezeigt, wie man mittelst der letzteren aus einem absoluten Maasssystem zu einem anderen übergehen kann.

L. Grnm.

N. SLUGINOFF. Zur Theorie der Dimensionen. Journ. d. russ. phys.-chem. Ges. XVI, [2] 49-64 u. 238-241†; [J. de phys. (2) IV, 591-592, 1885.

1. Es seien M, L, T und W die Einheiten von Masse m, Länge l, Zeit t und einer beliebigen Grösse w und ist allgemein:

$$w = k m^{\alpha} l^{\beta} t^{\gamma},$$

so kann W so gewählt werden, dass $k = 1$ wird.

2. Seien q, m und i die Dimensionen der Einheit der Elektricität, des Magnetismus und der Stromstärke; K_q, K_{mi}, K_m, K_i die Dimensionen der Proportionalitätscoefficienten in den Formeln, welche die Kraft der Wechselwirkung zwischen zwei elektrischen Massen, Strömen und Magneten, zwei magnetischen Massen, Strömen und Magneten, zwei magnetischen Massen und zwei Strömen ausdrücken. Dann haben wir

$$MLT^{-2} = K_q \frac{q^2}{L^2} = K_{mi} \frac{mi}{L} = K_m \frac{m^2}{L^2} = K_i i^2$$

und

$$i = \frac{q}{T}.$$

Daraus folgt, dass

$$\frac{K_q}{K_i} = \frac{L^2}{T^2} \quad \text{und} \quad K_{mi}^2 = K_m K_i \ldots \qquad (A).$$

3. Zwischen den vier Koefficienten K existiren also zwei Gleichungen, es können also nur zwei von ihnen gleich Eins gesetzt werden. Doch können nicht gleichzeitig K_i und K_q gleich Eins sein. Es werden so drei einfache Systeme erhalten:

(1.) $K_{mi} = 1$, $K_m = 1$; also $K_i = 1$ und $K_q = \frac{L^2}{T^2}$,

das elektrostatische System.

(2.) $K_q = 1$, $K_{mi} = 1$; also $K_i = \frac{T^2}{L^2}$ und $K_m = \frac{L^2}{T^2}$,

das elektromagnetische System.

(3.) $K_q = 1$, $K_m = 1$; also $K_i = \frac{T^2}{L^2}$; $K_{mi} = \frac{T}{L}$,

und hieraus

$$m = q = M^{\frac{1}{2}} L^{\frac{3}{2}} T^{-1} \text{ und } i = M^{\frac{1}{2}} L^{\frac{1}{2}} T^{-2}.$$

Dieses neue System nennt der Verfasser das magnetelektrische.

Es können auch andere Systeme construirt werden; z. B. indem man

$K_{mi} = K_m$ und $K_q = 1$ setzt. Dies ist das statische System von CLAUSIUS, in welchem

$$K_{mi} = K_m = K_i = \frac{T^2}{L^2}$$

und

$$m = M^{\frac{1}{2}} L^{\frac{5}{2}} T^{-2}$$

ist.

4. Es seien D, N, θ, C und K die Dimensionen der Dichtigkeit, des Atomgewichts (im Sinne des DULONG'schen Gesetzes), der Temperatur, specifischen Wärme und Wärmeleitungsfähigkeit. Es ist

$$C\theta = L^2 T^{-2};\quad \theta N^{-1} = L^2 T^{-2};\quad KC^{-1} = ML^{-1}T^{-1}.$$

Hieraus folgt

$$CN = 1.$$

Die Constante des DULONG'schen Gesetzes es ist also von der Dimension Null. Es seien ferner R, ϱ, E und J die Dimensionen der Einheit des Widerstandes, des specifischen Widerstandes (elekt.), der elektromotorischen Kraft und der Stromstärke. Dann ist

$$J = MT^{-1}N^{-1};\quad R = L^2N^2J^{-1}M^{-1};\quad \varrho = L^3N^2J^{-1}$$

und

$$E = \frac{L^2}{T^2} N.$$

Nun ist aber auch

$$\theta = L^2T^{-2}N.$$

Es sind also Temperatur und elektromotorische Kraft von gleichen Dimensionen. Dasselbe gilt für Entropie und Elektricitätsmenge (MN^{-1}). Es ist endlich

$$K\varrho = L^2T^{-2} = \theta.$$

(Gesetz von LORENTZ, WIED. Ann. XIII, 582).

(N. Sluginoff.) O. Chw.

The connection between chinese music, weights and measures. Nature XXX, 565-566†.

Nach einem von Dr. WAGENER in der German asiatiac society of Japan gelesenen Berichte hat das Chinesische Maass- und Gewichtssystem ein Alter von mehr als 4600 Jahren. Es soll alle Vorzüge des metrischen Systems besitzen, insofern als es direct der Natur entlehnt ist, decimale Eintheilung besitzt, und Volumen und Gewicht von derselben Längeneinheit abgeleitet sind. Ausserdem aber soll es in einfacher Beziehung zu den musikalischen Tönen stehen, welche überhaupt den Ausgangspunkt des ganzen Maasssystems bilden. Unter der Regierung des Kaisers Hoang-ti, welcher über China im 27. Jahrhundert v. Chr. herrschte, wurde, so erzählt die Sage, der Gelehrte LYNG-LUN mit der weiteren Ausbildung des bereits vor 250 Jahren entdeckten musikalischen Systems betraut. Er bediente sich eines Bambusrohrs, mit welchem es ihm gelang, 12 Töne zu reproduciren, welche er dem Gesange des sagenhaften Vogelpaares Fung-Hiang abgelauscht hatte. Es waren dies die 6 männlichen und 6 weiblichen Töne der LYNG-LUN'schen Skala. Um sie in ihrer Abhängigkeit von der Länge ein für alle Mal festzulegen, bediente er sich zur Längenmessung einer Art von Hirse (Sorghum rubrum), deren hartes Samenkorn sich durch eine gleichmässige längliche Form vor anderen Getreidearten auszeichnet, und bestimmte die dem Grundtone entsprechende Länge des Rohres durch 81 ihrer Länge nach, oder 100 ihrer Breite nach aneinander gereihte Körner, was zu der doppelten Theilung 9×9 und 10×10 führte. Diese Länge nannte er einen musikalischen oder gewöhnlichen Fuss, der mit decimalen Unterabtheilungen als Längenmaass eingeführt wurde. Die Breite des Samenkorns war 1 fen (Linie), 10 fen = 1 tsun (Zoll), 10 tsun gleich 1 che (Fuss), 10 che = 1 chang, 10 chang = 1 ny. Die Linie wurde in 10, 100 Theile getheilt. — Ferner ergab sich der innere Umfang des Rohres zu 9 ihrer Länge nach aneinander gereihten Körnern; hieraus ergiebt sich, dass das dem Grundton entsprechende Volumen der Röhre 1200 Körner fasst. Dieses Volumen wurde yo genannt und bildete die Einheit der Hohlmaasse. 2 yo = 1 ko; 1 ko = 1 cheng; 10 cheng = 1 ten; 10 ten = 1 hu. Da schliesslich 1200 Körner den 12 Tönen entsprachen, so entsprachen 1 Tone 100 Körner, und das Gewicht der letzteren war die Gewichtseinheit, welche wieder in decimale Unterabtheilungen getheilt wurde, so dass 1 Korn oder gran das kleinste Gewicht bildete. — In einer späteren Periode wurde auch das Münzwesen mit diesem Maasssystem in Zusammenhang gebracht. *L. Grnm.*

J. PLATEAU. Ueber die Beobachtung sehr schneller, namentlich periodischer Bewegungen. EXNER Rep. XX, 351-357†.

Zum Studium von Bewegungen, deren Geschwindigkeit zu gross ist, um ihre Einzelheiten beobachten zu können, hat man hauptsächlich vier Hülfsmittel angewandt: das älteste ist der rotirende Spiegel, welcher von WHEASTONE im Jahre 1833 erfunden und 1834 ausgeführt wurde; das zweite ist die stroboskopische Scheibe (mit radialen Spalten), die vom Verfasser im Jahre 1836 vorgeschlagen wurde; das dritte der elektrische Funke, angegeben wieder von WHEASTONE und zuerst angewandt von MATTEUCCI im Jahre 1846; das vierte die Momentphotographie, zuerst angewandt von MUYBRIDGE 1878, vervollkommnet 1882 durch MAREY. Der Verfasser beschreibt in übersichtlicher und eingehender Weise die mittelst dieser Methoden in den einzelnen Zweigen der Physik von den verschiedenen Forschern angestellten Untersuchungen und nimmt besonders die Priorität der Erfindung der stroboskopischen Methode für sich in Anspruch. *L. Grnm.*

J. C. ADAMS. The definition of mean solar time. Science III, 323-324†; Monthly Not.

E. J. STONE. Note giving a numerical illustration of the effects of a percentage change on the Sun's mean motion in longitude. Monthly Note XLIV, 77-81.

— — Note on Professor ADAMS's paper in the Monthly Notices for December 1883. Monthly Not. XLIV, 81-82†.

J. C. ADAMS. Remarks on Major-General TENNANT's paper „On the change in the adopted unit of time". Ibid. 82-84†.

A. CAYLEY. Additional Note on the Change in the unit of time. Ibid. 84-85†.

E. J. STONE. On the necessary distinction in Practical astronomy between the True Mean Solar Day and the Mean Day adopted, from time to time, in the construction of our Astronomical tables, and in the comparison of these tables with observations. Ibid. 225-234†.

SIMON NEWCOMB. Questions respecting Mr. STONE's Theory of changes in the mean Solar day. Ibid. 234 bis 235†.

H. M. PAUL. The unit of time' controversy. Science III, 430†.

Nach einer von Hrn. STONE aufgestellten Theorie soll durch Einführung der LEVERRIER'schen Sonnentafeln eine Aenderung der Zeiteinheit bedingt worden sein. Hierin allein, und nicht etwa in einer physikalischen Ursache soll der Grund liegen für den Unterschied zwischen der mittelst der HANSEN'schen Tafeln theoretisch berechneten Länge des Mondes und der thatsächlich beobachteten. Die andern aufgeführten Arbeiten, welche zum Theil polemischer Natur sind, beziehen sich auf denselben Gegenstand. *L. Grnm.*

MAURER. Einige Bemerkungen über die von General IBAÑEZ angewendete Methode der Temperaturbestimmung bei der Messstange seines Basisapparates. Naturforschergesellschaft Zürich XXIX, 139-152†; ZS. f. Instrk. IV, 269 bis 274†.

Zur Bestimmung der Temperatur der Messstange seines Basisapparates (vergl. den Bericht des Referenten in diesen Berichten XXXVII, S. 37-39) hatte General IBAÑEZ bei seinen Basismessungen in einer Seitenfläche der Stange in geeigneten Abständen von einander Quecksilberthermometer eingelassen, deren Gefässe durch Einbetten in Eisenfeilspähne in möglichst inniger Berührung mit dem Eisen der Stange standen. Gegenüber dieser Methode der Temperaturbestimmung erhebt Hr. MAURER, wie inzwischen übrigens auch andererseits geschehen ist, mit Recht Bedenken, weil schwerlich in jedem Momente die Thermometer die wahre Temperatur der festen metallnen Umgebung angeben dürften; vielmehr müssten die Angaben der Thermometer in Folge der geringen äusseren Wärmleitungsfähigkeit, sowie in Folge eines gewissen Uebergangswiderstandes gegenüber den wirklichen Temperaturen der Messstange zurückbleiben. Der Verfasser schlägt nun vor, die Mittelrippe der auf der hohen Kante stehenden Messstange entweder von oben herunter oder auch von der Seite her etwa bis zur Mitte anzubohren und das Bohrloch zu verschliessen durch einen eingeschraubten Pfropfen aus demselben Metall, der nur wenig kürzer ist, als die Tiefe des Bohrloches, die übrigbleibende flache cylindrische Höhlung (Lamelle von etwa 1 mm Dicke und 7 bis 8 mm Durchmesser) zu amalgamiren und mit Quecksilber auszufüllen und die Ausdehnung des Quecksilbers, welche für die Temperatur der Messstange an dieser Stelle maassgebend ist, durch ein in den Verschlusspfropfen eingekittetes, dünnes graduirtes Capillarrohr zu messen. Noch einfacher, und für die Zwecke der geodätischen Praxis auch noch hinreichend genau wäre es, die Gefässe gläserner Quecksilberthermometer, nachdem deren cylindrische Oberflächen ebenfalls sorgfältig amalgamirt worden, direkt in die mit Quecksilber angefüllten Lamellen einzuführen. Die Glaswandstärke der Gefässe dieser Thermometer dürfte aber 0,2 mm nicht übersteigen. — Ein ähnliches Verfahren wird übrigens von der Normal-Aichungs-

Kommission in Berlin bei den Maassvergleichungen in freier Luft angewendet. *L. Grnm.*

Annuaire pour l'an 1884 publié par le bureau des longitudes. Paris: Gauthier-Villars 1884. 8°. 910 Seiten. [Beibl. VIII, 336†.

Das Jahrbuch enthält ausser seinen gewöhnlichen Tabellen einen Aufsatz von Hrn. Faye über die grossen Geisseln der Natur, in dem er die Hungersnöthe, die Ueberschwemmungen, die vulkanischen Erscheinungen, die Gewitter und Wirbelstürme behandelt. Den Schluss bildet der Bericht von Hrn. Janssen über seine Expedition nach dem Stillen Ocean zur Beobachtung der Sonnenfinsterniss. *L. Grnm.*

Annuaire pour l'an 1885, publié par le bureau des longitudes. Paris: Gauthier-Villars 1884. 889 Seiten. [Beibl. IX, 479†.

Das Werk enthält ausser den gewöhnlichen Tabellen eine Abhandlung von Hrn. Faye über die Bildung des Universums und der Sonnenwelt, sowie eine populäre Abhandlung von Hrn. Tisserand über die Störungen. *L. Grnm.*

Ch. Méray. Observations sur la légitimité de l'interpolation. Ann. de l'Éc. Norm. (3) I, 165-176†.

Die Abhandlung ist von rein mathematischem Interesse. *L. Grnm.*

Standard time with a table. Science IV, 581†.

Tabellarische Zusammenstellung zur Reduktion der Lokalzeit verschiedener Städte Amerikas auf die fünf Normalzeiten:

Intercolonial	60° = 4h	westl. von Greenwich
Eastern	75° = 5h	- - -
Central	90° = 6h	- - -
Mountain	105° = 7h	- - -
Pacific	120° = 8h	- - -

L. Grnm.

v. Oppolzer. Ueber die Länge des Siriusjahres und der Sothisperiode. Sitzber. Wien. XC (2) 557-584†; Wien. Anz. 1884, 913.

Die Arbeit ist von rein astronomischem Interesse.

L. Grnm.

Wm. Flinders Petrie. The old english mile. Proc. Royal Soc. Edinburgh XII, 254-266†.

Historische Untersuchung über die Ableitung des Werthes der englischen Meile. *L. Grnm.*

William A. Rogers. The Relation of the Yard to the Metre. Science IV, 296; Nature XXX, 596†.

J. Herschel. The Yard, the Metre and the old french Foot. Nature XXX, 312†.

Hr. Rogers theilt der Physikalischen Gesellschaft zu London das Resultat seiner letzten Vergleichungen zwischen dem Yard und dem Meter mit:

1 Meter = 39,37027 Zoll.

L. Grnm.

George M. Bond. Standards of length. Engineering XXXVIII, 45-46, 84, 166-167†.

Der Verfasser gibt eine historische Uebersicht über die Entwickelung und Begründung der Längeneinheit.

L. Grnm.

Lebasteur. Sur un nouveau procédé pour mesurer les épaisseurs des tôles. C. R. XCIX, 966-967†.

Zur Bestimmung der Dicke von Metallplatten überzieht der Verfasser, angeregt durch die Versuche des Hrn. Jannetaz über Wärmeleitungsfähigkeit, die Platten mit einer dünnen Schicht einer leicht schmelzbaren Substanz und bringt einen Punkt derselben in Kontakt mit eiuer constanten Wärmequelle. Aus den Durchmessern der Kreislinien, bis zn welchen in Folge der Erwärmung die auf den Platten befindlichen Substanzen nach gleichen Zeitintervallen abgeschmolzen werden, berechnet er die Dicken der Platten. Als constante Wärmequelle benutzt er einen Apparat von Hrn. PAQUELIN, welcher durch ein Gemisch von Luft und Alkoholdampf gespeist wird. *L. Grnm.*

ROWLAND. Scales which would enable the physicist to obtain the value of the length of the scale in terms of the wave-length. Science IV, 296; Nature XXX, 596†.

Zieht man auf einer Metallplatte eine Anzahl Striche und misst mittelst derselben, indem man sie als Beugungsgitter benutzt, den Ablenkungswinkel eines Lichtstrahls von bekannter Wellenlänge, so kann man den Abstand zweier Striche und auch die Gesammtlänge des Intervalls bestimmen, ohne dass man den Wärmeausdehnungscoefficienten des Metalls zu kennen braucht.

L. Grnm.

W. WEBER. Ueber die Construction des BOHNENBERGER-schen Reversionspendels zur Bestimmung der Pendellänge für eine bestimmte Schwingungsdauer im Verhältniss zu einem gegebenen Längenmaass. WIED. Ann. XXII, 439; aus Leipz. Ber. 1883, Jan. 19.

Es sei a der Trägheitsradius des physischen Pendels, bezogen auf seinen Schwerpunkt, x der Abstand des Schwerpunktes von der Drehungsaxe, l die Länge des einfachen Pendels, welches dieselbe Schwingungszeit t wie das gegebene physische Pendel hat. Aus bekannten einfachen Beziehungen wird die Gleichung abgeleitet

$$l = x + \frac{a^2}{x}$$

Dieselbe liefert zwei positive Werthe für x, wenn l positiv ist, d. h. wenn der Schwerpunkt unter dem Aufhängepunkt liegt, und zwei negative, wenn man l negativ nimmt. Im ganzen gibt es also vier Aufhängepunkte, die einem bestimmten t entsprechen; ist einer derselben x', so sind alle vier

$$x', \quad x'' = \frac{a^2}{x'}, \quad x''' = -\frac{a^2}{x'}, \quad x^{IV} = -x'.$$

Je zwei derselben liegen symmetrisch gegen den Schwerpunkt;

$$x' - x''' = x'' - x^{IV} = l.$$

Hierin liegt die Bohnenberger'sche, von Kater construirte Lösung der in der Ueberschrift genannten Aufgabe: die Länge l ist gegeben durch den Abstand zweier Aufhängepunkte, die der gleichen Schwingungsdauer t des Pendels entsprechen und nicht symmetrisch zu beiden Seiten des Schwerpunktes liegen. Herr Weber untersucht nun zunächst, wie die Verhältnisse am besten gewählt werden, damit die Bestimmung von x' und x''' so genau wie möglich sei. Die Bedingung $\left(\frac{dx}{dt}\right)^2 + \left(\frac{dx'''}{dt}\right)^2 = \text{min.}$, führt auf die Vorschrift

$$t = \pi\sqrt{3{,}02045\frac{a}{g}} \quad \text{oder} \quad l = 3{,}02045a,$$

Da nun, wenn L die Länge und r der Radius eines cylindrischen Stabes ist, $a^2 = \frac{1}{12}L^2 + \frac{1}{4}r^2$, so kann man a direct aus den geometrischen Maassen eines homogenen cylindrischen Stabes bestimmen; hat man also t aus Schwingungsbeobachtungen festgestellt, so ist der Zweck der Pendelmessung erreicht, ohne dass man auf den Abstand der Kater'schen Schneiden zurückzugehen braucht, der nach Bessel keiner sehr genauen Bestimmung fähig ist. Bei einem homogenen Cylinder von geringer Dicke liegen zwei von den vier Punkten x' bis x^{IV} ausserhalb der Stablänge, es bleiben also nur die mittleren beiden, x'' und x''' brauchbar. Demnach geht bei einem solchen Stabpendel der Vortheil der Bohnenberger-Kater'schen Inversion verloren; der Verfasser erblickt aber hierin keinen Nachtheil, sondern schlägt vor, einen cylindrischen Stab als Pendel zu benutzen, ihm eine Drehungsaxe in $\pm x''$ zu geben, der Art, dass a aus den Dimensionen des Stabes berechnet und $l = 3{,}02045a$ gemacht wird, und dann t durch Beobachtung zu finden. Es folgen Vorschläge, wie die Drehungsaxe einzurichten sei, damit ihre Anwesenheit der genauen Bestimmung von a keinen Eintrag thue. *Bde.*

A. Westphal. Die geodätischen und astronomischen Instrumente zur Zeit des Beginnes exacter Gradmessungen. ZS. f. Instrk. IV, 152-166, 189-202.

Dieser, in der Sitzung der „Deutschen Gesellschaft für Mechanik und Optik“ vom 7. März 1884 gehaltene Vortrag hat wesentlich historisches Interesse. *Rz.*

Guido Hauck. Mein perspektivischer Apparat. Festschr. Techn. Hochschule, Berlin 1884, S. 213-232, mit 2 Tafeln†. Verhandl. Physik. Gesellsch. Berlin 1883, Nr. 8, 43-46†.

Die Fundamentalaufgabe der darstellenden Geometrie kann dahin präcisirt werden: Aus zwei gegebenen Projektionen eines räumlichen Gebildes irgend eine dritte Projektion zu ermitteln. Sind speciell die zwei gegebenen Projektionen orthogonale Parallelprojektionen, und soll die gesuchte dritte Projektion eine Centralprojection sein, so liegt das Problem der technischen Perspective vor; sind dagegen die zwei gegebenen Projectionen Centralprojectionen und die gesuchte dritte eine Orthogonalprojection, so liegt das Problem der Photogrammetrie vor. Der Hauck'sche Apparat bezweckt die Lösung dieses Problems auf mechanischem Wege. Er besteht aus einem kinematisch verketteten Gestänge mit zwei Führungsstiften und einem Zeichenstift. Werden die beiden Führungstifte gleichzeitig über die entsprechenden Kurven der zwei gegebenen Projectionen geführt, so beschreibt der Zeichenstift die entsprechende Kurve der gesuchten dritten Projektion. Hr. Hauck hat vorläufig ein Modell des Apparates aus Holz, speciell für den Zweck, eine Perspective aus Grundriss und Aufriss herzustellen, ausgeführt, bestehend aus einer Anzahl von Linealen mit Schlitzen, welche längs passend befestigten Stielen schlittenartig gleiten, und deren Bewegungen durch Hebel und gleichschenklige Schubkurbeln unter sich vermittelt werden. Schon in dieser einfachen Form lieferte der Apparat recht brauchbare Resultate. Bei seiner definitiven Ausführung in Metall sollen zur Erzielung möglichst leichter Beweglichkeit und zur Beseitigung jeglicher gleitenden

Reibung alle bei der Konstruktion der neueren Pantographen angewendeten Feinheiten verwerthet werden. Mit vielem Vortheil dürfte dann der Apparat Verwendung finden zu photogrammetrischen Zwecken, ferner zur Aufnahme von Höhencurven, sowie zur experimentellen Untersuchungen von Raumkurven, z. B. der ballistischen Kurve mit Hülfe der Momentanphotographie.

L. Grnm.

J. AMSLER-LAFFON. Neuere Planimeter-Constructionen. ZS. f. Instrk. IV, 11-24.

Der Verfasser, welcher Inhaber einer mechanischen Werkstatt in Schaffhausen ist, beschreibt die Construction und Anwendungsweise eines von ihm erfundenen neuen „Präcisions-Planimeters“. Dasselbe kann zur mechanischen Bestimmung des Flächeninhaltes nicht bloss ebener, sondern auch sphärischer Figuren benutzt werden. Während bei allen anderen Planimetern mit Laufrollen das erforderliche Gleiten derselben eine Fehlerquelle bildet, kommt bei dem neuen Planimeter eine rollende Kugel zur Anwendung und — die erreichbare Genauigkeit ist nicht mehr durch ein physikalisches Hinderniss bedingt, sondern nur von der Sorgfalt des Mechanikers abhängig. Die Einzelheiten der Construction haben lediglich geometrisches resp. kinematisches Interesse.

Rz.

AMSLER's Planimeter with HALPIN's locking gear. Engineering XXXVII, 141†; [DINGL. J. CCLIII, 368†; [ZS. f. Instrk. IV, 208-209†.

Mittelst einer von DRUITT HALPIN construirten und von den Gebr. ELLIOTH in London ausgeführten Sperrvorrichtung soll man das AMSLER'sche Planimeter behufs bequemerer Ablesung von der Planunterlage abheben können, ohne befürchten zu müssen, dass das Indexrad bei seiner leichten Beweglichkeit seine Stellung inzwischen ändert. Diese Sperrvorrichtung besteht aus einer an dem einen Axenlager befestigten Feder, welche gegen das Indexrad drückt. Bei der Messung wird diese Feder durch einen Keil, welcher zwischen ihr und dem den Indexstrich der Zählscheibe tragenden Rahmen verschiebbar ist, freigegeben. Schiebt man nach der Messung den Keil fort, so wird die Feder gegen den Rand des Indexrades gedrückt und hindert so dessen Weiterbewegung. *L. Grnm.*

W. FRÄNKEL's Instrument zur selbstthätigen Aufzeichnung vorübergehender Dimensionsänderungen elastischer, fester Körper. DINGL. J. CCLII, 234-238†.

T. S. Le dynamomètre enregistreur du Dr. FRÄNKEL. La Nature XII, (2) 353-355†.

Der Apparat hat den Zweck, die zeitlichen Dimensionsänderungen graphisch zu veranschaulichen, welche Construktionstheile erleiden, wenn sie verschiedenen Beanspruchungen ausgesetzt sind, und ist im Wesentlichen folgendermaassen eingerichtet: An dem Versuchskörper werden mittelst Schrauben zwei Klemmen *a* und *b* befestigt. Die Endpunkte der zu untersuchenden und zu messenden Strecke werden durch zwei fest anzuziehende Spitzschrauben angegeben, während zur Sicherung gegen das Verdrehen der Klemmen zwei um Axen pendelnde Schrauben dienen. Beide Klemmen stehen durch eine hohle Schubstange mit einander in Verbindung, indem das eine Ende derselben direkt am kugelförmigen Zapfen der Klemme *b* angreift, während das andere Ende mittelst eines prismatischen Zwischenstücks mit dem kurzen, ebenfalls mit Kugelzapfen versehenen Arme des auf der Klemme *a* gelagerten ungleicharmigen Hebels *C* verbunden ist. Tritt durch die Beanspruchung des Versuchsstückes eine Längenänderung desselben ein, so verschiebt sich Klemme *a* gegen *b*, der auf *a* gelagerte Hebel *C* vollführt eine entsprechende Drehung, welche durch eine Hebelverbindung der Art auf einen Schreibstift übertragen wird, dass demselben eine der Längenänderung proportionale (100 bis 200mal so grosse) seitliche Auslenkung ertheilt wird. Letztere wird auf einem Papierstreifen verzeichnet, welcher von einer durch ein Uhrwerk getriebenen Trommel senkrecht zur Verschiebung des Schreibstifts fortbewegt wird. Auf dem Diagramm können ausserdem mit Hülfe einer elektromagnetischen Vorrichtung durch zwei Spitzen beliebige Punktirungsmarken registrirt werden. — Hr. Fränkel hat mit diesem Apparate zahlreiche Versuche über die Beanspruchung der Construktionstheile an Brückenträgern, Lokomotiven etc. ausgeführt, welche in den letzten Jahrgängen des „Civilingenieur“ veröffentlicht sind, und auf welche, da sie vorwiegend von technischem Interesse sind, an dieser Stelle nur hingewiesen werden kann. *L. Grnm.*

L. Weinek. Der Mikroskop-Run. Astr. Nachr. CIX, Nr. 2605, 199-202†.

Bei einem justirten Mikroskope entspricht dem in der Fadenebene des Mikrometers entworfenen Bilde des kleinsten Limbus- oder Maassstabintervalles eine bestimmte Anzahl von Schraubenumdrehungen. Schreitet z. B. der Limbus von 5′ zu 5′ fort, so werden diesen zweckmässig 5 Umdrehungen der Schraube zu je 60 partes entsprechen. Findet diese einfache Beziehung nicht statt, so muss durch Abstandsänderung des ganzen Mikroskops von der Limbus- oder Maassstabsebene die lineare Grösse des Bildes in der Fadenebene verändert werden, mit dieser Veränderung muss jedoch gleichzeitig eine Distanzänderung des Objektives bez. der Fadenebene verbunden werden. Ist γ die Grösse des Gegenstandes (hier eines kleinsten Limbus- oder Maassstabintervalles), β die lineare Grösse des durch das Mikroskop-Objektiv in der Fadenebene entworfenen Bildes, a die Gegenstands-, b die Bildweite, endlich c der Abstand der Fadenebene von der Limbus- oder Maassstabsebene, so folgen leicht die Gleichungen

$$da = -\frac{a^2}{a+b}\frac{d\beta}{\beta}$$

und

$$dc = (b-a)\frac{d\beta}{\beta},$$

welche unmittelbar die Regeln für die Justirung des Mikroskops ergeben. Ist das Bild in der Fadenebene zu gross, d. h. gehen zu viel Partes der Trommel auf dasselbe, so muss β verkleinert, also $d\beta$ negativ genommen werden, dann wird dc negativ und da positiv, d. h. das ganze Mikroskop ist dem Limbus oder

Maassstabe zu nähern, andererseits ist das Objektiv vom Limbus oder Maassstab zu entfernen, also der Fadenebene näher zu bringen. Umgekehrt ist zu verfahren, wenn das Bild in der Fadenebene zu klein erscheint. Ein so justirtes Mikroskop wird aber in Folge von mechanischen und Temperatureinflüssen die genannte einfache Beziehung nicht lange bewahren, es werden in dem oben angeführten Beispiele nicht genau 300 p. = 300″ oder allgemein nicht $J'p = J$, sondern $(J'+r)p = J$ sein. Die Grösse r heisst nun der augenblickliche Run des Mikroskopes und er wird gefunden, indem man zur Elimination der Theilungsfehler des Limbus oder Maassstabs eine grosse Anzahl von kleinsten Intervallen mit der Trommel ausmisst. Zu dem Zwecke stellt man zweckmässig den Mikrometerfaden zuerst auf den numerisch grösseren Theilstrich (Trommelablesung β), dann auf den numerisch kleineren (Trommelablesung α) und operirt weiter mit dem Mittel beider Einstellungen. Das arithmetische Mittel aus zahlreichen $\alpha-\beta$ giebt die Grösse r. *L. Grnm.*

A. Krüger. Ueber die Berichtigung des Schraubenwerthes an Mikrometer-Mikroskopen. Astr. Nachr. CIX, Nr. 2605, 201-204†.

Um die zur Herbeiführung der Uebereinstimmung der Schraubenumdrehungen mit den Limbusintervallen nothwendigen Verstellungen des Objektivs und des Mikrometers gegen den Limbus bequem und sicher ausführen zu können, bedient sich der Verfasser zweier sehr einfachen Hülfsapparate, welche jene Verschiebungen mikrometrisch messen lassen. *L. Grnm.*

J. A. C. Oudemans. Der Mikroskop-Run. Astr. Nachr. CIX, Nr. 2614, 347-348†.

Bezugnehmend auf die beiden vorhergehenden Arbeiten weist der Verfasser auf eine von ihm vor längerer Zeit in den Astr. Nachr. Nr. 1911 mitgetheilte Formel hin, in welcher nur leicht zu messende Grössen vorkommen: die Höhe der Mikrometerschraube r, die Länge d eines Theilungsintervalls und die Entfernung c des Fadenrahmens von der Theilungsebene. Entspricht eine Umdrehung der Mikrometerschraube nicht d, sondern $(1+\varepsilon)d$, so muss das Objektiv um die Grösse

$$\left(\frac{r}{r(1+\varepsilon)d}\right)^2 \varepsilon c$$

herausgeschoben werden. *L. Grnm.*

C. BOHN. Ueber die Berichtigung des vereinfachten Ablese-Mikroskopes für Theilungen. ZS. f. Instrk. IV, 87-88.

Nach einem Vorschlage von HENSOLDT und M. SCHMIDT sind Ablese-Mikroskope für Theilungen sehr zu vereinfachen, indem an Stelle der mikrometrischen Verschiebung eines Schlittens in der Bildebene des zusammengesetzten Mikroskops ein Mikrometer angebracht wird. Sollen in dieser Weise die Unterabtheilungen bequem messbar sein, so muss ein Theil des Mikrometers ein einfacher Bruchtheil der Länge sein, unter welcher durch das Objektiv allein vergrössert ein Theil der Haupttheilung erscheint. Sind Mikrometer, Haupttheilung und Brennweite des Objektivs gegeben, so kann obige Bedingung nur durch gleichzeitige Aenderung von Objektdistanz und Entfernung des Mikrometers hinter dem Objektiv erfüllt werden. Der Verfasser berechnet die betreffende Beziehung und macht darauf aufmerksam, dass der Mechaniker dieselbe sorgfältig zu befolgen hat. (Vergl. das Referat TH. BAUMANN, S. 49.) *Rz.*

A. H. BUCHANAN. Time without instruments. Science IV, 51†.

Beschreibung eines einfachen Instruments für Schulzwecke zur Bestimmung der Sonnenhöhe resp. der Zeit. *L. Grnm.*

W. HAMBURGER. Automatische Horizontalstellung für Nivellirinstrumente. ZS. f. Instrk. IV, 54-59.

Damit die Horizontalstellung eines Fernrohrs im Rohen selbstthätig erfolge, hängt der Verfasser dasselbe pendelnd am Stativ auf. Die Aufhängung kann eine einfache Kugelaufhängung, kann cardanisch oder die vom Verfasser neu vorgeschlagene zusammengesetzte Kugelaufhängung sein. Der Verfasser giebt die technischen Einzelheiten an und berechnet den Fehler der Horizontalstellung, welcher in der Reibung der Aufhängung begründet ist.

Rz.

W. E. Ayrton and John Perry. A new form of spring for electric and other measuring instruments. Proc. of the London Roy. Soc. XXXVI, 297-319†; [Beibl. IX, 556-bis 558†; [ZS. f. Instrk. V, 128-130†.

Bei den Spiralfedern der Indikatoren der Dampf- oder Gasmaschinen wird in der Regel die Bewegung der Feder durch Vermittelung von Hebel- oder Zahnradgetriebe vergrössert auf den Zeiger übertragen. Dergleichen Uebertragungs- resp. Vergrösserungs-Vorrichtungen geben indessen, abgesehen davon, dass sie sehr kostspielig sind, häufig zu Unregelmässigkeiten Veranlassung. Jede Spiralfeder erfährt in Folge einer in Richtung ihrer Axe wirkenden Kraft, Druck oder Zug, nicht nur eine Verkürzung, resp. Verlängerung, sondern auch eine Torsion. Man kann nun, wie die Verfasser zeigen, den Federn eine solche Form geben, dass sie bei Beanspruchungen längs ihrer Axe nur geringe Längenänderungen, dagegen starke Torsionen erhalten, welche dann unmittelbar zur Bewegung eines über einer Skala einspielenden Zeigers benutzt werden können. Auf Grundlage der zuerst von Prof. James Thomson aufgestellten und in Cambridge and Dublin Math. Journ." 1848 veröffentlichten Theorie der gewöhnlichen cylindrischen Spiralfeder gelangen die Verfasser nach eingehenden mathematischen Betrachtungen zu dem Resultat, dass bei gegebener axialer Beanspruchung die günstigste Wirkung, d. h. eine möglichst grosse Drehung des freien Endes der Spirale gegen das feste Ende, in Verbindung mit möglichst geringer Spannung des Materials und nicht zu grosser Längenänderung, erzielt wird bei Anwendung einer möglichst langen und dünnen Feder von elliptischem Querschnitt, welche, wie in Fig. 1 auf folgender Seite, so gewunden sein muss, dass die

Steigung der schraubenförmigen Windung 45° bis 50° beträgt, wobei die kleine Axe des elliptischen Querschnitts senkrecht gegen die Axe der Spirale gerichtet sein muss. Die Verfasser zeigen die Verwendbarkeit und Anordnung dieser Federn für elektrische Messinstrumente sowohl, wie für Waagen. Es sei an dieser Stelle nur das Princip der letzteren angedeutet: Das obere Ende der Spiralfeder ist an dem oberen Querbalken eines Gehäuses unverrückbar befestigt, das untere Ende trägt den Zeiger, welcher über einer auf einer flachen Schraubenfläche verzeichneten Skala einspielt, sowie die Aufhängevorrichtung für die Waageschale. Damit letztere nebst den auf ihr befindlichen Gewichten nicht an der Drehung des unteren Endes der Spiralfeder Theil nimmt, ist der Aufhängedraht prismatisch verstärkt und wird in einer Traverse geführt. *L. Grnm.*

Fig. 1.

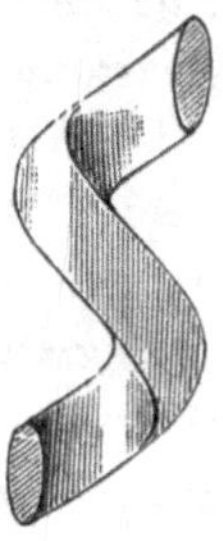

J. VILLE und C. MACCORD's neuer Pantograph.

DINGL. J. CCLIV, 461-464†.

Bei diesem einem Stangenzirkel ähnlichen Pantographen wird die gerade Linie, in welcher der Pol, der Zeichenstift und der Fahrstift stets liegen müssen, durch einen Stab ersetzt, welcher aus zwei parallelepipedischen, an einander gleitenden Stahlstäben gebildet wird. Während des Umfahrens einer Figur führen Fahr- und Zeichenstift längs dieses Stabes, auf welchem der Pol fest zu denken ist, solche Bewegungen aus, dass deren Abstände vom Pol stets dasselbe Verhältniss behalten. Die Wirkungsweise des Apparates ist ohne Figuren schwer zu erläutern, es muss deshalb auf das Original verwiesen werden.

L. Grnm.

Das Rollplanimeter von G. CORADI in Zürich. [DINGL. J. CCLIV, 374-376†.

Das Instrument ruht auf einer Unterlage mit zwei cylindrischen Walzen von gleichem Durchmesser, welche sich mit der sie verbindenden Axe um zwei in einem festen Bügel sitzende

Körnerspitzen drehen und durch ihre Umdrehung eine Bewegung in einer geraden, zur Wellenaxe senkrechten Richtung bewirken. Der Bügel trägt einen Rahmen, dessen unterer Theil die Hülse für den getheilten verschiebbaren Fahrarm bildet. Dieser Rahmen ist um eine lothrechte im Bügel feste Axe drehbar und enthält eine horizontale Axe für einen zweiten Rahmen, welcher die Messrolle und das Zählwerk trägt. Die Messrolle läuft, wie bei den Linear- und Präcisionsplanimetern, auf einer mit glattem Papier überzogenen Scheibe aus Hartgummi. Die Bewegung der Führungsrollen wird durch ein auf der Axe sitzendes Kegelrädchen mittelst eines zweiten Zahnrades auf die Messscheibe und Messrolle übertragen. Die beiden Bewegungen des Fahrstifts, die in gerader Richtung senkrecht zur Wellenaxe und die im Kreise um die Drehungsaxe des Fahrarms, ermöglichen die Umfahrung jeder beliebigen Kurve; die Fläche der umfahrenen Figur ist proportional der am Zählwerk abzulesenden Abwälzung der Messrolle. Nach Versuchen von Prof. Lorber soll die mit dem Instrumente zu erzielende Genauigkeit derjenigen der Präcisionsplanimeter gleichkommen. *L. Grnm.*

Moscrop's Engine Recorder. Engineering XXXVII, 430-431†.

Moscrop-Williams' Geschwindigkeitszeichenapparat. Rev. industr. 1883, 321; Dingl. J. CCLIII, 441-443†.

Der Apparat hat den Zweck, die Winkelgeschwindigkeit einer Welle fortlaufend aufzuzeichnen und besteht im Wesentlichen aus einer die gleichmässige Fortbewegung eines Papierstreifens regulirenden Pendeluhr und einem Centrifugalpendel-Geschwindigkeitsmesser, welcher ein Schreibröllchen den Geschwindigkeitsänderungen entsprechend quer über den Papierstreifen hin- und herbewegt. Wegen der näheren Beschreibung des Apparates, der in Spinnereien Englands vielfach Anwendung finden soll, muss auf die oben angegebenen Aufsätze erwiesen werden.

L. Grnm.

Frederic John Smith. A new form of roker for the Disk- and Roller-Integrator. Phil. Mag. (5) XVII, 59-60†; [Cim. (3) XV, 85.

Dem Scheiben- und Walzen-Integrator, wie er zum Registriren beim Ergometer oder beim Ashton- und Storey'schen Dampfkraftindikator zur Verwendung kommt, haftet nach dem Verfasser der Mangel an, dass die Walze in Berührung mit der Scheibe eine schleifende Bewegung hat, und dass der Rand der Walze bei ihrer parallel zum Radius der treibenden Scheibe stattfindenden Bewegung gegen die Scheibe scharrt. Der hierdurch bedingte Frictionswiderstand hindere die leichte Beweglichkeit der Walze. Um diesem Uebelstande zu begegnen, hat der Verfasser folgende Einrichtung in Verbindung mit einem Ergometer angewandt. Anstatt einer soliden Walze kommt eine Walze zur Verwendung, deren Rand in einer Theilmaschine mittelst einer Kreissäge mit Einkerbungen versehen ist. Jeder gekerbte Einschnitt enthält ein kreisrundes kleines Scheibchen; ein Ring aus Stahldraht bildet die Axe aller dieser Scheibchen, welche rings um die Peripherie der Walze gelagert sind. Die Anordnung dürfte aus nebenstehender Skizze ersichtlich sein. Eine solche Walze soll sich mit der grössten Leichtigkeit und Sicherheit in den beiden erforderlichen Richtungen bewegen, gleichviel, ob die Bewegungen gleichzeitig erfolgen oder nicht. *L. Grnm.*

Fig. 2.

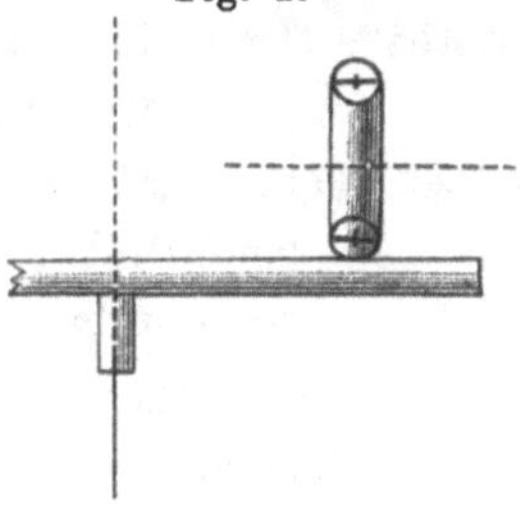

L. Weber. Beschreibung eines Raumwinkelmessers. ZS. f. Instrk. IV, 343-347. Berichtigung hierzu. Ebenda IV, 417 bis 418.

Es soll die Helligkeit der einzelnen Plätze geschlossener Räume zahlenmässig verglichen werden. Die Reflexion an Wänden und das von gegenüberliegenden Gebäuden herrührende Licht braucht nicht berücksichtigt zu werden. In der Praxis handelt es sich dann darum, wie die Helligkeit auf horizontaler

Tischfläche von dem auf letztere fallenden direkten Himmelslichte abhängt. Das LAMBERT'sche Grundgesetz ergiebt:

Die Helligkeit auf horizontaler Fläche ist proportional erstens der Helligkeit des beleuchteten Himmels, zweitens der Albedo der beleuchteten Fläche, drittens dem Raumwinkel ω, unter dem der Himmel von der beleuchteten Fläche aus sichtbar ist, viertens dem Sinus des Elevationswinkels α, unter welchem die Lichtstrahlen auf die Fläche fallen. Bei Vergleich verschiedener Plätze untereinander bleibt als Maass für die Helligkeitsgüte eines Platzes das Product $\omega \sin\alpha$ allein übrig.

Um den Raumwinkel ω in der Praxis zu messen, führt der Verfasser als Einheit die Fläche eines Quadratgrades, für eine Kugel vom Radius r gleich $\left(\frac{2\pi r}{360}\right)^2$, ein. Für die Helligkeit eines Platzes im Zimmer ist ω alsdann die Anzahl der von ihm aus sichtbaren Quadratgrade freien Himmels. Als α kann der mittlere Elevationswinkel genommen werden, unter welchem das sichtbare Himmelsstück von dem betreffenden Platze aus erscheint.

ω und α können gemessen werden mit Hülfe eines einfachen Apparates. Eine Sammellinse ist mit einem in ihrer Focalebene befindlichen Schirm fest verbunden. Durch Drehung um eine horizontale Achse wird das Bild des freien Himmelsstückes so eingestellt, dass seine Mitte mit der verlängerten Linsenachse übereinstimmt. Daraus ergiebt sich α. Eine quadratische Theilung auf dem Schirme giebt die Anzahl Quadratgrade freien Himmels, ω.

Der Verfasser nennt das Product $\omega \sin\alpha$ den reducirten Raumwinkel. Nach Messungen von Prof. HERM. COHN in Breslauer Schulen muss der reducirte Raumwinkel eines guten Platzes mindestens 50 Quadratgrade betragen. *Rz.*

WM. ASHTON. The ergometer. Phil. Mag. (5) XVII, 160†; [Cim. (3) XV, 90.

Bezugnehmend auf die vorige Mittheilung des Hrn. FRED. JOHN SMITH bemerkt der Verfasser, dass die dort erwähnte Anordnung zur Ueberwindung der Reibungswiderstände des Integrators bereits vor mehreren Jahren von ihm erdacht ist.

L. Grnm.

Th. Baumann. Ueber einen Scalen-Taster mit festem Mikrometer im Mikroskop. ZS. f. Instrk. IV, 149-152.

Der Verfasser bringt in der Bildebene des Ablese-Mikroskopes einer Theilung ein Mikrometer an (vergl. das Referat C. Bohn, S. 43). Die Genauigkeit dieser Vorrichtung steht nach seiner Ansicht zwischen derjenigen, welche ein Nonius und welche eine Mikrometerschraube giebt. Er beschreibt eingehend einen Calibermaassstab, welchen er mit der genannten Einrichtung versehen hat.

Rz.

Frederick John Smith. Work-Measuring Maschines. London 32 p. 1884; Nature XXX, 220-221†.

Unter obigem Titel hat kürzlich Hr. Frederick John Smith eine kleine Broschüre veröffentlicht, in welcher verschiedene, zum Theil vom Verfasser selbst konstruirte Formen von Dynamometern oder Ergometern beschrieben sind. Das Princip dieser, vom General Morin zuerst erdachten Transmissions-Ergometer ist folgendes: Denkt man sich eine Dynamomaschine mittelst eines Treibriemens von irgend einem Motor getrieben, so wird die Hälfte des Treibriemens eine starke Spannung erleiden, während die andere Hälfte verhältnissmässig schlaff ist. Könnte man also durch Einführung einer Federwaage zwischen die beiden Theile des Riemens deren Spannungsdifferenz $T-T'$ (ausgedrückt in Pfunden) bestimmen, so würde das Produkt aus dieser Differenz und der in Fuss ausgedrückten Geschwindigkeit v des Riemens die Anzahl der zum Treiben der Dynamomaschine erforderlichen Fusspfunde per Secunde geben, und diese Arbeit würde in Pferdekräften ausgedrückt sein (1 horse power gleich 550 Fusspfund)

$$H.P = \left(\frac{T-T'}{550}\right)v.$$

Der Verfasser erläutert an der Hand einer Zeichnung die Anordnung des von ihm konstruirten Federdynamometers, welches zugleich mit einer Registrirvorrichtung versehen werden kann.

L. Grnm.

O. Braun's Geschwindigkeitsmesser, sogen. Gyrometer. Dingl. J. CCLII, 450-451†.

Der Apparat beruht auf dem vielfach angewandten Princip (vergl. diese Berichte XXXVIII, Abth. I, 34, sowie XXXIX, Abth. I, 45) der durch die Centrifugalkraft bewirkten Lagenänderung einer in einer Glasröhre eingeschlossenen Flüssigkeitsmenge; die Ablesung geschieht mittelst einer Spiegelglasskala. *L. Grnm.*

A. Campbell and W. T. Goolden. On a speed indicator for ships propellers. Phys. Soc. London VI, 147; [Cim. (3) XVII, 80, D. R. P. Nr. 27592, 11. Oct. 1883; [ZS. f. Instrk. IV, 438.

Die Winkelgeschwindigkeit einer rotirenden Welle *A* soll gemessen werden. Zu dem Zweck wird neben ihr eine Axe *S* angebracht, die mit constanter bekannter Geschwindigkeit rotirt. Auf *S* ist eine Schraube eingeschnitten, und als Mutter läuft auf dieser Schraube ein Conus *C*, während auf *A* eine Scheibe *B* aufgesetzt ist, welche *C* berührt. Die Randelemente, in welchen *B* und *C* sich berühren, haben gleiche absolute Geschwindigkeit; ist dabei die Winkelgeschwindigkeit von *C* gleich der seiner Axe *S*, so steht *C* relativ zu *S* still, ist aber die Winkelgeschwindigkeit von *C* grösser oder kleiner, als die von *S*, so schraubt sich *C* auf *S* vor- oder rückwärts. Bei passendem Sinne des Schraubenganges stellt sich also *C* von selbst so ein, dass seine Winkelgeschwindigkeit gleich der von *S* wird, während die absolute Geschwindigkeit seines Contactkreises gleich derjenigen des Randes von *B* ist. Die zu suchende Winkelgeschwindigkeit ist demnach proportional dem Abstand des Contaktkreises von der Spitze des Conus *C*. *Bde.*

C. F. BRACKETT. A new device for measuring power. Phil. Mag. (5) XVII, 159-160†; SILL. J. (3) XVII, 20, 1884. Jan.; [J. de phys. (2) IV, 92.

Kurze Beschreibung einer Bremsdynamometervorrichtung zur Messung der von Dynamo- oder Magnetomaschinen aufgewendeten oder gelieferten Energie. *L. Grnm.*

G. HOCHSCHILD. Geschwindigkeits-Controlapparat für Dampfmaschinen und dergl. DINGL. J. CCLIV, 88†; Eisen-Ztg. 1884, 611.

Ein Centrifugalpendel-Tachometer, dessen Hülse durch einen Hebel und eine kurze Gelenkstange mit einem Zeiger in Verbindung steht, welcher bei der Auf- und Abbewegung der Hülse über mehrere in einem Kreisbogen angeordnete Metallplatten schleift. Durch eine elektrische Leitung wird an einem an beliebigem Orte aufzustellenden Signalapparate angegeben, an welcher Platte der Kontakt stattfindet. *L. Grnm.*

A. PUPLUS' registrirender Arbeitsmesser. DINGL. J. CCLII, 309-311†.

Die Kolbenstange des Indikators trägt an ihrem oberen Ende einen in Schienen geführten Rahmen, in welchem zwischen zwei Stahlspitzen ein Reibungsrädchen gelagert ist. Dasselbe berührt zwei parallele Scheiben, welche von der Maschine aus eine dem Hin- und Hergange des Maschinenkolbens entsprechende und entgegengesetzt gleiche Schwingung erhalten. Bei der Mittelstellung des Indikatorkolbens berührt das Rädchen die Scheiben genau in deren Mittelpunkte, ist also von deren Schwingung nicht beeinflusst. Ist aber der Indikatorkolben und mit ihm das Rädchen durch den Ueberdruck auf der einen Cylinderseite gehoben, so erhält das Rädchen eine Drehung, welche dem Kolbendrucke und Kolbenwege proportional ist, also ein Maass für die auf den Kolben übertragene Arbeit liefert. Da beim Kolbenrückgang die Scheiben sich entgegengesetzt wie beim

Hingange drehen, so erfolgt die Drehung des Rädchens stets im gleichen Sinne. Diese Drehung wird nun mittelst eines Zahnradgetriebes auf ein Zählwerk übertragen. *L. Grnm.*

Heinr. Hirth's verbesserter akustischer Tourenzähler. Dingl. J. CCLII, 301†.

Auf die Spindel, deren Umlaufsgeschwindigkeit gemessen werden soll, oder auf eine durch einen Schnurlauf mit ihr verbundene Axe wird ein Flügelrädchen aufgesetzt und mit einem unbeweglichen Gehäuse umgeben. Zugleich mit der Spindel läuft eine mit einer passenden Anzahl von Löchern versehene dünne Blechscheibe, gegen welche die Blaseöffnung gerichtet wird. Aus der Höhe des entstehenden Tones soll auf die Umdrehungsgeschwindigkeit der Spindel geschlossen werden.

L. Grnm.

J. Voigt's bezieh. C. Rehse's Maassstabzirkel. Dingl. J. CCLII, 150-151†.

Die Voigt'sche Einrichtung ist bereits nach einem in der ZS. f. Instrk. III, 336 enthaltenen Referate im vorigen Jahrgange dieser Berichte, S. 31 beschrieben. Bei dem Rehse'schen Zirkel ist der eine Schenkel gekrümmt, der andere geradlinig gestaltet. Die Lage des Schnittpunktes der übereinander greifenden Zirkelschenkel zu der auf dem geradlinigen Schenkel befindlichen Skala gibt die Zirkelöffnung an. Genauere Resultate erhält man mittelst eines Zirkels mit zwei gekrümmten Schenkeln, welche ihre konvexen Kanten nach innen richten. *L. Grnm.*

W. A. Rogers. On a new method of producing screws of standard length and uniform pitch. Science IV, 323†.

Bei dieser Drehbank zum Schneiden von Normalschrauben wird der Schneidestahlsupport mit einem an ihm befestigten Mikroskope über einen gut getheilten Maasstab fortbewegt. Die Fehler in der Bewegung lassen sich auf diese Weise sofort er-

mitteln und können mittelst einer den Schneidestahl justirenden Mikrometerschraube beseitigt werden. *L. Grnm.*

Second Report of the committee — Sir J. Whitworth etc. — appointed for the purpose of determining a gauge for the manufacture of the varions small screws used in telegraphic and electrical apparatus, in clockwork, and for other analogous purposes. **Rep. Brit. Ass. 1884, 287-293.**

Der gegen früher abgeänderte Hauptvorschlag des Comités lehnt sich an die schweizer Vereinbarung an, wonach zwischen dem Durchmesser *D* und der Ganghöhe *P* die Beziehung

$$D = 6P\frac{6}{5}$$

bestehen soll und für *P* die Potenzen 0,9ⁿ in Millimetern genommen werden, in denen *n* eine Zahl von 0 bis zu beliebiger Höhe ist. Das Comité glaubt aber in den Werthen von *P* nur zwei zählende Stellen berücksichtigen zu sollen und schlägt demgemäss folgende Numerirung der Schrauben vor:

n	0	1	2	3	4	5	6
D	6	5,3	4,7	4,1	3,6	3,2	2,8
P	1	0,9	0,81	0,73	0,66	0,59	0,53
n	7	8	9	10	11	12	13
D	2,5	2,2	1,9	1,7	1,5	1,3	1,2
P	0,48	0,43	0,39	0,35	0,31	0,28	0,25
n	14	15	16	17	18	19	20
D	1,0	0,90	0,79	0,70	0,62	0,54	0,48
P	0,23	0,21	0,19	0,17	0,15	0,14	0,12
n	21	22	23	24	25		
D	0,42	0,37	0,33	0,29	0,25		
D	0,11	0,098	0,089	0,080	0,072		

***n* gilt nunmehr als Ordnungsnummer der Schraube; *D* und *P* sind in Millimetern ausgedrückt. Die Schrauben entsprechen den Bedürfnissen der Praxis. Weitere Bemerkungen des Berichts**

beziehen sich hauptsächlich auf die besonderen Verhältnisse, welche durch Benutzung des englischen Zolls für England gegeben sind. *Bde.*

MAURITIUS. Einfache elektrische Uhr mit freiem Pendel, mit constantem Kraftersatz und mit Vacuumcontacten. Rep. d. Phys. XX, 815-820.

Der Verfasser bringt an der Stange eines wie gewöhnlich aufgehängten Uhrpendels ein horizontales Glasgefäss an, welches unten drei Zitzen mit eingeschmolzenen Platindrähten hat. Das Rohr kann evacuirt werden und enthält so viel Quecksilber, dass zwei der Zitzen durch eine Quecksilberbrücke verbunden werden, aber nicht alle drei. Schwingt also das Pendel, so verbindet die Quecksilberbrücke einmal die linke Zitze mit der mittleren, das andere Mal die rechte; es können demnach mittels der Pendelschwingungen abwechselnde Stromschliessungen hervorgebracht werden. Diese Stromschliessungen werden nun verwendet, um einestheils dem Pendel die verlorene Energie zu ersetzen, andererseits das Echappement eines Registrirwerkes auszulösen. Die Vorrichtung für den Energie-Ersatz befindet sich am Pendel selbst in Gestalt eines kleinen Hebels mit schwerer Kugel, der von zwei kleinen Elektromagneten hin und her geworfen wird. Das Registrirwerk (die sogenannte Uhr) ist analog den elektrischen Zeitübertragern und wird durch ein besonderes Gewicht getrieben, während der Strom nur die Auslösung des Echappements besorgt. Bemerkenswerth ist, dass das Pendel unabhängig vom Uhrgewicht schwingt, also beliebig weit von der Uhr, etwa in einem gleichmässig temperirten Keller und luftdicht, aufgehängt werden kann, während die zugehörige Uhr nur durch Leitungsdrähte mit ihm verbunden ist. Vorläufig scheint aber ein Misstand darin zu liegen, dass im Gegensatz zu den leitenden Principien der neueren Uhrmacherkunst das Pendel offenbar eine grosse Amplitude haben muss, wenn das Quecksilber in der Contactvorrichtung sicher functioniren soll. *Bde.*

E. WÖLNER's Zeigerwaage mit hydraulischer Regulirung. DINGL. J. CCLIV, 459-461†; D. R. P. Kl. 42, Nr. 26273, 15. Septbr. 1883.

Zur Aufnahme und allmäligen Ausgleichung der beim Belasten der Brücke unvermeidlichen Stösse hat der Verfasser das Prinzip der hydraulischen Puffer und Luftbremsen auf die Zeigerwaage der Art angewandt, dass der Kolben festliegt, dagegen der Cylinder, dessen Gewicht zugleich zur Ausgleichung der Last dient, beweglich angeordnet ist. Seiner kreisförmigen Bahn entsprechend, wird der Cylinder durch ein gebogenes Röhrenstück gebildet. Er ist am Ende eines Winkelhebels angebracht, welcher durch entsprechendes Hebelwerk mit der Brücke in Verbindung steht; an dem andern Winkelhebelarme befindet sich ein verschiebbares Regulirungsgewicht. Neu und eigenthümlich ist auch die Anordnung des Zeigerwerks. Es besteht aus einem Zeigerrade und einer Skalenscheibe, deren beider Drehung durch Vermittelung einer Kette von dem ausschlagenden Winhelhebel aus erfolgt. Wegen der näheren Beschreibung und Wirkungsweise des Zeigerwerks, sowie der zur Entlastung der Schneiden und Pfannen dienenden Vorrichtung muss auf die Originalabhandlung verwiesen werden. *L. Grnm.*

J. RADEMACHER's oberschalige Balkenwaage. D. R. P. Kl. 42, Nr. 28791, 1. April 1884; DINGL. J. CCLIV, 498†.

Bei dieser oberschaligen Balkenwaage ist je ein Ende der beiden Brücken an das eine oder andere Ende des Waagebalkens angeschlossen; die Parallelführung der Brücken wird durch je ein paar Parallelstangen vermittelt. *L. Grnm.*

J. RADEMACHER's Federwaagen mit ungleicher Skala. DINGL. J. CCLII, 362-365†.

Es werden an der Hand von Zeichnungen verschiedene Construktionsabänderungen der SALTER'schen Federwaage erläutert, bei welchen kleinere Belastungen dadurch angezeigt werden, dass die ersten Intervalle der Zeigerskale möglichst gross gewählt werden. Bei der einen Construktion wird dies erreicht durch Anwendung eines den Skalenzeiger tragenden spiralförmigen Triebes, bei einer zweiten findet die Uebertragung durch einen Kniehebelmechanismus statt, bei einer dritten Constructionsart endlich sind die Lastfedern wagerecht angeordnet. — Vergleiche übrigens die Referate im vorigen Jahrgange dieser Berichte, Seite 35 und 36. *L. Grnm.*

LORD RAYLEIGH. Suggestions for facilitating the use of a delicate balance. Rep. Brit. Ass. Southport 1883, 401-402; [Beibl. VIII, 684.

Der Verfasser bringt unter den Waagschalen zwei kleine Magnete von Stahldraht an und unterhalb derselben Drahtspiralen von 50-100 Windungen. Unter Benutzung einer LECLANCHÉzelle dient die Vorrichtung zum Dämpfen der Schwingungen. Er macht ferner darauf aufmerksam, dass langsame weite Schwingungen des Balkens mit Vortheil ersetzt werden können durch schnellere und kleinere, die mit Lupe beobachtet werden.

Bde.

G. SCHWIRKUS. Ueber das EMERY'sche Blattgelenk und dessen Anwendung an Stelle der Schneiden bei Waagen. ZS. f. Instrk. IV, 261-269.

Die Abhandlung lehnt sich an einen Vortrag von REULEAUX an: „Fortschritte auf dem Gebiete der Kraftmessung und insbesondere des Wägens in den Vereinigten Staaten“, in der Sitzung des Vereins für Gewerbefleiss in Preussen vom 3. März 1884 gehalten; die Ansichten des Verfassers sind aber vielfach denen von REULEAUX gerade entgegengesetzt.

Der amerikanische Ingenieur EMERY hat die Schneiden bei Waagen und ähnlichen Apparaten durch kurze Blattfedern aus Stahl ersetzt, welche die gelenkartige Verbindung von Waagebalken und Gehänge bilden. Die Schneiden grosser Brückenwaagen, welche für Lasten bis zu 80000 kg vorkommen, fallen sehr bald der Zerstörung anheim; bei Festigkeits- und Materialprüfungsmaschinen kommen noch stärkere Belastungen vor, welche die Widerstandsfähigkeit der Schneide weit überschreiten. Die EMERY'schen Blattfedern können mit Leichtigkeit von einem solchen Querschnitt genommen werden, dass auch bei der grössten Beanspruchung auf den Quadratmillimeter nicht mehr als 30 bis 50 kg Druck kommen. Die grosse Widerstandsfähigkeit bei starker Belastung ist der erste Vortheil des Blattgelenks; der zweite ist die verschwindende Kleinheit der inneren Reibung, welche nur in der unvollkommenen Elasticität begründet sein kann. Bei schwer belasteten Schneidewaagen kann die Reibung so gross werden, dass ein relativ grosses Uebergewicht keinen Ausschlag hervorruft; die Blattgelenkwaage wird bei derselben Belastung schon bei weit kleineren Uebergewichten einen Ausschlag geben.

Dagegen ist die Grösse des Ausschlages, oder die Empfindlichkeit bei der Blattgelenkwaage kleiner als bei der Schneidenwaage. Bei letzterer wirkt dem Uebergewicht, welches einen Ausschlag hervorbringt, nur das Drehungsmoment der Schwere auf die Waage entgegen; bei EMERY's Waage kommt dazu der Widerstand der Blattfeder gegen Verbiegung, eine grosse und mit zunehmendem Ausschlag schnell wachsende Kraft. In Folge der geringeren Empfindlichkeit wird daher die Blattfeder für feine Waagen, bei welchen die kleinsten Gewichtsdifferenzen mit Hülfe der Ausschläge bestimmt werden müssen, unbrauchbar sein. Andere Mängel des Blattgelenkes sind seine zu geringe Beweglichkeit bei den Schwankungen des Gehänges und die Möglichkeit von Verspannungen in Folge von Temperaturänderungen oder von Durchbiegungen.

Die von EMERY prätendirte Genauigkeit bezeichnet der Verfasser als illusorisch und stellt ihr gegenüber die Genauigkeit, welche Schneidenwaagen in der allerbesten Ausführung liefern, deren Leistungen er eingehend discutirt. Die Kaiserliche Normal-Aichungs-Commission hat eine von dem Berliner Mechaniker Stückrath verfertigte Waage im Gebrauch, welche im luftabgeschlossenen Raume arbeitet und aus mehreren Metern Entfernung arretirt und beobachtet wird. Bei 1 kg einseitiger Belastung differiren die einzelnen Gleichgewichtslagen nicht um mehr als 0,025 mg, so oft man die Gewichte von Neuem aufsetzt und die Waage wieder spielen lässt. Bei Vertauschung der Gewichtsstücke kommen Differenzen der Wägungsergebnisse bis zu 0,1 mg vor. Stückrath sei damit beschäftigt, die Schwankungen der Gehänge während des Aufsetzens der Gewichte zu verhindern; man werde dann die Gewichtsdifferenz zweier Kilogramme mit einer Genauigkeit von rund 0,003 mg bestimmen können. Die relative Genauigkeit nimmt cet. par. bei grösseren Belastungen noch zu. Eine Centnerwaage im Besitze der Normal-Aichungs-Commission giebt ohne derartige Vorsichtsmaassregeln, wie die erwähnte Kilogrammwaage, die Differenz zweier Centner bis auf $^1/_{20000000}$. Centner-Schneidenwaagen selbst von geringerer Genauigkeit sind bei Belastung mit einem Menschen nicht zum Einspielen zu bringen in Folge des Pulsschlages und der fortwährenden Aenderungen des Körpergewichtes.

Zum Schlusse erwähnt der Verfasser, dass die Blattfeder von Bessel als Uhrpendelgelenk benutzt wurde und dass bereits durch Wilh. Weber chemische Waagen mit Federgelenken in Göttingen gebaut worden seien, welche sich anscheinend nicht bewährt haben. *Rz.*

A. Kurz. Kalibrirung eines cylindrischen Gefässes.

Repert. d. Phys. XX, 529-531†.

Der Verfasser hat an einem mit Wasserstandsrohr und Skale versehenen Sammelgefäss für Regenwasser durch Eingiessen von je 100 ccm Wasser die Abweichungen von der cylindrischen Gestalt zu vermitteln gesucht; er theilt auch noch alle mittelst des „Treppensatzes“ berechneten Zahlen mit und zeigt, wie man nach dieser Treppensatzmethode auch ein Thermometer kalibriren könne. *L. Grnm.*

L. C. Wolff. Ueber Apparate zur Messung von Druckänderungen.

ZS. f. Instrk. IV, 50-54.

In gewissen Fällen ist es theoretisch oder praktisch von Wichtigkeit, durch eine Ablesung zu wissen, ob eine Druckkraft im Wachsen oder Abnehmen begriffen ist, ohne dass man den Stand eines Manometers durch einige Zeit hindurch zu beobachten gezwungen ist. Einen Apparat, welcher dies leistet, hat der Verfasser construirt und nennt denselben Allometer. Derselbe besteht im Prinzip aus einem sehr empfindlichen Manometer, welches in Intervallen mit dem Kessel in Verbindung gesetzt wird. Durch eine selbstthätige Vorrichtung kehrt den Zeiger jedesmal wieder in die ursprüngliche Stellung zurück und zeigt bei erneuter Verbindung nur dann einen Ausschlag nach der einen oder anderen Seite, wenn der Druck sich vermehrt oder vermindert hat. *Rz.*

R. TIGERSTEDT. Ein Apparat zur mechanischen Nervenreizung. Nordiske medicinske Arkiv, Bd. XIII, 1881; ZS. f. Instrk. IV, 77-79.

Bei mechanischer Nervenreizung ist oft die genaue Kenntniss der Stärke des mechanischen Reizes wünschenswerth. Bei dem Apparate des Verfassers wird der Reiz durch einen fallenden Hebel bewirkt; die Stärke des Reizes wird bei constanter Fallhöhe durch Verschiebung eines Laufgewichtes variirt. Die Auslösung des Falles geschieht elektromagnetisch. *Rz.*

Litteratur.

M. MERRIMAN. A Textbook on the method of least squares. Newyork 1884.

J. F. BUBENDEY. Ueber die Constantenbestimmung der Functionen durch Wahrscheinlichkeitsrechnung bei stark abweichenden Einzelwerthen. Mitth. d. Math. Ges. Hamb. Nr. 3, 4. 1883-84.

F. B. SPRAGUE. On the adjustment of numerical results derived from observations. Rep. Brit. Ass. Southport 1883, 446-447. *Bde.*

F. Y. EDGEWORTH. On the reduction of observations. Phil. Mag. (5) XVII, 135-141†; [Cim. (3) XV, 89.

— — A priori probabilities. Phil. Mag. (5) XVII, 204-210†. *L. Grnm.*

Connaissance des temps ... pour l'an 1886. Paris: Gauthier-Villars 1884.

G. R. von Alth. Ueber das absolute Masssystem und die Theorie der Dimensionen. Progr. Franz-Joseph-Gymn. Wien; auch sep. Wien: Hölder 1884.

Mesures métriques. La Nat. XII, No. 595, p. 334.

Alessandro Serpieri. Le misure assolute meccaniche, elettrostatiche ed elettro-magnetiche; con applicazione ai varii problemi. Milano: Hoepli. (90 S. 8°.)

G. M. Boud. Standards of length and their subdivision. J. Frankl. Inst. 1884, Nr. 700, 701.

R. Lepsius. Die Längenmaasse der Alten. Berlin: Besser 1884. Bereits im vorigen Jahrgange dieser Berichte, II. Abth. Seite 9 vom Referenten besprochen. *L. Grnm.*

R. Lepsius. Ueber die Masse im Felsengrabe Ramses IV. ZS. f. ägypt. Spr. 1884 Heft 1. *Bde.*

Sir William Thomson etc. Report of the Committee oppointed to consider and advise for the best means for facilitating the adoption of the metric system. Rep. Brit. Assoc. 1884, 27. *L. Grnm.*

D. Prosoroffsky. Ueber römisch-griechische Längenmaasse und ihr Verhältniss zu den alten und neuen russischen. Nachr. (Iswestija) d. kaiserl. russ. archeol. Ges. IX, 475-483. *O. Chw.*

Bock. Ueber verschiedene Konstruktionen zur Uebertragung von Figuren von einer gegebenen Oberfläche auf eine andere. Progr. Gymn. Lyck.

A. Terquem. Neues Kathetometer. J. d. Phys. 1883, 496; ZS. f. Instrk. IV, 136-137. Bereits im vorigen Jahrgange dieser Berichte, I. Abth. S. 25-26 vom Referenten besprochen. *L. Grnm.*

J. Wanschaff. Ueber eine neue Methode zur Anfertigung sehr langer Mikrometerschrauben. ZS. f. Instrk. IV, 166-169. *Rz.*

G. Wanke. Radialkluppe zum Schneiden genauerer Schrauben. ZS. f. Instrk. IV, 244-246.

UNWIN's Mikrometer. [DINGL. J. CCLIV, 227.

DAVID GILL. On Systematic Errors in the Reading of the Circle Microscopes of the Cape Transit-Circle. Monthly Not. XLV, 64-90.

JOS. SCHLESINGER. Die Winkelmessungsfehler aus Anlass nicht genau rechtwinkeliger Stellung der Visirlinie zur Horizontal-Umdrehungsaxe und dieser letzteren zur Verticalaxe eines Theodolyten. CBl. f. d. ges. Forstw. X, Heft 2.

WILLIAM HACKNEY. The adoption of standard forms of test-pieces for bars and plates. Inst. of Civil-Engineers, 22. Jan.

Le circuli-diviseur (de M. MORA). La Nat. No. 605, 1885 Jan. 5, XIII, 1, 76. *Bde.*

WRIGHT. Vorschlag zu einem neuen Basisapparat. SILL. J. (3) XXVIII, 479; ZS. f. Instrk. V, 65.

A. H. EMERY. Druck- oder Zug-Messinstrumente. D. R. P. Nr. 27520, 6. Juni 1883; ZS. f. Instrk. IV, 436. *Rz.*

J. P. NOLAN. Neuerungen an Entfernungsmessern. D. R. P. Nr. 23012. 1882; [ZS. f. Instrk. IV, 105-106. *Bde.*

W. KLINKERFUES. Akustischer Entfernungsmesser. D. R. P. Nr. 23584, 11. März 1883; ZS. f. Instrk. IV, 221. *Rz.*

E. ADASSOFFSKY. Fernmesser (Telemeter) von MARTINOFF. Archiv für Kriegswesen (Wojennij Sbornik, russ.) 1884, Nr. 6, p. 293.

GORJUNOFF. Telemeter. Wilna 1884. (Ref. nicht zugängl.) *O. Chw.*

J. LEHRKE. Der Nivellirstab. ZS. f. Instrk. IV, 419-420. *Rz.*

HOHMANN und CORADI's Präcisionsplanimeter. [DINGL. J. CCLII, 60-65; vergl. diese Berichte XXXVII, Abth. I, 46, sowie den Bericht des Referenten auf Seite 45-46 dieses Jahrgangs. *L. Grnm.*

F. H. REITZ. Ueber den HOHMANN-CORADI'schen Flächenintegrator. Mitth. d. Math. Ges. Hamb. Nr. 3, 4. 1883-84.

G. FISCHER. Das freischwebende und das einfache Präcisionsplanimeter von HOHMANN und CORADI. Centrztg. f. Opt. u. Mech. 1884, Heft 7.

ALBERTOTTI. Autoperimetro registratore. (Tav. IV.) Atti d. R. Acc. di Medicina di Torino VI.

A. SALMOJRAGHI. Aperçu sur les nouveaux Tachéomètres, dits „les Cleps". Milan 1884. [ZS. f. Instrk. IV, 285-287.

E. TEISCHINGER. Apparat zum graphischen Rechnen für die speciellen Zwecke der Tachymetrie. ZS. f. Instrk. IV, 92-95.

HORN. Neuer Geschwindigkeitsmesser. GLASER's Ann. f. Gew. u. Bauw. No. 163,

HIRT. Einige Geschwindigkeiten und deren Ermittelung. GLASER's Ann. f. Gew. u. Bauw. No. 170.

F. NEESEN. Ueber eine Verallgemeinerung des Verfahrens von SEBERT zur Registrirung der Geschossgeschwindigkeit innerhalb des Geschützrohrs. Arch. für Artillerie- und Infanterie-Officiere 1884; [Beibl. VIII, 750. *Bde.*

J. G. BENTON. Apparat zum Messen der Geschossgeschwindigkeiten (Velocimeter). ZS. f. Electrotechn. 1884, 594; ZS. f. Instrk. IV, 431-432. *Rz.*

MARTINS. Methode zur absoluten Frequenzbestimmung der Flimmerbewegung auf stroboskopischem Wege. Dubois Arch. f. Phys. 1884, 456-460; Verh. d. physiol. Ges. Berl. 1884, 14. März.

W. VELTMANN. Apparat zur Auflösung linearer Gleichungen. ZS. f. Instrk. IV, 338-343. *Rz.*

A. KURZ. Zwei Messungen mit dem Torsionspendel (Drehwaage). Rep. d. Phys. XX, 89-90; [Beibl. VIII, 455. Schulversuche.

G. PISATI e PUCCI. Sulla lunghezza del pendolo a secondi (con 4 tav.). Atti dei Lincei, Mem. (3) XV, 1883.

C. F. W. PETERS. Einige Bemerkungen über Chronometer. Ann. d. Hydr. XII, 377-385, 423-431.

RENÉ DE CARFORT. La pratique des chronomètres. Paris, imp. nationale 1884. 23 S. 8^0 u. 1 Taf. Extrait des Recherches sur les chronomètres et les instruments nautiques, cah. 3.

N. K. NORDENSKJÖLD. Ueber Uhrcorrectionen mittels des Telephons. CBl. f. Electrot. VI, Nr. 17.

Bericht über die Prüfung von Beobachtungs-Uhren im Winter 1883/84 von dem K. Observat. zu Wilhelmshaven. Ann. d. Hydr. XII, 312-316.

Bericht über die im Winter 1883/84 an das Kais. Observatorium zu Wilhelmshaven eingesandten Chronometer. Ann. d. Hydr. XII, 386-387.

GEORGE RÜMKER. Bericht über die 7. Konkurrenzprüfung von Marine-Chronometern. Ann. d. Hydr. XII, 267 bis 273.

ZEYE. Das Verhalten der Chronometer an Bord. Ann d. Hydr. XII, 138-143.

G. HEROTIZKY's elektrische Uhr. D. R. P. Kl. 83, Nr. 25123. 30. Juni 1883; [DINGL. J. CCLI, 163-164. *Bde.*

PATRY. Elektrische Uhr. Elektrot. ZS. V, 380-381†. *L. Grnm.*

G. MARESCHAL. Horloge hydraulique du jardin des Tuileries, à Paris. La Nat. 1884 II, 123-124, No. 582.

A. DE ROCHAS. Les horloges hydrauliques dans l'antiquité. La Nat. 1884 II, 197-199, No. 587.

Our future watches and clocks. Nature XXXI, 36.

G. FORBES. On a magnetised chronometer watch. Chem. News IL, 114; [ZS. f. Elektrot. II, 224, 251; ZS. f. Instrk. IV, 213-214.

Die Uhr ging täglich mehrere Minuten zu spät, und ihr Gang hing von der Orientirung ab. *Bde.*

C. F. W. PETERS. Magnetische Einflüsse auf den Gang der Chronometer. Ann. d. Hydr. XII, 316-318.

Démagnetisation des montres. L'Electricité VIII, No. 4.

J. P. COOKE. Einfache Methode, das Gewicht eines Körpers wegen des Auftriebes der Luft zu corrigiren, wenn das Volumen unbekannt ist. Amer. Journ. of Science XXVI, 39; ZS. f. Instrk. IV, 68-70; J. chem. Soc. XLVI, 13-14.

Bereits im vorigen Jahrgange dieser Berichte, I. Abth. S. 31-32 vom Referenten besprochen. *L. Grnm.*

PAUL BUNGE. Die BUNGE'schen Präcisionswaagen. Centrztg. Opt. Mech. 1884 Heft 19, 20.

Fortschritte auf dem Gebiete der Kraftmessung und insbesondere das Wägen in den Vereinigten Staaten. Verh. d. Ver. z. Beförd. d. Gewerbefleisses 1884, März.

JOH. F. KADOW's Winkelhebelwage. D. R. P. Kl. 42, Nr. 23046, 1882; [DINGL. J. CCLI, 114-115. Bereits im vorigen Jahrgange dieser Berichte, I. Abth. S. 34 vom Referenten besprochen. *L. Grnm.*

M. GRÖGER. Neues Aräometer. Chem. Ber. XVII, 568; ZS. f. Instrk. IV, 252. *Rz.*

1c. Laboratoriumseinrichtungen.

A. F. SUNDELL. Ueber eine Modification der TÖPLER-HAGEN'schen Quecksilberluftpumpe. Acta Soc. Scient. Fennicae XIV, 1884. 10 p.; [Beibl. IX, 193†.

Fig. 8.

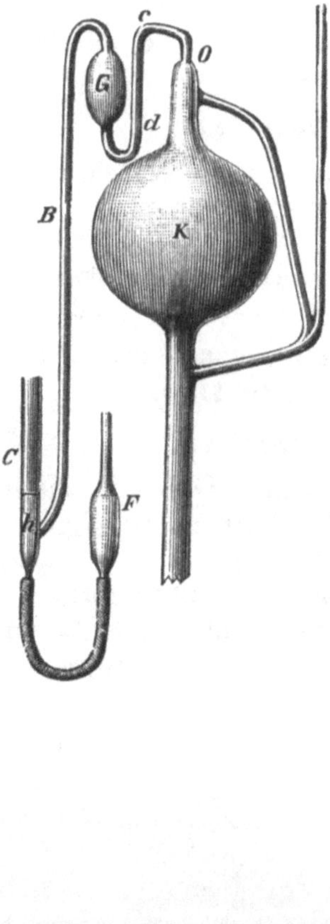

Zwischen der Luftpumpenkugel *K* und dem Abschlussreservoir *C* ist noch ein kleines Reservoir *G* eingeschaltet, welches durch das Capillarrohr *Ocd* mit der Kugel *K* und durch das Auslassrohr *B* mit dem Reservoir *C* in Verbindung steht. Man kann dadurch die Grenzen der ARAGO'schen Druckmessungsmethode bedeutend erweitern. — Bei grosser Luftverdünnung treibt man die letzten Luftblasen nur bis in das Reservoir *G*. — Mittelst des Reservoirs *F* kann man den Stand des Quecksilbers in *C* bequem reguliren und auch ein anderes Gas von *C* aus in die Pumpe bringen, indem man die Oeffnung *h* freigiebt resp. verschliesst.

L. Grnm.

G. GUGLIELMO. Ueber einige Modifikationen der Quecksilberluftpumpe. Atti Torino XIX, 27. April 1884 11 p.; Naturf. XVII, 340†; Beibl. VIII, 799-800†.

Der feste Recipient *A* steht durch das Barometerrohr *E* und den Kautschukschlauch *b* mit dem gleich grossen beweglichen Recipienten *B* in Verbindung. Der Hahn *C* ist so durchbohrt, dass *A* entweder mit dem rechten oder mit dem linken Arme des über ihm liegenden T-Stückes verbunden werden kann. *a* ist ein Kautschukschlauch und *D* ein Hahn, mittelst dessen die Recipienten *A* und *B* mit einander, oder jeder von ihnen für sich mit der Luft in Communikation gesetzt werden kann. *D* ist etwa 20 cm von der oberen Biegung von *B* entfernt. Die Handhabung der Pumpe ist folgende: Man stelle *D* so, dass *A* und *B* communiciren, hebe *B*, bis das Quecksilber *A* und den Kautschukschlauch bis *D* erfüllt, drehe dann *D* um 45° und schliesse durch Drehung von *C* um 90° den Recipienten *A* ab. Hierauf senke man den Recipienten *B*, bis in ihm der Druck der Luft gleich oder grösser als der der Atmosphäre geworden, und lasse durch Drehung von *D* um weitere 45° die Luft von *B* in die Atmosphäre ausströmen. Man senkt dann wieder *B*, sodass das Quecksilber den Hahn *D* erreicht, dreht letzteren, sodass *A* und *B* communiciren und stellt schliesslich *C* so, dass der zu evakuirende Recipient mit dem barometrischen Vacuum in *A* communicirt. *L. Grnm.*

Fig. 4.

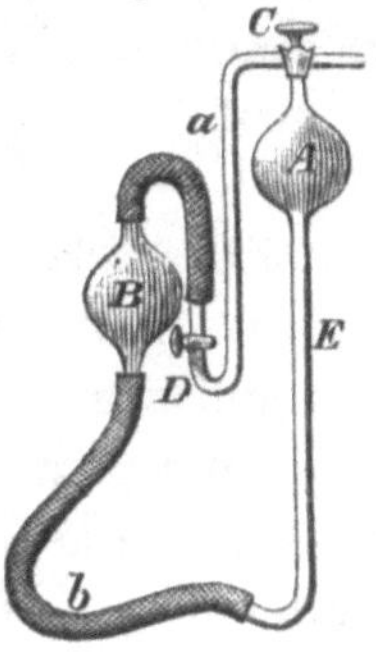

FRANK WALDO. On the application of WRIGHT's apparatus for distilling to the filling of barometer tubes. Am. J. of sc. (3) XXVII, 18-20†; [Beibl. VIII, 242, 673†; ZS. f. Instrk. IV, 102.

Der Verfasser wendet nach dem Vorgange von WILD den WRIGHT'schen Quecksilberdestillirapparat (vergl. diese Berichte XXXVIII, 40) zum Füllen von Barometerröhren an, indem er letztere an Stelle des Abflussrohres mit dem Apparate verbindet.

L. Grnm.

LANDOLT. Ueber feste Kohlensäure. Ber. chem. Ges. XVII, 309-311*, Beibl. VIII, 299†; Naturf. XVII, 146; Arch. Pharm. CCXXII, 237†.

Feste Kohlensäure in grösseren Mengen kann man bequem mittelst eines Tuchbeutels (in Form eines Tabaksbeutels) auffangen, den man an die Ausströmungsöffnung der bekannten, mit flüssiger Kohlensäure gefüllten eisernen Flaschen befestigt. Presst man die feste Kohlensäure in starke hohle Holzcylinder, so erhält man Kohlensäurecylinder, die das Aussehen und ungefähr auch die Härte von Schreibkreide haben und sehr langsam vergasen. Das specifische Gewicht der gehämmerten Kohlensäure ergab sich zu nahezu 1,2. *L. Grnm.*

B. TACKE. Ein Apparat zur schnellen Darstellung grosser Mengen Sauerstoffs. Chem. Ber. XVII, 1831-1832†; Beibl. VIII, 843-844†.

Ein horizontal liegendes schmiedeeisernes Rohr ist an dem hinteren Ende zugeschweisst und an dem vorderen zu einem Schraubengang verengt, in welchen gasdicht ein eisernes Austrittsrohr eingesetzt ist. Der abwärts gebogene Theil des letzteren steht mit einem Glasrohre von Barometerlänge in der Art in Verbindung, dass er in die obere Erweiterung des Barometerrohres mittelst eines durchbohrten Korkes eingesetzt ist, über welchen, um jede Diffusion zu verhindern, Quecksilber geschichtet ist. Das untere Ende des Barometerrohres mündet unter Quecksilber in eine Glasglocke, die über dem Quecksilber zum Waschen des entwickelten Sauerstoffs etwas Kalilauge enthält und sich in ein Leitungsrohr fortsetzt. Beschickt wird der Apparat mit chlorsaurem Kali. *L. Grnm.*

ROB. MÜNCKE. Doppel-Aspirator. Chem. CBl. (3) XV, 33-34†; DINGL. J. CCLI, 219-220†.

Zwei gleich grosse mit Wasserstandsröhren versehene cylindrische Blechgefässe sind central durch eine Messingröhre mit einfachem Hahn und seitlich durch zwei eiserne Schienen mit einander verbunden, an denen diametral Axen angeschraubt sind, welche sich in den Lagern eines Holz- oder Metallstatives bewegen. Die eine der Axen ist einfach cylindrisch, die andere bewegt sich als Hahnküken in einem Gehäuse mit zwei seitlichen Schlauchansätzen. Das schlauchstückartige Ende des Hahnkükens, welches mit den Apparaten, durch die gesaugt werden soll, verbunden ist, steht durch eine Winkelbohrung mit dem einen seitlichen Schlauchstücke des Lagers und dieses mit dem gefüllten oberen Behälter in Verbindung, während das andere seitliche Schlauchstück durch die ausgefräste Nuth des Hahnkükens die Verbindung des unteren Behälters mit der Atmosphäre vermittelt. Ist das Wasser aus dem oberen Cylinder in den unteren abgeflossen, so genügt eine Umkippung des Cylinderpaares, um den Apparat sofort wieder in Thätigkeit zu setzen.

L. Grnm.

DIAKONOFF. Nouveau baromètre à siphon. J. russ phys. Ges. [2] XIV, 476-478; J. de Phys. (2) III, 27-29†. 1883; [Beibl. VIII, 623; ZS. f. Meteorol. XIX, 144; ZS. f. Instrk. IV, 249.

Beschreibung einer einfachen, für den Transport und die Füllung geeigneten Form eines Heberbarometer. *L. Grnm.*

U. KREUSLER. Apparate zur Reduction gemessener Gasmengen auf Normalzustand. Chem. Ber. XVII, 29-34.

Es wird vorausgesetzt, dass das untersuchte Gasquantum bei Barometerdruck und feucht gemessen sei; die gewöhnliche Reduktion hätte mittels des corrigirten Barometerstandes, des Thermometers und der Sättigungstabelle zu geschehen. Die KREUSLER'schen Apparate vereinfachen dieselben; der zweite, der sehr einfach und handlich ist, möge hier näher beschrieben werden.

Die verticalen Glasröhren *a*, *b*, *c* communiciren unten untereinander. *a* ist oben offen, *b*, ebensoweit wie *a*, trägt oben eine pipettenförmige Erweiterung *w*, auf der ein Capillarröhrchen *r* aufsitzt, *c* ist doppelt so weit wie *a* und *b*, und hat oben einen

Kautschukverschluss, durch den ein Glasstempel auf und nieder geführt werden kann. Befindet sich Queksilber im System, so kann die Stellung desselben in *a* und *b* mittels dieses Stempels regulirt werden. Der Stempel ist hohl, wirkt also nur, wenn er oben verschlossen wird, damit er unabhängig bewegt werden könne. Die Pipette *w* hat 5 ccm Inhalt; unter ihr trägt das Rohr *b* eine Theilung, die oben an der Stelle beginnt, wo der Apparat gerade 5 ccm enthält; dort trägt sie die Zahl 100 und setzt sich nach unten bis 120 fort. Jeder Skalentheil umfasst $\frac{1}{100}$ ccm, wovon sich die Hälfte noch schätzen lässt. Um das Instrument zu normiren, füllt man es soweit mit Quecksilber, dass dieses nahe unter *w* steht, und bringt in *b* so wie in *a* ein Tröpfchen Wasser auf das Quecksilber. Dann berechnet man, welches Volumen 5 ccm trockene Luft bei der Herrichtungstemperatur einnehmen, wenn sie mit Feuchtigkeit gesättigt sind, regulirt bei offenem Capillarrohr den Stand des Quecksilbers mit Hilfe des Stempels, bis der Wassermeniscus in *b* an der Stelle steht, welche dem berechneten Volumen entspricht, und schmelzt in dieser Stellung das Capillarröhrchen zu. Das Instrument kann wie ein Thermometer in oder neben das zu messende Gasvolumen V gebracht werden; ist das an der Skala abgelesene Volumen der im Instrument eingeschlossenen Luft gleich $z.5$ ccm, so ist das reducirte Volumen von V

$$V_1 = \frac{V}{z}.$$

Zur Controlle wurden 7 gemessene Gasvolumen einmal mittels des Kreusler'schen Instrumentes, das anderemal mit Barometer, Thermometer etc. reducirt; die Abweichung beträgt im äussersten Fall $\frac{1}{1000}$, im Mittel $\frac{1}{2000}$. Dr. Geissler's Nachfolger Müller in Bonn liefert den Apparat. Instrumente zum gleichen Zweck haben nahe gleichzeitig J. Barnes und V. Harcourt (diese Ber. XXXIX, (1) 286) construirt. *Bde.*

J. Habermann. Ueber einige neue chemische Apparate.
Chem. CBl. XV, 881-882†; Beibl. IX, 140†.

1. Eine neue Waschflasche, welche geeignet ist, das Zurücksteigen der Waschflüssigkeit in das Entwickelungsgefäss zu verhüten. An das Zuleitungsrohr ist ein weiteres cylindrisches, unten mit einer kleinen Oeffnung versehenes Glasgefäss angeschmolzen, welches mittelst eines Stopfens in das äussere eigentliche Waschgefäss eingesetzt werden kann.

2. Ein neuer Absorptionsapparat ist nach ähnlichen Gesichtspunkten, wie die soeben beschriebene Waschflasche construirt.

3. Ein neuer Brenner. Zur feineren Regulirung der Flamme ist der gewöhnliche Gasbahn durch einen Schraubenhahn ersetzt. *L. Grnm.*

G. KREBS. Drei Ozonapparate. WIED. Ann. XXII, 139-140†; Chem. CBl. XV, 662-663†; Cim. (3) XVI, 151.

1. Der Apparat zur Herstellung des Ozons durch Elektrolyse von angesäuertem Wasser besteht aus einer mit zwei Platinelektroden versehenen U-Röhre, an deren einen (positiven) Schenkel eine Gasleitungsröhre angeschmolzen ist, die zweimal rechtwinklig nach unten gebogen ist und in einen kurzen engen Reagenzcylinder taucht. Nachdem die durch einen Strom von mindestens 3 BUNSEN'schen Elementen hervorgerufene Wasserzersetzung einige Minuten gedauert, giesst man in den Reagenzcylinder eine verdünnte Lösung von Jodkaliumstärkekleister; es tritt alsbald eine Bläuung der letzteren ein.

2. Der Apparat zur Darstellung des Ozons durch Zersetzung von Kaliumpermanganat durch Schwefelsäure besteht aus einem 8 cm hohen und 4 cm weiten Glascylinder (von etwa 1 mm Wanddicke), welcher durch einen eingeschliffenen hohlen dünnwandigen Glasstopfen verschlossen werden kann; an letzteren ist wieder eine nach unten gebogene Gasleitungsröhre angeschmolzen. Man giesst zunächst Schwefelsäure (3 Theile) in den Cylinder und streut darauf höchstens 2 Theile trockenes Kaliumpermanganat. Die Anwesenheit von Ozon wird wie bei dem ersten Versuch nachgewiesen.

3. Der dritte Apparat endlich zur Darstellung des Ozons

durch Zersetzung von Bariumsuperoxyd durch Schwefelsäure unterscheidet sich von dem vorigen dadurch, dass an den hohlen Glasstopfen in der Mitte der Stiel eines Hahntrichters und seitlich ein nach unten gebogenes Gasleitungsrohr angeschmolzen ist. Man schüttet in den Cylinder getrocknetes Bariumsuperoxyd, setzt den Stopfen auf und giesst in den Trichter bei geschlossenem Hahn concentrirte Schwefelsäure, welche man dann durch Oeffnen des Hahnes langsam heruntertropfen lässt. *L. Grnm.*

Eugène Mascareñas. Nouvel appareil à niveau constant. La Nature XII, 83-84† (aus Chemica scientifica); Beibl. VIII, 780†.

Fig. 5.

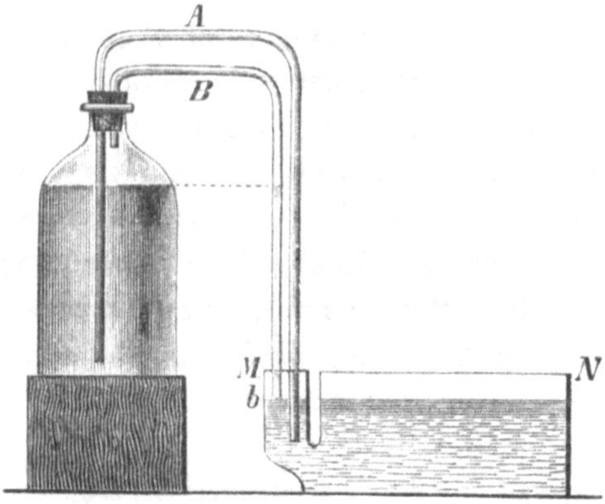

Der Apparat besteht, wie aus nebenan stehender Figur ersichtlich, aus einer gewöhnlichen Flasche, durch deren Stöpsel zwei Glasröhren geführt sind, von denen die eine *A* bis nahe an den Boden reicht, die andere *B* nur wenig unter den Stöpsel. Die äusseren Enden der Röhren sind zweimal rechtwinklig umgebogen und tauchen in das auf constantem Niveau zu erhaltende Gefäss *MN*. Solange das Niveau in letzterem constant bleibt, kann keine Luft in die Flasche gelangen, und das Heberrohr *A* funktionirt nicht; sobald aber das Niveau fällt, wird das untere Ende von *B* frei, die Luft dringt bei *b* ein, die Flüssigkeit fliesst aus, bis das frühere Niveau erreicht und der Lufteintritt wieder abgeschlossen ist.

L. Grnm.

Joh. Walter. Gastrocknungs- und Waschapparat.
Chem. CBl. XV, 369-370†.

Durch den einen Stöpsel einer zweihalsigen Woolf'schen Flasche tritt das Gaszuleitungsrohr *A* ein, durch den anderen ist das nach unten verjüngte Rohr *B* gesteckt, welches in der Nähe seiner oberen verschliessbaren Oeffnung mit einem seitlichen Abflussrohre *C* versehen ist. Das Rohr *B* umgiebt ferner ein durch denselben Stopfen gehendes Trichterrohr, welches nahezu bis auf den Boden der Waschflasche reicht. Der Zwischenraum zwischen diesem Trichterrohre und seinem Umhüllungsrohre *B* ist mit Glasperlen angefüllt, durch welche das zu trocknende Gas, nachdem es durch die Waschflüssigkeit gewaschen ist, aufsteigt, um dann durch das seitliche Abflussrohr *C* zu entweichen.

L. Grmn.

Jul. Schober. Ein Gasbrenner mit Selbstverschluss.
Chem. CBl. (3) XV, 18†.

Der Mechaniker H. Pfeil hat einen Gasbrenner construirt, bei welchem infolge zufälligen Verlöschens der Gasflamme eine Ausströmung von Leuchtgas nicht stattfinden kann: Der Hebel des Gashahnes ist verlängert und trägt am Ende der Verlängerung ein schweres Gewicht. Um das Brennerrohr drehbar ist ein Rohr angebracht, an welchem zwei gegen die Brenneröffnung schräg zulaufende Spiralen befestigt sind, die aus verschiedenen Metallen bestehen, und deren Windungen entgegengesetzt aufgerollt sind. Die Flamme erwärmt die beiden Spiralen, welche sich in Folge der Ausdehnung derart um das Brennerrohr drehen, dass der Hebel mit seinem Gewichte auf eine am unteren Ende der Spiralen befindliche Nase horizontal aufgelegt werden kann. In dieser Lage verbleiben nun die Spiralen und also auch der Hebel solange, als das Gas brennt. Verlischt aber dasselbe, so kühlen sich die Spiralen ab, drehen sich nach der entgegengesetzten Seite und entziehen dem Hebel dessen Unterstützung. Letzterer fällt deshalb herab und schliesst auf diese Weise die Gaszufuhr ab.

L. Grnm.

C. Reinhardt. Spirituslampe mit konstantem Niveau. ZS. f. anal. Chem. XXIII, 40-42†; [ZS. f. Instrk. IV, 209†.

Die Einrichtung und Wirkungsweise der Lampe beruht auf dem Principe der Mariotte'schen Flasche. Eine passend unterstützte mit zwei Hälsen versehene Glaskugel von etwa 2,5 l Inhalt ist oben und unten durch Gummistopfen verschlossen. Durch den unteren Stopfen führen die mit einem Hahne versehene Speiseröhre und die Luftröhre in einen Behälter, der durch einen dreifach durchbohrten Stopfen zur Aufnahme jener beiden Röhren, sowie eines Luftrohres verschlossen ist. Aus diesem Behälter wird der Brennspiritus durch eine mit Hahn versehene Messingröhre in die aus starkem Messingblech construirte Spirituslampe mit doppeltem Luftzuge (Berzelius-Lampe) geleitet.

L. Grnm.

C. Söllscher. Zur Verhütung eines Uebelstandes an der gewöhnlichen Spritzflasche. Ber. chem. Ges. XVII, 1080†.

Um zu verhüten, dass beim ersten Anblasen der Spritzflasche der Wasserstrahl mit zu grosser Heftigkeit austritt, enthält der untere konische Theil der Steigröhre ein Glasventil, welches beim Blasen durch den Wasserstrahl gehoben wird. Hört man zu blasen auf, so bleibt dieser untere Theil mit Wasser gefüllt, und der Wasserstrahl tritt beim wiederholten Blasen ruhig und ohne Stoss hinaus. *L. Grnm.*

F. Urech. Die Lilienfein'sche Lampe für niedrig siedendes Petroleum. ZS. f. anal. Chem. XXIII, 35-40†.

Die Lampe besteht aus einem durch einen Schraubenpfropfen luftdicht verschliessbaren Metallgefässe, in welches ein der Bunsen-schen Gaslampe nachgebildeter Apparat eingeschraubt ist. Nahe am Boden des Gefässes befindet sich das mit einer Hahnvorrichtung versehene Röhrenstück, dessen Inneres einen Docht enthält und vom Gefäss aus mit dem Brennstoff gespeist wird. Das flüssige Brennmaterial wird vor dem Ausströmen vergast, und zwar geschieht dies anfänglich mit Hülfe eines besonderen, brennenden Lämpchens, später, wenn der Apparat erst funktionirt, mittelst einer Zweigleitung, die bei geöffnetem Hahn mit der eigentlichen Leitung selbst communicirt. *L. Grnm.*

ROB. MÜNCKE. Bürettenhalter. Chem. CBl. (3) XV, 117†.

Der Bürettenhalter gestattet engere und weitere Röhren gleich fest zu fassen und die Scale unverkürzt ablesen zu können. Er wird gebildet aus zwei durch ein Gelenk mit einander verbundenen Backen, von denen der eine winklig geformt, der andere eben und mit einem Handgriffe versehen ist. Durch eine am Stile des gekrümmten Backens festgeschraubte starke S-förmige Feder wird der ebene Backen gegen den ersteren, resp. gegen die in denselben eingelegte Bürette gedrückt. *L. Grnm.*

FR. GOTTSCHALK. Pneumatische Wanne ohne Brücke mit frei beweglich hängendem Cylinder. Chem. CBl. (3) XV, 387-389†; KOLBE's J. XXIX, 124-128.

Der untere Arm eines Statives trägt einen Dreistütz, auf welchem die Wanne ruht; der Cylinder hängt mittelst einer geeigneten Haltevorrichtung, vom Verfasser „federnder Cylindergriff" genannt, an dem oberen Arme des Statives. Dreistütz und Haltevorrichtung lassen sich mittelst Hülsen auf den Armen in horizontaler Richtung verschieben, während die Arme selbst um die vertikale Säule des Statives drehbar sind. *L. Grnm.*

H. RÖSSLER. Neuer, kleiner Gasofen zur Erzeugung hoher Temperaturen für Laboratoriumszwecke. DINGL. J. CCLIII, 79-80; Chem. CBl. (3) XV, 754-755†; [Polyt. Notizbl. XXXIX, 308-309.

Die Einrichtung des Ofens sucht die zur Erzielung hoher Temperaturen erforderlichen Bedingungen zu erfüllen, dass die Verbrennung eine möglichst vollständige sei, dass nicht mehr Luft zugeführt werde, als eben zur Verbrennung nothwendig ist, dass Luft und Gas vor dem Entzünden gut gemengt und durch die abziehenden Heizgase vorgewärmt werden. Mittelst dieses durch einen einfachen BUNSEN'schen Brenner zu heizenden Ofens sollen leicht grössere Mengen Feingold geschmolzen, d. h. eine Temperatur von 1100° und mehr erzeugt werden können.

L. Grnm.

Fig. 6.

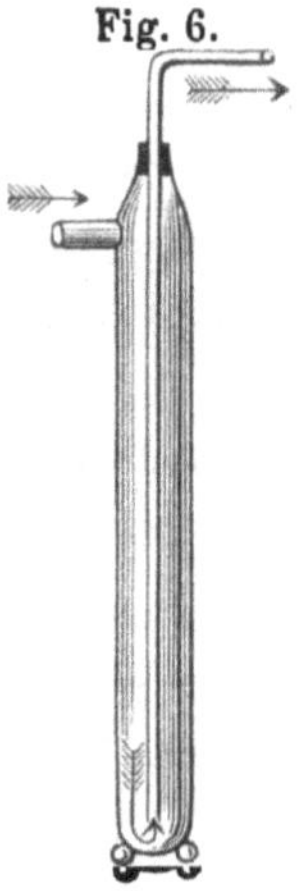

JOH. WALTER. Kühlröhren. Chem. CBl. XV, 370-371†.

Die Form des in den Kolben einzuhängenden Kühlrohrs ist aus nebenstehender Skizze ersichtlich.

L. Grnm.

L. PONTALLIÉ. Gasregulator. La Nature XII, 215; [Beibl. VIII, 778†.

Der Apparat ist im Wesentlichen ein Quecksilberregulator. Das aus dem Regulator ausströmende Gas speist neben dem Brenner noch eine besondere kleine Flamme, welche das Steigen oder Fallen des Quecksilbers in der Verschlussröhre bewirkt.

L. Grnm.

VELEY. Ein Thermoregulator. J. chem. soc. XLIII, 370; [ZS. f. anal. Chemie XXIII, 405-406.

Ein grösserer und ein kleinerer Ballon sind untereinander geschmolzen; in den oberen grösseren ist ein Glasrohr eingeschmolzen, welches frei durch das Verbindungsstück bis nahe auf den Boden des kleineren geht; der obere ist mit Oel, der untere mit Quecksilber gefüllt. Dehnt sich das Oel aus, so treibt es das Quecksilber im Rohr in die Höhe und das Quecksilber sperrt dann in bekannter Weise den Gaszufluss ab. Der grosse Ausdehnungscoefficient des Oels macht den Apparat ziemlich empfindlich. Er soll bis 250° gut functioniren.

Bde.

Ranque. Régulateur de température sans l'usage du gaz. Ass. Franc. Rouen 1883, 308-311.

Regulator für Spiritusbrenner. Derselbe löscht die Lampe durch Schliessen eines Deckels, wenn die Temperatur zu hoch steigt und zündet sie mittels eines elektrisch glühenden Drahts wieder an, wenn die Temperatur sinkt. *Bde.*

F. Allihn. Gaswaschflasche mit doppeltwirkender Vorrichtung. Dingl. J. CCLIV, 118†; [Beibl. IX, 194†; [Chem. CBl. (3) XVI, 22.

In den Konus der mit der Waschflüssigkeit zu füllenden Waschflasche lässt sich ein eingeschliffener hohler Stopfen einsetzen, in welchen das Zuleitungsrohr mit dem daran befindlichen inneren Waschgefäss und das Ableitungsrohr eingeschmolzen sind. Das innere Waschgefäss, sowie das unten offene Zuleitungsrohr sind in passender Höhe mit Kränzen feiner Oeffnungen versehen, durch welche das in kleine Bläschen zertheilte Gas, nachdem es in dem inneren Gefässe gewaschen, in das äussere Hauptgefäss gelangt, wo es zum zweiten Male gewaschen wird. *L. Grnm.*

P. Bachmetjeff. Automatischer Apparat um Niederschläge mit heissem Wasser auszuwaschen. Journ. d. russ. phys.-chem. Ges. XVI, [1] 131-135†.

Die Einrichtung ist nur nach der l. c. p. 132 befindlichen Zeichnung zu verstehen. Der Niederschlag befindet sich in dem Trichter *b*; das heisse Wasser wird aus dem Kolben *a* durch den Druck der Dämpfe in die Röhre *s* getrieben, wenn die Oeffnung bei *x* auf elektromagnetischem Wege sich geschlossen hat. Die Röhre *α* dreht sich um die verticale Axe, wodurch die Trichterwände gleichförmig bespült werden. Der Theil *i* nähert die Röhre *α* allmählich der verticalen Stellung, wodurch der Niederschlag gleichförmig nach der Mitte des Trichters getrieben wird. Das Auslöschen der Flamme (unter *a*) findet gleichfalls automatisch statt. *O. Chw.*

Fig. 7.

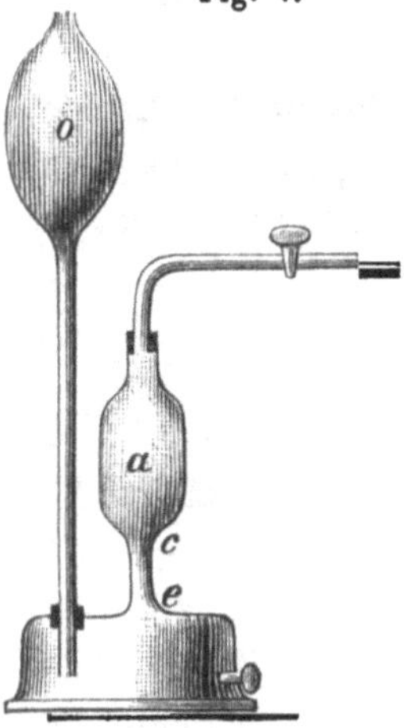

R. Schulze. Ein neuer Kohlensäure-entwickelungsapparat. Prakt. Schulmann XXXIII, 76-78; [Beibl. VIII, 673†.

Die Glastheile des Apparates, mittelst dessen man einen kontinuirlichen Gasstrom aus pulverförmigen Substanzen entwickeln kann, sind alle ineinander geschliffen. Der Raum *ce* wird mit Glaswolle gefüllt, in den Raum *a* Natriumbicarbonat gebracht und in *o* verdünnte Schwefelsäure gegossen (Fig. 7).

L. Grnm.

Löthen ohne Löthkolben. Centrztg. f. Opt. u. Mech. V, 69†; [Beibl. VIII, 672†.

Man richtet die zu löthenden Theile mit der Feile zu, so dass sie genau passen, bestreicht sie mit einer Löthflüssigkeit, legt glattes Blattzinn dazwischen, bindet sie mit Draht zusammen und erhitzt sie bis das Blattzinn schmilzt. *L. Grnm.*

Ch. Clamond. Sur un bec de gaz donnant la lumière blanche par l'incandescence de la magnésie. C. R. XCVIII, 366-368; [Cim. (3) XVI, 115.

Der Verfasser lässt in einer Flamme, die mit vorgewärmter Luft gespeist wird, ein Körbchen von drahtförmigen Magnesia-Stäbchen glühen. Zur Herstellung des letzteren wird geglühte und feingepulverte Magnesia mit einer syrupdicken Lösung von essigsaurer Magnesia zu Teig angerührt. Die Masse wird dann in einen Cylinder gefüllt und mittelst eines Stempels durch eine feine Oeffnung gepresst. Der nudelartige Draht, der so entsteht wird auf einen konischen Kern gewickelt und zwar in zwei rechtwinklig aufeinander stehenden Richtungen, dann getrocknet und ausgeglüht. Der Nutzeffekt des Brenners ist um so grösser, je heisser die Flamme. Mit 180 l Gas per Stunde soll er vier Carcel ergeben. *Bde.*

G. TISSANDIER. Eclairage pneumatique. La Nature (2) XII, 12†.

Das Princip des in Paris vielfach angewandten pneumatischen Beleuchtungssystems von VICTOR POPP besteht in der Verbrennung eines Gemisches von Leuchtgas und Luft, welches unter bestimmtem, regulirbarem Drucke gegen die aus Platinblech gebildete, mit einer grossen Anzahl sehr feiner Oeffnungen versehene, fingerhutartige Kappe des Brenners strömt und letztere zum Glühen bringt. Das so erzeugte Licht ist an Intensität dem DRUMMOND'schen Kalklicht vergleichbar. *L. Grnm.*

Wasserdichtes Papier. Polyt. Notizbl. XXXIX, 134; [Beibl. VIII, 781†.

Fünf Recepte zur Herstellung von wasserdichtem Papier mit Dammarharz, Schellack, Leim, Thonerde, Leinölfirniss und Kautschuk, Guttapercha. *L. Grnm.*

BECKER. Schutzmittel gegen Rost. The Journal of the Frankl. Inst. CXVI, 457; ZS. f. Instrk. IV, 112†; [Beibl. VIII, 536†.

Das Schutzmittel gegen Rost, dessen Zubereitung geheim gehalten wird, ist unter dem Namen „Kautschuköl" in den Handel gebracht und soll in der deutschen Armee eingeführt sein. *L. Grnm.*

Indianitcement für Glas, Metalle und Holz. Techniker VI, 48; [ZS. f. Instrk. IV, 223†; [Beibl. VIII, 781†.

10 Theile fein zerschnittenen Gummis, 15 Theile Harz und 10 Theile Schellack werden in Schwefelkohlenstoff aufgelöst. *L. Grnm.*

F. MOISSAN. Kitt der Juweliere. La Nature XII, a. d. Umschlage Nr. 567; [Beibl. VIII, 535-536†.

In Wasser aufgeweichter Fischleim wird in möglichst wenig Alkohol gelöst. In 60 Theilen dieser Lösung löst man 0,5 g

Ammoniakgummi und fügt eine Lösung von 2 Theilen Mastix in 12 Theilen concentrirten Alkohols zu. Vor der Benutzung erwärmt man im Wasserbad. *L. Grnm.*

Lack für die Zinktröge der Laboratorien. La Nature XII, auf dem Umschlag Nr. 562; Beibl. VIII, 536†.

15 g Kolophonium, 60 g Bernstein, 30 g Harz werden fein zusammengerieben und in Terpentinöl aufgelöst. Das Metall ist vor dem Auftragen gut zu reinigen. *L. Grnm.*

Kitt aus Asbest und Natriumsilicat. La Nature XII, 5. Jan. 1884 a. d. Umschlag, p. 12; [Beibl. VIII, 324†.

Flüssiges Natriumsilikat wird mit Asbest zu einer homogenen leicht knetbaren Masse angerieben; die zu kittenden Gegenstände werden, bevor man den Kitt aufträgt, etwas mit dem Silikat angefeuchtet. *L. Grnm.*

Kitt zur Verbindung von Glas mit Metall und von Glas mit Glas. Dtsch. Indztg. XXIV, 448; Chem. CBl. XV, 208†.

Um Glas mit Metall zu verbinden, mische man Bleiglätte mit so viel Glycerin, dass ein Teig von der Konsistenz der condensirten Milch entsteht. Der Kitt ist für Wasser undurchlässig und widersteht hohen Temperaturen. Zum Kitten von Glas dient eine Mischung von 3 Theilen Harz mit einem Theil Wachs.

L. Grnm.

Kitt, welcher der Wärme und den Säuren Widerstand leistet. Chem. Ztg. 1884, Nr. 14; Pharm. Centralh. 25, 108; Chem. CBl. XV, 782†.

100 Theile Schwefel, 2 Theile Talg und 2 Theile Harz werden zusammen geschmolzen, bis die Masse bei brauner Farbe syrupdick ist, dann wird so viel gepulvertes Glas zugegeben, dass das Ganze einen weichen Teig bildet. Die zu kittenden Gegenstände und auch der Kitt müssen erwärmt werden.

L. Grnm.

Durchsichtiger Kitt für Porzellan. La Nature XII a. d. Umschlage No. 587, 1884; [Beibl. VIII, 877†.

In einer hermetisch geschlossenen Flasche löst man 75 g klein geschnittenen Kautschuks in 60 g Chloroform auf und fügt dann 15 g Mastix hinzu, die man acht Tage einweichen lässt, um sie im Kalten sich auflösen zu lassen. *L. Grnm.*

Flüssiger Leim. Polyt. Notizbl. XXXIX, 104-105. 1884; [Beibl. VIII, 781†.

3 Theile Leim in 8 Theilen Wasser erweicht mit $\frac{1}{2}$ Theil Salzsäure und $\frac{1}{2}$ bis $\frac{3}{4}$ Theilen Zinkvitriol versetzt und einen halben Tag bis 80-90° erwärmt. — Leim in warmem Wasser unter mässigem Zusatz von Essigsäure gelöst. Zur Verdichtung wird Gyps zugesetzt. *L. Grnm.*

Fest anhaftender Glasüberzug auf Metallflächen. Loeff's Wochenschr.; D. Ind.-Ztg. 1884, 84; Chem. CBl. XV, 271†.

Man schmelze 20 Theile wasserfreier Soda, 12 Theile Borsäure und 125 Theile Flintglasscherben zusammen, giesse die geschmolzene Masse auf eine kalte Steinfläche aus, pulverisire sie nach dem Erkalten und mische sie mit Wasserglas von 50° B. Mit dieser Mischung wird das zu glasirende Metall bestrichen und bis zum Schmelzen derselben erhitzt. *L. Grnm.*

Leim, um Papier undurchdringlich zu machen. Chem. CBl. XV, 895†; Mondes (3) VII, 561; Beibl. VIII, 671†.

Zum Aufkleben von Etiketten auf Blech nehme man Eiweiss zur Hälfte mit Wasser verdünnt, oder käufliches Albumin mit dem doppelten oder dreifachen Gewicht an Wasser, bringe es auf die zu vereinigenden Oberflächen und fahre mit einem sehr heissen Bügeleisen darüber weg. Durch mehrmaliges abwechselndes Aufeinanderbringen von Papier und Leimschicht kann man für Wasser undurchdringliche Gefässe herstellen. *L. Grnm.*

Undurchdringliches und leuchtendes Papier. La Nature XII, 22. März 1884 a. d. Umschlag; [Beibl. VIII, 672†.

Die Undurchdringlichkeit des Papiers wird durch Kaliumbichromat, die Phosphorescenz durch eine Zusammensetzung von Schwefelverbindungen des Calciums, Bariums und Strontiums erreicht: Man nimmt 10 Theile Wasser, 40 Theile Papierteig, 10 Theile der phosphorescirenden Masse, 1 Theil Gelatine, 1 Theil Kaliumbichromat. *L. Grnm.*

P. W. Trotter. Darstellung von leuchtendem Papier. Chem. CBl. XV, 351.

4 Theile Kaliumbichromat, 50 Theile Schwefelcalcium und 45 Theile Gelatine werden trocken fein mit einander vermahlen; 1 Theil des Pulvers mit 2 Theilen Wassers angerührt bildet die Anstrichmasse, welche auf den Papierbogen durch ein Walzwerk gleichmässig vertheilt wird. *Bde.*

Tinte zum Schreiben auf Glas. La Nature XII, 5. April 1884 a. d. Umschlag; [Beibl. VIII, 672†.

20 Theile Erdpech, 10 Theile Koppallack, 100 Theile Benzin mit etwas Schwärze; vor dem Gebrauch umzurühren.

L. Grnm.

W. B. Woodbury. Figuren auf Glas zu zeichnen. Laterna magica 1884, S. 42; [Beibl. VIII, 780†.

Man überzieht die Platten mit Firniss aus einer Lösung von Dammargummi in Benzol oder Chloroform, der mit einigen Tropfen einer Auflösung von Kautschuk in Benzol versetzt ist, und schreibt mit lithographischer Feder und Tusche. *L. Grnm.*

Vorschrift zum Durchbohren des Glases. La Nature XII, 5. April 1884 a. d. Umschlag; [Beibl. VIII, 672†.

Man taucht einen bis zur Weissgluth erhitzten Bohrer in ein Bleistück und schärft ihn dann. Beim Gebrauch wird der Bohrer fortwährend mit Terpentin, welches mit Campher gesättigt ist, angefeuchtet. *L. Grnm.*

Glasversilberung. Nach BÖTTGER. Polyt. Notizbl. XXXIX, 342-343; [Beibl. IX, 140-141†; [Chem. CBl. (3) XVI, 74.

Zu 4 g krystallisirtem, in einer Porzellanschale fein zerriebenen Silbernitrat wird tropfenweise Aetzammoniak zugesetzt, bis die anfangs trübe Flüssigkeit sich klärt. Dazu kommt 1 g fein geriebenes schwefelsaures Ammoniak und 350 g destillirtes Wasser. An einem dunkeln Orte kann die Flüssigkeit in einer Flasche mit Stöpsel beliebig lange aufgehoben werden. Als Reduktionsflüssigkeit dient eine Lösung von 1,2 g reinem Stärke- oder Traubenzucker in 350 g destillirtem Wasser mit 3 g reinem Aetzkali. Zum Gebrauche mischt man gleiche Raumtheile dieser Flüssigkeiten, taucht die zu versilbernden Gläser hinein und spült sie mit destillirtem Wasser ab. Als Firniss dient eine Lösung von 1 Gewichtstheil Dammarharz in 12 Gewichtstheilen Schwefeläther, die man mit einem Pinsel aufträgt.

L. Grnm.

H. EMSMANN. Nicht richtige, aber für den physikalischen Unterricht lehrreiche physikalische Apparate. ZS. zur Förder. des phys. Unterr. I, 49-55; Beibl. IX, 242-243†.

Der Verfasser empfiehlt für Schulzwecke die Anschaffung des DREBBEL'schen Luftthermometers, sowie eines Wasserbarometers zum Nachweis des wechselnden Luftdruckes. Ferner empfiehlt er für Versuche über den Ausfluss von Flüssigkeiten drei Trichter mit konischen, in eine Glasflasche genau passenden Ausflussröhren, von denen die eine mit drei der Länge nach angekitteten Drähten oder drei Rinnen versehen ist. *L. Grnm.*

A new application of india-rubber. Nature XXX, 544-545†.

In vorliegendem Aufsatze wird auf die mannichfache industrielle Verwerthuug, welche der Kautschuk in der Technik wie in der Wissenschaft findet, hingewiesen, ganz besonders auch auf seine Verwendbarkeit zur Herstellung von Wirthschaftsgeräthen an Stelle derjenigen aus Thon, Porzellan, Glas etc.

L. Grnm.

Litteratur.

B. PENSKY. Ueber zwei neue amerikanische Werkzeuge. ZS. f. Instrk. IV, 282-283.

Das erste ist eine Beisszange mit Anwendung des Kniehebelprincips, das zweite ein Metallsägebogen aus Gusseisen nebst gehärteten Sägeblättern.

Trockene Luftpumpe mit potenziertem Vacuum, System BURCKHARDT & WEISS. Chem. Ztg. VIII, Nr. 70/71.

W. KARAWODIN. Eine neue Veränderung an TÖPLERS Luftpumpe. J. russ chem.-phys. Ges. XIV (2) 254-257; [Beibl. IX, 293.

CH. CARON. Baromètre à glycérine. Beauvais, imp. Père. (4 S. 8°). Extr. des Mém. de la Société acad. de l'Oise.

LANDOLT. Sublimationsvorrichtung. Verh. d. phys. Ges. Berlin 1884 III, 48-49.

DUCRETET. Neuer Apparat zur Gewinnung fester Kohlensäure. C. R. IC. 235-237; [Beibl. IX, 95; [DINGL. J. CCLV, 205; [J. chem. Soc. XLVI, 6253; [ZS. f. Instrk. V, 231.

U. KREUSLER. Kalkwasser als Sperrflüssigkeit für Sauerstoffgas in Zinkgasometern. Beibl. IX, 140; Chem. Ber. XVII, Ref., 517.

Warnung vor dem Gebrauch des Kalkwassers; es greift das Zink der Gasometer an. *Bde.*

J. W. CLARK. On the Purification of mercury by distillation in vacuo. Phil. Mag. (5) XVII, 24-27†; Proc. Lond. Phys. Soc. V, 328-331; [Cim. (3) XV, 84; Beibl. VIII, 142; diese Ber. XXXIX, 52, 1883.

W. A. SHENSTONE. Ein modificirter Kühler. Chem. CBl. XV, 390-391†; diese Ber. XXXIX, 59, 1883. *L. Grnm.*

JOH. WALTER. Gastrocknungs- und Waschapparat. DINGL. J. CCLI, 368; Chem. CBl. (3) XV, 369-370.

G. Tissandier. Nouvel appareil de laboratoire pour la production continue des gaz. La Nature No. 604, XIII, (1) 51-52. *Bde.*

L. Godefroy. Vacuumregulator für fractionirte Destillation. Ann. d. Chim. et d. Phys. (1) VI, 138; ZS. f. Instrk. IV, 175-177.

L. Meyer. Ueber einen empfindlichen Temperaturregulator. Chem. Ber. XVII, 478-486; ZS. f. Instrk. IV, 351-352; [J. chem. Soc. XLVI, 183.

N. A. Randolph. Einfacher und empfindlicher Thermostat. Journ. of the Franklin Inst. 1883, S. 465; [ZS. f. Instrk. IV, 138; [La Nat. XII, (No. 594), 318. *Rz.*

U. Kreusler. Ueber Thermoregulatoren für Leuchtgas. Chem. Ztg. VIII, 1321-22; [Ber. d. chem. Ges. XVII, 515-517.

L. Kundsen. Ueber einen neuen Apparat für konstante Temperaturen. Meddelelser fru Carlsberg Laboratoriet II (Heft 37); Allgem. Hopf.- und Brauer-Ztg. XXIV, 881-882.

W. T. Richmond. A convenient temperature regulator. J. Chem. Soc. XLVI, 656; Aus Amer. Chem. J. V, 287-289.

Weichloth. CZtg. f. Opt. Mech. IV, 262; [Beibl. VIII, 151.

Ausbessern von Platintigeln. Polyt. Notizbl. XXXIX, 313; Chem. Ztg. nach Eng. and Mining J.

Truchot. Durchsichtige Farben zum Malen mit H_2O. La Nat. XII, a. d. Umschlag von Nr. 567; [Beibl. VIII, 535.

Durchbohrung von Glas. Diamant. [Polyt. Notizbl. XXXIX, 375.

Herstellung von Glastinte. ZS. f. Instrk. IV, 75-76; [Beibl. VIII, 405.

H. Schulze-Berge. Verfahren zur Herstellung von Mustern auf gläsernen Druckplatten mittelst Flusssäureätzung. ZS. f. Instrk. IV, 330; [Beibl. IX, 65.

2. Dichtigkeit.

J. L. Andreae. Methode zur Bestimmung der Dichte in Wasser löslicher fester Körper. Kolbe's J. XXX, 312 bis 315†; [Beibl. IX, 380; [Chem. CBl. (3) XVI, 162. 1885; J. chem. soc. XLVIII, 332.

Der Verfasser bestimmt Volumen und Gewicht des löslichen Körpers in einer gesättigten Lösung desselben, so dass eine weitere Lösung des betreffenden Körpers nicht stattfinden kann. Man bringt in ein Dilatometer viel Salz und wenig Wasser, wägt beides und erzeugt durch Drehen des Apparates eine gesättigte Lösung, deren Volumen man durch Ablesen an der an dem Dilatometer befindlichen Capillare bestimmt. Subtrahirt man davon das Volumen Vs der Lösung [$Vs = (p + {}^1/_{100} ps) : Ds$, wenn p das Gewicht des Wasser, s die Löslichkeit bei der Beobachtungstemperatur, Ds die Dichte der gesättigten Lösung bezeichnet], so erhält man das Volumen des ungelöst gebliebenen festen Salzes. Ist endlich Vt' das beobachtete Volumen und P das Gesammtgewicht des Salzes, so ist seine Dichte

$$d = \frac{P - \frac{1}{100} ps}{Vt' - Vs}.$$

Der Verfasser bestimmte mit seinem Apparate die Dichte des Kochsalzes. Dieselbe wurde gefunden bei

t	10°	20°	30°	40°	50°
d	2,1653	2,1615	2,1594	2,15665	2,15435

Bgr.

E. Cohen. Ueber eine einfache Methode, das specifische Gewicht einer Kaliumquecksilberjodidlösung zu bestimmen. N. Jahrb. f. Mineral. 1883 II, 87-89†; [ZS. f. Kryst. IX, 577.

Der Verfasser bedient sich dazu eines nach dem Princip der Mohr'schen Waage von Hrn. Westphal in Celle gefertigten Instrumentes, welches in der Abhandlung nicht beschrieben ist.

Dasselbe gestattet, das specifische Gewicht direct bis zur dritten Decimale abzulesen. *Bgr.*

JAMES J. DOBBIE and JOHN B. HUTCHESON. Note on an Easy and Rapid Method of Determining the Specific Gravity of Solids. Phil. Mag. (5) XVII, 459-462†; [Beibl. VIII, 679; La Nature (2) XII, 82; [Chem. Ber. XVII, 315; J. de phys. (2) IV, 242; J. chem. soc. XLVIII, 332.

Der Verfasser schlägt vor, das Volumen des festen Körpers direct durch Verdrängen einer Flüssigkeit zu bestimmen. Sein Apparat besteht aus einer aufrecht stehenden U-förmigen Röhre, deren einer enger Schenkel nach ccm graduirt ist, während der andere weitere zur Aufnahme des festen Körpers dient. Letzterer trägt in gleicher Höhe mit dem Anfangspunkt der Theilung eine Marke, bis zu welcher die U-Röhre mit Flüssigkeit zu füllen ist, und ist mittelst eines Stückes Gummischlauch mit einem gleichweiten Röhrenstücke verbunden, welches in einen Glashahn endigt. Nach Einführung des festen Körpers treibt man durch Einblasen von Luft das Flüssigkeitsniveau unter die Marke und stellt es dann durch vorsichtiges Oeffnen des Hahnes genau auf die Marke ein. Man kann dann an der Theilung ohne Weiteres das Volumen des Körpers ablesen. *Bgr.*

MAX GRÖGER. Ein Schwimmer zur Demonstration der Gewichtsveränderungen bei chemischen Vorgängen. Ber. d. chem. Ges. XVII, 568-571†; [ZS. f. Instrk. IV, 252; J. chem. soc. XLVI, 1353.

Der Apparat ist dem ROSENBERG'schen Aräometer nachgebildet, besitzt aber eine grössere Stabilität, Festigkeit und Tragfähigkeit als dieses. Seine Einrichtung ist in der Abhandlung nachzusehen. Der Verfasser benutzte ihn zur Demonstration der Gewichtszunahme der Metalle bei der Oxydation, sowie der Gewichtszunahme bei der Verbrennung überhaupt, auch dann, wenn die Verbrennungsprodukte gasförmig sind (vergl. die Abhandlung von ROSENBERG, Ber. d. chem. Ges. XIV, 2102*).

Bgr.

E. Wiedemann. Physikalisch-chemische Notizen. I.
Liebig's Annalen CCXXV, 263-264; [Ber. d. chem. Ges. XVII, 457].

In der ersten Notiz weist der Verfasser einen Einwurf Schiff's gegen die dilatometrische Methode zurück, welche er bei seiner Untersuchung über die Volumänderung der Körper während des Schmelzens (Wied. Ann. XVII, 561; diese Berichte XXXVIII, (1) 106) benutzt hat. Hr. Schiff glaubt, dass das Quecksilber, weil es die untersuchten Substanzen nicht benetzt, nicht in alle Poren derselben eindringe. Hr. Wiedemann hat aber dieselben Resultate erhalten, wenn er als dilatometrische Flüssigkeit benetzendes Oel verwandte. *Bde.*

Menges. Ueber die Dichte des flüssigen Sauerstoffs.
C. R. XCVIII, 103-104; [Beibl. VIII, 262; Chem. CBl. XV, 164; J. chem. soc. XLVI, 553.

Der Verfasser schlägt vor, die Röhre des Cailletet'schen Apparates zum Theil in eine kalte Flüssigkeit zu tauchen, den übrigen Theil dagegen mit einer Flüssigkeit von der Temperatur der Umgebung zu umhüllen. Ist v das Volumen der Flüssigkeit von der Dichte d, V das Volumen des nicht verflüchtigten Theiles von der Dichte x, so ist das Gesammtgewicht

$$Q = v.d + V.x.$$

Wiederholt man nun den Versuch in der Weise, dass ein kleineres Stück der Röhre in die kalte Flüssigkeit taucht und vermindert alsdann den Druck soweit, bis das Volumen des gasförmigen Theiles so gross ist wie beim ersten Versuche, so hat man, wenn v_1 das Volumen des flüssigen, $V + V_1$ dasjenige des gasförmigen Theiles bezeichnet:

$$Q = v_1.d + Vx + V_1 d_1$$

wo d_1 die Dichte des Gases in dem Theile der Röhre in der Nähe des Quecksilbers bezeichnet. Da man d_1 kennt (Druck und Temperatur der Flüssigkeit sind bekannt), so erhält man

$$d = \frac{V_1.d_1}{v - v_1}.$$

Die Methode von Wroblewski zur Bestimmung der Dichte

des flüssigen Sauerstoffs (sb. diese Berichte, XXXIX, 71) beruht nach der Ansicht des Verfassers auf einer nicht gerechtfertigten Voraussetzung. *Bgr.*

T. STACEWICZ. Ueber das specifische Gewicht des Wasserstoffs. [Ber. d. chem. Ges. XVII, Ref. 159-160; Beibl. VIII, 545-546†; Pharm. ZS. Russl. XXIII, 65-68.

Zwischen dem spezifischen Gewicht des Wasserstoffs und dem der festen, flüssigen und gasförmigen Körper soll derselbe Zusammenhang wie bei den Gasen vorhanden sein, und alle sollen aus Wasserstoff bestehen. Wo dies nicht direct stimmt, wird das theoretische specifische Gewicht um eine gewisse Anzahl (Multipla von 10) von specifischen Gewichten des Wasserstoffs vermehrt oder vermindert. *Bgr.*

K. OLSZEWSKI. Dichte und Ausdehnungskoefficient des flüssigen Sauerstoffs. Wien. Anz. 1884, 72†; [Chem. Ber. XVII, 198; Chem. CBl. (3) XV, 449†; Naturf. XVII, 186; Chem. Soc. XLVI, 816; J. de phys. (2) IV, 184.

Der Verfasser hat eine Glaskugel von 1,4 cbm Inhalt bei —139° und 40 Atmosphären Druck mit flüssigem Sauerstoff gefüllt und dann das Volumen gemessen, welches derselbe Sauerstoff in Gasform einnahm. Hieraus ergab sich das specifische Gewicht des Sauerstoff bei —139,2° zu 0,878 und bei —129,57° zu 0,7555, woraus der Ausdehnungscoefficient 0,017 folgt. *Bde.*

W. J. MAREK. Dichte des Quecksilbers. Z. Ges. f. Meteor. XIX, 390-391†; nach Travaux et Mém. du Bureau internat. poids et mes. 1883; Atti Torino XIX; Cim. (3) XVII, 93-94.

Der Verfasser bestimmte die Dichte von 6 verschiedenen Quecksilbersorten, welche zur Füllung der Barometer des Bureau internat. des poids et mesures verwendet werden. Er gelangt zu dem Resultate, dass die Dichte des sorgfältig gereinigten Quecksilbers = 13,5956 angenommen werden kann, dass jedoch, wenn die vierte Dezimalstelle genau erfordert wird, spezielle Beobachtungen angestellt werden müssen. *Bgr.*

TAIT. On an Improved Method of measuring compressibility. Proc. Royal Soc. Edingburgh XIII, 2-4†; [Beibl. X, 149. 1886.

Anstatt die Compression zu messen, welche durch einen bestimmten Druck hervorgebracht wird, kann man auch den Druck messen, der nothwendig ist, um eine bestimmte Compression zu erzeugen. Zu dem Ende bringt der Verfasser innerhalb des Compressionsgefässes in bestimmten Abständen über einander in Glasröhren eingeschmolzene Platindrähte an und verbindet sie durch Platinspiralen von bekanntem Widerstand (etwa 1 Ohm). Ist dann das Quecksilber von einem Platindraht bis zum andern gestiegen, so wird der Widerstand um 1 Ohm geringer. Man beobachtet dann während des Einpumpens den Augenblick, in welchem der vom Spiegel des Galvanometers reflektirte Lichtstrahl eine Ablenkung erfährt und liest am Manometer den Druck ab.

Bgr.

TAIT. Weitere Notiz über die Compressibilität des Wassers. Proc. Roy. Soc. Edinburgh 1883-84, 757-758†; [Beibl. IX, 374*.

Die früheren Versuche des Verfassers (s. d. Ber. XXXIX, (1) 68) wurden fortgesetzt. Die Drucke betrugen 1, 2, $2\frac{1}{2}$, 3, $3\frac{1}{2}$, 4 Tonnen auf den Quadratzoll, die Temperaturen lagen in dem Intervall 6,3° bis 15,2°. Die Compressibilitäten $\frac{v_0-v}{pv_0}$ lassen sich durch die Formel ausdrücken: $0{,}00743-0{,}000038\,t-0{,}00015\,p$. Mit einem grösseren und empfindlicheren Apparate hat der Verfasser die Compressibilität $\left(-\frac{1}{v}\cdot\frac{dv}{dp}\right)$ bei 15,5° bestimmt für Süsswasser $= 0{,}00698(1-0{,}05p)$, für Seewasser $= 0{,}00645(1-0{,}05\,p)$. Die Compressibilität des Seewassers beträgt mithin 92,5 pCt. von derjenigen des Süsswassers. Aus den obigen Zahlen berechnet sich die Erniedrigung des Dichtemaximums für die Tonne Druck auf den Quadratzoll zu −2,74°. Experimentell gefunden wurde −2,7°.

Bgr.

ADOLF BLÜMCKE. Ueber die Bestimmung des specifischen Gewichtes solcher Flüssigkeiten, deren Existenz an das Vorhandensein hoher Drucke gebunden ist. WIED. Ann. XXIII, 404-415†; [DINGL. J. CCLVI, 330-331; J. de phys. (2) IV, 511-512; Cim. (3) XVIII, 76; [J. chem. soc. XLVIII, 215; Naturf. XVIII, 19.

Der Innenaum eines aus Rothmetall gegossenen Rohres, dessen Stirnenden (entweder beide oder nur das vordere) durch Spiegelglasplatten verschlossen waren, die durch Schrauben und Dichtungsringe fester eingepresst werden konnten, stand mit einer Wasserpumpe, einem Manometer und einer NATTERER'schen Pumpe in Verbindung. Durch letztere wurde eine Quantität trockener Kohlensäure in das Rohr gepumpt, deren Menge bei 0° und 760 mm nach der von CLAUSIUS aufgestellten Formel (WIED. Ann. IX, 337)

$$p = \frac{T.0,003688}{v-0,000843} - \frac{2,0935}{T(v+0,000977)^2}$$

berechnet wurde. Dann wurden in das Rohr aus einer mit Theilung versehenen Flasche je 100 cm destillirtes Wasser eingepumpt, Temperatur und Druck abgelesen, aus diesen und dem nicht mit Wasser gefüllten Volumen des Rohres die nicht absorbirte CO_2-Menge berechnet, womit dann der Gehalt der Lösung bekannt war, und die Dichte der Flüssigkeit an dem Stande eines kugelförmigen mit einem Spiegel versehenen Schwimmers abgelesen, der vorher in Kochsalzlösungen von bekannter Dichte geaicht worden war. Die Beobachtungen wurden einmal bei Zimmertemperatur (18—20°), dann bei einer Temperatur zwischen 2 und 3° angestellt und ergaben folgende Daten:

I. Temperatur 18—20° Druck nicht über 55 Atm.		II. Temperatur 2—5° Druck nicht über 37 Atm.	
Vol. CO_2 auf 1 Vol. H_2O	Spez. Gew.	Vol. CO_2 auf 1 Vol. H_2O	Spez. Gew.
0	1,0000	0	1,0000
5	1,0021	5	1,0022
10	1,0042	10	1,0042
15	1,0058	15	1,0059
20	1,0077	20	1,0077
25	1,0096	25	1,0095
28	1,0107	30	1,0112
		34	1,0124

Berechnet man aus den spez. Gew. die Volumina nach der Formel

$$V = \frac{P}{S} = \frac{1+n.0{,}001965}{S},$$

wo n die Zahl der absorbirten Volumina, 0,001965 g das Gewicht von 1 ccm CO_2 bei 0° und 760 mm Druck unter 45° geogr. Breite, S das (beobachtete) spezifische, P das absolute Gewicht der Lösung bezeichnet, so findet man, dass sich innerhalb des Intervalles 1—20° allgemein das spez. Gewicht der Lösung nach der Formel berechnen lässt:

$$S = \frac{1+n.0{,}001965}{1+n.0{,}001568}.$$

Die Volumenzunahme des Wassers beim Absorbiren von CO_2 ist der aufgenommenen Gasmenge direkt proportional. *Bgr.*

G. Pietro Grimaldi. Sulla dilatazione dell' etere solforico a diverse pressioni. Atti Lincei [3] Trans. XIII, 292 bis 294†; [Naturf. XVII, 375; Cim. (3) XVII, 117-120.

Der Verfasser schliesst aus seinen Versuchen, welche mit einem eigens konstruirten Apparat bei Drucken von 1, 9, 17 und 25 m ausgeführt wurden, dass der Aether bei sehr hohen Drucken ein mit dem Druck veränderliches, von der Temperatur abhängiges, Dichtigkeitsmaximum besitzt. *Bgr.*

S. Pagliani e G. Vicentini. Sulla compressibilità dei liquidi P. I.: Resultati delle ricerche sull' acqua. Atti Lincei Mem. (3) XIX, 273-279†; Ann. d. R. Ist. Tecnico Germano Sommeiller di Torino XII, 1883-84, 29; [Beibl. VIII, 794*; J. de phys. (2) IV, 289.

Mit einem dem Regnault'schen Piezometer nachgebildeten Apparate haben die Verfasser die Zusammendrückbarkeit des Wassers zwischen 1 und 5 Atmosphären und 0° und 100° untersucht. Der Inhalt der Piezometer betrug 91,4465 ccm und 94,7176 ccm (bei 0°), ihre Dilatationscoefficienten waren bzw. 0,0000361 und 0,0000308 (bei 0°). Aus den ersten Versuchen ergab sich, dass der Compressibilitätscoefficient des Wassers bis zu einer bestimmten Temperatur abnimmt, um nachher wieder zuzunehmen. Die Grenztemperatur war indes verschieden, je nachdem das eine oder das andere Piezometer benutzt wurde. Dieser Unterschied rührt daher, dass der als constant angenommene Dilatationscoefficient der Piezometer sich thatsächlich (wie durch direkte Versuche bewiesen wurde) mit der Temperatur verändert. Unter Berücksichtigung der hierdurch erforderlichen Correktur wurden (durch Interpolation) folgende Werthe für den Compressibilitätscoefficienten μ und die Geschwindigkeit des Schalles im Wasser v erhalten, wo $v = \sqrt{\frac{10333,3\,g}{\mu\alpha}}$ ist:

t	μ	v	t	v	μ
0°	0,0$_4$503	1419,2	60°	0,0$_4$389	1627,3
10	470	1468,3	70	390	1629,8
20	445	1510,2	80	396	1622,3
30	425	1547,2	90	402	1615,5
40	409	1579,9	100	410	1605,4
50	397	1607,0			

Aus diesen Zahlen folgt: 1) Die Compressibilität des Wassers nimmt mit steigender Temperatur ab von 0° bis 63°; oberhalb dieser Temperatur wächst sie mit steigender Temperatur bei andern Flüssigkeiten. 2) Die Deformation des Piezometers wächst beständig mit zunehmender Temperatur. 3) Ein Maximum der Compressibilität zwischen 1 und 4° besteht nicht, wie man nach den Versuchen von GRASSI annehmen könnte. *Bgr.*

PAGLIANI e PALAZZO. Sulla compressibilità dei liquidi. Esperienze sulla compressibilità di alcuni idrocarburi ed alcooli. Atti Lincei Mem. (3) XIX, 279-300†; [J. de phys. (2) IV, 371-372.

Die Versuche über die Kohlenwasserstoffe sowie die beiden ersten Versuchsreihen über den Alkohol wurden mit dem zweiten der in der vorigen Abhandlung beschriebenen Piezometer ausgeführt; die übrigen Versuche mit einem dritten Piezometer vom Inhalt 88,8880 ccm und dem Deformationscoefficienten

$0{,}0_4384$ bei 0°, bezw. $0{,}0_4438$ bei 99,2°. Folgende Werthe für den Compressibilitätscoefficienten wurden für die einzelnen untersuchten Flüssigkeiten erhalten:

1. Benzin.

$t =$	15,4°	50,1°	78,8°
$\mu =$	$0{,}0_4871$	$0{,}0_31110$	$0{,}0_31264$

$$\mu_t = 0{,}0_4871 + a(t-15{,}4) - b(t-15{,}4)^2,$$

wenn $\log a = 3{,}88799$; $\log b = 1{,}38347$ ist.

2. Toluol.

$t =$	0°	15,4°	47,65°	99,0°
$\mu =$	$0{,}0_4770$	$0{,}0_4852$	$0{,}0_31003$	$0{,}0_31440$

$$\mu_t = \mu_0(1 + 0{,}0065701\,t + 0{,}0000174\,t^2).$$

3. Xylol.

$t =$	0°	15,5°	48,1°	99,2°
$\mu =$	$0{,}0_4734$	$0{,}0_4770$	$0{,}0_4939$	$0{,}0_31342$

$$\mu_t = \mu_0(1 + 0{,}002204\,t + 0{,}0000644\,t^2)$$

4. Cymol.

$t =$	0°	17,6°	50,6°	99,2°
$\mu =$	$0{,}0_4725$	$0{,}0_4769$	$0{,}0_4930$	$0{,}0_31279$

$$\mu_t = \mu_0(1 + 0{,}0025308\,t + 0{,}0000521\,t^2).$$

5. Kohlenwasserstoffe aus dem Petroleum von Montechino bei Montanaro.

a) Sdp. 60-70°; $d_0 = 0{,}7114$; $d_{16,4} = 0{,}6965$.

$t =$	0°	14,6°
$\mu =$	$0{,}0_31246$	$0{,}0_31406$

b) Sdp. 98-102°; $d_0 = 0{,}7716$; $d_{15,4} = 0{,}7586$.

$t =$	0°	14,5°
$\mu =$	$0{,}0_3102$	$0{,}0_31083$

c) Sdp. 120-130°; $d_0 = 0{,}7757$; $d_{16,8} = 0{,}7512$.

$t =$	0°	15,05°
$\mu =$	$0{,}0_4950$	$0{,}0_31038$

6. Methylalkohol.

$t =$	0°	15,3°	57,6°
$\mu =$	$0{,}0_31008$	$0{,}0_31104$	$0{,}0_31403$

$$\mu_t = \mu_0(1 + 0{,}006225\,t + 0{,}00001007\,t^2).$$

7. Aethylalkohol.

t =	0°	18,1°	50,0°	68,5°
μ =	$0,0_4970$	$0,0_31040$	$0,0_31290$	$0,0_31399$

$\mu_t = \mu_0(1+0,003177t+0,0000550t^2)$.

8. Normaler Propylalkohol.

t =	0°	15,0°	49,5°	99,3°
μ =	$0,0_4858$	$0,0_4910$	$0,0_31093$	$0,0_31583$

$\mu_t = \mu_0(1+0,003245t+0,00005302t^2)$.

9. Isobutylalkohol.

t =	0°	14,8°	50,7°	98,9°
μ =	$0,0_4882$	$0,0_4932$	$0,0_31151$	$0,0_31636$

$\mu_t = \mu_0(1+0,0029833t+0,0000572t^2)$.

10. Amylalkohol.

t =	0°	17,4°	50,5°	99,0°
μ =	$0,0_48165$	$0,0_4870$	$0,0_31030$	$0,0_31444$

$\mu_t = \mu_0(1+0,0029134t+0,0000490t^2)$.

DUPRÉ hat eine Formel zur Berechnung der Compressibilität aufgestellt (Théorie mécanique de la chaleur, p. 147), welcher AMAGAT (Ann. chim. phys. 1877 II, 520) die Form gegeben hat

$$\beta' = \frac{T'}{T}\cdot\frac{\alpha'}{\alpha}\cdot\left(\frac{\Delta}{\Delta'}\right)^2\beta,$$

worin α den Dilatationscoefficient bei konstantem Druck, Δ die Dichte des Körpers, β den Compressibilitätscoefficienten, sämmtlich bei der absoluten Temperatur T bezeichnen, während α', β', Δ' ähnliche Bedeutung für die Temperatur T' haben. Die Verfasser finden, dass in zahlreichen Fällen die Resultate ihrer Beobachtungen nicht mit dieser Formel übereinstimmen. *Bgr.*

S. PAGLIANI und L. PALAZZO. Ueber die Compressibilität der Gemische von Aethylalkohol und Wasser. Atti R. Acc. Sc. Torino XIX, 21, 15. Juni 1884; [Beibl. VIII, 795 bis 796†; Cim. (3) XVII, 93-94.

Die Versuche wurden nur auf solche Gemische ausgedehnt, welche nach DUPRÉ und PAGE einerseits, nach DRECKER andererseits eine geringere Compressibilität $\mu . 10^7$ als das Wasser besitzen. In den folgenden Zahlenangaben bedeutet p die in 100 Gwt. der Mischung enthaltene Gewichtsmenge Alkohol, t die Temperatur, μ den Compressibilitätscoefficienten.

p = 6,69

t =	0	19,05	45,70	55,45	64,15	71,0°	
$\mu . 10^7$ =	464	428	393	386	382	386	

p = 11,38

t =	0	20,15	46,6	55,3	66,6°		
$\mu . 10^7$ =	431	405	384	382	387		

p = 13,29

t =	0	14,4	21,8	29,95	39,8	47,6	67,6°
$\mu . 10^7$ =	417	404	394	389	388	387	394

p = 19,67	t = 0	$\mu . 10^7$ = 385	t = 21,3	$\mu . 10^7$ = 388
p = 23,98	t = 0	$\mu . 10^7$ = 381	t = 24,65	$\mu . 10^7$ = 395
p = 29,19	t = 0	$\mu . 10^7$ = 391	t = 19,65	$\mu . 10^7$ = 400
p = 38,28	t = 0	$\mu . 10^7$ = 434	t = 18,9	$\mu . 10^7$ = 448
p = 50,88	t = 0	$\mu . 10^7$ = 499		

Bei 0° ist die Compressibilität verschiedener Gemische demnach:

p =	0	6,69	11,38	13,29	19,67	23,98	29,19	38,28	50,88	100
$\mu . 10^7$ =	504	464	431	417	385	381	391	434	499	970

Zusatz einer geringen Menge Wasser erniedrigt mithin den Compressibilitätscoefficienten. Mischungen, die weniger als 38 pCt. Alkohol enthalten, haben bei 20°, solche, die weniger als 50 pCt. enthalten, bei 20° einen kleineren Compressibilitätscoefficienten als das Wasser. Der Compressibilitätscoefficient nimmt mit dem Alkoholgehalt bis 23 pCt. ab; ist der Gehalt gleich 50 pCt., so fällt die Compressibilität mit der des Wassers zusammen. — Für Mischungen mit weniger als 19 pCt. Alkohol nehmen wie beim Wasser mit steigender Temperatur die Compressibilitätscoefficienten ab, jedoch so, dass für jede Mischung eine Temperatur existirt, für welche der Werth von μ ein Minimum wird, um dann wieder zu wachsen. Die Temperatur dieses Minimums ist stets niedriger, als beim reinen Wasser und um so niedriger, je grösser der Alkoholgehalt ist. Für eine 19,67 procentige Mischung liegt sie unter 0°. Zwischen der Temperatur der grössten Dichte und der kleinsten Compressibilität scheint keine Relation zu bestehen. *Bgr.*

A. Becker. Ueber das specifische Gewicht der Quarze in verschiedenen Gesteinen. Mineral. u. petrogr. Mittheilungen (2) VI, 158-159; Beibl. VIII, 611†.

Zwischen den spec. Gewichten der Quarze aus älteren und neueren Gesteinen ist kein Unterschied vorhanden; die Dichten liegen sämmtlich zwischen 2,635 und 2,6525. *Bgr.*

F. W. Clarke. Some specific gravity determinations. Chem. News IL, 3; Chem. CBl. XV, 118; Bull. soc. chim. XLI, 609 (blosser Titel); Amer. Chem. J. V, No. 4.

Der Verfasser liess die specifischen Gewichte folgender Körper bestimmen (bez. auf Wasser bei 4°).

Uranylsulfat	$(UO_2)SO_4+3H_2O$	3,280	16,5°
Uranylammoniumsulfat	$(UO_2)(NH_4)_2(SO_4)_2+2H_2O$	3,0131	21,5°
Uranylkaliumsulfat	$(UO_2)K_2(SO_4)_2+2H_2O$	3,363	19,1°
	$K_2CrO_4.2Hg(CN)_2$	3,564	21,8°
Eisenchlorid, sublimirt	Fe_2Cl_6	2,988	17,9°
Chromichlorid	Cr_2Cl_6	2,757	15°
Chromochlorid	$CrCl_2$	2,751	14°
Strontiumchlorid	$SrCl_2+6H_2O$	1,964	16,7°
Cadmiumchlorid	$CdCl_2$	3,655	16,9°
Cadmiumbromid	$CdBr_2$	4,794	19,9°
Cadmiumfluorid	CdF_2	5,994	20,0°
Thalliumjodid gefällt	ThJ	7,072	15,5°
Thalliumjodid geschmolzen	ThJ	7,0975	14,7°
Thalliumbromid gefällt	$ThBr$	7,540	21,7°
Thalliumbromid geschmolzen	$ThBr$	7,557	17,3°
Bleibromid gefällt	$PbBr_2$	6,572	19,2°
Silberantimontartrat	$Ag(SbO)C_4H_4O_6$	3,4805	18,2°

Bgr.

D. Mendelejeff. Die Dichte des normalen Schwefelsäurehydrats, H_2SO_4. Journ. d. russ. chem.-phys. Ges. 1884 (I), 455; [Ber. d. chem. Ges. XVII, Ref. 302-304; Beibl. VIII. 784 bis 785†; Nature XXX, 394; Dingl. J. CCLIII, 254; Bull. soc. chim XLIII, 109.

G. Lunge. Ueber das Volumgewicht des normalen Schwefelsäurehydrats. Ber. d. chem. Ges. XVII, 1748-1751, 2711-2715; [Arch. sc. phys. (3) XIII, 550; Beibl. IX, 2; J. chem. Soc. XLVI, 1256.

D. Mendelejew. Ueber das specifische Gewicht des Schwefelsäuremonohydrats. Ber. d. chem. Ges. XVII, 2536 bis 2541; [Sill. J. XXIX, 165; [Bull. soc. chim. XLIV, 197; J. chem. Soc. XLVIII, 121.

Marignac bestimmte (1853) die Dichte des bei +10,5° schmelzenden Schwefelsäurehydrats bei 0° zu 1,8527, später zu 1,8529, welche Zahl durch F. Kohlrausch (1876 und 1878) und Schertel (1882) bestätigt wurde. Die letzteren beiden stellten ausserdem fest, dass die Verbindung H_2SO_4 die kleinste Dichte besitzt, während ein Zusatz von H_2O oder von SO_3 die Dichte erhöht. Lunge und Naef bestätigten diese letztere Thatsache (s. diese Ber. (1) XXXIX, 69), fanden aber das spez. Gew. der Verbindung H_2SO_4 bei $\frac{15^0}{4^0}$ = 1,8384 (gegen 1,8372 nach Marignac bei dieser Temperatur). Der Verfasser hat durch Hrn. Palow die Verbindung H_2SO_4 nochmals rein darstellen lassen. Sie schmolz zwischen +10,1° und +10,6° und besass bei $\frac{15^0}{4^0}$ die Dichte 1,8371, welche Zahl mit der von Marignac gefundenen übereinstimmt.

Lunge weist in seiner ersten Entgegnung darauf hin, dass, wenn man an Marignac's Bestimmungen vom Jahre 1853 die einzige zulässige Korrektur (Wasser von 0° auf solches von +4°) anbringt, sich die Zahl 1,8389 $\left(\frac{15^0}{4^0}\right)$ ergiebt. Aus den Bestimmungen vom Jahre 1870 folgt dagegen 1,8372, also eine Differenz von 0,0017. Schertel fand dagegen 1,8378, Lunge und Naef 1,8384. Die Zahl steht also mitten in den übrigen und weicht nicht sehr bedeutend von ihnen ab.

In der zweiten Abhandlung setzt MENDELEJEFF die Fehlerquellen aus einander, welche in der von LUNGE zur Bestimmung des spez. Gew. benutzten Methode liegen; wegen dieser Fehlerquellen erscheinen ihm LUNGE's Bestimmungen unrichtig, und er hält an der Zahl 1,8371 für das spez. Gew. von H_2SO_4 bei $\frac{15^0}{4^0}$ im leeren Raume fest.

LUNGE erwidert in seiner zweiten Abhandlung einzeln auf die von MENDELEJEFF gemachten Ausstellungen, hält übrigens die Frage, ob die Zahl 1,837 oder 1,838 angenommen werden müsse, für zu unbedeutend, um eine weitere Discussion zu erfordern.

Bgr.

A. GROSHANS. Die Anwendung des Gesetzes der Densitätszahlen auf wässerige Lösungen. Rec. des trav. chim. des Pays-Bas IV, 1-31†; [Beibl. IX, 545-547†; [Chem. Ber. XVIII, [2] 245; Phil. Mag. XX, 191-204.

Der Verfasser berechnet aus den Untersuchungen von THOMSEN und NICOL über die Dichte wässeriger Lösungen eine Anzahl von Resten, d. h. die Differenzen zwischen dem Molekularvolumen einer Lösung und demjenigen des darin enthaltenen Wassers (s. diese Berichte XXXIX, (1) 76), welche mithin durch die Formel $r = \frac{18n + a}{d} - 18n$ gefunden werden, in welcher d die Dichte der Lösung, a das Molekulargewicht des gelösten Körpers, n die Anzahl der Wassermoleküle bezeichnet. Es zeigt sich, dass bei stark verdünnten Lösungen die Werthe von r konstant werden; sie können dann als Ausdruck für die Volumenänderung dienen, welche das Wasser beim Lösen eines festen Körpers erfährt. Setzt man A statt n, so nimmt die Gleichung für d die Form an

$$d = \frac{18A + a}{18A + r} = 1 + \frac{a - r}{18A + r}.$$

Der Verfasser giebt dann eine Uebersicht über die bereits bekannten Densitätszahlen* B (die mit einem Stern bezeichneten bedürfen noch der Bestätigung).

*) Die Natur dieser Densitätszahlen ist nicht bekannt. C, H, O, deren Densitätszahlen = 1 sind, scheinen dem Verfasser allein Elemente zu sein,

B	Elemente	*B*	Elemente
1	CHO	13	SrNb*Sb
2	LiBeS	14	Zr*SnTeJ
3	B*NP	16	Pd*AgCd
4	FlNaAlSiCl	17	Mo*Cs*
5	MgK	19	Ba
7	Ca	23	Bi*Ta*
8	Vd*AsSe	26	HgTl*
9	CrMnFeBr	29	W*Pt*Pb
11	NiCoCuZnRb*		

Da nach dem vom Verfasser aufgestellten „neuen Gesetze" die spez. Gew. der Körper (bei entsprechenden Temperaturen bestimmt) den Densitätszahlen proportional sind, so erhält man für alle Körper einer und derselben Gruppe dieselbe Constante

$$k = \frac{B}{d},$$

wo B die Summe der Densitätszahlen der in dem Körper enthaltenen Elemente und d seine Dichte bezeichnet. Die Densitätszahl des Wassers H_2O ist gleich 3. Der obigen Gleichung für d kann man mithin die Form geben:

$$d = \frac{A + a/18}{A + r/18} = \frac{3A + a/b}{3A + r/b}.$$

Andererseits ist nach dem neuen Gesetz:

$$d = \frac{3A + B}{k}.$$

Die Dichte einer Lösung lässt sich mithin durch einen Bruch ausdrücken, dessen Zähler $3A+B$, dessen Nenner $= 3A+3\mathrm{Cst}$ ist; also

$$d = \frac{3A + B}{3A + 3\mathrm{Cst}}.$$

Für B und $\mathrm{Cst} = 0$ wird $d = 1$. — Die Werthe der Constanten ($\mathrm{Cst} = M$) berechnet der Verfasser für eine Reihe von Verbinbindungen ein- oder zweiwerthiger Metalle; sie sind entweder ganze Zahlen oder enthalten den Bruch $\frac{1}{2}$. Der Werth der Den-

---

die übrigen dagegen Verbindungen. (Rec. des trav. chim. des Pays-Bas, III, 107.)

sitätszahl B ist bei den Lösungen mit einer Constanten zu multipliciren, welche der Verfasser aus den Untersuchungen von KREMRRS $= 1{,}23(\gamma)$ bestimmt hat (s. diese Ber. XXXIX, (1) 78). Zur Berechnung des Restes leitet der Verfasser aus den oben angeführten Formeln für d die Gleichung ab: $r = a + 18M - B\gamma$ und zeigt, dass die so berechneten theoretischen Reste mit den thatsächlich beobachteten übereinstimmen. Mittelst der Werthe von M und der für r aufgestellten Formel löst der Verfasser einige die Lösungen betreffenden Probleme ($\overset{I}{R}$, $\overset{II}{R}$ ein-, resp. zweiwerthige Metalle, X = Cl, Br, J oder NO_3):

1. Vertauscht man in dem Systeme $2(\overset{I}{R}X + 100H_2O)$, $(\overset{II}{R}SO_4 + 200H_2O)$ die Metalle so, dass das System

$$(\overset{I}{R}_2SO_4 + 200H_2O),\quad (\overset{II}{R}X_2 + 200H_2O)$$

entsteht, so findet keine Volumenveränderung statt.

2. Mischt man $(KOH + 100H_2O)$ mit $(HCl + 100H_2O)$, so erhält man $(KCl + 201H_2O)$. In diesem Falle findet eine Volumenvermehrung um 20-22 ccm statt.

3. Mischt man dagegen

$$(AmOH + 100H_2O) \text{ mit } (HCl + 100H_2O)$$

so beobachtet man eine Contraktion von etwa 3 ccm.

4. Beim Fällen von $BaSO_4$ aus einer Lösung von BaX_2 findet eine Volumenvermehrung statt. *Bgr.*

J. A. GROSHANS. On the Specific Gravity of certain Substances in the Solid State and in Aqueous Solution. Phil. Mag. (5) XVIII, 405-416†; [Cim. (3) XVII, 267; Beibl. IX, 545; J. chem. Soc. XLVIII, 333; J. d. phys. (2) IV, 285.

Wie das spez. Gew. des Natriums grösser ist als dasjenige des Kaliums, so haben auch die Natriumsalze im festen Zustande ein höheres spez. Gew. als die entsprechenden Kaliumsalze (Verhältnis 1,10 : 1), während bei den wässerigen Lösungen das Umgekehrte der Fall ist. Die Metallfluoride haben ein grösseres spez. Gew. als die entsprechenden Chloride, obwohl ihr Molekulargewicht kleiner ist. Die Dichten der wässerigen Lösungen von KCl und KFl sind nahezu gleich. — Der Inhalt des 2. Theils der Abhandlung: „On the Method employed in calculating the Densities of a Solution, with arbitrary numbers of Molecules of Water, taking two experiments for the basis of Calculation" stimmt im Wesentlichen mit der Publikation des Verfassers in Wied. Ann. XX, 492-512 überein, über welche in diesen Berichten XXXIX, (1) 76 berichtet wurde. *Bgr.*

J. A. Groshans. Die isomorphen Verbindungen mit Bezug auf „das neue Gesetz". Rec. trav. chim. des Pays-Bas 1884, III, 105-125; [Chem. Ber. XVII, 371-372; Beibl. IX, 545 bis 546.

— — Ueber die Beziehungen zwischen dem Gesetz der Perioden von Mendelejeff und dem Gesetz der Densitätszahlen von Groshans. Ibid. 310-330; [Chem. Ber. XVIII, 1; Beibl. IX, 546-547.

In den vorliegenden Abhandlungen bringt der Verfasser weitere Anwendungen und Verificationen der von ihm aufgestellten Gesetze über die Beziehung der Dichten zu den Atomsummen resp. Densitätszählen. (Vergl. Groshans, ein neues Gesetz, analog dem von Avogadro, Leipzig: Ambr. Barth, 1883; Groshans, über wässerige Lösungen nach den Untersuchungen von Gerlach, Kremers und J. Thomsen, Leipzig: Ambr. Barth, 1884; Wied. Ann. XX, 592-616; Beibl. VI, 893; diese Berichte XXXIX, (1) 76.)

Zunächst bilden die isomorphen Verbindungen einen besonderen Fall dieses Gesetzes, der in dem Fall der festen Körper mit einbegriffen ist. Für die Körper im dampfförmigen Zustande nach bestimmten Gruppen geordnet, gilt die Beziehung $T.n/a = \text{const}$ innerhalb einer Gruppe, wo T die absolute Siedetemperatur, a das Molekulargewicht und n die Atomsumme, resp. Densitätszahl bezeichnet. Für flüssige Körper ergiebt sich $v_s.n/a = \text{const.}$, wo v_s das Volumen beim Siedepunkt bezeichnet. Die correspondirende Constante für den festen Zustand ist $v.B/a$. Hier bezeichnet B

die Densitätszahl des Krystalles, in welcher je drei Einheiten für jedes Molekül H_2O mit eingerechnet sind, *v* ist wieder das Molekularvolumen. Zur Verification werden Bestimmungen von Schiff mit Alaunen, $v.B/a = 33{,}1$ oder $37{,}4$, je nachdem es Kaliumalaune oder Ammoniumalaune sind, mit Sulfaten, $v.B/a = 19{,}0-19{,}8$, mit Doppelsalzen der Magnesiumreihe $((NH_4)_2)$, $v.B/a = 28{,}5-29{,}2$, angezogen. Nach dem Verfasser sollen die Krystallwassermoleküle eine grössere Gleichheit der Bedingungen für die Anwendbarkeit des neuen Gesetzes herbeiführen, in analoger Weise, wie dies in den wässerigen Lösungen der Fall ist. Im allgemeinen wachsen die Densitätszahlen mit den Atomgewichten, ohne diesen jedoch proportional zu sein. Cr, Mn und Fe haben dieselbe Densitätszahl 9 und können sich in den Alaunen ohne Aenderung der Form oder des spec. Gewichtes vertreten. Lösungen homogener Salze der genannten Elemente, sowie von Co, Ni, Cu, Zn ($B = 11$) haben bei gleicher Anzahl von Wassermolekülen gleiche Dichten. In der Abhandlung über die Beziehungen seines Gesetzes zu dem von Mendelejeff betrachtet der Verfasser die sogenannten Triaden (Cl, Br, J etc.). Die Densitätszahlen *B* für die Elemente der einzelnen Triaden geben immer gleiche Differenzen, und zwar entweder 5 oder 6. Die folgende Tabelle enthält sämmtliche vom Verfasser nach verschiedenen Methoden bestimmten Densitätszahlen; die mit einem Stern versehenen bedürfen noch weiterer Verification.

B	Elemente	*B*	Elemente
1	HCO	13	SrNb*Sb
2	LiBeS	14	SnTi*JZr*
3	NPBo*	16	AgCdPd*
4	FlNaAlSiCl	17	Cs*Mo*
5	MgK	19	Ba
7	Ca	23	Bi*Ta*
8	Vd*AsSe*	26	HgTl*
9	CrMnFeBr	29	PbPt*W*
11	NiCoCuZnRb*		

(Aus den Beibl. entnommen.)

(Roth.)

E. Krafft. Sur les corps gras à molécule multiple, et sur leurs points de fusion comme températures de comparaison. Schw. Natf. Ges. Luzern LXVII, 52; französ. im Anhang zu Arch. sc. phys. XII, 505.

Der Verfasser hat bemerkt, dass die specifischen Gewichte der normalen Paraffine vom Undekan bis hinauf zum Pentatriakontan, wenn sie beim Schmelzpunkt der Substanzen genommen werden, ziemlich genau identisch sind. Von Undekan bis Pentatriakontan steigen sie von 0,7745 auf 0,7816. Es folgt hieraus natürlich, dass die Molekularvolumina derselben Paraffine eine Reihe mit regelmässig steigenden Differenzen bilden. Diese Differenz beträgt für jedes CH_2 im Mittel 17,8. Einen vorläufigen Erklärungsversuch giebt der Verfasser mit der Bemerkung, dass das Verhältniss von Kohlenstoff zu Wasserstoff in allen höheren Paraffinen nahe dasselbe ist; z. B. $C_{11}H_{24}$ enthält 84,6 pCt. C und 15,4H, und $C_{35}H_{72}$ enthält 85,4C neben 14,6H.

Bde.

Albert Zander. Untersuchungen über die specifischen Volumina flüssiger Verbindungen. IV. Normale Fettsäuren und normale Fettalkohole. Liebig's Ann. CCXXIV, 56-95†; [Arch. d. Pharm. CCXXII, 676; Ber. d. chem. Ges. XVII, 410-411.

Die Bestimmungen, welche der Verfasser über Siedepunkt, Schmelzpunkt und specifisches Gewicht der untersuchten Verbindungen ausführte, sind in folgender Tabelle zusammengestellt (die Resultate der Untersuchungen über die Ausdehnung der Flüssigkeiten sind in der Abhandlung nachzusehen).

Die bei 0° bestimmten spezifischen Gewichte der Fettsäuren nehmen mit steigendem Kohlenstoffgehalt ab und zwar so, dass die Differenzen zwischen den auf einander folgenden Gliedern immer kleiner werden. Die bei 0° bestimmten specifischen Gewichte der Fettalkohole nehmen dagegen vom Aethylalkohol an zu (d_0 ist aussahmsweise für Methylalkohol grösser als für Aethylalkohol); auch hier werden die Differenzen zwischen den aufeinander folgenden Gliedern mit steigendem *C*-Gehalt kleiner. Beide Gesetz-

	Formel	Siedepunkt	Schmelzpunkt	Spec. Gewicht bei 0°	Spec. Gewicht bei den Siedepunkten	Spec. Volumen Zander	Spec. Volumen Mittel aus allen Beobachtungen	Differenz
Ameisensäure	CH_2O_2	100,8°	+8,3°	1,2415	1,1175	41,1	41,0	—0,1
Essigsäure	$C_2H_4O_2$	118,1—118,2°	+16,5°	1,0701	0,9372	63,8	63,8	—
Propionsäure	$C_3H_6O_2$	140,9°	—	1,0133	0,8599	85,9	85,7	—0,2
		141,8°	—	1,0133	0,8589	86,0		
Normalbuttersäure	$C_4H_8O_2$	162,3—162,4°	—	0,9746	0,8099	108,4	108,2	—0,1
		162,5°	—4,5 bis —2°	0,9781	0,8120	108,1		
Isobuttersäure	$C_4H_8O_2$	154—154,2°	—	0,9651	0,8054	108,9	—	—
Normalvaleriansäure	$C_5H_{10}O_2$	185,4°	—	0,9562	0,7828	130,0	129,9	—0,1
Normalcapronsäure	$C_6H_{12}O_2$	204,5—205,0°	—1,5°	0,9446	0,7589	152,5	152,6	+0,1
Normalheptylsäure	$C_7H_{14}O_2$	223,0—223,5°	—10,5°	0,9313	0,7429	174,6	174,2	—0,4
Normaloctylsäure	$C_8H_{16}O_2$	236,0—237,0°	+16,5°	0,9270	0,7264	197,8	197,6	—0,4
Methylalkohol	CH_4O	66,2°	—	0,8111	0,7483	42,6	42,6	—0,2
Normalpropylalkohol	C_3H_8O	97,4°	—	0,8177	0,7369	81,2	81,3	—
Normalbutylalkohol	$C_4H_{10}O$	117,5°	—	0,8233	0,7247	101,9	101,8	+0,1
Normalamylalkohol	$C_5H_{12}O$	137,8—137,9°	—	0,8282	0,7117	123,4	123,4	—
Normalhexylalkohol	$C_6H_{14}O$	156,4—156,8°	—	0,8327	0,6982	146,1	146,0	—0,2
		157,3—157,6°	—	0,8312	0,6958	146,3		
Normalheptylalkohol	$C_7H_{16}O$	175,8°	—	0,8342	0,8676	168,3	167,9	—0,4
Normaloctylalkohol	$C_8H_{18}O$	195,5°	—	0,8375	0,6807	190,6	190,3	—0,3

mässigkeiten können in zweifelhaften Fällen zur Beurtheilung der Richtigkeit der Dichtebestimmungen der Säuren oder Alkohole benutzt werden. — Was die Differenzen zwischen dem specifischen Volumen der einzelnen Glieder der Fettsäurereihe anbetrifft, so sind dieselben merklich gleich; ihr Werth ist 22,1 bis 22,2; nur zwischen der Ameisen- und Essigsäure ist eine grössere Differenz, nämlich 22,8. Während bei den Estern, welche dasselbe Alkoholradikal und homologe Säureradikale enthalten, nach den Untersuchungen von Weger (siehe die Berichte XXXIX, (1) 85) und Elsässer (Liebig's Ann. CCXVIII, 337) die Volumendifferenzen mit dem C-Gehalt des Alkoholradikals merklich wachsen, ist dies bei den Fettsäuren selbst gar nicht oder doch nicht in einem entfernt gleichen Maassstabe der Fall. — Bei den Fettalkoholen sind die Volumendifferenzen vom Butyl- oder Amylalkohol an ebenfalls nahezu gleich gross und zwar = 22,1; zwischen den niederen homologen Gliedern sind die Differenzen dagegen erheblich kleiner; ausserdem ist die Differenz zwischen CH_4O und C_2H_6O grösser als diejenige zwischen C_2H_6O und C_3H_8O und zwar ungefähr um ebensoviel als die Differenz zwischen CH_2O_2 und $C_2H_4O_2$ grösser ist als diejenige zwischen $C_2H_4O_2$ und $C_3H_6O_2$. *Bgr.*

W. Lossen und A. Zander. Untersuchungen über die specifischen Volumina flüssiger Verbindungen. V. Untersuchung einiger Kohlenwasserstoffe. Liebig's Ann. CCXXV, 109-120†; [Ber. d. chem. Ges. XVII, 411-412; Chem. CBl. (3) XV, 883; Beibl. VIII, 783; J. chem. Soc. XLVI, 1252.

Die Bestimmung erstreckte sich auf mehrere aromatische Kohlenwasserstoffe:

	Formel	Siedepunkt	Dichte b. 0°	Dichte b. Siedep.	Spez. Vol.
Hexahydrotoluol	C_7H_{14}	96-97°	0,7741	0,6896	141,8
Hexahydroisoxylol	C_8H_{16}	117,5-118,5	0,7814	0,6781	164,8
Naphtalin	$C_{10}H_8$	217,1	—	0,8674	147,2
Hexahydronaphtalin	$C_{10}H_{14}$	199,5-200,5	0,9419	0,7809	171,2

Eine Vergleichung dieser spez. Vol. mit denjenigen metamerer Olefine (Caprylen C_8H_{16}, Heptylen C_7H_{14}) ergiebt, dass die letzteren erheblich grösser sind (Differenz 12,42, resp. 13). Dies stimmt überein mit der von Wreden ausgesprochenen Ansicht, nach welcher aus dem besonders hohen spez. Gew. der Hydrüre der aromatischen Kohlenwasserstoffe auf ein entsprechend kleines spez. Vol. zu schliessen wäre. — Das mit dem Hexahydronaphtalin mit zwei Benzolkernen metamere Cymol (mit einem Benzolkern) besitzt ein erheblich grösseres spez. Vol. (Differenz 12,8.) Vergleicht man die spez. Vol. H-reicherer mit denjenigen H-ärmerer Kohlenwasserstoffe von gleichem C-gehalt, so ergiebt sich, dass der gleichen Zusammensetzungsdifferenz die gleiche, der doppelten und dreifachen Zusammensetzungsdifferenz die doppelte und dreifache Volumendifferenz entspricht.

Bgr.

Perkin. Ueber die Dichten der Glieder der homologen Reihen. Chem. News IL, 122; Chem. CBl. (3) XV, 361; Beibl. VIII, 546†.

Trägt man die Anzahl der C-Atome als Abscissen, die Dichten der betreffenden Glieder der Fettsäurereihe als Ordinaten ab, so ist die entstehende Curve regelmässig. Zahlenangaben finden sich in der kurzen Notiz nicht. *Bgr.*

J. L. Andreae. Die Dichte gesättigter Lösungen fester Körper in Wasser bei verschiedenen Temperaturen. Kolbe's J. XXX, 305-312†; [Chem. CBl. (3) XVI, 162; [Ber. d. chem. Ges. XVIII, 245; [Beibl. IX, 380; [Naturf. XVIII, 115.

An eine an vier Stellen erweiterte Capillarröhre wird an dem einen Ende eine weitere Glasröhre, an dem andern ein Reservoir angeschmolzen. Man bestimmt das Gewicht *p* des ganzen Apparates, sowie das Volumen des Reservoirs, der capillaren Theile und der Erweiterungen. In die weitere Glasröhre bringt man dann die nöthige Menge des vorher getrockneten Salzes und bestimmt ihr Gewicht. Dann taucht man das Reservoir in ein Glycerinbad, giebt vorsichtig Wasser auf das Salz und spült es durch abwechselndes Erhitzen und Abkühlen des Reservoirs allmählich durch die Capillare in dasselbe. Endlich giebt man so viel Wasser nach, dass das ganze Reservoir und ein kleiner Theil der Capillare damit angefüllt ist und bestimmt nun das Gewicht des Wassers. Man löst nun das Salz durch Erwärmen und bestimmt bei abnehmenden Temperaturen den Stand der Flüssigkeit in den 5 capillaren Theilen der Röhre. Diese Beobachtungen werden durch die empirische Formel

$$Vt' = Vt(1+\alpha(t'-t)+\beta(t'-t)^2)$$

verbunden, und daraus wird mit Hilfe der bekannten Löslichkeit des Salzes das Volumen bei der Sättigungstemperatur berechnet. — In einer zweiten Versuchsreihe bediente sich der Verfasser eines U-förmigen capillaren Pyknometers von bekanntem Inhalt, dessen einer Schenkel an einer Stelle erweitert war und mit der gesättigten Lösung angefüllt wurde. Die Versuche erstrecken sich auf gesättigte Kochsalzlösungen, deren Dichte, wie der Verfasser fand, mit steigenden Temperaturen abnimmt und fast eine lineare Funktion der Temperatur ist; bei niederen Temperaturen fällt sie ein wenig mehr als bei höheren. Das Molekularvolumen des Kochsalzes in gesättigter Lösung wächst bei steigenden Temperaturen und nähert sich einem bestimmten Werthe.

Bgr.

W. W. J. Nicol. Die Molecularvolumina von Salzlösungen. Chem. News IL, 37†; [Beibl. VIII, 341*; J. chem. soc. XLVI, 658, XLVIII, 334; Cim. (3) XVII, 88.

In einer im Jahre 1883 im Phil. Mag. veröffentlichten Arbeit hat der Verfasser gezeigt, dass die Differenz, welche in dem Molekularvolumen der Lösungen von 10 untersuchten K- und Na-Salzen dadurch hervorgebracht wird, dass man das eine Metall gegen das andere oder den einen Säurerest gegen den andern substituirt, constant ist. Die Molekularvolumina der beiden Metalle und der betrachteten Säurenreste sind mithin unabhängig von der Art und Weise, in welcher sie mit einander verbunden sind, vorausgesetzt, dass sie in wässeriger Lösung unter sonst gleichen Bedingungen bestimmt wurden. Die Untersuchungen haben durch diejenigen von Groshans und Bender

(s. diese Ber. XXXIX, (1) 76 u. 79) eine Bestätigung erfahren, sodass der Verfasser zu dem Satze gelangt: In verdünnten Lösungen (1 Aeq. auf 200 H_2O) ist das Volumen eines Metalls in einem Salze unabhängig von dem mit ihm verbundenen Säurerest und das Volumen des Säurerestes unabhängig von dem mit ihm verbundenen Metall. Die Volumenveränderung ist innerhalb enger Grenzen constant in den folgenden doppelten Umsetzungen:

$$BaCl_2 + K_2SO_4 = BaSO_4 + 2KCl$$
$$Ba(NO_3)_2 + K_2SO_4 = BaSO_4 + 2KNO_3$$

und

$$BaCl_2 + Na_2SO_4 = BaSO_4 + 2NaCl$$
$$Ba(NO_3)_2 + Na_2SO_4 = BaSO_4 + 2NaNO_3$$

Der Verfasser glaubt auf diese Weise entscheiden zu können, ob bei gelösten Salzen das Krystallwasser sich von dem Lösungswasser unterscheiden lässt. Nach den bisherigen Versuchen scheint diese Frage verneint werden zu müssen. *Bgr.*

R. Romanis. Ueber die Molecularvolumina einiger Doppelchloride. Chem. News IL, 273†; Beibl. VIII, 681; J. chem. soc. XLVI, 659.

Im Jahre 1876 hat der Verfasser darauf aufmerksam gemacht, dass nach den Untersuchungen von Playfair und Joule das Molekularvolumen des krystallisirten Ammoniummagnesiumsulfats sich als die Summe des Molekularvolumens von $(NH_4)_2SO_4$, MgO und $6H_2O$ (als Eis angenommen) darstellt, sodass das Volumen von SO_3 verschwindet. Aehnliches findet bei Doppelchloriden $RPtCl_6 + 6H_2O$ statt, wo das Volumen von Cl_2 verschwindet. Die wasserfreien Chloride K_2PtCl_6, $(NH_4)_2PtCl_6$ zeigen starke Contraktionen, das erstere eine Contraktion von 54,5; letzteres eine solche von 38. Neuerdings hat der Verfasser die spez. Gew. anderer Doppelchloride bestimmt.

K_2SnCl_6 besitzt die Dichte 2,948 und das Molekularvolumen 138,6;
Contraction 52,5;

$(NH_4)_2SnCl_6$ - - - 2,511 - - - 146,1.
Contraction 39,8.

Bei der Vereinigung von $PtCl_2$, $ZnCl_2$ und $SnCl_2$ mit anderen Chloriden erfolgt dagegen eine Volumenvermehrung

$(NH_4)_2PtCl_4$ besitzt die Dichte 2,84 und das Molekularvolumen 132 ; Dilatation 15,2.

$(NH_4)_2ZnCl_4$ - - - 1,77 - - Molekularvolumen 137 ; Dilatation 70.

K_2SnCl_4 - - - - - Molekularvolumen 136,6.

Ueber die Doppelsalze von Tri- und Pantachloriden fehlen zur Zeit noch die Versuche. *Bgr.*

KANONIKOW. Ueber das Verhältniss der Dichte der Salzlösungen zum Molekulargewicht der gelösten Salze. J. russ. phys. chem. Ges. [1] 1884, 184; Naturf. XVII, 471†; Ber. chem. Ges. Ref. XVII, 155.

Vergleicht man die spez. Gew. von Salzlösungen (der Verfasser wählte eine Reihe von Metallchloriden), die auf 100 Mol. Wasser 1 Mol. Salz enthalten, so ergiebt sich, dass, je grösser das Molekulargewicht des sich lösenden Salzes ist, um so grösser auch die Dichte derselben wird. *Bgr.*

D. MENDELEJEFF. Condensationsphänomene. J. russ. Ges. XVI, 643-644; [J. chem. soc. XLVIII, 114; [Bull. soc. chim. XLIII, 252.

Ein Liter fasse *m* Gramm kleiner Kugeln und *n* Gramm grösserer Kugeln. Füllt man es mit einem Gemenge aus *a* Theilen kleinerer und *b* Theilen grösserer Kugeln, so fasst es im Allgemeinen mehr als $\frac{am+bn}{a+b}$ Gramm des Gemenges; das lässt sich theils geometrisch erweisen, weil die kleineren Kugeln die Interstitien der grossen z. T. füllen, theils experimentell mit Schiesspulver und Hirse. Es findet also beim Mengen der Kugeln eine Art von Contraktion statt; der Verfasser sieht diese als ein statisches Analogon der Contraktion von Lösungen und Flüssigkeitsgemischen an. *Bde.*

N. v. Klobukow. Ueber ein neues Verfahren zur Bestimmung der Dampfdichte hochsiedender Körper.
Wied. Ann. XXII, 493-509†; [Cim. (3) XVII, 91; Ber. d. chem. Ges. XVII, 459-460; J. de phys. (2) IV, 179-180; J. chem. soc. XLVIII, 9.

Für die Bestimmung der Dampfdichte hoch siedender Verbindungen hat der Verfasser unter Anwendung des Archimedischen Prinzips einen Apparat construirt, das Dampfdichtearäometer, welches er später namentlich für solche Substanzen anzuwenden gedenkt, die auf die Wood'sche Legirung ohne Einwirkung sind. Die vorliegenden Untersuchungen, bei denen das Quecksilber als Sperrflüssigkeit angewendet wurde, bezweckten zunächst die Brauchbarkeit des Apparates zu prüfen. Derselbe hat die Form eines gewöhnlichen Aräometers, dessen Körper aber unten offen ist, so dass er mit der Sperrflüssigkeit angefüllt werden kann. Er wird so mit Gewichten beschwert, dass er bei der Temperatur von t^0 bis zu einer bestimmten Marke in die Sperrflüssigkeit eintaucht. Nun wird in den Aräometerkörper eine abgewogene Menge der zu untersuchenden Substanz gebracht, welche beim Verdampfen eine gewisse Menge Sperrflüssigkeit verdrängt. Es wird dann eine neue Belastung erforderlich sein, um das Aräometer wieder bis zu der erwähnten Marke einzutauchen. Diese giebt dann das dem Volumen des Dampfes entsprechende Gewicht der verdrängten Sperrflüssigkeit an. Wird ausserdem dann noch der Druck bestimmt, unter welchem sich das gemessene Volumen des Dampfes befindet, so hat man alle Daten zur Berechnung der Dampfdichte. *Bgr.*

Nik. von Klobukow. Ueber ein neues Verfahren zur Bestimmung der Dampfdichte niedrig siedender Körper.
Wied. Ann. XXII, 465-492†; [Cim. (3) XVII, 91; J. de phys. (2) IV, 177-179; J. chem. soc. XLVIII, 9.

Der Verfasser beschreibt in dieser Abhandlung einen nach dem Princip des Dilatometers konstruirten Apparat, welcher die Methode der Dampfdichtebestimmung nach dem Verdrängungsprincip wesentlich vereinfacht und doch dabei so genaue Resultate giebt, wie sie für präcise wissenschaftliche Zwecke erforderlich sind. Der Apparat, den der Verfasser als Dampfdichte-Dilatometer bezeichnet, besteht aus einem senkrecht stehenden oben geschlossenen cylindrischen Gefäss, dessen Volumen bei verschiedenen Temperaturen (den Siedepunkten der Heizflüssigkeiten) durch Wägen der Quecksilbermengen bestimmt ist, die es bei diesen Temperaturen zu fassen vermag. An das untere Ende des Gefässes ist eine etwas engere horizontal umgebogene Glasröhre angeschmolzen, an deren vorderes Ende eine mit einem Schraubengewinde versehene Stahlfassung angekittet ist. Dieselbe ermöglicht es, mittelst einer Schraubenmutter eine in dieselbe eingekittete, der Achse des cylindrischen Gefässes parallel gerichtete Capillarröhre mit jenem zu verbinden. Man schraubt nun bei den Bestimmungen die Capillarröhre ab, führt die Substanz (meistens in kleinen Fläschchen) in das mit Quecksilber gefüllte Dilatometer ein, schraubt dann die Capillarröhre wieder an, erhitzt den Apparat in einem besonders eingerichteten Heizgefäss auf eine bestimmte Temperatur und misst die Menge des ausgeflossenen Quecksilbers. Mittelst einer einfachen Formel findet man dann die Dampfdichte der betreffenden Substanz. Die Einrichtung des (im physikalisch-mechanischen Institut von Böhm und Wiedemann in München angefertigten) Apparates ist in der Abhandlung genau beschrieben und durch Abbildungen veranschaulicht, ebenso finden sich dort genauere Angaben über seine Handhabung. Wegen derselben sei auf das Original verwiesen. Bestimmt wurde die Dampfdichte von $(C_2H_5)_2O = 2{,}560$; $CS_2 = 2{,}620$; $CHCl_3 = 4{,}115$; $C_2H_5(OH) = 1{,}610$; $C_6H_6 = 2{,}725$; $H_2O = 0{,}625$; $C_7H_8 = 3{,}134$; $C_2H_4O_2 = 1{,}980$; $C_2O_4(CH_3)_2 = 4{,}110$; $C_6H_5.CH_2Cl = 4{,}410$. Die Zahlen sind Mittelwerthe aus den 2, 3 oder 4 Beobachtungen, welche im Original einzeln mitgetheilt sind. Als Heizflüssigkeiten dienten Aethylalkohol, Wasser, Xylol, Anilin. Die angewandten Substanzmengen waren gering; nur in einzelnen Fällen überstiegen sie 0,1 g. (Auf der zur Abhandlung gehörigen Tafel VI ist Fig. 11 und Fig. 16 vertauscht.)

Bgr.

J. Meunier. Sur la détermination des densités de vapeur par déplacements gazeux sous pression réduite et variable. C. R. XCVIII, 1268-1271†; [Beibl. VIII, 545; [Rev. scient. I, 697; Ber. d. chem. Ges. XVII, 306; J. chem. soc. XLVI, 886-887.

Die oberen Enden der U-förmigen Röhre in dem Craftsschen Apparate (sh. diese Berichte XXXVI, 25) werden mit Hähnen versehen, von welchen Röhren zu einer luftleer zu machenden Glocke führen. Unterhalb des Hahnes vom linken Schenkel ist eine Capillarröhre angeschmolzen, welche zu dem zu erwärmenden Cylinder führt. Man erhitzt nun den Cylinder bis auf die gewünschte Temperatur, verbindet beide Hähne mit der Glocke und pumpt aus; dann schliesst man den am linken Schenkel befindlichen Hahn. Der Druck sei h, die Temperatur des Bades, in welchem sich die Röhre befindet, t. Dann lässt man die zu untersuchende Substanz in den Cylinder fallen. Die Ablesung an den beiden Schenkeln entspricht einem Volumen ausgedehnter Luft v' unter dem Drucke h'. Ist endlich V das Anfangsvolumen des linken Schenkels, in welchen das verdrängte Gas eintritt, P das Gewicht der verdampfenden Substanz, v das Volumen Gas, welches beim Drucke h entwickelt wurde, so ist die Dichte

$$D = \frac{P.76.(1+\alpha t)}{1{,}293.vh}$$

und

$$vh = V(h'-h)+v'h'.$$

Die Formel ist indess nur angenähert richtig. Versuche mit Diphenyl, Dibenzyl und Hexachlorbenzol ergaben befriedigende Resultate. *Bgr.*

V. Meyer. Bemerkungen zu der Abhandlung von H. Schwarz, eine Vereinfachung der V. Meyer'schen Dampfdichtebestimmung. Ber. d. chem. Ges. XVII, 1334 bis 1335; Beibl. VIII, 611*; ZS. f. anal. Chem. XXIII, 521-522; J. chem. soc. XLVI, 956.

Der Verfasser findet in der Modifikation, welche Schwarz an seinem Luftverdrängungsverfahren angebracht hat (sh. diese

Berichte XXXIX, (1) 73) einige principielle Nachtheile, welche eine allgemeine Anwendung derselben bedenklich erscheinen lassen. Der Inhalt des für die Aufnahme der verdampfenden Substanz bestimmten Gefässes sollte möglichst gross, das Ansatzrohr möglichst eng, der nicht erhitzte Theil des Apparates möglichst klein sein, Forderungen, welche die cylindrische Form des Apparates von SCHWARZ nicht erfüllt. Bei der schrägen Stellung des Apparates findet ferner viel leichter eine Diffusion statt, als bei der senkrechten. Der PERROT'sche Gasofen endlich ist zum Erhitzen ebenso bequem als der Verbrennungsofen; für Temperaturen unterhalb der Glühhitze sollten, der constanten Siedepunkte halber, überhaupt nur Dämpfe siedender Flüssigkeiten angewendet werden. Unten zugeschweisste Glasröhren, welche etwas Anthracen (Sdp. 350°), Anthrachinon (Sdp. 368°), Schwefel (Sdp. 448°) enthalten, sind zweckmässig als Dampfmäntel stets vorräthig zu halten. Für noch höhere Temperaturen empfiehlt sich das jedesmal frisch darzustellende Phosphorpentasulfid (Sdp. 518°). *Bgr.*

N. MENSCHUTKIN und D. KONOWALOW. Ueber die Dampfdichte einiger tertiärer Amylverbindungen. Ber. d. chem. Ges. XVII, 1361-1364†; Beibl. VIII, 679.

Die Verfasser haben gefunden, dass der Asbest, welcher bei dem V. MEYER'schen Luftverdrängungsverfahren den Boden der gläsernen Heizkammer bedeckt, um ein Zertrümmern derselben beim Hineinfallen des Eimerchens zu verhüten, unter Umständen eine Dissociation der zu untersuchenden Substanz hervorrufen kann. Amylacetat zeigte auf 118° erhitzt bei Gegenwart von Asbest eine bedeutend kleinere Dampfdichte als der theoretischen entspricht, während die Dampfdichte der berechneten gleich kam, wenn statt des Asbestes Quecksilber als Unterlage angewendet wurde. Dasselbe war bei Amylchlorid der Fall. Auch bei dem HOFMANN'schen Apparat giebt es Fehlerquellen, die das Resultat beeinflussen können. So trat im Anilindampf eine theilweise Dissociation des Amylchlorids ein, wenn dasselbe in Eimerchen mit eingeschliffenen Stöpseln in den Apparat eingeführt wurde, und zwar änderte sich die Menge der dissociirten Substanz mit der Grösse des Schliffes. Die Dissociation war dagegen bei derselben Temperatur gering, wenn die Substanz in einem Glasröhrchen eingeführt wurde. *Bgr.*

L. F. NILSON et OTTO PETTERSSON. Ueber die Dampfdichte des Chlorberylliums. Ber. d. chem. Ges. XVII, 987 995†; C. R. CLXXXVIII, 988-990†; [Rev. scient. 1889 I, 539; Chem. CBl. (3) XV, 452; ZS. f. anal. Chem. XXIII, 521*; J. chem. soc. XLVI, 820-821; Bull. soc. chim. XLIV, 32.

Die Dampfdichte des Berylliumchlorids entspricht bei Temperaturen zwischen 686° und 812° der Formel $BeCl_2$. Der Streit über das Atomgewicht des Berylliums ist dadurch zu gunsten der Zahl 9,1 entschieden, welche auch der Stellung dieses Metalls im periodischen System der Elemente entspricht. Es ist das einzige bisher bekannte Metall, bei welchem die Gesetze von DULONG und von AVOGADRO zu entgegengesetzten Werthen für das Atomgewicht führen. Die Bestimmungen wurden nach der Methode von SCHWARZ (s. diese Ber. XXXIX, (1) 73) ausgeführt mit der Abänderung, dass das ausgetretene Gasvolumen in einem Manometer gemessen wurde. Da der Dampf vom Chlorberyllium das Glas angreift, so war in die Röhre von schwer schmelzbarem Glase noch eine Platinröhre eingeschoben, in welcher die Substanz verdampfte. Die Röhre war mit CO_2 angefüllt, weil bei Gegenwart von Sauerstoff das Chlorberyllium unter Entwickelung von Chlor theilweise zersetzt wird.

Bgr.

C. SCHEIBLER. Flüssigkeit von hohem specifischem Gewicht. Pol. Notizbl. XXXIX, 24†.

Der Verfasser hat bereits 1861 (Journ. f. prakt. Chem. LXXXIII, 302) zum Trennen von Mineralien eine gesättigte Lösung von metawolframsaurem Natron benutzt, welche bei mittlerer Temperatur das spez. Gew. 3,0193 zeigt und einen hohen Grad von Dünnflüssigkeit besitzt. *Bgr.*

P. SABATIER. Sur les lois numeriques de l'état solide. Bull. soc. chim. Paris XLI, 166†; [Chem. CBl. XV, 436; Beibl. VIII, 684.

Eine Betrachtung über die Gesetze der spez. Volumina fester Körper, die auf den im Grunde inhaltlosen Satz hinausläuft, dass die gesetzmässigen Beziehungen, welche die Stoffe im festen Zustande zeigen, Reste derjenigen gesetzmässigen Beziehungen sind, welche sie im gasförmigen Zustande zeigen würden.

Bde.

A. ALBITZKY. Ueber das Brechungsvermögen des aus Allyldimethylcarbinat sich bildenden Kohlenwasserstoffs $C_{12}H_{20}$.

Spez. Gew. des $C_{12}H_{20}$ gegen Wasser bei 0°.

0°	0,8516	bis	0,8508
9,8°	0,8453	bis	0,8446
21,4°	0,8352	bis	0,8346.

Bde.

G. WITZ. Sur l'adoption d'une échelle aréométrique uniforme et invariable. Assoc. Franc. Rouen 1883, 355-361; Assoc. Franc. Blois 1884, 162-163.

Der Verfasser beschwert sich über die BAUMÉ-Aräometer und schlägt vor, das Dichtigkeitsintervall zwischen 1,000 und 2,000 in 72 gleiche Grade zu theilen. Warum nicht 100, wozu überhaupt Aräometer erforderlich sind, die anders als nach Decimaltheilen des spezifischen Gewichts graduirt werden, das scheint dem Referenten nicht genügend begründet. *Bde.*

Litteratur.

Bereits berichtet:

C. BENDER. Dichteregelmässigkeiten normaler Salzlösungen. WIED. Ann. XX, 560. 1883; [J. de phys. (2) III, 221 bis 222; siehe diese Berichte XXXIX, (1) 79. 1883.

GEORG W. A. KAHLBAUM. Einige kleine Aenderungen am Pyknometer. WIED. Ann. XIX, 378-384; [ZS. f. Kryst. IX, 632-633; sh. diese Berichte XXXIX, (1) 89. 1883.

S. WROBLEWSKI. Sur la densité de l'oxygène liquide. Ann. chim. phys. (6) II, 309; Athenaeum 1884, No. 2704, II, 215; [J. de phys. (2) II, 93-94; WIED. Ann. XX, 80. 1883; [J. chem. Soc. XLVI, 14, 388; sh. diese Berichte XXXIX, (1) 71. 1883.

E. WIEDEMANN. Eine kleine Veränderung am Pyknometer. [ZS. f. Kryst. IX, 632; WIED. Ann. 983-985. 1882; siehe diese Berichte XXXVIII, (1) 51. *Bgr.*

F. WEGER. Specific volume of saturated and unsaturated alkyl salts. J. chem. soc. XLVI, 8-12; siehe diese Berichte XXXIX, (1) 88. *Bde.*

Anderweitige Litteratur:

GUSTAV KROUPA. On the volumetric determination of mercury. Chem. News IL, 14.

G. WITZ. Tables de correspondance des dégrés aréométriques avec les densités entre 1,000 et 2,000. Ass. Franc. Blois I, 162; Ausf. II, 132. 1884.

A. DEFFIÉNAT. Procédé pour déterminer la densité d'un corps. La Nature 1884 II, No. 584, Suppl.

W. SPRING. Differentialdilatometer and its application in an investigation on the formation of alums. J. chem. soc. XLVI, 887; Chem. Ber. XVII, 404-408.

FLEURY. Procédé pour déterminer la densité des corps poreux. La Nat. No. 597 suppl. p. 2 (289e boite aux lettres).

Anwendung der Thermometerkörper nach REIMANN zur Bestimmung des spec. Gewichts von Flüssigkeiten auf jeder gleichschenkligen Wage. (Mit Abb.). Chem. Ztg. VIII, Nr. 16 u. 17.

L. VAN WERVEKE. Ueber Regeneration der Kaliumquecksilberjodidlösung und über einen einfachen Apparat zur mechanischen Trennung mittelst dieser Lösung. Beibl. VIII, 2; Neues Jahrb. f. Mineral. 1883, II, 86.

S. Pagliani e G. Vicentini. Sulla compressibilità dei liquidi ed in particulare dell'aqua — Studio sperimentale. Cim. (3) XVI, 27-41, 161-174.

Mus. Beobachtungen mit dem Piezometer. K. Acad. Amsterdam (3) 1883, XIX, 139-193; Beibl. VIII, 435.

H. Kopp. Sur les volumes spécifiques des liquides. [Bull. soc. chim. XLI, 612; Chem. Ber. XVI, 2458-2460; J. chem. soc. XLVI, 147-148.

R. Schiff. Molecular Volume of liquid substances. J. chem. soc. XLVI, 386-388; Aus Annalen CCXX, 278-334. *Bde.*

M. Schalfejeff. Ueber die specifischen Volumina der Elemente in festen und flüssigen Körpern. J. d. phys.-chem. Ges. [1] XVI, 679-686†; s. Berl. Ber. 1885, p. 96.
O. Chw.

W. C. Roberts and T. Wrightson. Density of metals in the liquid state. J. chem. soc. XLVI, 708-709; Aus Ann. Chim. Phys. XXX, 274-288.

T. Stacewicz. Ueber das specifische Gewicht chem. Verbindungen. Pharm. ZS. f. Russl. 1884, 109-112, 125-127, 145; [Ber. d. chem. Ges. XVII, 199.

S. Pagliani. Ueber einige physikalische Eigenschaften des Petroleums mit einer Bemerkung über die Pyknometermethode zur Bestimmung des spec. Gewichtes der festen und flüssigen Körper. Beibl. VIII, 2; Aus Ann. d. R. Ist. Tecnico industr. e profess. Turin. 1882/83, XI, 12 p.

D. Mendelejew. Ueber das Verhältniss der Dichte von Salzlösungen zu den Molekulargewichten der gelösten Salze. J. d. russ. phys.-chem. Ges. 1884, [1] 184; [Ber. d. chem. Ges. XVII, 155-157.

A. Cramer-Dolmatow. Einiges über die Arbeit von T. Stacewicz. Pharm. ZS. f. Russl. 1884, 429-437, 444-450, 475-476; Antwort von Stacewicz, ib. 493-501; [Ber. d. chem. Ges. XVII, 458.

Gerlach. Ueber Glycerin, spec. Gewichte und Siedepunkte seiner wässrigen Lösungen sowie über einen

Vaporimeter zur Bestimmung der Spannkräfte der Glycerinlösungen. Die chem. Indust. (1884 Nr. 9) VII, 277-287); [Chem. CBl. (3) XV, 884-886; Ber. d. chem. Ges. XVII, 522-523.

M. ROSENFELD. Die Anwendung des Aräometers zur Demonstration der Gewichtszunahme der Körper bei ihrer Oxydation. Prog. Teschen Realsch. 8 S. 8°. *Bde.*

D. KONOWALOFF. Dampfdichte von Lösungen. J. d. russ. phys.-chem. Ges. [1] XVI, 11-84†; WIED. Ann. 1881, XIV, 34, 219. *O. Chw.*

O. HALÁSZ. Dichtigkeitsbestimmung des Salzsäuregases. Beibl. VIII, 415; Aus Mathem.-naturw. Berichte aus Ungarn I, 1882/83.

C. JOUK. Détermination du volume de la diéthylamine et du chlorure d'éthyle à diverses températures sous pression constante. Aus J. d. russ. chem.-phys. Ges. 1884 [2], XVI, 304; [J. de Phys. (2) IV, 596.

C. P. WORCESTER. Dampfdichte von Antimonchlorid, -bromid und -jodid. Beibl. VIII, 91; Aus Proc. of the Am. Ac. of Arts and Sciences 1883. 4 pp. Sep.

CALM. Die abnormen Dampfdichten. Zürch. Vierteljahrsschr. XXVIII, Heft 4.

W. J. MILLAR. Some phenomena connected with iron and other metals. Nature XXX, 524.

C. ROHRBACH. A new liquid of high spec. gravity, refraction equivalent etc. J. chem. soc. XLVI, 145; Aus Ann. phys. chem. (2) XX, 169-174.

3a. Allgemeine Molecularphysik.

A. SOKOLOFF. Einige Worte betreffend Hrn. BARDSKY's Aufsatz: Ueber den Charakter der Molecularattraction". J. d. russ. chem.-phys. Ges. XVI, [2] 248-253; Beibl. IX, 5†.

Gegen die Ansicht von BARDSKY, dass die Molecularkräfte von der Temperatur unabhängig seien. *Lp.*

C. SCHALL. Die Anziehung gleichartiger Moleküle. Chem. Ber. XVII, 2555-2577†; [J. chem. Soc. XLVIII, 111†; [Naturf. XVIII, 61-62.

Der Verfasser bestimmt die Cohäsion von Flüssigkeiten nach der bekanntlich unzuverlässigen Methode des Abreissens einer Adhäsionsplatte von der Oberfläche der Flüssigkeit. Sind s und s' die specifischen Gewichte für zwei Temperaturen, G und G' die entsprechenden, zum Abreissen erforderlichen Kräfte, so berechnet er die Formel

$$G = G'\left(\frac{s}{s'}\right)^{\frac{8}{3}}$$

und zieht aus einer leidlichen Bestätigung derselben den Schluss, dass die Beziehung zwischen gleichartigen Molecülen ihrer Masse proportional ist. Wasser, Benzen und dessen Derivate stimmen aber nicht mit der Formel. Bezeichnet man mit h und h' die Steighöhen einer Flüssigkeit bei den beiden obigen Temperaturen, so leitet der Verfasser weiter die Gleichung $h's^{\frac{8}{3}} = hs'^{\frac{8}{3}}$ ab und unterstützt sie durch Versuche. Wasser bildet wieder eine Ausnahme, ebenso Schwefel. Diese Ausnahmen sollen durch die moleculare Constitution der Flüssigkeiten begründet sein.

Bde.

W. THOMSON. On certain molecular movements in the vicinity of thir iron-plates. Rep. Brit. Ass. Southport 1883, 472-474.

Dünne Eisenplatten, $\frac{11}{16} \times \frac{3}{16} \times 0{,}0075$ Zoll gross, wurden mit einer Gallerte bedeckt, die Berlinerblau enthielt; es werden Vertheilungen des Farbstoffes beobachtet, die mit dem Magnetismus anscheinend wenig zu thun haben, deren Beschreibung aber nicht wohl einen Auszug zulässt, da kein Gesetz für dieselben eruirt ist. *Bde.*

H. TOMLINSON. The Influence of Stress and Strain on the Physical Properties of matter. Part. I. Moduli of Elasticity, continued. Relations between moduli of Elasticity, Thermal Capacity and other Physical constants. Proc. Roy. Soc. XXXVII, 107-113, 386; [Beibl. IX, 7; Part. II. Fortsetzung. Proc. Roy. Soc. XXXVIII, 42-45; [Beibl. IX, 707.

Die vom Verfasser schon zu Bestimmungen der Elasticitätsmoduln und des elektrischen Widerstandes benutzten Drähte wurden in kleine Spiralen gewickelt, von einer dünnen Messinghülle umgeben, um die Wärme gleichmässiger über die ganze Spirale zu vertheilen, und dann wurde für Erwärmungen bis zu 60° und 100° ihre Wärmecapacität bestimmt. Die Wärmecapacität aller Metalle nahm zu mit der Temperatur und liess sich bei Legirungen aus dem Verhältniss der Zusammensetzung in den Grenzen der Beobachtungsfehler exact berechnen. Nach WERTHEIM ist $e.\alpha^7$ nahe constant, wenn e YOUNG's Modul und α den mittlere Abstand zwischen den Kraftcentren zweier benachbarten Molecüle bezeichnet, was das MAXWELL'sche Gesetz der fünften Potenz auch für feste Körper annäherungsweise bestätigen würde. Bezeichnet C_v die specifische Wärme der Volumeneinheit, so ergiebt sich $\frac{e}{C_v^{\frac{7}{3}}}$ constant oder die dritte Potenz des YOUNG'schen Moduls ist proportional der siebenten Potenz der specifischen Wärme der Volumeneinheit. Diese Relation erwies sich als gute Annäherung für alle Metalle und Körper, für die sie mit der Beobachtung verglichen werden konnte. Sie scheint noch genauer zu gelten, wenn für e der Volumelasticitätsmodul e_v genommen wird. Das kann aber dann nicht mehr für alle Temperaturen gelten, denn e_v nimmt ab mit steigender Temperatur, C_v wächst; aber für Zimmertemperatur scheint

$$e_v = 2071.10^6 C_v^{\frac{7}{3}}$$

zu sein.

Die wahre Wärmecapacität eines festen Körpers findet man durch Division der specifischen Wärme bei constantem Volumen des Wasserstoffes für die Masseneinheit durch die Masse des betreffenden Atoms und dieser Theil der Capacität ist unabhängig von der Temperatur; zieht man diese wahre specifische Wärme von der gesammten Wärmecapacität ab, so erhält man die (mit der Temperatur) veränderliche Wärmecapacität. Es wird gezeigt, dass das Zuwachsverhältniss per Einheit der Wärmeausdehnbarkeit bei 0° C. und folglich für jede Temperatur gleich dem Zuwachs per Einheit der veränderlichen Capacität ist. Kennen wir also den mittleren Ausdehnungscoefficienten zwischen zwei Grenzen, so können wir die Ausdehnbarkeit bei einer beliebigen Temperatur zwischen diesen Grenzen aus dem bekannten Zuwachsverhältniss der veränderlichen Wärmecapacität berechnen. Stellt sich heraus, dass wie für Eisen und Kupfer für alle Metalle das Zuwachsverhältniss der Torsionsfähigkeit gleich dem Zuwachsverhältniss der Ausdehnbarkeit ist, so können wir mit jedem Grad der Genauigkeit jeden dieser Zuwächse durch die Methode der Torsionsschwingungen bestimmen. Es wird ferner gezeigt, dass die Wärmecapacität per Masseneinheit nahe $2\frac{1}{2}$mal so gross ist als die wahre Capacität, so dass nur $\frac{2}{5}$ der ganzen einem Metall zugeführten Wärmeenergie zur Temperaturerhöhung verwandt wird, während die übrigen $\frac{3}{5}$ zu innerer und äusserer Arbeit verwandt werden.

Ist τ die absolute Schmelztemperatur, β der lineare Ausdehnungscoefficient und hat α die Bedeutung wie oben, so ist nach Pictet $\tau . \beta . \alpha$ constant; zusammen mit der oben gefundenen Beziehung folgt: $\frac{\tau\beta}{C_v^{\frac{1}{3}}}$ und $\frac{\tau\beta}{e_v^{\frac{1}{7}}}$ constant. Die erste Grösse wurde für 10 Metalle von 12 constant gefunden. Für Wismuth und Antimon war sie fast genau halb so gross wie für die anderen Metalle. Danach kann für die meisten Metalle der Schmelzpunkt berechnet werden aus der Gleichung:

$$\tau = 0{,}02253 \cdot \frac{C_v^{\frac{1}{3}}}{\beta},$$

die zweite Grösse wurde auch annähernd constant gefunden.

Die Experimente von Joule und Edlund über die Wärmetönungen bei mechanischem Zug in Metallen werden ausführlich besprochen und das Resultat von EDLUND, dass die Wärmewirkung eines longitudinalen Zuges an einem Draht durch Division des theoretischen Werthes durch 1,61 gefunden wird, scheint sich durch Versuche des Verfassers über die Zähigkeit der Metalle zu bestätigen.

Im zweiten Theil wird die Untersuchung über Elasticitätsmoduln mit einer solchen über die Viscosität in Verbindung gebracht. Als Versuchsinstrument dient eine Drehwage, deren Suspensionsdraht eben das Versuchsobject ist. Es wird nachgewiesen, dass von den möglichen Ursachen des Energieverlustes nur der Luftwiderstand und die innere moleculare Reibung des Metalls in Betracht kommen. Bei einigen Metallen überwiegt der Luftwiderstand, bei anderen die innere Viscosität. Es wird dann mathematisch entwickelt, dass, wenn man auf die Viscosität der Metalle die Gesetze der Flüssigkeitsreibung anwendet, das logarithmische Decrement unabhängig von der Amplitude und dass die Abnahme der Amplitude proportional der Schwingungsperiode wird. Der Versuch zeigte aber, dass diese Bedingungen nicht gleichzeitig erfüllt sind; er deutet also darauf hin, dass die innere Reibung der Metalle nicht derjenigen der Flüssigkeiten, sondern derjenigen fester Oberflächen zu assimiliren ist; sie erweist sich, wie diese, unabhängig von der Geschwindigkeit. Des weiteren zeigt sich, dass bei Drähten, welche wochenlang schwingen, kein Nachlassen der Elasticität, sondern eher eine Verminderung der inneren Reibung eintritt. Mässige permanente Torsion machte den Kupferdraht elastischer, den Eisendraht weniger elastisch; das letztere bringt der Verfasser mit der Coercitivkraft des Eisens in Verbindung. Ein durchgeleiteter Strom von 1 bis 3 Amp. änderte die Eigenschaften des Drahts nicht wesentlich. Temperaturerhöhung liess bei allen Metallen ausser Eisen die Viscosität wachsen. Wird ein Eisendraht wiederholt auf 100° erhitzt und abgekühlt, so ist sein Energieverlust bei 100° fast verschwindend klein gegen die Wirkung des Luftwiderstandes. *Cn.*

V. Strouhal und C. Barus. Das Wesen der Stahlhärtung vom elektrischen Standpunkte aus betrachtet, besonders im Anschluss an das entsprechende Verhalten einiger Silberlegirungen. Abh. Böhm. Ges. (6) XII, Nr. 14, 1-27.

— — Ueber die Definition des Stahls auf Grundlage des elektrischen Verhaltens des Eisens bei wachsendem Kohlenstoffgehalt. Abh. Böhm. Ges. (6) XII, Nr. 15, 1-25; [Beibl. IX, 351.

Es soll die Frage untersucht werden, ob der Kohlenstoff dem Eisen ein für alle Mal bestimmte Eigenschaften ertheilt und die Härteänderung demnach als mechanischer Vorgang zu behandeln ist, oder ob die Härteänderung einer gleichzeitigen Aenderung der Art des Vorkommens des Kohlenstoffs im Eisen (Bindung oder Lösung) zuzuschreiben ist. Es wird die Analogie mit der Legirung eines gegebenen Metalls mit verschiedenen anderen herangezogen. Aus reinem Silber werden durch Zusatz von Gold, Platin, Kupfer und Zink verschiedene Legirungen gewonnen und aus diesen mit vorsichtiger Vermeidung der Oxydation beim Erkalten Drähte gezogen; von diesen Drähten wird ihr thermoelektrisches Verhalten zu weichem elektrolytischen Silber und ihr Widerstand untersucht. Während die Verfasser beim Stahl zwischen der galvanischen Constante s (Widerstand) und der thermoelektrischen a das einfache Proportionalitätsgesetz $a = m - ns$ gefunden hatten, zeigte sich, dass die Legirungen ein complicirteres Verhalten zeigen. Während der Temperaturcoefficient des Widerstands bei demselben Widerstand der Legirung der gleiche ist, einerlei ob die Widerstandszunahme durch Zusatz von Gold, Platin oder Kupfer hervorgebracht ist, zeigen die galvanische und thermoelektrische Constante Maxima und Minima, die nicht derselben Zusammensetzung der Legirung entsprechen. Es wird auch das elektrische Verhalten des schmiedbaren Gusseisens, abgelöscht und ausgeglüht, untersucht und es werden dann die verschiedenen Annahmen über die Versuche der Stahlhärtung zusammengestellt und besprochen. Es ergiebt sich, dass weder die mechanische noch die chemische Hypothese allein genügt, um die Stahlhärtung zu erklären, sondern Beide zusammen herangezogen werden müssen.

In der zweiten Arbeit wird speziell das elektrische Verhalten des Eisens bei zunehmendem Kohlenstoffgehalt untersucht. Denkt man sich den Kohlenstoffgehalt des Eisens continuirlich zunehmend, so wächst auch der Härteunterschied zwischen den Zuständen abgelöscht und ausgeglüht continuirlich an. Aus der graphischen Darstellung der zahlreichen Beobachtungen folgt, dass sich der Stahl durch die Beziehung $\Delta \log h =$ maximum charakterisirt, wenn h die thermoelektrische Härte 15,18—a, wo a die thermoelektrische Constante ist, bedeutet. Dadurch wird dem Stahl die Eigenschaft zugeschrieben, dass, während er im ausgeglühten Zustande dem reinen Eisen möglichst nahe steht und somit dessen Eigenschaften möglichst beibehält, er im abgelöschten Zustande demselben thermoelektrisch so fern wie möglich ist und somit in möglichst vielen Zuständen thermoelektrischer Härte vorkommen kann. Dem so definirten Stahl kommt wahrscheinlich ein Maximum zu, Spannungen jedweder Art dauernd zurückzuhalten. Es zeigt sich, dass, durch passende Construktion eines Diagramms der elektrischen Eigenschaften, es gelingt den mechanisch kaum präcis definirbaren Begriff des Stahls durch eine charakteristisch auftretende, bestimmt definirte Eigenschaft (eben die Beziehung $\Delta \log h =$ max.) deutlich vor den anderen Eisencarbureten hervortreten zu lassen. *Cn.*

C. Fromme. Ueber die Aenderungen, welche der Molekularzustand des Eisens durch Glühen und Ablöschen erleidet. Wied. Ann. XXII, 371-387; Phil. Mag. (5) XVIII, 473 bis 485; Cim. (3) XVI, 241-242; [J. chem. soc. XLVIII, 26; [J. de phys. (3) IV, 583; [Naturf. XVII, 314.

Es wurden Eisen, Stahl und galvanoplastisches Eisen in Drähten, Gusseisen in cylindrischer und in Plattenform, Schmiedeeisen und weisses Roheisen in einer Gebläseflamme geglüht und darauf langsam gekühlt. Nachdem dann ihre Dichte im Pyknometer gemessen, wurden sie wieder geglüht, rasch abgekühlt (abgelöscht) und wieder die Dichte bestimmt. Allgemein ergiebt sich, ausgenommen beim reinen Eisen, eine sehr bedeutende Zunahme des spezifischen Gewichts bei wiederholtem Ausglühen, wovon also offenbar der Kohlenstoffgehalt des Eisens die Ursache ist. Durch das Ablöschen ergiebt sich eine Zunahme des spezifischen Gewichts bei Eisendrähten von 1,4 und 0,3 mm Dicke; beim Schmiedeeisen und galvanoplastischen Eisen ist die Zunahme unsicher und ist vielleicht von der Abkühlungsgeschwindigkeit abhängig; die anderen Eisensorten erfahren alle durch Ablöschen eine Abnahme des spezifischen Gewichts. Vermuthlich bedingen kleine Mengen chemisch gebundener Kohle eine Zunahme, grössere Mengen eine Abnahme der Dichte beim Ablöschen, womit Versuche von Rinmann und H. Meyer im Einklang sein würden.

Aus einem 5,5 mm dicken cylindrischen Stahlstab wurden 5 Stäbchen von gleicher Länge geschnitten, 2 in Wasser von 45°, 2 in Wasser von 15° abgelöscht und das letzte langsam abgekühlt; dann wurde von allen mit der hydrostatischen Wage die Dichte bestimmt und nun wurden nach einander verschiedene Schichten in Salpetersäure abgeätzt und inzwischen immer wieder die Dichte gemessen. Danach scheint bei den in 40° abgelöschten Stäben zwischen einer sehr dichten Oberflächenschicht und dem nahezu gleichmässig dichten Kern eine Schicht von ausserordentlich geringer Dichte gelegen zu haben. Allgemein nimmt die Dichte von der Oberfläche aus bis zu einem merklich constanten Werthe regelmässig ab. Berechnet man die Dichtigkeit der Schichten, die zwischen zwei Beobachtungen abgeätzt wurden, so ergeben sich relative Minima und Maxima der Dichte, die aber nicht durch das Ablöschen hervorgerufen waren, da das langsam gekühlte Stäbchen sie ganz ähnlich zeigte. Durch Prüfen mit einer Feile wurde die Härte in allen Schichten constant gefunden. Dichte und Härte gehen also durchaus nicht parallel und es folgt, dass beim Ablöschen ausser dem mechanischen Vorgange der plötzlichen Contraktion noch ein chemischer Vorgang in der Bindung von vorher freiem Kohlenstoff an das Eisen vorliegen muss. Die Ursache der chemischen Bindung dürfte nach dem Verfasser aber in dem mechanischen Vorgange zu suchen sein, nämlich in den Druckkräften, die durch die plötzliche Contraktion auftreten. Damit sind Versuche von Clémandot und Lan in Uebereinstimmung, nach denen langsam unter hohem Druck gekühlter Stahl sich abgelöschtem Stahl in Bezug auf Gehalt an gebundener Kohle und Härte analog verhält. *Cn.*

A. Famintzin. Ueber Kieselsäuremembranen und geschichtete Myelingebilde. Bull. Ac. Imp. Pétersb. XXIX, 214-215; [Beibl. IX, 236.

Der Verfasser stellte eine der Zellenmembran in ihrem Verhalten gegen Fuchsin und Carminlösung sehr ähnliche Kieselsäuremembran her, indem er 50 ccm des käuflichen Natronglases in 5 ccm Salzsäure brachte und diese Lösung dialysirte; nach 48 Stunden waren sowohl NaCl als auch Salzsäure aus der Lösung fast verschwunden; sie wurde in dünner Schicht auf Quecksilber ausgegossen und der Verdunstung überlassen. Die so erhaltene Membran zeigte eine gut sichtbare Quellung in Wasser, diosmirte wie eine pflanzliche Membran, färbte sich mit Fuchsin und blieb indifferent gegen Carmin. — Bringt man einen Tropfen Oelsäure mit wässerigem Ammoniak zusammen, so entstehen an dem Tropfen cylindrische Auswüchse und gesonderte Kugeln, die anfänglich ungeschichtet erscheinen, dann aber eine Schichtung erkennen lassen ähnlich der Zellmembran und den Stärkekörnern, so dass es wahrscheinlich gemacht ist, dass auch in der organisirten Natur bei myelinartigen Gebilden die beobachteten Schichtungen nicht durch Apposition, sondern durch nachträgliche Differenzirung hervorgerufen werden. *Cn.*

Grimaux. Sur l'éthylate ferrique et l'hydrate ferrique colloïdal. C. R. XCVII, 105-107; [Beibl. VIII, 352.

Lässt man ein Molekül in absolutem Alkohol gelösten Eisenchlorürs auf 6 Moleküle Natriumäthylat wirken, so erhält man einen Niederschlag von Natriumchlorür und eine braune Lösung von Eisenäthylat; an der Luft nimmt diese Lösung rasch Feuchtigkeit auf und giebt eine dicke Coagulation von Eisenhydrat. Giesst man die alkoholische Lösung in einen Ueberschuss von Wasser, so erhält man eine klare Flüssigkeit, welche die Eigenschaft des von GRAHAM beschriebenen Eisenoxydhydrats zeigt. Der Verfasser findet, dass die Verdünnung die Coagulation verzögert, die eine um so längere Zeit, und um so höhere Temperatur braucht, je verdünnter die Lösung ist. Der Vorgang zeigt eine Analogie mit der spontanen Coagulation des Blutes, die ebenfalls durch Erniedrigung der Temperatur verzögert wird, so dass die Colloide mineralischen und organischen Ursprungs sich nicht wesentlich zu unterscheiden scheinen. *Cn.*

GRIMAUX. Sur la coagulation des corps colloïdaux.

C. R. XCVIII, 1578-1581; [Beibl. VIII, 791; J. chem. soc. XLVI, 1250.

Der Verfasser versucht eine Theorie der Coagulation der Colloide zu geben; er unterscheidet:

1. Körper, bei denen die Coagulation durch die Verdünnung verzögert wird. Die Coagulation wird mit der Aetherifikation verglichen. Wie die Aetherbildung wird die Coagulation durch Gegenwart von Wasser, d. h. bei verdünnten Lösungen, verzögert. Durch Erhöhung der Temperatur werden beide beschleunigt, ebenso durch Zusatz von Salzen, die wasserentziehend wirken. Aber die Coagulation ist im allgemeinen nicht umkehrbar, was der Verseifung des Aethers entsprechen würde.

2. Körper, bei denen die Verdünnung die Coagulation begünstigt. In diesem Fall wird die Reaction verlangsamt, weil der frei werdende Körper nicht Wasser ist; so wird die Zersetzung beim Eisen und Kaliumglycerinat durch die Gegenwart von Glycerin beschränkt; die coagulirbaren Lösungen werden stabil durch Zusatz eines Ueberschusses von Glycerin und umgekehrt werden die an Glycerin reicheren Lösungen coagulirbar, wenn man Wasser zusetzt. In diesem Fall steht die Coagulation zu der Coagulation im ersten Fall in derselben Beziehung, wie die Dissociation durch Lösung zur Aetherbildung.

Cn.

E. Wiedemann. Beobachtungen über Colloïde. Verh. d. phys. Ges. Berlin 1884, 44; [Naturf. XVIII, 36†.

Bei Wasseraufnahme durch Colloide wird erst eine Art von Hydrationswärme entwickelt, dann folgt die negative Wärmetönung der Lösung. Die von fester Gelatine aufgenommene Wassermenge steigt sehr schnell mit der Temperatur, von 2,43 g bei 1° bis 9,48 g bei 30,2°. Die wasserhaltige Gelatine schmilzt bei 35° C. Gerstenzucker und amorphe Weinsäure geben beim Lösen positive Wärmetönungen, während die krystallisirten Modificationen negative liefern. Bei der Coagulation von Eiweiss und Kieselsäure entwickelt sich eine beträchtliche Wärmemenge. Für wasserhaltige Gelatinestäbe ist der Poisson'sche Coefficient $\mu = 0,5$. Lässt man durch eben geschmolzene Gelatine Schrotkugeln fallen, so folgen die späteren Kugeln der Bahn der ersten; die erste scheint also Moleculargruppen des Colloids zu zerreissen, so dass sie sich nicht gleich wieder aneinanderschliessen. *Bde.*

W. Ramsay. On molecular volumes. Rep. Brit. Ass. 1884, 676; Nature XXX, 557; [J. de phys. (2) IV, 471-472.

Es wird untersucht, ob die Siedepunkte zusammengesetzter Körper, bei gleichem Druck festgestellt, eine sichere Grundlage für die Ermittelung ihrer Molekulargewichte darbieten. Die Frage wird verneint: die Siedepunktszunahme in homologen Reihen ist nur bei niedrigem Drucke für jedes CH_2 nahe constant, verliert aber ihre Constanz bei höherem Druck. Die nach der Siedetemperatur berechneten Molekulargewichte des Isobutylalkohols und des Aethers, welche gleich sein müssten, differiren um 20 Einheiten. Auch wenn die Flüssigkeiten unter ihrem kritischen Drucke auf Temperaturen gebracht werden, die gleichen Dampfdrucken entsprechen, zeigen sie keine Regelmässigkeiten des Molekularvolumens. Berechnet man aus den Compressionscoefficienten die Volumina, welche die Flüssigkeiten unter dem Drucke Null bei einer gegebenen Temperatur annehmen würden, so finden sich wieder keine regelmässigen Beziehungen. *Bde.*

C. A. SEYLER. On the Determination of the Number of Atoms in Molecules. Chem. News IL, 31; [Beibl. VIII, 615.

Der Verfasser stellt den Satz auf: Die Differenz zwischen der „wirklichen“ Dichtigkeit, worunter der intramolekulare Abstand verstanden ist, im festen und flüssigen Zustand, dividirt durch die experimentell bestimmte latente Schmelzwärme giebt die Zahl der Atome im Molekül an. Der Satz soll nur anwendbar sein auf nicht krystallinische Körper, die sich beim Erstarren zusammenziehen. Nimmt man die PERSON'sche Regel: Die latente Schmelzwärme ist gleich der Differenz des Produkts aus Masse, spezifische Wärme und Temperatur im festen und flüssigen Zustand, hinzu, so würde folgen, dass die „wirkliche“ Dichtigkeit der absoluten Temperatur proportional ist. *Cn.*

VICTOR MEYER. Ueber das Eisenchlorür. Chem. Ber. XVIII, 1335-1339; [Beibl. VIII, 616; Bull. soc. chim. XLIV, 33.

Der Verfasser bestimmt in einer Porzellanbirne die Dampfdichte des Eisenchlorürs in einer Atmosphäre von Salzsäuregas, wodurch er die Bildung von Eisenchlorid verhindert zu haben hofft, zu 6,67 und 6,38, während die berechneten Werthe für $FeCl^2$ 4,39 und für F^2Cl^4 8,78 sind. Daraus würde folgen, dass das Eisenchlorür bei niederen Temperaturen aus Molekülen Fe^2Cl^4 besteht, die bei der Erwärmung in $FeCl^2$ Moleküle zerfallen, dass aber die Versuchstemperatur (Gelbglühhitze) noch nicht hoch genug war um einen vollständigen Zerfall herbeizuführen. Da möglicherweise das Porzellan eine schwache Chlorentwicklung veranlasst hat, ist eine Neubestimmung in Platingefässen wünschenswerth. *Cn.*

R. ROMANIS. Note on the molecular volumes of some double chlorides. Chem. News IL, 273.

Die Arbeit enthält eine Bestimmung des spezifischen Gewichts einiger Doppelchloride im Anschluss an frühere Arbeiten des Verfassers. Die Bildung der wasserfreien Chloride K_2PtCl_6,

$(NH_4)_2PtCl_6$ u. s. w. zeigen bei der Bildung eine starke Contraktion. Die Versuche sind aber noch zu wenig zahlreich, um eine Theorie des Vorgangs aufstellen zu können. *Cn.*

E. J. MILLS. The numerics of the elements. Phil. Mag. (5) XVIII, 393-399; [J. chem. soc. XLVIII, 344; [J. de Phys. (2) IV, 473-74; [Cim. (2) XVII, 265.

Das Atomgewicht y eines Elementes lässt sich angenähert darstellen durch eine Formel

$$y = 15\left[p - \left(\frac{15}{16}\right)^x\right],$$

wo x eine ganze Zahl ist, ebenso p. Und zwar ist im MENDELEJEFF'schen System, wo die Atome in 16 Gruppen getheilt, p die Ordnungsnummer der Gruppe, x die Nummer des Elements innerhalb seiner Gruppe. Mit der PROUT'schen Hypothese steht die Formel in Widerspruch, wenn nicht $x = 0$ oder $x = \infty$ ist, was für *As*, *M*, *U* angenommen wird. Uran hält der Verfasser für ein Grenzelement; es ist

$$\sum_0^\infty 15.\left(\frac{15}{16}\right)^x = 240.$$

Da die Zahl 15 um Eins kleiner ist als die Anzahl der Gruppen, lässt sich, wenn diese Anzahl mit n bezeichnet wird, die obige Gleichung auch schreiben

$$y = (n-1)\left[p - \left(\frac{n-1}{n}\right)^x\right].$$

Der Wasserstoff lässt sich aber in den Formeln nicht unterbringen; es müsste also für ihn ein besonderes Atomsystem angenommen werden, welches ausserhalb der MENDELEJEFF'schen Gruppirung steht. Ausser diesem offenbaren Defect scheint dem Referenten, dass viele Atomgewichte, welche über 60 hinausgehen, überhaupt nicht genau genug bestimmt sind, um zur Verifikation einer Formel dienen zu können, in welcher Potenzen von $\frac{15}{16}$ eine Rolle spielen. *Bde.*

MART. WEBSKY. Ueber Idunium, ein neues Element. Berl. Ber. 1881, Juni 19 u. 1884, 661-662; Chem. CBl. (3) XV, 804 bis 805; [DINGL. J. CCLIII, 391; Ber. d. chem. Ges. XVII, 519-520; Phil. Mag. (5) XVIII, 232; Cim. (3) XVII, 99; Bull. soc. chim. XLIV, 59.

Das neue Element ist vom Verfasser in einem wesentlich zinkhaltiges Bleivanadat enthaltenden Erze gefunden worden; es folgt im allgemeinen dem Gange der Vanadinsäure; unterscheidet sich durch die Widerstandsfähigkeit des Silbersalzes der höher oxydirten Säure gegen Reagentien. Wird Vanadinsäure als vanadinsaures Ammoniak in Salmiaklösung abgeschieden, so bleibt die Idunsäure in der Mutterlauge, aus der durch Zusatz von Schwefelammon rothes Idunoxyd ausfällt. *Cn.*

E. VOGEL. Variation der Atomgewichte. Nature XXXI, 42-45; [Beibl. IX, 548.

Aus einer Zusammenstellung der sorgfältigsten Atomgewichtsbestimmungen ergiebt sich, dass die Differenz zwischen dem Atomgewicht im gasförmigen und dem in anderen Zuständen erheblich ist. Der Verfasser giebt neu berechnete Atomgewichte für den festen und flüssigen Zustand an, ohne die Art der Berechnung mitzutheilen. Erst durch die so berechneten Werthe ist eine Uebereinstimmung zu erzielen zwischen den von verschiedenen Forschern nach verschiedenen Methoden bestimmten Atomgewichten, die z. B. aus Nitraten bestimmt, geringer ausfallen als die durch Sulfate oder Chloride bestimmten. *Cn.*

TH. CARNELLEY. The Periodic Law as illustrated by certain Physical Properties of Inorganic Compounds. Phil. Mag. (5) XVIII, 1-22; Ber. d. chem. Ges. XVII, 372; Cim. (3) XVII, 77-78; Beibl. VIII, 735; J. d. phys. (2) IV, 473; J. chem. soc. XLVIII, 344.

Der Verfasser stellt Siedepunkte, Schmelzpunkte und Bildungswärmen der Halogenverbindungen der Elemente zusammen und stellt folgende Beziehungen auf:

1. Ordnet man die Elemente nach ihren Atomgewichten, so ändern sich die drei erwähnten Grössen für alle Halogen-

verbindungen der Elemente periodisch. Die Perioden entsprechen den Reihen der MENDELEJEFF'schen Anordnung; die Maxima liegen am positiven, die Minima am negativen Ende jeder Reihe; und nur an diesen Punkten treten die Ausnahmen auf.

2. Beim Uebergang von den ersten und zweiten Gliedern jeder Reihe (zwischen denen der Unterschied verhältnissmässig klein ist) zu den dritten, sinken Schmelz- und Siedepunkte plötzlich, während beim Uebergang von den dritten zu den siebenten Gliedern die Abnahme weit langsamer stattfindet.

3. a) Geht man vom Chlorid zum Bromid und von da zum Jodid über, so nehmen Schmelz- und Siedepunkte zu in der dritten bis siebenten Gruppe von Elementen.
   b) Für die geraden Glieder der ersten und zweiten Gruppe findet das Entgegengesetzte statt.
   c) In allen Fällen nimmt die Bildungswärme vom Chlorid zum Jodid ab.

4. a) Bei den Chloriden, Bromiden und Jodiden der Gruppen drei bis sieben und der geraden Glieder der zweiten Gruppe wachsen Schmelz- und Siedepunkte mit dem Atomgewicht des positiven Elements.
   b) Bei den ungeraden Gliedern der ersten und zweiten Gruppe nehmen Schmelzpunkt und Bildungswärme ab, wenn das Atomgewicht des positiven Elements wächst.
   c) Bei den geraden Gliedern der ersten Gruppe nehmen Schmelzpunkt und Bildungswärme zu von *Li* zu *K*, und nehmen dann ab zum *Cs*.

5. Die Unterschiede zwischen den Siedepunkten der Chloride und Bromide, der Bromide und Jodide und der Chloride und Jodide sind grösser als die Unterschiede zwischen den correspondirenden Schmelzpunkten.

6. Die in 5 angeführten Differenzen der Schmelz- und Siedepunkte wachsen algebraisch vom ersten zum vierten oder mittleren Glied jeder Reihe und nehmen dann zum siebenten oder letzten Gliede ab.

7. Die Differenz zwischen den Schmelzpunkten oder Siedepunkten oder Bildungswärmen des Bromids und Chlorids eines Elements ist kleiner als die Differenz zwischen denselben Grössen für das Jodid und Chlorid.

8. Die Differenzen zwischen den Schmelzpunkten oder Siedepunkten oder Bildungswärmen nimmt ab mit wachsendem Atomgewicht des positiven Elements, ausgenommen den Fall der Schmelzpunkte der geraden Glieder der zweiten Gruppe, für die das Entgegengesetzte gilt.

9. a) Für Glieder der dritten bis siebenten Gruppe und für gerade Glieder der zweiten Gruppe nehmen die Differenzen zwischen den Schmelzpunkten und ebenso zwischen den Siedepunkten der Chloride oder Bromide oder Jodide der ungeraden und ebenso der geraden Glieder jeder Gruppe ab, wenn man von den Chloriden über die Bromide zu den Jodiden übergeht; und
   b) wachsen mit wachsender Differenz zwischen den Atomgewichten der positiven Elemente. Bei den geraden Gliedern der ersten Gruppe gilt das Entgegengesetzte.

10. a) Die Differenzen zwischen den Siedepunkten und Schmelzpunkten der Chloride oder Bromide oder Jodide der dritten bis siebenten Gruppe wachsen algebraisch von den Chloriden zu den Bromiden und von diesen zu den Jodiden.
   b) Bei geraden Gliedern der ersten und zweiten Gruppe nehmen diese Differenzen von den Chloriden zu den Jodiden ab.

11. Die unter 10 angegebenen Differenzen für Gruppe drei bis sieben wachsen mit wachsender algebraischer Differenz zwischen den Atomgewichten der positiven Elemente.

12. Dieselben Differenzen zwischen den Siedepunkten sind algebraisch grösser als dieselben zwischen den correspondirenden Schmelzpunkten.

Diese 12 Beziehungen können bisher in 3248 Fällen angewandt werden; es ergeben sich 180 Ausnahmen. Von den Ausnahmen sind viele auf unsichere Beobachtungen zurückzuführen;

in einigen Fällen sind auch Grenzen für Schmelz- und Siedepunkte nach einer noch anzugebenden Methode des Verfassers berechnet worden; und es ist dann in den Tabellen der Mittelwerth angenommen worden.

Aus den 12 Beziehungen ergeben sich folgende allgemeine Schlussfolgerungen.

I. Ist in einer Reihe von binären normalen Verbindungen eines der Elemente allen gemeinsam, so sind Schmelzpunkte, Siedepunkte und Bildungswärmen periodische Functionen des Atomgewichts des anderen Elementes.

II. Der Einfluss des Halogens auf diese drei physikalischen Eigenschaften wächst mit der Zahl seiner Atome in der Verbindung.

III. In jeder normalen Halogenverbindung wächst der Einfluss des einen Elements auf Schmelz- und Siedepunkt mit seinem eigenen Atomgewicht und nimmt ab mit dem Atomgewicht des anderen Elements.

IV. 1) Die drei Constanten für ein Bromid liegen immer näher an denen des Chlorids als des Jodids.

2) Schmelzpunkte und Siedepunkte der Halogenverbindungen des mittleren Gliedes von drei auf einander folgenden Elementen derselben Gruppe liegen immer näher an den Constanten der Verbindungen des ersten Gliedes (mit dem kleinsten Atomgewicht) als an denen des letzten Gliedes.

Aus diesen Beziehungen ergiebt sich leicht eine Methode, durch Ausprobiren Grenzen für die noch unbekannten Constanten eine Verbindung zu finden; es werden so viele Schmelzpunkte und Siedepunkte berechnet. Die Anwendung der Methode auf Fälle, wo die betreffenden Grössen bekannt waren, ergab im allgemeinen eine gute Uebereinstimmung. Ebenso können die angegebenen Relationen dazu dienen, Atomgewichte oder die Stellung in der allgemeinen Classification zu bestimmen. Wendet man sie auf das Beryllium an, so ergiebt sich seine Zweiwerthigkeit mit dem Atomgewicht 9,2. *Cn.*

Th. Carnelley. The Periodic Law, and the Occurrence of the Elements in Nature. Phil. Mag. (5) XVIII, 194-200; [Chem. News L, 242; Ber. chem. Ges. XVII, 2287-2291; Beibl. VIII, 785; J. chem. soc. XLVIII, 13.

Der Verfasser stellt das folgende Gesetz auf und findet es in Uebereinstimmung mit der Erfahrung: Elemente, die auf absteigenden Theilen der Lothar-Meyer'schen Curve liegen, sind schwer reduktionsfähig und kommen niemals in freiem Zustand oder als Sulfide in der Natur vor, sondern immer in Verbindung mit Sauerstoff als Oxyde oder Doppeloxyde (Silicate, Sulfate, Carbonate etc.); während Elemente, die auf ansteigenden Theilen der Curve stehen, leicht reduktionsfähig sind und fast immer mehr oder weniger in freiem Zustande und in Verbindung mit Schwefel in der Natur vorkommen, aber selten in Verbindung mit Sauerstoff. *Cn.*

Th. Carnelley. Abhängigkeit der Farbe chemischer Verbindungen vom Atomgewicht der Bestandtheile. Ber. chem. Ges. XVII, 2151-2156; Naturf. XVII, 482; Arch. sc. phys. (3) XIV, 290-291.

Nach den Zusammenstellungen von Ackroyd und vom Verfasser gelten für die Farbe der chemischen Verbindungen die folgenden Gesetze.

I. Die sämmtlichen Chromverbindungen verändern ihre Farbe in der Reihenfolge der Spectralfarben, so dass die Farbe mit steigender Temperatur mehr und mehr das rothe Ende des Spectrums einnimmt und endlich in braun und schwarz übergeht.

II. In binären Verbindungen bringt eine Zunahme der Menge des elektronegativen Elements eine Farbenveränderung nach dem rothen Ende des Spectrums und schliesslich in braun und schwarz hervor.

III. Je höher das Atomgewicht der Elemente *A*, *B*, *C*.. steigt, desto mehr nähert sich die Farbe der Verbindungen mit anderen Elementen oder Gruppen von Elementen, wenn *A*, *B*, *C*... derselben Untergruppe auf Mendelejeff's Tafel der natürlichen Classification der Elemente angehören, dem rothen Ende des Spectrums und geht dann in manchen Fällen in braun und schwarz über.

Der Verfasser prüft das dritte Gesetz namentlich an anorganischen Körpern und constatirt in 426 Fällen nur 14 Ausnahmen. Es wird eine theoretische Erklärung versucht, bei welcher der Verfasser annimmt, dass mit zunehmender Masse die Schwingungsdauer des Molecüls um seine Gleichgewichtslage wächst und immer längere Lichtwellen zu absorbiren im Stande ist, wobei dann zuerst die Complementärfarbe des Violett, Grüngelb auftritt; dann Gelb und Orange. Dabei wird dann vorausgesetzt, dass, sobald die Möglichkeit da ist, Wellen von gewisser Länge zu absorbiren, die sämmtlichen kürzeren Wellen eo ipso absorbirt werden. In ähnlicher Weise wird der Einfluss der Temperatur und der Menge des elektronegativen Elements erklärt und eine Prüfung der Gesetze an organischen Körpern in Aussicht gestellt. *Cn.*

W. N. HARTLEY. Remarks on the atomic weight of Beryllium. Proc. Roy. Soc. XXXVI, 462; [J. chem. soc. XLVIII, 484.

HARTLEY hält gegenüber HUMPIDGE seine Ansicht aufrecht, dass das Beryllium seinem Spectrum gemäss weder in die Nähe von Scandium und Yttrium, noch in die Gruppe Cerium—Lanthan —Didym, sondern, dass es in die Reihe der dyadischen Metalle wie Calcium, Strontium und Baryum gehöre. Die Stellung seines Spectrums scheint ihm dafür zu sprechen, dass das Atomgewicht des Berylliums 9 oder 9,2 sei. *Bde.*

W. HALBERSTADT. Bestimmung des Atomgewichts des Platins. Ber. chem. Ges. XVII, 2962-2975; [Polyt. Notizbl. XL, 104; [SILL. J. XXIX, 253; [J. chem. soc. XLVIII, 355; [Pol. Not. XL, 104.

Aus nahe 100 Analysen verschiedener Platinverbindungen, die theils durch Glühen im Wasserstoffstrom, theils elektrolytisch zersetzt werden, ergiebt sich als Mittel für das Atomgewicht des Platins die Zahl 194,57592, während die von SEUBERT 1881 bestimmte Zahl 194,46 war. Die grösste Abweichung der einzelnen Werthe von einander beträgt nicht ganz 0,6 pCt.

Cn.

C. MARIGNAC. Vérification de quelques poids atomiques. Ann. chim. phys. (6) I, 289-337; [ZS. f. anal. Chem. 1884, 118; [J. chem. soc. XLVI, 813-815; [DINGL. J. CCLIII, 254.

Der Verfasser wiederholt mit äusserster Sorgfalt einige Atomgewichtsbestimmungen; er bestätigt beim Wismuth die von SCHNEIDER gefundene Zahl 208, findet für Mangan 55,07, für Zink 65,33, für Magnesium 24,37, wenn O = 16. *Cn.*

ROBINSON. A Redetermination of the atomic Weight of Cerium. Chem. News L, 251; Nature XXX, 537; Proc. Roy. Soc. XXXVII, 150-156; [Beibl. VIII, 485; [J. chem. soc. XLVIII, 217; [Chem. Ber. XVII, 565-566.

Der Verfasser bestimmt aus Ceriumchlorid das Chlor mit salpetersaurem Silber und findet für das Atomgewicht des Ceriums als Mittel aus 7 Bestimmungen 139,9035, wenn H = 1, und 140,2593, wenn O = 16 gesetzt wird. *Cn.*

O. v. d. PFORDTEN. Das Aequivalentgewicht des Molybdäns. ZS. f. anal. Chem. XXIII, 611-612; Beibl. IX, 67.

Der Verfasser bestimmt aus drei Analysen des molybdänsauren Ammons das Atomgewicht zu 95,8876, wenn O = 15,96; während DUMAS 95,65, DEBRAY 95,66 fanden und L. MEYER aus den Analysen des Molybdänchlorids von LIECHTI und KEMPE 95,86 berechnete. *Cn.*

B. BRAUNER. Das Aequivalentgewicht des Tellurs. [ZS. f. analyt. Chem. XXIII, 612; Prot. i. J. d. russ. phys.-chem. Ges. [1] 1883, 433; Ber. d. chem. Ges. XVI, 3055.

Der Verfasser macht verschiedene Bestimmungen, die für O = 16 zwischen 124,94 und 125,40 schwanken. *Cn.*

H. BAUBIGNY. Détermination de l'équivalent du chrome à l'aide de son sulfate de sesquioxyde. C. R. XCVIII, 146-148; Beibl. VIII, 342; J. chem. soc. XLVI, 894.

Drei Versuche mit dem Sulfat von Chromsesquioxyd geben für das Atomgewicht von Cr 26,020, 26,016 und 26,081, wenn S = 16; der Verfasser hält den letzten Werth für den wahrscheinlichsten. *Cn.*

A. COSSA. Sur le molybdate neutre de didyme et sur la valence du didyme. C. R. XCVIII, 990; [Ber. chem. Ges. XVII, 249; [Chem. CBl. (3) XV, 452; [J. chem. soc. XLVI, 821-822.

Aus dem vollständigen Isomorphismus, der zwischen den correspondirenden Verbindungen des Didyms mit Calcium und Blei besteht, schliesst der Verfasser, dass das Didym zweiwerthig ist, entgegen der bisher angenommenen Ansicht, nach welcher das Didymoxyd durch die Formel Di^2O^3 dargestellt wird und zwar wesentlich auf Grund der Bestimmung seiner spezifischen Wärme. Für seine Ansicht findet der Verfasser einen neuen Beweis in der Darstellung des neutralen Didymmolybdates; dasselbe erweist sich als isomorph mit Bleimolybdat. Nach dem Verfasser ist das Atomgewicht des Didym $\frac{2}{3} \cdot 145 = 96,6$. *Cn.*

R. SCHNEIDER. Bemerkungen, das Atomgewicht des Wismuths betreffend. KOLBE's J. XXX, 237-251; [Arch. Pharm. CCXXXIII, 229; [Ber. d. chem. Ges. XVIII, 47; [J. chem. soc. XLVIII, 354.

Der Verfasser kritisirt die Methode, nach welcher DUMAS das Atomgewicht Bi = 210 gefunden hat; er tadelt an ihr namentlich die Anwendung stark hygroskopischer Chloride und hält an dem von ihm und MARIGNAC gefundenen Werth Bi = 208 fest. *Bde.*

F. W. Clarke. A re-calculation of the atomic weights. Chem. News IL, 4, 19, 32, 42, 54, 76, 89, 99, 112, 132, 145, 151, 164, 174, 186, 197, 219, 231, 239, 249, 260, 273, 282; L, 7, 21, 28, 39, 51, 62, 64, 74, 87; Smithsonian Miscel. Collections. „The constants of nature.“

Der Verfasser giebt eine Zusammenstellung der Atomgewichtsbestimmungen, welche bis etwa 1882 gemacht waren und zieht aus den besseren die Mittel. In vielen Fällen führt er aber nachtragsweise neueste Bestimmungen an, welche von diesen Mitteln wieder recht merklich abweichen, so dass man nicht sagen kann, die Bestimmung der Atomgewichte sei durch seine Zahlenwerthe zu einem vorläufigen Abschluss gelangt. Wir führen daher seine Zahlenwerthe nicht an, machen aber auf seine Zusammenstellung aufmerksam, insofern sie für diejenigen, welche sich mit der Frage befassen, viel werthvolles Material zusammenträgt. Die letzte Abhandlung enthält Betrachtungen über die Prout'sche Hypothese. *Bde.*

J. Dewar und A. Scott. On the molecular weights of the substituted ammonias. Rep. Brit. Ass. Southport 1883, 460-461; J. chem. soc. XLVI, 257-258.

Die Untersuchung wurde angestellt um zu prüfen, ob für H und C kleine Abweichungen des Atomgewichts von ganzzahligen Werthen angenommen werden können. Zunächst handelt es sich um eine vorläufige Versuchsreihe mit Triäthylamin; die Ergebnisse stimmen nicht sehr gut; das Moleculargewicht von $N(C_2H_5)_3HBr$ ergab sich zwischen 181,756 und 182,166, daraus folgt für C_6H_{12} der Werth 83,987; nach Dumas ist $C = 12,005$ für $O = 16$, also würde $H < 1$, wenn $O = 16$, was mit dem gewöhnlich angenommenen Verhältniss von O zu H in Widerspruch steht. *Bde.*

C. Hell. Ueber eine Methode zur Bestimmung des Moleculargewichts und der Atomigkeit höherer Fettalkohole. Liebig Ann. CCXXIII, 269-283; [Chem. CBl. (3) XV, 616-618; [Bull. soc. chim. XLIV, 528; [Chem. Ber. XVII, 313.

Die Methode beruht auf der Eigenschaft der primären Alkohole, durch Erhitzen mit Kali- oder Natronkalk unter Wasserstoffentwicklung sich in die correspondirenden Säuren zu verwandeln. Da die Menge des entwickelten Wasserstoffes abhängig ist von dem Moleculargewicht des betreffenden Alkohols (und zwar giebt bei gleicher absoluter Menge des Alkohols ein Alkohol mit grösserem Moleculargewicht eine geringere Wasserstoffmenge), so kann das Volumen des entwickelten Wasserstoffs zur Bestimmung der Moleculargrösse des Alkohols dienen. Die Methode ist analog der MEYER'schen Verdrängungsmethode zur Bestimmung von Dampfdichten. Der Alkohol wird, mit Natronkalk gemischt, in einem Luftbad erwärmt; das in einem Messcylinder aufgefangene Gas ist ein Gemisch aus Wasserstoff und Luft; ein besonderer Versuch, in dem der ganze Apparat luftleer gepumpt war, gab denselben Werth für die Dampfdichte. Die Versuche unter einander stimmen gut überein, zeigen aber eine constante Abweichung von den berechneten Werthen, die der Verfasser darauf zurückführt, dass sich ein Theil des Alkohols unzersetzt verflüchtigt; trotzdem hält der Verfasser die Methode für hinreichend genau, um zur Bestimmung der Atomigkeit der Alkohole und zur Unterscheidung der Alkohole von den Aldehyden zu dienen. *Cn.*

J. DEWAR and A. SCOTT. On the atomic weight of Manganese. Rep. Brit. Ass. Southport 1883, 459-460.

Uebermangansaures Silber wird mit Hülfe eines Reduktionsmittels in Salpetersäure gelöst und die Menge reinen Bromkaliums bestimmt, die zum Niederschlagen des Silbers erforderlich ist. Ergebniss 55,038, sehr nahe 55. *Bde.*

G. KRÜSS. Einige Beobachtungen über die höheren Sauerstoffverbindungen des Kupfers. Chem. Ber. XVII, 2593-97; Beibl. IX, 147.

Nach den Versuchen des Verfassers giebt es mehrere höhere Sauerstoffverbindungen des Kupfers, von denen er die Verbindung

H^2CuO^3 mit Sicherheit dargestellt hat; daraus würde sich die höchste Werthigkeit des Kupfers als 4 ergeben. *Cn.*

P. Cazeneuve. Sur un cas d'isomérie du camphre chloronitré. C. R. XCVIII, 306-307; Ber. d. chem. Ges. XVII, 141; Chem. CBl. (3) XV, 248.

Es wird eine der Verbindung $C^{10}H^{14}Cl(NO^2)O$ isomere Verbindung dargestellt, die 17° rechts dreht, wenn der normale Körper 6,2° links dreht, in Wasser unlöslich, in kaltem Alkohol und Aether gut löslich ist. *Cn.*

F. Parmentier et L. Amat. Sur un cas de dimorphisme observé avec l'hyposulfite de soude (NaO, S_2O_2, 5HO). C. R. XCVIII, 735-738; [Ber. chem. Ges. XVII, 198-199; [Beibl. VIII, 568; [J. chem. Soc. XLVIII, 819-820.

Bringt man eine concentrirte Lösung von Natriumhyposulfit in eine Kältemischung, so entstehen sehr feine, mehrere Centimeter lange Nadeln, die, in eine übersättigte Lösung bei anderer Temperatur gebracht, dieselben Krystalle entstehen lassen, die von der gewöhnlichen Krystallform des Natriumhyposulfits verschieden sind. Bringt man in eine solche Lösung, in der schon die erwähnten Nadeln vorhanden sind, einen gewöhnlichen prismatischen Krystall, so verschwinden die Nadeln und es bilden sich kurze dicke Prismen. Es gelang dem Verfasser mit einiger Sorgfalt die neue Modifikation zu analysiren und die Analyse ergab dieselbe Zusammensetzung wie für die gewöhnliche Krystallform. Das gewöhnliche Hyposulfit schmilzt bei 47,9°, die neue Modifikation bei 32°. Bei der Umwandlung der Nadelkrystalle in prismatische findet eine Wärmeentwicklung statt, so dass, wenn die Operation bei 32° begonnen wird, die Temperatur auf 47,9° steigt und ein Theil des Salzes schmilzt. Die Transformationswärme ergiebt sich als die Differenz der Lösungswärmen der beiden Modifikationen, $= +1,4$ Cal bei 32°, wenn man als Lösungswärme des gewöhnlichen Salzes nach Berthelot $-5,8$ Cal annimmt. *Cn.*

S. U. Pickering. Modifications of Sodium Sulphate. J. chem. Soc. 1884, 686-690; [Beibl. IX, 318; Chem. Ber. XVIII, [2], 2.

Thomsen hatte bei der Bestimmung der Lösungswärmen von wasserfreiem Na^2SO^4 sehr verschiedene Werthe gefunden, was Berthelot durch Versuchsfehler zu erklären sucht. Pickering wiederholt die Versuche und kommt zu dem Resultat, dass zwei verschiedene Modifikationen des Natriumsulfats existiren, von denen die moleculare Lösungswärme bei der einen im Mittel 57 Cal., bei der anderen 857 beträgt, so dass sich die Thomsen-schen Zahlen so erklären lassen, dass bei seinen verschiedenen Versuchen verschiedene Mischungen dieser Modifikationen vorgelegen haben. Die Annahme Thomsen's, von den 10 Molekülen Krystallwasser sei eines anders gebunden, als die übrigen 9, ist unnöthig. *Cn.*

J. M. Ruys. Die allotropische Umwandlung des Schwefels bei sehr niedriger Temperatur. Rec. Trav. chim. Pays-Bas III, 1-3, Febr.; [Chem. Ber. XVII, Ref. 248; Chem. CBl. XV, 449; [J. chem. soc. XLVIII, 346; Bull. soc. chim. XLIII, 79.

Während einer Ueberwinterung im Karischen Meer wurden zwei Versuche angestellt über die Umwandlung des monoklinischen Schwefels in rhombischen; dieselbe vollzog sich vollständig erst in 12 Tagen bei einer Temperatur von —39,5° bis —4,8°. *Cn.*

L. Th. Reicher. Die Temperatur der allotropischen Umwandlung des Schwefels und ihre Abhängigkeit vom Druck. Inaug. Dissert. Amsterdam; ZS. f. Kryst. VIII, 593-604†; [Naturf. XVII, 187; Chem. CBl. XV, 450; [J. de phys. (2) IV, 233-235; Rec. trav. chim. 1883, II, 246.

Für die Abhängigkeit der Umwandlungstemperaturen polymorphischer Modifikationen eines krystallisirten Körpers vom Druck gilt dasselbe Gesetz, welches nach W. Thomson die Abhängigkeit des Schmelzpunktes vom Druck beherrscht.

Der Verfasser hat den Nachweis hierfür mit Hülfe eines

geeigneten Dilatometers an den beiden krystallisirten Modifikationen des Schwefels geliefert. Die Umwandlungstemperatur liegt bei einem Drucke von vier Atmosphären nicht weit von 95,6° C. entfernt; oberhalb derselben geht der rhombische Schwefel in monoklinen, unterhalb derselben umgekehrt der monokline Schwefel in rhombischen über. Die Umwandlungstemperatur steigt um 0,05° durch eine Erhöhung des Druckes um eine Atmosphäre.

Setzt man in der W. Thomson'schen Gleichung

$$\frac{dT}{dp} = 10333\,\frac{T(\sigma-\tau)}{424r},$$

worin: T die absolute Umwandlungstemperatur, $\sigma-\tau$ die Differenz der spezifischen Volumina des monoklinen und des rhombischen Schwefels bei der Temperatur T, r die Wärme, welche bei der Umwandlungstemperatur absorbirt wird, wenn sich 1 kg rhombischer Schwefel in monoklinen umwandelt, so ergiebt sich für

$$T = 368^\circ{,}6, \quad \sigma-\tau = 0{,}0000126, \quad r = 2{,}52.$$

der Werth:

$$\frac{dT}{dp} = 0{,}045^\circ,$$

welcher mit der Beobachtung befriedigend übereinstimmt.

Lh.

D. Gernez. Recherches sur le phénomène de la surchauffe cristalline du soufre et la vitesse de transformation du soufre octaédrique en prismatique. Ann. chim. phys. (6) III, 266-279; C. R. 1884, XCVIII, 810-812, 915 bis 917; [ZS. f. Kryst. XI, 191; [Chem. Ber. XVII, 248 Ref.

— — Sur le développement des cristaux nacrés de soufre. C. R. XCVIII, 144-146; [Ber. chem. Ges. XVII, 99; [ZS. f. Kryst. XI, 189.

In der ersten Arbeit führt der Verfasser aus, dass bei der Umwandlung des oktaedrischen Schwefels in prismatischen die Temperatur nicht allein das Bedingende ist, sondern es muss hinzukommen, dass sich in Berührung mit dem Schwefel schon ein kleiner prismatischer Krystall findet, der oft schon durch Laboratoriumstaub vorhanden ist. Ist ein solches Partikelchen vorhanden, so tritt die Umwandlung sicher von 98,4° auf. Sind keine solchen Krystalle vorhanden, so nennt der Verfasser den so erwärmten Schwefel überhitzt. Die Schnelligkeit, mit welcher die Verwandlung in prismatischen Schwefel eintritt, nimmt zu mit steigender Temperatur, ist abhängig von der Temperatnr, bei welcher die Oktaeder entstanden sind, und von der Temperatur, bei welcher der Schwefel geschmolzen wurde, ehe er krystallisirte. Die in den verschiedenen Fällen entstandenen Oktaeder scheinen daher physikalisch nicht identisch zu sein.

Die perlmutterartige Krystallvarietät, deren Wachsthum der Verfasser in der zweiten Arbeit untersucht, wird am einfachsten erhalten, wenn man eine heiss ohne Residuum übersättigte Lösung von Schwefel in Benzin, Alkohol, Schwefelkohlenstoff in einer verschlossenen Röhre herstellt und das eine Ende derselben in eine Kältemischung bringt. Wird Schwefel in einer U-förmig gebogenen Röhre von 2 mm Durchmesser auf 160° erhitzt und dann in kochendes Wasser gebracht, dann kann die Lösung jede krystallinische Varietät des Schwefels hervorbringen. Lässt man zuerst in einem Arme die perlmutterartige Varietät entstehen, die in langen Nadeln langsam wächst; bringt dann einen prismatischen Krystall hinein, so wird der von den ersteren Krystallen noch freie Raum rasch von prismatischen Krystallen erfüllt; dringt die Krystallisation in den noch krystallfreien Schenkel vor, so wird sie langsamer. Die Versuche werden sehr variirt; es gelingt, die drei Varietäten, perlmutterartigen, prismatischen und oktaedrischen Schwefel in derselben Lösung neben einander zu erzeugen. Allgemein gilt, dass die Wachsthumsdauer bei ca. 100° einige Stunden nach dem Eintauchen in das Ueberschmelzungsbad ungefähr 7 Sec. für 1 cm beträgt in einem Gebiet, wo die Flüssigkeit frei von Krystallen ist, während sie in einem Gebiet, wo schon perlmutterartige Krystalle vorhanden sind, kleiner als eine Secunde ist. Während die prismatische und oktaedrische Varietät bei ihrem Wachsen die Mutterlauge vollständig verändern, wachsen die perlmutterartigen

Krystalle wie in einer wenig übersättigten Lösung. Zur Erklärung nimmt der Verfasser an, dass die Wärme den Schwefel partiell in eine Modification überführt, die in der nicht modificirten Flüssigkeit löslich ist und die identisch mit der perlmutterartigen Krystallform ist; dann erklärt es sich, dass der prismatische Schwefel in einer so modificirten Lösung nur langsam wächst. *Cn.*

D. Gernez. Sur la durée de la transformation du soufre octaédrique surchauffé en soufre prismatique. C. R. XCVIII, 915-917; J. de phys. (2) II, 58; [Rev. sc. (3) VII, 476; Ber. XVII, 248.

Die Temperaturgrenze, bei welcher die Umwandlung des octaedrischen Schwefels in prismatischen beginnt, liegt für Krystalle, die bei niedriger Temperatur entstanden sind, zwischen 97,2° und 97,6°, für die bei höherer Temperatur gebildeten geht sie bis 98,4°; diese letztere Temperatur genügt zur Entglasung alles octaedrischen Schwefels. Einmal eingeleitet setzt sich die Umwandlung von selbst fort und zwar mit constanter Geschwindigkeit, wenn das Material homogen ist, um so schneller je höher die Temperatur. Der Process durchläuft 10 mm in 640 s. bei 100,9°, in 17,6 s. bei 111,2°. Die Reaktion verläuft etwas schneller für Octaeder, die bei niedriger Temperatur entstanden sind, als für solche, die bei höherer Temperatur erzeugt wurden. Auch hat es einigen Einfluss im gleichen Sinn, wenn der Schwefel beim Schmelzen stark erhitzt wurde. Lässt man in überschmolzenem Schwefel Octaeder entstehen und sich in Prismen verwandeln, und wiederholt diese Operation mehrmals, so hat sowohl die Bildung der Octaeder wie die Umwandlung denselben ziemlich constante Dauer; lässt man aber einmal direct Prismen entstehen und kehrt dann zur ursprünglichen Operation zurück, so wird sowohl die Bildung wie Umwandlung der Octaeder erheblich verzögert und nimmt erst nach einigen Wiederholungen der Operation die ursprüngliche Schnelligkeit wieder an. Gernez schliesst aus alledem, dass die octaedrischen Schwefelkrystalle unter verschiedenen Umständen nicht dieselbe Constitution haben. *Bde.*

Bartoli und Papasogli. Ueber die verschiedenen allotropischen Modificationen des Kohlenstoffes. L'Orosi VII, 37; Arch. Pharm. (3) XXII, 283; Chem. CBl. (3) XV, 450-451; (3) XVI, 22.

Der unreine Kohlenstoff, Holzkohle, fossile Kohle, Thierkohle, Russ und Lignit wird bei gewöhnlicher Temperatur oder bei 100° von stark alkalischem unterchlorigsaurem Natron angegriffen und gelöst. Amorpher Kohlenstoff mit sehr geringer Verunreinigung, wie Retortenkohle, wird nicht gelöst, wohl aber in Produkte übergeführt, die von einer Mischung aus Kaliumchlorat und Salpetersäure aufgenommen werden. Graphit wird weder vom Hypochlorit noch von der Chloratmischung gelöst, wohl aber in eine Modifikation übergeführt, die auf anderem Wege lösbar gemacht werden kann. Diamant ist für beide Agentien unangreifbar. *Bde.*

C. Friedel. Expériences de combustion du diamant. Bull. soc. chim. Paris XLI, 100-104†; [Beibl. VIII, 297; [J. chem. soc. XLVI, 1090-91.

Die Verbrennung erfolgte in einer innnen und aussen glasirten Porzellanröhre mittelst Sauerstoff, welcher eine Röhre mit glühendem Kupferoxyd, einen Liebig'schen Kugelapparat mit Kalilauge und eine Reihe grosser U-Röhren passirt hatte, in denen sich nach einander Bimsstein mit Kalilauge, Stücken von Kaliumhydroxyd, Bimsstein mit Schwefelsäure, Phosphorpentoxyd mit Schlackenwolle und Phosphorpentoxyd befand. Kautschukverbindung wurde vermieden. Die Verbrennungsprodukte passirten nach einander eine Röhre mit Bimsstein mit Schwefelsäure, eine Röhre mit Phosphorpentoxyd, einen Liebig'schen Kaliapparat, eine Röhre mit Aetzkali, eine solche mit Bimsstein mit Kalilauge und festem Aetzkali, endlich eine Röhre mit Phosphorpentoxyd. Ein zweites System von Absorptionsröhren wurde während der Verbrennung neben dem ersten aufgestellt und diente beim Wägen als Tara. Nach theilweisem Verbrennen verändert der Diamant nicht seine Natur, er verwandelt sich nicht in Coke, dagegen wird seine Oberfläche matt und chagrinartig. Aus den beiden Verbrennungsversuchen folgt das Atomgewicht des Kohlenstoffs $= 12{,}007$ (bez. auf $O = 16$). Die beim Verbrennen bleibende Asche bestand aus weissen, stellenweis gelb und schwarz gefärbten Flocken, die zum Theil vom Magneten angezogen wurden. Manche Flocken sind durchsichtig und wirken auf das polarisirte Licht. *Bgr.*

A. Potilitzin. Ueber die Hydrate des Kobaltchlorürs und über die Ursache der Farbenverschiedenheit dieses Salzes. Chem. Ber. XVII, 276-283; [Beibl. VIII, 303.

Der Verfasser wendet sich gegen die Angaben, die Bersch (Wien Ber. LVI, 724) über die Hydrate des Kobaltchlorürs gemacht hat und folgert aus seinen eigenen Versuchen: 1) Die von Bersch angegebenen Temperaturen der Zersetzung und Bildung der verschiedenen Hydrate des Kobaltchlorürs sind unrichtig. 2) Es existiren keine keine zwei isomeren Modifikationen von $CoCl^2+H^2O$. Ausser $CoCl^2+6H^2O$ giebt es noch zwei bestimmte krystallinische Hydrate: $CoCl^2+2H^2O$ rosenroth mit einem Stich ins Violett, das sich aus dem ersteren bei 45—50°, oder bei gewöhnlicher Temperatur über Schwefelsäure bildet; und $CoCl^2+H^2O$, dunkelviolett, das aus $CoCl^2+2H^2O$ beim Erwärmen bis 100° oder aus $CoCl^2+6H^2O$ beim Verdampfen einer alkoholischen Lösung bei 95° entsteht. Die Farbenänderung des Hydrates $CoCl^2+2H^2O$ von Rosenroth in Violett ist also bedingt durch eine Wasserabscheidung und nicht durch die Bildung einer isomeren Verbindung, wie Bersch annahm. Zur Demonstration eignet sich der folgende Versuch: Erwärmt man eine kleine Menge des rosenrothen Hydrats in einer luftleeren Glasröhre, so tritt an den kalten Stellen der Röhre ein Wasserbeschlag auf, während das Salz violett wird. Beim Abkühlen verschwindet der Beschlag wieder und das Salz färbt sich wieder rosenroth. Ebenso lässt sich diese Dissociation durch wasserentziehende Mittel wie Alkohol oder Salzsäure an der Farbenänderung demonstriren. Ein Tropfen Lösung des Hydrats auf Fliesspapier giebt beim Austrocknen einen Fleck mit dunkelvioletten Rändern, wobei die Capillarität des noch trockenen Papiers am Rande des Fleckes genügt, die Dissociation in Wasser und das wasserärmere Hydrat zu veranlassen. *Cn.*

A. BARTOLI et E. STRACCIATI. Le proprietà fisiche degli idrocarburi C_nH_{2n+2} dei petrolî. Mem. della R. Acc. dei Lincei (3) XIX, 643-671; [Naturf. XVIII, 250; [Beibl. IX, 697.

Die Verfasser bestimmten für 12 Kohlenwasserstoffe der Reihe C_nH_{n+2} verschiedene physikalische Constanten und zwar von C_5H_{12} bis $C_{16}H_{34}$. Die Temperaturen, bei denen die verschiedenen Kohlenwasserstoffe bei der fractionirten Destillation übergingen, schwankten bisweilen um 2 bis 3 Grad, so dass sie vielleicht nicht ganz rein waren; alle Bestimmungen sind aber mit demselben Theil der einmal dargestellten Flüssigkeit gemacht worden. Es ergeben sich die folgenden Resultate:

1. Die mittleren Ausdehnungscoefficienten von 0 bis 30° und von 0° bis zur Siedetemperatur nehmen mit wachsendem Moleculargewicht regelmässig ab.

2. Die Molecularvolumina bei der Siedetemperatur weichen ab von den nach der KOPP'schen Regel berechneten; für eine Zunahme um CH^2 findet keine entsprechende constante Zunahme des Molecularvolumens statt, und die Differenzen lassen sich nicht durch Beobachtungsfehler erklären.

3. Die Capillaritäts - Constanten, nach der QUINCKE'schen Methode bei gewöhnlicher Temperatur gemessen, wachsen mit wachsendem Moleculargewicht continuirlich, was im Widerspruch mit der von WILHELMY allgemein gegebenen Regel steht.

4. Die Reibungscoefficienten bei Temperaturen von 22° oder 23° wachsen sehr regelmässig und rasch mit wachsendem Moleculargewicht.

5. Ebenso wachsen die Brechungsindices für die *D*-Linie regelmässig, aber es ergiebt sich für $\frac{n-1}{d}$ keine Constante.

6. Die specifische Wärme bleibt merklich constant.

7. Alle untersuchten Kohlenwasserstoffe sind elektrische Isolatoren und

8. die Dielektricitätsconstanten scheinen die MAXWELL'sche Regel zu befolgen.

Die zusammenfassende Tabelle lautet wie folgt:

Zusammensetzung	Siedetemperatur	Dichtigkeit bei 0°	Coefficienten der Formel $D_t = D_0(1-\alpha t-\beta t^2)$ α	β	Mittlerer Ausdehnungscoefficient zwischen 0° u. 30°	0° u. Siedetemp.	Molecularvol. bei d. Siedetemperatur
C_5H_{12}	+30°	0,640251	0,001346373	$0,0^5 5653208$	0,0015890	0,0015890	117,814
C_6H_{14}	+68°	0,694990	0,001060109	$0,0^5 6771339$	0,0013130	0,00140556	135,570
C_7H_{16}	+92° bis 94°	0,732827	0,001156064	$0,0^6 136491$	0,0012019	0,00141922	154,468
C_8H_{18}	+116° bis 118°	0,746312	0,001068842	$0,0^6 641196$	0,0011240	0,00121160	174,405
C_9H_{20}	+136° bis 138°	0,762360	0,001029104	$0,0^6 715620$	0,0010848	0,00126808	197,147
$C_{10}H_{22}$	+158° bis 162°	0,771136	0,000906298	$0,0^5 2629383$	0,0010151	0,00118594	219,296
$C_{11}H_{24}$	+180° bis 182°	0,781676	0,000865812	$0,0^5 2491556$	0,00096785	0,00116581	241,935
$C_{12}H_{26}$	+198° bis 200°	0,791512	0,000905877	$0,0^6 971361$	0,00096198	0,00113730	263,890
$C_{13}H_{28}$	+218° bis 220°	0,801699	0,000811813	$0,0^5 2676929$	0,00091664	0,00108455	284,431
$C_{14}H_{30}$	+236° bis 240°	0,812978	0,000822841	$0,0^5 1592986$	0,00089397	0,00110872	308,763
$C_{15}H_{32}$	+258° bis 262°	0,822399	0,000765179	$0,0^5 2356519$	0,00085734	0,00108811	332,026
$C_{16}H_{34}$	+278° bis 282°	0,828731	0,000711498	$0,0^5 2468680$	0,00080450	0,00103782	353,317

Zusammensetzung	Capillarconstanten a^2	α	Temp.	Mittlere spec. Wärme c	von	Brechungsindex für D-Linie zwischen 16° und 17°	Specifi. Viscosität f. Wasser bei 22,8° = 1.	Reibungs-Coefficient	Specifisches Inductionsvermögen
C_5H_{12}	5,188	1,635	11°	—	—	1,358302	0,2663	$0,0^4 2657$ bei 21°	
C_6H_{14}	5,938	2,038	11°	0,504233	16°-37°	1,385469	0,34742	$0,0^4 3351$ bei 23,7°	1,811 bei 8,1°
C_7H_{16}	6,640	2,399	12°	0,484183	17°-50°	1,403621	0,47737	$0,0^4 45755$ bei 24°	
C_8H_{18}	6,717	2,477	11°	0,511103	12°-19°	1,412018	0,55600	$0,9^4 53628$ bei 22,2°	
C_9H_{20}	6,757	2,538	14°	0,501474	13°-18°	1,420733	0,65408	$0,0^4 63089$ bei 22,3°	
$C_{10}H_{22}$	6,904	2,629	13°	0,505793	14°-18°	1,425736	0,81887	$0,0^4 78983$ bei 22,3°	1,950 bei 6,2°
$C_{11}H_{24}$	6,965	2,688	14°	0,503183	14°-19°	1,431360	1,000084	$0,0^4 96534$ bei 22,7°	
$C_{12}H_{26}$	7,106	2,781	12,8°	0,506544	14°-20°	1,436760	1,2402	$0,0^3 12817$ bei 23,3°	
$C_{13}H_{28}$	7,190	2,848	14°	0,498684	15°-21°	1,442272	1,6380	$0,0^3 15798$ bei 23,3°	
$C_{14}H_{30}$	7,252	2,915	13°	0,499487	14°-21°	1,448094	2,2524	$0,0^3 21725$ bei 21,9°	
$C_{15}H_{32}$	7,366	2,997	13,3°	0,499150	15°-22°	1,453189	2,9738	$0,0^3 28683$ bei 22°	
$C_{16}H_{34}$	7,416	3,041	14,0°	0,496374	15°-22°	1,456975	3,7948	$0,0^3 36602$ bei 22,2°	2,134 bei 12,4°

F. Krafft und J. Bürger. Ueber einige höhere Homologe des Acetylchlorids. Chem. Ber. XVII, 1378-80; Beibl. VIII, 680.

Ueber einige schon in früheren Arbeiten der Verfasser erwähnte höhere Homologe des Acetylchlorids werden weitere Einzelheiten mitgetheilt, unter anderem ihre Schmelz- und Siedepunkte, welche die für homologe Körper bekannten charakteristischen Aenderungen zeigen. *Cn.*

C. Freese. Beziehungen zwischen den physikalischen Eigenschaften und der Zusammensetzung chemischer Verbindungen. 24 p. Prog. d. Oberrealschule Brieg 1884; Beibl. IX, 200.

Die Beziehungen zwischen Dichte, Siedepunkt, Brechungsexponenten, Verbrennungswärmen und chemischer Constitution organischer Substanzen sind übersichtlich zusammengestellt.

Bde.

F. Krafft. Ueber einige höhere Acetylenhomologe und den Erstarrungspunkt als Vergleichstemperatur. Ber. chem. Ges. XVII, 1371-1377.

Der Verfasser stellte vor 2 Jahren den empirischen Satz auf: Gleiche Volumina geschmolzener Normalparaffine haben sehr annähernd gleiches Gewicht; dasselbe wurde für die Olefine (Ber. chem. Ges. XVI, 3018) gezeigt und wird in vorliegender Abhandlung für die Acetylene nachgewiesen. In diesen drei Gruppen nimmt das Molecularvolumen für eine C^3H^4 entsprechende Zunahme des Moleculargewichts um eine constante Grösse zu. Das Gesetz gilt namentlich für die hohen Glieder der Reihen und wird allgemein ausgesprochen: Das Molecularvolumen von procentisch und thermisch vergleichbaren Flüssigkeiten ist dem Moleculargewicht direct proportional. Der Verfasser schliesst aus ferneren Versuchen, dass für ausgedehnte Reihen von Flüssigkeiten die Erstarrungspunkte sich besonders zur physikalischen Vergleichung derselben eignen. *Cn.*

Rübenkamp. Ueber einige Aethylenderivate und über die Verwandtschaften des Kohlenstoffs. Liebig Ann. CCXXV, 267-290; [Bull. soc. chim. XLIV, 279†.

Enthält physikalische Constanten:

Acetochlorhydrin $CH_3-CH\langle^{Cl}_{OC_2H_3O}$, Siedepunkt 121,5°, Dichtigkeit 1,114.

Diacetin $CH_3CH(OC_2H_3O)_2$, Siedepunkt 168,4°, Dichtigkeit 1,073.

Aehyliden-propiochlorhydrin $CH_3CH(OC_3H_5O)Cl$, Siedepunkt 115°, Dichte bei 15° 1,071. Das Dipropionat siedet bei 192,2°, Dichte 1,020, Brechungsindex 1,407.

Butyrochlorhydrin, Siedepunkt 149°, Dichte 1,038 bei 15°.

Dibutyrin $CH_3CH(OC_4H_7O)_2$, Siedepunkt 215,5, Dichte 0,9855, Brechungsindex 1,411.

Valerochlorhydrin $CH_3CH(OC_5H_9O)Cl$, Siedepunkt 162°, Dichte 0,997 bei 15°.

Divalerin, Siedepunkt 225°, Dichte 0,947, Brechungsindex 1,414

Ferner:

	Siedepunkt	Dichte bei 15°	Brechungsindex
Acetopropionat	178,6°	1,046	1,402
Propionacetat	178,7	1,042	1,4015
Acetobutyrat	192,4	1,016	1,4065
Butyroacetat	192,8	1,013	1,4065
Acetovalerat	194—99	0,991	1,4080
Valeroacetat	194—99	0,991	1,4075

Bde

H. Fritz. Ueber gegenseitige Beziehungen physikalischer Eigenschaften der Elemente. Chem. Ber. XVII, 2160†.

Cl. Zimmermann. Bemerkung dazu. Chem. Ber. XVII, 2739.

A sei das Atomgewicht, D das specifische Gewicht, s die specifische Wärme, t. die Schmelztemperatur eines metallischen Elements; dann begründet der Verfasser aus den empirisch gegebenen Zahlen die Beziehung

$$ADs^2 = \sqrt[3]{ts}$$

Dabei wird aber die Schmelztemperatur für 25 schwere Metalle von 200° ab gerechnet, während bei anderen Metallen andere Nullpunktsverschiebungen beliebt werden. Dass die Formel in der obigen Gestalt kein Naturgesetz darstellen kann, liegt auf der Hand, weil sie nicht homogen ist.

Ordnet man die Metalle nach der Reihenfolge der Wärmemengen, welche bei ihrer Verbindung mit Sauerstoff oder Chlor frei werden, so erhält man die umgekehrte Reihe, als wenn man sie nach der elektrischen Leitungsfähigkeit anordnet.

Die Bemerkung von Zimmermann subsummirt das Uran der obigen Gleichung. *Bde.*

A. Geuther. Affinitätsgrössen des Kohlenstoffs.
3. Abhandlung. Chem. CBl. XV, 883.

Es werden gemischte Aethylidenäther mit zwei verschiedenen Säureradikalen hergestellt, die völlig identisch und nicht nur metamer sind; und daraus wird der Schluss gezogen, dass die Kohlenoxydaffinitäten des Kohlenstoffs unter sich gleich sind. *Cn.*

H. de Vries. Sur l'affinité des substances dissoutes pour l'eau. Mém. Cherbourg XXIV, 88-96.

Der Verfasser geht davon aus, dass die von de Coppet und Raoult studirten Gefrierpunktserniedrigungen von Salzlösungen durch die Affinität der gelösten Substanzen für das Lösungsmittel bedingt sind. Der Werth dieser Affinität lässt sich andererseits bestimmen durch das Studium der Plasmolyse, worunter die Contraction des lebenden Protoplasmas in Pflanzenzellen unter dem Einfluss verschiedener Lösungen verstanden ist. Während die Zellwände für Salze und das im Protoplasma enthaltene Wasser durchlässig sind, sind sie für das Protoplasma selbst undurchlässig. Bringt man also Zellen in eine Salzlösung, so giebt die Zellflüssigkeit Wasser an die Lösung ab und erfolgt eine Contraction des Protoplasmas, die sich durch das Mikroskop beobachten lässt. Bestimmt man nun die schwächste Concentration der äusseren Lösung, die noch Spuren von Plasmolyse erkennen lässt, für dieselben Zellen und verschiedene Lösungen, so erhält man die Concentrationen, in denen die Salze das Wasser mit derselben Kraft anziehen. Diese Concentrationen werden „isotonische“ genannt, und unter „isotonischen Coefficienten“ die Verhältnisse der Molecularconcentrationen der verschiedenen gelösten Substanzen verstanden, wobei die Affinität einer $\frac{1}{10}$ Normaloxalsäure als Einheit genommen wird. Es ergaben sich für sehr verdünnte Lösungen die Gesetze: 1. Die isotonischen Coefficienten haben für die Glieder derselben chemischen Gruppe nahezu denselben Werth. 2. Die isotonischen Coefficienten der verschiedenen untersuchten Gruppen (Organische Verbindungen [Rohrzucker, Aepfelsäure, Weinsäure, Citronensäure], Salze der Alkalien mit einem Atom Alkali im Molecül, solche mit zwei und solche mit drei) verhalten sich wie 2 : 3 : 4 : 5. 3. Jede Säure und jedes Metall haben in ihren Verbindungen denselben partiellen isotonischen Coefficienten; der Coefficient eines Salzes ist gleich der Summe der partiellen Coefficienten seiner Bestandtheile. Diese Gesetze sind mit den RAOULT'schen in Uebereinstimmung; es wird wie bei RAOULT für Calcium- und Magnesiumchlorid eine Abweichung gefunden, die der Verfasser dem Umstande zuschreibt, dass die untersuchten Lösungen nicht verdünnt genug gewesen sind; während Gefrierpunktserniedrigung und isotonischer Coefficient für Magnesiumsulfat gleich ist denselben Grössen für die organischen Substanzen. *Cn.*

B. TOLLENS. Ueber eine einfache Art der Anstellung und Demonstrirung von W. SPRING's Druckversuchen. Ber. d. chem. Ges. XVII, 662-664†; [Beibl. VIII, 455; [J. chem. soc. XLVI, 958.

Die Substanzen befinden sich in einem cylinderförmigen Loche von 0,8 cm, von dem jede Hälfte in je einen Stahlklotz gebohrt ist, die beide durch ein dickes eisernes Band und zwei kräftige Schrauben zusammengehalten werden. Ein Stempel aus gehärtetem Stahl wird dann mittelst einer Kniehebelpresse in das Loch eingetrieben mit einem Druck, welchen der Verfasser nach den Angaben eines Dynamometers auf über tausend Atmosphären schätzt. Auf diese Weise wurden vom Kampher durchsichtige, von Siegellack, Schwefel, Salpeter, Salmiak und anderen Salzen opake Cylinder erhalten. Wismuthpulver bildete einen kompakten Cylinder mit körnigem Bruch; Silber- und Kupferfeile konnte dagegen nicht in kompakte Blöcke verwandelt werden. Die Blöcke waren zwar zusammenhängend, geschweisst und metallglänzend, liessen sich aber zerhämmern und waren im Innern porös. Messingstücke nehmen keinen Zusammenhang an. Kupfer mit Schwefel zusammengepresst bedeckte sich oberflächlich mit Schwefelkupfer. Kartoffelstärke gab einen zum Theil durchscheinenden, zum Theil opaken Cylinder; zwischen die Fugen gedrungene Stärkekörner waren fast durchsichtig, zerfielen nicht mit Wasser, das filtrirte Wasser wurde durch Jodlösung blau mit einem Stich ins Violett und gab keine Reaktion mit FEHLING'scher Lösung. Gummi arabicum und Torf verhielten sich wie SPRING angegeben hat. Rohrzucker gab eine etwas gesinterte, aber keine durchsichtige Masse. *Bgr.*

ED. JANNETTAZ. Note sur les observations de M. SPRING.

— — Note sur le développement de la schistosité dans les corps comprimés. Bull. soc. chim. XLI, 114-117, 117-119; Beibl. VIII, 350-351.

In der ersten Abhandlung beschränkt Hr. JANNETTAZ seine Einreden gegen die Versuche von SPRING auf ihren genauen Werth. Er hat durch Druck keine nachweisbare Krystallisation und durch einmaligen Druck nur eine unerhebliche chemische Verbindung zwischen Schwefel- und Metallpulvern erhalten können, und die Verbindung schreibt er der Temperaturerhöhung zu, welche bei 8000 Atmosphären, besonders in der Nähe der Wände, in den Pulvern eintritt. In der zweiten Note führt er seine früheren Aussprüche über den Zusammenhang der isothermischen Curven mit der Schieferung an und fasst seine Ansicht in den Satz zusammen, dass die Wärme sich in den Körpern am leichtesten nach der Richtung grösster Cohäsion fortpflanzt. Er hat plastischen Thon seitlich zusammengepresst; derselbe wurde schieferig, und auf einem Querschnitt, der senkrecht gegen die Schieferungsebene ging, lagen die grossen Axen der isothermischen Curven parallel zu den Spuren der Schieferungsebene. Auf der Schieferungsebene selbst waren die Isothermen Ellipsen, deren grosse Axen in diejenige Richtung fielen, nach welcher der Thon beim Zusammenpressen entweichen konnte. *Bde.*

W. Spring. Ueber die Menge der bei wiederholtem Druck entstehenden Sulfide. Ber. d. chem. Ges. XVII, 1217 bis 1220†; Naturf. XVII, 330; Beibl. VIII, 356; Bull. soc. chim. Paris XLI, 492; Arch. d. Pharm. CCXXII, 515; Chem. CBl. (3) XV, 513-515.

Die folgende Tabelle enthält die Resultate.

	Einmalige Pressung	Zweimalige Pressung	Vier Pressungen	Sechs Pressungen
Silbersulfid	4,51	12,43	46,74	69,41
Bleisulfid	1,32	19,34	28,08	45,54
Kupfersulfid	8,49	16,95	24,02	34,60
Kupfersulfür	14,09	28,20	48,08	56,88

Die Menge der gebildeten Sulfide nimmt somit mit grosser Geschwindigkeit zu, wenn man das Pulverisiren wiederholt, d. h. wenn man die Berührungspunkte zwischen dem Metall und Schwefel vervielfältigt. Schon der blosse Druck beim Reiben vermag eine Vereinigung zwischen Schwefel und Silber herbeizuführen; indes findet diese Vereinigung ungleich langsamer statt, als durch starken Druck. Auch die Berührungsdauer ist von Einfluss: ein Block von Silber und Schwefel nach zweimaliger Pressung zeigte nach einem Jahr 41,63 pCt. Sulfid an Stelle von 12,43 pCt., ein solcher von Kupfer und Schwefel nach einmaliger Pressung nach 4 Jahren 20,85 pCt. CuS oder 34,69 pCt. Cu_2S an Stelle von 8,49 resp. 14,09 pCt. *Bgr.*

W. Müller-Erzbach. Zusammenstellung von Verwandschaften, die aus den Dichtigkeitsverhältnissen der chemisch wirksamen Stoffe abgeleitet sind. Abhandl. d. naturw. Vereins Bremen 1884, 86-91; Exner Rep. XXI, 115-121; [Naturf. XVIII, 86; [Beibl. 1885, IX, 195.

Der Verfasser stellt Reihen auf, an deren Anfang je ein Element oder ein Säureradical steht, während in jeder Reihe die Metalle so geordnet sind, dass jedes vorangehende bei Verbindung mit dem Anfangskörper eine stärkere Contraktion liefert als das folgende. K und Na stehen fast in allen Reihen vorn an, während die edleren Metalle weiter hinter folgen· Es bestätigt sich im allgemeinen der Grundsatz, dass diejenigen Verbindungen am leichtesten entstehen, die die grösste Contraktion ergeben. Die Reihenfolge der Bildungswärmen stimmt nur zum Theil mit der Reihenfolge der Contraktionen überein, weil die Bildungswärme ein sehr verwickeltes Phänomen ist. Für Chlor, Brom, Jod besteht der Paralellismus vollständig, da Chlor die grösste, Jod die kleinste Verbindungswärme und Verbindungsneigung hat. *Bde.*

Mallard et Le Chatelier. Sur la variation, avec la pression, de la température à laquelle se produit la transformation de l'iodure d'argent. C. R. XCIX, 157 bis 160†; Naturf. XVII, 348; Beibl. VIII, 809; J. chem. soc. XLVI, 1260-1261.

Die bei 146° stattfindende Umwandlung des hexagonal krystallisirenden Jodsilbers in das regulär krystallisirende erfolgt unter Entwickelung von 6,8 Cal. (für die Gewichtseinheit), während gleichzeitig eine Contraktion um 0,0157 der Volumeneinheit stattfindet. Die Aehnlichkeit, welche dieses Verhalten mit dem Schmelzen des Eises zeigt, legte die Vermuthung nahe, dass die Umwandlungstemperatur (wie beim Eis der Schmelzpunkt) durch Erhöhung des Druckes erniedrigt werden könnte. Es gelang den Verfassern in der That eine derartige Erniedrigung zu constatiren: bei einem Druck von 2475 kg auf 1 qcm krystallisirt das Jodsilber schon bei 20° regulär. Die alsdann stattfindende

Contraktion ist 0,16 der Volumeinheit auf $^1/_4{}^\circ$ genau, also beinahe zehnmal grösser als bei 146°. *Bgr.*

H. Le Chatelier. Sur un énoncé général des lois des équilibres chimiques. C. R. XCVIII, 787-789; [Chem. CBl. (3) XVI, 2; [J. chem. soc. XLVIII, 127; [Chem. News L, 289.

Der Verfasser stellt folgenden Grundsatz auf, der eine Erweiterung eines von Van't Hoff in seinen Studien zur chemischen Dynamik gegebenen Theorems ist: „Wenn ein im stabilen chemischen Gleichgewicht befindliches System einer äusseren Ursache ausgesetzt wird, die entweder seine Temperatur oder seine Condensation (Druck, Concentration, Zahl der Molecüle per Volumeneinheit) im ganzen oder nur in einigen seiner Theile zu ändern strebt, so kann das System nur solche Aenderungen erfahren, die für sich eine Aenderung der Temperatur oder der Condensation hervorbringen würden, welche der von Aussen eingeführten Aenderung dem Vorzeichen nach entgegengesetzt ist. Die fraglichen Aenderungen sind im allgemeinen progressiv und partiell. Sie sind plötzlich und vollständig, wenn sie entstehen können, ohne die individuelle Condensation der einzelnen homogenen Systemtheile zu ändern und wenn dabei doch die Condensation des ganzen Systems variirt. Sie sind Null, wenn ihre Entstehung keine Aenderungen hervorbringen kann, die der von aussen eingeführten analog sind. Sie sind möglich aber darum nicht nothwendig. Wenn sie nicht auftreten, „so wird das Gleichgewicht labil". Als Beispiele dazu führt der Verfasser Schmelzung und Verdampfung, Polymerisation des Cyans, umkehrbare dimorphische Transformationen von AgJ, NO_5, NH_4O, Dissociation etc. an, ferner die endothermische Krystallisation von Salzen wie Na_2SO_4, CaH_2O_2, deren Löslichkeit bei steigender Temperatur abnimmt. Eine weitere Anwendung sagt: Die partielle Erwärmung eines Systems zieht stets Veränderungen nach sich, welche die erwärmte Partie abzukühlen streben. Als Beispiele werden die Thermoketten angeführt, die aber gerade geeignet sind, darzuthun, dass das Princip denn doch mit Vorsicht angewendet werden muss; denn wenn man z. B. von den Löthstellen einer Kupfer-Eisenkette die eine auf 0°, die andere auf 400° hält, so strebt der entstehende Strom dahin, die wärmere Löthstelle noch weiter zu erwärmen. Es fehlt eben in dem Princip die Berücksichtiguug der Thatsache, dass die uncompensirte Erwärmung einer Stelle des Systems compensirt werden kann durch übercompensirte Arbeit an anderen Stellen. Wegen weiterer Anwendungen siehe das Original. *Bde.*

A. JOLY. Ueber die sauren Phosphate des Baryts. C. R. XCVIII, 1274-76; [Beibl. VIII, 683-684.

Saurer phosphorsaurer Baryt $\left.\begin{matrix}BaO\\2HO\end{matrix}\right\}PO_5$ zersetzt sich mit Wasser unter Abscheidung von $\left.\begin{matrix}2BaO\\H_2O\end{matrix}\right\}PO_5$. Der Verfasser setzt x Theile des sauren Salzes zu 100 g Wasser und bestimmt die Menge des unzersetzt gelösten Salzes. Wird die letztere mit $x.y$ bezeichnet, so gilt für $x<6$ die Gleichung

$$y = 1-0{,}077x.$$

Für $x \gtreqless 6$ dagegen gilt die Formel

$$y = 0{,}33+0{,}297x.$$

Aehnliche Resultate gelten für Strontium- und Calciumphosphate. *Bde.*

JOHN W. LANGLEY. An explanation of GLADSTONE and TRIBE's 2d Law in chemical Dynamics. J. chem. soc. CCLXV, 633, 1884; Beibl. IX, 148.

GLADSTONE und TRIBE stellten für den Fall, dass eine Metallplatte in der Lösung eines anderen Metalls, das es niederschlagen kann, aufgehängt wird, für die eintretende Wirkung das Gesetz auf:

$$\log C = \log p \frac{\log 3}{\log 2} + \log K,$$

wennn C die Geschwindigkeit der chemischen Wirkung gemessen als Gewichtsverlust der Platte, p den Procentgehalt an Salz, und

K eine Constante bezeichnet. Der Verfasser ändert die Versuchsbedingungen und kommt zu dem Resultat, dass die chemische Wirkung proportional der Concentration wächst, und die von GLADSTONE und TRIBE erhaltenen Resultate besonderen Strömungserscheinungen zuzuschreiben sind, welche nicht auftreten, wenn durch rasche Rotation in einer verticalen Ebene die beschleunigende Wirkung der Schwere ausgeschlossen wird.

Cn.

GUNTZ. Recherches sur le fluorhydrate de potassium et sur ses états d'équilibre dans les dissolutions. C. R. XCVIII, 428-431; Beibl. VIII, 295.

Der Verfasser erhält für die Einwirkung von Fluorkalium auf Fluorwasserstoffsäure analoge Resultate wie BERTHELOT für Lösungen von Kaliumbisulfat. In einer Flüssigkeit, die gleiche Aequivalente von Fluorkalium und Fluorwasserstoffsäure enthält, ist die Dissociation zweimal so weit vorgeschritten wie in einer Mischung von derselben Concentration, die einen Ueberschuss von neutralem Salz enthält, 2½ mal soweit als in Gegenwart eines grossen Ueberschusses von Säure. *Cn.*

BERTHELOT. Sur la loi des modules ou constantes thermiques de substitution. C. R. XCVIII, 400; Beibl. VIII. 297.

BERTHELOT giebt für die Unbrauchbarkeit des Gesetzes der thermischen Substitutionskonstanten für die Salze schwacher Säuren neue experimentelle Belege durch die Untersuchung der löslichen Quecksilbersalze der Bromwasserstoffsäure, Essigsäure und Cyanwasserstoffsäure. *Cn.*

BERTHELOT u. GUNTZ. Sur les déplacements réciproques entre l'acide fluorhydrique et les autres acides. C. R. XCVIII, 395-399; Beibl. VIII, 294.

— — Sur les équilibres entre les acides chlorhydrique et fluorhydrique. C. R. XCVIII, 463-467; Beibl. VIII, 296.

Die gegenseitigen Stellvertretungen der Säuren in ihren Salzen regeln sich durch die relative Grösse der Bildungswärmen, wenn man das Auftreten aller möglichen Verbindungen berücksichtigt; und zwar bestimmen gewöhnlich wegen des Ueberschusses ihrer Bildungswärmen die sauren Salze im besonderen den Grad der Stellvertretung. Stellt man zunächst HFl und HCl in den Kalisalzen sich gegenüber, so entspricht in allen Fällen das thermische Maximum der Bildung von KFl, HFl, was durch den Versuch bei directer Einwirkung und in Lösungen bestätigt wird, und auch mit Beobachtungen von THOMSEN an Natriumsalzen in Uebereinstimmung ist. Während THOMSEN aber zur Erklärung einen neuen Affinitätscoefficienten, die Avidität, einführt, erklären die Verfasser ihre Resultate allein durch die Bildung von HFl, KFl und seine Zersetzung. Aehnliches ergiebt sich bei der Wechselwirkung von Salpetersäure oder Schwefelsäure und HFl. Auch bei Essigsäure, Oxalsäure, Weinsteinsäure ergeben sich Stellvertretungen und Theilungen, die sich ähnlich darstellen und voraussehen lassen. Es lassen sich auch Stellvertretungen von Cyanwasserstoffsäure und FlH nachweisen. Bei dunkler Rothgluth wird HFl in KFl durch CNH unter Bildung von Cyankalium ersetzt; derselbe Vorgang vollzieht sich langsamer in der Kälte. Umgekehrt wirkt Fluorwasserstoffsäure auf Cyankalium ein, verdrängt daraus Cyanwasserstoffsäure und bildet zunächst KFl, HFl.

In der zweiten Abhandlung wird gezeigt, dass die Dissociationsgrade des Fluorhydrats das Gleichgewicht zwischen der Chlor- und Fluorwasserstoffsäure selbst bestimmen und diese Theorie durch thermochemische Messungen numerisch bestätigt gefunden. *Cn.*

W. RAMSAY and S. YOUNG. The decomposition of ammonia by heat. J. chem. soc. XLV, 88-93†.

Lässt man Ammoniakgas durch ein Rohr gehen, welches auf 500 bis 520° erhitzt ist, so wird sehr wenig und in allen Fällen ziemlich gleichviel zersetzt, mag das Rohr von Eisen oder Porzellan oder ein mit Asbestpapier gefülltes Glasrohr sein.

Die Verfasser schliessen, dass die Zersetzung des Ammoniaks unter günstigen Umständen gegen 500° beginnt. In reinen Glasoberflächen eingeschlossen, liegt die Zersetzungstemperatur viel höher. Der Betrag der Zersetzung hängt z. T. von der Geschwindigkeit ab womit das Gas die glühende Stelle passirt. Versuche unter höherem Druck misslangen, weil die Röhren undicht wurden oder platzten. Vollständige Zersetzung des Ammoniaks trat nie ein; selbst beim Durchleiten durch ein hellrothglühendes Eisenrohr blieben Spuren von Ammoniak übrig, welche Lackmuspapier bläuten. Die Verfasser nehmen in diesem Fall eine Wiederverbindung der Zersetzungsprodukte an, konnten aber keine Synthese des Ammoniaks bewerkstelligen, wenn sie trockenen Stickstoff und Wasserstoff durch ein Rohr mit glühenden Eisenfeilspähnen leiteten. Waren die Gase feucht, so entstand eine Spur NH_3. *Bde.*

J. J. Thomson. On the chemical combination of gases. Phil. Mag. (5) XVIII, 233-267; [Cim. (3) XVII, 168-172; [Beibl. IX, 507; [J. de phys. (2) IV, 474-475.

Versuch einer theoretischen Aufstellung von Gesetzen für das chemische Verhalten von Gasen auf Grund der Clausius-Willamson'schen Hypothese, welche anschaulich gemacht wird durch Einführung der W. Thomson'schen Annahme, dass die Atome Wirbelringe in einer trägen, reibungsfreien Flüssigkeit seien. Zunächst wird aus einem früheren Buch des Verfassers (On the motion of vortex rings) so viel citirt, wie erforderlich ist, um zu zeigen, wie zwei Wirbelringe eine Verbindung eingehen und sich dissociiren können. Dann wird der Fall eines einfachen zweiatomigen Gases betrachtet, welches zum Theil aus unzersetzten Molekülen, zum Theil aus freien Einzelatomen besteht; die Abhängigkeit der Dissociation vom Druck wird eruirt und für den von Crafts und T. Meyer studirten Fall des Jods bei 1250° C. mit der Erfahrung verglichen, mit folgendem Ergebniss: (die übrigen Zahlen der zweiten Colonne sind mit der zweiten berechnet, nachdem diese willkürlich gleich der beobachteten Zahl gesetzt war:)

Druck	Dampfdichte	
Atmosphären	beobachtet	berechnet
1	5,8	6,12
0,4	5,54	5,54
0,3	5,30	5,36
0,2	5,07	5,15
0,1	4,72	4,84

Nach Ansicht des Verfassers hängt die Dissociation in diesem Fall nicht von Stössen der Moleküle ab, sondern von äusseren Agentien; als ein solches äusseres Agens wird die Wärmestrahlung der Gefässwände angesehen.

Die Berechnung wird dann auf allgemeinere Fälle ausgedehnt, zunächst auf den, wo zwei zusammengesetzte Radicale sich zu einem Molekül vereinigen ($PCl_3 + Cl_2 = PCl_5$) bzw. wenn das Product sich dissociirt. Das Resultat ist an dem Beispiel von Methyloxyd und Salzsäure sowie von PCl_5 verificirt. Dann folgt die Vereinigung zweier verschiedenen zweiatomigen Elemente, z. B. H_2 und Cl_2, wo im Gemenge fünf Arten von Gebilden vorhanden sind, H_2, H, Cl_2, Cl und HCl, verificirt an Jodwasserstoff. Viertens folgt die Betrachtung einer Verbindung wie H_2O, wo Atome von verschiedener Valenz auf einander wirken; fünftens der Fall, wo CO und H_2 mit einer ungenügende Menge von O_2 verbrannt werden; hier ergiebt sich das HORSTMANN'sche Gesetz. Sechstens endlich wird die Bildung von Molekülen des Typus A_2B betrachtet. Das Mathematische gestattet keinen deutlichen, kurzen Auszug. *Bde.*

ISAMBERT. Sur les phénomènes de dissociation.
C. R. XCVIII, 97-110†; [Chem. Ber. XVII, 96; [Beibl. VIII, 162; [J. chem. soc. XLVI, 549.

— — Théorie génerale de la dissociation.
C. R. XCVIII, 805-807†; [Rev. scient. 1884 (2) 52-55; [Beibl. IX, 492.

In der ersten Abhandlung wendet der Verfasser den BERTHELOT'schen Satz an: „Sind Q_T und Q_t die Verbindungswärmen einer Verbindung bei T und t^0, ist $u-v$ die Differenz der Wärmemengen, welche einerseits die Verbindung, andererseits ihre Bestandtheile brauchen, um von t auf T zu gelangen, so ist $Q_T = Q_t + u - v$. Die Verbindung existirt, so lange $Q_T > 0$, sie wird zerstört wenn $Q_T < 0$ wird". Ist eine Flüssigkeit vorhanden, welche eines oder mehrere Produkte der Zersetzung auflöst, so geht die Auflösungswärme in die Berechnung ein. Lässt die Zersetzung ein Gas entstehen, so findet sich in $Q_T - Q_t$ noch ein Term, der aus der mechanischen Arbeit hervorgeht, die das Gas beim Freiwerden leistet. Ist V das Volumen eines Aequivalents Gas, sind H und h die Drucke bei den Temperaturen T und t, so ist die geleistete Arbeit $VH \log\text{nat} \frac{H}{h}$, und das Experiment zeigt „dass die Maximalspannung des Gases regelmässig nach denselben Gesetzen wie die Dampfspannung mit der Temperatur wächst". Dabei ist $VH = A(1 + \alpha T)$, wo A eine Constante, also ist die Mischungsarbeit des Gases, welche B heisse,

$$(1.) \qquad B = A(1 + \alpha T) \log \frac{H}{h}.$$

Damit keine Aenderung eintrete, muss $u - v + B = 0$ sein; denn dann ist $Q_T = Q_t$, $u - v$ ist aber proportional $T - t$, also wird

$$(2.) \qquad \log \frac{H}{h} = m \frac{T - t}{1 + \alpha T}.$$

Diese Formel findet sowohl auf Dissociationen mit Gasentwicklung, wie auf Dampfentwicklungen Anwendung. Der Druck ist danach in beiden Fällen eine Exponentialfunktion der Temperaturen. Die Formel wird zunächst angewendet auf Gase, die sich so in zwei Theile von gleichem Volumen zersetzen, dass jeder Theil die Hälfte des ursprünglichen Volumen einnimmt, dann auf Gase, die ungleiche Volumina der Zersetzungsproducte geben. Für den ersten Fall berechnet der Verfasser die Formel $H^2 = H' H''^2$, für den zweiten wählt er als Beispiel die Zersetzung des trockenen Ammoniakcarbonats und findet $H^3 = H' H''^2$. Hierin scheint H die Tension der Verbindung, H' und H'' die Tensionen der Zersetzungsproducte zu bedeuten. Die Darstellung ist aber von einer so änigmatischen Kürze, dass man ihren Inhalt z. Th. errathen muss. Hr. Isambert erklärt, er habe die Relation $H^3 = H'H''^2$ für Ammoniumcarbonat experimentell nachgewiesen.

In der zweiten Abhandlung geht der Verfasser darauf aus, die allgemeinen Gesetze der Dissociation aus der mechanischen Wärmetheorie abzuleiten. Ist E das mechanische Wärmeäquivalent und Q die bei der Temperatur t zugeführte Wärmemenge, so ist $QE = U+S$, wo U die innere, S die äussere Arbeitsvermehrung bezeichnet. Der Zustand des Körpers ändert sich nicht, wenn $U+S=0$. Sind U' und S' die Werthe der inneren und äusseren Arbeitsvermehrung bei der Temperatur T, so ist $U'+S'=0$, wenn bei dieser Temperatur keine Aenderung eintritt. Combinirt man die beiden Relationen $U+S=0$ und $U'+S'=0$, so erhält man $U-U'+S-S'=0$. Erwärmt man z. B. einen Körper der sich dissociiren und dabei Gase entwickeln kann, so variirt sein innerer Arbeitsgehalt um $U'-U$; steigt zugleich der Druck von h auf H, welche Buchstaben die Maximalspannung des Gases bei t und T bezeichnen, so wird Gleichgewicht vorhanden sein, und der Körper wird „in demselben Zustande bleiben“, wenn

$$U'-U+S'-S=0.$$

Nun ist $U'-U$ die Differenz der Combinationswärmen bei T und t, $S'-S$ ist die Compressionswärme von h bis H, die C_h^H heisse; also ist die allgemeine Gleichgewichtsbedingung

$$E(Q_T-Q_t)+C_h^H=0.$$

Nach einer Formel von Berthelot ist nun

$$Q_T-Q_t = p(c'-c)(T-t),$$

wo p das Gesammtgewicht, c' und c die specifischen Wärmen der Verbindung einerseits, ihrer Zersetzungsprodukte andererseits sind. Also wird

$$Ep(c'-c)(T-t)+C_h^H = 0.$$

Da nun $C_h^H = VH\log\frac{H}{h}$, und $V = V_0(1+\alpha T)$,

so folgt:

$$\log\frac{H}{h} = k(c-c')\frac{T-t}{1+\alpha T}.$$

Der Logarithmus des Druckverhältnisses ist also der absoluten Temperatur umgekehrt und der Differenz der specifischen Wärmen direct proportional. Die Verbindungswärme findet sich in ihm nur indirekt vor, insofern sie $c'-c$ beeinflusst.

Ist die äussere Arbeit der Gasentwicklung nicht die einzige, welche Berücksichtigung verdient, so muss der entsprechende Antheil von $S'-S$ berücksichtigt werden, so z. B. bei Gaslösungen. $c-c'$ ist in vielen, aber nicht in allen Fällen nahe constant, und macht unter Umständen eine Correction erforderlich.

Bde.

H. Dixon. Conditions of chemical change in gases: hydrogen, carbonic oxide, and oxygen. Trans. Roy. Soc. CLXXV, 617-682; [Rep. Brit. Assoc. 1884, 688; [Proc. Roy. Soc. XXXVII, 56-61; [Chem. Ber. XVIII [2] 360; [Beibl. VIII, 788; [Chem. CBl. (3) XVI, 81; [J. chem. soc. XLVIII, 479; [Nat. XXX, 552; [Naturf. XVII, 459; [Beibl. IX, 661.

W. Esson. Note dazu. Trans. ib. 682-684.

Die ausgedehnte Experimentaluntersuchung wurde zunächst unternommen, um Bunsen's bekannte Lehre von der discontinuirlichen Vertheilung des Sauerstoffs zwischen Wasserstoff und Kohlenoxyd zu prüfen. In Uebereinstimmung mit Horstmann fand der Verfasser keine Discontinuität, aber mancherlei Unregelmässigkeiten, die ihn zu einer näheren Prüfung der Vorbedingungen veranlassten. Diese ergab folgende Resultate: Ein Gemisch von vollkommen trockenem Kohlenoxyd mit Sauerstoff explodirt überhaupt nicht. Zusatz von Wasserdampf aber macht es explosibel. Die Explosion wird durch eine Spur von Wasserdampf schon eingeleitet, nimmt aber an Schnelligkeit zu, wenn sich der Wasserdampf vermehrt. Zugefügter Wasserstoff oder wasserstoffhaltige Körper leiten gleichfalls die Explosion ein, indem sie Wasser bilden. Bei geringem Anfangsdruck ist, wenn ein Gemisch von H_2 und CO mit ungenügendem Sauerstoff verbrannt wird, die Menge der gebildeten Kohlensäure in einiger Entfernung vom Ausgangspunkt der Explosion grösser, als in der Nähe desselben; das Verhältniss der gebildeten Kohlensäure zum Wasserdampf ist also von der Form des Gefässes abhängig. Oberhalb eines gewissen „kritischen“ Druckes hört diese Abhängigkeit auf; wenn man also schlechthin vergleichbare Resultate erzielen will, muss man oberhalb des kritischen Anfangsdruckes arbeiten. Derselbe liegt um so niedriger, je höher der Anfangsdruck des Sauerstoffs ist. Die Verbrennung verhält sich nun im Ganzen so, als verbrenne zuerst der Wasserstoff und als stellte sich dann ein Gleichgewicht her zwischen der Reduction des Wasserdampfes durch CO einerseits und der Reduction der entstehenden Kohlensäure durch die freigewordenen Wasserstoffatome andererseits. Das Gesetz dieses Gleichgewichts hat der Verfasser durch Hrn. Esson eruiren lassen; sind k und k', die Volumina von Kohlenoxyd und Kohlensäure, h und h' diejenigen von Wasserstoff und Wasserdampf am Ende der Reaction, so ist

$$\frac{hk'}{h'k} = \alpha,$$

wo α eine Constante ist, wenn die Verhältnisse normal sind. Die Verhältnisse sind aber nur normal erstens oberhalb des kritischen Anfangsdruckes und zweitens oberhalb einer gewissen Anfangstemperatur, die bei etwa 60° liegt. Unterhalb dieser Grenze wächst die Grösse α bedeutend, offenbar, weil die Wände des Eudiometers kalt genug bleiben, um während der Reaction Wasserdampf zu condensiren; sie stören also das Reactionsgleichgewicht zu Gunsten der Wasserbildung. Nach Horstmann sollte die Grösse α von der Menge des zu Anfang gegebenen Sauerstoffs abhängig sein: nach Dixon ist dies nicht der Fall, solange der Sauerstoff weniger als die Hälfte des Wasserstoffvolumens beträgt, und Horstmann's Resultat wird durch die Nebenumstände, hauptsächlich durch die hier berührte Wassercondensation erklärt. Die Constante α ist nahe gleich 4 für 1000 mm Anfangsdruck, während sie bei 100 mm zu 2,7 gefunden wird. Sie scheint also eine Druckfunction zu sein.

In der angehängten Note giebt Esson die Ableitung seiner oben citirten Formel auf Grund der Annahme, dass die Action, welche Wasser und Kohlenoxyd in Wasserstoff und Kohlensäure umsetzt, der vorhandenen Menge von Wasser und Kohlenoxyd proportional ist, und umgekehrt. Er leitet ferner folgende Gleichung ab: Sind *a*, *b*, *c* die ursprünglich gegebenen Mengen von H_2, CO und O_2, und ist *x* die schliessliche Dampfmenge, so sind die schliesslichen Mengen von

$$CO,\ H_2 \text{ und } CO_2 \text{ gleich } b-2c+x,\ a-x,\ 2c-x,$$

also gemäss der obigen Gleichung

$$x(b-2c+x) = a(a-x)(2c-x);$$

die kleinere Wurzel dieser quadratischen Gleichung liefert den gebildeten Wasserdampf und damit die anderen Unbekannten der Reaction.

Wegen der Einrichtung des Eudiometers muss das Original nachgesehen werden. *Bde.*

G. Schlegel. Ueber die Verbrennung von Kohlenwasserstoffen, ihren Oxyden und Chloriden mit Chlor und Sauerstoff. Lieb. Ann. CCXXVI, 133-174†; Beibl. IX, 102; [Dingl. J. CCLV, 175-176.

Wie C. Bötsch im Jahre 1881 gezeigt hat (sh. Lieb. Ann. CCX, 207), verbindet sich bei der Verpuffung eines Gemenges von Chlor, Sauerstoff und Wasserstoff erst dann der Wasserstoff mit dem Sauerstoff, wenn die vorhandene Menge Chlor nicht ausreicht, um sich mit der gesammten Menge Wasserstoff zu HCl zu vereinigen. Diese Thatsache steht mit dem 3. thermochemischen Grundsatze Berthelot's nicht im Einklang; denn die Bildungswärme des Chlorwasserstoffs ist kleiner als diejenige des Wassers (auf 1 At. H berechnet). Der Verfasser hat nun durch eine ausgedehnte Experimentaluntersuchung Aehnliches für die Verbrennung von Kohlenwasserstoffen bei gleichzeitiger Anwesenheit von Chlor und Sauerstoff nachgewiesen. Untersucht wurden: Methan, Aethan, Propan, Butan, Methyläther, Methylchlorid, Aethylchlorid und Acetylen. Das Verhalten war ein ganz analoges wie beim Wasserstoff. Wird einer der genannten Kohlenwasserstoffe, die sämmtlich nur im Lichte vom Chlor angegriffen werden (Aethylen vereinigt sich auch im Dunkeln mit Chlor) mit überschüssigem Sauerstoff und überschüssigem Chlor im Dunkeln durch den elektrischen Funken verpufft, so verbrennt aller Kohlenstoff zu CO_2 und aller Wasserstoff zu HCl. Weder verbindet sich Cl mit C, noch O mit H. Reicht bei überschüssigem Sauerstoff das Chlor nicht zur Verbrennung des sämmtlichen Wasserstoffes aus, so wird der Rest des Wasserstoffes zu Wasser verbrannt. Reicht dagegen bei überschüssigem Chlor der Sauerstoff nicht zur Verbrennnung des gesammten Kohlenstoffs aus, so entsteht neben CO_2 auch CO, umsomehr, jeweniger O vorhanden ist. Indess bildet sich in der Regel etwas CO_2 mehr, als bei vollständig gleichmässiger Vertheilung des O auf den vorhandenen C hätte entstehen können, so dass dieser nicht vollständig in den Verbrennungsproducten erscheint. Der fehlende C scheint mit H verbunden zu bleiben (vielleicht auch mit Cl). Reicht weder O noch Cl aus, so wird C abgeschieden und die Verbrennung bleibt unvollständig. Die Chloride und Oxyde der Kohlenwasserstoffe verhalten sich diesen ähnlich, indem auch sie ihren C an O und ihren H an Cl abgeben. Ein Gemisch von CO mit O und Cl konnte durch den elektrischen Funken nicht zum Verpuffen gebracht werden. *Bgr.*

DEBRAY et JOANNIS. Sur la décomposition de l'oxyde de cuivre par la chaleur. C. R. XCIX, 583-587†; [Chem. CBl. XV, 918; [Naturf. XVII, 446; [J. chem. soc. XLVIII, 21; [Beibl. IX, 67.

Die Verfasser haben den Gang der Dissociationsspannung beim Erhitzen von CuO untersucht, um zu entscheiden, ob die Verbindungen Cu_5O_4 und Cu_5O_3 existiren, oder ob dieselben Gemische von CuO mit Cu_2O sind. Aus dem regelmässigen Verlauf der Spannungscurve scheint das Letztere hervorzugehen. *Bgr.*

L. TROOST. Sur la mesure de la tension de dissociation de l'iodure de mercure. C. R. XCVIII, 807-810†; Beibl. VIII, 616; Chem. CBl. (3) XV, 437.

Um das Dissociationsphänomen zu zeigen, erhitzt H. SAINTE-CLAIRE DEVILLE HgJ_2 in einem Kolben. Die Verbindung schmilzt und verwandelt sich dann in farbloses Gas, welches beim weiteren Erhitzen infolge des durch die Dissociation entstehenden Jods violett wird. Beim Abkühlen verschwindet die violette Färbung infolge der Wiedervereinigung und das Jodquecksilber erstarrt dann in bekannter Weise zu gelben Krystallen. Der Verfasser hat die Dissociationspannung dieser Verbindung beim Siedepunkt des Selens (665°) bestimmt, indem er dieselbe in einen mit N gefüllten, vorher tarirten Kolben aus schwer schmelzbarem Glase brachte; denselben erhitzte, bis die Temperatur konstant war; dann die zu einer Spitze ausgezogene Mündung vor dem Gebläse verschloss; den Druck notirte, bei welchem der Kolben verschlossen wurde (derselbe ist die Summe des Druckes der nicht zersetzten Verbindung und dem von jedem der Zersetzungsprodukte ausgeübten Druck); erkalten liess und das Gewicht des erkalteten Ballons bestimmte. Die Dissociationsspannung wurde auf diese Weise bei etwa 750 mm und der angegebenen Temperatur gleich 150 mm gefunden; es ist also ungefähr ein Fünftel der Verbindung zersetzt. *Bgr.*

S. Birnie. Ueber die Zersetzung des oxalsauren Eisenoxyduls durch Hitze im Stickstoff und im Wasserstoff. Rec. trav. chim. II, 273-295; Ber. d. chem. Ges. XVII, Ref. 43†.

Das krystallisirte Ferrooxalat verliert im Stickstoffstrome etwas oberhalb 100° einen Theil seines Krystallwassers, wird unter 200° völlig wasserfrei und unter 340° völlig in CO (5 pCt. vom angewandeten Salz weniger), CO_2 (5 pCt. mehr) zersetzt, als dem Zerfall der Oxalsäure in gleiche Volumnia beider Gase entspricht. Zurück bleibt FeO, daneben C(1—1,5 pCt.) und metallisches Eisen (0,3—2 pCt.). Bei 390—400° verliert das Eisenoxydul seine pyrophorischen Eigenschaften. Im Wasserstoffstrome beginnt die Zersetzung ebenfalls bei 340°; das entstehende FeO wird bei 370° reduziert; es enthält meist 1—2 pCt. Kohle. Im Moment der totalen Zersetzung entsteht eine geringe Menge einer Substanz, welche starke Schwefelsäure braun färbt. Das reduzirte Eisen verliert noch nicht bei 435°, wohl aber bei 470°

seine pyrophorischen Eigenschaften, es zersetzt das Wasser merklich unter 10°, lebhaft bei 50 bis 60°. Die Pyrophore verdanken mithin ihre Entzündlichkeit weder absorbirten Gasen, noch dem Kohlengehalt, sondern nur dem Zustande feinster Vertheilung. — Fe_2O_3 geht durch Wasserstoff bei 300 bis 310° (nicht erst bei 350°, wie Moisson, Jahresber. f. Chemie, 1877, 262 angiebt) in Fe_3O_4 über. *Bgr.*

L. Forquignon. Sur la décomposition de la fonte blanche par la chaleur. C. R. XCIX, 237-238†; Beibl. VIII, 790.

Der Verfasser hat experimentell nachgewiesen, dass weisses Gusseisen beim Erhitzen auf 900 bis 1000° unter vollständigem Luftabschluss sich in Graphit und C-ärmeres Eisencarburet zerlegt. Unter der Annahme dieser Zersetzung hatte er früher die Bildung von Schmiedeeisen erklärt. *Bgr.*

H. Le Chatelier. Sur les lois de la décomposition des sels par l'eau. C. R. XCVIII, 675-678†; [Beibl. VIII, 617; [Naturf. XVII, 176; [J. chem. soc. XLVI, 807.

Beim Auflösen dreibasischen Quecksilbersulfats Hg_3SO_6 in verdünnter Schwefelsäure beobachtete der Verfasser stets eine Wärmeentwickelung, deren Menge von dem Concentrationsgrade der Säure nahezu unabhängig ist. Es findet hierbei mithin immer ein chemischer Vorgang statt, der in der Bildung des neutralen Salzes besteht, welches dann in Lösung geht. Nach der bisher allgemein angenommenen und namentlich von Ditte vertretenen Ansicht wird dagegen das basische Salz gelöst, dessen Löslichkeit sich dann innerhalb ziemlich weiter Grenzen mit dem Gehalt des Lösungsmittels an freier Säure ändern müsste. Es existirt also nicht bei den durch Wasser zersetzbaren Salzen für jede Temperatur eine bestimmte Concentration der Flüssigkeit, deren Aenderung nach der einen Richtung eine Zersetzung, nach der anderen eine Wiederbildung des betreffenden Salzes zur Folge hat, vielmehr ist zur Verhütung der Zersetzung des Salzes eine gewisse Säuremenge nöthig, die anfangs mit der Menge des gelösten Salzes wächst, dann aber einem bestimmten Grenzwerthe zustrebt. *Bgr.*

W. Müller-Erzbach. Die Dissociation wasserhaltiger Salze und die Beziehung derselben zu dem Molecularvolumen des gebundenen Wassers. Ber. chem. Ges. XVII, 1417-1421; [J. chem. soc. XLVI, 952; [Beibl. VIII, 682.

Der Verfasser bringt verschiedene Salze in kugelförmig aufgeblasenen, an einer Seite offenen Gefässen in weite, verschliessbare, Schwefelsäure enthaltende Glasflaschen, in denen die Spannung des Wasserdampfes nahezu 0 bleibt, und vergleicht den Gewichtsverlust der Salze mit dem gleichzeitigen Gewichtsverlust analoger mit Wasser gefüllter Kölbchen. Er findet, dass entgegen früheren Beobachtungen alle untersuchten Salze ihr Wasser nicht nur im Vacuum, sondern auch im lufterfüllten Raum bei längerer Versuchsdauer ebenso vollständig an starke Absorptionsmittel abgeben. Der Verfasser setzt die Gewichtsabnahme der Spannung proportional und es ergiebt sich bei den Salzen: Schwefelsaures Natron, phosphorsaures Natron, kohlensaures Natron, borsaures Natron und Kupfervitriol, dass für alle das Verhältniss der beobachteten Spannung zu der Spannung des freien Wassers von gleicher Temperatur sich um so mehr der Einheit nähert, je höher die Temperatur steigt. Ebenso nimmt die Verwandtschaft mit steigender Temperatur ab und der Verfasser schlägt dieses Verhältniss der Spannungen als einen Maassstab für die chemische Verwandtschaft, d. h. die Festigkeit, mit welcher das Wasser an das Salzmolecül gebunden ist, vor. Diese Festigkeit scheint auch mit der bei der Bildung der betreffenden Verbindungen eintretenden Contraction in einfachem Zusammenhang zu stehen. Schwefelsaures, borsaures und kohlensaures Natron, die alle gleichen Wassergehalt (10 Molecüle) besitzen, zeigen ebenso wie die Sulfate des Magnesium, Zink, Eisen, Mangan, Nickel und Kupfer eine regelmässige mit der Contraction des gebundenen Wassers zunehmende Verminderung der Dissociationsspannung. *Cn.*

H. W. Bakhuis Roozeboom. Untersuchungen über einige Hydrate der Gase. Rec. des Trav. chim. des Pays-Bas III, 29-104, 1884; [Beibl. VIII, 548; [Chem. Ber. XVII, 299-301.

Aus einer sehr umfangreichen Untersuchung, in der die Dissociationsspannungen in der gewöhnlichen Weise bestimmt werden, zieht der Verfasser folgende Schlüsse, deren Formulirung ich aus dem Referat in den Beibl. VIII, 548 entnehme:

1. Die Dissociationsspannung der Hydrate von SO^2, Cl^2, Br^2 und HCl ist unabhängig von der Menge des zersetzten Hydrates.

2. Die Lösung, die neben diesen Hydraten bei verschiedenenen Temperaturen vorhanden ist, hat dieselbe Tension, wie das Hydrat. Ihre Concentration wächst mit der Temperatur.

3. Die Hydrate bilden sich bei jeder Lösung von grösserer Tension, als sie das Hydrat bei der betreffenden Temperatur hat. In einem offenen Gefäss kann das Hydrat bei Temperaturen erhalten werden, welche unter derjenigen liegen, bei der die Tension = 760 mm erhalten wird. Diese dem Siedepunkt vergleichbare Temperatur hat der Verfasser den „kritischen Zersetzungspunkt" im offenen Gefäss genannt. Für das Bromhydrat fällt er mit der Zersetzungstemperatur im geschlossenen Gefäss zusammen, es ist dies die maximale Temperatur, bei der der Körper in einem möglichst kleinen Gefäss bestehen kann. Beim Chlorhydrat entspricht er der Temperatur maximaler Löslichkeit und erklärt diese.

4. Nach den Lösungen, welche neben dem Hydrat auftreten können, lassen sich die Hydrate in zwei Kategorien theilen:

a) Solche, wo die Lösung nicht die Zusammensetzung des Hydrates erreicht hat bei der Temperatur, welche der Verflüssigung des ausgegebenen Gases durch seinen eigenen Druck entspricht; dazu gehören SO^2, Cl^2, Br^2 und CO^2, H^2S und PH^3, bei allen entsprechen die kritischen Zersetzungstemperaturen im geschlossenen Gefäss den Verflüssigungstemperaturen.

b) Solche, bei denen das entgegengesetzte der Fall ist. Es ist nur das Hydrat von HCl untersucht.

5. Der absolute kritische Punkt keines einzigen der Hydrate ist erreicht worden, d. h. die Temperatur, wo unter jedem Druck das Hydrat sich zersetzt. Er fällt wahrscheinlich mit dem Punkte zusammen, wo bei hinlänglicher Compression die Dichten des festen Hydrats und der Lösung gleich geworden sind. Der Verfasser hat ferner beobachtet, dass die Tension der schwefligen Säure grösser ist als die eines Gemisches derselben mit Wasser.

Cn.

H. Le Chatelier. Sur la dissociation de l'hydrate de chlore. C. R. XCIX, 1074-1077†; [Beibl. IX, 200; [J. chem. soc. XLVIII, 474-475; [Chem. CBl. (3) XVI, 50; [Naturf. XVIII, 55; [Chem. Ber. XVIII [2] 43.

Wird das Chlorhydrat $Cl_2 + 10H_2O$ in einer Chloratmosphäre abgekühlt, so nimmt die Spannung bis zu -4 bis -7^0 regelmässig ab; dann erfolgt eine plötzliche Drucksteigerung um 0,20 m Quecksilber, worauf das Quecksilber rasch sinkt, um einige Centimeter oberhalb seines früheren Standpunktes bei jenen Temperaturen stehen zu bleiben. Bei nunmehriger weiterer Abkühlung nimmt der Druck regelmässig ab. Infolge der raschen Erstarrung des überkälteten Wassers erhebt sich die Temperatur plötzlich und ruft die erwähnte Drucksteigerung hervor; nach Herstellung des Temperaturgleichgewichtes entspricht der Druck der Dissociationsspannung des Chlorhydrats, wenn das entstehende Wasser fest ist, welche Spannung grösser ist als beim Entstehen von flüssigem Wasser. Wird das Chlorhydrat dann wieder erhitzt, so nimmt die Spannung regelmässig bis zu etwa -1^0 zu, bleibt dann einige Zeit stationär, weil infolge des Schmelzens des Eises keine Temperaturerhöhung stattfindet und fängt dann weiter zu steigen an, ohne eine plötzliche Aenderung zu erfahren. Der Uebergang vom festen in den flüssigen Aggregatzustand bei der Gleichgewichtstemperatur hat also ebensowenig eine messbare Aenderung der Dissociationsspannungen wie der Dampfspannungen zur Folge. Diese Thatsachen stehen im Einklang mit dem aus dem Carnot'schen

Prinzip abgeleiteten Gesetz über die Abhängigkeit der Dissociationsspannung von der Temperatur:

$$\frac{dp}{dt} = \frac{E}{T} \cdot \frac{Q}{S-\sigma},$$

in welcher Gleichung Q die Wärmemenge und $S-\sigma$ die Volumenänderung bezeichnen, welche von derselben Menge eines Stoffes hervorgebracht werden. Aendert sich Q plötzlich, wie beim Uebergang eines Körpers aus dem flüssigen in den festen Aggregatzustand, so erfährt auch $\frac{dp}{dt}$ eine plötzliche Aenderung. Der Verfasser berechnet aus dieser Gleichung unter Benutzung der beobachteten Dissociationsspannungen die Bildungswärme des Chlorhydrats aus Chlor und festem, resp. flüssigem Chlor und findet die Differenz 16,6 Cal., während sie thatsächlich nach den direkten Bestimmungen 14,30 Cal. beträgt. *Bgr.*

G. Hüfner. Ueber die Vertheilung des Blutfarbstoffes zwischen Kohlenoxyd und Sauerstoff; ein Beitrag zu der Lehre von der chemischen Massenwirkung.

Kolbe's J. XXX, 68; [Ber. d. chem. Ges. XVIII, 1-2.

Im Inneren eines Glasgefässes befindet sich Oxyhämoglobin-Lösung und wird daselbst mit einem stets erneuerten Gasgemenge geschüttelt, welches aus Sauerstoff mit einem Zusatz von 0,1 bis 4 pCt. Kohlenoxyd besteht. Ist x die Quantität der gebildeten Kohlenoxydverbindung, v_c die active Masse des Kohlenoxyds, v_σ diejenige des Sauerstoffs, so berechnet der Verfasser nach der Theorie von Guldberg und Waage, dass

$$x = \frac{Q.v_c}{k.v_\sigma + v_c}$$

werden muss. Hierbei ist angenommen, dass nur die absorbirten Gase activ sind. Als active Masse jedes Gases ist also das Produkt aus seinem Partialdruck und seinem Absorptionscoefficienten multiplicirt mit einer Constanten behandelt.

Die Versuche stimmen leidlich mit der Formel, doch bemerkt der Verfasser selbst, es könne Niemand dafür bürgen, dass der Sauerstoff nicht beim Schütteln noch andere Produkte als Oxyhaemoglobin bilde. Es folgen Vorschläge, die Absorption durch den Blutfarbstoff zur Bestimmung des Kohlenoxyds in Luft und Leuchtgas zu verwenden. Bei einem Kohlenoxydgehalt der Luft von 0,14 Volumprocent verwandelt sich bereits die Hälfte, bei 0,07 pCt nahe $\frac{1}{3}$ des Oxyhaemoglobins in die Kohlenoxydverbindung. *Bde.*

W. Ostwald. Chemische Affinitätsbestimmungen.
VI. Die Löslichkeit des Weinsteins in verdünnten Säuren.
VII. Die Löslichkeit der Sulfate von Baryum, Strontium und Calcium in Säuren. Kolbe's J. XXIX, 49 bis 52, 52-57; [Ber. d. chem. Ges. XVII, 153; [Beibl. VIII, 265; [J. chem. soc. XLVI, 802.

Der ersten Arbeit liegen Versuche von O. Huecke, der zweiten solche von W. Banthisch zu Grunde. Feines Weinsteinkrystallpulver wurde mit verdünnten Säuren (1 Aeq. im Liter) im Thermostaten bei 20° C. digerirt, und die gelöste Menge nach 6 Stunden durch Titriren bestimmt. Es findet sich, dass die Reihenfolge der Lösungsfähigkeit der Reihenfolge der Affinitätsconstanten nahe parallel läuft; jede Säure zerlegt den Weinstein proportional ihrer Menge und Affinität und die entstandenen Produkte, Weinsäure und Kalisalz lösen sich auf. Eine Störung des Gesetzes giebt sich aber dadurch kund, dass Essigsäure, Propionsäure und Buttersäure weniger Weinstein lösen, als reines Wasser. Dies erklärt der Verfasser dadurch, dass die Säuren an sich die Lösungsfähigkeit des Wasser herabsetzen, ähnlich wie Alkohol es thun würde. Man bemerkt, dass diese Erklärung in etwa die Sicherheit sämmtlicher Zahlen beeinflusst. In der zweiten Abhandlung wird derselbe Satz: „Die Löslichkeit solcher Salze, die in reinem Wasser schwer löslich sind, wird durch anwesende Säuren proportional deren Affinitätsconstanten gesteigert" an den Sulfaten von Baryum, Calcium und Strontium dargethan. Dabei zeigt sich, dass die Löslichkeit der drei Sulfate durchgängig erheblich steigt, wenn bei gleicher Säuremenge das Wasser zunimmt. (Eine Ausnahme hiervon machen nur Monochloressigsäure und Calciumsulfat). Der Verfasser schliesst daraus, dass auch hier neben der chemisch lösenden Wirkung der Säuren eine physikalische, die Lösungsfähigkeit herabdrückende einhergeht. *Bde.*

W. OSTWALD. Studien zur chemischen Dynamik. Abh. 3. Die Inversion des Rohrzuckers. KOLBE's J. XXIX, 385 bis 408; [Ber. chem. Ges. XVII, 397; [Beibl. VIII, 738.

Durch die ausgeführten Untersuchungen von LOEWENTHAL und LENSSEN (KOLBE's J. IICV, 321 u. 401) war es nahe gelegt, dass die Geschwindigkeit, mit welcher verschiedene Säuren den Rohrzucker bei einer gegebenen Temperatur invertiren, mit den Affinitätsconstanten der Säuren in nahem Zusammenhange steht. Der Verfasser mischt 10 cbcm einer 40 bis 50 procentigen Lösung von reinem Kandiszucker mit dem gleichen Volumen der zu untersuchenden Säurelösung von normalem Gehalt, erwärmt sie in einem Thermostaten auf 25° und bestimmt die Drehung in einem Halbschattenapparat nach LAURENT, dessen Rohr durch einen Wassermantel auf 25° gehalten wird; es werden mehrere Beobachtungen mit demselben Quantum Lösung gemacht, das inzwischen immer wieder in das Gläschen im Thermostaten zurückgegossen wird. Es wird zunächst durch eine zu diesem Zwecke angestellte Versuchsreihe nachgewiesen, dass der gewöhnliche und der invertirte Zucker sich optisch nicht beeinflussen; also die Menge des invertirten Zuckers streng aus der Drehung berechnet werden kann. Die Geschwindigkeitsconstante der Inversion wird aus der Formel von WILHELMY berechnet:

$$\log \frac{b}{b-x} = act$$

wo b die gesammte, x die zur Zeit t invertirte Zuckermenge bedeutet und a und c von der Menge und Natur der Säuren abhängen. Betrachtet man äquivalente Säuremengen, so bleibt a constant und c ist die Geschwindigkeitsconstante der Inversion. Am Schluss ist eine Tabelle für die Function $\log \frac{1}{1-\frac{x}{b}}$ gegeben, die es erlaubt, den Werth derselben für verschiedene Argumente $\frac{x}{b}$ abzulesen, respective zu interpoliren. Versuche mit 32 verschiedenen Säuren bestätigen zunächst das von Wilhelmy gefundene Resultat, auf dem die Aufstellung der zur Berechnung dienenden Gleichung beruht, dass die in einer bestimmten Zeit invertirte Zuckermenge proportional der Gesammtmenge des zur Zeit unveränderten Zuckers ist. Aus einer Vergleichung mit den Geschwindigkeitscoefficienten der Zersetzung des Methylacetats, die in einer früheren Arbeit des Verfassers gegeben sind, folgt, dass auch hier die Quadratwurzeln der Inversionsgeschwindigkeiten als Maass der Affinität dienen können. Früher noch nicht untersucht waren die Aethersäuren der Glycol- und Milchsäure, es ergiebt sich u. A. das Resultat, dass die Methylglycolsäure $C\langle^{H_2}_{O\,CH_3}\,COOH$, welche der Milchsäure isomer ist, stärker ist als die Milchsäure und stärker als die Glycolsäure; ähnliches fand sich bei der Milchsäure und der Methylmilchsäure. Die vorliegende Methode, Affinitätgrössen zu bestimmen, scheint besser zu sein, als die Methylacetatmethode, da hier eine gleichzeitige störende Einwirkung des Wassers ausgeschlossen ist, wie übrigens noch durch einen besonderen Versuch nachgewiesen wurde.

Cn.

C. F. Cross. Hydration of salt and oxides.

Chem. News IL, 220-221†; [Beibl. VIII, 423.

Der Verfasser hat (Chem. News XLIV, 101, 209, XLVII, 239) gezeigt: Wird ein Salz seines Krystallwassers beraubt und dann einer mit Wasserdampf gesättigten Atmosphäre ausgesetzt, so nimmt es schnell wieder sein Krystallwasser auf, dann folgt eine Pause und hierauf Deliquescenz. Die Hydrirung der Oxyde verläuft ähnlich. Um den gemeinsamen Zug dieser Erscheinungen nachzuweisen, hat der Verfasser Kupfervitriol, chromsaures Kali und Chromsesquioxyd auf eine Wagschale in feuchter Luft gelegt, ihr Gewicht 100 Tage lang beobachtet und graphisch notirt. Die drei Curven zeigen einen ähnlichen Verlauf. Künftige eingehendere Erörterung wird in Aussicht gestellt. *Bde.*

F. Urech. Ueber den Einfluss von Temperatur und Concentration der Salzsäure auf die Inversionsgeschwindigkeit der Saccharose. Chem. Ber. XVII, 2165-78; [Beibl. IX, 70.

Erneuerte Zusammenstellung und Besprechung der Ergebnisse, welche in der vor zwei Jahren veröffentlichten ersten Abhandlung des Verfassers niedergelegt sind. Dieselben werden insbesondere mit einer älteren Formel von Wilhelmy (Pogg. Ann. LXXXI, 413 u. 499, 1850) verglichen, wobei sich Abweichungen herausstellen, aus denen aber kein einschneidender Schluss gezogen werden kann. *Bde.*

L. Th. Reicher. Ueber die Geschwindigkeit der Bildung des Maleïnsäureanhydrids. Rec. trav. chim. Pays-Bas II, 308-316, 1883; Chem. CBl. XV, 87†; [Beibl. VIII, 425.

Schwab hat die abnorme Aetherificationsgeschwindigkeit der Maleinsäure durch die Annahme erklärt, dass die Säure beim Verdampfen Anhydrid bilde. Menschutkin gegenüber, welcher diese Erklärung in Abrede stellt, wird nach zwei verschiedenen Methoden konstatirt, dass bei 100° in 2 bis 6 Stunden mehr als die Hälfte einer gegebenen Säuremenge gespalten wird.

Bde.

P. Spindler. Ueber den Nitrirungsprocess der Benzolderivate. Diss. Tübingen 1883. Liebig Ann. CCXXIV, 283-313†; [Beibl. IX, 199.

Der Verfasser untersucht bei möglichstem Ausschluss fremder Stoffe folgende Fragen: 1) In welchem Verhältniss stehen die in gleichen Zeiten durch verschieden starke Säuren gebildeten Mengen Nitroproduct zu einander, oder wie ändert sich das Resultat mit wechselnden activen Massen? 2) Bis zu welchem Grad der Verdünnung von Salpetersäure darf man herabsteigen, um nach gewisser Zeit überhaupt nachweisbare Mengen Nitroproducte zu erhalten? Welchen Einfluss übt 3) die Zeit und 4) die Temperatur? Es ergiebt sich: Mit steigendem Wassergehalt der Säure nimmt der Nitrirungsgrad erst sehr rasch, dann langsamer ab, um schliesslich schnell gegen einen sehr geringen Werth zu sinken. Diese Grenze, bei der die Wirkung fast aufhört, liegt für verschiedene Nitranden verschieden; Benzol z. B. verträgt mehr Wasser als sein Chlor- und Bromsubstitutionsprodukt. Starke Säuren verlieren bald an Schnelligkeit der ersten Wirkung, weil sie sich eben durch ihre Wirkung verdünnen. Eine schwächere Säure kann schliesslich ebensoviel Nitroproduct liefern wie eine stärkere, wenn ihr 1) längere Einwirkungszeit, 2) erhöhte Temperatur zur Verfügung stehen. Unterhalb einer Verdünnung auf etwa 10 pCt. des Volumens bringt aber auch erhöhte Temperatur keine Nitrirung mehr zu Wege. Den verzögernden Einfluss der Verdünnung erklärt der Verfasser durch zwei Bemerkungen: Erstens löst sich das Benzol weniger in verdünnter als in konzentrirter Salpetersäure, zweitens dürften in der verdünnten Säure Hydrate enthalten sein, welche nur, so weit sie dissociirt sind, nitrirend wirken. Erwärmung begünstigt den Nitrirungsprocess, weil sie den Zerfall der Hydrate fördert.

Bde.

N. Menschutkin. Sur la formation des amides en partant des sels ammoniacaux des acides organiques.
C. R. XCVIII, 1049-1052†; [Beibl. VIII, 787; Kolbe J. XXIX, 422 bis 436.

Die Ammoniumsalze organischer Säuren wurden durch Erhitzen in die entsprechenden Säureamide verwandelt, und die Menge des unverändert gebliebenen Ammoniumsalzes wurde durch Titriren mit alkoholischer Natronlösung bei Gegenwart von Phenolphtalein bestimmt. Die Amidbildung erfolgt oberhalb 100°, und ihre Geschwindigkeit nimmt mit der Temperaturerhöhung zu, bis nach einer bestimmten Zeit ein Grenzzustand erreicht wird. Ammoniumacetat liefert beim Erhitzen auf 155° nach 1, 4, 8, 144, 204 Stunden bzw. 50,9; 78,1; 80,0; 81,6; 81,6 pCt. Essigsäureamid. Aus den in der Abhandlung enthaltenen Tabellen, von denen die eine die beim Erhitzen auf verschiedene Temperaturen in der ersten Stunde entstehende Menge Amid, die andere die Grenzwerthe der Mengen von umgewandeltem Ammoniumsalz enthält, folgt, dass die Salze der primären Säuren die grösste, diejenige der sekundären und tertiären eine erheblich kleinere Umwandlungsgeschwindigkeit besitzen, und dass dieselbe innerhalb der einzelnen homologen Reihen mit zunehmendem C-Gehalt abnimmt. Der Grenzwerth der Amidbildung ändert sich mit der Temperatur (bei der Aetherifikation ist sie von derselben unabhängig) und nimmt mit steigender Temperatur zu, sie ist dagegen von der Isomerie unabhängig. Die Amidbildung zeigt mithin eine grosse Uebereinstimmung mit der Aetherifikation. *Bgr.*

B. WARDER. Speed of dissociation of brass. Chem. News IL, 74; [Beibl. VIII, 616; [J. chem. soc. XLVI, 660.

Ein Messingdraht wird im Wasserstoffstrom geglüht und die Verdampfung des Zinks von Zeit zu Zeit durch Wägung constatirt. Wäre die verdampfende Zinkmenge der vorhandenen Zinkmenge Z proportional, so müsste der Verlust nach der Formel $dZ = -aZ$ erfolgen. In der That erfolgt er erheblich langsamer, woraus der Verfasser schliesst, dass das Zink nur langsam aus den inneren Theilen des Drahts nach aussen diffundirt.

Bde.

C. L. REESE. Comparative oxidation of solutions of sulphuric acid and of sodium sulphite. Chem. News L, 219; Chem. CBl. (3) XV, 961; J. chem. soc. XLVIII, 217.

Der Verfasser vergleicht den spontanen Oxydationsvorgang von SO^2 und Natriumsulphit, ohne die Temperatur, die sich während der Versuche erheblich änderte, zu berücksichtigen und kommt zu den Resultaten: 1) die schwächeren Lösungen oxydiren sich schneller; 2) in schwächeren Lösungen oxydirt sich das Sulfit schneller als SO^2; 3) eine Lösung, die sich weniger rasch oxydirte als eine andere, verlor doch ihre Stärke fast ebenso rasch durch Entweichen von Schwefeldioxyd; 4) die Sulfitlösung nimmt Sauerstoff unabhängig von der Stärke der Lösung in constantem Verhältnisse auf, so lange noch Sulfit darin vorhanden ist. *Cn.*

W. de la Croix. Der Einfluss der Verdünnung auf die Geschwindigkeit chemischer Reaktionen. Kolbe's J. XXIX, 478-489; [Ber. chem. Ges. XVII, 397; [Beibl. VIII, 740; [J. chem. soc. XLVI, 1090.

Der Verfasser geht von einer 2,5 normalen Lösung von Acetamid aus und untersucht für Salzsäure und Schwefelsäure die Schnelligkeit der Umsetzung bei verschiedenen Verdünnungen. Bei jedem Versuch werden äquivalente Mengen Acetamid und Säure zusammengebracht. Die Schnelligkeit der Umsetzung nimmt nicht ganz proportional mit der Concentration zu, sondern langsamer, namentlich bei der Schwefelsäure. Die Säuren sind in den Concentrationen 1,25; 0,75; 0,375 und 0,075 normal angewandt; und es ergiebt sich die relative Geschwindigkeit der Schwefelsäure (der Salzsäure = 1 gegenüber) wie folgt:

	1,25 normal	0,75 normal	0,375 normal	0,075 normal
HCl	1	1	1	1
H^2SO^4	0,349	0,35736	0,36156	0,459676

Cn.

M. Menschutkin. Ueber die durch die Temperatur bedingten Veränderungen in der Geschwindigkeit einiger Reaktionen. ZS. f. pr. Chem. XXIX, 437-447; Ber. Berl. chem. Ges. XVII, Ref. 272; J. d. russ. phys. chem. Ges. [1] 354; Chem. CBl. XV, 599; Naturf. XVII, 329; Beibl. VIII, 785.

Der Verfasser untersucht die folgenden Reaktionen: 1) Bildung von Aethylacetat aus Essigsäure und Aethylalkohol. 2) Bildung von Acetanilid aus Essigsäure und Anilin. 3) Bildung von Acetamid aus Essigsäure und Ammoniak. Obgleich die Reaktionen complicirter Natur sind (man bestimmt nicht die Geschwindigkeit der Bildung oder der Zersetzung einer Verbindung, sondern die differenzielle Geschwindigkeit der beiden Reaktionen), hat sich der Einfluss der Temperatur auf die Vermehrung der Anfangsgeschwindigkeit (Geschwindigkeit nach Abschluss der ersten Stunde der Reaktion) als ein ganz regelmässiger herausgestellt. Die Reagentien werden zusammen in abgeschlossenen Röhren eine Stunde lang auf eine bestimmte Temperatur erhitzt, dann rasch abgekühlt und analysirt. Die höchste Versuchstemperatur ist 212,5°. Es zeigt sich, dass die Reaktionsgeschwindigkeit mit der Temperatur stetig, aber nicht proportional zunimmt, sondern ein Maximum erreicht, um dann wieder zu fallen. Die Maximalgeschwindigkeit entspricht in allen Fällen der Temperatur, bei welcher die Hälfte der gesammten möglichen Menge gebildet ist. Da bei allen drei Vorgängen Bildung der Verbindung und Wiederzersetzung zu berücksichtigen ist, so kann der Einfluss der Temperatur auf den absoluten Werth der Grenzen der Bildung ein dreifacher sein: 1) die Grenze ändert sich nicht mit der Temperatur, wenn der Einfluss der Temperatur auf die Geschwindigkeit der entgegengesetzten Reaktionen gleich gross ist (Aetherbildung); 2) die Grenze steigt mit den Temperaturen, d. h. die Geschwindigkeit der Bildungsreaktion wird mehr beschleunigt (Acetamid); 3) die Grenze sinkt, d. h. die Geschwindigkeit der Zersetzungsreaktion wird mehr beschleunigt (Acetamid). *Cn.*

Litteratur.

MICHAEL FARADAY. Naturgeschichte einer Kerze; sechs Vorlesungen für die Jugend. 2. Aufl. übersetzt von R. MEYER. Berlin: Rob. Oppenheim, 1883. [ZS. f. Naturw. (4) II, Heft 6, 672-673.

L. J. A. DE COMMINES DE MARSILLY. Les lois de la matière. Essais de Mécanique moléculaire. Paris: Gauthier-Villars, 1884. 4°.

J. B. STALLO. La matière et la physique moderne. Avec une préface sur la Théorie atomique par M. C. FRIEDEL. Paris: Felix Alcan. (XVI+244 S. 8°). (Bibliothèque scientifique internationale.) [Rev. scient. XXXV, 470-473.

M. BARDSKY. Ueber den Charakter der Molecularattraction. Beibl. VIII, 432; Aus Journ. d. russ. phys.-chem. Ges. IX, 223, 1883; Ausz. d. Hrn. Verf.

W. A. Tilden. Introduction to the Study of Chemical Philosophy. An elementary treatise for ordinary students. 3rd edit. with Answers to Problems. Longmans. 322 S. 8°.

C. Nägeli. Mechanisch-physiologische Theorie der Abstammungslehre. II. Anhang. Kräfte und Gestaltungen im molecularen Gebiet. Ein theoretischer Versuch. München: Oldenburg, 1883; [Beibl. VIII, 324.

L. Mann. Der Atomaufbau in den chemischen Verbindungen und sein Einfluss auf die Erscheinungen. Berlin: Luckhardt.

R. Erhardt. Zur Classification von Eisen und Stahl. Stahl und Eisen 1884, Februar.

D. E. Hughes. On the Physical Condition of Iron and Steel. Inst. of Mech. Eng.; [Engineering XXXVII, 98-99.

Walrand. Unterscheidung von Stahl und Eisen in kleinen Stücken. Soc. des Ingen. civils; Dingl. J. CCLI, 332; Chem. CBl. (3) XV, 477.

Maquenne. Sur la cristallisation du soufre. Bull. soc. chim. Paris XLI, 238; Chem. CBl. (3) XV, 417. *Bde.*

Grimaux. Sur des sels ferriques colloïdaux. C.R. XCVIII, 1485-88, 1540-42; [Beibl. VIII, 791; J. chem. soc. XLVI, 966-967.

Graham fand, dass Eisenammoniumtartrat und Eisenammoniumcitrat zu den Colloïden gehören; nach Grimaux gehören auch Eisenkaliumtartrat, Eisenarseniat, Eisenarsenit, Eisenborat und ein Eisenphosphat zu den colloidalen Körpern. *Cn.*

— — Sur quelques substances colloïdales. C. R. XCVIII, 1434-1438, 1485-88; Beibl. VIII, 790; J. chem. soc. XLVI, 957-958.

Pasteur. La dissymétrie moléculaire. Rev. Scient. 1884, I, 2-6.

P. Ebell. Similarity of the behaviour of ultramarine in a very fine state of division to that of metallic sulphites in the colloidal state. J. chem. soc. XLVI, 147; Aus chem. Ber. XVI, 2429-32.

H. Prinz. Versuche Schwefel mit Schwefel zu verbinden. Ann. CCXXIII, 371-378; Ber. d. chem. Ges. XVII, 307. Resultat negativ. *Bde.*

J. MASSON. The Atomic Theory of Lucretius contrasted with Modern Doctrines of Atoms and Evolution. London: G. Bell, 1884. 8°.

S. FLINTZ. Ueber die Molecularvolumina des flüssigen und festen Benzols und Phenols. (Nach einem Auszuge des Verfassers aus dem schwedischen Original.) Beibl. VIII, 262.

J. NICOL. Volumes moléculaires. Phil. Mag. (5) XVI, 121, 1883; J. de phys. (2) III, 225. *Cn.*

BERTHELOT. Sur l'échelle des températures et sur les poids moléculaires. C. R. XLVIII, 952-956; J. chem. soc. XLVI, 804; [ZS. f. Instrk. IV, 319-320; Cim. (3) XVI, 128-130; J. de Pharm. 1884, Juni. Siehe Cap. 19.

V. H. VELEY. PROUT's Hypothese. Chem. News XLIX, 185 bis 186; [Ber. d. chem. Ges. XVII, 223.

M. GERBER. PROUT's Hypothesis. J. chem. soc. XLVI, 550 bis 551; Aus Bull. soc. chim. XXXIX, 562-572.

Einwendungen gegen das Axiom der Atomlehre. Beweis des Glaubens, 1884. Oct. Nov.

Discussion on the constitution of the elements. Nature XXX, 549. *Bde.*

J. A. NEWLANDS. Zur Geschichte des periodischen Gesetzes. Beibl. VIII, 615; Chem. Ber. XVII, 1145-50; J. chem. soc. XLVI, 958.

— — On the discovery of the Periodic Law and on Relations among the Atomic Weights. London: Spon. 1884, 39 p.; ZS. f. Naturw. (4) III, 203; Abth. 1884, I, 794.

Der Verfasser beansprucht MENDELEJEFF gegenüber die Priorität für das periodische Gesetz, indem er namentlich auf die Arbeit hinweist: Ueber das Gesetz der Oktaven, die August 1865 in Chem. News XII, 83 veröffentlicht ist; in derselben sind die Elemente nach Atomgewichten geordnet, und es ist darauf aufmerksam gemacht, dass das achte eine Art Wiederholung vom ersten sei; gleichzeitig sagte er das fehlende Element in der Carbongruppe, von MENDELEJEFF Ekasilicium genannt, sowie das damals unbekannte Atomgewicht des Indiums voraus, gruppirte verschiedene Elemente anders als üblich zu Gunsten des Oktavengesetzes und machte auf die Beziehungen des Oktavengesetzes zu Aenderungen der physikalischen Eigenschaften in einzelnen Fällen aufmerksam. Die hauptsächlichen Arbeiten und Mittheilungen des Verfassers, die sich auf das periodische Gesetz beziehen, sind in Buchform zusammengestellt. *Cn.*

SEBELIEN. Beiträge zur Geschichte der Atomgewichte. Braunschweig: Vieweg & Sohn. 208 p.; [Arch. d. Pharm. CCXXII, Heft 22, 871; [Beibl. VIII, 846.

VICTOR MEYER. La transformation de la théorie des atomes. Arch. sc. phys. (3) XI, 484-503.

TH. HILDITCH. On the determination of the atomic weight of Oxygen. Chem. News IL, 37-38; J. chem. soc. XLVI, 659; Beibl. VIII, 342.

J. LÖWE. Darstellung und Atomgewicht von Wismuth. Zeitschr. f. analyt. Chem. XXII, 498-505. 1883; [Chem. CBl. XV, 86.

V. MEYER. Lecture experiments. J. chem. soc. XLVI, 552; Aus chem. Ber. XVI, 3011-14.

NILSON und PETTERSSON. Das Atomgewicht des Berylliums. Ber. d. chem. Ges. XVII, 987; Naturf. XVII, 268.

BAUBIGNY. Bestimmung des Atomgewichtes des Aluminiums. Chem. CBl. XV, 55; J. chem. soc. XLVI, 395.

J. E. REINOLDS. Atomic weight of Beryllium. J. chem. soc. XLVI, 261; Aus Proc. Roy. Soc. XXXV, 248-250.

S. T. HUMPIDGE. Reply to the above paper. J. chem. soc. XLVI, 261; Aus Proc. Roy. Soc. XXXV, 358-359.

H. BAUBIGNY. Atomic weight of Aluminium. J. chem. soc. XLVI, 395; Aus. C. R. XCVII, 1369-71.

T. E. THORPE. Atomic weight of Titanium. Arch. Pharm. CCXXII, 166; J. chem. soc. XLVI, 395; Aus Chem. News XLVIII, 251.

H. BAUBIGNY. Determination of atomic weights by means of metallic sulphates, Atomic weights of copper, zinc and nickel. J. chem. soc. XLVI, 256-257; Aus C. R. XCVII, 854-856, 906-908, 951-954.

P. T. CLEVE. Ueber Samarium. Beibl. VIII, 264; Aus Oefvers. Kgl. Vetensk. Akad. Forhandl. XL, 17, 1883, 11. Sept.

U. KREUSLER. Atomgewichtstafeln enthaltend die neueren

Atomgewichte der Elemente nebst multiplen Werthen. Bonn: Weber; [Arch. d. Pharm. CCXXII, 472.

L. Meyer und K. Seubert. Atomgewichte der Elemente aus den Originalzahlen berechnet. Leipzig 1883; Chem. CBl. XV, 17.

W. Spring. Ueber die chemische Natur des amorphen Kohlenstoffes. Ber. d. chem. Ges. XVI, 1001; [Dingl. J. CCL, 139.

K. Bennert. Beiträge zur Kenntniss der Isomerie von Fumar- und Maleïnsäure. Tübingen: Fues. 46 S. 8°.

Engel. Analogie zwischen den allotropischen Zuständen von Phosphor und Arsenik. Répert. de Pharm. XI, No. 6, 257; Arch. d. Pharm. CCXXII, 432-433.

Mallard and Le Chatelier. Dimorphism of silver jodide. J. chem. soc. XLVI, 16; Aus. C. R. XCVII, 102-195.

D. Gernez. Solidification of superfused sulphur. J. chem. soc. XLVI, 389-391; Aus C. R. XCVII, 1298-1301, 1366-69; 1433-35. *Bde.*

F. Niemöller. Ueber einige physikalische Eigenschaften chemischer Verbindungen. Chem. CBl. (3) XV, 1-6, 49-53, 289-302.

Enthält eine zusammenfassende Darstellung und Besprechung der Arbeiten über Molecularrefraktion flüssiger chemischer Verbindungen und ihren Zusammenhang mit der Verbrennungswärme, über Dichte und Molecularvolumen in ihrer Abhängigkeit von der Constitution. *Cn.*

P. Hautefeuille et J. Chappuis. Recherches sur l'ozone. Ann. Éc. Norm. (3) II, 55-85; Beibl. VIII, 547.

Enthält eine zusammenfassende Darstellung der Arbeiten der Verfasser über das Ozon, über die in diesen Berichten XXXVI, I, 78, 425, 799 und 832; XXXVII, 1140; XXXVIII, (II) 370 referirt worden ist. *Cn.*

A. P. N. Franchimont. Ueber das Paraldehyd. [Beibl. VIII, 92; Aus Rec. Trav. Chim. des Pays-Bas II, 239, 1883.

F. W. Clarke und E. A. Kebler. Cadmiumjodid. Beibl. VIII. 158; Aus Ann. Chem. Journ. V, 235, 1883.

JULIUS WAGNER. Tabellen der im Jahre 1882 bestimmten physikalischen Constanten chemischer Körper. Leipzig: J. A. Barth. 58 p. 1884.

Die Tabellen geben Siedepunkte, Schmelzpunkte, Dichte, einzelne Angaben über Circularpolarisation und krystallographische Daten chemisch definirter Körper, die zum grössten Theil der organischen Chemie angehören. *Cn.*

L. HENRY. Ueber das monobromirte Methylchloroform. C. R. XCVIII, 370-372; Beibl. VIII, 413.

W. SPRING. Bildung von Sulfiden durch Druck; Betrachtungen über die chemische Natur des rothen Phosphors und des amorphen Kohlenstoffs. Aus chem. Ber. XVI, 999-1004: [Arch. Pharm. CCXXI, 546, 710-713; J. chem. soc. XLVI, 546, 904; SILL. J. (3) XXVI, 238; Chem. CBl. (3) XIV; Chem. News IL, 70; Bull. Belg. (3) V, 492-504; Bull. soc. chim. XL, 520-526.

— — Bildung von Arseniden durch Druck. Aus. chem. Ber. XVI, 324-326; Bull. Belg. (3) V, 229-236; [J. chem. soc. XLVI, 650; SILL. J. (3) XXV, 381.

— — Bemerkungen über ein Referat des Herrn Dr. GABRIEL. Ber. d. chem. Ges. XVII, 1015-1016.

L. GABRIEL. Entgegnung auf die Bemerkungen des Hrn. W. SPRING. Ber. d. chem. Ges. XVII, 1017.

E. JANNETAZ, NEEL and CLERMONT. Crystallisation of substances at high pressures. J. chem. soc. XLVI, 548-549; Aus Bull. soc. chim. XL, 51-54.

ED. JANNETTAZ. Notiz über ein wasserhaltiges Doppelsulfat aus Cobalt und Kupfer. Beibl. VIII, 219; Aus Bull. Soc. Min. VI, 2, 1883.

M. TRAUBE. Cupric Jodide. Ber. XVII, 1064-67; J. chem. soc. XLVI, 862-863. *Bde.*

H. LE CHATELIER. Sur la décomposition par l'eau des combinaisons du chlorure cuivreux avec le chlorure de potassium et l'acide chlorhydrique. C. R. XCVIII, 813-816†; [Beibl. VIII, 423*. Rein chemisch.

A. DITTE. Action du sulfure de potassium sur le sulfure de mercure. C. R. XCVIII, 1271-1273*; Beibl. VIII, 423*. Rein chemisch. *Cn.*

W. MÜLLER-ERZBACH. Law of smallest volumes. J. chem. soc. XLVI, 12-13; Aus LIEBIG Ann. CCXXI, 125-132.

D. TOMMASI. Ueber die entwässernde Wirkung der Salze. [Chem. CBl. (3) XV, 692; J. chem. soc. XLVI, 1251; Ber. d. chem. Ges. XVII, 400-401.

RAOULT. Action de l'eau sur les sels doubles. Bull. soc. chim. XLIII, 558.

D. KONOWALOW. Ueber unzersetzt siedende Lösungen. Ber. d. chem. Ges. XVII, 1531-9.

R. H. GAINES. Liquid nitrous anhydride. J. chem. soc. XLVI, 15; Aus Chem. News XLVIII, 97.

D. TOMMASI. Non-existence of ammonium hydroxide. J. chem. soc. XLVI, 1247; Aus Bull. soc. Chim. XLI, 444-5.

J. B. DUMAS. La dissociation appréciée. J. de pharm. 1884, Juillet.

H. BAKHUIS-ROOZEBOOM. Ueber die Dissociationsspannung des festen Hydrates der schwefeligen Säure. Beibl. VIII, 4; Aus Rec. Trav. Chim. Pays-Bas II, 98, 1883. Vorläufige Mittheil.

W. ALEXEJEFF. Stabilität von Verbindungen. J. russ. Ges. XVI, 641-642; [J. chem. soc. XLVIII, 114.

ISAMBERT. Dissociation des wasserfreien Ammoniumcarbonates. Chem. CBl. XV, 16; J. chem. soc. XLVI, 388.

MAUMENÉ. Décomposition de l'oxide de Cuivre par la chaleur. C. R. IC, 757-759; [J. chem. soc. XLVIII, 124.

H. B. DIXON. Sur la vitesse des explosions dans les gaz. Aus Brit. Ass., Section B, 1884; [J. de Phys. (2) IV, 472-473.

ALBRECHT RAU. Die Theorien der modernen Chemie. III. Heft (Schl.). Die Entwickelung der modernen Chemie. N. F. Braunschweig: Vieweg & Sohn. (XXVI+349 S. 8⁰.) [D. LZtg. V, 1023-1024.

W. OSTWALD. In Sachen der modernen Chemie. Offener Brief an Herrn ALBRECHT RAU. Riga 1884. 22 S.

Wilh. Ostwald. Lehrbuch der allgemeinen Chemie. Band 1, Hälfte 1. Leipzig: Wilh. Engelmann. [Arch. f. Naturw. (4) III, 684-685.

Lothar Meyer. Die modernen Theorien der Chemie und ihre Bedeutung für die chemische Mechanik. Breslau: Maruschke & Behrendt 1884, 626 pp. 5. Aufl.

J. H. van't Hoff. Studien über chemische Dynamik. Amsterdam: F. Muller 1884, 209 pp.

Eine Besprechung mit eingehenden Auszügen aus dem wichtigen Werke ist in Beibl. IX, 202-216 gegeben.

Ed. Czumpelik. Die Chemie als Mechanik der Atome. Sep. aus dem 9. Bericht der k. k. Oberrealschule in Sechshaus 1883. 29 pp. [Beibl. XVIII, 358.

Berthelot. Das Princip der grössten Arbeit. Ann. chim. phys. (6) III, 368; Chem. Ber. XVIII, [2] 1. Siehe unter 19.

— — Das Gesetz der thermochemischen Moduln oder der Substitutionsconstanten. [J. chem. soc. XLVI, 702; Aus Ann. chim. phys. (5) XXX, 519-528.

J. W. Langley. Chemical affinity. Sill. J. XXVIII, 360-73, 437-40.

Referirende Besprechung des Standes der Affinitätsfragen. *Bde.*

Wilh. Ostwald. Zur Lehre von der chemischen Verwandtschaft. Tagebl. d. N.-V. zu Magdeb. 1884, 83-84.

— — Constanten der chemischen Verwandtschaft. J. d. russ. phys.-chem. Ges. XVI, [1] 511-517†.

Resumé von Aufsätzen des Hrn. Verfassers, die im Journ. f. prakt. Chem. enthalten sind. *O. Chw.*

A. Basaroff. Ueber chemische Verwandtschaft. J. d. russ. phys.-chem. Ges. XVI, [1] 168-173†; [Chem. Ber. XVII, [2] 194-195; [Beibl. VIII, 683.

Die chemische Verwandtschaft hängt ab von den Eigenschaften der Atome (Atomgewicht, Valenz) und von ihrer Bewegungsart, (Geschwindigkeit, Amplitude und Richtung). *O. Chw.*

Ledebur. Ueber Oxydation und Reduction. Chem. CBl. (3) XV, 99; Stahl und Eisen 1883, Heft 7.

F. Urech. Untersuchungen über den Vorgang der Reduction alkalischer Kupferlösung durch Dextrose. Chem. Ber. XVII, 495-99†; [Beibl. VIII, 428.

Emmerling. Wirkungsgrösse der Salpetersäure und der Oxalsäure auf Marmor. Naturf. XVII, 85; D. landwirthschaftl. Versuchsstat. XXX, 109.

Es wird die Gewichtsabnahme von Marmorplättchen bestimmt, wenn sie in Salpetersäure, Oxalsäure oder in ein Gemisch von beiden gehängt werden. Da mit der zunehmenden Einwirkung die Menge der wirksamen Säure abnimmt, können auf diese Weise nur annähernde Resultate gewonnen werden, welche das Guldberg-Waage'sche Gesetz zu bestätigen scheinen. *Cn.*

N. Menschutkin. Ueber die Bestimmung der Isomerie der Säuren durch die Anfangsgeschwindigkeit ihrer Aetherification. Beibl. VIII, 5; Aus Trav. Chim. Pays-Bas II, 117, 1883.

A. Potilizin. Displacement of chlorine by bromine, and reactions accompanied by the absorption of heat. J. chem. soc. XLVI, 955-956; Aus Chem. Ber. XVII, 1308-1324.

H. Landolt. Time of existence of thiosulphuric acid in aqueous solution. J. chem. soc. XLVI, 554-555; Aus Chem. Ber. XVI, 2958-2967.

E. Mulder. Ueber ein Ausströmungs-Ozonometer und über die Zersetzungsgeschwindigkeit des Ozons. [Ber. d. chem. Ges. XVII, 399-400, Nr. 14; Rec. trav. chim. III, 137 bis 157.

A. Bartoli. Widerstand von spiegelnden Stahlflächen gegenüber von oxydirenden Dämpfen. Beibl. IX, 192; l'Orosi VII, 1884, 2 p.

3b. Krystalle.

B. Minnigerode. Untersuchungen über die Symmetrieverhältnisse und die Elasticität der Krystalle.

Erste bis dritte Abhandlung. Nachr. K. Ges. d. Wiss. zu Göttingen, 1884 Nr. 6 S. 195-226, Nr. 9 S. 374-384, Nr. 12 S. 488-492†; [N. Jahrb. f. Min. 1885, I, 380-383; [ZS. f. Kryst. XI, 98; [Beibl. X, 269.

Die vorliegenden Abhandlungen haben die Untersuchungen über die Symmetrieeigenschaften der Krystalle nach einer Richtung hin zu einem gewissen Abschluss geführt. Es war bekannt, dass eine vollständige Beschreibung dieser Eigenschaften nur durch Angabe der Drehungen und Spiegelungen erfolgen kann, welche einen Krystall mit sich selbst zur Deckung bringen. Die vorhandenen Darstellungen dieses Gegenstandes entbehrten aber der analytischen Ausdrücke für jene Deckbewegungen und konnten deshalb nicht als vollkommen befriedigend angesehen werden. Der Verfasser hat nun gezeigt, dass diese analytische Darstellung der Symmetrieeigenschaften der Krystalle mit Hülfe der Substitutions- oder Gruppentheorie ausgeführt werden kann. Man gewinnt auf diesem Wege eine neue Bezeichnung gleichberechtigter Richtungen in einem Krystall, also auch gleichberechtigter Krystallflächen, welche zwar für die gewöhnlichen Zwecke der Krystallbeschreibung wenig geeignet sein würde, für die theoretische Krystallographie aber von grossem Nutzen ist. Anstatt die Richtung einer Geraden oder einer Ebene in einem Krystall, wie es üblich ist, auf Coordinatenaxen zu beziehen, kann man sie bezeichnen durch die Operationen der Drehungen und Spiegelungen, mit Hülfe deren jene Richtung aus einer beliebigen der gleichberechtigten Richtungen, die als Ausgangsrichtung dient, hervorgeht. Dieses Princip der Beschreibung hat der Verfasser für alle Krystallsysteme durchgeführt. Er hat die Symmetrieelemente, namentlich die verschiedenen Arten der Symmetrieaxen schärfer, als es bisher möglich war, definirt und auf dieser Grundlage eine Charakteristik der

Krystallsysteme errichtet, welche als ein wesentlicher Fortschritt der Krystallographie anzusehen ist.

Die gruppentheoretische Darstellung der Symmetrieeigenschaften der Krystalle ist mannigfacher Anwendung fähig, wie der Verfasser an einem Beispiel darlegt, indem er zeigt, dass man aus dem Werthe, den in der GREEN'schen Theorie der Elasticität der Krystalle das Potential der elastischen Kräfte für trikline Krystalle besitzt, die für höher symmetrische Krystalle geltenden Werthe fast ohne Aufwand von Rechnung ableiten kann. Dabei findet er, dass in dieser so vielfach und neuerlichst insbesondere von W. VOIGT und ARON bearbeiteten Lehre eine Gruppe von Fällen bisher vollständig übersehen worden ist.

Lh.

G. JUNGHANN. Studien über die Geometrie der Krystalle. N. Jahrb. f. Min. I. Beilage-Band 1881, 327-418†; [ZS. f. Kryst. IX, 94-96.

Eine Darstellung der geometrischen Krystallographie nach der „tetraëdrometrischen Methode“ (d. h. mit Benutzung von Eckengrössen an Stelle von Winkelgrössen) auf Grund der Relationen, welche der Verfasser in seiner „Tetraëdrometrie“, Gotha 1862/63 entwickelt hat. *Lh.*

G. WERNER. Ueber das Axensystem der drei- und sechsgliedrigen Krystalle. N. Jahrb. f. Min. 1882, II, 55-88†; [ZS. f. Kryst. IX, 96.

Der Verfasser empfiehlt die Krystallformen der rhomboëdrischen Hemiëdrie des hexagonalen Systems auf ein Axensystem zu beziehen, welches gebildet wird von der dreizähligen Symmetrieaxe und den Schnittgeraden der drei Symmetrieebenen mit der auf jener Axe senkrecht stehenden Ebene. *Lh.*

M. WEBSKY. Ueber die Ein- und Mehrdeutigkeit der Fundamentalbogencomplexe für die Elemente monoklinischer Krystallgattungen. Berl. Sitzber. 1884, 371-386†; [N. Jahrb. f. Min. 1885, I, 79-91; [ZS. f. Kryst. XI, 99.

Der Verfasser giebt eine Aufzählung von 90 Fällen, in denen die Axenelemente monokliner Krystalle aus gemessenen Flächenwinkeln berechnet werden können. *Lh.*

A. Brezina. Krystallographische Untersuchungen an homologen und isomeren Reihen. I. Theil. Methodik der Krystallbestimmung. Wien 1884. 8°. XIV und 359 S. Mit 1 Taf. und 93 Holzschn.†; [N. Jahrb. f. Min. 167-173; [Beibl. VIII, 538.

Die von dem Verfasser in diesem einleitenden Theile behandelten Methoden beziehen sich auf die Messung von Flächenwinkeln, die Kritik dieser Messungen, die Ermittelung der Beobachtungs- und Ausbildungsfehler, die Abbildung der Polfiguren krystallisirter Körper nach dem Princip der stereographischen Projection und die Berechnung der Krystallformen.

Die optische Orientirung wird auf 7 Seiten (318-324) erledigt. *Lh.*

O. Mügge. Beiträge zur Kenntniss der Structurflächen des Kalkspathes und über die Beziehungen derselben unter einander und zur Zwillingsbildung am Kalkspath und einigen anderen Mineralien. N. Jahrb. f. Min. 1883, I, 32-54†.

— — Structurflächen am Kalkspath. Ibid. 81-85†.

— — Berichtigung. Ibid. 198-199†; [ZS. f. Kryst. IX, 201-202.

Der Verfasser entwickelt die Beziehungen, welche zwischen den durch Cohäsionseigenschaften ausgezeichneten Formen des Kalkspaths:

$$R,\ -\tfrac{1}{2}R \text{ und } \infty P2,\ -2R \text{ und } 0R$$

bestehen.

Spannt man ein Spaltungsrhomboëder R mit zwei einander gegenüberliegenden Mittelecken in eine Presse mit parallelen Backen, so gelingt es durch einen allmählich gesteigerten Druck eine Verschiebung des ganzen Rhomboëders nach einer Gleitfläche zu erzeugen, während nach den von E. REUSCH und H. BAUMHAUER angegebenen Methoden nur gewisse Theile eines solchen Rhomboëders in Zwillingsstellung verschoben werden können. Allerdings sind Präparate dieser Art meist stark von Sprüngen durchsetzt. *Lh.*

O. MÜGGE. Ueber die Zwillingbildung des Kryoliths. Jahrb. d. wissensch. Anstalten zu Hamburg f. 1883, Hamburg 1884†; [N. Jahrb. f. Min. 1886, II, 25; [ZS. f. Kryst. XI, 167; [Beibl. IX, 19.

Im Kryolith können, durch Erwärmen bis zu einer den Schmelzpunkt des Zinks (423°) nur wenig übersteigenden Temperatur, Zwillingslamellen nach denselben Gesetzen, welche an den grönländischen Krystallen beobachtet worden sind, hervorgerufen werden. *Lh.*

O. MÜGGE. Beiträge zur Kenntniss der Cohäsionsverhältnisse einiger Mineralien. N. Jahrb. f. Min. I, 50-62†; [ZS. f. Kryst. X, 295; [Beibl. VIII, 470.

Der Verfasser beschreibt Schlagfiguren an folgenden Mineralien: Gyps, Kobaltblüthe und Vivianit, Antimonglanz, Hydrargyrit, Brucit, Uranglimmer, Apophyllit, Topas, und am Ferrocyankalium. *Lh.*

O. MÜGGE. Ueber Schlagfiguren und künstliche Zwillingsbildung am Leadhillit und die Dimorphie dieser Substanz. N. Jahrb. f. Min. I, 63-68, 204†; [ZS. f. Kryst. X, 296; [Beibl. VIII, 471.

Beim Erhitzen eines dünnen Spaltungsblättchens entstehen zunächst zahlreiche feine Zwillingslamellen, bis schliesslich bei 300°, in einigen Fällen schon bei 120°, das ganze Blättchen optisch einaxig wird; beim Erkalten erhielten sich optisch einaxige Theile in einer Platte längere Zeit. Die Substanz des Leadhillit ist demnach dimorph. *Lh.*

O. Mügge. Bemerkungen über die Zwillingsbildung einiger Mineralien. N. Jahrb. f. Min. 1884, I, 216-226†; [Beibl. VIII, 473; [ZS. f. Kryst, X, 297.

Der Verfasser beschreibt Zwillingslamellen in Eisenglanz und Rutil, welche wahrscheinlich durch Druck hervorgerufen sind. *Lh.*

O. Mügge. Ueber die Zwillingsbildung des Antimons nach $-\frac{1}{2}$R. und 24R. N. Jahrb. f. Min. II, 40-42†; [Beibl. VIII, 637.

Bei Antimon werden Zwillingslamellen beschrieben, welche ähnlich denen von Eisenglanz etc. durch Druck gebildet sind. Wahrscheinlich entstehen sie bald nach dem Erstarren; da das Rhomboëder des Antimons sehr würfelähnlich ist, bedarf es nur einer geringen Verschiebung, um die Lamelle hervorzurufen, was ihre Häufigkeit erklärt. *Bde.*

O. Meyer. Aetzversuche an Kalkspath. N. Jahrb. f. Min. 1883, I, 74-78†; [ZS. f. Kryst. IX, 203-204; [Chem. CBl. XV, 319.

Der Verfasser setzte eine glatt geschliffene Kugel von isländischem Kalkspath (ca. 26 mm Durchmesser) der Einwirkung von Essigsäure aus. 1½ Monate später war ein Körper von ungefähr 9 mm Durchmesser übrig, der eine Combination der Basis mit einem spitzen rhomboëderähnlichen Skalenoëder darstellte. Der Körper war sicherlich keine hexagonale Pyramide, wie sie Lavizzari (Nouveaux phénomènes des corps crystallisés, Lugano 1865, 3. Cap.) durch Behandlung von Kalkspathkugeln mit Salzsäure erhielt. — Durch eine Mischung von Salzsäure und Essigsäure werden auf Kalkspath nicht Aetzfiguren der Salzsäure und Essigsäure gleichzeitig hervorgebracht, sondern gleichartige neue Figuren. *Lh.*

V. v. Ebner. Die Lösungsflächen des Kalkspathes und des Aragonites. I. Die Lösungsflächen und Lösungsgestalten des Kalkspathes. Wien. Ber. LXXXIX, [2] 368-458, mit 4 Tafeln†; [N. Jahrb. f. Min. 1886, I, 388-391; [ZS. f. Kryst. XI, 172; Beibl. VIII, 760; Wien. Anz. 1884, 50.

Als Lösungsgestalten bezeichnet der Verfasser die bei der continuirlichen Lösung eines Krystalls hervorgerufenen Formen. Obwohl Lösungsgestalten und Aetzfiguren vielfach neben einander vorkommen, so kann doch eine Lösung des Krystalls stattfinden, ohne dass eigentliche Aetzfiguren entstehen. Der Verfasser zeigt, dass die Erscheinungen bei der Lösung des Kalkspathes in Säuren auf krystallographisch bestimmte Lösungsflächen zurückgeführt werden können. Diese primären Lösungsflächen sind indessen, worauf BECKE im N. Jahrb. f. Min. hingewiesen hat, nicht als Flächen leichtester Löslichkeit, sondern als Flächen des grössten Lösungswiderstandes zu deuten. *Lh.*

L. BUSATTI. Sulle strie di dissoluzione del Sal gemma. Rend. Soc. Tosc. sc. nat. 13 maggio, 1883, 262; [ZS. f. Kryst. IX, 581; [N. Jahrb. f. Min. 1887, I, 423; [Beibl. IX, 91.

Die Auflösungsstreifen verlaufen einer Oktaëderfläche parallel; ihre Gestalt und Ausdehnung hängt von der Zeit und der Concentration der Lösung ab. *Lh.*

WILLIAM THOMSON. On the development of Crystals from transparent glass by the action of solvents upon it. Rep. Brit. Ass. Southport 1883, 471.

Glas, von Fluorwasserstoffsäure angeätzt, zeigte Theilchen von krystallinischer Struktur; wurde ein schwächeres Lösungsmittel, saures Natriumfluorid angewandt, so zeigte sich unter dem Mikroskop, dass die Seiten der Aetzvertiefung aus Myriaden hexagonaler Pyramiden bestanden. Neutrales Ammoniumfluorid hinterliess nach kurzer Einwirkung eisblumenähnliche Zeichnungen auf dem Glase, nach längerer Einwirkung fünf- und sechsseitige Aetzfiguren. *Bde.*

C. MARIGNAC. Sur une prétendue association par cristallisation de corps r'offrant aucune analogie de constitution atomique. Arch. sc. phys. (3) XI, 399-407; [Bull. soc. chim. Paris XLI, 541; [Chem. Ber. XVII, 343-344; [Chem. CBl. (3) XV, 545-547.

H. KOPP. Ueber Krystallisation und namentlich über gemengte. Chem. Ber. XVII, 1105-1121†; [Beibl. VIII, 635.

O. LEHMANN. Erwiderung auf die Bemerkungen des Hrn. KOPP zu meiner Kritik der G. BRÜGELMANN'schen Arbeiten über Krystallisation. Chem. Ber. XVII, 1733-1739†; [Beibl. IX, 387.

G. BRÜGELMANN. Ueber die Krystallisation; Beobachtungen und Folgerungen. III. Mittheilung. Leipzig 1884†; Chem. Ber. XVII, 2359-2372; [ZS. f. Kryst. X, 102-105; [Chem. CBl. 1884, 801-833.

C. MARIGNAC. Ueber einen Aufsatz von Dr. G. BRÜGELMANN betreffend Krystallisation. Chem. Ber. XVII, 2831 bis 2832†; [Beibl. IX, 311.

O. LEHMANN. Erwiderung auf die Mittheilung des Hrn. G. BRÜGELMANN. Chem. Ber. XVII, 2885-2886†; [Beibl. IX, 311.

Den Gegenstand dieser Discussion bildet das angebliche, von BRÜGELMANN aufgestellte „Neue Grundgesetz von der gemischten Krystallisation“: Das gemischte Krystallisiren findet ausnahmslos und ausschliesslich statt nach Maassgabe gleichzeitiger Krystallisation der Componenten. *Lh.*

TH. SALZER. Ueber den Krystallwassergehalt der Salze. LIEBIG's Ann. CCXXIII, 1-39; [Arch. d. Pharm. (3) XXII, 390; [Chem. Ber. XVII, 197-198; [Beibl. VIII, 424; [J. chem. soc. XLVI, 806-807.

Der Verfasser stellt folgende Regeln auf:

Wenn eine einbasische Säure mit einem Metall ausser dem neutralen Salze auch saure Salze bildet, so wird die Zahl der aufnehmbaren Krystallwassermolecüle (bezogen auf ein Molecül Säure) mit zunehmendem Säuregehalt geringer. Wenn durch Vereinigung einer Säure mit einem Metalloxyd ausser dem neutralen Salze auch ein oder mehrere basische Salze entstehen können, so binden letztere weniger Krystallwasser als das neutrale Salz. Wenn eine anorganische mehrbasische Säure mit einem Metall mehrere normale Salze bildet, so wächst die Zahl der aufnehmbaren Krystallwassermolecüle in dem Maasse, als der Hydroxylwasserstoff durch Metall ersetzt wird. Wenn eine mehrbasische organische Säure mit einem Metall mehrere normale Salze bildet, so wächst die Zahl der durch diese Salze aufnehmbaren Krystallwassermolecüle in dem Maasse, als der Carboxyl- oder Sulfoxylwasserstoff durch Metall ersetzt wird. Die krystallisirten Salze der Benzolderivate, in welchen zwei negative Gruppen wie Hydroxyl, Carboxyl, Sulfoxyl oder Nitroyl in der Orthobeziehung zu einander stehen, binden nicht so viel Krystallwasser als die isomeren Salze der Parasäuren. Die letzte Regel wird auch dann nicht alterirt, wenn ausser den zwei durch elektronegative Gruppen ersetzten Wasserstoffatomen eine oder auch zwei weitere Benzolwasserstoffatome durch Cl, Br, J oder eine indifferente Gruppe ersetzt werden. *Lh.*

A. SCHRAUF. Ueber die Trimorphie und die Ausdehnungscoefficienten des Titandioxyds. ZS. f. Kryst. IX, 433-485†; [N. Jahrb. f. Min. 1886, II, 175-179; [Beibl. IX, 312; [Naturf. XVIII, 65; [J. de phys. (2) IV, 236.

Der Verfasser bestimmte die thermischen Dilatationscoefficienten der drei Modificationen von TiO_2:

Brookit (mittlere Temperatur 17,5° C., $\Delta t = 1°$ C.)

$\alpha_a = 0{,}0000\,144\,938,$
$\alpha_b = 0{,}0000\,192\,029,$
$\alpha_c = 0{,}0000\,220\,489.$

Rutil

$\alpha_a = 0{,}000\,007\,192,$
$\alpha_c = 0{,}000\,009\,943.$

Nach H. FIZEAU ist bei 40° C.

$\alpha_a = 0{,}00\,000\,714, \quad \alpha_c = 0{,}00\,000\,919.$

Anatas.

$$\left| \begin{aligned} \alpha_a &= -0{,}0000\,028\,801, \\ \alpha_c &= 0{,}0000\,066\,424. \end{aligned} \right.$$

Dagegen ist nach H. FIZEAU:

$$\alpha_a = 0{,}00\,000\,468, \quad \alpha_c = 0{,}00\,000\,819.$$

Zum Schluss behandelt der Verfasser die geometrischen Beziehungen dieser Körper. *Lh.*

P. HAUTEFEUILLE et J. MARGOTET. Sur le polymorphisme du phosphate de silice. C. R. IC, 789-792†; [ZS. f. Kryst. XI, 196; [Beibl. IX, 90.

Die Phosphorkieselsäure $SiO_2.P_2O_5$ tritt in vier Modifikationen auf: es bilden sich unter 300° stark doppeltbrechende hexagonale Prismen, welche durch Wasser zersetzt werden; bei 360° dünne sechsseitige, dem Tridymit ähnliche Täfelchen mit kaum bemerkbarer Doppelbrechung, durch Wasser schwieriger zersetzbar; zwischen 700° und 800° reguläre Oktaëder; endlich zwischen 800° und 1000° monokline Prismen. Die beiden letzteren Modifikationen werden durch Wasser nicht zersetzt. *Lh.*

C. HINTZE. Zur Isomorphie und Morphotropie. Chem. CBl. (3) XVIII, 657-660†; [Beibl. VIII, 803.

— — Ist ein wesentlicher Unterschied anzunehmen zwischen anorganischen und organischen Verbindungen rücksichtlich der Beziehungen zwischen Krystallform und chemischer Constitution? Verh. d. naturhist. Ver. d. pr. Rheinl. u. Westf. XLI, 261†; [ZS. f. Kryst. XI, 158; [N. Jahrb. f. Min. 1886, II, 174.

Der Verfasser beantwortet diese Frage dahin, dass ein solcher Unterschied, wie er von P. GROTH aufgestellt wurde, durch die Annahme, dass die Isomorphie auf den Bereich der anorganischen, die Morphotropie dagegen auf das Gebiet der organischen Verbindungen beschränkt sei, in der That nicht vorhanden ist. *Lh.*

A. SCHMIDT. Zur Isomorphie des Jordanit und Meneghinit. ZS. f. Kryst. VIII, 613-621†; [N. Jahrb. f. Min. 1885, I, 200.

C. HINTZE. Bemerkungen zur Isomorphie des Jordanit und Meneghinit. ZS. f. Kryst. IX, 294-296†.

A. SCHMIDT sucht die Isomorphie von Jordanit ($4PbS.As_2S_3$) und Meneghinit ($4PbS.Sb_2S_3$) nachzuweisen. HINTZE glaubt, dass die beiden Körper einer isomorphen Gruppe angehören, von der zwei Glieder noch unbekannt seien. *Lh.*

D. KLEIN. Sur une modification à apporter à l'énoncé de la loi de l'isomorphisme. C. R. 1882, XCV, 781†; [ZS. f. Kryst. IX, 408-409; [N. Jahrb. f. Min. 1884, I, 4.

— — Sur l'isomorphisme de masse. Bull. soc. min. de France 1882, V, 260†.

Der Verfasser beobachtete drei Gruppen isomorpher Körper:

1) $9WO_3.B_2O_3.2H_2O+22H_2O$,
$12WO_3.SiO_2.4H_2O+29H_2O$,
$9WO_3.B_2O_3.Na_2O.H_2O+23H_2O$;

2) $9WO_3.B_2O_3.2BaO+18H_2O$,
$4WO_3.BaO+10H_2O$;

3) $9WO_3.B_2O_3.2[(NH_4)_2O]+19H_2O$,
$4WO_3.(NH_4)_2O+8H_2O$;

welche ihm zu folgendem Satze Anlass geben: zwei isomorphe Körper besitzen eine anologe chemische Constitution („Constitutions-Isomorphismus“) oder sie sind vorwiegend aus denselben Elementen resp. aus Elementen von analoger chemischer Function gebildet („Massenisomorphismus“). *Lh.*

G. WYROUBOFF. Sur le dimorphisme du sulfate acide de potasse et sur la forme cristalline de la Misénite. Bull. soc. min. de France VII, 5-8†; [ZS. f. Kryst. XI, 200; [N. Jahrb. f. Min. 1886, I, 391-392; [Beibl. VIII, 354.

Die zweite, weniger beständige Modifikation von $KHSO_4$, welche wahrscheinlich auch in dem Misenit vorliegt, krystallisirt monoklin. *Lh.*

G. Wyrouboff. Ueber die Krystallform eines neuen Thalliumhypersulfates. Bull. soc. min. 1884, 139†; [Beibl. VIII, 802-803.

Der Verfasser schliesst aus den Eigenschaften eines neu von ihm hergestellten Thalliumsalzes, dass die gewöhnliche Lehre vom Isomorphismus den Thatsachen nicht gerecht wird, und dass Verbindungen von sehr verschiedenem chemischem Charakter einander in der Form unleugbar ähnlich sein können. *Bde.*

C. Rammelsberg. Ueber isomorphe, chemisch nicht analoge Mineralien. N. Jahrb. f. Mineral. II, 67-74†; [ZS. f. Kryst. XI, 327; [Beibl. VIII, 760.

Der Verfasser wendet sich gegen die von G. Tschermak für die Scapolithgruppe und von W. Fresenius für Phillipsit und Chabasit aufgestellten Mischungsgesetze. Um Mischungsgesetze für Gruppen von Körpern aufzustellen, in denen gleiche Krystallform und ungleiche chemische Zusammensetzung einander begleiten, müsse man die Endglieder wirklich trennen. Ausserdem müsse, wie es bei den Feldspäthen der Fall ist, die Zusammensetzung jeder Mischung durch das Atomverhältniss ihrer Elemente einen Beweis für das Mischungsgesetz liefern. *Lh.*

Herrmann. Ueber Krystallisationserscheinungen, welche mit der Lehre vom Isomorphismus im Widerspruch stehen. Würzburg. Sitzber. 1884, 117-120†; [Naturf. XVIII, 125.

— — Ueber das Product der Einwirkung von Alkalimetallen auf Bernsteinsäureäthylester. Habilitat.-Schrift. Würzburg 1881.

Die Beobachtungen des Verfassers über das Zusammenkrystallisiren des Succinylobernsteinsäureesters mit dem Chinonhydrodicarbonsäureester sind von O. LEHMANN (ZS. f. Kryst. X, 3, 341) vervollständigt und durch die physikalische Isomerie der letzteren Substanz erklärt worden. *Lh.*

A. SCHWARZ. Isomorphismus und Polymorphismus. Mähr.-Ostrau. Progr. 1884. 8°. 37 S. [Beibl. IX, 383.

Historische Darlegung der Lehre vom Isomorphismus und Polymorphismus der Mineralien. *Lh.*

E. MALLARD. Sur les rapports qui existent entre les réseaux cristallins des différents corps. C. R. XCIX, 209-212†; [Naturf. XVII, 344.

— — Sur l'isomorphisme des chlorates et des azotates, et sur la quasi-identité vraisemblable de l'arrangement moléculaire dans toutes les substances cristallisées. Bull. de la soc. min. de France VII, 349-401†; [ZS. f. Kryst. XI, 654-657; [N. Jahrb. f. Min. 1886, II, 213-215.

Die Uebereinstimmungen in den Krystallformen der verschiedenen Modificationen der isomorphen Chlorate und Nitrate von K, Na, NH_4 veranlassen den Verfasser für diese Verbindungen ein nahezu reguläres Molekularnetz anzunehmen. Darüber hinaus versucht der Verfasser nachzuweisen, dass die Molekularstruktur aller krystallisirten Körper gar nicht oder nur äusserst wenig verschieden sei von der Molekularstruktur der regulären Krystalle. *Lh.*

H. Baron v. FOULLON. Ueber krystallisirtes Zinn. Verh. d. geol. Reichsanst. 1881, 237-244†; Jahrb. d. k. k. geol. Reichsanstalt XXXIV, 367-384†; [Beibl. VIII, 422; [ZS. f. Kryst. IX, 601-603.

Die rhombische Modifikation des Zinns entsteht wahrscheinlich durch langsame Abkühlung unter dem Schmelzpunkte, während sich die gewöhnliche tetragonale Modifikation beim schnellen Abkühlen bildet. Die erste, in den Verh. der k. k. geol. Reichsanstalt in Wien erschienene Arbeit (1881) behandelt die rhombische Modifikation, die zweite in dem Jahrbuch jener Anstalt veröffentlichte Arbeit (1884) beschäftigt sich mit der Krystallform des tetragonalen Zinns. *Lh.*

W. C. Brögger und G. Flink. Krystallsystem des Berylliums. Ber. d. chem. Ges. XVII, 849-850†.

— — Ueber Krystalle von Beryllium und Vanadium. Medd. f. Stokkh. Högsk. Öfvers. k. Sv. Vet.-Akad. Förh. 1884; ZS. f. Kryst. IX, 225-237†; [J. chem. Soc. XLVI, 1092; [J. de phys. (2) IV, 235.

Beryllium krystallisirt im hexagonalen System, wahrscheinlich holoëdrisch, mit einem Axenverhältniss ($a:c = 1:1,5802$), welches von dem Axenverhältniss des Magnesium nicht viel abweicht. Auch dem Zink steht Beryllium in seiner Krystallform nahe.

Vanadium krystallisirt im regulären System. Gewöhnliche Combination (110), (100). Tafelförmige Zwillinge nach einer Fläche von (443). *Lh.*

C. Klein. Mineralogische Mittheilungen X. N. Jahrb. f. Mineral. I, 235-258 (mit 1 Tafel)†; [ZS. f. Kryst. X, 299; [Beibl. VIII, 467.

Enthält Untersuchungen über die optischen Eigenschaften des Boracit, Perowskit, Analcim, Apophyllit. Es wurde namentlich der Einfluss der Temperatur mit Hülfe einer auf dem Objekttisch eines Mikroskops anzubringenden Erhitzungsvorrichtung verfolgt. *Lh.*

O. Mügge. Ueber den Thenardit. N. Jahrb. f. Min. II, 1-10†; [Beibl. VIII, 638.

Die optischen Eigenschaften des Thenardit (Na_2SO_4) sind in ähnlicher Weise mit der Temperatur veränderlich wie jene des Glaserit (K_2SO_4). Beim Erhitzen des (rhombischen) Thenardit entsteht eine hexagonale Modifikation von Na_2SO_4 mit negativem

Charakter der Doppelbrechung, ein Verhalten, welches ebenfalls ein Analogon am K_2SO_4 findet. *Lh.*

F. SANSONI. Sulle forme cristalline della Calcite di Andreasberg. Atti Lincei Mem. (3) XIX, 450; [ZS. f. Kryst. X, 545; [N. Jahrb. f. Min. 1887, I, 221-229; [J. chem. soc. L, 209.

Diese Abhandlung über den Kalkspath von Andreasberg im Harz, welche sich auf die Untersuchung von 2500 Exemplaren und auf die Messung von 722 Krystallen stützt, soll den ersten Theil einer grösseren Arbeit über den Kalkspath bilden.

Lh.

J. KREJČI. Eine neue Berechnung der Chalkanthitkrystalle. Sitzber. d. kgl. böhm. Ges. 1884, 181-186†.

Ein diklines Krystallsystem, wie es der Verfasser für Kupfervitriol nachzuweisen sucht, existirt nicht. *Lh.*

O. LEHMANN. Mikrokrystallographische Untersuchungen. ZS. f. Kryst. VIII, 433-454†; [Beibl. VIII, 474.

Der Verfasser beschreibt seine Beobachtungen an folgenden Körpern:

I. Nitroorthotoluidin, Nitroorthokresol, Amidokresol, Silbersalz des Nitroorthokresols, Nitrat des Nitroorthotoluidins, Sulfat des Nitroorthotoluidins.

II. Salmiak, Eisenchlorür, Mischung von Salmiak und Eisenchlorür; Manganchlorür, Nickelchlorür, Kobaltchlorür, Mischungen von Salmiak mit diesen Chlorüren und mit Kupferchlorid, Eisenchlorid, Chlorkalium, Chlornatrium, Chlorcalcium; Mischungen von Chlorbarium und Chlorstrontium. Den Schluss bildet eine Notiz über Trichitenbildung. *Lh.*

E. WICKEL. Krystallographische Untersuchungen einiger organischer Verbindungen. Inaug.-Dissert. Göttingen, 37pp.† [Beibl. VIII, 693; [ZS. f. Kryst. XI, 78.

Es handelt sich um die Krystallform folgender Körper:
Metanitrobenzmesidin $C_6H_2(CH_3)_2NH.CO.C_6H_4NO_2$.
Metasulfobenzoesaures Natron

$$C_6H_4\begin{cases}CO.OH\\SO_3,Na\end{cases}+2H_2O.$$

Benzophenon $C_6H_5.CO.C_6H_5$.
Mononitromesitylen $C_6H_2(CH_3)_3NO_2$.
Aethylacetanilid

$$C_6H_5.N\begin{cases}C_2H_5\\C_2H_3O\end{cases}.$$

Anishydroxamsäureäthylester

$$N\begin{cases}C_8H_7O_2\\C_2H_5\\OH\end{cases}.$$

Orthodinitrobenzol $C_6H_4(NO_2)_2$.

Lh.

Ch. Soret. Notices cristallographiques. Arch. sc. phys. (3) XI, 51-64†; [ZS. f. Kryst. XI, 431.

Der Verfasser beschreibt Krystallformen folgender Körper:
Metaxylolphtaloylsaures Ammonium

$$(CH_3)_2C_6H_3-CO.C_6H_4.COONH_4.$$

Pseudocumolphtaloylsäure

$$(CH_3)_3C_6H_2-CO.C_6H_4.COOH.$$

Pseudocumolphtaloylsaures Ammonium

$$C_{17}H_{15}O_3NH_4.$$

Diacetylweinsäure-Methyläther

$$\begin{array}{l}CHO(C_2H_3O)-COOCH_3\\|\\CHO(C_2H_3O)-COOCH_3.\end{array}$$

Diacethylweinsäure-Aethyläther

$$\begin{array}{l}CHO(C_2H_3O)-COO.C_2H_5\\|\\CHO(C_2H_3O)-COO.C_2H_5.\end{array}$$

Basisches Derivat des Furfurobutylen

$$\begin{array}{c}C_4H_3OC-C(CH_3)_2.\\ \backslash N /\end{array}$$

Diphtalilbromür $C_{16}H_8O_4 . Br_2$
Tetrachlorphtalsäure-Methyläther $C_6Cl_4(CO_2 . CH_3)_2$.
Tetrachlorphtalsäuretetrachlorid

$$C_6Cl_4\begin{matrix}CCl_2\\CCl_2\end{matrix}\!\!>O;$$

Monokliner Natrium-Alaun. *Lh.*

C. HINTZE. Beiträge zur krystallographischen Kenntniss organischer Verbindungen. ZS. f. Kryst. IX, 536-557†; [Beibl. IX, 236.

Die von dem Verfasser untersuchten Körper sind:

Tetraphenyläthan; Tetraphenyläthylen; Triphenylmethan mit Krystallbenzol; Triphenylmethan; Triphenylbrommethan; Triphenylcarbinoläthyläther; Paraphenylendiamin; Thioharnstoff; inactiv weinsaures Calcium mit 3 aeq. Wasser; Maleïnsaures Baryum; Isobenzil. *Lh.*

A. SCACCHI. Nuove ricerche sulle forme cristalline dei paratartrati acidi di ammonio e di potassio. Ac. Napoli Rendic. XXIII, 48.

Der Verfasser hat die Krystalle des paraweinsauren Kaliums und Ammoniums früher monoklin gefunden, während WYROUBOFF sie für triklin erklärt. Auch bei neueren Versuchen findet SCACCHI dieselben bestimmt monoklin, während auf WYROUBOFF's Seite Zwillingsbildungen mit einspringendem Winkel von 273½° die trikline Gestaltung sicher stellen. Da also ein Irrthum auf beiden Seiten ausgeschlossen ist, wird angenommen, dass beide Beobachter verschiedene Krystallarten in Händen gehabt haben. Die Ursache dieser Verschiedenheit bleibt noch aufzuklären.

Bde.

A. SCHRAUF. Vergleichende morphologische Studien über die axiale Lagerung der Atome in Krystallen. ZS. f. Kryst. IX, 265-277†; [N. Jahrb. f. Min. 1886, I, 7-10; [Beibl. IX, 79.

Die Resultate des Verfassers sind in folgenden Sätzen enthalten:

I. Krystalle jener Verbindungen CHO..., welche eine gleiche oder multiple Anzahl der Atome von C und H, oder von C und O enthalten, besitzen in der Mehrzahl der Fälle je zwei nahezu gleichwerthige Parameter, deren relatives Grössenverhältniss im Mittel durch 1,00 = 1,02 ausgedrückt werden kann.

II. Die Symmetrie- und Parameterverhältnisse der complicirten Substitutions- und Additionsprodukte machen die Annahme nothwendig, dass bei denselben nicht die einzelnen Atome der Elemente, sondern dass engegebundene Atomgruppen (Radikale..) sich, im Raume orientirt, aneinanderlagern und hierdurch die axiale Polarität der Verbindung hervorrufen.

III. Polymere Verbindungen sind homöomorph. Sind nicht alle, sondern nur einige Grundstoffe in multipler Anzahl — partielle Polymerie — vorhanden, so ist Isomorphismus einiger Zonen neben der morphotropischen Wirkung des wechselnden Grundstoffes nachweisbar.

IV. Die Annahme einer axial orientirten Lage der Atome gestattet die Ableitung der Krystallformen von verwandten C, H, O-Verbindungen aus den für ein Glied derselben geltenden volumetrischen Werthen (Atometer) der physikalischen Atome von C, H, O. Die Atomgrössen werden dem Charakter der allomeren Stoffe entsprechend für chemisch differente Serien ungleich sein können. Bei einzelnen Verbindungen verhalten sich die axiometrischen Werthe von C, O, H wie 100 : 101 : 102; bei Serien anderer Art sind die Werthe der Grundstoffe hingegen gleich und die Coordinatenaxen direct proportional der Anzahl der Atome. *Lh.*

Litteratur.

E. Schneider. Ueber eine neue Justirvorrichtung an einem Krystallgoniometer. ZS. f. Instrk. IV, 242-244. *Rz.*

E. Mallard. Traité de cristallographie géométrique et physique. Tome 2. Cristallographie physique. (600 S. mit 184 Fig. u. 8 Taf.); Paris: Dunod.

Wm. Barlow. Probable Nature of the Internal Symmetry of Crystals. Beibl. VIII, 637; Nat. XXVIII, 186, 205, 1883; XXIX, 404, 1884.

L. Sohncke. Probable Nature of the Internal Symmetry of Crystals. Beibl. VIII, 637; Nat. XXIX, 383.

J. Krejči. Neue Ableitungen der Krystallographischen Zonen- und Kantengleichungen mit Benutzung von Determinanten. Sitzber. Kgl. Böhm. Ges. 1884, 316-342.

Lh.

O. Mügge. Ueber Gleitflächen an Gyps, Antimonglanz, Wismuthglanz, Auripigment und Cyanit. Neues Jahrb. f. Min. II, 13, 1883; Als Auszug des Verf. in Beibl. VIII, 472.

Becke. Aetzversuche am Bleiglanz. Petrogr. u. min. Mitt. VI, Heft 3.

H. Reinsch. Ueber den Einfluss der Salpetersäure auf Krystallisation und optische Verhältnisse der schwefelsauren Salze. Beibl. IX, 91; ZS. f. Kryst. IX, 561-63.

Maquenne. Ueber die Krystallisation des Schwefels. Bull. soc. chim. XLI, 238-9; [J. chem. soc. XLVI, 1254; [Ber. d. chem. Ges. XVII, 199.

W. P. Blake. Crystallized Gold in Prismatic Forms. Sill. J. XXVIII, 57; ZS. f. Kryst. X, 313; [J. chem. soc. XLVIII, 478.

G. Rousseau and A. Saglier. Crystallised Barium Manganite. C. R. IC, 139-141; [J. chem. soc. XLVI, 1261.

A. de Schulten. Crystallised Aluminium orthophosphate. C. R. XCVIII, 1583-4; J. chem. soc. XLVI, 1263-4.

P. Groth. Natural Fluorine compounds. [N. Jahrb. f. Min. 1883, Ref. 324-7; J. chem. soc, XLVI, 265-6.

Terreil. Crystallised Ammonio-silver chloride and ammonio-silver jodide. C. R. XCVIII, 1279-80; [J. chem. soc. XLVI, 890.

A. Carnot and Richard. Crystallised calcium silicophosphate produced in the dephosphorisation of iron. J. chem. soc. XLVI, 157-8; C. R. XCVII, 316-20.

COOPER. Krystallisation der Phosphorsäure. Pharm. J. and Trans. (3) No. 712, 644; [Arch. Pharm. CCXXII, 470. *Bde.*

P. L. HUSKISSON. Die Krystallisation der Phosphorsäure. The Pharm. J. 1884, 644; [Chem. Ber. XVII, 161.

R. A. CRIPPS. Krystallisirtes Natronhydrat. Ber. Berl. Ges. XVII, Ref. 248; The Pharm. Jour. 1884, 833.

Durch Digestion des Hydrats mit einer zur Lösung ungenügenden Menge Wassers werden bei 40° Krystallnadeln erhalten, die bei 60° schmelzen und die Zusammensetzung $3NaHO.4H^2O$ besitzen. *Cn.*

P. F. S. PROVENZALI. Ueber die freiwillige Disgregation des gekühlten Glases. Beibl. VIII, 14; Aus Atti Acc. Pontif. dei Nuovi Lincei XXXIV, 237. 1883.

ST. MEUNIER. Ueber ein krystallhaltiges Glas aus einem brennenden Steinkohlen-Lager. C. R. XCIX, 1166; [Naturf. XVIII, 83.

A. BRUN. Ueber einen Antimonitkrystall von der Insel Shikoku, Japan. Arch. sc. phys, 1884, XI, 514; ZS. f. Kryst. XI, 159.

E. SCACCHI. Krystallographie des Phenylcumarins und des Cumarins. Gazz. chim. XIV, 563-570; [J. chem. soc. XLVIII, 901.

Phenylcumarin scheint monoklin zu sein;

$$a:b:c = 3,1054:1:3,0060;$$

Cumarin orthorhombisch

$$a:b:c = 0,9833:1:0,3696.$$

H. A. MIERS. Hemiedrism of cuprite. Phil. Mag. (3) XVIII, 127-29; [J. de Phys. (2) IV, 474; [Cim. (3) XVII, 83.

Ein Fall von plagiëdrischer Hemiëdrie im regulären System, dessengleichen bis dahin bloss beim Salmiak bekannt war.

H. BÖKLEN. Ueber den Amethyst. [ZS. f. Kryst. IX, 204-6; N. Jahrb. f. Min. 1883 I, 62-73.

E. F. HONNORAT. Sur une variété de cristaux de chlorure de sodium. Assoc. Franc. Blois 1884, 141-2.

G. WYROUBOFF. Krystallographische Untersuchungen über einige neue weinsaure Salze. Bull. de la Soc. Min. VI, 310, 1883; [Beibl. VIII, 352.

H. Söffing. Krystallographische Untersuchung einiger organischer Verbindungen. Beibl. VIII, 190; Inaug.-Dissert. Göttingen, 1883, 44 p. u. 1 Taf.

Jos. Zingel. Krystallographische Untersuchung einiger organischer Verbindungen. Inaug.-Dissert. 45 p., Göttingen.

4. Mechanik.

A. Lediku. De l'homogénéité des formules. C. R. XCVI, 1692-1696†.

— — Réciproque de l'homogénéité. Similitude des formules. C. R. XCVI, 1834-1838†.

Die erste Note enthält Betrachtungen über die Homogeneität von Formeln, in denen die verschiedenartigen Grössen durch ihre Maasszahlen in den willkürlich festgesetzten Einheiten vertreten werden. Als die ersten vier uranfänglichen („primordiales") Einheiten werden Kraft (*F*), Masse (*M*), Länge (*L*), Zeit (*T*) angeführt, durch die Gleichung $F = k.MLT^{-2}$ verbunden, worin *k* gleich 1 gesetzt werden kann. Die Note schliesst mit dem Satze: „Die in allgemeiner Weise aufgefasste Homogeneität besteht darin, dass alle Glieder der betrachteten Relation ein und dieselbe Dimension für jede unabhängige in ihr vorkommende Ureinheit haben müssen." In der zweiten Note wird die Möglichkeit besprochen, aus dem Principe der Homogeneität der Formeln einen Rückschluss auf die Gestalt einer aufzufindenden Relation zu machen. Insbesondere wird unter diesem Gesichtspunkte die Newton'sche Lehre von der Aehnlichkeit in der Mechanik näher betrachtet, und daran eine Phantasie über den beschleunigten Verlauf der Kosmogonie durch Aenderung zweier allgemeinen Parameter geknüpft. *Lp.*

E. Winkler und Keck. Einheitliche Bezeichnung mathematisch-technischer Grössen. Civiling. (2) XXX, 285-288†; [Dingl. J. CCLII, 524-526; Dtsch. Bauz. 1884, Nr. 59-60.

Die von der Versammlung der Abgeordneten technischer Hochschulen im Jahre 1880 gewählte Commission zur Herbeiführung einer einheitlichen Bezeichnung mathematisch-technischer Grössen hat auf schriftlichem Wege die Angelegenheit zu Ende geführt. Durch die beiden oben genannten Herren sind diejenigen Bezeichnungen festgestellt worden, welche den Wünschen der Mehrheit entsprechen. Die abgedruckte Tabelle umfasst: I. Elasticitäts- und Festigkeitslehre. II. Hydraulik. III. Maschinenlehre. Abdrücke von der Zusammenstellung können für 30 Pfennig (in Briefmarken) durch den Vorstand des Architekten- und Ingenieur-Vereins zu Hannover bezogen werden.

Lp.

E. Hartig. Ueber einige Allgemeinbegriffe der mechanischen Technik. Civiling. (2) XXX, 421-440†.

Eine philosophische Untersuchung zur Feststellung des Umfangs und Inhaltes folgender Begriffe: Werkzeug, Triebzeug, Mechanismus, Leerlauf, Arbeitsgang, Getriebe, Maschine.

Lp.

P. G. Tait. On the laws of motion. Part I. Proc. Soc. Edinb. XII, 8-18.

Der wesentliche Inhalt wenigstens eines Theiles der Abhandlung wurde bereits als eine Abendvorlesung der British Association bei ihrer Zusammenkunft in Glasgow 1876 mitgetheilt. Des Verfassers Artikel „Mechanics“ in der Encycl. Britt. gründet sich gänzlich auf Newton's Bewegungsgesetze und deutet gegen das Ende hin nur an, dass nach aller Wahrscheinlichkeit bald eine wesentliche Abänderung erforderlich sein würde. Sein Einwurf gegen das Newton'sche System scheint der zu sein, dass es einen Begriff „Kraft“ einführt, der, obschon durch den Muskelsinn uns sehr geläufig, nichts Objectivem entspricht. Er bemerkt, dass in der gegenwärtigen Schrift nur Einfachheit der Principien erstrebt wird und die angewandten mathematischen Methoden die sind, welche (unabhängig von der Frage ihrer Gemässheit für einen Anfänger) die kürzesten und directesten schienen. Ein zweiter Theil würde der Einfachheit der Methode für den Elementar-Unterricht gewidmet werden. Danach geht er zur Erläuterung seiner eigenen Anschauung über, deren allgemeiner Charakter aus dem folgenden Auszuge hervorgeht. 1) „So weit unsere neueren Kenntnisse reichen, giebt es nur zwei objective Dinge in der physischen Welt, Masse und Energie. Die Energie kann nur mit der Masse verbunden existiren, und sie kann in der Praxis vorgestellt und gemessen werden, nur wenn sie durch eine „dynamische Transaction" von einem Theile von Masse in einen anderen übergeht. Bei solchen Uebergängen wird sie oft verwandelt, aber kein Vorgang ist je erdacht oder beobachtet worden, durch den die Menge, sei es von Masse, sei es von Energie, geändert ist. 2) Daher sind die wahren Grundlagen unseres Gegenstandes nach unserem Ermessen: 1) Erhaltung der Masse, 2) Erhaltung der Energie, 3) jene Eigenschaft (Eigenschaften?) der Masse, kraft welcher sie das nothwendige Vehikel oder je nach dem Falle der Speicher der Energie sein kann".

Die Schrift schliesst mit einer kurzen Vergleichung der grundlegenden Principien der Wissenschaft, wie dieselben durch Newton, Lagrange, Hamilton, Peirce, Kirchhoff und Clerk Maxwell eingeführt sind, und auch wie sie in dem einheitlichen Wirbelsystem von Sir W. Thomson erscheinen. *Cayley.* (*Lp.*)

J. Larmor. On the immediate application of the principle of least action to the dynamics of a particle, catenaries, and other related problems. Proc. Math. Soc. XV, 158-170†; [Beibl. X, 399, 1886.

— — On the direct application of the principle of least action to the dynamics of solid and fluid systems, and analogous elastic problems. Proc. Math. Soc. XV, 178-184†.

Hr. Larmor beginnt seine erste Arbeit mit der Bemerkung, die verschiedenen Gebiete der mathematischen Physik seien so eng verbnnden, dass die Lösung einer Aufgabe in dem einen Zweige sich oft auf einen anderen übertragen lasse. Zu diesem Zwecke müsse der von den besonderen Beziehungen möglichst abgelöste allgemeinste mathematische Ausdruck der speciellen Aufgabe gefunden werden. Unabhängig vom zufälligen Coordinatensysteme sei die vollständige mathematische Fixirung jeder Aufgabe der Dynamik in jeder der beiden Formen des Princips der kleinsten Wirkung enthalten, wenn die potentielle und kinetische Energie des Systems bekannt sei. Ausserdem haben die Herren Clausius, Boltzmann, Szily die enge Verwandtschaft dieses Princips mit dem zweiten Gesetze der mechanischen Wärmetheorie gezeigt. Aus diesen und ähnlichen Gründen wünscht der Verfasser zu zeigen, mit welcher Leichtigkeit und Einfachheit der blosse Ansatz des Princips ohne nachfolgende mathematische Arbeit das Vorhandensein und die Art mancher Analogien zwischen verschiedenartigen Problemen enthüllt.

In der ersten Abhandlung entwickelt er die Beziehungen zwischen verschiedenen Aufgaben über die Bewegung eines Massenpunktes und den Formen von Strahlensystemen und Kettenlinien als unmittelbaren Ausfluss des Princips der kleinsten Wirkung. Durch die Anwendung der Methode der reciproken Radien und anderer Transformationen wird man zu einer grossen Zahl von Verallgemeinerungen lösbarer Fälle der Bewegung geführt, die früher getrennt behandelt sind. Die zweite Abhandlung untersucht nach einer Einleitung über die beiden analytischen Formeln für das Princip der kleinsten Wirkung zuerst die Gestalt derselben für den Fall, dass einzelne der Coordinaten in den Ausdrücken für die kinetische und potentielle Energie nicht vorkommen. Danach wird die von Herrn G. Kirchhoff entdeckte Analogie zwischen der Gestalt eines elastischen, ursprünglich geraden Drahtes besprochen, der an seinen Enden ziehenden Kräften unterworfen wird, und der Bewegung eines starren Körpers um einen festen Punkt unter dem Einflusse der Schwerkraft. Es folgt sofort eine Ausdehnung auf den Fall, wo der Draht anfänglich eine kreisförmige oder spiralige Gestalt hat. Dann wird der brachistochrone Charakter der Bewegung einer Kugel in einer Flüssigkeit von derselben Dichtigkeit bei fest gegebenen Begrenzungen nachgewiesen. Zuletzt wird das Princip auf die Bewegung fester Körper mit Ringströmen durch Oeffnungen entweder in einigen der Körper oder in festen Begrenzungen angewandt. Die Ergebnisse stehen mit denen von Hrn. C. NEUMANN in seinen „Hydrodynamischen Untersuchungen" in Uebereinstimmung. *Lp.*

J. PETERSEN. Kinematik, Foreläsninger holdte ved den polytekniske Läreanstalt. Kjöbenhavn: Höst & Sön. 69 S. 8°.

— — Kinematik. Deutsche Ausgabe besorgt von R. VON FISCHER-BENZON. Kopenhagen: Höst & Sohn. 80 S. 8°.

Das Büchlein, ein Supplement zu der „Statik fester Körper" des Verfassers (Fort. d. Math. 1882, XIV, 731) enthält die Grundzüge der Entwickelungen aus der Kinematik, welche an einer polytechnischen Schule zweckmässiger Weise gegeben werden. Der erste Abschnitt handelt von unendlich kleinen Bewegungen, der zweite hat endliche Bewegungen zum Gegenstande. Nachdem aus der Zusammensetzung elementarer Rotationen die Analyse einer beliebigen Elementarbewegung gewonnen ist, wird ein Liniencomplex erster Ordnung behandelt, und die Erkenntniss vermittelt, dass alle Nulllinien, das sind die Linien, in Bezug auf welche die Momentensumme eines Kräftesystems gleich Null ist, einen solchen linearen Liniencomplex bilden. Im Anschluss hieran wird die Bedeutung von Brennpunkt und Charakteristik einer Ebene entwickelt und der Nachweis gegeben, dass, wenn ein starres System mit vier Punkten auf vier festen Flächen gleitet, die Punkte zweier bestimmten Geraden Linienelemente beschreiben, während alle anderen Punkte des Systems Flächentrajectorien besitzen. Wird das starre System mit fünf Punkten auf fünf festen Flächen geleitet, so ist die Bewegung bestimmt; diese Bewegung lässt sich, wie jede Elementarbewegung, als eine Schraubenbewegung auffassen, und die Elemente derselben sind aus den fünf Normalen jener Flächen construirbar. Diese Construction wird entwickelt. Zwei folgende Capitel beschäftigen sich mit der Beschleunigung eines Punktes und dem eines Punktsystemes und geben einige interessante Anwendungen.

Im zweiten Abschnitte wird dargethan, dass jede Bewegung eines um einen festen Punkt im Raum drehbaren Körpers als eine Rollung aufgefasst werden kann, und demnächst werden specielle Bewegungsformen analysirt. Gegliederte Systeme aller Art sowie Anwendungen, welche der Praxis entnommen sind, bilden den Schluss des Büchleins. *Schn.*

M. Grübler. Ueber die zusammengesetzte Centripetalbeschleunigung. ZS. f. Math. XXIX, 313-315†.

Bewegt sich ein Punkt gegen ein räumlich starres System, welches selbst wieder eine Bewegung im ruhenden Raum besitzt, so ist nach Coriolis (J. de l'Éc. polytechnique cah. XXIV, 142) die Beschleunigung der absoluten Bewegung des Punktes die Resultirende aus folgenden drei Beschleunigungen: 1) der Beschleunigung des Systempunktes, mit welchem der bewegliche Punkt momentan zusammenfällt; 2) der Beschleunigung der Relativbewegung des Punktes gegen das System; 3) der sogenannten zusammengesetzten Centripetalbeschleunigung. Letztere hat folgende Grösse und Richtung: Bedeutet ω die Winkelgeschwindigkeit, mit welcher das System um die Momentanaxe rotirt, ω_r die Geschwindigkeit der relativen Bewegung des Punktes gegen das System und α den Winkel, welchen diese Geschwindigkeit mit der Momentanaxe einschliesst, so ist jene centripetale Beschleunigung der Grösse nach durch den Ausdruck $2\omega\omega_r \sin\alpha$ gegeben und ist senkrecht zu einer durch ω_r gehenden, zur Momentanaxe parallelen Ebene gleichsinnig mit ω gerichtet. Für diesen Satz von Coriolis wird eine einfache Herleitung gegeben.

Schn.

E. Cesaro. Théorème de cinématique. Nouv. Ann. (3) III, 434-436†.

Wenn ein Punkt eine beliebige Trajectorie durchläuft, so lässt sich seine Bewegung in jedem Zeitelement auffassen als eine Schraubenbewegung um eine Centralaxe, d. i. die Axe der Schraubenlinie, welche die Trajectorie in dem betrachteten Punkt osculirt. Daraus folgt, dass die Bewegung des Punktes auch hervorgebracht werden kann durch eine Bewegung einer Regelfläche, mit der der Punkt starr verbunden ist, und zwar hat sich diese Regelfläche rollend und gleitend auf einer festen Regelfläche des Raumes zu bewegen. Die Frage, welche untersucht wird, ist die: Unter welchen Bedingungen sind diese Regelflächen abwickelbar? Die Untersuchung führt auf zwei Arten von Trajectorien. Die eine stellt sich dar in der Klasse der Schraubenlinien oder geodätischer Linien auf Cylinderflächen; die Analyse der zweiten Art führt auf die Frage: Welches sind die abwickelbaren Flächen, welche längs einer ihrer geodätischen Linien constante Krümmung haben? *Lp.*

G. M. Minchin, C. Graham. Solution of question 7513. Ed. Times XLI, 38-39†.

Einfacher geometrischer Beweis für die Existenz und Grundeigenschaft des momentanen Beschleunigungs-Centrums bei der unipolaren Bewegung eines starren Körpers. *Lp.*

E. Novarese. Sulle accelerazioni nel moto di una figura piana nel proprio piano. Atti di Torino XIX, 661-663†.

Bekanntlich umhüllen die Richtungen der Geschwindigkeiten einer in einer Ebene beweglichen Geraden für jede Lage der Geraden eine Parabel. Dieser Satz wird verallgemeinert: „Die Richtungen der Beschleunigungen (beliebiger Ordnung) der Punkte einer in einer Ebene beweglichen Geraden umhüllen eine Parabel, die zum Brennpunkte das Momentancentrum der Beschleunigungen und zur Scheiteltangente die Richtung der Beschleunigung des Punktes der Geraden hat, für welchen diese Beschleunigung ein Minimum ist. Die Parabel berührt die Gerade in demjenigen ihrer Punkte, dessen Beschleunigung längs der Geraden selbst erfogt.“ Es folgen einige Sätze über die mit sämmtlichen Geraden einer Ebene zusammenhängenden Parabeln.

Lp.

J. W. Warren. A general theorem concerning the motion of a solid body. Quart. J. of Math. XX, 13-18†.

„Wenn ein geradliniges, windschiefes, rechtwinkliges, starres Polygon von gerader Seitenzahl längs seinen abwechselnden Seiten durch Strecken gleitet, die doppelt so gross sind wie die Längen dieser Seiten, und sich der Reihe nach um diese selben Seiten als Axen durch Winkel dreht, die doppelt so gross sind wie die der zur jeweiligen Drehungsaxe senkrechten beiden Seiten, so fallen die Anfangs- und Endlage des Polygons zusammen.“

Dieser Satz wird mit blosser Hülfe der Elementargeometrie bewiesen; danach werden seine Anwendungen auf kinematische Aufgaben gezeigt. *Lp.*

M. Grübler. Ueber die Krümmungsmittelpunkte der Polbahnen. ZS. f. Math. XXIX, 212-222, 382-384†.

Die Bewegung eines starren ebenen Systems wird bestimmt durch die Enveloppen, welche zwei Curven dieses Systems erzeugen. Aus diesen Elementen der Bewegung werden die Krümmungsradien der Polbahnen, sowie die Lage ihrer Krümmungsmittelpunkte hergeleitet. *Schn.*

D. Padelletti. Sul centro delle forze nel piano. Rend. di Nap. XXIII, 74-78†.

Die Note specialisirt die Betrachtungen, über welche im Jahrg. 1883 der Fortschr. d. Math. XV, 775 berichtet ist, für den Fall, dass die n Punkte des starren Massensystems und die dasselbe angreifenden parallelen Kräfte in einer und derselben Ebene liegen. Z. B.: Die Mittelpunkte der beiden Systeme paralleler Kräfte, die man durch Projection der gegebenen Kräfte auf zwei zu einander rechtwinklige Richtungen erhält, liegen auf einer und derselben Geraden, der Centralaxe des Systems, und bilden auf ihr eine Involution, deren Centrum der Schwerpunkt G des Systems ist. (Die Punkte sind, wie in der früheren Arbeit, mit derjenigen Masse behaftet, die gleich dem Quadrate der zur jeweiligen Axe parallelen Componente ist). Bei einer Rotation der Kräfte um ihre Angriffspunkte geht ihre Resultante durch einen festen Punkt C, den Mittelpunkt der Kräfte, und dieser Punkt C ist einer der Scheitel der ausgearteten Clebsch'schen Centralellipse, bezüglich irgend eines der Systeme S', d. h. liegt auf dem im Schwerpunkte auf der Centralaxe errichteten Lothe, in einer Entfernung gleich dem Trägheitsradius des Systems S in Bezug auf dieses Loth. *Lp.*

D. Padelletti. Sopra un' estensione del concetto di polo e caratteristica in cinematica. Rend. di Nap. XXIII, 54-55†.

Bei einer im Raum beweglichen starren Oberfläche werden „verallgemeinerte Pole" diejenigen unter ihren Punkten genannt, deren Geschwindigkeiten senkrecht zur Oberfläche gerichtet sind, „verallgemeinerte Charakteristik" der Ort derjenigen unter ihren Punkten, deren Geschwindigkeiten in Tangenten zur Oberfläche liegen. Ist die Ordnung der Fläche n, so ist die Zahl der Pole im allgemeinen n^2, die Ordnung der Charakteristik im allgemeinen n^2. *Lp.*

P. van Geer. De methode van Roberval. Nieuw Arch. XI, 28-45†.

Roberval (1602-1673) war ein Zeitgenosse von Fermat, Pascal, Desargues und Descartes. Seine mathematischen Werke wurden erst lange nach seinem Tode in den „Anciens Mémoires de l'Académie des Sciences" (1730) herausgegeben. In der Abhandlung „Observations sur la composition des mouvements et sur le moyen de trouver les touchantes des lignes courbes" wird die Tangentenconstruction auseinander gesetzt, welche jetzt noch die Methode von Roberval in den Lehrbüchern der Mechanik genannt wird. Doch meistens wird sie unrichtig oder unvollständig mitgetheilt. In dem oben genannten Aufsatze wird zuerst die Arbeit von Roberval ausführlich besprochen und dann auf verschiedene Curven angewandt. Die algebraische Analysis wird zu Hülfe genommen, um den Unterschied zwischen Componente und Projection der Geschwindigkeit hervor zu heben, weil hier eben der Fehler der meisten Lehrbücher liegt.

van Geer. (*Lp.*)

W. W. Johnson. The kinematical method of tangents. Annals of Math. I, 131-133†.

Bestimmung der Bedingungen für die relative Bewegung zweier Ebenen; Anwendung auf die Construction von Tangenten bei bekannten ebenen Curven. *Johnson.* (*Lp.*)

M. Grübler. Zur Construction der Wendepunkte. ZS. f. Math. XXIX, 311-313†.

Ist M das Momentancentrum irgend einer Bewegung eines starren ebenen Systems in seiner Ebene, P ein beliebiger Systempunkt und K der Krümmungsmittelpunkt der Bahn, welche P momentan beschreibt, endlich W der sogenannte Wendepunkt auf dem Strahle MP, so besteht zwischen den vier Punkten ein Zusammenhang, welcher durch die Gleichung $PW.PK = PM^2$ dargestellt wird. (Vgl. Schell, Theorie der Bewegung und der Kräfte, 2. Aufl. I, S. 462). Auf Grund dieser Gleichung lässt sich zu drei von den vier Punkten M, P, K, W der vierte immer leicht construiren. Der Verfasser construirt nun aus M, P, K den Punkt W durch zwei Parallelenpaare auf eine Weise, von welcher er meint, dass sie neu sei. Den Umstand, dass er bei seiner Construction zwei Gerade willkürlich von je einem Punkte aus ziehen darf, benutzt er dann, um einige bekannte Sätze über die Bewegung des ebenen Systems etwas einfacher zu beweisen, als dies gewöhnlich geschieht. *Schubert.* (*Lp.*)

TH. ORLOFF. Ueber die Quadratur der Rouletten.
Mosk. math. Samml. XI, 457-514†. (Russisch.)

Die elegante analytische Methode von DARBOUX (DARBOUX Bulletin des Sciences mathém. (2) II, 333) wird auf die Untersuchungen von STEINER, HOLDITSCH, WILLIAMSON, LEUDESDORFF KEMPE, LIGUINE und des Verfassers selbst über die Quadratur der Rouletten angewandt. Diese Untersuchungen betreffen, wie bekannt, die Flächen, welche von den Leitstrahlen der Punkte eines beweglichen, aber in sich starren Gebildes beschrieben werden, wenn die Bewegung durch die gegebene Polodie oder Herpolodie oder durch irgend zwei andere Bedingungen bestimmt ist. *Wassilieff.* (*Lp.*)

TH. ORLOFF. Aus der Theorie der Rouletten.
Odessa Denkschr. V, 159-172†. (Russisch.)

Es wird die Aufgabe gelöst, zwei Curven zu finden, welche bezw. als Polodie und Herpolodie angenommen, geradlinige Bewegung eines Punktes des beweglichen, aber in sich starren Gebildes liefern. *Wassilieff.* (*Lp.*)

B. BIEL. Ueber Rollbewegungen unter der Voraussetzung, dass der erzeugende Punkt noch einer besonderen Eigenbewegung unterliegt. Pr. Bensheim†.

Auf einem Kreise (1) bewegt sich rollend ein zweiter Kreis (2). Diesen umgiebt ein dritter mit ihm fest verbundener concentrischer Kreis (3). Auf dem letzteren bewegt sich ein Punkt, so, dass der von ihm durchlaufene Bogen proportional dem Bogenstück ist, um welches Kreis (2) auf Kreis (1) sich abrollt. Die Bahn dieses Punktes bildet den Gegenstand der vorliegenden Studie. *Schn.*

M. L. JACOB. Sur une question de cinématique.
Nouv. Ann. (3) III, 29-32†.

Die Frage, mit der sich der Verfasser beschäftigt, ist folgende: Eine Gerade D von constanter Länge gleite mit ihrem einen Endpunkt in einem Kreise, mit ihrem anderen auf dem

Durchmesser dieses Kreises; es soll die Natur der Curven *C* bestimmt werden, welche, wenn sie starr mit der Geraden *D* verbunden gedacht werden, bei ihrer Bewegung einen Kreis umhüllen. *Schn.*

Tchebicheff. Sur la transformation du mouvement rotatoire en mouvement sur certaines lignes, à l'aide de systèmes articulés. Bull. soc. math. XII, 179-187†.

Eine gerade Linie *AB* sei der gemeinschaftliche Schenkel zweier gleichschenkligen Dreiecke *ABC* und *ABM*, so dass $AB = AC = AM$. Der eine Endpunkt *A* bewege sich auf einem Kreise, dessen Mittelpunkt im Punkte *C* liegt; der andere Endpunkt *B* auf einem zweiten Kreise, dessen Mittelpunkt in einem festen Punkte C_1 von *CB* liegt. Dann beschreibt der Punkt *M* des veränderlichen Dreiecks *ABM* eine Curve. Herr Tschebischeff untersucht die Bedingungen dafür, dass diese von *M* beschriebene Curve sich 1) einem Kreise, 2) einer Geraden möglichst stark annähere. *Lp.*

J. Santscheffsky. Ueber ein dreigliedriges articulirtes System (ein Gliedersystem von drei Stäben). Odessa Denkschr. V, 31-42†. (Russisch.)

Es sei *ABCD* ein articulirtes Vierseit. Wenn die Seite *AB* eine feste Lage hat, so beschreibt ein beliebiger Punkt der Seite *CD* eine Curve 6ten Grades (die Watt'sche genannt) die unter gewissen Bedingungen, welche von Roberts (Proc. Math. Soc. II, 133) und Hart (Mess. of Math. IV, 82) gegeben sind, in einen Kreis und in eine Curve 4ten Grades zerfällt. Der Verfasser löst die Aufgabe, diese Bedingungen zu finden, indem er von dem allgemeinen Falle ausgeht. Dieselbe Aufgabe war schon früher von Cayley (On the Mechanical Decription of certain sextic curves. Proc. Math. Soc. IV, 108) gelöst, aber in einer complicirteren Weise. *Wassilieff. (Lp.)*

M. d'Ocagne. Nouvelle remarque sur le système Peaucellier. Nouv. Ann. (3) III, 199-200†.

Abänderung eines früheren Beweises für eine Formel, welche die Geschwindigkeit des geradlinig bewegten Punktes giebt.

Lp.

A. MANNHEIM. Note on linkages. Mess. of Math. (2) XIV, 20-21.

Zwei geometrische Beweise für Sätze, die mit den Grundbedingungen der Apparate von HART und KEMPE zusammenhängen. *Glaisher.* (*Lp.*)

H. MARCUS. Aufgaben aus der angewandten Kinematik. Aus den kinematischen Uebungen am Königlichen Polytechnikum. Civiling. (2) XXX, 23-36†.

Zwei Aufgaben, wie sie in den kinematischen Uebungsstunden des Hrn. RITTERSHAUS behandelt worden sind, über den Einfluss, den die oscillirenden Theile am Kurbelgetriebe auf die Bewegung derselben ausüben, werden auf graphischem Wege durchgeführt: I. Die Pleuelstange des Schubkurbelgetriebes. II. Die oscillirenden Getriebe. *Lp.*

G. PLARR. On the quaternion expression of the finite displacements of a system of points of which the mutual distances remain invariable. Proc. Soc. Edinb. XII, 151-171†.

Der Verfasser bemerkt, dass, wenn wir die Starrheit eines Punktsystems aus einem rein geometrischen Gesichtspunkte zu definiren versuchen, wir geneigt sind, die Unveränderlichkeit der gegenseitigen Entfernungen der Punkte als eine genügende Definition anzusehen. Nimmt man aber diese Definition als Ausgangspunkt bei der Aufgabe: die endlichen Verrückungen des Systems auszudrücken, so kommt es bald zur Erscheinung, dass die Unveränderlichkeit der Abstände nicht genügt, um die Unveränderlichkeit der relativen Lagen der Punkte zu sichern. Mit Hülfe der Methode der Quaternionen wird in der Arbeit die Grundbedingung der Aufgabe in eine Gleichung umgesetzt, die zwei getrennte Factoren zeigt. Der eine Factor löst die

Aufgabe, indem er die Verrückungen als eine Schraubenwindung des Systems darstellt; der andere Factor giebt die geometrische „Perversion“ der ursprünglichen Figur. *Cayley.* (*Lp.*)

T. J. Stieltjes. Note sur le déplacement d'un système invariable dont un point est fixe. Arch. Néerl. XIX, 372 bis 390†; [Beibl. IX, 537.

In Duhamel's Cours de mécanique und anderen Lehrbüchern der theoretischen Mechanik wird die endliche Verschiebung eines starren Systems mit einem festen Punkte auf analytischem Wege auf eine Rotation um eine feste Axe zurückgeführt. Der Verfasser weist nach, wie die hierbei gegebenen Formeln in einem Falle unbrauchbar werden, wo die Axe dennoch ganz bestimmt ist, nämlich in dem Falle, dass die Verschiebung auf eine Rotation von 180° zurückkommt. Dieser Ausnahmefall wird hier ausführlich behandelt, und die Formeln werden in solcher Weise transformirt, dass sie auch jetzt noch anwendbar sind. Diese Transformation wird sehr klar und vollständig entwickelt.

van Geer. (*Lp.*)

---

de Sparre. Sur l'erpolodie de Poinsot†. C. R. IC, 906-909.

Nach Berichtigung eines Zeichenfehlers in der Abhandlung des Hrn. Ch. Hermite über die Lamé'sche Differentialgleichung folgert Hr. de Sparre mit Hülfe der berichtigten Formel, dass die Herpolodie keine stationären Punkte besitzt. Unter Bezugnahme auf einen von ihm in den Annales de la Société scientifique de Bruxelles veröffentlichten anderen einfachen Beweis dafür, dass die Herpolodie weder Rückkehr- noch Wendepunkte besitzt, weist der Verfasser darauf hin, dass diese Curve in den Lehrbüchern der Mechanik falsch abgebildet wird und in ihrem Aussehen der Horizontalprojection der Bahn des sphärischen Pendels ähnlich ist. Eine umfassendere Untersuchung der Eigenschaften der Herpolodie, unter denen die von Hrn. de Sparre erwähnte enthalten ist, hat Hr. W. Hess bereits in seiner Dissertation veröffentlicht: „Das Rollen einer Fläche zweiten Grades auf einer invariablen Ebene". München 1880. Diese Schrift, über welche auch in WIED. Beiblättern und in den Fort. d. Math. ein Bericht erschien, ist wohl in Frankreich unbekannt geblieben. *Lp.*

R. TOWNSEND. Solution of question 7076. Ed. Times XL, 34-35†.

Bei einem starren in Bewegung begriffenen Körper lege man durch den Punkt *O*, der keine geradlinige Beschleunigung besitzt, zwei Gerade mit Richtungen, welche zu denen der Winkelgeschwindigkeit und der Winkelbeschleunigung in irgend einem Augenblicke der Bewegung parallel sind, und beschreibe um dieselben als Axen zwei Kreiscylinder, die durch einen willkürlichen Punkt *P* des Körpers gehen. Dann besteht die ganze lineare Beschleunigung von *P* in dem Augenblicke aus zwei Componenten, die bezw. von der Winkel-Geschwindigkeit und -Beschleunigung herrühren, von denen ferner die erstere zum ersten der beiden Cylinder normal, die letztere zum zweiten tangential ist, und die bezw. dem Radius des zugehörigen Cylinders direct proportional sind. Zu diesem von Hrn. TOWNSEND bewiesenen Satze bemerkt Hr. MINCHIN, dass derselbe von ihm bereits im Jahre 1880 in der Nature veröffentlicht sei, nachdem Hr. WOLSTENHOLME ihn auf die Ausdehnung des ursprünglich nur für ebene Bewegung von ihm entdeckten Satzes auf den Raum hingewiesen hätte. Ausserdem ist von diesem bei nicht englischen Autoren schon noch früher zu findenden Satze in MINCHIN's Unipolar Kinematics Anwendung auf die Lösung einiger Aufgaben gemacht. *Lp.*

C. FORMENTI. Sul movimento geometrico dei sistemi invariabili. Rend. Lomb. Ist. (2) XVI, 781-795†.

Der Aufsatz ist der erste unter einer Reihe von Artikeln, welche die Kinematik eines starren Systems behandeln, von denen die folgenden aber erst 1885 an demselben Orte veröffentlicht sind. Bei der elementaren Bewegung eines starren Systems haben bekanntlich die Geschwindigkeiten zweier beliebigen

Systempunkte gleiche Projectionen auf ihre Verbindungsgerade; oder auch die Geschwindigkeiten aller Punkte einer Geraden haben gleiche Projectionen auf dieselbe. Diese Projection nennt der Verfasser die „Geschwindigkeit der Geraden". Es ist leicht zu zeigen, dass die Bewegung des ganzen Systems bestimmt ist, wenn die sechs Geschwindigkeiten der Kanten eines Tetraeders bekannt sind. Die Arbeit beschäftigt sich mit der analytischen Entwickelung der Gesetze der Bewegung eines starren Punktsystems, indem als gleichwertige, unabhängige Variable die Geschwindigkeiten der sechs Kanten eines beliebigen Tetraeders angenommen werden: alle anderen Variabeln der Bewegung werden durch diese sechs ausgedrückt. Die Entwickelungen gehen unter fortwährendem Gebrauche von Determinanten-Relationen vor sich. Zum Verständnisse der beiden Hauptgleichungen des vorliegenden ersten Artikels bezeichne man die Systempunkte mit 1, 2, 3, ..., r, ...; das Product aus der Verbindungslinie der Punkte i, k in die Geschwindigkeit dieser Geraden mit m_{ik}; das sechsfache Volumen des Tetraeders, dessen Ecken die Punkte i, k, l, m sind, mit $(iklm)$. Das Bezugstetraeder sei (1234); dann bedeuten also

$$m_{12},\ m_{23},\ m_{31},\ m_{14},\ m_{24},\ m_{34}$$

sechs gegebene Grössen, die als unabhängige Variable zu nehmen sind. Durch sie drückt sich das Moment einer beliebigen Geraden rs aus:

$$(1234)m_{rs} = m_{12}(34rs)+m_{23}(14rs)+m_{31}(24rs)$$
$$+m_{14}(23rs)+m_{24}(31rs)+m_{34}(12rs).$$

Es sei ferner das „Moment eines Dreiecks" m_{ikl} gleich seinem doppelten Inhalte, multiplicirt mit der Orthogonal-Componente der Winkelgeschwindigkeit des Systems auf dem Lote zur Dreiecksebene. Dann ist:

$$(1234)m_{rst} = (1rst)m_{234}+(2rst)m_{314}$$
$$+(3rst)m_{124}+(4rst)m_{213}.$$

Lp.

Ph. Gilbert. Sur les accélérations de différents ordres. Ann. soc. scient. de Brux. VIII, A. 53-56†.

Auf die Bewegungen eines freien Körpers werden Sätze ausgedehnt, die sich auf einen Körper mit einem festen Punkte beziehen. Beweis einer Formel über die Zusammensetzung von Beschleunigungen beliebiger Ordnung bei den relativen Bewegungen, ähnlich wie bei SOMOFF und LÉVY, aber einfacher.

Mansion. (*Lp.*)

J. LARMOR. On possible systems of jointed wickerwork, and their degrees of internal freedom. Proc. Camb. Soc. V, 161-167†.

Wenn zwei Scharen erzeugender Geraden eines einmanteligen Hyperboloids mittels durch Gelenke verknüpfter, sich kreuzender Ruthen gebildet werden, so wird das so gebildete System nicht steif sein, da die durch das Gitterwerk angenommenen Formen nach einer Deformation die Erzeugenden eines confocalen Systems von Hyperboloiden sind. Der Verfasser untersucht durch ein directes Verfahren den Grund dieses Mangels an Steifigkeit und bestimmt die Anzahl der Stufen innerer Freiheit, die anderen Systemen eigenthümlich sind, deren Existenz bewiesen wird, und die aus drei Schaaren durch Kugelgelenke verbundener Ruthen bestehen, indem drei Ruthen durch jedes Gelenk gehen. Bei der Erörterung der ersten Aufgabe findet sich, dass man die Betrachtung auf drei Ruthen beschränken kann, welche drei andere kreuzen; denn es wird gezeigt, dass jede Ruthe, welche einen Satz von ihnen durchkreuzt, jede Ruthe, welche den anderen Satz durchkreuzt, in einem Punkte der Ruthe trifft, der durch die Deformation ungeändert bleibt. Und aus ähnlichen Gründen hat man im zweiten Falle nur das gleichsam kubische Gitterwerk zu betrachten, das aus drei solchen Sätzen von sechs über einander gelagerten gebildet wird, die von neun durch sie hindurchgehenden Ruthen verknüpft werden, so dass im ganzen 27 Ruthen vorhanden sind. *Glaisher.* (*Lp.*)

E. LEBON. Sur l'angle des lits oblique et normal de la vis Saint-Gilles. Nouv. Ann. (3) III, 40-45†.

Der angegebene Winkel wird für die von den Mechanikern gebrauchte Form und für die von DE LA GOURNERIE und MANNHEIM vorgeschlagene Construction zuerst allgemein, dann an einem Zahlenbeispiel berechnet. *Lp.*

W. M. THORNTON. On the design of stepped pulleys for lathe gear. Annals of Math. I, 74-75†.

Bestimmung der Durchmesser von Paaren von Rollen, welche Bewegung zwischen zwei Schaften mittelst eines Treibriemens von constanter Länge übertragen, „indem die Bestimmung sich auf das Verhältniss der Halbmesser stützt.“ *Johnson. (Lp.)*

G. PINNINGTON, ALEX. P. TROTTER, CHARLES F. HEINRICHS. FERGUSON's mechanical paradox. Engineering XXXVII, 18†.

JAMES FERGUSON hat in dem Werke „Description and use of a new machine called the mechanical paradox“ (London 1764, abgedruckt in „Select mechanical exercises“ by J. F. London, 1873) einen Mechanismus angegeben, bei welchem ein dickes Rad in drei über einander auf derselben Axe sitzende dünne Räder greift, von denen das eine ebensoviel Zähne hat wie das dicke, das zweite einen Zahn mehr, das dritte einen weniger. Beim Umdrehen des dicken Rades bleibt das erste der dünnen Räder stehen, das zweite dreht sich in gleicher Richtung, das dritte in entgegengesetzter.

Es handelt sich in den Briefen der drei im Titel Genannten um Aufklärung dieses nicht ganz deutlich beschriebenen Mechanismus. Besonders Hr. HEINRICHS erklärt die Sache durch ein von ihm angegebenes mechanisches Spielzeug. *Lp.*

M. D'OCAGNE. Sur l'évaluation graphique des moments et des moments d'inertie des aires planes. Bull. soc. math. XII, 21-26†.

Hr. Collignon hat auf der Versammlung der Association française pour l'avancement des Sciences zu Lille 1874 eine graphische Methode angegeben, das Moment einer ebenen Fläche in Bezug auf eine gegebene Axe oder auch ihr Trägheitsmoment durch Auswerthung eines Flächeninhaltes zu finden. Hr. d'Ocagne zeigt zum Behufe einer genaueren Zeichnung, auf welche Weise die Tangente und der Krümmungsradius der die Lösung vermittelnden Curve ebenfalls graphisch gefunden werden können. *Lp.*

L. Henneberg. Zur graphischen Zerlegung von Kräften, die an einem starren räumlichen Systeme angreifen. Civiling. (2) XXX, 381-392†.

In der graphischen Statik ist das räumliche Kräftesystem noch nicht in der Weise wie das ebene bearbeitet. Zwar sind die Methoden zur graphischen Zusammensetzung eines räumlichen Kräftesystems resp. Reduction desselben auf Kraft und Kräftepaar oder zwei sich kreuzende Kräfte durch Hrn. Mohr (Civiling. XXII) zu einem gewissen Abschlusse gebracht; dagegen sind die Methoden, welche dazu dienen, ein räumliches Kräftesystem auf mehr als zwei Kräfte zurückzuführen, die in vorgeschriebenen geraden Linien wirken, durchaus unzureichend. Der Zweck der vorliegenden Arbeit ist die Aufstellung derartiger Methoden auf Grund der von Moebius in dessen Statik entwickelten Sätze und die Lösung der genannten Aufgaben. Das räumliche Kräftesystem steht in der engsten Beziehung zum Nullsystem. Es werden daher die Eigenschaften des Nullsystems, soweit sie für die Betrachtungen nöthig sind, vorausgeschickt. Sodann werden in drei Abschnitten die Aufgaben behandelt: I. Zerlegung einer Kraft in Componenten, die in vorgeschriebenen Geraden liegen; II. Zerlegung eines Kräftepaares in Componenten, die in vorgeschriebenen Geraden liegen; III. Zerlegung von zwei sich kreuzenden Kräften in Componenten, die in vorgeschriebenen Geraden liegen. Die hergeleiteten Constructionsmethoden sind rein linear. Aus denselben lassen sich natürlich wieder Methoden herstellen zur Zusammensetzung von Kräften, auf die jedoch wegen ihrer Complicirtheit nicht eingegangen ist. *Lp.*

W. H. H. Hudson, C. Morgan, G. B. Mathews. Solution of question 7488. Ed. Times XLI, 31†.

Ist *O*, der Mittelpunkt des Umkreises eines Dreiecks *ABC*, Angriffspunkt für drei Kräfte in den Richtungen *OA*, *OB*, *OC*, die bezw. zu *BC*, *CA*, *AB* proportional sind, so geht die Resultante durch den Mittelpunkt des Inkreises. *Lp.*

A. Hall. Solution of a problem giving the horizontal and vertical components of the pressure produced by a horizontal wind upon a hemispherical dome, with their points of application. Annals of Math. I, 44-47†.

Die Resultate gründen sich auf Duchemin's empirische Formel für das Verhältniss des normalen Druckes zu dem auf eine schiefe Oberfläche, nämlich $1 : 1+\frac{1}{2}\mathrm{tg}^2 i$. *Johnson. (Lp.)*

G. Bardelli. Alcune applicazioni del principio del minimo lavoro all' equilibrio di sistemi vincolati. Rend. Lomb. Ist. (2) XVII, 89-99†.

Zur Bestimmung der Gleichgewichtsgesetze einzelner besonderer Systeme von unveränderlicher Form, bei denen die Anzahl der vorgeschriebenen Fesselungen grösser ist als die der zur Verfügung stehenden Gleichungen, ist das Princip von der kleinsten Arbeit schon öfter angewandt worden (z. B. von Mossotti, de Saint-Germain, Collignon). Der Verfasser behandelt zwei allgemeine Fragen nach dieser Methode, nämlich zunächst das gewöhnliche, dann das astatische Gleichgewicht eines Systems, in welchem feste Punkte oder Angriffspunkte in beliebiger Zahl vorhanden sind. Die Reactionen der ersteren werden aus dem genannten Principe bestimmt. Ist T_s die vom s^{ten} festen Punkte entwickelte Reaction, m_s ein passender Coefficient (der Elasticitätsmodul), so tritt das Princip unter der Form auf, dass $\Sigma \frac{T_s^2}{m_s}$ ein Minimum werden muss. Die Durchführung der Rechnung geschieht mit Hülfe der Methode der unbestimmten Coefficienten.

Lp.

J. Larmor. On the theory of a system of forces applied to an astatic solid. Mess. of Math (2) XIV, 61-73†.

Im Aperçu historique hat Chasles den Minding'schen Satz ausgesprochen und darauf hingewiesen, dass eine Verallgemeinerung der Aufgabe wahrscheinlich zu interessanten Ergebnissen führen würde. Der Satz bezieht sich auf ein System von Kräften, die nach Grösse und Richtung constant sind und je einen bestimmten Punkt in einem starren Körper angreifen. Wenn der Körper eine Drehung um einen Winkel erfährt, so wird es Lagen geben, in denen das System eine einzige Resultante zulässt, und Minding hat nachgewiesen, dass die Wirkungslinie jener Resultante immer zwei im Körper fest liegende Kegelschnitte schneidet, die zugleich die Focalcurven eines Systems confocaler Flächen zweiter Ordnung sind, mithin auch die Grenzformen eines derselben Developpablen eingeschriebenen Systems confocaler Flächen zweiten Grades. Die Resultante des Systems ist immer von constanter Grösse, so dass das System eine Drehung (wrench) von constanter Grösse hervorruft, wenn das drehende Kräftepaar constant ist. Chasles stellt die Frage, ob in diesem letzteren Falle die Axe der Drehung nicht eine gemeinsame Tangente für zwei Flächen aus einem derselben Developpablen eingeschriebenen Systeme von Oberflächen zweiter Ordnung ist. Er schlägt auch die Aufgaben vor, den Ort zu finden, auf dem alle Axen liegen, die durch denselben Punkt gehen, und die Enveloppe aller Axen zu finden, die in derselben Ebene liegen.

Die analytische Behandlung dieses Kräftesystemes ist von Somoff und Chrystal geleistet worden. Somoff's Rechnung ist lang und benutzt die Winkel-Coordinaten von Rodrigues. Auch Chrystal gebraucht dieselben Variablen. In der vorliegenden Abhandlung giebt Hr. Larmor eine Discussion des Gegenstandes, die im wesentlichen dieselbe wie die von SOMOFF ist, in der jedoch die vorgängige Rechnung und der Gebrauch der RODRIGUES'schen Coordinaten vermieden sind. *Glaisher.* (*Lp.*)

D. PADELLETTI. Sulle analogie fra la teoria della astatica e quella dei momenti di inerzia. Rend. di Nap. XXII, 29-48†.

Es sei das System S von starr verbundenen Punkten $M_1, \dots M_i, \dots, M_n$ gegeben; dieselben seien die Angriffspunkte der Kräfte $F_1, \dots, F_i, \dots, F_n$. In der Theorie der Astatik lässt man das System S sich um einen gegebenen Punkt O drehen, während die Kräfte dieselbe Richtung und Stärke bewahren, und sucht die von diesen Kräften ausgeübte Wirkung. Statt dessen hält der Verfasser das System S fest und lässt die Kräfte F_i sich durch einen und denselben Winkel um gerade Linien drehen, die durch die Angriffspunkte M_i parallel zu einer festen Richtung gezogen sind. Zerlegt man nun jede Kraft F_i in je drei Componenten parallel zu drei gegen einander rechtwinkligen Geraden des Raumes, so kann man für das gegebene Kräftesystem drei partielle Resultanten A_1, A_2, A_3 setzen, die in den drei Mittelpunkten P_1, P_2, P_3 dieser Kräftesysteme angreifen. Wenn man dann den Punkten P_1, P_2, P_3 die Massen A_1^2, A_2^2, A_3^2 beilegt, so entsteht ein materielles System, das die nämliche Masse, den nämlichen Schwerpunkt, das nämliche Trägheitsmoment hinsichtlich jeder Ebene oder Axe des Raumes besitzt, welches auch immer das System der drei zu einander senkrechten Geraden ist, in Bezug auf welche die parallele Zerlegung der Kräfte bewerkstelligt wird. Ausserdem hat dieses Massensystem ein constantes Trägheitsmoment bezüglich jeder Geraden, die Centralaxe der Kräfte werden kann, so dass diese Centralaxe im Raume den bekannten Complex constanten Trägheitsmoments beschreibt. Das Massensystem P_1, P_2, P_3 ist also mit dem ganzen geometrischen Apparat verknüpft, der in der Theorie der Trägheitsmomente vorkommt. Dies wird im Einzelnen unter Bezugnahme auf die schon bekannten Resultate anderer Autoren bewiesen und ausgeführt.

Lp.

C. Segre. Sull' equilibrio di un corpo rigido soggetto a forze costanti in direzione ed intensità e su alcune questioni geometriche affini. Mem. di Nap. (3) VI, 85 S.†

Ein Punkt (xyz) eines starren Punktsystems sei Angriffspunkt einer Kraft mit den Componenten X, Y, Z. Sind alle, die einzelnen Punkte des Systems angreifenden Kräfte nach Grösse und Richtung constant, während der Körper seine Stellung im Raume ändert, so ist die Bedingung für das Gleichgewicht $\Sigma(Xdx+Ydy+Zdz)=0$ oder $dU=0$, wenn $U=\Sigma(Xx+Yy+Zz)$, d. h. U hat in den Gleichgewichtslagen ein Maximum oder ein Minimum. Wenn ein Punkt O des Körpers fest ist, so kann jede Lagenänderung durch eine Drehung um eine Axe bewerkstelligt werden, deren Richtungscosinus l, m, n seien, während die Amplitude der Rotation den Werth Θ habe. Statt dieser vier Grössen betrachte man die folgenden als die bestimmenden für die Rotation:

$$x_0=\cos\tfrac{1}{2}\Theta,\quad x_1=l\sin\tfrac{1}{2}\Theta,\quad x_2=m\sin\tfrac{1}{2}\Theta,\quad x_3=n\sin\tfrac{1}{2}\Theta.$$

(Also $x_0^2+x_1^2+x_2^2+x_3^2=1$). Trägt man auf der Rotationsaxe die Länge $\operatorname{tg}\tfrac{1}{2}\Theta$ auf, so erhält man einen Punkt mit den Coordinaten $l\operatorname{tg}\tfrac{1}{2}\Theta$, $m\operatorname{tg}\tfrac{1}{2}\Theta$, $n\operatorname{tg}\tfrac{1}{2}\Theta$. Diesen Punkt kann man daher als geometrischen Repräsentanten der Rotation, als „Pol" derselben ansehen, x_0, x_1, x_2, x_3 als seine homogenen Coordinaten. Somit sind die verschiedenen Punkte des Raumes die Bilder aller Rotationen um O. Da die Werthe der Coordinaten des Punktes (xyz) nach der Rotation sich quadratisch in x_0, x_1, x_2, x_3 ausdrücken, so geht U in eine quadratische Form dieser Grössen über $U=\Sigma a_{ik}x_ix_k$ $(a_{ik}=a_{ki})$. Diejenigen Punkte des Raumes, für welche U den constanten Werth u hat, sind durch die Gleichung bestimmt $\Sigma a_{ik}x_ix_k-u\Sigma x_i^2=0$. Diese in Bezug auf die x_i homogene Gleichung kann bei veränderlichem u als ein Büschel von Oberflächen zweiter Ordnung aufgefasst werden, die durch den Schnitt der beiden Flächen $\Sigma a_{ik}x_ix_k=0$ und $\Sigma x_i^2=0$ (letztere eine imaginäre Kugel) gehen. Mit Hülfe dieses Büschels von Flächen zweiter Ordnung löst der Verfasser auf höchst elegante Weise die Fragen nach den Quaternen statischer Axen des Hrn. Siacci und andere Aufgaben über die Art des Gleichgewichts, über den Grad (sechs) und sonstige Eigenschaften des Complexes der den verschiedenen Punkten des Raumes entsprechenden statischen Axen, über gewisse Punkte, für welche unendlich viele Gleichgewichtslagen vorhanden sind, etc. Dann wird die Frage nach den Gleichgewichtslagen erledigt, wenn eine Gerade des Körpers festgehalten wird. Es ergeben sich zwei solche Lagen. Ferner werden zwei merkwürdige Geraden durch jeden Punkt des Raumes gefunden; wird eine festgehalten, so ist der Körper stets im Gleichgewicht. Diese Geraden erfüllen eine quadratische Congruenz; letztere gehört dem linearen Complexe an, für welche das Moment des Kräftesystems Null ist, ausserdem als Congruenz doppelter Geraden dem Complexe der astatischen Geraden. Die Brennfläche dieser Congruenz wird genauer untersucht, und mit ihrer Hülfe folgen Kriterien für die Art des Gleichgewichts. Neben vielen anderen interessanten Betrachtungen ergiebt sich auch ein einfacher Beweis für den Satz von Minding, und zuletzt werden Verallgemeinerungen der geometrischen Untersuchungen angedeutet. *Lp.*

G. Plarr. On Minding's theorem. Proc. Soc. Edinb. XI, 528-548†.

Der Verfasser bemerkt, dass er zu der Behandlung des Satzes von Minding nach der Methode der Quaternionen durch Hrn. Tait's Arbeit in den Edinb. Trans. von 1880 angeregt ist, und dass durch eine blosse Abänderung dieser Methode die Aufgabe unter einem neuen Gesichtspunkte dargestellt werden konnte. (Vgl. Fortsch. d. Math. XV, 789). *Cayley.* (*Lp.*)

E. Padova. Intorno agli assi statici nei sistemi di forma invariabile. Atti R. Ist. Ven. (6) I, 1243-1250†.

Die Haupteigenschaften dieser Axen und gewisser Punkte derselben, die von Hrn. Siacci „statische Punkte, Pole und Gegenpole" genannt sind, werden nach einer sehr einfachen Methode abgeleitet, die von der des eben genannten Geometers (Le quaterne statiche nei sistemi di forma invariabile. Mem. di Nap. IV) völlig verschieden ist; zugleich wird die geometrische Anordnung im Raume versinnlicht. *Lp.*

D. PADELLETTI. Sulla più semplice forma delle equazioni di equilibrio di un sistema rigido vincolato. Rend. di Nap. XXII, 13-15†.

Unter Bezugnahme auf seinen Artikel „Osservazione sulla teoria delle Dinami" (Rend. di Nap. XXI, 31) stellt der Verfasser die Regel auf: „Die drei rechtwinkligen Coordinatenaxen, die man passend annimmt, um die Gleichgewichts-Gleichungen in der einfachsten Form zu erhalten, sind die drei Symmetrie-Geraden des „Freiheits-Axoids" (screw-complex von BALL), wenn das System eine Freiheit erster, zweiter und dritter Ordnung hat, und die drei Symmetrie-Geraden des reciproken Axoids, wenn das System eine Freiheit dritter, vierter und fünfter Ordnung hat". Diese Regel wird in den genannten Fällen bewahrheitet. *Lp.*

A. DE SAINT-GERMAIN. Application de la statique au calcul de divers éléments d'un triangle. Nouv. Ann. (3) III, 37-40†.

Sind A, B, C, ..., F und T die Angriffspunkte der parallelen Kräfte α, β, γ, ..., φ und ihrer Resultante τ, P ein beliebig gewählter Punkt, so ist bekanntlich

$$\tau^2.\overline{PT}^2 = \tau.\Sigma\alpha.\overline{PA}^2 - \Sigma\alpha\beta.\overline{AB}^2.$$

Indem man ABC als die Ecken eines Dreiecks und α, β, γ von passender Grösse annimmt, erhält man hieraus durch leichte Rechnungen die Entfernungen der merkwürdigen Punkte eines Dreiecks von einander. *Lp.*

STOLL. Ueber die Lage des Schwerpunkts im Viereck. HOPPE Arch. (2) I, 334-336†.

„Der Schnittpunkt der Diagonalen D, der Schnittpunkt M der die Gegenseiten halbirenden Geraden und der Schwerpunkt S liegen in gerader Linie". $SM : MD = 1 : 3$.

Dieser (in HOPPE Arch. LXV, 445 von Hrn. STOLL) aufgestellte Satz wird hier analytisch mit Anwendung trimetrischer Liniencoordinaten bewiesen. *Lp.*

J. MISTER. Centre de gravité du tronc de prisme triangulaire et du parallélépipède tronqué. Math. IV, 121-123†.

I. Der Schwerpunkt des dreiseitigen schief abgeschnittenen Prismas liegt auf der Geraden, welche das Centrum der mittleren Entfernungen für die Mitten der parallelen Kanten mit dem Schwerpunkte dieser Kanten verbindet, und zwar um ein Viertel dieser Strecke vom ersten Punkt entfernt.

II. Der Schwerpunkt des schief abgeschnittenen Parallelepipeds liegt auf der Geraden, welche das Centrum der mittleren Entfernungen für die Seitenkanten mit dem Schwerpunkte dieser Kanten verbindet, und zwar ein Drittel dieser Strecke vom ersten Punkte entfernt. *Mansion.* (*Lp.*)

J. Mister. Centre de gravité d'un tronc de pyramide triangulaire. Math. IV, 84-85†.

Der Schwerpunkt eines beliebigen Pyramidenstumpfs liegt auf der die Schwerpunkte der Endflächen verbindenden Geraden und theilt diese Gerade im Verhältnisse $2M+b:2M+B$, wobei b, B, M bezw. die Inhalte der kleinen Endfläche, grossen Endfläche und des mittleren Querschnittes sind. *Mansion.* (*Lp.*)

J. Wolstenholme, T. Woodcock, Matz. Solution of question 7483. Ed. Times XLI, 39-40.

In Walton's Mechanical Problems steht der Satz, dass der Schwerpunkt desjenigen Körpers, welcher nach Aushöhlung eines Rotationsparaboloids durch einen Kegel überbleibt, der die Grundfläche und den Scheitel mit dem Paraboloid gemein hat, die Axe hälftet. Dieser Satz gilt für jeden Rotationskörper, der durch die Umdrehung eines durch eine beliebige Sehne von einem Kegelschnitte abgeschnittenen Segments um die Axe des Kegelschnitts entsteht, vorausgesetzt, dass die Sehne die Axe nicht schneidet. Ist PQ diese Sehne und sind PM, QN Lothe zur Axe, so beschreibe man ferner über MN als Durchmesser eine Kugel. Dann fällt der Schwerpunkt irgend eines zwischen zwei zur Axe senkrechten Ebenen enthaltenen Theiles des durch das Segment beschriebenen Umdrehungskörpers mit dem Schwerpunkte der zwischen denselben Ebenen enthaltenen Kugelschicht zusammen. *Lp.*

A. G. GREENHILL. Note on Mr. LARMOR's communication on critical equilibrium. Proc. Camb. Soc. V, 2-3†.

J. LARMOR. On critical or apparently neutral equilibrium. Proc. Camb. Soc. V, 67-68†.

Beide Noten beziehen sich auf Hrn. LARMOR's Abhandlung „On critical or apparently neutral equilibrium" (Proc. Camb. Soc. IV, 410-415, 1873). Hr. GREENHILL drückt die LARMOR'schen Ergebnisse in der Bezeichnungsweise der elliptischen Functionen aus, und Hr. LARMOR weist in der Erwiderung darauf hin, dass für den von ihm beabsichtigten Zweck seine ursprüngliche Art der Darstellung den Vorzug verdiente. *Glaisher*. (*Lp.*)

M. J. M. HILL. On the closed link polygons belonging to a system of coplanar forces having a single resultant. Proc. Math. Soc. XV, 150-152†.

Zeigt, dass diese Polygone geschlossen sein können, auch wenn eine einzige Resultante vorhanden ist. *Lp.*

G. JUNG. Sull' equilibrio dei poligoni articolati in connessione col problema delle configurazioni. Annali di Mat. (2) XII, 169-238.

In dieser Abhandlung werden mit Hülfe der Theorie der Configurationen interessante Beziehungen ausgedrückt, welche sowohl zwischen einem System von Kräften und verschiedenen durch dasselbe im Gleichgewicht gehaltenen Gelenkpolygonen bestehen, als auch zwischen einem Gelenkpolygon und verschiedenen zu demselben gehörigen Gleichgewichtssystemen von Kräften.

Die verschiedenen Kräfte eines ebenen Gleichgewichtssystems werden stets in einer bestimmten cyklischen Reihenfolge betrachtet. Bezeichnet m ihre Anzahl, so giebt es im allgemeinen auch je m verschiedene Resultanten von je 2, 3, ..., $(m-1)$ auf einander folgenden Kräften, und daher im ganzen $m(m-2)$ „cyklische Resultanten". Da aber eine $(m-1)$-fache Resultante im Falle des Gleichgewichts mit der Richtung einer der gegebenen Kräfte, eine $(m-2)$-fache Resultante mit einer zweifachen u. s. w.

zusammenfallen muss, so sind im ganzen $\frac{1}{2}m(m-1)$ Actionsrichtungen vorhanden. Diese bilden eine Configuration

$$F_m \equiv \text{Cf.}(m-2,3)_{(m)_3}^{(m)_2},$$

(worin $(m)_k$ den k^{ten} Binomialcoefficienten der m^{ten} Potenz bezeichnet), d. h. ein System von $(m)_2$ Linien und $(m)_3$ Punkten, bei welchem je drei der ersteren durch einen der letzteren gehen und je $(m-2)$ der letzteren auf einer der ersteren liegen.

Den Ausgangspunkt für die ferneren Untersuchungen bildet das CULMANN'sche Theorem: Die entsprechenden Seiten zweier Seilpolygone, welche durch dasselbe System von m Kräften im Gleichgewicht gehalten werden, schneiden sich auf einer Geraden, der sogenannten Axe. Fügt man ein weiteres Seilpolygon hinzu, so erhält man zwei neue Axen, welche die erstere in demselben Punkte schneiden. Durch Hinzufügung eines vierten Polygons erhält man ein von den Axen gebildetes vollständiges Viereck. Bei n Seilpolygonen bilden die Axen eine

$$\text{Cf.}\ (n-2,3)_{(n)_3}^{(n)_2}.$$

Ferner bilden die $(n)_2$ Axen und $m.n$ Seiten der Seilpolygone mit den $(m)_2$ Actionsrichtungen der Kräfte und ihrer cyklischen Resultanten eine

$$\text{Cf.}\ (m+n-2,3)_{(m+n)_3}^{(m+n)_2},$$

deren Fundamentalpunkte sind:

1) die $n(m)_2$ Ecken und Diagonalpunkte der Polygone,

2) die $m(n)_2$ Schnittpunkte ihrer homologen Seiten auf den Axen,

3) die $(n)_3$ Schnittpunkte von je dreien der letzteren,

4) die $(m)_3$ Fundamentalpunkte der von den Actionsrichtungen gebildeten Configuration F_m.

Diese Configuration wird mit $F_{m,n}$ bezeichnet.

Die Configuration F_m kann betrachtet werden als Projection eines vollständigen m-Flachs. Die Actionsrichtungen der gegebenen Kräfte entsprechen der Projection eines der $\frac{1}{2}(m-1)!$ in dem vollständigen enthaltenen einfachen m-Flache. Jedem anderen einfachen m-Flach entspricht ebenfalls ein System von m der

Kräfte und cyklischen Resultanten, welche unter sich im Gleichgewicht sind. Daher kann man eine Configuration F_m auf $\frac{1}{2}(m-1)!-1$ von der ursprünglichen verschiedene Weisen entstanden denken.

Eine Configuration F_m kann auf $(m)_r$ verschiedene Weisen so in zwei Theile zerlegt werden, dass der eine als eine Configuration F_r betrachtet werden kann. In Bezug auf jedes der zu F_r gehörigen $\frac{1}{2}(r-1)!$ Kraftsysteme stimmt der andere Theil von F_m mit einem System von $(m-r)$ Seilpolygonen und deren Axen überein. Es lässt sich daher jede Configuration F_m auf $\frac{1}{2}(m)_r.(r-1)!$ verschiedene Arten als eine Configuration

$$F_{r,\,m-r} \qquad (r = 3, \ldots, m-1)$$

ansehen.

Wie F_m durch Projection, so kann das vollständige m-Seit Q_m durch einen ebenen Schnitt aus einem vollständigen m-Flach erhalten werden. Jeder Linie des ersteren entspricht ein Punkt des letzteren.

Den Schluss des ersten Abschnittes bilden specielle Beispiele zu den hier kurz wiedergegebenen Sätzen.

Im zweiten Theil wird hauptsächlich folgender Satz bewiesen und erläutert:

Durch n verschiedene Systeme von je m Kräften, welche dasselbe Seilpolygon im Gleichgewicht zu halten im Stande sind, ist eine Configuration:

$$\Phi_{m,n} \equiv \mathrm{Cf.}\,(m-1,\, n+2)^{(m+n)_{n+1}}_{(m+n)_{n+2}} \qquad \begin{matrix}(m \geqq 3)\\ (n \geqq 1)\end{matrix}$$

bestimmt.

Die Punkte und Linien von $\Phi_{m,n}$ werden aufgezählt und allgemeine Eigenschaften abgeleitet. Dann geht der Verfasser zu speziellen Beispielen über.

Damit schliesst die eigentliche Abhandlung. Ein Anhang enthält Bemerkungen über Polygone $P_1, P_2, \ldots, P_n$, welche cyklisch in einander eingeschrieben sind; über die Analogie der Configuration von sechs Kräften mit den STEINER'schen Geraden und dem Hexagramm von PASCAL, sowie endlich über das Gleichgewicht von Gelenkpolygonen unter Einfluss von Kräften, welche auf seine Seiten wirken. *F. K.*

D. Edwardes, A. H. Curtis, W. H. Blythe. Solution of question 7321. Ed. Times XL, 52-53.

Von einem festen Drehpunkte A gehen in einer Verticalebene zwei starre gewichtslose Gerade $AB = f$, $AC = h$ aus, so dass $\angle\ BAC = 90^0$ ist. Die Punkte B und C sind die Befestigungspunkte eines homogenen materiellen Fadens. Die drei Bedingungen für das Gleichgewicht, von denen Hr. Edwardes in der Aufgabe eine angegeben hatte, werden durch die Lösungen der anderen Herren vollständig entwickelt. *Lp.*

M. Schlegel. Bestimmung der Constanten der sphärischen Kettenlinie. Pr. Wilhelms-Gymn. Berlin, 11-16.

Eine Methode, die Constanten des Problems zu bestimmen, wenn Anfangs- und Endpunkt und die Länge des dazwischen liegenden Bogens gegeben sind. *Lp.*

E. Collignon. Sur la chaînette d'égale résistance. Assoc. Franc. pour l'av. des sc. Session XII, à Rouen 1883. 102-112.

E. Collignon. Problème de mécanique. Assoc. Franc. Blois 1884, I, 143, ausf. II, 1-11.

Die erste Abhandlung behandelt das Problem der gleichgespannten Kettenlinie, die zweite das der Kettenlinie, welche von einem Punkt nach dem Newton'schen Gesetz angezogen wird. Die erste gibt im Wesentlichen dasselbe, was Finck und Bobillier in Gergonne's Annalen XVII, 61 berechnet haben, die zweite führt zu einer Formel von Joh. Bernoulli (Julliens Problèmes Bd. I, 123) nebst Discussion. *Bde.*

V. Volterra. Sull' equilibrio delle superficie flessibili ed inestendibili. Atti Lincei Trans. VIII, 214-218, 244-246; [Beibl. VIII, 454.

Von den partiellen Differentialgleichungen ausgehend, die Hr. Jellett für die allgemeine Aufgabe aufgestellt hat (On the properties of inextensible surfaces. Royal Irish Acad. XXII, 1853), führt Hr. Volterra in der ersten Note eine functionentheoretische Untersuchung durch, die der von Green angewandten

Methode zur Integration der Differentialgleichung $\Delta^2(u) = 0$ nachgebildet ist, und stellt einige dem Riemann-Dirichlet'schen Prinzipe analogen Sätze auf. Hieraus zieht der Verfasser in der zweiten Note folgende Schlüsse für die vorliegende Aufgabe: Die unendlich kleine Deformation einer biegsamen und unausdehnbaren Fläche mit positiver Krümmung ist in den folgenden Fällen bekannt: wenn die Componenten 1) der Verrückung der Punkte des Umfangs parallel einer gegebenen Richtung, 2) der Rotation jedes Elementes des Umfangs in Bezug auf eine gegebene Richtung, 3) der Rotation der Elemente des Umfangs in Bezug auf die Normale zur Oberfläche bekannt sind.

„Eine Oberfläche mit positiver Krümmung kann unter der Einwirkung willkürlicher, in den inneren Punkten angebrachter Kräfte im Gleichgewichte sein. Um sie im Gleichgewichte zu erhalten, muss man am Umfange noch Kräfte anbringen. Von den drei Componenten dieser Kräfte können zwei willkürlich gewählt werden, wofern sie nur Bedingungen genügen, die sie unter der Voraussetzung der Starrheit der Oberfläche befriedigen müssten; die letzte Componente folgt auf eindeutige Weise bestimmt.“ (Vgl. das folgende Referat.) *Lp.*

G. A. Maggi. Sull' equilibrio delle superficie flessibili e inestendibili. Rend. Lomb. (2) XVII, 683-694†; [Beibl. VIII, 800.

Hr. Volterra erklärt am Anfange der ersten beiden Noten, über welche im vorangehenden Referate berichtet ist, es seien ihm Zweifel aufgestiegen über die mögliche Existenz von Gleichgewichtsfällen, die in den bisherigen Formeln nicht betrachtet seien; daher habe er auf einem Wege, der von dem bisher inne gehaltenen etwas verschieden sei, die fraglichen Gleichgewichtsbedingungen aufzustellen gesucht. Sowohl aus dieser Aeusserung als auch aus dem im obigen Referate citirten Satze in Verbindung mit den Gleichungen, aus denen er gefolgert ist, scheint die Möglichkeit hervorzugehen, die Oberfläche mit Kräften am Umfange im Gleichgewicht zu halten, welche den bekannten Bedingungen nicht genügen.

Hr. Maggi zeigt zunächst, dass, wenn man, wie Hr. Volterra, von den Jellett'schen Relationen ausgeht, aber einen anderen Weg wie er einschlägt, man ein System von Gleichungen des Gleichgewichts erhält, aus denen die bekannten Resultate unmittelbar folgen. Eine Verschiedenheit zwischen diesen Gleichungen und den Formeln des Hrn. Volterra kann nur daher stammen, dass das System der den Umfang angreifenden Kräfte sich in zwei Systeme spaltet, von denen das eine den bekannten Relationen genügt, wähernd die virtuelle Arbeit des anderen gleich Null ist; letzteres bietet den Anblick eines Kräftesystems, welches die den Umfang bildende Curve wie ein Seilpolygon, unabhängig von der Oberfläche, im Gleichgewicht hält. Dieses Kräftesystem kann man immer hinzufügen oder, wenn es vorhanden ist, wegnehmen, ohne den Werth der virtuellen Arbeit der übrigen Kräfte zu ändern und daher ohne das Gleichgewicht der Oberfläche zu stören. Abgesehen von diesem Systeme, folgt demnach, dass die Gleichgewichtsbedingungen, welche aus den Gleichungen von Volterra folgen, im wesentlichen dieselben sind, die aus den bekannten Formeln fliessen. *Lp.*

G. Morera. Sulle equazioni generali per l'equilibrio dei sistemi continui a tre dimensioni. Atti di Torino XX, 43-53†.

Analog jenem Satze, welchen der Verfasser 1883 über das Gleichgewicht biegsamer, unausdehnbarer Flächen (s. diese Berichte XXXIX, (1) 186) aufgestellt hat, gewinnt er in der vorliegenden Arbeit das folgende Theorem: „Wenn ein continuirlich mit Masse erfüllter Körper im Gleichgewicht ist unter der Wirkung von Kräften, welche über seine Masse continuirlich vertheilt sind, und unter der Wirkung von continuirlichen Oberflächendrucken, werden die äusseren Kräfte und Drucke, wie auch das Gesetz sei, nach welchem die inneren Drucke und Spannungen wirken, in drei Gruppen zerlegt werden können; gleichzeitig denke man sich den Körper durch drei Oberflächensysteme in drei Systeme unendlich vieler Fäden zerlegt, so dass die Kräfte einer Gruppe die Fäden eines correspondirenden Systems im Gleichgewichte erhalten, als wenn diese eben so viele vollständig von einander gelöste biegsame und unausdehnbare Fadencurven bildeten".

R.

J. BOUSSINESQ. Sur la poussée d'une masse de sable, à surface supérieure horizontale, contre une paroi verticale ou inclinée. C. R. XCVIII, 667-670, 720-723†; [Beibl. VIII, 851.

Eine Sandmasse vom specifischen Gewichte Π, vom inneren Reibungswinkel φ und von der gleichförmigen Höhe h über dem horizontalen, sie tragenden Boden werde seitlich durch eine ebene rauhe Wand begrenzt; letztere sei um die Basis beweglich, bilde ausserdem einen Winkel i mit der Verticalen und werde durch eine äussere Kraft gestützt, die gerade dazu ausreicht, sie am Umfallen zu hindern. Dann veranlasst eine kleine Verminderung dieser Kraft die von der unteren Seite der Wand an beginnende Bildung zweier Rissflächen, von denen die eine an der Wand selbst entlang verlaufen kann. Dieselben schliessen zwischen sich einen Keil von Sand ein, der ganz und gar in einen Grenzzustand des Gleichgewichts übergegangen ist; hierbei findet nämlich in jedem Punkte ein Druck statt, der mit der Normale zum tragenden ebenen Elemente den Maximalwinkel φ bildet. Die beiden Noten beschäftigen sich mit den Gesetzen dieses Grenzzustandes. *Lp.*

J. BOUSSINESQ. Calcul approché de la poussée et de la surface de rupture, dans un terre-plein horizontal homogène, soutenu par un mur vertical. C. R. XCVIII, 790-793†; [Beibl. VIII, 851.

J. BOUSSINESQ. Sur le principe du prisme de plus grande poussée, posé par COULOMB dans la théorie de l'équilibre-limite des terres. C. R. XCVIII, 901-904, 975 bis 978†.

DE SAINT-VENANT. Sur une évaluation, ou exacte ou d'une très grande approximation, de la poussée des terres sablonneuses contre un mur destiné à les soutenir. C. R. XCVIII, 850-852†.

1) Die Untersuchung, über welche im vorigen Referate berichtet ist, wird fortgesetzt. Für eine Function, welche der normalen Componente des Druckes proportional ist, werden zwei Grenzwerthe aufgestellt, deren arithmetisches Mittel den Werth der Function mit genügender Genauigkeit giebt.

2) Auf den Seiten 975-978 befindet sich ein etwas veränderter Abdruck der Mittheilung, welche auf den Seiten 901-904 gegeben ist. — Coulomb hat bei der Anwendung seines Princips vom Prisma des grössten Druckes die Rissflächen eben angenommen. Dann handelt es sich aber nur um eine Art relatives Maximum, nicht um das geforderte absolute Maximum, was auch Coulomb erkannt hat. Um den dadurch begangenen Fehler aufzuheben, hat er die Reibung an der Wand vernachlässigt. Trotzdem bietet diese Methode ein Hülfsmittel für Fälle, in welchen unüberwindliche Integrationsschwierigkeiten die Anwendung der vom Verfasser gegebenen Theorie verhindern.

3) Historische Bemerkungen und Empfehlung der auf den beiden letzten Seiten erwähnten Untersuchungen des Hrn. Boussinesq. *R.*

Flamant. Formules simples et très-approchées de la poussée des terres, pour les besoins de la pratique. C. R. IC, 1151-1153†.

Nach der Theorie des Hrn. Boussinesq hat der Verfasser für die häufigsten Fälle des Erddrucks in der Praxis die nothwendigen Rechnungen durchgeführt. Für eine horizontale Erdschicht, welche durch eine verticale Mauer gestützt wird, ist die verticale Componente des Drucks nahezu constant und gleich 0,16 von demjenigen, der auf die Mauer durch eine Flüssigkeit von gleichem specifischen Gewichte Π und von gleicher Höhe h ausgeübt werden würde, also $0{,}16 \cdot \frac{\Pi h^2}{2}$, für alle Werthe des Reibungswinkels zwischen 20° und 33°; selbst bei 45° ist der Werth etwa noch $0{,}14 \cdot \frac{\Pi h^2}{2}$. Bei einer unter dem Winkel i

gegen die Verticale geneigten Wand wird eine Richtung angenähert angegeben, in welcher der Druck die Grösse

$$0{,}16 \cdot \frac{\Pi}{2}\left(\frac{h}{\cos i}\right)^2$$

hat. *Lp.*

Isaac Roberts. Determination of the vertical and lateral pressures of granular substances. Proc. Roy. Soc. XXXVI, 225-241†.

Der Verfasser hat Versuche im grösseren Maassstabe angestellt, um den Boden- und Seitendruck von Weizen und Erbsen in prismatischen senkrechten Zellen mit rechteckigem oder sechseckigem Boden zu messen. Der betreffende Druck wurde auf Bretter ausgeübt, welche in passenden Oeffnungen gleiten konnten, und wurde durch Hebelvorrichtungen gemessen. Die Ergebnisse, welche schon ein Jahr früher in der British Assoc. bekannt gemacht sind, zeigen gar keine Aehnlichkeit mit den wohl zum Vergleich genommenen hydrostatischen Gesetzen. So ergab sich z. B. der Bodendruck bei einer bis zu $51\,{}^3/_4$ engl. Fuss zunehmenden Höhe nahezu constant, ja sogar abnehmend, wenn die Höhe das Doppelte vom Durchmesser des eingeschriebenen Kreises den Basis überstieg; der Seitendruck ist stets beträchtlich geringer als der zugehörige verticale Druck. Beim Beginn der Wägung ist der „Ruhedruck" (dormant pressure) — wegen der Elasticität der Körner, wie der Verfasser meint — grösser als nach Lüftung des Hebels (um etwa ${}^3/_4$ Zoll) der „active Druck". Für den verticalen Druck bei einer Höhe, die grösser als der Durchmesser des eingeschriebenen Kreises des Bodens ist, soll die Formel gelten $p = adw$ (a = Inhalt des Bodens, d = Durchmesser des eingeschriebenen Kreises, w = Gewicht der Kubikeinheit des Getreides). *Lp.*

M. Siegler. Expériences nouvelles sur la poussée des terres. Assoc. Franc. Blois 1884, II, 73-81.

— — Discussion darüber. Ebend. 81-89.

Der Verfasser weist den Druck, welchen eine bewegliche Wand erleidet, nach, indem er sie durch eine Violinsaite in Ruhe hält und aus der Tonhöhe die Spannung der Saite bestimmt. Wird ein Brettchen vertical in der Mitte einer Kiste zwischen zwei Saiten gespannt, so wächst die Tonhöhe der oberen und fällt die Tonhöhe der unteren Saite, wenn der Zwischenraum zwischen dem Brettchen und der oberen Gefässwand mit feinem Sand gefüllt wird, zum Beweise, dass der Druck des Sandes auf das Brettchen thatsächlich eine nach unten gerichtete Componente hat. Durch eine Hebelvorrichtung kann dementsprechend gezeigt werden, dass das Brettchen sich senkt. Dasselbe stellt sich heraus, wenn man einen unten offenen Hohlcylinder an einer Saite aufhängt und dann voll Sand laufen lässt; der Ton der Saite steigt. Hierauf beruht ein von Flamant angegebenes Experiment: eine leere Kiste kann trotz ihrer geringen Stabilität eine bedeutende Sandmasse stützen, weil diese durch den Verticaldruck die Kiste festhalten hilft. Hr. Siegler sieht den Grund der Erscheinung darin, dass die oberen Sandschichten sich durch „tassement“ senken, während die seitlichen, der Wand anliegenden Sandtheile durch die Reibung am Sinken verhindert werden, also die Wand nach unten ziehen.

Zu Messungen hält der Verfasser eine Saite nicht für geeignet, weil sie sich durch die Spannung verlängert, also keine reinen Gleichgewichtserscheinungen liefert. Es wurde deshalb eine Kiste hergestellt, deren eine Verticalwand um eine in der Kiste liegende horizontale Axe O drehbar ist; quer über den oberen Rand der beweglichen Wand ist senkrecht zu ihr eine Stange befestigt, die an dem ausserhalb der Kiste befindlichen Ende eine Wagschale trägt; es wird festgestellt, bei welcher Belastung das Gleichgewicht aufhört, a) wenn die Kiste leer, b) wenn sie zum Theil mit Sand gefüllt ist. Wählt man drei verschiedene Lagen für die Axe O, so erhält man drei Darstellungen für das Moment der Wand, aus denen sich der Angriffspunkt des Sanddruckes berechnen lässt. Es wurde mit feinem trockenem Sand experimentirt, der einen natürlichen Böschungswinkel von 65° hatte. Die Richtung des auf eine Wand geübten Totaldruckes ergab sich angenähert der Theorie gemäss: sie macht mit der Wandnormale einen Winkel, der dem Reibungswinkel von Sand auf Sand oder von Sand auf Wand nahe gleich ist. (Genaueres lässt sich nicht angeben.) Der Angriffspunkt des Druckes liegt etwas über $\frac{1}{3}$, zwischen $\frac{2}{5}$ und $\frac{1}{3}$ der Höhe, wenn man ihn nach den Messungen berechnet, die mit hochliegenden Axen ausgeführt wurden; niedrig liegende Axen ergeben dagegen einen Angriffspunkt in oder etwas unter $\frac{1}{3}$ der Höhe.

Bde.

R. Mehmke. Einfache Darstellung der Trägheitsmomente von Körpern. ZS. f. Math. XXIX, 61-64†.

Hr. Reye hat zuerst bewiesen, dass ein räumliches Massensystem hinsichtlich seiner Trägheitsmomente auf unzählige Arten durch vier materielle Punkte ersetzt werden kann. Die Art der Ersetzung durch vier und durch mehr discrete Massenpunkte wird ohne Beweis von Hrn. Mehmke angegeben für das Tetraeder, das dreiseitige Prisma, das Parallelepiped, den schiefen elliptischen Cylinder, den schiefen Kegel mit elliptischer Basis, das Ellipsoid, die Kugeloberfläche.

Lp.

R. Mehmke. Ueber die Bestimmung von Trägheitsmomenten mit Hülfe Grassmann'scher Methoden. Math. Ann. XXIII, 143-151†.

Um zu zeigen, dass die Möbius-Grassmann'schen Methoden nicht bloss zur Ableitung allgemeiner Resultate, sondern auch zur Lösung specieller Probleme geeignet seien, giebt der Verfasser als Probe die Bestimmung des Trägheitsmomentes für die homogene Strecke, das homogene Dreieck und Tetraeder, oder vielmehr allgemein für ein homogenes $(n-1)$-dimensionales n-Eck. Im wesentlichen kommt es dabei auf die Auswerthung des Integrals Sx^2dm an. Für $n = 2, 3, 4$ folgt aus dem allgemeinen Resultate: Ist σ der Abstand des Schwerpunktes einer homogenen Strecke, resp. eines homogenen Dreiecks oder Tetraeders von einer beliebigen Axe, und bedeutet a_i den Abstand der Ecke a_i von derselben Axe, m die Masse der Strecke, resp. des Dreiecks oder Tetraeders, so ist das Trägheitsmoment in Bezug auf jene Axe:

für die Strecke: $\frac{1}{6}m(\alpha_1^2+\alpha_2^2+4\sigma^2)$,

für das Dreieck: $\frac{1}{12}m(\alpha_1^2+\alpha_2^2+\alpha_3^2+9\sigma^2)$,

für das Tetraeder: $\frac{1}{20}m(\alpha_1^2+\alpha_2^2+\alpha_3^2+\alpha_4^2+16\sigma^2)$.

Als Zusatz zu dieser Betrachtung ergiebt sich die Ersetzbarkeit der betrachteten Gebilde durch eine Anzahl discreter Massenpunkte im Trägheitsmomente. (Vgl. das vorige Referat.)

Lp.

G. C. Lopes Banhos. Determinação dos momentos d'inercia dos solidos de revolução. Teixeira J. V, 125 bis 142†.

Der Verfasser giebt zwei graphische Methoden zur Bestimmung des Integrals $\int_b^a y^n x^m dx$, von dem das Trägheitsmoment der Rotationskörper abhängt, wenn $y=f(x)$ die Gleichung der Meridian-Curve ist. Bei der ersten Methode wendet er als Hülfscurven zwei Parabeln an, die eine vom 2ten, die andere vom $n$ten Grade. Zugleich giebt er die Mittel, um die Parabeln vom 2ten, 3ten, 4ten Grade zu beschreiben.

In der zweiten Methode benutzt er als Hülfscurve die logarithmische Curve mit der Basis 10, und giebt gleichzeitig ein einfaches Mittel an, um diese Curve zu beschreiben.

Nachdem so das vorher erwähnte Integral graphisch gefunden ist, leitet Hr. Banhos ebenfalls graphisch daraus das Trägheitsmoment der Rotationskörper ab. Den Schluss bildet die Anwendung auf ein Problem der Artillerie.

Teixeira. (Lp.)

R. Townsend, C. Graham. Solution of question 7512. Ed. Times XLI, 69-70†.

Wenn einem dreiaxigen Ellipsoide ein Polyeder grössten Inhalts einbeschrieben, kleinsten Inhalts umbeschrieben ist, so haben diese homogen vorausgesetzten Körper dieselben Hauptträgheitsaxen in ihrem gemeinsamen Massenmittelpunkte.

Lp.

W. RITTER. Das Trägheitsmoment eines Liniensystems. Vierteljahrsschr. Naturf. Ges. Zürich. XXIX, 305-317†; [Beibl. IX, 605; [Fortschr. d. Math. XVII, 863.

Die Begriffe Trägheits- und Centrifugal-Moment werden in ihrer dualistischen Umkehrung untersucht. Es seien in einer Ebene eine Anzahl gerader Linien von bestimmten Gewichten $p_1, p_2, p_3, \dots$ und ein Punkt O gegeben, der von den Linien um die Strecken $r_1, r_2, r_3, \dots$ absteht; dann heisst $J_0 = \Sigma pr^2$ das Trägheitsmoment dieser Linien in Bezug auf den Punkt O. Bildet man diesen Ausdruck für jeden Punkt A der Ebene, so kann man setzen $J_A = z^2 \Sigma p$. Trägt man dann die Strecke $\pm z$ in jedem Punkte A als Normale zur Ebene auf, so liegen die Endpunkte dieser Normalen in einem leicht construirbaren zweischaligen Hyperboloide. Der Ausdruck $C = \Sigma pr'r''$ wird das Centrifugalmoment des Liniensystems p in Bezug auf die Punkte A' und A'' genannt; sein Werth kann leicht aus dem Hyperboloid bestimmt werden. Für die Anwendung in der graphischen Statik findet sich statt der räumlichen Darstellung eine durch eine ebene Curve, wenn man den Asymptotenkegel des Hyperboloids durch die zur XY-Ebene parallele Tangentialebene des letzteren schneidet. Die neuen Ausdrücke finden in der graphostatischen Berechnung von elastischen Bogen Verwendung.

Lp.

E. BEKE. Das Princip der kleinsten Wirkung auf Grundlage der GAUSS'schen Krümmungstheorie. Ber. Ungarn II, 282-309†.

Die Arbeit besteht aus einer Anzahl von Umrechnungen der Ausdrücke für die Action in einander, nebst einer Herleitung der Grundformeln der analytischen Mechanik aus den Rechnungen. Da hierbei quadratische Formen von Differentialen zu transformiren sind, so ist die Aehnlichkeit der Rechnungen und der Form der Resultate mit den entsprechenden Entwickelungen der Krümmungstheorie angezeigt. Die Bezeichnungen sind nahezu dieselben wie in Jacobi's Vorlesungen über Dynamik. Von den Ergebnissen führen wir folgendes an:

Die quadratische Form

$$(1.)\quad 2(U+H)\Sigma a_{ik}\,dq_i\,dq_k$$

ist immer in die folgende transformirbar:

$$(2.)\quad dA^2-\Sigma(p_i\,dq_k-p_k\,dq_i)\left(\pi_i\frac{\partial A}{\partial q_k}-\pi_k\frac{\partial A}{\partial q_i}\right).$$

Diese Form ist nichts anderes, als die Verallgemeinerung jenes Ausdruckes, durch welchen Gauss das Flächenelement ausdrückt. (Gauss, Disq. circa superficies curvas. 22). A ist in (2.) das vollständige Integral einer partiellen Differentialgleichung erster Ordnung, deren Aufstellung bloss die Transformirung der quadratischen Form (1.) in ihre adjungirte erfordert. Werden aus dem Gleichungssystem

$$(3.)\quad \pi_1:\pi_2:\ldots:\pi_n = \frac{\partial A}{\partial q_1}:\frac{\partial A}{\partial q_2}:\ldots:\frac{\partial A}{\partial q_n}$$

$q_2, q_3, \ldots, q_n$ als Functionen von q_1 dargestellt, so bedeutet A die kleinste Action, und wenn A die kleinste Action bezeichnet, so muss das Gleichungssystem (3.) bestehen. Durch weitere Benutzung der Gleichungen:

$$(4.)\quad \pi_i = \lambda\frac{\partial A}{\partial q_i},$$

oder:

$$(5.)\quad a_{i1}dq_1+a_{i2}dq_2+\cdots+a_{im}dq_m = \mu\frac{\partial A}{\partial q_i}\qquad (i=1,2,3,\ldots,m)$$

folgt

$$\mu = \sqrt{\frac{\Sigma a_{ik}\,dq_i\,dq_k}{2(U+H)}};$$

im Sinne des Princips der lebendigen Kraft ist also $\mu = dt$. Aus den Gleichungen (4.) und (5.) wird die zweite Lagrange'sche Form der Bewegungsgleichungen abgeleitet. Hieraus lassen sich die Grundprincipien der Mechanik folgern. Indem der Verfasser ferner die Liouville'sche Methode bespricht, nach welcher

$$2(U+H)\Sigma a_{ik}\,dq_i\,dq_k \text{ in } \Sigma\pi_i^2$$

transformirt wird (Comptes rendus XLII, 1146), wirft er die Frage auf, unter welchen Bedingungen eine solche Transformation in die Summe von Quadraten von Differentialen möglich sei. Hieran schliesst sich eine andere Frage in Bezug auf simultane partielle Differentialgleichungen erster Ordnung. Die Formen der Bedingungsgleichungen werden in den genannten Fällen bestimmt. Zuletzt werden die entsprechenden analytischen Aufgaben für den Fall durchgerechnet, dass die Bewegung keine freie ist; das Problem wird für den Fall mit einer Bedingungsgleichung näher behandelt. *Lp.*

G. Sabinine. Sur le principe de la moindre action.
Annali di Mat. (2) XII, 237-261†.

Hr. Sabinine giebt in dieser aus drei Abschnitten bestehenden Abhandlung eine neue Herleitung der Bewegungsgleichungen eines freien Punktes aus dem Princip der kleinsten Wirkung. Er untersucht, unter welchen Umständen das als Maass der Wirkung dienende Integral wirklich ein Minimum wird, und macht endlich von den entwickelten Kriterien Gebrauch zum Beweise des von Jacobi ohne Begründung ausgesprochenen Theorems über die Bewegung eines Planeten um die Sonne (Crelle J. XVII, S. 74 und Gesammelte Werke IV. 47).

Der Verfasser bemängelt die Herleitung von Rodrigues mit der Behauptung, dass die Variationen der Anfangs- und Endzeit nicht als willkürlich angenommen werden dürfen, wenn die Coordinaten der Endpunkte gegeben sind und die Energie einen vorgeschriebenen Werth haben soll. Benutzt man die bemängelte Voraussetzung von Rodrigues oder, was auf dasselbe hinauskommt, die Form, welche Jacobi dem in Frage stehenden Theorem gegeben hat (Vorlesungen über Dynamik 2. Aufl. Berlin 1884 p. 43-45), so ist es leicht, die im ersten Paragraphen behandelte Aufgabe zu lösen. Dem Referenten erscheint eine anderweitige Herleitung überhaupt nicht möglich. Der in der fraglichen Abhandlung (§ 1, S. 241 u. 242) gemachte scheinbar glückliche Versuch einer neuen Ableitung der Bewegungsgleichungen kommt im wesentlichen auf die an sich fehlerhafte Bestimmung einer Integrationsconstanten durch die Differentialgleichungen hinaus. Da die Entwickelungen der beiden folgenden Paragraphen nur durch das gewonnene Resultat beeinflusst werden, so bleibt der erwähnte Irrthum für die Folge ohne Einfluss.

Im zweiten Abschnitt wird die Möglichkeit, den Integranden der zweiten Variation auf eine definit positive quadratische Form zweier Variabeln zu reduciren, davon abhängig gemacht, dass eine gewisse Determinante nicht verschwindet, deren Verhalten also dafür entscheidend ist, ob ein Minimum eintritt oder nicht.

Der Inhalt des dritten Abschnittes ist oben hinreichend gekennzeichnet. *F. K.*

JOUKOVSKI. Sur le principe de la moindre action.
J. de math. (3) X, 97-100.

Ein mehr elementarer Beweis für den SERRET'schen Satz, dass die Variation zweiter Ordnung der Actio wesentlich positiv ist. *Lp.*

E. WOHLWILL. Die Entdeckung des Beharrungsgesetzes.
ZS. f. Völkerphysiologie u. Sprachwissenschaft XIV, 365-410, XV, 70 bis 135, 337-387.

Referat in WIEDEMANN's Beibl. IX, 286-288. Eine historische Darstellung der Ideen, die zum Trägheitsgesetze geführt haben. *Lp.*

J. THOMSON. On the law of inertia, the principle of chronometry and the principle of absolute rotation.
Proc. Soc. Edinb. 1883, 568-578; [Nat. XXIX, 567; Beibl. VIII, 744, IX, 4.

Versuch einer Formulirung des Trägheitsgesetzes. „Für eine Gruppe sich selbst überlassener Punkte ist kinematisch nicht bloss ein Coordinatensystem, sondern sind unendlich viele möglich, bezüglich deren jene geradlinig fortschreiten; ferner ist kinematisch eine Zeitskala möglich, hinsichtlich deren sie in geradlinigen Bahnen gleichförmig bewegt sind.“ *Lp.*

J. THOMSON. A problem on point-motions for which a reference-frame can so exist as to have the motions of the points, relative to it, rectilinear and mutually proportional. Proc. Roy. Soc. Edinb. XII, 730-742†.

P. G. TAIT. Note on reference frames. Proc. Roy. Soc. Edinb. XII, 743-745; [Fortschr. d. Math. XVII, 818.

Mathematische Behandlung einer Aufgabe, die Hr. J. THOMSON so formulirt: „Rücksichtlich eines Bezugssystems, welches selbst jede beliebige Bewegung haben kann (das jedoch als unbekannt oder für jede Benutzung einer Abmessung als nicht gestattet gilt), hat eine Reihe von Punkten, wie bekannt ist, Bewegungen, die geradlinig und wechselweise proportional in gleichzeitigem Fortschritte sind. Aus Beobachtungen oder Abmessungen an successiven Configurationen der Punktreihe allein ein Bezugssystem zu finden, bezüglich dessen ihre Bewegungen jenen selben Charakter haben.“ Hr. TAIT spricht sich kürzer wie folgt aus: „Eine Reihe von Punkten bewegt sich in GALILEI'scher Art mit Bezug auf ein System von Coordinatenaxen, welches selber eine beliebige Bewegung haben kann. Aus Beobachtungen der relativen Lagen der Punkte allein solche Coordinatenaxen zu finden.“ Die Lösung des Hrn. THOMSON verwendet nur einfache geometrische Betrachtungen, die des Hrn. TAIT erfolgt mit Hülfe der Quaternionen. *Lp.*

E. RONKAR. Sur un théorème de mécanique applicable aux systèmes dont le mouvement est périodique. Bull. de Belg. (3) VIII, 121-134; [Beibl. IX, 77.

VAN DER MENSBRUGGHE. Rapport sur ce mémoire. Bull. de Belg. (3) VIII, 11-12.

Ueber die gleichzeitigen Schwankungen der mittleren potentiellen und der mittleren actuellen Energie in einem Systeme, in welchem die gesammte Energie constant ist.

Mansion. (Lp.)

E. PADOVA. Un teorema di meccanica. Atti R. Ist. Ven. (6) I, 913-917.

Nennt man zwei Punktsysteme homolog, wenn nicht nur ihre Lagen durch dieselbe Anzahl unabhängiger Coordinaten bestimmt sind, sondern auch die lebendigen Kräfte beider, in den nämlichen Coordinaten ausgedrückt, denselben Ausdruck besitzen, so lautet der Satz, eine Verallgemeinerung eines von Hrn. Ossian Bonnet gegebenen Lehrsatzes: „Wenn ein Punktsystem S von einer Configuration C_0 ausgeht und der gleichzeitigen Einwirkung von l nur von den Coordinaten abhängenden Kräftesystemen unterworfen wird, die einzeln genommen die zu S homologen Systeme $S_1, S_2, \dots S_l$ von der nämlichen Anfangslage C_0 aus eine und dieselbe Bahn durchlaufen lassen, so durchläuft das System S die nämliche Bahn, wie die Systeme $S_1, S_2, \dots, S_l$." *Lp.*

E. Padova. Sugli integrali comuni a più problemi di dinamica. Atti R. Ist. Ven. (6) I, 1005-1020†.

Hr. Bertrand hat in der Arbeit „Mémoire sur les intégrales communes à plusieurs problèmes de mécanique" (Liouville Journ. (1) XVII) das Problem behandelt, die Form der Integrale zu bestimmen, die zu mehreren Aufgaben der Dynamik über die Bewegung eines von solchen Kräften angegriffenen Punktes gehören, die nur von den Coordinaten abhängen. Hr. Korkine hat in dem Aufsatze „Sur les intégrales des équations du mouvement d'un point matériel" (Math. Ann. II) dieselbe Aufgabe für den Fall wieder aufgenommen, in welchem die den Punkt angreifenden Kräfte auch von den Componenten der Geschwindigkeit abhängen und der Punkt ausserdem auf einer Oberfläche frei beweglich vorausgesetzt wird. Die Ausdehnung der Methode Korkine's auf den Fall der Bewegung eines Punktes im Raume und besonders auf den Beweis und die Verallgemeinerung der von Bertrand erhaltenen Resultate ist von Hrn. G. Pennacchietti in seiner Habilitationsschrift gemacht worden: „Sugli integrali communi a più problemi di dinamica" (Pisa, Annali della R. Scuola normale IV, 1877). In der vorliegenden Schrift befolgt der Verfasser für den Fall, in welchem die Kräfte eine nur von den Coordinaten abhängige Potentialfunction besitzen, eine völlig neue Methode; hierdurch gelangt er zu Lehrsätzen, durch die manche der früher gefundenen als besondere Fälle umfasst werden.

Lp.

E. PADOVA. Sulla teoria dei moti relativi. Annali di Mat. (2) XII, 265-282†.

Die Lösung der Aufgabe der relativen Bewegung eines Punktes oder eines starren Punktsystems in Bezug auf ein starres in Bewegung begriffenes System ist schon von BOUR (1856-63) auf die Bestimmung einer vollständigen Lösung einer partiellen Differentialgleichung erster Ordnung zurückgeführt worden, sowie JACOBI dies für die absolute Bewegung gethan hatte. Auf directere und einfachere Art führte C. NEUMANN diese Reduction aus sowohl im Falle der absoluten Bewegung, wenn zwischen den Coordinaten der Systempunkte von der Zeit unabhängige Bedingungen stattfinden oder auch nicht, als auch in dem Falle der relativen Bewegung eines oder mehrerer Punkte bezüglich eines starren in Bewegung begriffenen Systems. Hr. PADOVA hat das Studium der Aufgabe unter der Voraussetzung ab ovo wieder aufgenommen, dass das bewegliche System, in Bezug auf welches die relative Bewegung eines gegebenen Systems untersucht wird, beliebig ist, und hat eine partielle Differentialgleichung erster Ordnung aufgestellt, welche vermittelst einer vollständigen Lösung die Integrale der Bewegung liefert. Aus den erhaltenen Formeln werden die BOUR'schen mit Leichtigkeit abgeleitet, und dann wird der Fall näher erörtert, bei welchem im Ausdrucke der lebendigen Kraft eines gegebenen Systems eine der Veränderlichen fehlt, die nicht in den Ausdruck der Potentialfunction eingeht. Zuletzt werden Anwendungen der Theorie gemacht 1) auf die relative Bewegung zweier starren Systeme; 2) auf die Form der partiellen Differentialgleichung, wenn das System S_1 von Axen gebildet wird, die unabhängig von einander sich um den festen Nullpunkt drehen; 3) auf die Bewegung eines Punktes, der von zwei festen Punkten angezogen wird, die auf einer Geraden mit gleicher und entgegengesetzter Geschwindigkeit gleiten, welche Aufgabe in der 29. Vorlesung von C. G. J. Jacobi's Vorlesungen über Dynamik behandelt ist. Am Schlusse werden andere Problem angedeutet, die nach derselben Methode erledigt werden können. *Lp.*

E. Collignon. Quelques problèmes sur le mouvement relatif. Assoc. Franc. Rouen 1883, 156-169.

Es wird folgendes Problem behandelt: Ein materieller Punkt M wird von zwei Punkten O und L angezogen; O liegt fest, L rotirt gleichförmig um O, die Bewegung soll dargestellt werden in einem Coordinatensystem, dessen x-Axe die bewegte Gerade OL ist. Es ist vorausgesetzt, dass der Punkt M sich in derjenigen Ebene bewegt, in welcher OL rotirt.

Zunächst nimmt der Verfasser an, die Anziehung sei den Massen und Entfernungen proportional; dann geht er zur Behandlung des Problems unter Voraussetzung Newton'scher Attraction über und wendet seine Ergebnisse auf eine kleine Masse an, die von der Erde zum Monde geschleudert wird. Die leicht zu bildenden Differentialgleichungen sind dann

$$\frac{d^2x}{dt^2} = -\frac{fmx}{r^3} + \frac{fm'(R-x)}{r'^2} + n^2x + 2n\frac{dy}{dt},$$

$$\frac{d^2y}{dt^2} = -\frac{fmy}{r^3} + \frac{fm'y}{r'^3} + n^2y - 2n\frac{dx}{dt},$$

wo m und m' die Masse von Erde und Mond, R der Radius der Mondbahn, f die Anziehungsconstante, n die (gleich R annähernd constant gesetzte) Winkelgeschwindigkeit des Mondes ist. Um die Gleichungen zu integriren, wird die Bahn des Projektils als sehr wenig gekrümmt angesehen; dann verschwinden die y und die Integration lässt sich auf eine Quadratur zurückführen. Es ergiebt sich, dass die Minimalgeschwindigkeit, mit der das Projektil die Erdatmosphäre verlassen müsste, um auf den Mond zu gelangen, $11\ \frac{\text{Kilom.}}{\text{sec.}}$, also nahe dasselbe Resultat, wie ohne Berücksichtigung der Rotation der Erde. *Bde.*

D. J. Korteweg. Sur les trajectoires décrites sous l'influence d'une force centrale. Arch. Néerl. XIX, 391-434†; Versl. en Medd. Amst. XX, 249-289†; [Beibl. IX, 553.

Der Verfasser untersucht auf Grund der bekannten Formeln für die Centralbewegung die Bahncurven des beweglichen Punktes, insbesondere die Bedingungen und Formen der centrifugalen und der centripetalen Zweige, durch deren Combinationen neun mögliche Formen entstehen; das Pericentrum, das Apocentrum, u. s. w.

Der erste Abschnitt ist der Darlegung der allgemeinen Gesichtspunkte gewidmet. Von dem Inhalt und der Bedeutung der im zweiten Abschnitte abgeleiteten allgemeinen Lehrsätze mögen die Lehrsätze I und II eine Vorstellung geben. I. „Die Energie der Kreisbewegung, die Sectorengeschwindigkeit der Kreisbewegung und die Grösse $F.\varrho^2$(F = anziehende Kraft, ϱ = Leitstrahl) nehmen immer gleichzeitig zu und ab, wenn der Punkt in der Ebene versetzt wird.“ II. „Das Product aus dem Leitstrahl und aus der Geschwindigkeit ($v.\varrho$) nimmt auf derselben Bahnlinie zu mit dem Abstande vom Centrum, so lange die Geschwindigkeit des Massenpunktes die locale Kreisgeschwindigkeit übertrifft, nimmt ab im entgegengesetzten Fall“. Der Abschnitt III entwickelt Lehrsätze über das Auslaufen in Spiralform mit asymptotischem Kreise, der Abschnitt IV über die Ausdehnung der Bahncurve bis ins Centrum oder ins Unendliche. Im Abschnitte V endlich werden Anwendungen auf bestimmte Aufgaben gemacht: I. „Die verschiedenen Hauptformen der Bahncurven zu bestimmen, die unter der Einwirkung einer Kraft mit gegebenem Gesetz entstehen können, wenn ein Massenpunkt von einem gegebenen Punkt aus sich mit einer gegebenen Geschwindigkeit nach verschiedenen Richtungen bewegt.“ II. „Die verschiedenen Hauptformen der unter der Einwirkung einer anziehenden Kraft $F = f.\varrho^n$ beschriebenen Bahncurven zu bestimmen und die Bedingungen, unter denen diese Formen erscheinen.“ 1) $n \gtreqqless -1$, 2) $-1 > n > -3$, 3) $n = -3$, 4) $n < -3$)]. III. „Die Natur und die Grenzen der Gebiete zu bestimmen, die in der Ebene eines homogenen, materiellen Ringes entstehen, der nach dem

Gesetze der allgemeinen Gravitation anzieht.“ — Ausserdem vergleiche man den ausführlichen vom Verfasser gelieferten Auszug in Wied. Beibl. VIII, 746-750. *Lp.*

H. de la Goupillière. Recherches sur la brachistochrone d'un corps pesant, eu égard aux résistances passives. Mém. de div. sav. Ac. d. Sc. (2) XXVII, 1-26; [Beibl. VIII, 797†.

I. Brachistochrone für einen schweren Punkt mit reibender Bewegung. Die Gleichung derselben als Function zwischen Krümmungsradius und der Neigung der Tangente gegen die Verticale. II. Brachistochrone ohne Reibung, aber mit Widerstand im Medium, der eine Function $\varphi(v)$ der Geschwindigkeit v ist; insbesondere $\varphi(v) = k.v^m$. III. Reibung und Widerstand gleichzeitig. *Lp.*

Hugo Gyldén. Die Bahnbewegungen in einem Systeme von zwei Körpern in dem Falle, dass die Massen Veränderungen unterworfen sind. Ast. Nachr. CIX, 1-6†.

Die beiden Differentialgleichungen der Bewegung:

$$\frac{d^2x}{dt^2} + \frac{\mu_1+F}{r^3}x = 0, \quad \frac{d^2y}{dt^2} + \frac{\mu_1+F}{r^3}y = 0,$$

wo μ_1 den zu einer bestimmten Zeitepoche constanten Werth der Summe beider Massen bezeichnet und F eine als bekannt angenommene Function der Zeit, beide multiplicirt mit einer Constanten, werden durch die Substitutionen:

$$x = \frac{\xi}{1+\psi}, \quad y = \frac{\eta}{1+\psi}, \quad r = \frac{\varrho}{1+\psi}, \quad dt = \frac{d\tau}{(1+\psi)^2}$$

transformirt in

$$\frac{d^2\xi}{d\tau^2} + \frac{\mu_1}{\varrho^3}\xi = 0, \quad \frac{d^2\eta}{d\tau^2} + \frac{\mu_1}{\varrho^3}\eta = 0.$$

Hierdurch ist die gegenseitige Abhängigkeit von ξ, η, τ bestimmt; die unbestimmte Function ψ dagegen ist durch Quadraturen zu berechnen und hängt von F ab; die endgültige Bestimmung kann nur durch successive Annäherungen bewerkstelligt werden. Der Verfasser führt die Rechnung unter der Annahme durch, dass die Aenderung von F oder der Differentialquotient $\frac{dF}{dt}$ immer sehr klein bleibt. — Zuletzt wird der Schluss gezogen: „Bliebe die Quantität der aus dem Weltraume auf die Sonne und die Planeten herunterströmenden Materie immer dieselbe, so müssten die Planeten endlich in die Sonne stürzen.“

Lp.

C. T. HUDSON, R. RAWSON, G. B. MATHEWS, D. EDWARDES. Solutions of questions 7406, 7439. Ed. Times XL, 59-61, XLI, 41-42†.

Zwei schiefe Ebenen von gleicher Höhe und den Neigungen α, β stehen Rücken an Rücken nebeneinander und lassen einen Zwischenraum zwischen sich. Zwei Gewichte P, Q stehen unten auf den beiden Ebenen und sind durch einen Faden verbunden, der über zwei kleine Rollen am oberen Ende der Ebenen und unter eine bewegliche Rolle vom Gewichte W hinweggeführt ist, welche zwischen den Ebenen so hängt, dass die freien Theile des Fadens parallel sind. Die Bedingung dafür, dass P und Q aufwärts gezogen werden, ist

$$W > \frac{2PQ}{P+Q}(\sin\alpha+\sin\beta);$$

die Bedingung dafür, dass beide Gewichte gleichgzeitig oben anlangen:

$$\frac{4(\sin^2\alpha-\sin^2\beta)}{W}$$
$$=\frac{2\sin\alpha+\sin\alpha\sin\beta+\sin^2\beta}{P}-\frac{2\sin\beta+\sin\alpha\sin\beta+\sin^2\alpha}{Q}.$$

Hat W die verticale Geschwindigkeit c, so kommt das in Bewegung gesetzte System in einem Punkte zur Ruhe, der durch die quadratische Gleichung bestimmt wird:

$$(4P^2\sin^2\alpha-W^2)s^2-\frac{W}{g}(4gaP\sin\alpha+Wc^2)s$$
$$-\left(2Pa\sin\alpha+\frac{Wc^2}{4g}\right)\frac{Wc^2}{g}=0.$$

Lp.

L. Sonnenburg. Analytische Untersuchungen über ein Problem der Dynamik. Diss. Bonn. 49 S.†; [Beibl. IX, 74.

Auf einer beweglichen immateriellen Geraden bewegt sich ohne Reibung unter der Einwirkung einer Centralkraft eine Strecke, welche an einzelnen Punkten mit Masse behaftet ist. Der Sitz jener Kraft ist ein Punkt der Geraden, und dieser ist der einzige feste Punkt der letzteren. Die Bewegung der Geraden und der auf ihr beweglichen Strecke wird untersucht.

Im ersten Abschnitte S. 1-23 werden zunächst die Differentialgleichungen der Bewegung sowie die Integrale der lebendigen Kraft und der Flächensätze aufgestellt; es ergiebt sich, dass die Gerade immer in einer durch ihren festen Punkt gehenden Ebene bleibt. Die allgemeinen Formeln werden daher für diese Ebene und danach für den Fall specialisirt, dass die Kräftefunction eines Punktes der s^{ten} Potenz der Entfernung proportional ist. Die Untersuchung der unter den Quadratwurzeln auftretenden ganzen Functionen der unabhängigen Veränderlichen zeigt, dass für $s = 0$, d. h. wenn keine anziehende Kraft wirkt, die Lösung auf elliptische Integrale erster und zweiter Gattung führt, dass in den anderen Fällen dagegen die Radicanden von höherem als dem vierten Grade sind, z. B. für $s = -1$ (Newton'sche Gravitation) bei nur zwei Punkten auf der beweglichen Strecke der Radicand schon den achten Grad erreicht. Einige allgemeine Bemerkungen über die Art der Bewegung schliessen den ersten Abschnitt.

Der Abschnitt II (S. 24-49) ist grösstentheils der Betrachtung desjenigen Falles gewidmet, wo das Centrum keine anziehende oder abstossende Kraft ausübt. Die in Betracht kommenden elliptischen Integrale werden auf die Legendre'sche Normalform gebracht, und um ein Bild von der Bewegung zu geben, betrachtet der Verfasser einen durch Specialisirung der Constanten erzeugten Fall, in welchem die betreffenden Integrale sich durch logarithmische Functionen ausdrücken lassen, ohne dass die fortschreitende oder die rotirende Bewegung der Strecke aufgehoben ist. Zuletzt wird die Untersuchung auch für eine Kraft durchgeführt, welche der Entfernung und der Masse der angezogenen

Punkte proportional wirkt. Die beiden hauptsächlichen Integrale hängen zwar von einer Quadratwurzel aus einer ganzen Function sechsten Grades der Variablen ab, lassen sich aber leicht auf elliptische Integrale (dritter Gattung) reduciren. *Lp.*

A. KURZ. Zur Berechnung des Ruhepunktes von Schwingungen. Repert. d. Phys. XX, 165-166†; [Beibl. VIII, 430.

Um aus drei successiven Umkehrungspunkten a, b, c des Pendels den Ruhepunkt zu finden, kann man erstens aus zwei angenäherten Ruhepunkten $\frac{1}{2}(a+b)$ und $\frac{1}{2}(a+c)$ das arithmetische Mittel nehmen, oder zweitens aus $\frac{1}{2}(a+c)$ und b, so folgt beide Male $\frac{1}{4}(a+2b+c)$.

Bei $2m+1$ Umkehrpunkten a_1, a_2, a_3, ... erhält man nach der ersten Art der Anschauung:

$$\{a_1+a_{2m+1}+2(a_2+a_3+\cdots+a_{2m})\}:4m,$$

nach der zweiten:

$$\tfrac{1}{2}\{(a_1+a_3+\cdots+a_{2m+1}):(m+1)+(a_2+a_4+\cdots+a_{2m}):m\}.$$

Lp.

W. WEBER. Ueber Construction des BOHNENBERGER'schen Reversionspendels zur Bestimmung der Pendellänge für eine bestimmte Schwingungsdauer im Verhältniss zu einem gegebenen Längenmaass. WIED. Ann. XXII, 439 bis 449†; Leipz. Ber. XXXV, 7-17, 1883; [Cim. (3) XVI, 247; [J. de phys. (2) IV, 510-511.

Soll die Länge l des mathematischen Pendels für eine Schwingungsdauer t eines gegebenen physischen Pendels nach der Methode des Reversionspendels bestimmt werden, so kann man die weitere Forderung stellen, diejenige Schwingungsdauer t zu bestimmen, für welche die Bestimmung der Pendellänge auf die angegebene Weise die grösste Genauigkeit gestattet; hiernach soll also ein kleiner Beobachtungsfehler dt der Schwingungsdauer t des physischen Pendels den geringsten Einfluss auf die Bestimmung von l haben. Durch Auflösung der so formulirten Minimalaufgabe wird man auf eine biquadratische Gleichung für das Verhältniss $z = x^2 : a^2$ geführt, worin x den Abstand des Schwerpunktes von der Drehaxe, a den Trägheitsradius für die zur Aufhängeaxe parallele Schwerpunktsaxe bezeichnet:

$$z^4+1 = 6z(z^2+z+1).$$

Für das Verhältniss $x : a$ folgen hieraus die beiden Zahlwerthe 2,64194 und 0,37851; mithin $l = 3{,}02045\,a$, $t = \pi\sqrt{3{,}02045\,\frac{a}{g}}$, als die Schwingungsdauer, für welche die Pendellänge am genauesten bestimmbar ist. Die Lösung wird an dem Beispiele eines homogenen cylindrischen Stabes erläutert, und zuletzt werden praktische Vorschläge zur Anstellung von Versuchen gemacht. *Lp.*

G. A. Maggi. Sull' integrazione delle equazioni differenziali del pendolo conico. Rend. Lomb. Ist. (2) XVII, 590 bis 599†; [Beibl. VIII, 794.

Unter Bezugnahme auf die letzten Bearbeitungen dieser Aufgabe durch die HHrn. Hermite (Sur quelques applications de la théorie des fonctions elliptiques, C. R. 1881 u. 1882) und Dillner (Sur l'intégration des équations différéntielles du pendule conique, Ups. N. Act. 1883) zeigt der Verfasser, wie sehr die Integration durch den Gebrauch der Weierstrass'schen Function $\wp u$ und der σ-Functionen erleichtert wird. Die Endformeln, welche die Coordinaten des beweglichen Punktes vermittelst der Zeit ausgedrückt liefern, sind von bemerkenswerther Einfachheit; aus ihnen sind die bekannten Formeln, welche die Jacobi'schen Functionen enthalten, leicht abzuleiten. *Lp.*

J. Both. Ueber die Bewegung eines Pendels mit beweglichem Aufhängepunkt. Pr. Gymn. Jever. 13 S.†; [Beibl. VIII, 620.

Das betrachtete Pendel besteht aus einem Aufhängepunkt A mit der Masse μ, der auf einer horizontalen Geraden ohne Reibung gleitet, aus einer starren gewichtslosen Geraden von der

Länge a und aus einem zweiten Massenpunkte B mit der Masse m am anderen Endpunkte der Geraden. Nur solche Schwingungen werden betrachtet, die in der durch die horizontale Bahn von A gehenden Verticalebene liegen. Der Verfasser führt die Aufgabe auf Quadraturen zurück, diskutirt allgemein die Rotationsgeschwindigkeit des Pendels um den Aufhängepunkt, die Translationsgeschwindigkeit des Aufhängepunktes aber nur für einen besonderen Fall, in welchem nämlich eine gewisse Integrationsconstante den Werth Null hat. Dieser Fall ist dadurch interessant, dass der Schwerpunkt des Systems sich in einer verticalen Geraden bewegt, die Pendelstange daher als Tangente an der Astroide gleitet, jeder ihrer Punkte (also auch B) eine Ellipse beschreibt.

Lp.

J. E. Hendricks. Gyration of a vibrating pendulum. Science III, 775-776†.

In den Professional papers of the signal office Nr. VIII, 1882, p. 30 giebt Hr. Ferrel die Zeit für den Umlauf eines trägen Punktes auf der Peripherie eines Kreises der sphärischen Erdoberfläche

$$\tau = \sec\Theta \times \tfrac{1}{2}\,\text{Tag}$$

an und sagt: „Die allmähliche Abweichung eines schwingenden Pendels wird durch dieselbe ablenkende Kraft veranlasst, und daher ist die Zeitdauer einer Umdrehung dieselbe wie τ in der voranstehenden Gleichung“. Diese Zeit ist aber bekanntlich $\sec\Theta \times 1$ Tag. Hr. Hendricks klärt diesen Widerspruch auf.

Lp.

C. F. W. Peters. Eine neue Methode zur Beobachtung der Coincidenzen der Schwingungen zweier Pendel. Astr. Nachr. CX, 231-232†.

An der Uhr ist eine Unterbrechung angebracht, die in einer am Uhrpendel befindlichen Platinspitze besteht, welche jedesmal, wenn das Pendel durch die Verticale schwingt, einen kleinen Quecksilbertropfen durchschneidet. Der hierdurch geschlossene Strom inducirt einen neuen Strom, welcher hinter dem Coincidenzcylinder zwischen zwei Spitzen aus Metall oder Bleistiftmasse einen Funken erzeugt. Hierbei können also die Uhr und der Pendelapparat in ganz verschiedenen Richtungen vom Beobachter aus liegen. *Lp.*

Sc. Cappa. Sul limite dell' aderenza che si può svolgere fra due cilindri ad assi qualunque che si trasmettono il movimento rotatorio. Atti di Torino XIX, 154-158†.

Die Axen der beiden sich berührenden Kreiscylinder seien unter dem Winkel ε gegen einander geneigt; ist Q der Druck, mit welchem beide Cylinder gegen einander gepresst werden, f der Reibungscoefficient, so findet der Verfasser als gesuchten Grenzwerth:

$$F = fQ\frac{1-\sin\varepsilon}{\cos\varepsilon}.$$

Ist der zu überwindende Widerstand grösser als dieser Werth, so tritt Gleiten ein. *Lp.*

A. Söderblom. Ueber die Drehung eines Rotationskörpers um einen festen Punkt. Upsala, Vetenskapssocieteten, Acta (3) XII, 92 Seiten†; [Beibl. IX, 77.

Der Lagrange'sche Fall des Rotationsproblems ist bekanntlich schon 1855 (im 50. Bande von Crelle's Journal) durch Hrn. Lottner vollständig gelöst worden; eine Lösung von Jacobi findet sich im Bd. II (1882) der neuen Auflage seiner gesammelten Werke. Hr. Söderblom scheint dies Problem (auf 92 Seiten gross 4°) einer neuen Bearbeitung nur deshalb unterworfen zu haben, um die Neuerungen der von Hrn. Weierstrass eingeführten Bezeichnungsweise in der Theorie der elliptischen Functionen auf dies Problem anzuwenden. *Eneström.* (*Lp.*)

E. Padova. Sulla rotazione di un corpo di rivoluzione pesante che gira attorno ad un punto del suo asse di simmetria. Atti di Torino XIX, 1007-1016†; [Beibl. IX, 5.

Für den Jacobi'schen Satz, dass die Drehung eines Rotationskörpers um einen beliebigen Punkt seiner Axe durch die relative Bewegung zweier Körper ersetzt werden kann, die keinen beschleunigenden Kräften unterworfen sind, sich um einen und denselben Punkt drehen und bei ihrer Drehbewegung dieselbe unveränderliche Ebene und dieselbe mittlere oscillatorische Bewegung haben (JACOBI, Ges. Werke II, 480, 510ff.) hat Hr. LOTTNER aus JACOBI'schen Formeln einen Beweis gegeben. Hr. PADOVA liefert einen anderen einfachen Beweis, der sich auf die nämlichen Formeln stützt, und einerseits die Beziehungen zwischen den verschiedenen Constanten der Bewegungen hervorhebt, andererseits die Nothwendigkeit aller im Satze ausgedrückten Bedingungen zeigt. *Lp.*

STOFFAES. Sur la tendance au parallélisme des axes de rotation. Ann. soc. scient. de Brux. VIII, B, 121-186†; [Beibl. IX, 373.

DE SALVERT. Rapport. Desgl. VIII, A, 57-62.

FOUCAULT spricht das Prinzip, welches ihn bei seinen Untersuchungen über die Orientirung und Neigung der rotirenden Körper geleitet hat, wie folgt aus: Dreht sich ein Körper um eine Hauptaxe und strebt eine Kraft oder ein System von Kräften danach, eine neue, der ersten nicht parallele Rotation zu erzeugen, so ist die resultirende Wirkung eine Versetzung der ursprünglichen Rotationsaxe, welche sich nach der neuen Axe auf einem dem Parallelismus der beiden Rotationen günstigen Wege hinwendet. Die Abhandlung des Hrn. STOFFAES ist dem Beweise dieses Prinzipes gewidmet. Im ersten Kapitel transformirt er die EULER'schen Gleichungen für die Rotationsbewegung in ein System linearer Differentialgleichungen mit constanten Coefficienten und leitet daraus den Beweis des Prinzips vom Parallelismus im Falle des Kreisels ab. Im zweiten geht er nicht von den EULER'schen Gleichungen aus, sondern gelangt direct zum Prinzipe vom Parallelismus, dessen angenäherte Genauigkeit er feststellt, nämlich indem er bei den Rechnungen die der Rotation entsprechenden Glieder als zu vernachlässigende behandelt. *Mansion (Lp.)*

Edm. Dubois. Sur le gyroscope marin. C. R. IIC, 227-229†; [Beibl. VIII, 344.

Versuche, die mit dem Dubois'schen Seegyroskope an Bord des Panzerschiffes Turenne ausgeführt sind, werden kurz beschrieben. Die Prüfungscommission hat das folgende Urtheil abgegeben: Aus den vorstehenden Ergebnissen glaubt die Commission schliessen zu dürfen, dass der Dubois'sche Apparat auf einem Schiffe die Bedingung gut zu verwirklichen scheint, eine unveränderliche Ebene zu besitzen, nach welcher man beim Gange und vermittelst einer Drehung die „relativen Abweichungen" eines Kompasses in Bezug auf eine anfängliche Lage ermitteln könnte, von der ausgegangen ist. *Lp.*

D. Bobyleff. Graphische Erzeugung von fünf gyroskopischen Curven-Typen. J. d. russ. phys.-chem. Ges. XVI [2], 136-139†.

Eine beiderseits angespitzte verticale Stahlaxe, deren unteres Ende sich in einer kleinen Vertiefung auf der oberen Fläche einer Säule stützt, trägt in der Mitte einen gebogenen Ring, von solcher Form, dass der Schwerpunkt des ganzen Systems sich unterhalb des Stützpunktes befindet. Wird der Kreisel um seine Axe gedreht und hierauf einer Seitenbewegung unterworfen, so wird, je nach dem Charakter der letzteren, die obere Spitze eine Curve beschreiben, welche auf einem berussten Papierstreifen direct aufgetragen wird. 42 solcher Curven sind auf einem beigelegten Bogen photolithographirt. Es lassen sich 5 Typen solcher Curven unterscheiden; dieselben sind in der „Analytischen Mechanik" des Hrn. Verfassers, Bd. II Taf. 4 Fig. 92a bis 96a, abgebildet.

Der erste Typus wird erhalten, wenn der ruhig vertical rotirende Kreisel einen gegen die obere Axenspitze gerichteten Stoss erhält (Mechanik Fig. 93a).

Zweiter Typus — der rotirende Kreisel wird zur Seite geneigt und dann ohne Stoss losgelassen (Mechanik Fig. 95a).

Dritter Typus — der ebenso geneigte Kreisel erhält einen Stoss in der verticalen Ebene (Mechanik Fig. 92a).

Vierter und fünfter Typus — ebenso, aber der Stoss ist seitwärts gerichtet, nach der einen oder nach der anderen Richtung (Mechanik Fig. 96a und 94a). *O. Chw.*.

N. Kotwinitzky. Ueber Regulatoren directer Wirkung.

Nachrichten (Iswestija) d. technol. Inst. zu Petersb. (russ.) 1883-84, p. 157-189†.

Die Theorie der Regulatoren directer Wirkung ist von Hrn. Minister J. Wischnegradsky (ib., 1877, 22-62) entwickelt worden. Es wird diese Theorie benutzt, um den Grad der Gleichförmigkeit und den Empfindlichkeitscoefficienten für die Regulatoren von Pröll und Porter zu untersuchen. Resultate: der Regulator von Pröll hat bedeutende Vorzüge vor dem von Porter. Bei der Construction des Pröll'schen Regulators ist eine besondere Aufmerksamkeit zu richten auf die richtige Wahl des Verhältnisses $\frac{s}{h}$ der Entfernung s des Kugelcentrums von dem mittleren Charnier zu der Fläche h des Regulators. Bei falscher Wahl dieses Verhältnisses kann der Regulator ganz untauglich sein.

Im Allgemeinen ist $\frac{s}{h}$ möglichst gross zu machen. Der grösstmögliche Werth von $\frac{s}{h}$ wird durch die Construction und Untersuchung einer tachostatischen Curve bestimmt.

O. Chw.

W. Holtz. Ein Vorlesungsversuch zum Beweise des Satzes, dass die Umdrehungsgeschwindigkeit wächst, wenn kreisende Massen der Axe genähert werden.

Wied. Ann. (2) XXI, 385-384†; Cim. (3) XII, 82-83.

Zwei an ihrem unteren Ende durch grössere Kugeln beschwerte Stangen in Form eines X, welche in ihrem Kreuzungspunkte um ein Gelenk wie eine Scheere beweglich sind, werden durch einen längeren Faden am Gelenke aufgehängt, während die beiden Arme auf einer und derselben Seite durch einen zweiten Faden in unveränderter Lage gehalten werden. Zunächst versetzt man dieses System in Rotation und brennt während derselben den zweiten Faden durch einen daran befestigten dritten ab. *Lp.*

R. Hoppe. Einfaches Pendel im Raume bei Anziehung von einem Punkte in endlicher Entfernung.
Arch. d. Math. LXX, 405-412†; [Beibl. VIII, 346.

Die Berechnung der Bewegung eines Punktes, der auf einer gegebenen Rotationsfläche zu bleiben genöthigt ist, wenn auf ihn nur Kräfte unabhängig vom Azimut wirken, lässt sich auf Quadraturen zurückführen. Ist die Fläche eine Kugel vom Radius a und liegt das anziehende Centrum im Abstande e vom Kugelmittelpunkte, so ist die Irrationalität, von der die auszuführenden Quadraturen abhängen, eine Quadratwurzel aus einer ganzen Function sechsten Grades der Variablen. Für parallele Schwerkraft hatte Hr. Hoppe früher gezeigt (Arch. LXI, 264), dass bei unendlich kleiner Elongation die nahezu ebene Bahn eine langsam rotirende Ellipse ist, und dass die Geschwindigkeit dieser Rotation sich als proportional dem Inhalte der Ellipse darstellt. Das Gleiche wird auch für Centralanziehung nachgewiesen, und der unterscheidende constante Factor wird ermittelt. Die elliptische Bahn rotirt ferner langsam um ihren Brennpunkt, durch den die Verticale geht, und ist im besonderen Fall $e = a$ wesentlich verschieden von der Bahn für $e > a$. *Lp.*

M. Hélie. Traité de balistique expérimentale. 2me édition considérablement augmentée, avec la collaboration de M. Hugoniot. Paris: Gauthier-Villars, I, 448 S., II, 422 S. 8°.†

Die erste Auflage dieses Werkes ist 1865 erschienen und gab fast ausschliesslich die Theorie der glatten Geschütze; die neue musste also mit Rücksicht auf die inzwischen allgemein erfolgte Einführung der gezogenen Geschütze und der langsamer abbrennenden Pulversorten umgearbeitet und erweitert werden.

Das Werk bezieht sich nicht bloss, wie der Titel vermuthen lassen könnte, auf die zur Begründung der Theorie dienenden Experimente, sondern es werden auch die Lehren der analytischen Mechanik vorgetragen, welche zum Verständnisse nöthig sind. Dagegen werden streitige oder erweislich falsche Hypothesen nicht berücksichtigt.

Der erste Band behandelt die Theorie der glatten Geschütze, enthält aber auch Betrachtungen über allgemeine Fragen, die auf alle Systeme von Geschützen anwendbar sind. Als Gleichung für die ballistische Curve wird angenommen:

$$y = x \operatorname{tg} \alpha - \frac{gx^2}{2\cos^2\alpha}\left(\frac{1}{v^2} + Kx\right),$$

worin α den Elevations-Winkel, v die Anfangsgeschwindigkeit, K eine passend zu bestimmende Constante bezeichnen; mithin findet man die Wurfweite X aus der Gleichung:

$$\frac{\sin 2\alpha}{gX} = \frac{1}{v^2} + Kx.$$

Mit dem Luftwiderstande und dem Einflusse der Luftbewegung beschäftigen sich besondere Kapitel. Den Schluss des ersten Bandes bilden zwei Noten über die Theorie der mechanischen Aehnlichkeit und über die Anwendung der Wahrscheinlichkeitsrechnung auf die Aufsuchung der mittleren Beobachtungswerthe. Der zweite Band umfasst drei Abschnitte; der erste enthält allgemeine, auf alle gezogenen Geschütze anwendbare Ueberlegungen; die Aufgabe der Rotationsbewegung eines Umdrehungskörpers um einen Punkt seiner Axe wird besonders abgehandelt. Der zweite giebt die Resultate der vor 1870 ausgeführten Versuche; der dritte bezieht sich auf die gegenwärtige Artillerie mit Hinterladern und langsamer abbrennenden Pulversorten. Die im ersten Bande entwickelten Theorien werden für die gezogenen Geschütze abgeändert; so wird z. B. der Coefficient K nicht mehr als Constante, sondern als Function der den Schuss bestimmenden Elemente betrachtet. Dementsprechend wird die grösste Wurfhöhe und der Aufschlagswinkel des Geschosses berechnet. Besondere Kapitel sind den Abweichungen nach der Seite und nach der Länge, den angenäherten Rechnungsmethoden sowie der Berechnung der Anfangsgeschwindigkeit und der Treffwahrscheinlichkeit gewidmet. *Lp.*

A. Lindhagen. Om det ballisteska problemet. Zeuthen T. (5) II, 149-151†.

Reduction der Gleichungen des ballistischen Problems auf Quadraturen durch Anwendung eines von Hrn. Gyldén gegebenen allgemeinen Integrationsverfahrens. *Gram.* (*Lp.*)

Chapel. Expériences de balistique exécutées en Hollande. Rev. d'Art. XXIV, 262-271†.

Diesen Versuchen war eine theoretische Untersuchung gewidmet durch W. C. Hojel: „Bijdrage tot de Ballistick van het getrokken geschut" (De militaire Spectator) in der Absicht, aus ihnen das Gesetz des Luftwiderstandes abzuleiten. Hr. Siacci hat darauf in der Rivista di artiglieria e genio eine längere Kritik dieser Arbeiten veröffentlicht. Der vorliegende Artikel reproducirt die markantesten Stellen aus der Studie von Hrn. Siacci. Hr. Hojel hat die Formeln des Generals Mayewski für den Luftwiderstand bestätigt gefunden. (Sur les résultats des expériences concernant la résistance de l'air et leur application à la résolution des problèmes du tir. St. Pétersbourg, 1880). Die von Hrn. Siacci vorgeschlagene Formel ist:

$$F(v) = v\{\alpha+\beta \operatorname{arctg}[(v-v_0)\psi(v)]\},$$

wo $\psi(v)$ eine mit v wachsende Function bezeichnet. Als Näherungsformel, welche die holländischen Versuche darstellt, wird gefunden:

$$F(v) = v\{0,85+\tfrac{3}{700}\operatorname{arctg}[14,14v^3-145,49v^2+501,66v-579,35]\}.$$

Lp.

C. H. Kummel. The theory of errors practically tested by target-shooting. Wash. Bull. 1883, 138-148†.

Es wird die Aufgabe behandelt, aus der Vertheilung der Schüsse auf einer Scheibe ein Maass für die Sicherheit des

Schusses abzuleiten. Voraussetzung dabei ist, dass die horizontale und verticale Componente der zufälligen Abweichungen von dem Ziele unabhängig von einander seien und dem GAUSS'schen Fehlergesetze gehorchen. *Bruns.* (*Lp.*)

U. MASONI. Sulle forze impulsive che hanno la medesima azione sopra uno stesso punto di un sistema rigido. Rend. di Nap. XXIII, 97-105†; [Beibl. IX, 72.

Der Verfasser sucht die gemeinschaftlichen Eigenschaften der Wirkungslinien solcher Stösse auf, welche einem willkürlich herausgegriffenen Punkte $Q(\alpha, \beta, \gamma)$ eines freien, starren Systems S eine gegebene Geschwindigkeit mit den Componenten V_α, V_β, V_γ ertheilen. Zunächst wird die besondere Aufgabe behandelt, dass ein einziger Stoss mit dem Angriffspunkte $P(x, y, z)$ das System trifft. Durch Auflösung der bekannten Gleichungen nach den Componenten X, Y, Z des Stosses und geometrische Deutung der gewonnenen Ausdrücke erhält man folgende allgemeine Sätze: „Bei allen Bewegungen, die ein freies starres System S unter den Bedingungen annehmen kann, dass ein Punkt des Systems sich immer in einer vorgeschriebenen Richtung bewegt, und dass die Bewegungsgrössen aller Punkte von S eine einzige Resultante zulassen, gehören die Wirkungslinien dieser Resultante einer und derselben linearen Congruenz an" (schneiden zwei reelle oder imaginäre Geraden). „Die Wirkungslinien der Stösse, durch welche ein Punkt eines starren Systems sich in einer vorgeschriebenen Ebene bewegt, bilden einen linearen Complex". „Für ein starres System giebt es nur zwei Gerade, längs welchen eine Stosskraft angebracht werden kann, so dass zwei Punkte sich in zwei passend gegebenen Richtungen bewegen."

Wird die Geschwindigkeit von Q gleich Null angenommen, so sind die Stosskräfte R derartige, dass jede derselben eine Rotation von S um eine durch Q gehende Axe hervorruft. Nach der Ausdrucksweise von Hrn. BELTRAMI u. a. (Sulla teoria degli assi di rotazione. In memoriam Chelini, 1881) sind die R „Stossaxen", denen „permanente Axen" durch Q entsprechen. Es folgt sofort der Satz: „Sind ein starres System S und ein beliebiger

Punkt Q desselben gegeben, so entsprechen den permanenten und den Stoss-Axen durch diesen Punkt bezw. Stoss- und permanente Axen, welche die beiden Schaaren von Erzeugenden eines hyperbolischen Paraboloids bilden" (dessen Gleichung gegeben wird). Wird endlich Q in einer der drei Hauptebenen durch den Schwerpunkt angenommen, so erhält man: „Der Ort für die Stossmittelpunkte, denen permanente Axen entsprechen, die durch einen und denselben Punkt gehen, wird von der permanenten Axe dieses Punktes gebildet, wenn er als Stossmittelpunkt angenommen wird". *Lp.*

U. Masoni. Sull' urto dei corpi e sul movimento di un corpo pesante fra due mezzi resistenti. Rend. di Nap. XXIII, 39-47†.

Nachdem der Verfasser die allgemeinen Ausdrücke für die Componenten der Geschwindigkeit eines Punktes in Erinnerung gebracht hat, welcher einem starren Systeme angehört, das einen Stoss erfährt, sucht er die Bedingungen auf, die erfüllt sein müssen, damit der Schwerpunkt eines starren Körpers in Folge eines Stosses gegen eine horizontale Ebene die Richtung seiner Bewegung umkehrt, d. h. damit ein Zurückprallen stattfinde; ferner diejenigen Bedingungen, welche zu den vorigen hinzutreten müssen, damit eine vollständige Reflexion stattfinde. Der zweite Theil der Arbeit betrifft den Fall, in welchem ein schwerer Körper die horizontale Oberfläche einer Flüssigkeit trifft und nach dem Stosse die Bewegung des Schwerpunkts in absteigender Richtung verharrt. Es werden die Bedingungen aufgesucht, unter denen die Bewegung durch die continuirliche Einwirkung der widerstehenden Kräfte der Flüssigkeit eine aufsteigende werden kann. Genauer wird besonders der Fall erörtert, in welchem die Bahncurve des Schwerpunkts beinahe als horizontal angesehen werden kann, ein Fall, der von Hrn. de Jonquières auch schon einmal näher untersucht ist (C. R. XCVII, 1278, s. diese Berichte XXXIX, (1) 209. 1883). *Lp.*

D. PADELLETTI. Sui sistemi di forze impulsive.
Rend. di Nap. XXIII, 140-143†; [Beibl. IX, 604.

Mit Bezug auf die eben besprochene Arbeit des Hrn. MASONI macht Hr. PADELLETTI die Bemerkung, dass sowohl die von jenem Geometer entdeckten Eigenschaften, als auch andere ähnliche und viel allgemeinere sich fast intuitiv aus dem Begriffe der „Coordinaten eines Systems von Kräften" und der „Coordinaten einer infinitesimalen Bewegung" ableiten lassen. Indem der Verfasser dies näher erläutert und die Begriffe benutzt, welche er nach dem Vorbilde der BALL'schen Theorie der Dynamen eingeführt hat (Osservazioni sulla teoria delle dinami. Rend. di Nap. 1882), gelangt er zu folgenden Sätzen: „Die Axen der Dynamen von constantem Parameter (passo) gehören einem Complexe zweiten Grades an". „Die Axen der Torsionen von constantem Parameter und diejenigen der erzeugenden Dynamen von constantem Parameter bilden einen linearen Complex".

Lp.

N. SCHUKOFFSKY. Ueber den Stoss absolut fester Körper.
J. d. russ. phys.-chem. Ges. XVI, [2] 388-399†.

Der Aufsatz enthält eine Kritik der Arbeiten von F. und N. MAZON (Nachr. d. Kiewer Univ. 1883, No. 1 u. 3, russ.), N. SCHILLER (Grundlagen der Physik I, Kiew 1884, russ.) und GARRIGOU-LAGRANGE (Observations sur le mouvement et le choc des systèmes invariables, Paris 1884) über die obige Frage. Unter Anderem führt der Verfasser die Ableitung von OSTROGRADSKY an, welche im Mémoire sur la théorie générale de la percussion (Mém. de l'Acad. Imp. des sc. d. St. Petersb. VI série, t. VIII p. 269) enthalten ist. *O. Chw.*

MARCEL DEPREZ. Sur les lois du frottement. Lum. Électr. XIV, 281-282†; C. R. IC, 861-864†; [Beibl. IX, 297; [Natf. XVIII, 46.

G. A. HIRN. Note sur les lois du frottement.
C. R. IC, 953-955†; [Beibl. IX, 953-955.

Durch Versuche, die von Hrn. Deprez zur Ermittelung der Reibung an einer Maschine zur Kraftübertragung vermittelst der Elektricität angestellt wurden und bei denen die Anzahl der Umdrehungen von je 30 zu 30 Secunden festgestellt wurde, welche die mit 600 Umdrehungen in der Minute beginnende Axe der in Gang gebrachten Maschine ohne Krafteinwirkung bis zum Stillstand machte, stellte sich eine Aenderung des Reibungscoefficienten von 0,025 bei 550 Umdrehungen in der Minute bis auf 0,005 bei 145 heraus; von 145 bis 125 Umdrehungen constant, nimmt der Coefficient dann bis zur Ruhe schnell zu.

Hr. Hirn erinnert an seine Unterscheidung der mittelbaren und der unmittelbaren Reibung aus einer Arbeit von 1847, die 1855 publicirt ist (sh. diese Berichte XI, 361), und zeigt durch Wiederholung der damals aufgestellten Sätze die Uebereinstimmung derselben mit den Versuchen des Hrn. Deprez. Die Lehrbücher der Physik und Mechanik hätten diesen Umstand seither demnach nicht berücksichtigt. *Lp.*

W. C. Unwin. A flexible band dynamometer.

Rep. Brit. Ass. Southport 1883, 656.

Das biegsame Band des Bremsdynamometers wird nicht bloss über die Bandrolle, sondern ausserdem über eine leer laufende Rolle geführt, wodurch die Schwingungen des Bandes aufgehoben und die Spannungsmessungen genauer gemacht werden sollen. *Bde.*

S. Lamansky. Untersuchung von Schmierölen.

(Im Auftrag der kais. russ. techn. Ges.) Vorläufige Mittheilung. J. d. russ. phys.-chem. Ges. XVI [2] p. 22-23; Protokoll d. Sitz. v. 20. Dez. 1883 der phys. Ges.

In Capillarröhren steigen sehr verschiedene organische und mineralische Oele fast gleich hoch. Die innere Reibung organischer Oele, wie Spermacet, Provence-Oel (huile vierge) ändert sich weniger mit der Temperatur, als diejenige mineralischer Oele.

Je geringer die innere Reibung in Oelen ist, um so kleiner ist auch die Reibung bei festen Körpern, zwischen denen sich das betreffende Oel befindet. *O. Chw.*

N. AFANASJEFF. Ueber die Kraft und Arbeit bei der Spähnebildung. Nachr. (Iswestija) des technol. Inst. in Petersb. (russ.), 1883-84, p. 265-330†.

Die Entstehung der Spähne und die dabei angewandte Kraft und verbrauchte Arbeit werden in Zusammenhang gebracht mit den Coefficienten der Spaltung, des Bruches und der Zerdrückung, welche für ein gegebenes Material charakteristisch sind.

Besonders speciell wird betrachtet die Verkürzung des Spahnes, verglichen mit der Länge der durch das Messer losgelösten Schicht. Die Wirkung dieser Verkürzung findet sich in den betreffenden Endformeln für Kraft und Arbeit. Bei der Entstehung des Spahnes findet eine Bewegung desselben in der Richtung senkrecht zur Schneide des Messers statt. Unter Berücksichtigung der bei der Entstehung des Spahnes wirkenden Kräfte wird diejenige Ebene bestimmt, in welcher, oberhalb der Messerschneide, der Bruch oder die Loslösung des Spahnes stattfinden. Die theoretisch berechneten Winkel zwischen jener Ebene und der Körperoberfläche erweisen sich als mit den experimentell gefundenen Werthen übereinstimmend; sie sind abhängig von dem Flächenwinkel an der Schneide.

Die zur Spähnebildung nöthige Kraft wird dargestellt als Funktion von den Querdimensionen der losgelösten Schicht, dem Flächenwinkel an der Schneide, dem Winkel zwischen der obenerwähnten Bruchebene und der Vorderfläche des Messers und den drei ebenfalls obenerwähnten Coefficienten. Der Verfasser zeigt, bei welchem Neigungswinkel des Messers die Bruchspähne in abgespaltene Spähne übergehen und giebt für jeden dieser beiden Fälle die Ausdrücke der anzuwendenden Kraft. Auch diese Formeln stimmen mit den Versuchsresultaten überein.

Bei grosser Dicke d der abgehobenen Schicht wächst die zu verbrauchende Arbeit proportional dem Quadrat von d; bei dünneren Schichten wächst die Arbeit **schneller** als d^2. Je geringer d ist, um so grösser ist die Verkürzung bei der Spähnebildung, und um so **kleiner** ist das Gewicht des durch die Arbeitseinheit losgelösten Spahnes. Dieser Umstand wird durch dynamometrische Messungen bestätigt. *O. Chw.*

F. Petruscheffsky. Regelmässige Formen, gebildet aus pulverförmigen Körpern. J. d. russ. phys.-chem. Ges. XVI [2] p. 410-423 und 458-474†; [J. de phys. (2) IV, 598-599.

Pulverförmige Körper, z. B. Sand, bilden auf horizontalen Ebenen Platten von verschiedener Form, regelmässige Körpergebilde, welche der Verfasser untersucht hat. Das Aufstreuen des Pulvers geschah entweder vermittelst eines unbeweglichen Trichters oder mit Hülfe eines Siebes. Zuerst wurden verschiedenartige Pulver auf eine horizontale Platte gestreut (Trichter) um den grössten Neigungswinkel α zu bestimmen, den die Seitenfläche des hierbei entstehenden Kegels mit der horizontalen Ebene bildet. Für Quarzsand, bestehend aus wohlabgerundeten Körnern, war α je nach der Grösse der Körner zwischen 36° 3′ und 40° 33′; für gusseiserne Spähne 40° 53′ bis 44° 43′; für Bleispähne 38° 44′ bis 40° 44′; für pulverförmige Kieselsäure 39° 28′. Für manche Pulver wächst α mit der Grösse der Körper; für andere sinkt α.

Bei den ferneren Versuchen benutzte der Verfasser feinen Quarzsand aus abgerundeten Körnern; derselbe wurde auf horizontale Metallplatten gestreut, deren Oberfläche durch mit Sand bestreuten und dann eingetrockneten Lack rauh gemacht worden war. Bei den eigentlichen Versuchen wurden kleine Platten benutzt. In Vorlesungsversuchen dienen grössere Platten und eine besondere Art von Sand, dessen Körner eine unregelmässig eckige Form haben; mit diesem liessen sich durch ziemlich rasches Aufstreuen Sandkörper von mehreren 100 g Gewicht mit gut ausgebildeten Seitenflächen und scharfen Kanten herstellen. Die Form des Sandkörpers hängt ab von der Form der Platten, welche als Basis dienen. Letztere werden in drei Arten getheilt.

Zur ersten Art gehören die ebenen Grundflächen, welche von Geraden begrenzt werden, die nur ausspringende Winkel bilden.

Die zweite Art ist von Kreisbogen, oder Bogen und Geraden begrenzt; hierher gehört die elliptische Grundfläche und eine kreisrunde mit kreisrundem excentrischem Ausschnitt.

Zur dritten Art werden gerechnet: beliebig geformte Grundflächen mit quadratischem Ausschnitt, Grundflächen die aus zwei unvollständigen Quadraten, drei unvollständigen Kreisen u. s. w. bestehen; ferner ein Quadrat mit aufrecht stehendem Cylinder. Endlich gehören hierher auch Grundflächen, deren nicht zusammenfallende Ebenen von den Kanten der Sandkörper begrenzt werden.

1. Der auf einem Quadrat vermittelst des Trichters aufgeschüttete Körper ist ein Konus, dessen Grundfläche der im Quadrat eingeschriebene Kreis ist.

2. Ist die Grundfläche ein gleichseitiges Dreieck, Fünfeck, Sechseck u. s. w. und wird der Trichter so hin- und hergeführt, dass alle Theile derselben bedeckt werden, so entsteht eine Pyramide, deren Höhe gleich ist der Höhe des Kegels, welcher auf dem der Grundfläche eingeschriebenen Kreis entstehen würde.

3. Ein ungleichseitiges Dreieck giebt eine Pyramide, deren Spitze sich senkrecht über dem Centrum des eingeschriebenen Kreises befindet. Die Höhe ist gleich der Höhe eines Kegels, welcher auf diesem Kreis als Grundfläche entstehen würde.

4. Auf einem Rechteck, dessen Länge l und dessen Breite d, entsteht ein vierseitiger Körper (die Basis nicht mitgerechnet), dessen zwei der Breite d anliegende Seiten Dreiecke, die anderen beiden Trapeze sind. Die Entfernung der Spitzen jener Dreiecke, also die Länge der oberen Kante, ist gleich $l-d$.

5. Bei allen so entstehenden Sandkörpern ist der grösste Neigungswinkel der Seitenflächen gegen die Grundfläche ein und derselbe; er hängt nur von der Art des benutzten Pulvers ab. Auf Grund dieses Satzes wird bewiesen, dass das Volumen der regelmässigen Sandpyramide (Basis regelmässiges Vieleck) kleiner

ist, als das Volumen des Kegels, der auf einem flächengleichen Kreis entsteht. Unter allen regelmässigen Pyramiden, die auf flächengleichen Vielecken entstehen, hat die dreiseitige das geringste Volumen.

6. Von allen Sandkörpern, deren Grundflächen gleich grosse Rechtecke sind, hat die auf dem Quadrat entstehende Pyramide das grösste Volumen.

Die freie Oberfläche einer jeden der erwähnten Pyramiden ist gleich der freien Oberfläche eines Kegels, dessen Grundfläche gleich derjenigen der betreffenden Pyramide ist.

8. Ist die Grundfläche ein unregelmässiges Vieleck, so entsteht nur in dem Falle eine Sandpyramide, wenn das Vieleck einem Kreise umschrieben werden kann. Ist dies nicht der Fall, so entsteht ein Körper, dessen Seitenflächen durch die Seiten des Vielecks gehen und gegen dasselbe gleiche Neigung haben. Diese Flächen schneiden sich in einer oder mehreren Geraden, sodass über der Grundfläche auch mehrere Ecken entstehen. Hat die Grundfläche N Seiten, so entsteht ein Polyeder mit $N+1$ Seiten (die Grundfläche mitgerechnet). Die grösste Anzahl von Kanten ist $3(N-1)$, die geringste $2N$ (bei der Pyramide). Die grösste Anzahl von Ecken ist $2(N-1)$, von denen sich $2(N-1)-N=N-2$ oberhalb der Grundfläche befinden.

Die freie Oberfläche des auf dem unregelmässigen Vieleck sich bildenden Polyeders ist gleich derjenigen eines Kegels, der auf einem jenem Vieleck flächengleichen Kreise ensteht.

9. Die Grundfläche ist ein Halbkreis. Der entstehende Sandkörper ist von einer Ebene und einem Stück Kegelmantel begrenzt; die Grenzlinie ist eine Parabel.

10. Die Grundfläche wird von zwei Kreisbogen von gleichem Radius begrenzt. Die Oberfläche des entstehenden Sandkörpers besteht aus zwei gleichen Stücken eines Kegelmantels; die Grenzlinie ist eine in vertikaler Ebene gelagerte Hyperbel.

Haben die beiden Kreisbogen verschiedene Radien, so entsteht ein ähnlicher Körper, wie in Nr. 10, nur mit dem Unterschiede, dass die Hyperbel in einer nicht vertikalen Ebene gelagert ist.

11. Auf einem Kreise, aus welchem ein anderer Kreis excentrisch herausgeschnitten ist, entsteht ein Kegel mit einer trichterförmigen Oeffnung an der Seite; die Oberfläche dieser Oeffnung bildet einen mit der Spitze nach unten gerichteten Kegelmantel. Die obere Grenze der Oeffnung ist eine Ellipse.

12. Der auf einer halbmondförmigen Grundfläche entstehende Sandkörper hat als Kantenlinie eine Ellipse.

13. Wird die Grundfläche von zwei einwärts gerichteten Bogen gleicher Radien und zwei Geraden (Durchschnitt einer biconcaven Linse) begrenzt, so entsteht ein Körper, dessen eine obere und vier Seitenkanten einwärts gebogene Parabelbogen sind.

14. Die Grundfläche sei von einer Ellipse begrenzt, deren grosse und kleine Halbaxen a und b sind. Der entstehende Sandkörper wird von zwei Oberflächen begrenzt, die sich in einer convexen Kante schneiden, deren Ebene durch die grosse Axe der Ellipse hindurchgeht und zu der Grundfläche senkrecht steht. Die Rechnung zeigt, dass der obere Theil dieser Kante aus einem Ellipsenbogen besteht, während die Seitentheile Gerade sind, Tangenten zu jenem Bogen. Der Letztere gehört zu einer Ellipse, die durch die Brennpunkte der Grundfläche hindurchgeht. Die horizontale Halbaxe dieser Ellipse ist also gleich $\sqrt{a^2-b^2}$. Die vertikale Halbaxe (Höhe des Sandkörpers) ist gleich $b \operatorname{tg} \alpha$, wo α, wie früher, der von der Pulverart abhängige, grösste Neigungswinkel ist. Je kleiner die Excentricität der Grundellipse ist, um so kleiner ist auch die Excentricität des elliptischen Kantenbogens. Dieser wird zu einem Kreisbogen, wenn $\frac{a}{b} = \sec \alpha$ ist. Die Winkelgrösse dieses Bogens ist gleich 2α. Für Quarzsand ist $\alpha = 37°$, also der Bogen gleich 74°. Wird die Excentricität der Grundellipse noch kleiner, so verwandelt sich der obere Theil der Kante wieder in einen Ellipsenbogen, doch ist die grosse Axe der betreffenden Ellipse jetzt vertikal. Endlich, bei $a = b$, wird ein Kegel erhalten.

Die Seitenfläche des auf der Ellipse entstehenden Körpers ist wiederum gleich derjenigen eines geraden Sandkegels, dessen kreisrunde Grundfläche jener Ellipse flächengleich ist.

15. Wird in eine cylindrische Schachtel, in deren Boden eine viereckige Oeffnung ausgeschnitten ist, Sand geschüttet, so entsteht ein Trichter, der von 4 Ebenen und 4 Theilen von Kegelmänteln begrenzt ist; die betreffenden Kegel sind mit ihren Spitzen nach unten gelagert.

16. Besteht die Grundfläche aus zwei Quadraten, die in der Richtung der Diagonalen in einander hineinragen (s. p. 466 Fig. 21, I, NM), so entsteht nicht etwa ein Körper, der aus zwei einander schneidenden Pyramiden gebildet ist; zwischen zwei Spitzen findet sich ein hyperbolischer concaver Bogen. Ausserdem entstehen vier parabolische und sechs geradlinige Kanten.

17. Die Grundfläche besteht aus drei einander schneidenden Kreisen von verschiedenen Radien, deren Centra sich auf einer Geraden befinden (s. p. 466 Fig. 21, III). Es entsteht ein Sandkörper, dessen Form an einen dreigipfligen Höhenzug erinnert; die Gipfel sind durch Hyperbelbogen verbunden; auch an den Seiten entstehen verschiedene krummlinige Kanten.

18. Die Grundfläche kann von beliebigen Curven begrenzt werden. Die Seitenfläche scheint stets linear (abwickelbar) zu sein; ihre Grösse ist gleich der Grundfläche, dividirt durch $\cos \alpha$.

19. Wenn die Grundfläche ein Quadrat ist, in dessen Mitte ein hoher Kreiscylinder aufgestellt ist, so entsteht eine Sandpyramide, die an der Cylinderoberfläche von vier elliptischen Bogen begrenzt ist (s. p. 468, Fig. 22, II),

20. Hr. Prof. Bobyleff hat darauf aufmerksam gemacht, dass man einen Sandkörper erhalten kann, dessen Grenzcurve an der Cylinderoberfläche eine Schraubenlinie ist, wenn man eine Grundfläche nimmt, die von einer Kreisevolvente begrenzt ist (s. p. 469, Fig. 23).

21. Für den Fall, dass die Grundfläche keine Ebene ist, werden verschiedene Beispiele angeführt, die aber ohne Zeichnung schwer zu verstehen sind. Für die Seitenfläche wird ein dem sub. Nr. 18 angeführten analoger Satz gefunden.

Zum Schluss giebt der Verfasser Tabellen über die Resultate der Gewichtsbestimmungen der Sandkörper, welche auf verschieden geformten aber flächengleichen (etwa 10½ qcm) Grundflächen entstehen.

1. Grundfläche kreisförmig; Sandkörper: Kegel.

Gewicht desselben bei einzelnen Versuchen: 6,58—6,68—6,67—6,66—6,66 g. Mittel: 6,65 g.

2. Grundfläche ein regelmässiges Sechseck; Sandkörper: sechsseitige Pyramide.

Gewicht: 6,31—6,35—6,39 g. Mittel: 6,35 g.

3. Grundfläche ein Quadrat; Sandkörper: vierseitige Pyramide.

Gewicht: 5,85—5,51—5,85—5,76 g. Mittel: 5,74 g.

4. Grundfläche eine Ellipse; Sandkörper sub. Nr. 14 oben beschrieben.

Gewicht: 6,19—6,23—6,27—6,40 g. Mittel: 6,27 g.

Das Gewicht, also auch das Volumen des Kegels ist, wie man hieraus sieht, das grösste. — Für einen Kegel mit der grösseren Grundfläche von 19½ qcm wurden die weniger gut übereinstimmenden Zahlen 16,88—16,42—16,58—16,25—16,30 g gefunden.

Der Verfasser weist darauf hin, dass seine Arbeit Anwendung finden könnte in der Theorie der Dünenbildung und der Entstehung von Schichten auf dem Grunde des Meeres.

O. Chw.

Ph. GILBERT. Sur quelques conséquences de la formule de Green et sur la théorie du potentiel. J. de math. (3) X, 429-442; [Beibl. IX, 650.

Aus dem GREEN'schen Satze werden mehrere sich leicht ergebende und zum Theil bekannte Folgerungen abgeleitet, von denen hier folgende erwähnt werden mögen. Ist V das Potential der mit Masse von der Dichtigkeit h belegten Oberfläche S, deren Element $d\sigma$ ist; ist ferner V' das Potential derselben Oberfläche für die Dichtigkeit h', U das Potential des mit Masse von der Dichtigkeit ϱ erfüllten beliebigen Raumes T, dw ein Volumenelement dieses Raumes, so gelten die Gleichungen:

$$\int_S Vh'\,d\sigma = \int_S V'h\,d\sigma,$$

$$\int\limits_T V\varrho\,dw = \int\limits_S Uh\,d\sigma,$$

$$\int\limits_T (V+U)\varrho dw + \int\limits_S (V+U)hd\sigma = \frac{1}{4\pi}\int\limits_\infty \Delta_1\,(V+U)dw.$$

Hierin ist

$$\Delta_1(f) = \left(\frac{\partial f}{\partial x}\right)^2 + \left(\frac{\partial f}{\partial y}\right)^2 + \left(\frac{\partial f}{\partial z}\right)^2,$$

während der neben dem Integralzeichen stehende Buchstabe den Integrationsbereich bezeichnet.

Der grösste Theil der Arbeit ist einer Ableitung der Gauss'schen Sätze über äquivalente Massentransposition gewidmet. Der Gedankengang der Ableitung ist folgender: der Ausdruck

$$P = \frac{1}{4\pi}\int\limits_\infty \Delta_1(V+U)dw$$

hat stets einen positiven, endlichen Werth. Variirt man nun die Dichtigkeit h auf S, während die Dichtigkeit ϱ in T ungeändert bleibt, so muss nach des Verfassers Ansicht unter allen möglichen Dichtigkeitsvertheilungen h auch eine solche existiren, welche P zu einem Minimum macht. Mit Hülfe der zweiten und dritten der obigen Gleichungen lässt sich nun P auf die Form bringen

$$P = \int\limits_S (V+2U)\,hd\sigma + \int\limits_T U\varrho dw.$$

Hier ist der zweite Summand constant, und der erste wird ein Minimum für eine solche Massenvertheilung, für die längs der ganzen Oberfläche S die Relation

$$V+U = \text{Const.}$$

gilt. Dass eine gegebene Masse U stets nur auf eine Art der obigen Bedingung gemäss vertheilt werden kann, wird durch ein indirectes Beweisverfahren gezeigt; und nun ergiebt sich der Satz von der Massentransposition sofort. Einwendungen dürften sich vor allem gegen die Annahme erheben lassen, dass ein Minimum von P nothwendig existiren müsse. *Wn.*

U. MASONI. Sulle derivate di ordine qualunque della funzione potenziale quando l'attrazione è proporzionale all'inverso della n^{ma} potenza della distanza. Rend. di Nap. XXIII, 106-108†; [Beibl. IX, 74.

Die Note stellt eine Formel auf für die Summe der partiellen Ableitungen m^{ter} Ordnung von der Potentialfunction V_{-n} eines Körpers auf einen äusseren Punkt, wenn die Anziehung der n^{ten} Potenz der Entfernung umgekehrt proportional ist. Die gefundene Beziehung gilt sowohl für den gewöhnlichen Raum, wie auch allgemeiner für einen Raum von l Dimensionen. Nimmt man $m = 2$, so ergiebt sich als besonderer Fall die bekannte JELLETT'sche Gleichung (Quart. Journ. XVI, 140):

$$\Delta^2 V_{-n} = (n+1)(n-l+1) V_{-n-2}.$$

Lp.

E. LAMPE. Einige Zahlenbeispiele für die Anziehung, welche eine homogene Masse auf einen materiellen Punkt nach dem NEWTON'schen Gesetze ausübt. Verh. phys. Ges. Berlin 46-48.

— — Litterarische Bemerkung hierzu. Ibid. 56-61.

Es handelt sich um die Attraction, welche ein homogener Körper gegebener Masse und Dichtigkeit auszuüben vermag, dessen Gestalt bis auf einen Parameter bestimmt ist. Als Einheit der Attraction wird diejenige einer Kugel von derselben Masse und Dichtigkeit in Bezug auf einen Punkt ihrer Oberfläche angesehen.

Fällt der angezogene Punkt zusammen mit einem ausgezeichneten Punkte der Oberfläche des attrahirenden Körpers, so wird die Attraction eine Function des Parameters. Diese wird bestimmt und untersucht für die beiden Arten von Rotationsellipsoiden in Bezug auf ihren Pol, für den Kreiscylinder in Bezug auf den Mittelpunkt einer Endfläche, endlich für den Kegel in Bezug auf die Spitze und den Mittelpunkt der Grundfläche. Es wird namentlich festgestellt, ob und für welche Werthe des Parameters die Attraction gleich 1 werden kann und an welchen Stellen sie ev. einen Maximalwerth erreicht. So wird z. B. für das abgeplattete Rotationsellipsoid gefunden, dass die Attraction am Pol gleich derjenigen der Kugel ist (ausser für die Excentricität 0) auch für die Excentricität sin(59°4,2′). Ein Maximum wird erreicht, wenn diese Grösse gleich sin(43° 59′) ist. Der diesem Argument entsprechende Werth der Attraction ist 1,02213, also nahezu gleich dem absoluten Attractionsmaximum $\sqrt[3]{\frac{27}{25}} = 1,025986$.

Ein Theil der genannten Aufgaben ist, wie der Verfasser selbst in der zweiten Abhandlung hervorhebt, schon in der ihm zunächst unzugänglich gewesenen, sonst nicht citirten, daher auch wohl wenig bekannten Schrift von Playfair „Of the solids of greatest Attraction“. (Tr. Edinb. Soc. VI. 1809) enthalten. In ihr ist wohl die Quelle für das bekannte früher Gauss zugeschriebene Theorem über die Maximalattraction einer gegebenen Masse zu erblicken.

Im allgemeinen stimmen die Resultate der beiden Autoren überein. Beim Rotationsellipsoid jedoch zieht Playfair in Folge einer irrigen Ueberlegung aus der auch von Hrn. Lampe aufgestellten Gleichung, welcher die Excentricität ev. zu genügen hätte, den Schluss, dass ein Maximum der Attraction nicht möglich ist (s. o.). Das veranlasst den Verfasser, den genannten Körper eingehender zu behandeln, indem er auch in Bezug auf einen Punkt des Aequators die oben angegebenen Fragen beantwortet. Ferner werden die Untersuchungen von Playfair vervollständigt durch numerisch genaue Bestimmung der rechtwinkligen Parallelepipeda mit quadratischer Grundfläche, welche den verschiedenen Eigenschaften in Bezug auf den Mittelpunkt ihrer Grundfläche entsprechen. *F. K.*

H. v. Helmholtz. Studien zur Statik monocyklischer Systeme. Berl. Sitzber. 1884, 159-177, 311-318.

— — Principien der Statik monocyklischer Systeme. Crelle J. XCVII, 111-140, 317-336.

Als monocyklische Systeme definirt der Verfasser solche mechanische Systeme, in deren Innerem eine oder mehrere stationäre, in sich zurücklaufende Bewegungen vorkommen, wobei aber, wenn es mehrere sind, die Geschwindigkeiten nur von einem Parameter abhängen dürfen. Zwischen den einzelnen Körpern des Systems sollen nur conservative Kräfte wirken, bezw. feste Verbindungen bestehen, während die äusseren Kräfte nicht conservativ zu sein brauchen. Die zu behandelen. Aufgaben werden als statische bezeichnet, insofern vorausgesetzt wird, dass das System sich während der mit hinlänglich geringer Geschwindigkeit erfolgenden Aenderungen niemals merklich von solchen Zuständen entfernt, in denen es dauernd verweilen könnte. Die Untersuchungen gewähren ein besonderes Interesse deshalb, weil auch die Wärmebewegung zwar nicht in strengem Sinne monocyklisch ist, aber doch die wesentlichen Eigenthümlichkeiten eines solchen Systems zeigt.

Nach einer Recapitulation der Gesetze der Wärme geht der Verfasser aus von den allgemeinen LAGRANGE'schen Bewegungsgleichungen:

$$P_a = -\frac{\partial}{\partial p_a}(\Phi - L) - \frac{d}{dt}\left(\frac{\partial L}{\partial q_a}\right).$$

Hier bedeuten die p_a eine Anzahl allgemeiner Coordinaten, welche die Lage des Systems vollständig bestimmen, q_a deren Differentialquotienten nach der Zeit, $(-P_a)$ die Momente der äusseren Kräfte, welche auf Vergrösserung der p_a hinwirken, so dass $P_a dp_a$ die Arbeit ist, welche die inneren Kräfte in der Ueberwindung jener während der Aenderung dp_a ausüben; L endlich ist die lebendige Kraft, Φ die potentielle Energie des Systems. Für die Kräfte gelten die oben erwähnten Voraussetzungen.

Wird $\Phi - L = H$ gesetzt, so nehmen, da

$$\frac{\partial \Phi}{\partial q_a} = 0$$

ist, die Gleichungen die Form an:

$$P_a = -\frac{\partial H}{\partial p_a} + \frac{d}{dt}\left(\frac{\partial H}{\partial q_a}\right),$$

und die Gesammtenergie ist:

$$U = \Phi + L = H - \Sigma\left(q_{\mathfrak{a}} \frac{\partial H}{\partial q_{\mathfrak{a}}}\right).$$

Es wird nun zunächst angenommen, dass für eine besondere Gruppe von schnell veränderlichen, durch den Index $\mathfrak{b}$ gekennzeichneten Coordinaten die ihrer Veränderung entsprechende Bewegung eine in sich zurücklaufende sei, und dass während derselbe sich Φ und L nicht merklich ändern, also von $p_{\mathfrak{b}}$ unabhängig sind. Dann wird

$$P_{\mathfrak{b}} = \frac{d}{dt}\left(\frac{\partial H}{\partial q_{\mathfrak{b}}}\right),$$

und wenn noch $\frac{\partial H}{\partial q_{\mathfrak{b}}} = -s_{\mathfrak{b}}$, $P_{\mathfrak{b}} q_{\mathfrak{b}} dt$ aber gleich $-\,dQ_{\mathfrak{b}}$ gesetzt wird, so dass $dQ_{\mathfrak{b}}$ die auf Beschleunigung der Bewegung $q_{\mathfrak{b}}$ verwendete äussere Arbeit ist, so erhält man

$$dQ_{\mathfrak{b}} = q_{\mathfrak{b}} ds_{\mathfrak{b}}.$$

Beispiele solcher Bewegung sind symmetrisch um die Rotationsaxe gebaute Kreisel, die in reibungslosen Axenlagern laufen, sowie der Fluss einer reibungslosen Flüssigkeit in einem in sich zurücklaufenden Kanale mit elastischen Wänden. Dann wird vorausgesetzt, dass die Aenderungen aller anderen Parameter $p_{\mathfrak{a}}$ und die der $q_{\mathfrak{b}}$ mit verschwindender Geschwindigkeit erfolgen, so dass das System sich einem stationären Zustande immer sehr nahe befindet, in dem es beliebig lange ausharren könnte; dies hat zur Folge, dass alle mit $q_{\mathfrak{a}}$, $\frac{dq_{\mathfrak{a}}}{dt}$ und $\frac{dq_{\mathfrak{b}}}{dt}$ multiplicirten Ausdrücke als kleine Grössen erster Ordnung verschwinden. Solches System wird ein polycyklisches genannt. Auch die Gleichungen, welche die Grundlage der mechanischen Wärmetheorie bilden,

$$dQ = dU + \Sigma P_{\mathfrak{a}} dp_{\mathfrak{a}} = \vartheta dS,$$

(wo ϑ die absolute Temperatur, $p_{\mathfrak{a}}$ eine Anzahl Parameter, $P_{\mathfrak{a}} dp_{\mathfrak{a}}$ die frei verwandelbare Arbeit, welche das System bei einer Aenderung von $p_{\mathfrak{a}}$ in $p_{\mathfrak{a}} + dp_{\mathfrak{a}}$ nach aussen abgiebt, U die gesammte innere Energie, S die Entropie des Systems, dQ die durch ihr Arbeitsäquivalent gemessene Wärme, welche während einer verschwindend kleinen Aenderung der Grössen ϑ und $p_{\mathfrak{a}}$ in das System eintritt) gelten nur für Aenderungen $d\vartheta$ und $dp_{\mathfrak{a}}$ von verschwindender Geschwindigkeit. Die Gleichungen eines solchen polycyklischen Systems werden:

$$P_{\mathfrak{a}} = -\frac{\partial H}{\partial p_{\mathfrak{a}}}, \quad dQ_{\mathfrak{b}} = q_{\mathfrak{b}} ds_{\mathfrak{b}}, \quad s_{\mathfrak{b}} = -\frac{\partial H}{\partial q_{\mathfrak{b}}}.$$

Sind eine oder mehrere, durch $P_{\mathfrak{c}}$ bezeichnete Kräfte dauernd gleich 0, und wird der Werth von H, den man durch Elimination der $p_{\mathfrak{c}}$ aus den Gleichungen $0 = \frac{\partial H}{\partial p_{\mathfrak{c}}}$ erhält, mit $\mathfrak{H}$ bezeichnet, so gelten noch die Gleichungen:

$$\mathfrak{H} = \Phi - L; \quad P_{\mathfrak{a}} = -\frac{\partial \mathfrak{H}}{\partial p_{\mathfrak{a}}}; \quad s_{\mathfrak{b}} = -\frac{\partial \mathfrak{H}}{\partial q_{\mathfrak{b}}}; \quad 2L = \Sigma(q_{\mathfrak{b}} s_{\mathfrak{b}});$$

aber dieses L ist nicht mehr, wie früher, eine ganze homogene Function 2. Grades der $q_{\mathfrak{b}}$, und die $s_{\mathfrak{b}}$ sind nicht mehr homogene, lineare Functionen der $q_{\mathfrak{b}}$. Das nach der Elimination der $p_{\mathfrak{c}}$ erhaltene System wird das unvollständige, jenes das vollständige System genannt.

Monocyklische Systeme sind nun solche, in denen in sich zurücklaufende Bewegung vorkommt, die durch die $p_{\mathfrak{a}}$ und ausserdem durch nur einen Parameter σ bestimmt wird.

Der einfachste Fall ist hier der, dass nur eine Geschwindigkeit vorkomme. Aus den Gleichungen:

$$P_{\mathfrak{a}} = -\frac{\partial H}{\partial p_{\mathfrak{a}}}; \quad dQ = q\,ds; \quad s = -\frac{\partial H}{\partial q}; \quad U = H - q\frac{\partial H}{\partial q}$$

folgt dann:

$$dQ = dU + \Sigma(P_{\mathfrak{a}} dp_{\mathfrak{a}}) = q\,ds.$$

Hier herrscht vollkommene Uebereinstimmung mit den Gleichungen der mechanischen Wärmetheorie; die Temperatur ϑ (resp. eine von ihr abhängige Grösse η) vertritt die Geschwindigkeit q, so dass q integrirender Nenner der Gleichung $dQ = 0$ ist. Besonders zu beachten ist, dass auch die lebendige Kraft, der ja bei der Wärmebewegung die Temperatur proportional ist, $L = \frac{1}{2}qs$, integrirender Nenner ist; für das zugehörende $\mathfrak{S}$ ergiebt die Integration der Gleichung $2L\,d\mathfrak{S} = q\,ds$:

$$\mathfrak{S} = \log\left(\frac{s}{A}\right) = \tfrac{1}{2}\log(2L) + \tfrac{1}{2}\log\left(\frac{s}{A^2 q}\right),$$

ein Ausdruck, welcher dem für die Entropie der Masseneinheit in der kinetischen Gastheorie ganz analog ist.

Der allgemeinere Fall monocyklischer Bewegung ist der, dass zwar mehrere Geschwindigkeiten vorkommen, die aber alle durch eine von ihnen und durch die Coordinaten $p_{\mathfrak{a}}$ bestimmt sind; entsprechend sind die mannigfaltigen Beziehungen, welche sich an mechanischen Apparaten zwischen Drehungsgeschwindigkeiten herstellen lassen. Das neue System wird das gefesselte genannt, indem nämlich feste Verbindungen zwischen seinen Theilen angenommen werden, deren Wirkung die ist, dass sie keinen Einfluss haben, so lange die Bewegung an und für sich so vor sich geht, wie es ihnen entspricht, und dass sie nur beginnende Abweichungen verhindern; dass sie ferner weder Arbeit erzeugen noch vernichten. Denkt man sich die Geschwindigkeiten $q_{\mathfrak{b}}$ als Functionen der $p_{\mathfrak{a}}$ und einer neuen Veränderlichen x, so lassen sich auch die $s_{\mathfrak{b}}$ als Functionen derselben Grössen darstellen, und für die Arbeit dQ ergiebt sich

$$dQ = \sum_{\mathfrak{b}} (q_{\mathfrak{b}} ds_{\mathfrak{b}}) = \sum_{\mathfrak{a}} \sum_{\mathfrak{b}} \left(q_{\mathfrak{b}} \frac{\partial s_{\mathfrak{b}}}{\partial p_{\mathfrak{a}}} dp_{\mathfrak{a}}\right) + \sum_{\mathfrak{b}} \left(q_{\mathfrak{b}} \frac{\partial s_{\mathfrak{b}}}{\partial x}\right) dx,$$

welche Gleichung sich in die Form bringen lässt

$$dQ = \lambda d\sigma,$$

wo $\sigma =$ Const. das Integral der Gleichung $dQ = 0$, und $\sigma =$ Funct. $(p_{\mathfrak{a}}, x)$ nun als die Entropie des gefesselten Systems bezeichnet wird. Wählt man statt des willkürlichen x ein σ, so erhält man statt der obigen Gleichung folgendes System von Gleichungen:

$$\sum_{\mathfrak{b}} \left(q_{\mathfrak{b}} \frac{\partial s_{\mathfrak{b}}}{\partial p_{\mathfrak{a}}}\right) = 0; \quad \sum_{\mathfrak{b}} q_{\mathfrak{b}} \left(\frac{\partial s_{\mathfrak{b}}}{\partial \sigma}\right) = \lambda.$$

Die Lösung dieser Differentialgleichungen wird in der Form gegeben: $F = \sigma$; $q_{\mathfrak{b}} = \lambda \frac{\partial F}{\partial s_{\mathfrak{b}}}$, wo F eine willkürliche Function der $s_{\mathfrak{b}}$. Diese Form der Lösung ist ausreichend, wenn die letztgenannten Gleichungen von einander unabhängig sind; die Gleichungen gestatten dann, sämmtliche Grössen $q_{\mathfrak{b}}$, $s_{\mathfrak{b}}$, λ, $P_{\mathfrak{a}}$, U, H als Functionen der $p_{\mathfrak{a}}$ und des σ darzustellen. Eine allgemeinere Lösung jener Gleichungen giebt Hr. Kronecker in demselben

Bande des Journals S. 141-145. Entsprechend den Formen für das einfache monocyklische System gelten, wenn $\mathfrak{U}$ der Werth der Gesammtenergie ist, nachdem alle s_b durch p_a und σ ausgedrückt sind, noch die Gleichungen:

$$\mathfrak{H} = \mathfrak{U} - \lambda\sigma; \quad P_a = -\frac{\partial \mathfrak{H}}{\partial p_a}; \quad \sigma = -\frac{\partial \mathfrak{H}}{\partial \lambda}.$$

Während nun für die einfachen monocyklischen Systeme die lebendige Kraft immer ein integrirender Nenner ist, bedarf es für die Systeme mit festen Verbindungen einer besonderen Untersuchung der Bedingungen, unter welchen unter den integrirenden Nennern die lebendige Kraft ist; und die Erledigung dieser Frage ist für die Analogie mit der Wärmetheorie besonders wichtig. Es ergiebt sich die Bedingung, dass die Function F, welche den Werth der Entropie des gefesselten Systems darstellt, eine homogene Function 1. Grades der Bewegungsmomente s_b des ungefesselten Systems ist, und dass demzufolge die constanten Coefficienten von F nur reine Raumgrössen zu sein brauchen. Wird dann das vollständige System der Parameter p_a constant erhalten, so müssen sämmtliche Bewegungsmomente s_b und demgemäss auch sämmtliche Geschwindigkeiten q_b proportional mit σ und λ wachsen; letzteres ist nicht mehr der Fall, wenn einige Parameter p_c eliminirt sind. Die bekannten mechanischen Hülfsmittel zu dauernder Bewegungsübertragung, Schnüre ohne Ende, Zahnräder, Reibungsrollen, ergeben immer nur Verhältnisse der Geschwindigkeiten, welche von der Stellung der Theile abhängig sein können, aber von der Grösse der Geschwindigkeit unabhängig sind. Es werden deshalb solche Verbindungen, bei welchen die lebendige Kraft integrirender Nenner ist, rein kinematische Verbindungen genannt.

Es wird nun die Koppelung zweier Systeme betrachtet, d. i. der Zustand zeitweiliger fester Verbindung von zwei ursprünglich unabhängigen monocyklischen Systemen. Sollten dabei die beiden Systeme in der neuen Lage mit Druck- und Fernkräften auf einander wirken, so soll vorausgesetzt werden, dass derartige Kräfte bekannt und den P_a hinzuzuzählen seien; eine solche Koppelung, bei welcher also nur Arbeitsgrössen von dem einen auf das andere System übertragen würden, wird als reine Bewegungskoppelung bezeichnet. Analoge Verhältnisse bietet die Herstellung einer leitenden Berührung zwischen zwei Körpern von gleicher Temperatur, welche in Folge des Austausches ihrer inneren Bewegung von nun an gleiche Temperatur behalten, wenn die Veränderungen hinlänglich langsam erfolgen. Besonderes Interesse gewährt der Fall der isomoren Koppelung (μόριον = Nenner), einer solchen nämlich, bei welcher die Gleichheit eines der integrirenden Nenner der Systeme bei der Verbindung erhalten bleibt. Die Berührung von zwei Körpern mit gleicher Temperatur gehört hierher. Andere Beispiele sind zwei Kreisel, deren Axen so verbunden werden, dass sie gleiche Umdrehungsgeschwindigkeit einhalten müssen, und welche sich ohne Störung verbinden lassen, wenn sie gleiche Rotation haben, oder zwei Ströme in ringförmigen Röhren, welche ungestört in einen vereinigt werden können, wenn beide gleiche Strömung durch jeden Querschnitt haben. Genau wie in der Wärmelehre gelten dann die Gesetze für die Möglichkeit, auf umkehrbare Weise Arbeit der Kräfte P_a auf Kosten der inneren Bewegung zu gewinnen. Rein kinematische Koppelung kann, wie die Rechnung zeigt, isomor nur dann ausgeführt werden, wenn die gleichen integirenden Nenner die Producte aus einer Constanten, der lebendigen Kraft und einer beiderseits gleich hohen Potenz des resultirenden Bewegungsmomentes sind.

Schliesslich wird in dem ersten Aufsatze noch das Gleichgewicht der inneren Bewegung für drei monocyklische Systeme untersucht. Es zeigt sich: wenn bei der oben definirten reinen Bewegungskoppelung die Bedingungen des Austausches der inneren Bewegung zwischen mehreren Systemen eintreten, so hängt das Gleichgewicht der inneren Bewegung zwischen ihnen davon ab, dass eine bestimmte Function der Parameter jedes einzelnen bei allen denselben Werth habe; diese Function, welche die Rolle der Temperatur spielt, muss dann ein integrirender Nenner des Systems sein, und daraus folgt die beschränkte Verwandlungsfähigkeit der inneren Arbeit, wie sie für die Wärme durch das Carnot'sche Gesetz ausgesprochen ist.

Die in dem ersten Aufsatze hergeleitete Bedingung dafür, dass die lebendige Kraft integrirender Nenner eines zusammengesetzten monocyklischen Systems ist, war die, dass die Verbindungen zwischen den einzelnen Theilen rein kinematische sind. Wenn dies nun auch bei allen bisher bekannten Fällen mechanischer Verbindung zutrifft, so wurde doch durch die früheren Betrachtungen die Möglichkeit anderer Verbindungen nicht ausgeschlossen. In dem zweiten Aufsatze untersucht deshalb der Verfasser den Charakter aller durch ponderable Naturkörper herstellbaren Verbindungen bewegter Körper und verallgemeinert den Satz von der lebendigen Kraft als integrirendem Nenner für alle diese Fälle. Es zeigt sich zunächst, dass bei jeder durch physische Körper herstellbaren Fesselung cyklischer Bewegungen eine proportionale Steigerung aller Geschwindigkeiten zulässig sein muss, wobei die Verhältnisse dieser Geschwindigkeiten unverändert bleiben, so lange der Werth aller Coordinaten p_a constant bleibt. Wird $q_b = nq_b$ und $s_b = n\mathfrak{s}_b$ gesetzt, so ergeben sich zur Bestimmung der $\mathfrak{s}_b$ die Differentialgleichungen:

$$\sum_b q_b \frac{\partial \mathfrak{s}_b}{\partial p_a} = 0;$$

ferner zeigt die Gleichung:

$$dQ = 2L d\log n,$$

wobei das n die einzelnen Werthe der Entropie charakterisirt, dass die lebendige Kraft nothwendig einer der integrirenden Nenner des durch die Verbindung erzeugten monocyklischen Systems sein muss. Der Begriff der Entropie lässt sich dann vollständig auf diese Systeme übertragen.

Endlich wird noch die Integration der Fesselungsgleichungen für ein physisch verbundenes System gegeben:

$$0 = \sum_b q_b \frac{\partial \mathfrak{s}_b}{\partial p_a}.$$

Im allgemeinen genügt wieder die der früheren entsprechende Form der Lösung:

$$F = C; \quad q_b = \lambda \frac{\partial F}{\partial \mathfrak{s}_b},$$

wo C der constant bleibende Werth der Entropie. Aber auch

die Fälle, wo diese Gleichungen nicht ausreichen, werden noch eingehend untersucht. *Sbt.*

R. Clausius. Ueber die zur Erklärung des zweiten Hauptsatzes der mechanischen Wärmetheorie dienenden mechanischen Gleichungen. Berl. Sitzber. 663-670†.

Der Verfasser verweist auf seine eigenen Untersuchungen sowie die des Hrn. Boltzmann, welche sich mit der Erklärung des zweiten Hauptsatzes der mechanischen Wärmetheorie beschäftigen, und wendet sich gegen die Arbeiten des Hrn. von Helmholtz über monocyklische Systeme. Er bestreitet die Berechtigung zu der Vereinfachung, welche die allgemeinen Bewegungsgleichungen von Lagrange in den betreffenden Untersuchungen erfahren. An einem Beispiele sucht er zu zeigen, dass die Anwendung der Gleichungen des Hrn. von Helmholtz auf entsprechende Bewegungen unzulässig sei. *Sbt.*

H. von Helmholtz. Studien zur Statik monocyklischer Systeme. Zweite Fortsetzung. Berl. Sitzber. 755-759†.

Die Einwände, welche Hr. Clausius in der vorstehend angeführten Mittheilung gegen die Untersuchungen des Hrn. von Helmholtz über monocyklische Systeme erhoben hat, weist der Verfasser zurück und erklärt die bestehende Meinungsverschiedenheit durch die Verschiedenheit des Sinnes, in dem beide Forscher den Ausdruck „stationäre Bewegung" gebrauchen. Bei ihm ist, wie es auch sonst üblich, eine stationäre Bewegung eine solche, bei welcher an demselben Orte dauernd dieselbe Geschwindigkeit gleichartig bewegter Theile sich findet; und diese Begriffsbestimmung erfährt nachher noch eine Erweiterung durch die mathematische Definition eines polycyklischen Systems. Hr. Clausius aber nenne Bewegungen stationär, bei denen die für längere Zeiten genommenen Mittelwerthe der Geschwindigkeiten, Amplituden etc. constant bleiben. Das Ziel der betreffenden Untersuchungen sei auch nur gewesen, nachzuweisen, dass eine Klasse von mechanisch vollkommen verständlichen Bewegungen besteht, bei denen ähnliche Beschränkungen der Umwandlung von Arbeitsäquivalenten vorkommen, wie sie der zweite Hauptsatz der Wärmebewegung ausspricht, aber nicht: eine „Erklärung" dieses Satzes zu geben. *Sbt.*

H. von Helmholtz. Verallgemeinerung der Sätze über die Statik der monocyklischen Systeme. Berl. Sitzber. 1197-1201†.

Die Sätze über monocyklische Systeme, welche bisher unter der Voraussetzung fester Verbindungen zwischen den bewegten Theilen galten, können verallgemeinert werden für vollkommen frei bewegliche Systeme, wenn die Art der Bewegung richtig bestimmt wird. Ist nun in einem System nicht nur die Summe der potentiellen und kinetischen Energie, sondern auch die letztere für sich constant, so wird die Bewegung isokinetisch genannt; diese Constanz ist bei der Wärmebewegung annähernd vorhanden. Für solche Bewegungen gilt unter besonderen Voraussetzungen die Gleichung $dQ = 2Ld\log(L.t)$, welche mit den unter beschränkteren Annahmen gefundenen Resultaten der HHrn. Clausius und Boltzmann übereinstimmt, und deren ausführlichen Beweis sich der Verfasser noch vorbehält.

In Bezug auf das Frühere wird bemerkt, dass es nicht-entropische Systeme wohl geben könne, dass aber eine Entropiefunction existiren müsse, sobald die vom Verfasser aufgestellten Bedingungen erfüllt seien. *Sbt.*

L. Boltzmann. Ueber die Eigenschaften monocyklischer und anderer damit verwandter Systeme. Crelle J. XCVIII, 68-94†; [Wien. Anz. 1884, 153.

Die ersten 3 Paragraphen sind ein wenig veränderter Abdruck aus den Sitzungsber. d. Wiener Akad. XC, 231-245.

Die Arbeit nimmt vielfach Bezug auf des Verfassers frühere Abhandlungen: „Einige allgemeine Sätze über Wärmegleichgewicht", Wien. Sitzungsber. LXIII; „Bemerkungen über einige Sätze der mechanischen Wärmetheorie", l. c. „Analytischer Beweis des zweiten Hauptsatzes der mechanischen Wärmetheorie aus den Sätzen über das Gleichgewicht der lebendigen Kraft“, l. c. LXIII, sowie auf Maxwell's betreffende Untersuchungen in den Cambridge Philosophical Transactions XII u. XIII.

Die Analogie, welche zwischen den Sätzen der mechanischen Wärmetheorie und denen über die monocyklischen Systeme des Hrn. von Helmholtz besteht, beabsichtigt der Verfasser an einigen mit den monocyklischen verwandten Systemen weiter zu verfolgen. Er betrachtet erst einige besondere Beispiele. Die Bewegung eines Massenpunktes in elliptischer Bahn um einen festen Centralkörper, von dem er nach dem Newton'schen Gesetze angezogen wird, ist an und für sich keine monocyklische, lässt sich aber mittels eines Kunstgriffes in eine solche verwandeln: wenn man sich nämlich die ganze Bahn mit Masse belegt denkt, welche an jedem Punkte eine solche Dichtigkeit hat, dass, während fortwährend Masse durch jeden Bahnquerschnitt strömt, die Dichte in jedem Punkte der Bahn unverändert bleibt. Die sich ergebenden Formeln zeigen vollkommene Analogie mit denen für die monocyklischen Systeme mit einer einzigen Geschwindigkeit. Diesem Falle reiht sich der einer beliebigen Centralbewegung an, wenn nur die Bahn eine geschlossene ist, und der noch allgemeinere, dass die Kräfte keine Centralkräfte zu sein brauchen, sondern durch beliebige Functionen der Coordinaten des von ihnen angegriffenen Massentheilchens ausgedrückt werden, wenn nur eine Kraftfunction existirt, die Kräfte für alle Theilchen der Gesammtmasse dieselben Functionen der Coordinaten sind, und alle Massentheilchen congruente geschlossene Bahnen beschreiben. Die hierfür gültigen Formeln umfassen auch den von Hrn. Clausius in seiner vorstehend angeführten Abhandlung besprochenen Fall, und dies zeigt, dass bei richtiger Wahl der Coordinaten die Formeln des Hrn. von Helmholtz auch für diesen Fall anwendbar sind. Die Betrachtung einiger weiterer besonderer Arten der Bewegung führt auf Systeme, welche als Monoden bezeichnet und dadurch charakterisirt werden, dass die in jedem Punkte derselben herrschende Bewegung unverändert fortdauert, so lange die äusseren Kräfte unverändert bleiben, und dass auch in keinem Punkte und keiner Fläche derselben Masse oder lebendige Kraft oder sonst ein Agens ein- und austritt. Wenn die lebendige Kraft integrirender Nenner des Differentiales dQ der auf directe Steigerung der inneren Bewegung gerichteten Arbeit ist, so werden die Systeme Orthoden genannt. Für diese ist $dQ = qds$, und der dazu gehörige Werth von MASSIEU's charakteristischer Function ist $H = \Phi - L$ (Φ die potentielle Energie, L die lebendige Kraft), genau wie bei den monocyklischen Systemen, nur ist $\int q dt$ im allgemeinen nicht mehr eine Coordinate.

Als einen sehr allgemeinen Fall betrachtet der Verfasser nun ein beliebiges System, dessen Zustand durch beliebige Coordinaten $p_1, p_2, \ldots, p_g$ bestimmt ist; die dazu gehörigen Momente sind $r_1, r_2, \ldots, r_g$. Das System soll beliebigen inneren und äusseren Kräften unterworfen sein, von denen die ersteren conservativ sein müssen. Die lebendige Kraft wird ψ, die potentielle Energie χ genannt, letztere ist eine Function der p_g, erstere eine homogene Function 2. Grades der r_g, deren Coefficienten auch die p_g enthalten können. Einer langsamen Veränderlichkeit der äusseren Kräfte soll nicht dadurch Rechnung getragen werden, dass gewisse Parameter, die bei Constanz der äusseren Kräfte constant bleiben, sich langsam verändern, sondern dadurch, dass χ allmählich eine andere Function der p_g wird, oder dass sich gewisse in χ vorkommende Constanten langsam verändern. Sind nun sehr viele (N) genau gleich beschaffene und von einander unabhängige Systeme vorhanden, für welche die Coordinaten und Momente zwischen den Grenzen $p_1 + dp_1, p_2 + dp_2, \ldots, r_g + dr_g$ liegen, und deren Anzahl

$$dN = Ne^{-h(\chi+\psi)} \frac{\sqrt{\Delta}\, d\sigma\, d\tau}{\int\int e^{-h(\chi+\psi)} \sqrt{\Delta}\, d\sigma\, d\tau},$$

(wo $d\sigma = \Delta^{-\frac{1}{2}} dp_1\, dp_2 \ldots dp_g$, $d\tau = dr_1\, dr_2 \ldots dr_g$, und $\Delta =$ einer Determinante von Functionen der Coordinaten; dieselbe nimmt, wenn die lebendige Kraft eine Summe von Quadraten ist, den Werth $\mu_1\, \mu_2 \ldots \mu_n$ an, wo die μ für materielle Punkte die reciproken Werthe der Massen sind), so bildet deren Inbegriff eine

Monode, und die so definirte Gattung von Monoden wird Holode, jedes System ein Element der Holode genannt. Es ergiebt sich, dass alle Holoden orthodisch sind und die Analogie mit der mechanischen Wärmetheorie aufweisen.

Wieder werden nun sehr viele solche Systeme betrachtet, für welche alle jetzt aber die Gleichungen

$$\varphi_1 = a_1, \ \varphi_2 = a_2, \ldots, \varphi_k = a_k$$

erfüllt sein sollen. Wenn dann

$$N = \frac{\dfrac{N dp_1\, dp_2 \ldots dr_g}{\Sigma \pm \dfrac{\partial \varphi_1}{\partial p_c} \cdot \dfrac{\partial \varphi_2}{\partial p_d} \cdots \dfrac{\partial \varphi_k}{\partial r_f}}}{\displaystyle\iint \cdots \dfrac{dp_1\, dp_2 \ldots dr_g}{\Sigma \pm \dfrac{\partial \varphi_1}{\partial p_c} \cdot \dfrac{\partial \varphi_2}{\partial p_d} \cdots \dfrac{\partial \varphi_k}{\partial r_f}}},$$

so bildet der Inbegriff der Systeme eine Monode, welche durch die Gleichungen $\varphi_1 = a_1$ etc. beschränkt ist. ($p_c, p_d, \ldots, r_f$ bedeuten hier die Coordinaten und Momente, welche durch jene Gleichungen bestimmt gedacht werden, und deren Differentiale natürlich oben fehlen). Monoden, welche nur durch die Gleichung der lebendigen Kraft beschränkt sind, werden als Ergoden, solche, welche auch noch durch andere Gleichungen neben dieser beschränkt sind, als Subergoden bezeichnet. Für Ergoden ist L wieder integrirender Factor von dQ. Subergoden, bei denen für alle Systeme nicht nur die in der Gleichung der lebendigen Kraft, sondern auch die in den drei Flächengleichungen vorkommenden Constanten die gleichen Werthe haben, werden Planoden genannt; letztere sind im allgemeinen nicht mehr orthodisch.

Ist jedes Element der Ergode ein Aggregat materieller Punkte, und die Zahl der Parameter p_g, welche den Zustand eines Elements bestimmen, kleiner als die Zahl der rechtwinkligen Coordinaten aller materiellen Punkte eines Elements, so wird es gewisse Functionen dieser Coordinaten geben müssen, welche während der ganzen Bewegung constant bleiben, und in den voraufgehenden Entwickelungen ist vorausgesetzt, dass sie auch constant bleiben bei der Zu- und Abfuhr von lebendiger

Kraft. Lässt man aber ausser der Veränderlichkeit der in der Kraftfunction vorkommenden Parameter auch noch eine Veränderlichkeit dieser Functionen zu, welche die Rolle der v. HELMHOLTZ'schen p_a spielen, so erhält man Gleichungen, welche des Verfassers frühere wie auch die v. HELMHOLTZ'schen Untersuchungen umfassen. Die Formel, welche der Verfasser giebt, wird angewandt auf Rotationsbewegungen, ideale Gase, auf die Strömung einer Flüssigkeit in einem in sich zurücklaufenden Canale und auf Centralbewegungen.

Die einfachen monocyklischen Systeme sind Ergoden mit einer einzigen rasch veränderlichen Grösse, desgl. aber auch die zusammengesetzten monocyklischen Systeme, wenn die Fesselung durch $n-1$ Gleichungen zwischen den Grössen p_a und p_b bewirkt ist; und es muss dann die lebendige Kraft integrirender Nenner sein. Auch wenn unter den Fesselungsgleichungen lineare Gleichungen mit constanten Coefficienten zwischen den q_b vorkommen, (Ausdruck für die Function von Zahnrädern mit einer endlichen Zahl von Zähnen), gilt das noch, aber nicht mehr wenn diese Coefficienten langsam veränderlich sind, wie es bei Frictionsrollen, Schnüren ohne Ende, Wasserrädern, die durch den Mittelwiderstand getrieben werden, kurz bei allen Energie verzehrenden Kräften vorkommen kann. Dann ist im allgemeinen die lebendige Kraft nicht mehr integrirender Nenner, ja es braucht dann überhaupt kein integrirender Nenner von dQ zu existiren. In diesem Punkte stimmt der Verfasser mit Hrn. v. HELMHOLTZ nicht überein. Dessen Resultat, dass bei rein kinematischen Verbindungen die lebendige Kraft immer integrirender Nenner sei, habe die Voraussetzung, dass die Gleichung $dQ = 0$ ein Integral von der Form $\sigma =$ Const. habe, wo $\sigma =$ Funct.(p_a, x), und diese Voraussetzung scheint dem Verfasser nicht immer zulässig zu sein. Es wird am Schluss der Abhandlung an Beispielen noch nachgewiesen, dass der theoretisch mögliche Fall, wo die Gleichung $dQ = 0$ keinen integrirenden Factor besitzt, auch praktisch sich verwirklichen lässt.

Sbt.

L. Kronecker. Bemerkungen über ein System von Differentialgleichungen, welches in der vorstehenden Arbeit des Hrn. von Helmholtz behandelt ist. Crelle J. XCVII, 141-145†.

Betrifft ein Gleichungssystem der „Principien der Statik monocyklischer Systeme". Von rein mathematischem Interesse.

Lp.

P. Berthot. Sur les effets des forces mutuelles. C. R. XCVIII, 1570-1573†; [Beibl. VIII, 792.

de Saint-Venant. Remarques relatives à la Note de M. Berthot sur les actions mutuelles entre les molécules des corps. C. R. XCIX, 5-7†.

1) $F(x)$ sei die Kraft, mit welcher zwei Massen auf einander wirken. Der Verfasser nimmt von der Function $F(x)$ an, dass sie 1) proportional dem Producte von m und m' ist, 2), wenn d der Abstand der beiden Massen für das moleculare Gleichgewicht ist, $(d-x)$ als algebraische Wurzel enthält und 3) ausdrückt, dass die Wirkung in der Entfernung x erfolgt. Verschiedene Betrachtungen haben dazu geführt, dass diese Wirkung in einem homogenen Mittel umgekehrt proportional x^3 sein muss. Die so erhaltene Gleichung

$$(1.)\qquad F(x) = Kmm'\frac{d-x}{x^3} = Kmm'y$$

bezeichnet der Verfasser als eine empirische Formel. Die Ordinate y stellt die anziehende oder abstossende Kraft dar, je nachdem x grösser oder kleiner als d ist. Die Gleichung

$$(2.)\qquad y = \frac{d-x}{x^3}$$

wird näher betrachtet, wobei z. B. gefunden wird: „Die Summe der Arbeiten der abstossenden Kraft von $x = \frac{d}{2}$ bis $x = d$ ist gleich der Summe der Arbeiten der anziehenden Kraft von $x = d$ bis $x = +\infty$." Wenn $\frac{d}{x}$ gegen 1 vernachlässigt werden kann, geht Gleichung (2.) in die Formel von Newton über.

Um den Fall zu untersuchen, wenn $\frac{d}{x}$ nicht vernachlässigt werden kann, werden drei Molecüle betrachtet, welche ursprünglich auf derselben Geraden und von denen zwei benachbarte im Abstande d sich befinden: m, m', m''. Schliesslich werden die Sätze ausgesprochen: „1) Der Werth von d ist eine natürliche Constante. 2) Der Werth von $\frac{dy}{dx} = \frac{1}{x^4}(2x-3d)$ ist zunächst fast constant, wächst dann schnell und wird Null, was für Δx eine unendliche Zunahme ergiebt, die eine plötzliche Veränderung charakterisirt. 3) Indem für die Gase die Kräfte den Massen proportional sind, wenn Gleichgewicht vorhanden ist, wird der Ausdehnungscoefficient für alle derselbe sein. 4) Wenn man den Werth von $d-e$ sucht, für welchen die anziehende Kraft den Maximalwerth hat, findet man $d-e = 0{,}466d$; rechts ausserhalb vom Molecül m'' wird daher ein Maximum anziehender Kraft sein wie bei den Erscheinungen der Adhäsion, Capillarität, u. s. w. 5) Die Summation der negativen Ordinaten ergiebt, dass man für 1000 Molecüle wesentlich dasselbe Resultat erhält, als wenn man diese Summation von d bis ∞ ausgeführt hätte; die äussere Wirkung der Körper ist daher unabhängig von ihrer Dicke, was mit der Hypothese von LAPLACE für die Capillarität übereinstimmt."

2) Gleichung (1.) ist ähnlich der folgenden

$$f(r) = 4p\left(\frac{r_0^2}{r^2} - \frac{r_0^4}{r^4}\right),$$

welche von DE SAINT-VENANT 1878 in den Annales de la Société scientifique de Bruxelles, année 1877-78, p. 453 veröffentlicht wurde und in welcher r und r_0 die Bedeutung von x und d in der BERTHOT'schen Gleichung haben. Es folgen noch einige historische Anmerkungen. *E. R.*

J. MAREK. Relative Bestimmung der Intensität der Schwere durch Messung der Höhe einer Quecksilbersäule die von einem Gase von constanter Spannung getragen wird. ZS. f. Instrk. IV, 391-392; [Beibl. IX, 221†.

Die Gase sind Dämpfe wasserfreier schwefliger Säure von 0°. *Lp.*

ARTHUR KÖNIG und FRANZ RICHARZ. Eine neue Methode zur Bestimmung der Gravitationsconstante. Berl. Sitzber. 1884, 1203-1205†; [Naturf. XVIII, 45.

Vorschlag zur Abänderung der JOLLY'schen Methode. „In der Mitte der horizontalen Oberfläche eines parallelepipedischen Bleiklotzes ist eine Waage so aufgestellt, dass ihre Schalen möglichst nahe über der Oberfläche schweben. Unter jeder Schale ist der Bleiklotz vertical durchbohrt und vermöge zweier durch diese Löcher führenden Stangen sind an den oberen Schalen zwei andere Schalen so angehängt, dass sie sich unterhalb des Klotzes befinden. Eine Masse m auf der Schale rechts oben wird durch Gewichtsstücke m_u in der Schale links unten ins Gleichgewicht gebracht. Dieselbe Masse m wird dann auf die Schale rechts unten gesetzt und mit Gewichtsstücken m_o auf der Schale links oben äquilibrirt.“ Indem die Verfasser eine doppelt so grosse Anziehung der Bleimasse wie JOLLY anwenden und die Abwägungen in einem Raume vornehmen wollen, der gegen Temperaturunterschiede und Luftströmungen geschützt ist, hoffen sie „die Bestimmung der Grösse k unter sonst gleichen Umständen mit der achtfachen Sicherheit“ ausführen zu können.

Lp.

J. ODSTRČIL. Ueber den Mechanismus der Gravitation und des Beharrungsvermögens. Wien. Ber. LXXXIX, [2] 485-490†; [Beibl. VIII, 618†.

Fortsetzung der Betrachtungen über den Aether, welche der Verfasser in dem Aufsatze: „Ueber den Mechanismus der Fernwirkung elektrischer Kräfte“ (Wien. Ber. 1883, diese Berichte II, 514) begonnen hatte. Es wird hier noch die Annahme gemacht, dass der Aether auf die darin befindlichen Körper einen Druck ausübt, der, auf die Flächeneinheit bezogen, überall constant bleibt. Durch ähnliche Rechnungen wie in dem obigen Artikel wird dann das Gravitationsgesetz erhalten, zunächst für kleine Körperchen (Atome). „Ballen sich die kleinen Körperchen zu sinnlich wahrnehmbaren Körpern, so müssen wir noch immer die Zwischenräume zwischen den Atomen als sehr gross gegen die Dimensionen derselben annehmen". *Lp.*

H. Gellenthin. Bemerkungen über neuere Versuche, die Gravitation zu erklären, insbesondere über Isenkrahe's Räthsel von der Schwerkraft. Pr. Realgymn. Stettin†.

Die ersten 25 Seiten enthalten eine maassvolle und wohlgelungene Kritik der Aetherstosstheorien unter Anerkennung der Verdienste ihrer Urheber, aber auch unter Betonung der Unzulänglichkeit und der inneren Widersprüche aller bisherigen Versuche.

Auf den letzten sechs Seiten soll ein kleiner Beitrag zur Lehre von der Gravitation geliefert werden. Indem der Verfasser von der Ansicht ausgeht, dass die Attraction einer Kugel auf einen Punkt so erfolgt, als ob die Anziehung vom Centrum ausginge, gelangt er pag. 28 zu dem Elementargesetze der Anziehung

$$f(r) = \frac{\mu_1}{r^2} + \frac{\mu_2}{r^4} + \frac{\mu_3}{r^6} + \cdots$$

und meint, man könne sich denken, dass die Coefficienten $\mu_2, \mu_3, \ldots$ sehr klein seien. Abgesehen von der Unwahrscheinkeit, dass die Glieder mit diesen Coefficienten keinen bisher merkbar gewordenen Einfluss ausgeübt haben sollten, ist jedenfalls das von Laplace (Mécanique céleste livre II, chap. II) gefundene Resultat nicht beachtet worden, dass nur bei dem Elementargesetze

$$f(r) = Ar + \frac{B}{r^2}$$

die Anziehung so erfolgt, als ob die ganze Masse der Kugel im Mittelpunkte vereinigt wäre. *Lp.*

Baron N. von Dellingshausen. Die Schwere oder das Wirksamwerden der potentiellen Energie. Sep.-Ab. aus Kosmos Bd. I. Stuttgart: E. Schweizerbart (E. Koch). 76. S. gr. 8°.†.

Ein Versuch, das Gravitationsgesetz abzuleiten. Vorausgesetzt wird für alle Körper ein unterschiedsloses, unveränderliches, imponderables, den Weltenraum ausfüllendes Substrat. In demselben werden selbstständige Körper dadurch constituirt, dass innerhalb des Volumens des Körpers Bewegungen stattfinden; diese Bewegungen bilden das einzige unterscheidende Merkmal der Körper. Die Bewegungen können sein: 1) rotirende, in geschlossenen sehr kleinen Bahnen, die Wärmeerscheinungen erzeugend; 2) fortschreitende, die kinetische Energie ergebend; 3) unklar gelassene, am besten dadurch charakterisirt, dass man rund heraussagt, sie seien nicht vorhanden; sie sollen die verschiedenen Formen der potentiellen Energie ergeben. Wie nämlich durch Interferenz zwei Wellen (doch nur an discreten Stellen) sich gegenseitig vernichten, so wird mittels eines Analogieschlusses, der als unumstössliche Thatsache ausgegeben wird, „der verborgene Arbeitsvorrath, welcher in den Körpern durch die interferirenden Bewegungen begründet wird“ als das hingestellt, „was man bisher als potentielle Energie bezeichnet hat“. Auf welche Weise Wellenbewegungen zu denken sind, die in der ganzen Ausdehnung eines Körpers, oder in der ganzen Welt ausserhalb des Körpers sich gegenseitig zerstören, das bleibt der Phantasie des Lesers überlassen.

Mit diesen Grundvorstellungen der „kinetischen Naturlehre“, die nach des Verfassers Versicherung „sich jeder Hypothese enthält“, werden nun alle Naturerscheinungen verglichen. An die Stelle des Ausdruckes „potentielle Energie“ braucht man bloss zu setzen die „Energie der in den Körpern interferirenden und sich in ihren Wirkungen nach aussen gegenseitig neutralisirenden Bewegungen.“ Für die Gravitation spielt sich der Vorgang wie folgt ab. Ein in den Weltäther eingetauchter Körper vernichtet die eine der beiden an jedem Punkte des Weltalls interferirenden fortschreitenden Wellen, welche den Aether in stehenden Schwingungen erhalten. Dadurch wird die andere frei, und diese verursacht auf mystische Weise die Umwandlung der potentiellen Energie in die kinetische der beschleunigten Bewegung. Die „Gravitationswellen“ geben also nur den Anstoss zum „Wirksamwerden der potentiellen Energie", gerade wie beim labilen Gleichgewichtszustande die geringste Veranlassung zur Aenderung desselben genügt.

Am Schlusse wird es als die nächste Aufgabe der kinetischen Naturlehre bezeichnet, das in dieser Abhandlung in Worten Gesagte in mathematischer Form wiederzugeben. Bis klare Begriffe für die Worte gefunden sind, möge ein bekanntes Beispiel die Behauptung von der Unerschöpflichkeit des Vorrathes an potentieller Energie in jedem Körper erschüttern helfen. Nach Seite 25 erreicht eine Kanonenkugel, die nach dem Sirius fällt und dabei ihre lebendige Kraft aus der eigenen inneren Energie schöpft, infolge der beschleunigten Bewegung zuletzt einen Werth der kinetischen Energie, der alle Arbeitswerthe, die uns auf der Erdoberfläche zur Verfügung stehen, bedeutend übersteigt. Ist aber p das Gewicht der Kugel, R der Radius des Sirius, G die Beschleunigung der Schwere an der Oberfläche des Sirius, g an der Erdoberfläche, so ist die zuletzt erreichte kinetische Energie der Kanonenkugel $pR\frac{G}{g}$, wie aus jedem Lehrbuche der analytischen Mechanik zu entnehmen ist, also nicht unendlich gross.

Lp.

C. H. C. GRINWIS. Sur l'équation complète du viriel. Arch. Néerl. XIX, 461-478; [Beibl. IX, 497.

Dieser Aufsatz handelt über die sogenannte Virialgleichung von CLAUSIUS. Hier wird sie für einen Punkt aufgestellt und auf die Form gebracht:

$$\frac{m}{2}v^2 = \frac{1}{4}\frac{d^2(mr^2)}{dt^2} - \frac{1}{2}(Xx+Yy+Zz),$$

wo alle Grössen bekannte Bedeutungen haben. Insbesondere wird das erste Glied der rechten Seite dieser Gleichung untersucht, die Aenderung mit der Verlegung des Ursprungs der Coordinaten nachgewiesen, und dieses auf mehrere Beispiele der Bewegung eines Punktes angewandt, dabei auch die Frage beantwortet, wie diese Bewegung sein muss, damit das genannte Glied von dem Ursprung unabhängig sei. Zum Schluss wird es als der Unterschied zweier Viriale aufgefasst; hieraus wieder die vollständige Virialgleichung abgeleitet und das mittelbare Virial des sich bewegenden Punktes bestimmt. *v. Geer.* (*Lp.*)

R. Lehmann-Filhés. Ueber die Bewegung eines Planeten unter der Annahme einer sich nicht momentan fortpflanzenden Schwerkraft. Astron. Nachr. CX, 209-220†.

Nimmt man die Fortpflanzungsgeschwindigkeit der Gravitation so gross an, dass nur die erste Potenz des reciproken Werthes zu berücksichtigen ist, so nehmen die Bewegungsgleichungen eine einfache Gestalt an und lassen sich, wenn auch die Masse des Planeten hinreichend klein ist, ohne Schwierigkeit mit den bekannten Methoden angenähert integriren. Die gefundenen Formeln werden mit Rücksicht auf die bekannte Anomalie des Mercurperihels discutirt, ohne dass sich jedoch eine bestimmte Entscheidung ergäbe. *Bruns.* (*Lp.*)

V. Schemmel. Zum Problem der drei Körper. Pr. Königl. Realsch. Berlin. 20 S.†

Die Untersuchungen berühren die astronomische Seite des Problems nicht. Indem der Verfasser an das Problem der zwei Körper anknüpft, versucht er es, bekannte Eigenschaften desselben auf das Problem der drei Körper zu übertragen. Theils aus der Form der Differentialgleichungen, theils aus der geometrischen oder kinematischen Bedeutung der Integrale ergeben sich einige Resultate über die charakteristische Lage und Bewegung gewisser Punkte, Geraden und Ebenen des Dreikörperproblems. *Lp.*

A. Seydler. Ueber einige neue Formen der Integrale des Zwei- und Dreikörperproblems. Wien. Ber. LXXXIX, [2] 851-872†; Wien. Anz. 1884, 115.

Führt man im Zweikörpersystem neben den rechtwinkligen Coordinaten im Raume noch die mit gewissen constanten Factoren multiplicirten rechtwinkligen Coordinaten in der Bahnebene ein, so genügen diese fünf Variablen denselben Differentialgleichungen, und man kann durch den zur Bildung der Flächensätze dienenden Algorithmus sofort zehn Integrale ansetzen, welche von einander unabhängige Integrale repräsentiren und von denen eines noch eine weitere Integration zulässt. Diese Darstellungsweise wird dann auf die gestörte elliptische Bewegung übertragen. *Bruns.* (*Lp.*)

A. LINDSTEDT. Sur la détermination des distances mutuelles dans le problème des trois corps. Ann. de l'Éc. Norm. (3) I, 85-102†.

F. TISSERAND. Note sur un théorème de M. A. LINDSTEDT, concernant le problème des trois corps. C. R. XCVIII, 1207-1213†; [Rev. scient. 1884, I, 666.

Die Abhandlung des Hrn. LINDSTEDT ist im Auszuge schon 1883 in den Astr. Nachr. und in den C. R. veröffentlicht worden; das über diese Noten im vorigen Jahrgange dieser Ber. gegebene Referat (I, p. 210) ist völlig ausreichend. Hr. TISSERAND beweist in seiner Arbeit auf einem anderen Wege als Hr. LINDSTEDT den Satz dieses Letzteren: Im Dreikörperproblem können die gegenseitigen Abstände durch periodische Functionen von vier Argumenten ausgedrückt werden, die der Zeit proportional sind. Ferner ergiebt sich: In Bezug auf die Axe Oz und auf zwei andere rechtwinklige Axen Ox', Oy', die in der invariablen Ebene liegen und eine Bewegung gleichförmiger Rotation mit der Winkelgeschwindigkeit $\frac{dv}{dt} = h_1$ ausführen, sind die Coordinaten der Punkte N und N' ($ON =$ u. parallel r, $ON' =$ u. parallel r', Entfernungen der Massen m und m' von M) periodische Functionen der Argumente σ, σ' τ, τ'. Die Frage nach der Convergenz der angewandten Reihen ist wie bei Hrn. LINDSTEDT bei Seite gelassen. *Lp.*

MAURITIUS. Ueber die experimentelle Zusammensetzung von Schwingungen, insbesondere über die Darstellung der Drehung der Polarisationsebene bei der circularen

Polarisation durch Pendelschwingungen. Rep. d. Phys. 556-564; Aus Prog. Gymn. Coburg 1884.

Die vom Verfasser construirten Apparate sollen die Zusammensetzung der Schwingungen instructiv darstellen. Der einfachste besteht aus zwei Theilen. Eine Lampe mit Blechmantel, in welchem sich eine feine Oeffnung befindet, ist an 2 Fäden als Pendel aufgehängt, schwingt also bei kleiner Amplitude horizontal. Eine Linse ist an einem horizontalen Hebelarm befestigt und dieser ist seinerseits an einem schweren Pendel mit Laufgewicht befestigt; die Linse schwingt also vertical, wenn das Pendel kleine Amplituden macht. Das von der Linse auf einen Schirm entworfene Bild des Lichtpunkts, beschreibt, wenn Linse und Lampe zugleich schwingen, Lissajous'sche Figuren. Der zweite Apparat besteht aus 2 Pendeln, von denen jedes 2 Linsen trägt. Am ersten Pendel seien die Linsen *G* und *H*, am zweiten *K* und *M* befestigt. In der Ruhe steht *K* vor *H*, so dass die Axen beider Linsen zusammenfallen; *G* und *M* stehen allein. Ihre Brennweite kann durch Hülfslinsen so modificirt werden, dass sie mit der von $K+H$ übereinstimmt. Es werden dann drei Lichtpunkte den Linsen so gegenübergestellt, dass die drei durch *G*, durch $K+H$ und durch *M* entworfenen Bilder auf einem Schirm zusammenfallen. Die Pendel sind so eingerichtet, dass *G* und *H* sich in verticaler, *K* und *M* sich in horizontaler Richtung bewegen. Dann zeigt *G* die verticale, *M* die horizontale Schwingungscomponente und $K+H$ die Lissajous'sche Resultante. Der Verfasser stellt ferner zwei Paare von Pendeln mit angehängten Linsen zusammen, so dass jedes Paar eine kreisförmige Schwingung ergiebt. Die beiden kreisförmigen Schwingungen werden zu einer gradlinigen combinirt, deren Richtung von der Phase der Componenten abhängt. *Bde.*

P. Henrard. Études sur la pénétration des projectiles dans les milieux résistants. Bull. Ac. Royale de Belgique (3) VIII, 337-360; [Beibl. IX, 153.

Schiesst man eine Chassepotkugel von 25 g Gewicht mit einer Anfangsgeschwindigkeit von etwa 400 $\frac{m}{sec.}$ aus 10 m Entfernung in einen Block von feuchtem Thon, so plattet sich die Kugel pilzförmig ab, das Schussloch aber ist von erstaunlicher Grösse und Form. Es ist nämlich birnenförmig; unmittelbar hinter der Aufschlagstelle erweitert es sich auf 15 bis 35 cm Durchmesser, dann wird es wieder schmaler und läuft gegen Ende kegelförmig zu, bis es den Durchmesser der abgeplatteten Kugel erreicht. Ist der Thonblock weniger als 50 cm dick, so wird er ganz durchschlagen und die Oeffnung hat 12 bis 15 cm Durchmesser. Die Centrifugalkraft des rotirenden Geschosses ist dabei nebensächlich, denn die Erscheinung tritt auch ein, wenn die Kugel aus einem glatten Gewehre geschossen wird.

MELSENS hat die Erklärung der Erscheinung in der mitgerissenen Luft gesucht; HENRARD, dem sie nicht genügte, hat eigene Versuche angestellt. Der Thon reagirt nach dem Eindringen der Kugel in etwa elastisch, die Theile in der Umgebung der Eintrittsöffnung prallen, nachdem die Kugel sie theilweise mitgerissen hatte, zurück, die Eintrittsstelle der Kugel bekommt infolge dessen aufgeworfene Ränder, und es können auch Thontheile nach vorn, d. h. gegen die Schussrichtung herausgeworfen werden. Um dies zu vermeiden, bedeckt der Verfasser seinen Thonblock auf der Vorderseite mit einer dünnen Blechplatte, welche die Zerstückelung des Thons verhindert, ohne der Kugel mehr als 5 $\frac{\text{m.}}{\text{sec.}}$ von ihrer Geschwindigkeit zu entziehen. Auf einen Versuchsblock wurden nun 4 Schüsse abgefeuert, mit Geschwindigkeiten von 175 bis 415 $\frac{\text{m.}}{\text{sec.}}$. Bei der grössten Geschwindigkeit war die Oeffnung 58 cm lang und unmittelbar hinter der Eintrittsöffnung fing eine starke Erweiterung an, die etwa 20 cm vom Eingang ihren Maximaldurchmesser von 23 cm hatte. Bei den schwächeren Kugeln war die Erweiterung geringer, so dass das Schussloch der Kugel von 175 $\frac{\text{m.}}{\text{sec.}}$ sich nur noch auf etwa das drei- bis vierfache des Kugeldurchmessers erweitert hatte. Die Kugel war bei den ersten Schüssen stark abgeplattet, bei den letzten kaum; an der spiraligen Streifung des Thons liess sich erkennen, dass sie noch in den letzten Stadien ihres Laufes rotirt hatte. Wurde eine zweite Blechplatte 5 cm hinter der ersten aufgestellt, so zeigte das Loch, dass die Kugel in 5 cm Entfernung vom Eingang bereits abgeplattet war. Bei weiteren Versuchen wurde statt der Bleikugel eine Stahlkugel genommen. Dieselbe gab eine unregelmässige, aber auch anfänglich im Innern erweiterte Schusshöhlung, an der die Wirkung der Kugelrotation in einer bestimmten Andeutung von schraubenförmiger Gestalt hervortrat. Zur Erklärung dieser Erscheinungen geht der Verfasser auf einen Satz zurück, den die Artilleristen Piobert, Moran und Didion auf Grund ihrer zu Metz angestellten Versuche aufgestellt haben. Derselbe lautet:

„Sucht man auf irgend einem Querschnitt der Schussöffnung alle diejenigen Theile der Innenfläche auf, denen deutlich anzusehen ist, dass die Kugel sie direct berührt hat, und fügt dieselben zusammen, so ist ihre Summe genau gleich dem Umfang der Kugel".

Daraus wird geschlossen, „dass das Projectil zuerst einen cylindrischen Kanal in den Thon bohrt, und dass dann die Wände dieses Kanals zerrissen und zur Seite gedrückt werden. Ist die Kugel selbst leicht deformirbar, so vergrössert sich ihr Umfang sofort beim Eintritt in den Thon und die seitliche Wirkung wird in Folge dessen stärker". Woher aber diese seitlich wirkende Kraft kommt, weshalb die Kugel dem berührten Theil eine so erhebliche Geschwindigkeitscomponente rechtwinklig zur Schussrichtung ertheilt, das wird aus der Untersuchung nicht klar.

Bde.

M. Krass. Ein neuer Apparat zur Darstellung des freien Falles. ZS. f. Instrk. IV, 347.

Ein fallender Rahmen ist mit berusstem Papier bespannt; auf ihm schreibt eine Spitze, welche an einer schwingenden Stimmgabel befestigt ist, ihre Curve auf. *Rz.*

Litteratur.

JACOBI. Vorlesungen über Dynamik. Herausgegeben von E. LOTTNER. Berlin: G. Reimer 1884. *Bde.*

G. HELM. Die Elemente der Mechanik und mathematischen Physik. Ein Lehr- und Uebungsbuch für höhere Schulen. Leipzig: Teubner, IV u. 222 S. 8° [Fortschr. d. Math. 1884, 750.

E. J. ROUTH. The advanced part of a treatise on the dynamics of a system of rigid bodies, being part II of a treatise on the whole subject; with numerous examples. London: Macmillan & Co. 1884, (XII+343 p.). [Anzeige in Phil. Mag. (5) XVIII, 541-542†. *Lp.*

D. BOBYLEFF. Cursus der analytischen Mechanik (russ.). St. Petersburg 1883†. Band I Kinematik, 281 p. I; Band II Kinetik, 885 p.

Uebertrifft an Gründlichkeit wohl die meisten existirenden Lehrbücher und müsste ins Deutsche übersetzt werden. *O. Chw.*

N. SCHILLER. Grundlagen der Physik. Erster Theil: Kinematik, Principien der Dynamik, Statik und Kinetik des festen Körpers. Kiew, 1884, 360p.† *O. Chw.*

BRESSE. Cours de mécanique et machines, professé à l'Ecole polytechnique. T. 1. Cinématique, dynamique du point matériel, statique. XXII-539 p. Paris: Gauthier-Villars.

DESPEYROUX. Cours de mécanique. Avec des notes par M. G. DARBOUX. Bordeaux, Paris: Hermann. Tome 1. (XI+457 S. 8°); [Rev. scient. XXXV, 439-440.

W. J. M. RANKINE and E. J. BAMBER. A Mechanical Text-Book; or Introduction to the Study of Mechanics. With numerous Diagrams. 3rd. edit. revised. London: Griffin. (324 S. 8°).

FUSTEGUERAS et HERGOT. Traité de mécanique theorique et appliquée.

Partie 1. Statique, Cinématique, Dynamique; 3 éd., entièrement refondue et augmentée. Paris: G. Masson. (511 S. 8°.)

E. Collignon. Cours de mécanique appliquée aux constructions. Paris: Dunod 1885.

E. Wilda. Mechanik. 2. Cursus, Kinematik und Dynamik fester Körper. Brünn 1884.

Ferd. Kraft. Sammlung von Problemen der analytischen Mechanik. Stuttgart: Metzler, 1884/85, 650 und 656 p.

W. Ligowski. Taschenbuch der Mechanik (Phoronomie, Statik und Dynamik). Berlin: Ernst & Korn, 1884, X und 135 p.

Mascart. Élements de mécanique. Paris: Hachette & Co. 190 p.

H. Resal. Traité elementaire de mécanique celeste. 2. Aufl. Paris: Gauthier-Villars, 1884.

A. Wernicke. Grundzüge der Elementarmechanik, gemäss den Anforderungen der philosophischen Propädeutik als Einführung in die physikalischen und technischen Wissenschaften bearbeitet. Braunschweig: Schwetschke, 1883, 445 p. *Bde.*

H. Januschke. Das Princip der Erhaltung der Energie als Grundlage der elementaren Dynamik. Troppau 1884, 98 p.; [Fortschr. d. Math. XVI, 752.

E. A. Bowser. An elementary treatise on analytic mechanics. New-York: D. van Nostrand (525 p.). *Bde.*

James H. Cotterill. Applied mechanics: an elementary general introduction to the theory of structures and machines. London: Macmillan & Co. 1884. [Nature XXX, 382. *Lp.*

J. Finger. Elemente der reinen Mechanik. Wien: Hölder.

T. C. Lewis. Mechanicians. (Heroes of Science). Christian Knowledge Society. 8^0. *Bde.*

N. N. Sur une manière d'interpréter l'article relatif à la mécanique du nouveau programme d'admission à l'École Polytechnique (Physique). Nouv. Ann. (3) III, 497 bis 506.

Eine gedrängte Uebersicht über den Gang des Unterrichts und die vorzutragenden Lehren von einem „ancien professeur de l'université.“ *Lp.*

J. L. HEIBERG. Et Falsum vedrørende Archimedes. Overs. K. Dansk. Vid. Sels. Forh. 1884, 25-30. *Bde.*

J. W. GIBBS. Elements of vector analysis. New-Haven: Tuttle, Morehouse und Taylor.
Ausführlicher Bericht in den Fortschr. d. Math. XVI, 617-618.

E. OEKINGHAUS. Elliptische Integralfunctionen und ihre geometrische, analytische und dynamische Bedeutung. Arch. d. Math. u. Phys. (2) I, 337-448. *Lp.*

EDUARD WILDA. Statik fester Körper. Brünn: Verlag d. Staatsgewerbesch. in Brünn (68 S. 8° mit 4 Figurentafeln).

— — Mechanik II. Cursus. Kinematik und Dynamik fester Körper. Ib. (162 S. 8° mit 72 Figuren).

E. CARVALLO. Leçons de statique. Meulan 1884.

ROBERT HUDSON GRAHAM. Graphic and analytic statics in theory and comparison. London: Crosby, Lockwood & Co. 1884; Nature XXX, 383 (Titel).

J. BAUSCHINGER. Elementi di statica graphica. Napoli, 1884. Uebersetzt von Isè.

R. HOPPE. Einfacher Beweis der Existenz eines Mittelpunkts paralleler Kräfte. Arch. d. Math. u. Phys. (2) I, 111 bis 112.

HATON DE LA GOUPILLIÈRE. Note sur la théorie des bobines d'extraction. Paris: Dunod 1884; Aus Ann. des Mines.

E. CAVALLI. Generalizzazione di un teorema di Pappo e conseguenze che ne derivano. Torino Atti XX, 33-42.

H. ADAMS. Strains in ironwork: a course of eight elementary lectures delivered before the Society of Engineers. London: Spon, 62 p.

G. VAN DER MENSBRUGGHE. Over eene eenvoudige wijze om de wetten van DANIEL BERNOUILLI bij middel van den hevel door proeven te bewijzen. Natura (belg.) II, No. 5.

V. Dwelshauvers-Dery. Principes de la résistance des matériaux. 2. partie du cours de mécanique appliquée professé à l'Univ. de Liège. Liège, impr. et lib. Ch. Aug. Desoer. 180 S. 8°. *Bde.*

W. Liguine. Vorlesungen über angewandte Kinematik. Theorie der Zahnräder. Odessa 1884. *O. Chw.*

Fr. Masi. Manuale di cinematica applicata: nuova classificazione dei meccanismi. Bologna: Zanichelli. VII+253 p.

E. J. Gross. Elementary Treatise on Kinematics and Kinetics. New edit. Rivington's Mathematical Series. 219 S. 8°.

Ph. Gilbert. Ueber die Anwendung der Lagrange'schen Methode auf Probleme der relativen Bewegung. Beibl. VIII, 9; Aus Ann. de la Soc. sc. de Bruxelles XVII, 11, 1882/83. *Bde.*

P. G. Tait. A proof that the mean square relative velocity of two points whose velocities are p and q is p^2+q^2. Proc. R. Soc. Edinb. XIII, 21. *Lp.*

de Sparre. Ueber das Foucault'sche Pendel. Beibl. VIII, 12; Aus Ann. de la Soc. sc. de Bruxelles XVII, 111-127, 1882/83.

W. Ferrel. The gyration of a vibrating pendulum. Science IV, 53; Berichtigung eines Schreibfehlers.

Friedrich Roth. Trägheitsbahn auf der Erdoberfläche. ZS. f. Met. XIX, 41-43, 523-529.

Sprung. Geometrische Ableitung der Grösse des ablenkenden Einflusses der Erdrotation. Deutsche Meteor. ZS. I, 250-252.

W. Ferrel, F. Waldo. The motion of fluids and solids on the earths surface. Washington, 1882, 51 p.

Arthur Buchheim. Proof of Professor Sylvester's „Third Law of Motion". Phil. Mag. (5) XVIII, 459.

R. S. Ball. On a geometrical illustration of a dynamical problem. Rep. Brit. Ass. Southport 1883, 407.

R. S. Ball. On a fundamental theorem in the dynamics of Non Euclidian space. Rep. Brit. Ass. Southport 1883, 406. *Bde.*

W. B. T. Is material contact possible? Science III, 401.

Mit Rücksicht auf einen Ausspruch von Sir William Thomson, dass die scheinbare Abstossung sich berührender Körpern von kleinen Theilchen fremder dazwischen befindlicher Gegenstände herrühre, wird die Frage aufgeworfen, ob der schwarze Fleck bei den Newton-schen Farbenringen ohne Druck erzeugt werden kann. *Lp.*

D. D. Heath. Repulsion. Nature XXX, 490†; [Beibl. IX, 393.

Hr. Thomson hatte in seiner Eröffnungsrede der Brit. Ass. Montreal gesagt, dass er den Ausdruck „repulsive Bewegung" bei H. Davy zuerst gelesen, seitdem aber nie wieder gefunden hätte. Hr. Heath citirt eine Stelle seines Werks „Elementary exposition of the doctrine of energy" (1874), in welchem er ähnliche Ideen ausgesprochen hat.. *Lp.*

L. J. A. de Commines de Marsilly. Die Gesetze der Materie. Paris: Gauthier-Villars 1884. XVI+122 p. 4°. [Beibl. VIII, 554.

L. Lange. Ueber die wissenschaftliche Fassung des Galilei'schen Beharrungsgesetzes. Phil. Studien herausg. v. W. Wundt II, 266-297. [Auszug des Herrn Verfassers; Beibl. VIII, 744. *Bde.*

S. T. Moreland, W., C. S. Hastings, T. C. Mendenhall, A. P. Gage, E. H. Hall. Inertia. Science III, 559-562†.

Im Anschluss an einen Artikel des Hrn. Hall in Science III, 482 wird der Begriff der Inertia als synonym mit dem der Masse, besonders als quantitativ von ihm ununterscheidbar, erörtert. *Lp.*

E. Stroetzel. Untersuchungen über den Begriff der Kraft. Newton. Pr. des Coll. Royal Français. Berlin.

Referat im Jahrb. d. Math. XVI, 52.

James Rhodes. On the duality of physical forces. Proc. Manch. Soc. XXIII, 4†. *Lp.*

H. Poske. Der empirische Ursprung und die Allgemeingiltigkeit des Beharrungsgesetzes.

Wundt's Bemerkungen dazu. Vierteljahrsschr. f. wiss. Philos. 1884 Heft 4.

W. R. Dunstan. On an Analysis of Force. Aristotelian Soc. 1884, May 5.

E. Lagrange. La gravitation est elle universelle? Ciel et terre 1884, avril.

Ludw. Schäffer. Der Raum. Studie einer kinetomonistischen Weltanschauung. Wien: Konegen.

A. Freiherr von Veyder-Malberg. Ueber die Einheit aller Kraft. Wien Selbstverlag. Referat in Fortschr. d. Math. XVI, 52.

Lecornu. Sur les forces analytiques. Assoc. Franc. Blois 1884, 148.

Wird im folgenden Jahrgang der Ann. Ec. Norm. ausführlich erscheinen und dann berücksichtigt werden.

J. Schlesinger. Substantielle Wesenheit des Raumes und der Kraft. Sep. aus ZS. d. österr. Ingen. u. Archit.-Vereins Heft III u. IV 1884, 52 p.; [Beibl. IX, 366.

C. G. Rothe. Das Räthsel der Schwerkraft. Gaea XX, Heft 10. *Bde.*

Ernst Rethwisch. Der Irrthum der Schwerkrafthypothese. Kritik und Reformthesen. 2te verm. Aufl. Freiburg i. B.: Kiepert & von Bolschwing VIII+119 S. 8°†.

Ein Versuch, die Gravitation aus logischen Principien, der Darwinschen Lehre von der allmählichen Entwickelung und einer mystischen Axenkraft bei der Rotationsbewegung zu erklären, wobei die einfachsten Gesetze der Mechanik aber nicht beachtet werden. *Lp.*

Andrade. De l'abus du principe de la conservation de la force. Revue philosoph. 1884 No. 4.

R. Townsend et H. Curtis. Solutions of question 7669. Ed. Times XL, 101-102.

Rettinger. Ueber die Bestimmung des Widerstandes bei der unfreien Bewegung eines Punktes auf einer Curve. Corresp.-Bl. f. d. Gel.- u. Realsch. Würtbg. XXXI, Heft 1, 2.

Max Joël. Ueber eine Art von Bewegung auf der Oberfläche einer Kugel dargestellt mit Hülfe hyperelliptischer Integrale. Diss. Halle. 33 S. 4°.

F. Roth. Ueber die Bahn eines freien Theilchens auf wagerechter Ebene, das durch eine Kraft nach bestimmter Himmelsrichtung fortgetrieben wird, unter Berücksichtigung der Reibung und der Umdrehung der Erde um ihre Axe. Repert. d. Phys. XX, 681-702.

C. M. Bastia. Del moto di un punto attratto da un centro fisso con una forza proportionale ad una potenza della distanza considerato come moto perturbato. Batt. G. XXII, 167-190.

Paul Kindel. Von der elliptischen Bewegung eines frei beweglichen Massenpunktes unter der Wirkung von Attractionskräften. Inaugural-Diss. 52 p. Halle.

Fenkner. Aufsuchung derjenigen schiefen Ebene, welche ein Körper unter gewissen Bedingungen in kürzester Zeit durchfällt. Pädagog. Arch. 1884 Nr. 5.

Stippe. Ueber das auf einen Cylinder aufgehängte Pendel. Prog. Städt.-Progymn. Schlawe. 16 S. 4° 2 Taf.

Ernst Hoyer. Die Bewegung zweier materieller Punkte in zwei parallelen Ebenen. Inaugral-Diss. 31 p. Jena.

Reisky. Ueber den Einfluss der Schwungkraft auf die Bewegung eines schweren, in einer rotirenden Parabel befindlichen Atoms. Aus Progr. d. Kön. Kath. Gymn. zu Sagan. 14 p. Sep. 1883; Beibl. VIII, 10.

Reinhold Loosch. Ueber die Bewegung eines von der Schwerkraft beeinflussten materiellen Punktes auf einem Rotationskegel. Inaugural-Diss. 52 p. Halle.

H. Gyldén. Grunddragen af en enket Metod att lösa åtskillige problem i den analytiska mekaniken. Stockh. Öfvers. XLI, No. 3, 5-28; [Fortschr. d. Math. XVI, 809-810.

G. Dillner. Sur l'intégration des équations différentielles du pendule conique. Acta Upsala (3) XII, 12 p.; [Fortschr. d. Math. XVI, 810; [Beibl. IX, 74.

Die Methode ist in C. R. XCII, 235 u. 290, 1881 zuerst angegeben.

P. M. Novikoff. Ueber das Kriterium der Stabilität der Bewegung und seinen Zusammenhang mit einem

Kriterium des Maximums oder Minimums des einfachen bestimmten Integrals. Odessa Denkschr. V, 151-58, russ.; [Fortschr. d. Math. XVI, 801.

— — Ueber die Bedeutung, welche in der Dynamik der zweiten Variation der Integrale HAMILTON's und der kleinsten Wirkung zugeschrieben werden kann. Charkow Ges. 1884, 65-72; [Fortschr. d. Math. XVI, 801.

T. AMODEO. Monographie der tautochronen Curven. Beibl. VIII, 169; Avellino bei Tulmiero, 1883. 8°. 74 p.

R. S. HEATH. On the dynamics of a rigid body in elliptic space. Phil. Trans. London CLXXV, 281-324; Abstr. in Proc. Roy. Soc. XXXVI, 219-221; [Beibl. VIII, 619.

A. HANDL. Zur Lehre vom Trägheitsmomente. ZS. Realsch. IX, 19-22.

R. MAYOR. Du maintien d'un corps dans l'espace au moyen d'une force motrice. Lausanne: Bridel 1884.

A. DÄHNE. Die Stabilität der Drehaxe. Metz: Selbstverl. d. Verf. 24 p. 1884; [Beibl. VIII, 847.

H. GART. On properties analogous to Guldins. Mess. (2) XIV, 100-102; [Fortschr. d. Math. XVI, 781.

J. PETERSEN. On en Transformation i Mechaniken. Zeuthen T. (5) II, 183-184; [Jahrb. d. Math. XVI, 783.

A. BAULE. Note sur un théorème de mécanique dû à Sir W. THOMSON; application à l'étude de la houle. Soc. scient. Brux. VIII, B, 319-344; [Fortschr. d. Math. XVI, 799.

J. W. WARREN. A general theorem concerning the motion of a solid body. Quartl. J. of math. No. 77, 13-18.

P. GARRIGOU-LAGRANGE. Questions dynamiques. Observations sur le mouvement et le choc des systèmes invariables. Paris: Gauthier-Villars, 39 p.

N. JOUKOFFSKY. Ueber den Stoss absolut fester Körper. Phys. Ges. Petersb. XVI, 288-399, russ. *Bde.*

KEFERSTEIN. Beitrag zur Theorie des Billardspiels. Hamb. Mitth. V, 113-116; [Fortschr. d. Math. XVI, 821.

E. RISTORI. On the motion of projectiles. Nature XXIX, 572†.

FRANCIS BASHFORTH. On the motion of projectiles. Nature XXX, 5-6†.

Beide Notizen beziehen sich auf die Benutzung der BASHFORTH-schen Formeln bei ballistischen Aufgaben. Hr. RISTORI hatte unbrauchbare Resultate erhalten, Hr. BASHFORTH giebt daher genauere Anweisungen beim Gebrauche. *Lp.*

J. BAILLE. Traité de ballistique rationelle. [Rev. scient. XXXIII, 55-56.

A. MIEG. Theoretische äussere Ballistik, nebst Anleitung zur praktischen Ermittelung der Flugbahn-Elemente. Berlin: Mittler & Sohn, XVIII+383 S. 8°. [Lit. CBl. 1884, 626-627; Beibl. VIII, 338.

J. VAN DAM VAN ISSEK. Die Ballistik der gezogenen Feuerwaffen. Uebersetzt von H. WEGGAND. Berlin: Mittler und Sohn, 1884, 387 p.

ERNST LECHER. PFAUNDLER's Apparat zur Erklärung der Seitenabweichung der aus gezogenen Läufen geschleuderten Geschosse. Prot. d. chem.-phys. Ges. Wien, 4. März 1884; Repert. d. Phys. XX, 373.

Cours des écoles de tir. T. 1. Cours théorique. Paris 1884.

PERCIN. Sur la précision que procure dans le réglage du tir l'observation des écarts. Rev. d'Art. XXIII, 189 bis 195.

CH. M. SCHOLS. Note sur la probabilité du tir. Rev. d'Art. XXIII, 408-412.

— —, F. SIACCI. Briefwechsel. Rev. d'Art. XXIX, 450-453.

H. PUTZ. Mémoire sur l'application du calcul des probabilités aux questions d'artillerie. Rev. d'Art. XXIV, 30, 105-122.

— — Note sur les imperfections inévitables des projectiles et leur influence sur la justesse du tir. Rev. d'Art. XXIV, 293, 305.

D. J. de la Clave y Garcia. Balistica abreviada. Madrid 1883.

V. Volterra. Sopra alcuni problemi della teoria del potenziale. Pisa 1883, tesi di abilitatione.

E. Liebenthal. Untersuchungen über die Attraction zweier homogener Körper. Mitth. d. Math. Ges. Hamb. Nr. 3, 4, 1883/84.

Vincenz Nachreiner. Beitrag zur Theorie der bestimmten Integrale und zur Attractionstheorie. Prog. Neustadt a. d. H. Studien-Anst., 36 S. 8°.

K. Friesach. Ueber die Anziehung von Ellipsoiden und ellipsoidischen Schalen. Mitth. d. hist. Ver. f. Steiermark 1883, Heft 20.

John H. Jellet. On Laplace's Equation. Phil. Mag. (5) XVIII, 400; [Cim. (3) XVII, 267; Beibl. IX, 148.

Gaillot. Sur la variation de l'intensité de la pésanteur due à l'attraction luni-solaire. Conséquences relatives à la marche des pendules. Bull. astr. 1884, Mai. *Bde.*

Th. von Oppolzer. Ueber die Bestimmung der Schwere mit Hülfe verschiedener Apparate. Generalber. d. Europ. Gradm. f. 1883 Anh. VI; ZS. f. Instrk. IV, 303-316, 379-386; [Beibl. IX, 149†.

Kritische Besprechung der verschiedenen Methoden. *Lp.*

Poincaré. Sur certaines solutions particulières du proplème des trois corps. Bull. astr. 1884 févr. *Bde.*

A. Seydler. Zur Integration einiger Gleichungen des Drei-Körper-Problems. Sitzber. d. k. böhm. Ges. d. Wissen. Jahrg. 1884, p. 16-29. (Böhmisch.)

— — Weitere Beiträge zur Integration der Gleichungen des Zwei- und Drei-Körper-Problems. Ibid. p. 107-126. *Gr.*

F. Steiner. Die Deformationsarbeit elastischer fester Körper, Flüssigkeiten und Gase. Dingl. J. CCLI, 289-294; [Beibl. 277.

Fr. Kick. Das Gesetz der proportionalen Widerstände und seine Anwendung auf Sanddruck und Sprengen. Berg- und Hüttenmänn. ZS. 1884, Heft 5, 6, 7, 8, 9.

G. A. Hirn. Les lois du frottement. Lum. El. XIV, 423 bis 424.

A. Gobin. Détermination précise de la stabilité des murs de soutènement et de la poussée des terres dans tous les cas possibles. Assoc. Franc. Rouen 1883, 279 bis 282.

Inhaltsangabe einer ausführlichen, in den Annal. des ponts et chaussées, 1883 August, veröffentlichten Abhandlung.

Stativ für Flaschenzüge. ZS. z. Förd. d. phys. Unt. I, 16; [Beibl. IX, 146†.

Ch. J. Quetil. Wire triangular truss. J. Frankl. Inst. Aug. 1884. *Bde.*

G. F. Fitzgerald. A lecture balance. Nature XXIX, 542; [Beibl. VIII, 744†.

Ein Spiegel an der Axe der Wage reflektirt einen Lichtstrahl auf eine vertikale Skala.

G. Smith's Differentialflaschenzug mit Seilbetrieb. D. R. P. Kl. 35, Nr. 28365, 12. Februar 1884; [Dingl. J. CCLIV, 328-329.

Edward Sang. On the problem of the lathe-band, and on problems therewith connected. Proc. Roy. Soc. Edinb. XII, 294-303†; [Fortschr. d. Math. XVII, 848.

Nur von mathematischem Interesse; es handelt sich um die Auflösung transcendenter Gleichungen für die Aufgabe, die Länge des Treibriemens zu berechnen, wenn die Durchmesser von Treibrad und Welle sowie die Entfernung ihrer Mittelpunkte gegeben sind. *Lp.*

Léauté. Theorie du frein à lame. J. éc. polyt. LIV, 117 bis 135.

L. Anspach. Note sur les transmissions par câbles télodynamiques. Liège: imp. Ch. Aug. Desver. 25 S. 8°.

G. Meissner. Die Kraftübertragung auf weite Entfernungen und die Construction der Triebwerke und

Regulatoren, für Constructeure, Fabrikanten und Industrielle. Jena: Costenoble. 7 Lfg.

A. Laskus und H. Lang. Schwungräder und Centrifugalpendel-Regulatoren, deren Theorie und Berechnung. Leipzig: Baumgärtner.

Rotirendes Dynamometer und Regulator, verbunden mit Mess- und Registririnstrumenten. Der prakt. Maschinen-Constructeur 1884, Heft 1.

Le dynamomètre enregistreur du Dr. Fränkel. [La Nat. XII, 353-355, No. 597.

G. Richard. Dynamomètres totaliseurs de MM. A. Meese et Vernon-Boys. Lum. Él. XIV, 11-14, 92-98.

H. C. Fleeming Jenkin. Nest Gearing. Rep. Brit. Ass. Southport 1883, 387-390, mit 3 Tafeln.

O. Köchy. Ueber ein eigenthümliches System pseudoastatischer Centrifugalregulatoren. Verhandl. d. Ver. z. Beförd. d. Gewerbefleisses, 1884 Febr. *Bde.*

Ueber Neuerungen an Regulatoren. Dingl. J. CCLI, 192-202; CCLIV, 357-362.

J. Warwick's Vorrichtung zur Umsetzung einer stetigen Drehbewegung in eine schwingende. D. R. P. Klasse 47, Nr. 26292, 1883; [Dingl. J. CCLII, 490-491†.

F. Kubec's Schaltwerk. [Dingl. J. CCLII, 190-191; Nach Scient. Amer. L, 98.

Périrrissé's Versuche über rollende und gleitende Reibung an den Stützpunkten von Eisenträgern. [Dingl. J. CCLI, 55-57†.

Bericht über diese Versuche nach den Mémoires et Compte rendu, Paris 1883, der Société des Ingénieurs civils.

Hermann. Bestimmung der Schmierfähigkeit von Schmiermaterialien. [Polyt. Notizbl. XXXIX, 201†; Bericht nach den „Ind. Bl."

J. M. Lebreau's Apparat zur Prüfung von Schmiermitteln. [Dingl. J. CCLIV, 12-15†.

Nach dem Portefeuille des machines 1884 S. 92 beschrieben. Der selbstzeichnende Apparat gehört zu jener Gattung von Apparaten, welche einen bestimmten Hebelarm und veränderliches Gewicht (Federspannung) zur Ermittlung des Reibungsmoments benutzen. Die Belastung geschieht durch Gewichte; die Lagerschale umschliesst hierbei nur eine Seite eines Zapfens, was den fast ausschliesslich in der Praxis vorkommenden Fällen entspricht.

Neuerungen an Parallelschraubstöcken. Dingl. J. CCLIV, 283-286.

Em. Paquet. Note complémentaire. J. de phys. (2) III, 92-93. *Lp.*

Des effets du recul dans les affûts de campagne. Rev. d'Art. XXIII, 57-59; Auszug aus Proc. Mech. Inst. of civil engineers.

Uchard. Note dazu. Rev. d'Art. XXIII, 281-294.

W. Veltmann. Apparat zur Auflösung linearer Gleichungen. ZS. f. Instrk. IV, 338-342; Interessante, wenn auch vorläufig kaum praktische Anwendung des Hebelprincips. *Bde.*

Daniel Colladon. Notice sur les inventions mécaniques de M. G. Leschot horloger. Arch. sc. phys. (3) XI, 297 bis 313†.

— — Sur les principales inventions de G. A. Leschot. C. R. XCVIII, 475-479.

Georges Leschot, geb. d. 24. März 1800 zu Genf, gest. d. 4. Febr. 1884 ebenda, Theilhaber an der Firma Vacheron, Constantien & G. Leschot, führte zuerst die Fabrikation der einzelnen Theile von Uhren ein, die als Ersatzstücke für beliebige Uhren dienen können, und ist der Erfinder der unter hohem Drucke mit Wasserauswaschung arbeitenden Bohrmaschinen für Tunnelarbeiten. *Lp.*

5. Hydromechanik.

W. THOMSON. On the figures of equilibrium of a rotating mass of fluid. Edinb. Proc. XI, 581-594; [Fortschr. d. Math. XVI, 795.

Nach dem kurzen Referat von CAYLEY in Fortschr. d. Math. XVI Angabe von Resultaten, die zum Theil in der Natural Philosophy von THOMSON und TAIT bewiesen sind. *F. K.*

R. RAWSON, S. MARKS. Solution of question 7378. Ed. Times XL, 37-38.

Lösung folgender Aufgabe: Ein in einer Flüssigkeit schwimmendes homogenes rechtwinkliges Parallelepipedon wird so gedreht, dass die ursprünglich horizontalen Kanten c horizontal bleiben; welchen Werth darf der Winkel ϑ, um den sich die übrigen Kanten drehen, nicht überschreiten, falls sich das Parallelepipedon von selbst wieder aufrichten soll?

Wn.

EM. BARBIER. Sur l'équilibre d'un segment homogène de paraboloïde de révolution flottant sur un liquide. C. R. IC, 703; [Beibl. IX, 293.

Ohne Ableitung wird mitgetheilt, dass die von ARCHIMEDES bestimmte Gleichgewichtslage eines im Wasser schwimmenden Segmentes eines Rotationsparaboloids keine stabile ist, dass es aber eine andere Lage giebt, die stabil ist. *Wn.*

H. HERTZ. Ueber das Gleichgewicht schwimmender elastischer Platten. WIED. Ann. (2) XXII, 449-456; [Cim. (3) XVI, 247-248.

Auf einer unendlich ausgedehnten schweren Flüssigkeit schwimme eine unendlich ausgedehnte elastische Platte, die im

Punkte $x=0$, $y=0$ durch ein Gewicht belastet wird. Die verticale Abweichung z eines Punktes der deformirten Platte von der xy-Ebene wird, wenn man alle Verschiebungen als klein voraussetzt, bestimmt durch eine Differentialgleichung der Form:

$$\frac{\partial^4 z}{\partial x^4}+2\frac{\partial^4 z}{\partial x^2\partial y^2}+\frac{\partial^4 z}{\partial y^4}+a^4 z = 0.$$

Nach den Bedingungen der Aufgabe ist z nur von $\varrho = \sqrt{x^2+y^2}$ abhängig und in Folge dessen ergiebt sich für z folgende Lösung, die im Unendlichen verschwindet, im Mittelpunkte dagegen endlich ist:

$$z = C.\{K(a\varrho e^{\frac{i\pi}{4}})-K(a\varrho e^{-\frac{i\pi}{4}})\};$$

darin ist K die Cylinderfunction zweiter Art mit dem Index 0, das heisst

$$K(\varrho) = \int_0^\infty e^{i\varrho\cos(iu)}\,du.$$

Die Lösung wird weiter discutirt, die Gestalt der belasteten Platte, ihre Einsenkung in der Mitte, ihre Maximalspannung etc. berechnet. Bemerkenswerth ist das folgende Resultat: Der Auftrieb, den das Wasser auf die Platte in Folge ihrer Deformation ausübt, ist gleich dem belastenden Gewicht; die Grenze der Belastung hängt daher nur von der Festigkeit der Platte, nicht aber von dem Auftrieb der unbelasteten Platte ab. Noch merkwürdiger gestalten sich die Verhältnisse bei einer endlichen Platte, wie zum Schluss kurz erörtert wird. *Wn.*

A. HANDL. Einfaches Verfahren zur Uebereinanderschichtung verschieden dichter Flüssigkeiten.

ZS. f. Instrk. IV, 59-60; [Beibl. VIII, 405; [Chem. CBl. (3) XVI, 467; [ZS. f. anal. Chem. XXIV, 577.

Wenn verschieden dichte Flüssigkeiten mit scharfer Trennungsfläche übereinander geschichtet werden sollen, so ist es, wie der Verfasser gefunden hat, leichter, vermittelst eines Hebers die schwere Flüssigkeit unter die leichtere zu bringen, als die leichtere auf die schwere zu giessen. *Rz.*

G. Sire. Physik ohne Apparate: Gleichgewicht schwimmender Körper. La Nature XII, 239-240; [Wied. Ann. Beibl. VIII, 623. (Wörtlich nach Beibl.)

Der Verfasser bringt in ein Glas Natriumbicarbonat und Weinsäure und lässt auf der sich entwickelnden Kohlensäure Seifenblasen schwimmen. *F. K.*

H. Lamb. Einleitung in die Hydrodynamik, bearbeitet von R. Reiff. Freiburg i. B. und Tübingen. J. C. B. Mohr. XII+332 S.

Das Buch enthält eine übersichtliche und zweckmässige Darstellung der wichtigsten Untersuchungen auf dem Gebiet der Hydrodynamik. Die Darstellung beginnt mit der Aufstellung der hydrodynamischen Gleichungen in der Euler'schen und Lagrange'schen Form, zeigt dann ihre Anwendungen in einfacheren Fällen und bespricht die relative Bewegung der Theilchen. Weiter folgt eine eingehende Erörterung der Potentialbewegungen in einfach und mehrfach zusammenhängenden Räumen, wobei Thomson's Erweiterung des Green'schen Satzes zur Sprache kommt. Sodann wird die Bewegung der Flüssigkeit nach zwei Dimensionen incl. der wichtigsten Fälle discontinuirlicher Flüssigkeitsbewegungen behandelt, ferner die Bewegung fester Körper in einer Flüssigkeit, die Wirbelbewegungen, die Wellenbewegungen in incompressiblen und in elastischen Flüssigkeiten. Zum Schluss werden die hydrodynamischen Gleichungen für reibende Flüssigkeiten aufgestellt und auf einige einfache Beispiele angewandt. Sehr instructiv sind die zahlreichen, in den einzelnen Abschnitten enthaltenen Anwendungen auf specielle Beispiele; erwähnenswerth ist ferner das Litteraturverzeichniss am Schluss des Buches.

Die deutsche Bearbeitung schliesst sich grösstentheils dem englischen Original, das 1879 erschienen ist, an; wesentliche Aenderungen finden sich nur im ersten Capitel bei der Ableitung der Grundgleichungen und im sechsten, wo für die Bewegung fester Körper in einer Flüssigkeit die Untersuchungen von Hrn. C. Neumann (cf. Fortschr. d. Math. XV. 1883, 834) benutzt sind.

Das dritte Capitel, welches die relative Bewegung der Theilchen behandelt, ist eine Einschaltung des deutschen Bearbeiters. Derselbe reproducirt darin in geänderter Form den Inhalt seiner Habilitationsschrift (cf. Fortschr. d. Math. XIV. 1882, 774). Ein vom Referenten gerügter Irrthum jener Habilitationsschrift, der dadurch entstanden war, dass Hr. REIFF unter Projection eines Winkels, ohne dies ausdrücklich zu sagen, etwas Anderes verstanden hatte, als sonst üblich, ist in der neuen Bearbeitung vermieden, so dass die Resultate nunmehr zu Einwendungen keinen Anlass geben. *Wn.*

N. SHUSKOFFSKY. Ueber den Stoss zweier Kugeln, von denen die Eine in einer Flüssigkeit schwimmt.

Schriften (Sapiski). der mathem. Abth. der neuruss. Ges. der Naturforscher V, 43-48, 1884†.

Eine Kugel von der Masse m fällt vertical mit der Geschwindigkeit v gegen eine Kugel von der Masse m'. Letztere schwimmt in einem halbkugelförmigen, bis an den Rand mit einer Flüssigkeit gefüllten Gefäss. Die Dichtigkeit derselben sei ϱ, die der Kugel m' sei $\frac{\varrho}{2}$. Die Kugelradien seien r_1 und r_2. Die Geschwindigkeiten der Kugeln sind nach dem Stosse

$$u = \frac{v(m-m'-\mu)}{m+m'+\mu}$$

und

$$u' = \frac{2mv}{m+m'+\mu},$$

wo

$$\mu = \frac{\pi\varrho r_1^3}{3} \cdot \frac{r_2^3+2r_1^3}{r_2^3-r_1^3}.$$

Die Flüssigkeit vergrössert also gleichsam die Masse m' um die Grösse μ. Bei $r_2 = \infty$ ist μ gleich der halben verdrängten Flüssigkeitsmasse. *O. Chw.*

TAIT. Ueber Wirbeltheorie. Proc. Roy. Soc. XII, 562-568; [Beibl. VIII, 799.

Hr. Tait discutirt die Consequenzen der Annahme einer Continuität der Bewegung in einer vollkommenen Flüssigkeit. Sie bildet eine der Grundlagen von von Helmholtz' Untersuchung, auf die W. Thomson seine Wirbeltheorie gegründet hat. Unter der Annahme, dass absolut keine endlichen Geschwindigkeitsunterschiede an derselben Stelle vorhanden sind, leitet von Helmholtz die Wirkung eines rotirenden Elementes auf ein anderes ab und Thomson die eines Wirbelatomes auf ein anderes etc. Die Erschaffung eines Wirbelatoms, wie es Thomson definirt, verlangt nicht nur eine Wirkung auf diesen rotirenden Theil der Flüssigkeit, sondern auf alle Theile derselben.

(Aus den Beibl. entnommen.) *E. Wiedemann. (F. K.)*

W. M. Hicks. On the steady motion and small vibrations of a hollow vortex. Transact. Roy. Soc. CLXXV, 161-195; [Fortschr. d. Math. XVI, 839-840; [Beibl. IX, 553.

Die Arbeit, eine Fortsetzung früherer Untersuchungen desselben Verfassers, zerfällt in drei Abschnitte. Der erste ist im Wesentlichen der Einführung neuer, mit den früher gebrauchten Toroidalfunctionen verwandter Functionen gewidmet, welche bei der Lösung des vorliegenden hydrodynamischen Problems gebraucht werden. Der zweite Theil untersucht die Bewegung eines starren Ringes parallel seiner Axe. Im dritten wird die stationäre Bewegung eines hohlen Wirbels untersucht, sowie die unendlich kleinen Schwingungen, welche entstehen, wenn die Höhlung sich rippt (is fluted) und wenn sie pulsirt. Die Bedingung, dass die Höhlung eine freie Oberfläche, d. h. eine Fläche constanten Druckes, sein soll, führt zu einer Beziehung zwischen dem Oeffnungs- und Querschnittsradius des Ringes. *F. K.*

J. M. Hill. On the motion of fluid, part of which is moving rotationally, part irrotationally. Trans. Roy. Soc. CLXXV, 363-409; [Fortschr. d. Math. XVI, 837-839; [Beibl. X, 380 bis 383.

In den Clebsch'schen Ausdrücken für die Componenten der Geschwindigkeit einer Flüssigkeit:

$$u=\frac{\partial\chi}{\partial x}+\lambda\frac{\partial\psi}{\partial x},\quad v=\frac{\partial\chi}{\partial y}+\lambda\frac{\partial\psi}{\partial y},\quad w=\frac{\partial\chi}{\partial z}+\lambda\frac{\partial\psi}{\partial z}$$

bestimmen bekanntlich die Schnittlinien der Flächen

$$\lambda=\text{const.},\quad \psi=\text{const.}$$

die Wirbellinien. Der Verfasser zeigt, dass man eine Gleichung, welche lediglich λ enthält, in folgenden Fällen erhalten kann.

1) Ebene Bewegung bezogen auf rechtwinklige Coordinaten.

2) Ebene Bewegung bezogen auf Polarcoordinaten.

3) Symmetrische Bewegung in Bezug auf eine Axe, bezogen auf Cylindercoordinaten.

Zu jedem dieser Fälle werden spezielle Beispiele behandelt, bezüglich deren wir auf das Original und die Berichte in den Beibl. und Fortschr. d. Math. verweisen. *F. K.*

O. REYNOLDS. An Experimental Investigation of the Circumstances which determine whether the Motion of Water shall be Direct or Sinuous and of the Law of Resistance in Parallel Channels. Transact. of the Lond. Roy. Soc. CLXXIV, 935-983; Proc. Roy. Soc. XXXV, 84-89 (1883); [Beibl. VII, 806-808, 1883; [Naturf. VII, 139.

Der Verfasser verfolgt mit der vorliegenden Untersuchung wesentlich den Zweck, die eigenthümliche Thatsache zu erklären, dass beim Durchfluss des Wassers durch Röhren der Widerstand proportional der ersten Potenz der Geschwindigkeit ist, so lange es sich um enge Röhren und geringe Geschwindigkeiten handelt, dass aber bei hohen Geschwindigkeiten und weiteren Röhren der Widerstand ungefähr dem Quadrat der Geschwindigkeit proportional ist. Der Verfasser erblickt den Grund dieses Unterschiedes darin, dass bei grösseren Geschwindigkeiten leichter die ursprünglich wirbellose Flüssigkeit in wirbelnde Bewegung gerathen kann, und untersucht daher die Umstände, welche die Entstehung der Wirbel bewirken.

Der Verfasser geht in dem einleitenden, mehr theoretischen Theil seiner Abhandlung davon aus, dass absolute Länge und absolute Zeit in der Mechanik nicht auftreten, und dass daher die Möglichkeit des Auftretens von Wirbeln nicht von dem Werthe einer Geschwindigkeit oder einer Länge abhängt, sondern von dem Betrage einer Grösse, welche die Dimension einer absoluten Zahl hat. Bekanntlich wird in der Hydrodynamik die Ableitung einer Geschwindigkeit nach der Zeit dargestellt durch ein Aggregat von Gliedern dreier verschiedener Arten. Ausser einem vom Drucke abhängenden Gliede kommen zunächst Glieder vor, welche die Dimension eines Geschwindigkeitsquadrates dividirt durch eine Länge haben; ferner treten Glieder von der Dimension einer Geschwindigkeit dividirt durch das Quadrat einer Länge auf, welch letztere aber noch mit dem Coefficienten μ der Viscosität multiplicirt und durch die Dichtigkeit ϱ dividirt sind. Hängt nun der Charakter einer Flüssigkeitsbewegung, z. B. der Durchfluss durch eine Röhre, ab von einem Geschwindigkeitsparameter U, hier z. B. die mittlere Geschwindigkeit, und einem Längenparameter c, hier der Radius der Röhre, so wird

$$\frac{c \varrho U}{\mu}$$

eine für die Bewegung charakteristische Zahl sein, von deren Werth es abhängt, ob die wirbellose Bewegung sich in eine wirbelnde (eddying or sinuous motion) verwandeln kann oder nicht. Ist der Grenzwerth bekannt, welcher die beiden Gebiete von einander scheidet, so wird man weiter die kritische Geschwindigkeit berechnen können, oberhalb deren sich die besagte Umwandlung vollziehen kann, unterhalb deren sie nicht zu Stande kommt.

Am Schlusse dieses einleitenden Theiles formulirt der Verfasser verschiedene Fragen, auf welche er durch seine Versuche die Antwort sucht und — wie gleich vorweg bemerkt werden mag — im bejahenden Sinne erhält.

1) Welches ist der wahre Zusammenhang zwischen dem Radius der Röhre c und der kritischen Geschwindigkeit, bei welcher das Gesetz des Widerstandes sich ändert? Hat an der Aenderungstelle, wie es nach den obigen Ausführungen sein müsste, cU einen bestimmten Werth?

2) Hängt der Wechsel von der Temperatur d. h. von der Viscosität des Wassers ab? Hat bei dem Eintritt des Wechsels

$$\frac{\varrho U}{\mu}$$

stets denselben Werth?

3) Entstanden Wirbel in geraden Röhren?

4) Kommen Wirbel bei einem bestimmten Werth von

$$\frac{\varrho c U}{\mu}$$

zu Stande?

5) Wächst die Intensität der Wirbelerscheinung mit der Geschwindigkeit allmählich oder tritt dieselbe beim Ueberschreiten der Geschwindigkeit plötzlich auf?

Ueber die Beobachtungen und Versuche findet man ein ausführliches Referat in Beibl. VII, 806; hier mag folgendes bemerkt werden.

Durch eine mit reinem Wasser gefüllte Röhre wurde ein gefärbter Flüssigkeitsstrahl getrieben. Bei hinreichender Kleinheit der Geschwindigkeit entstand ein richtiger Strahl, bei grösserer Geschwindigkeit schien die gefärbte Flüssigkeit sich mit der farblosen zu mischen. Die Betrachtung im Lichte des elektrischen Funkens zeigte die farbige Flüssigkeit aufgelöst in eine Reihe einzelner Wirbel. Sorgfältige Beobachtung ergab, dass die kritische Geschwindigkeit umgekehrt proportional dem Radius der Röhre war. Nach POISEUILLE's Gesetz stehen die Werthe von $\mu : \varrho$ für verschiedene Werthe der Temperatur T in demselben Verhältniss wie die Werthe der Function

$$P = \{1 + 0{,}0336\,T + 0{,}00221\,T^2\}^{-1}.$$

In Uebereinstimmung hiermit erhielt der Verfasser aus seinen Versuchen, welche sich auf Temperaturen von 5° C. bis 22° C. bezogen, für die kritische Geschwindigkeit U_s den Ausdruck

$$U_s = \frac{1}{B_s}\frac{P}{D}$$

(D Durchmesser der Röhre in Metern, $B_s = 43{,}70$).

Um zwei entgegengesetzte Ströme zu untersuchen, füllte der Verfasser in eine horizontale Glasröhre mit emporgebogenen Enden zunächst Schwefelkohlenstoff und dann Wasser; die Trennungsfläche beider war dabei eine deutlich erkennbare Ebene.

Wurde nun, nachdem die beiden Enden verkorkt waren, das eine Ende in die Höhe gehoben, so stieg das leichtere Wasser aufwärts, der schwerere Schwefelkohlenstoff abwärts. War die Neigung gering, so zeigten sich zunächst in der Mitte Wellen, deren Länge der Weite der Röhre vergleichbar war, deren Höhe mit wachsender Neigung zunahm. Bei weiterer Zunahme der Neigung lösten sich die Wellen auf, und eine Flüssigkeit bohrte sich in regelmässigen Wirbeln in die andere Flüssigkeit hinein (the one fluid winding itself into the other in regular eddies).

Um das Widerstandsgesetz zu formuliren, untersuchte der Verfasser den Durchfluss von Wasser durch Bleiröhren; indem er in einer hier nicht näher zu beschreibenden Weise den Druck an verschiedenen Stellen der Röhre maass und daraus die Abnahme i des Druckes pro Längeneinheit, im vorliegenden Falle pro Meter, bestimmte. Wurde nun unter sonst gleichen Umständen das zu verschiedenen Werthen v (Geschwindigkeiten) gehörige i bestimmt, und dann die lg. dieser Grössen als Abscissen und Ordinaten bestimmt, so erhielt man eine graphische Darstellung, welche folgendes lehrt. Blieb v unterhalb einer gewissen Grösse v_c, so lagen die Punkte auf einer Geraden mit dem Richtungscoefficienten 1. Für die Geschwindigkeiten, welche unmittelbar oberhalb v_c lagen, liess sich kein einfaches Gesetz erkennen, während von $v = v_c . 1{,}325$ ab wieder ein geradliniger Anstieg eintrat, und zwar mit dem Richtungscoefficienten 1,723. Es waren also ganz in Uebereinstimmung mit Poiseuille für kleine Geschwindigkeit v und i proportional, während für grössere Geschwindigkeiten i und $v^{1,723}$ einander proportional waren. Es hatte sich ferner ergeben, dass wenn $\frac{Dv}{P}$ einen bestimmten Werth hatte, auch $\frac{D^3 i}{P^2}$ einen solchen annahm, so dass

$$\frac{D^3 i}{P^2} = F\left(\frac{Dv}{P}\right)$$

sein muss, wenn $i = F(v)$ für $D = 1$ und $P = 1$ war.

Für die kritische Geschwindigkeit erhielt der Verfasser entsprechend seinen oben angegebenen Ausführungen

$$v_c = \frac{P}{B_c D},$$

wo B_c den Werth 278 hat. Daher lässt sich das Widerstandsgesetz für geringe Geschwindigkeiten formuliren

$$A_c \frac{D^3 i}{P^2} = B_c \frac{vD}{P},$$

wo $A_c = 47\,700\,000$. Diese Formel gilt dann nur solange als die rechte Seite unterhalb 1 bleibt. Für $v > v_c 1{,}325$ gilt dann weiter das Gesetz

$$A \frac{D^3 i}{P^2} = \left\{B \frac{Dv}{P}\right\}^{1{,}723},$$

wo, wenn $B = 396{,}3$ gesetzt wird, $A = 67\,700\,000$ wird.

F. K.

O. Reynolds. The two manners of motion of water. Nature XXX, 88-90; (Lect. at the Royal Institution on Friday, March 28); [Beibl. X, 219, 1886.

Die vorliegende Abhandlung ist im Wesentlichen eine allgemein verständliche Darlegung des Unterschiedes wirbelnder und wirbelfreier Flüssigkeitsbewegung. Es werden die Umstände, welche den Uebergang von wirbelfreier zu wirbelnder Bewegung bei einer reibenden Flüssigkeit begünstigen oder erschweren, in leicht fasslicher Form dargelegt, die vom Verfasser angewendeten Methoden zur Untersuchung der Flüssigkeitsbewegung (cf. vorhergeh. Ref.) beschrieben, und die Erklärung einzelner Erscheinungen z. B. der beruhigende Einfluss des Oels auf die Wellen der See angedeutet. *F. K.*

C. A. Bjerknes. Recherches hydrodynamiques. Premier mémoire. Les équations hydrodynamiques et les relations supplémentaires. Acta Math. IV, 121-170.

Durch Vibrationen von Körpern in einer Flüssigkeit kann man, wie der Verfasser früher gezeigt hat, Erscheinungen hervorbringen, die eine grosse Analogie mit den magnetischen und elektrischen Phänomenen zeigen. Die Theorie dieser Erscheinungen soll in einer Reihe von Artikeln entwickelt werden, von denen der einleitende hier vorliegt. In demselben wird die Gleichung eingehend discutirt, die zu den drei hydrodynamischen Gleichungen und der Continuitätsgleichung hinzukommt, wenn man es mit einer elastischen Flüssigkeit zu thun hat, nämlich die Beziehung zwischen Druck und Dichtigkeit; diese Gleichung wird als empirische oder supplementäre Relation bezeichnet. Die Untersuchung richtet sich vor allem darauf, welcher Art die Aenderungen sind, die in irgend welchen für incompressible Flüssigkeiten abgeleiteten Resultaten eintreten, wenn eine elastische Flüssigkeit an Stelle der incompressiblen tritt.

Die gewöhnliche Annahme für die in Rede stehende Gleichung ist bekanntlich

$$p = kq = kq_1(1+\sigma),$$

wenn p den Druck, q die Dichtigkeit, σ die Verdichtung bezeichnet. Statt der eben genannten nimmt Hr. Bjerknes von vorne herein die allgemeinere Form an

$$(1.)\qquad p = p_0(1+\lambda\sigma).$$

Durch einfache Ueberlegungen ergiebt sich dann, dass, wenn ein Geschwindigkeitspotential existirt, und wenn die zweite Potenz der Verdichtung vernachlässigt wird, p_0 und λ von der Geschwindigkeit unabhängig sein müssen; dagegen sind diese Grössen nicht allein von der Natur der betrachteten Flüssigkeit, sondern im allgemeinen auch von den Constanten des speziellen Problems abhängig.

Die Gleichung (1.) ist nicht in allen Fällen hinreichend, wie an dem Beispiel einer in einer Flüssigkeit pulsirenden (d. h. radiale Contractions- une Dilatationsschwingungen ausführenden) Kugel gezeigt wird. Sind die Intensitäten und die Dauer der Periode dieser Schwingungen veränderlich, so sind λ und p_0 nicht mehr constant. Für derartige Bewegungen wird nun angenommen, dass p zwar von der Grösse, aber nicht von der Richtung der Geschwindigkeit abhängt, dass ferner p nach steigenden Potenzen der Geschwindigkeit entwickelt werden kann, dass endlich die dritten Potenzen der Geschwindigkeit wie der Verdichtung nicht mehr in Betracht kommen. Unter diesen Annahmen tritt an Stelle der Gleichung (1.) die folgende:

$$(2.)\qquad p = p_0[1+\tfrac{1}{2}\nu V+\lambda\sigma+\tfrac{1}{2}\mu\sigma^2],$$

wo V das Quadrat der Geschwindigkeit bezeichnet, p_0, ν, λ, μ Constante sind. Bei Bewegungen, für welche die Relation (2.) gilt, existirt ein Geschwindigkeitspotential, streng genommen, nicht mehr; doch ist die Annahme eines solchen näherungsweise zulässig. In der That wird, wenn man

$$p_0 = kq_0,\quad q = q_0(1+\sigma)$$

setzt,

$$(3.)\qquad \frac{1}{q}\frac{\partial p}{\partial x} = \frac{\partial k[\frac{1}{2}\nu V+\lambda(\sigma-\frac{1}{2}\sigma^2)+\frac{1}{2}\mu\sigma^2]}{\partial x} = \frac{\partial P}{\partial x},$$

falls man $\sigma.V$ und σ^3 vernachlässigt. Für Schwingungen der Kugeln von hinreichend kleiner Intensität kann man daher auch jetzt noch ein Geschwindigkeitspotential annehmen.

Nach Einführung der durch (3.) definirten Grösse P lässt sich der Ausdruck (2.) für p auch so schreiben:

$$(2a.)\qquad p = p_0+Pq_0+\tfrac{1}{2}q_0a^2\sigma^2,$$

wobei

$$k\lambda = a^2$$

gesetzt ist. Die Summanden in dem Ausdruck (2a.), die der Reihe nach als Transmissionsdruck, Trägheitsdruck und Fortpflanzungsdruck bezeichnet werden, werden einzeln discutirt. Der zweite Summand lässt sich nochmals in zwei Summanden zerlegen, da aus den drei hydrodynamischen Gleichungen folgt:

$$(4.)\qquad q_0P = -q_0\left(\frac{\partial\varphi}{\partial t}+\tfrac{1}{2}V\right),$$

wo φ das Geschwindigkeitspotential ist. Die durch diese Zerlegung entstehenden Theile des Trägheitsdruckes werden als Fluxionsdruck (pression de fluxion), resp. als Energiedruck bezeichnet; der letztere Theil ist stets negativ. Der Fortpflanzungsdruck ($\frac{1}{2}q_0a^2\sigma^2$) lässt sich folgendermaassen durch φ ausdrücken. Vernachlässigt man in (4.) schon σ^2 und V, so geht (4.) in die bekannte Relation

$$(4a.)\qquad a^2\sigma = -\frac{\partial\varphi}{\partial t}$$

über; und zur Berechnung von σ^2 genügt diese erste Näherung $\frac{\partial\varphi}{\partial t}$ besteht nun bei den vom Verfasser behandelten Problemen aus zwei Theilen: die Oberflächen der in der Flüssigkeit befindlichen Körper enthalten gewisse Parameter a_g, b_g, ..., die ihrerseits wieder von der Zeit abhängen, während φ ausserdem noch t explicite enthält. Bezeichnet man die Differentiation von φ nach dem expliciten t mit δ, so ist

$$(5.)\qquad \frac{\partial \varphi}{\partial t} = \frac{\delta \varphi}{\delta t} + \frac{\partial \varphi}{\partial a_g}\frac{da_g}{dt} + \frac{\partial \varphi}{\partial b_g}\frac{db_g}{dt} + \cdots$$

Werden $\frac{da_g}{dt}$ etc. als sehr klein angenommen, so kann man $\frac{\partial \varphi}{\partial t}$ durch $\frac{\delta \varphi}{\delta t}$ ersetzen; und so erhält man mit hinreichender Genauigkeit

$$(6.)\qquad \tfrac{1}{2} q_0 a^2 \sigma^2 = \frac{1}{2a^2} q_0 \left(\frac{\delta \varphi}{\delta t}\right)^2.$$

Zur vollständigen Bestimmung der Partialdrucke erübrigt noch die Bestimmung von φ. Es sei in erster Näherung $\varphi = \varphi_1$, $\sigma = \sigma_1$, so findet man σ_1 und φ_1 aus der Gleichung (4a.) und der Continuitätsgleichung, die in erster Näherung lautet:

$$(7.)\qquad \Delta \varphi_1 + \frac{\delta \sigma_1}{\delta t} = 0.$$

Natürlich sind mit (4a.) und (7.) noch die Bedingungen an den Oberflächen der eingetauchten Körper und die Anfangsbedingungen zu verbinden. In weiterer Näherung sei

$$\varphi = \varphi_1 + \varphi_2, \quad \sigma = \sigma_1 + \sigma_2,$$

so folgt aus (4)

$$(8.)\qquad a^2 \sigma_2 = -\frac{\delta \varphi_2}{\delta t} - \left(\frac{\partial \varphi_1}{\partial a_g}\frac{da_g}{dt} + \frac{\partial \varphi_1}{\partial b_g}\frac{db_g}{dt} + \cdots\right)$$
$$-\tfrac{1}{2}\left(1 + a^2 \frac{\nu}{\lambda}\right) V + \tfrac{1}{2}\left(1 - \frac{\mu}{\lambda}\right)\frac{1}{a^2}\left(\frac{\delta \varphi_1}{dt}\right)^2,$$

während die Continuitätsgleichung ergiebt:

$$(9.)\qquad \Delta \varphi_2 + \frac{\delta \sigma_2}{\delta t} = -\frac{\partial \varphi_1}{\partial x}\frac{\partial \sigma_1}{\partial x} - \frac{\partial \varphi_1}{\partial y}\frac{\partial \sigma_1}{\partial y} - \frac{\partial \varphi_1}{\partial z}\frac{\partial \sigma_1}{\partial z}$$
$$-\frac{\partial \sigma_1}{\partial a_g}\frac{da_g}{dt} - \frac{\partial \sigma_1}{\partial b_g}\frac{db_g}{dt} - \cdots + \sigma_1 \frac{\delta \sigma_1}{\delta t}.$$

Da die Berechnung der Grössen σ_2 und φ_2 sich meist sehr schwierig gestalten wird, so sucht der Verfasser durch Discussion der Ausdrücke für die einzelnen Partialdrucke zu ermitteln, unter welchen Umständen die erste Näherung für φ, σ schon genügt. Es ergiebt sich dabei, dass, wenn die Schwingungen der in die Flüssigkeit eingetauchten Körper nicht sehr schnell vor sich gehen, wenn man ferner Punkte der Flüssigkeit betrachtet, die von jenen Körpern nicht zu weit abstehen, die elastische Flüssigkeit sich ebenso verhält, wie eine incompressible. Der Trägheitsdruck hat dann für beide Arten von Flüssigkeiten nahezu denselben Werth, und der Fortpflanzungsdruck wird sehr klein. *Wn.*

R. TOWNSEND. Solution of question 6737. Ed. Times XL, 107-108.

Sind bei einer rotationslosen Bewegung einer incompressiblen Flüssigkeit die Flächen gleichen Geschwindigkeitspotentials confocale Ellipsoide, so ist der Ausdruck für das Geschwindigkeitspotential derselbe, wie der für das Potential einer unendlich dünnen, von ähnlichen Ellipsoiden begrenzten Schicht.

Wn.

R. TOWNSEND, C. GRAHAM. Solution of question 7537. Ed. Times XLI, 37-38.

Eine mit Flüssigkeit gefüllte ellipsoidische Schale wird um eine beliebige durch den Mittelpunkt gehende Axe in Rotation versetzt. Es sollen für den Anfang der Bewegung die Strömungslinien der Flüssigkeit bestimmt werden.

Dieselben ergeben sich leicht in endlicher Form, da, wie bekannt, der Ausdruck des Geschwindigkeitspotentials in diesem Falle von der Form ist

$$C = fyz+gzx+hxy.$$

Wn.

SC. CAPPA. Sul movimento di rotazione di una massa liquida intorno ad un asse. Torino Atti XIX, 631-639, 817 bis 825; [Beibl. IX, 6.

Der Verfasser betrachtet eine schwere, reibungslose Flüssigkeit, deren Theilchen um eine feste, gegen die Verticale geneigte

Axe rotiren; und zwar soll sich die Rotationsgeschwindigkeit sowol mit der Zeit, als mit dem Abstande von der Axe ändern. Um zu ermitteln, unter welchen Umständen eine solche Bewegung möglich ist, geht er von den Euler'schen hydrodynamischen Gleichungen aus und setzt darin die Ausdrücke für die Beschleunigungen, die der angenommenen Bewegung entsprechen, sowie für die Kraft ein. Dadurch erhält er drei Gleichungen für $\frac{\partial p}{\partial x}$, $\frac{\partial p}{\partial y}$, $\frac{\partial p}{\partial z}$, die mit einander vereinbar sein müssen. Das ergiebt die gesuchten Bedingungen, die wir als wenig bemerkenswerth übergehen. Von der Continuitätsgleichung ist bei der Ableitung nirgends die Rede.

Wn.

A. Basset. On the motion of a liquid in and about certain quartic and other cylinders. Quart. J. XX, 234-250.

In einer früheren Arbeit (cf. Fortschr. d. Math. XV, 1883, 843) hatte der Verfasser gewisse, nur von zwei Dimensionen abhängige hydrodynamische Probleme behandelt, bei denen die Begrenzungen von den inversen Curven zweier confocalen Ellipsen gebildet waren, falls die Inversion vom Mittelpunkte aus geschah. In der vorliegenden Arbeit werden nun dieselben Aufgaben für solche Curven behandelt, die aus confocalen Ellipsen durch Inversion von einem Brennpunkte aus hervorgehen, ferner für confocale Lemniscaten, endlich für die Curven, deren Gleichung in Polarcoordinaten lautet:

$$r^m = 2c^n \cos(n\vartheta).$$

Bemerkenswerth sind namentlich die Resultate, die sich auf die erstgenannten Curven beziehen, insofern die zunächst in Form einer unendlichen Reihe auftretenden Resultate sich mittels der elliptischen Functionen in endlicher Form darstellen lassen.

Wn.

R. Townsend. Solution of question 6699. Ed. Times XL, 82-84.

Einer festen Kreisplatte wird eine kleine Translationsbewegung in der Richtung eines Durchmessers ertheilt. In einer die

Platte in ihrer Ebene rings umgebenden incompressiblen Flüssigkeit, die im Unendlichen durch eine feste Wand begrenzt ist, wird dadurch eine Bewegung hervorgebracht, deren Strömungs- und Potentialcurven zwei Kreissysteme sind, deren sämmtliche Kreise durch den Mittelpunkt der Platte gehen. Einige weitere Eigenschaften dieser Flüssigkeitsbewegung ergeben sich leicht aus obigem Resultat. *Wn.*

R. REIFF. Ueber stationäre Strömung auf krummen Flächen.

BÖKLEN Mitth. I, 17-24.

Die Arbeit schliesst sich eng an eine Arbeit von KIRCHHOFF („Ueber die stationäre elektrische Strömung in einer gekrümmten leitenden Fläche" Berl. Monatsber. 1875, cf. Fortschr. d. Math. VIII, 665. 1875) an und reproducirt zunächst einige der KIRCHHOFF'schen Resultate in etwas modificirter Form. Weiter werden die Coordinaten p, q auf der Fläche so gewählt, dass sie orthogonal und dass $q = \text{Const.}$ die Stromlinien sind. In diesen Coordinaten kann das Bogenelement dn nur die Form haben

$$dn^2 = \lambda\left(\frac{dp^2}{\nu^2} + \mu^2 dq^2\right),$$

wo ν eine Function von p allein, μ eine solche von q allein ist, während λ von dem Krümmungsmaass der Fläche abhängt. Die Geschwindigkeit in der Richtung einer Stromlinie ist ferner

$$\frac{\partial\varphi}{\partial m} = \frac{1}{\sqrt{\lambda}}.$$

Aus dieser Gleichung zwischen Geschwindigkeit der Strömung und dem Krümmungsmaass der Fläche werden nun einige Schlüsse gezogen, wie z. B. dass Strömungen mit constanter Geschwindigkeit nur auf abwickelbaren Flächen vorkommen können, wobei dann die Stromlinien geodätische Linien sind, etc. *Wn.*

M. PLANCK. Zur Theorie der Flüssigkeitsstrahlen.

WIED. Ann. (2) XXI, 499-509; [Cim. (3) XI, 174.

Die Bedingungen zur Auffindung möglicher freier Flüssigkeitsstrahlen werden hier folgendermaassen umgeformt: Sind φ

das Geschwindigkeitspotential, ψ die Strömungsfunction, x, y die rechtwinkligen Coordinaten, so setze man

$$\frac{\partial x}{\partial \varphi} = -\frac{\partial y}{\partial \psi} = e^{\lambda}\cos\mu, \quad \frac{\partial y}{\partial \varphi} = \frac{\partial x}{\partial \psi} = e^{\lambda}\sin\mu.$$

Daraus folgt

$$\frac{\partial^2\psi}{\partial\lambda^2} + \frac{\partial^2\psi}{\partial\mu^2} = 0.$$

Bestimmt man nun eine Function ψ von λ und μ, die der letzten Gleichung genügt und für $\lambda = 0$ einen constanten Werth ψ_0 annimmt, dann stellt die Gleichung $\psi = \psi_0$ eine Grenzfläche der Flüssigkeit dar, welche überall da, wo sie zugleich der Bedingung $\lambda = 0$ genügt, die freie Oberfläche des Strahls bildet, während sie im Uebrigen als feste Wand auftritt. Aus ψ ergiebt sich leicht φ, weiter auch x und y als Functionen von λ und μ.

Um diese Bestimmung von ψ auszuführen, nimmt der Verfasser an, dass ψ eine Function von $l.m$ sei, wo l nur von λ, m nur von μ abhängt. Ist dann

$$\frac{dl}{d\lambda} = L, \quad \frac{dm}{d\mu} = M,$$

so geht die Gleichung für ψ in folgende über:

$$\frac{mL\dfrac{dL}{dl} + lM\dfrac{dM}{dm}}{m^2L^2 + l^2M^2} = -\frac{\psi''(l.m)}{\psi'(l.m)}.$$

Kann man zwei Functionen L, M von l und m derart finden, dass der Ausdruck auf der linken Seite der letzten Gleichung die Form $f(l.m)$ hat, so folgt der Werth von ψ leicht. Ist insbesondere die linke Seite der letzten Gleichung $= 0$, so wird man auf einige schon von den HHrn. v. Helmholtz und Kirchhoff behandelte Fälle geführt. Eine Bestimmung von ψ für andere Fälle ist dem Verfasser noch nicht gelungen.

Wn.

E. Gerlach. Einige Bemerkungen über den Widerstand, den eine ebene Platte und ein Keil von einer gleichförmig strömenden Flüssigkeit erfährt. Civiling XXXI.

Der grösste Theil der vorliegenden Arbeit ist mehr von technischem, als von mathematischem Interesse. Es handelt sich nämlich darum, die verschiedenen Formeln für den Druck, den eine in einen Flüssigkeitsstrom getauchte Wand erfährt, mit der Erfahrung zu vergleichen. Was die Abhängigkeit jenes Drucks von dem Winkel betrifft, unter dem die Wand vom Strome getroffen wird, so stimmt am genausten mit der Erfahrung überein die von Lord RAYLEIGH aus KIRCHHOFF's Theorie freier Flüssigkeitsstrahlen abgeleitete Formel

$$P = P_0 \frac{(4+\pi)\sin\gamma}{4+\pi\sin\gamma},$$

worin P_0 der Druck für $\gamma = \frac{\pi}{2}$ ist. Die KIRCHHOFF'sche Formel für die absolute Grösse von P_0 bleibt allerdings merklich hinter der Erfahrung zurück.

Neue mathematische Entwickelungen finden sich im letzten Theile der Arbeit. Es wird hier die Theorie freier Flüssigkeitsstrahlen auf ein neues Beispiel angewandt, nämlich auf die schiefe Strömung gegen eine keilförmige Wand. Den Ausgangspunkt bildet die Gleichung

$$\frac{dz}{dw} = \left[k + \frac{1}{\sqrt{w}} + e^{-\frac{i\pi}{2}} \sqrt{1-\left(k+\frac{1}{\sqrt{w}}\right)^2}\,\right]^n$$

in der k eine zwischen -1 und $+1$ liegende Constante, n eine solche zwischen 0 und 2π bedeutet, während z und w dieselbe Bedeutung haben wie bei KIRCHHOFF [cf. KIRCHHOFF's Mechanik, Vorl. 22]. *Wn.*

F. SIACCI. Alcuni teoremi sulla resistenza incontrata da una superficie in moto dentro un fluido. Torino Atti XIX, 541-543.

Ueber den Widerstand, den eine beliebige Fläche bei der Bewegung in einer Flüssigkeit erfährt, werden einige Sätze ohne Beweis mitgetheilt und auf den Fall einer Halbkugel, die sich schief zu ihrer Axe bewegt, angewandt. *Wn.*

J. Larmor. On hydro-kinetic symmetry. Quart. J. XX, 261-365.

Zur Bildung der Differentialgleichungen für die Bewegung eines festen Körpers in einer Flüssigkeit gebraucht man bekanntlich den Ausdruck für die lebendige Kraft des ganzen, aus der Flüssigkeit und dem festen Körper bestehenden Systems; und dieser Ausdruck enthält im allgemeinen 21 Constanten, die sich aber, wenn der Körper gewisse Symmetrieaxen oder Symmetrieebenen besitzt, auf eine geringere Zahl reduciren. In der vorliegenden Arbeit wird nun diese Reduction für die folgenden zwei Fälle ausgefürt: 1) Dreht man den Körper um die Axe z um den Winkel α, so soll derselbe zu den (im Raume festen) Axen x, y dieselbe Lage haben, wie vor der Drehung. 2) Der Körper besitzt zwei Axen von der Beschaffenheit, die in 1) die z-Axe hatte, und zwar sollen beide Axen sich schneiden.

Am Schlusse der Arbeit sind einige kurze Notizen hinzugefügt über die Ersetzung eines mit Flüssigkeit gefüllten und sich bewegenden Hohlraums durch die Bewegung eines starren Körpers. *Wn.*

K. Pearson. On the motion of spherical and ellipsoidal bodies in fluid media. Quart. J. XX, 60-80, 184-211.

Die Resultate des ersten Theils der vorliegenden Arbeit, welche sich auf die Bewegung einer Anzahl von Kugeln in einer incompressiblen Flüssigkeit beziehen, machen auf Neuheit keinen Anspruch, da dieselben bereits sämmtlich von Bjerknes (in mehreren bis 1871 zurückgehenden Arbeiten) sowie, insoweit sie sich auf zwei Kugeln beziehen von Kirchhoff (Mechanik, Vorl. 18 u. 19) abgeleitet sind. Die Ableitung gestaltet sich hier allerdings in Folge der eingeführten Bezeichnungen und Abkürzungen kürzer und übersichtlicher, ohne dass neue Gesichtspunkte dabei in Frage kämen. Sind $a_1, a_2, \ldots$ die Radien der Kugeln, $q_1, q_2, \ldots$ ihre Geschwindigkeiten, $h_1, h_2, \ldots$ die Richtungen der Geschwindigkeiten, $r_1, r_2, \ldots$ die Entfernungen eines beliebigen Punktes von den Mittelpunkten der Kugeln, $\gamma_{12}, \gamma_{13}, \ldots$ endlich die gegenseitigen Abstände der Kugelmittelpunkte, so lässt sich das Geschwindigkeitspotential der Flüssigkeit, dessen Existenz vorausgesetzt wird, auf die Form bringen:

$$\varphi = A_{11}\frac{\partial\frac{1}{r_1}}{\partial h_1} + A_{12}\frac{\partial\frac{1}{r_2}}{\partial h_1} + A_{21}\frac{\partial\frac{1}{r_1}}{\partial h_2} + A_{22}\frac{\partial\frac{1}{r_2}}{\partial h_2} + \cdots$$

$$+ B'_{12}\frac{\partial\frac{1}{r_1}}{\partial\gamma_{12}} + B''_{21}\frac{\partial\frac{1}{r_2}}{\partial\gamma_{21}} + \cdots$$

$$+ B''_{23}\frac{\partial\frac{1}{r_2}}{\partial\gamma_{23}} + B'''_{32}\frac{\partial\frac{1}{r_3}}{\partial\gamma_{32}} + \cdots$$

Darin ist

$$\frac{\partial\frac{1}{r_1}}{\partial h_1} = l_1\frac{\partial\frac{1}{r_1}}{\partial x} + m_1\frac{\partial\frac{1}{r_1}}{\partial y} + n_1\frac{\partial\frac{1}{r_1}}{\partial z}.$$

wenn l_1, m_1, n_1 die Richtungscosinus der Richtung h_1 bedeuten; die Richtungen γ_{12} und γ_{21} sind als entgegegengesetzt anzusehen. Der vorstehende Ausdruck für φ genügt der LAPLACE'schen Differentialgleichung und verschwindet im Unendlichen. Aus der Bedingung, dass an der Oberfläche einer jeden Kugel die Geschwindigkeit der Flüssigkeit der Kugelfläche parallel ist, ergeben sich die Werthe der Coefficienten A_{11}, A_{12}, ..., B'_{12}, ... Bei ihrer Ermittelung ist zu beachten, dass für einen Punkt der ersten Kugelfläche

$$r_p^2 = \gamma_{1p}^2 + a_1^2 - 2a_1\gamma_{1p}\cos(n_1\gamma_{1p})$$

ist, unter n_1 die Richtung des Kugelradius nach dem betrachteten Punkte verstanden. Der Ausdruck $\frac{1}{r_p}$ wird nun nach Kugelfunctionen entwickelt und unter der Annahme, dass die gegenseitigen Abstände der Kugelmittelpunkte sehr gross gegen ihre Radien sind, $\frac{a_1^2}{\gamma_{1p}^2}$ gegen 1 vernachlässigt. Im schliesslichen Resultat werden damit Glieder von der Ordnung $\left(\frac{a_1}{\gamma_{1p}}\right)^4$ vernachlässigt. Die Bedeutung der so erreichten Näherung ist folgende. Es seien drei Kugeln vorhanden. Dann wird die Bewegung der Flüssigkeit an der Oberfläche der ersten Kugel zunächst bestimmt durch die gegebenen, von einander unabhängigen Bewegungen der drei Kugeln, sodann wird durch die gegebene Bewegung der zweiten und dritten Kugel die der der ersten und dadurch auch die Bewegung der Flüssigkeit geändert; eine weitere Aenderung tritt dadurch ein, dass die zweite und dritte Kugel gegenseitig ihre Bewegungen modificiren. Diese letzte, indirecte Aenderung der Bewegung einer Flüssigkeit an der Oberfläche der ersten Kugel wird vernachlässigt, während die beiden ersten vollständig in Rechnung gestellt werden.

Für die Coefficienten von φ ergeben sich schliesslich folgende Werthe:

$$A_{pp} = \tfrac{1}{2} q_p a_p^3, \quad A_{pm} = \frac{q_p a_p^3 a_m^3}{4\gamma_{qm}^3},$$

$$B_{pm}^{(p)} = -\tfrac{3}{4} q_m \frac{a_p^3 a_m^3}{\gamma_{pm}^3} \cos(h_m \gamma_{pm}),$$

während $B_{pm}^{(r)} = 0$ ist, wenn r von p verschieden ist. Nach bekannter Methode wird weiter die kinetische Energie der Flüssigkeit berechnet und daraus die scheinbare Kraft abgeleitet, welche zwei der Kugeln auf einander ausüben. Die Resultate übergehen wir hier, da dieselben, wie schon oben bemerkt, nicht neu sind.

Wenn die Kugeln, statt sich in der Flüssigkeit zu bewegen, unter Beibehaltung der Kugelgestalt sich ausdehnen und zusammenziehen (Bjerknes bezeichnet dies als Pulsiren der Kugeln), so treten zu dem obigen Ausdruck von φ noch Glieder von folgender Form hinzu:

$$\frac{\mu_1}{r_1} + \frac{\mu_2}{r_2} + \cdots + G \frac{\partial^2 \frac{1}{r_1}}{\partial \gamma_{12}^2} + H \frac{\partial^2 \frac{1}{r_2}}{\partial \gamma_{21}^2} + \cdots$$

Der Gang der Rechnung ist analog dem früheren.

Im zweiten Theile wird die Bewegung zweier Ellipsoide in einer Flüssigkeit betrachtet und die Ausdehnung der Resultate, die neu sind, auf beliebig viele Ellipsoide angedeutet. Voraussetzung ist, dass ein Geschwindigkeitspotential existirt, ferner dass auch hier, wie es oben beim Problem der Kugeln geschehen, Glieder von der Ordnung $\left(\frac{a}{\gamma}\right)^4$ vernachlässigt werden, falls a eine der Axen, γ die Centraldistanz der Ellipsoide bezeichnet; endlich wird noch angenommen, dass die Ellipsoide keine Rotationsbewegung haben, dass daher die Richtungen der Hauptaxen beider Ellipsoide durch die gegebenen Bewegungen derselben nicht geändert werden. Sind a_1, b_1, c_1 resp. a_2, b_2, c_2 die Axen der Ellipsoide, sind ferner Ω_1 und Ω_2 die Potentiale der (mit Masse von der Dichtigkeit 1 erfüllten) Ellipsoide in Bezug auf einen äusseren Punkt, so ergiebt sich für das Geschwindigkeitspotential der Flüssigkeit ein Ausdruck von folgender Form:

$$\begin{aligned}\varphi = {} & \alpha_1 \frac{\partial \Omega_1}{\partial a_1} + \beta_1 \frac{\partial \Omega_1}{\partial b_1} + \gamma_1 \frac{\partial \Omega_1}{\partial c_1} \\ & + \alpha_2 \frac{\partial \Omega_2}{\partial a_2} + \beta_2 \frac{\partial \Omega_2}{\partial b_2} + \gamma_2 \frac{\partial \Omega_2}{\partial c_2} \\ & + \alpha'_1 \frac{\partial \Omega_2}{\partial a_1} + \beta'_1 \frac{\partial \Omega_2}{\partial b_1} + \gamma'_1 \frac{\partial \Omega_2}{\partial c_1} \\ & + \alpha'_2 \frac{\partial \Omega_2}{\partial a_2} + \beta'_2 \frac{\partial \Omega_2}{\partial b_2} + \gamma'_2 \frac{\partial \Omega_2}{\partial c_2} \\ & + \delta_1 \frac{\partial \Omega_1}{\partial \nu'_{20}} + \delta_2 \frac{\partial \Omega_2}{\partial \nu'_{10}}.\end{aligned}$$

Hierin bedeutet $\frac{\partial \Omega_1}{\partial a_1}$ den Differentialquotenten von Ω_1 nach der Richtung a_1 etc. Die Richtung ν'_{20} ist folgendermaassen bestimmt: Ist ν_{20} die Normale eines zum zweiten Ellipsoid confocalen Ellipsoids, das durch den Mittelpunkt des ersten geht, in diesem Mittelpunkte, so ist

$$\begin{aligned}\frac{\partial f}{\partial \nu'_{20}} = {} & \frac{\cos(a_1 \nu_{20})}{2\pi(2-A_1)} \frac{\partial f}{\partial a_1} \\ & + \frac{\cos(b_1 \nu_{20})}{2\pi(2-B_1)} \frac{\partial f}{\partial b_1} + \frac{\cos(c_1 \nu_{20})}{2\pi(2-C_1)} \frac{\partial f}{\partial c_1};\end{aligned}$$

A_1 ist hierin das bekannte Integral

$$A_1 = a_1 b_1 c_1 \int_0^\infty \frac{d\lambda}{(a_1^2+\lambda)\sqrt{(a_1^2+\lambda)(b_1^2+\lambda)(c_1^2+\lambda)}},$$

B_1 und C_1 sind die analogen Integrale; ν'_{10} endlich wird aus ν'_{20} erhalten durch Vertauschung des ersten mit dem zweiten Ellipsoid. Die Herleitung der Coefficienten $\alpha_1, \beta_1, \ldots, \delta_1, \delta_2, \ldots$ aus der Bedingung, dass die Geschwindigkeit der Flüssigkeit an der

Oberfläche eines Ellipsoids dieser Oberfläche parallel ist, geschieht durch Berechnung von

$$\frac{\partial^2 \Omega_1}{\partial h \partial k}, \quad \frac{\partial^2 \Omega_2}{\partial h \partial k},$$

wo h, k beliebige Richtungen sind, und Anwendung der so erhaltenen Ausdrücke auf die Richtungen der Axen, Normalen etc. Die Anziehung, welche das eine Ellipsoid auf einen Punkt der Oberfläche des andern ausübt, wird dabei (in Uebereinstimmung mit der oben festgesetzten Näherung) ersetzt durch die im Mittelpunkt des zweiten stattfindende Anziehung. Die resultirenden Ausdrücke für die Coeffienten α_1, β_1, ... lassen sich nicht in Kürze wiedergeben.

Aus dem obigen Ausdruck für φ wird nun die lebendige Kraft des aus den Ellipsoiden und der Flüssigkeit bestehenden Systems berechnet; und daraus ergeben sich folgende Resultate:

1) Die Bewegung des ersten Ellipsoids parallel der Axe a_1 erfolgt so, als wäre die Flüssigkeit nicht vorhanden, die wirkliche Masse des Ellipsoids dagegen um den Theil $\frac{A_1}{2-A_1}$ der die Masse des mit Flüssigkeit gefüllten Ellipsoidvolumens vermehrt. Aehnliche Beziehungen gelten für die Bewegungen parallel den anderen Axen, wie auch für das zweite Ellipsoid. 2) Ausserdem üben beide Ellipsoide scheinbare Kräfte auf einander aus, deren Potential gleich dem Potential zweier, in den Mittelpunkten der Ellipsoide befindlichen magnetischen Molecüle ist. Die Grössen und Richtungen der magnetischen Momente dieser Molecüle werden aus den gegebenen Geschwindigkeiten der Ellipsoide bestimmt.

Zum Schluss wendet der Verfasser die für die Bewegung zweier Ellipsoide erhaltenen Resultate auf das Problem der Collision von Schiffen an. Referent hält diese Anwendung nicht für berechtigt, weil die oben über den Grad der Näherung gemachte Voraussetzung hier nicht zutrifft. *Wn.*

Lord RAYLEIGH. The form of standing waves on the surface of running water. Lond. M. S. Proc. XV, 69-78; [Beibl. X, 467, 1886.

Auf der Oberfläche einer mit constanter Geschwindigkeit fliessenden Flüssigkeit entstehen dadurch, dass dem Strome an einer bestimmten Stelle ein schmales Hinderniss entgegengesetzt wird, regelmässige Wellen, und zwar solche von kürzerer Wellenlänge oberhalb, solche von längerer Wellenlänge unterhalb des Hindernisses. Zur Erklärung dieser Erscheinung wird in der vorliegenden Arbeit eine stationäre Flüssigkeitsbewegung in einer verticalen Ebene betrachtet. Das ursprünglich vorhandene Geschwindigkeitspotential $\varphi = cx$ habe dadurch, dass auf die Oberfläche statt des ursprünglich constanten ein variabler Druck wirkt, die Form angenommen

$$(1.)\qquad \varphi = cx + \Sigma \alpha e^{-kz} \sin(kx+\varepsilon),$$

so dass die neue Oberfläche

$$(2.)\qquad cz = \Sigma \alpha \cos(kx+\varepsilon)$$

ist. Aus (1.) ergiebt sich unter der Annahme, dass von äusseren Kräften die Schwere, die Oberflächenspannung, sowie ein der Geschwindigkeit proportionaler Widerstand wirkt, für den veränderlichen Theil w des an der Oberfläche vorhandenen Druckes der Ausdruck

$$(3.)\qquad \frac{cw}{\varrho} = \Sigma \alpha (g + T.k^2 - kc^2)\cos(kx+\varepsilon) - hc\Sigma \alpha \sin(kx+\varepsilon),$$

wobei ϱ die Dichtigkeit, T die Constante der Oberflächenspannung, h den Widerstandscoefficienten bezeichnet. Die obigen Gleichungen werden nun benutzt, um, wenn $w = \varrho . \varphi(x)$ gegeben ist, die Gestalt der Oberfläche zu ermitteln. Ueber $\varphi(x)$ wird die Annahme gemacht, dass $\varphi(x)$ nur in unmittelbarer Nähe von $x=0$ einen von Null verschiedenen Werth hat. Um $\frac{w}{\varrho}$ in die Form (3.) zu bringen, wird $\varphi(x)$ durch das FOURIER'sche Doppelintegral dargestellt

$$\varphi(x) = \frac{1}{\pi}\int_0^{\infty} dk \int_{-\infty}^{+\infty} \varphi(v) \cos k(v-x)\, dv,$$

wofür wegen der obigen Annahme über φ gesetzt wird:

$$(4.)\qquad \varphi(x) = \frac{1}{\pi}\,\Phi\int_0^\infty dk\cos(kx);$$

hier ist

$$\Phi = \int\varphi(v)\,dv.$$

Da die rechten Seiten von (3.) und (4.) gleich sein sollen, so geht (2.) über in

$$(5.)\qquad z = \frac{1}{\pi}\,\Phi\int_0^\infty dk\,\frac{(g+Tk^2-kc^2)\cos(kx)+hc\sin(kx)}{(g+Tk^2-kc^2)^2+h^2c^2}.$$

Die in (5.) vorkommenden Integrale werden für den Fall, dass der Ausdruck $g+Tk^2-c^2k$ sich in reelle Factoren zerlegen lässt, auf die beiden Integrale

$$\int_{kx}^\infty \frac{\cos u\,du}{u} \quad\text{und}\quad \int_0^{kx}\frac{\sin u\,du}{u}$$

zurückgeführt; die weitere Discussion ergiebt das gewünschte Resultat. Der Fall, dass die oben erwähnte Function zweiten Grades von k keine reellen Factoren hat, führt auf complicirtere bestimmte Integrale, ist aber practisch von geringerem Interesse.

Wn.

J. H. Poynting. An experiment illustrating the refraction of water-waves. Chem. News. IL, 234; [Nature XXIX, 489; [Beibl. IX, 78-79.

In einen Glastrog von 1 qm Grösse und 1 dm Tiefe wurde Wasser gefüllt. Durch das Licht eines Kalklichtbrenners wurden die Wellenbewegungen in dem Troge auf einem gegen den letzteren unter einem Winkel von 30° geneigten Leinwandschirm abgezeichnet. So kann man z. B. den Einfluss zeigen, den eine etwas seichtere Stelle auf die Wellenbewegung hat; eine solche Stelle wird hervorgebracht, indem man eine passend geformte Platte auf den Boden des Gefässes legt.

F. K.

Arthur Sartori. Ueber das Strömen von Wasser durch beliebig gebogene Röhren. Diss. Breslau 1884, S. 1-29; [Beibl. IX, 75; [Naturf. XVIII, 267.

Ziel der Abhandlung ist die Bestimmung des Einflusses von Biegungen auf die Durchflussmenge von Flüssigkeiten durch Röhren. Zu dem Ende bestimmt der Verfasser zunächst die Durchflussmenge für eine Reihe von Röhren, im umgebogenen Zustande, von denen die dünnste 0,07235 cm, die stärkste 0,346789 cm Durchmesser hatten. Als Apparat diente eine sogenannte Woulf'sche Flasche, welche nahe dem Boden seitlich mit einem Tubulus versehen war; in diesen wurden die zu untersuchenden Röhren vermittels eines Korkes eingesetzt. In den einen Hals *H* war ein Thermometer eingekittet, während der andere zur Aufnahme verschieden langer, aber gleich weiter Röhren bestimmt war, welche nach oben hin durch einen Gummischlauch mit einer Vorrichtung zur Erhaltung einer constanten Druckhöhe verbunden waren. Dieses Aufsatzstück bestand aus einem ebenfalls vertical stehendem Rohre, mit welcher auf einer Seite ein etwas weiteres communicirte, während auf der anderen Seite ein wenig höher ein zweites horizontales, engeres und am freien Ende nach unten gebogenes Rohr angesetzt war. Indem nur durch diese seitliche Röhre der Ueberschuss des Wassers abfloss, zeigte das weitere communicirende die constant bleibende Druckhöhe.

Aus den Versuchsergebnissen berechnet Hr. Sartori zunächst nach Poiseuille's Formel den Reibungscoefficienten und vergleicht die Resultate mit den entsprechenden Werthen derjenigen Function der Temperatur, welche nach Hrn. O. E. Meyer den Reibungscoefficienten des Wassers darstellt. Für die beiden engsten Röhren ergiebt sich eine völlig befriedigende Uebereinstimmung, während die weiteren nicht so gute Resultate ergeben, was der Verfasser dadurch erklärt, dass der Radius der Röhren nicht, wie angenommen wurde, constant ist, und dass andererseits mit wachsendem Radius Poiseuille's Formel ihre Gültigkeit verliert.

Nach Beendigung dieser Versuche wurden die einzelnen Röhren zunächst an einzelnen Stellen gebogen, und dann die secundliche Durchflussmenge bestimmt, dann wurden noch mehr Biegungen angebracht, und die Untersuchung von neuem wiederholt. Als Resultat ergiebt sich, dass mit der Biegung der Röhre ein Druckhöhenverlust verbunden ist, welche der Verfasser durch folgende Formel glaubt darstellen zu können:

$$\chi = 0{,}6207 p'^2 r^4 \Sigma \frac{l_n}{\cdot \varrho_n^2},$$

in welcher p' die gegebene Druckhöhe, r den Radius der Röhre, l_n die Länge eines gebogenen Stückes der Röhre, ϱ_n den Krümmungsradius dieser Biegung bedeutet, und die Summe sich über alle Biegungen erstreckt. Bei geraden Röhren wird bekanntlich die Druckhöhe p der secundlichen Wassermenge m proportional; würde die Bezeichnung Druckhöhenverlust in dem üblichen Sinne genommen, so erhielte man für die Menge m' bei der gebogenen Röhre

$$m' = m\frac{p'-x}{p}.$$

Der Verfasser bezeichnet als Druckhöhenverlust aber diejenige Grösse x, welche sich aus der Gleichung

$$\frac{m'}{m} = \frac{p'}{p+x}$$

ergiebt, und die natürlich auch von p abhängen muss. Da aber in dem oben angegebenen Werth p nicht auftritt, so ist zu vermuthen, dass der Verfasser ohne ausdrückliche Erklärung, stets ein p benutzt, welches zu p' in Beziehung stand — vielleicht denselben Werth hatte — und dass die Formel

$$m' = \frac{mp'}{p + 0{,}6207 p'^2 r^4 \Sigma \frac{ln}{\varrho_n^2}}$$

durch Hinzufügen dieser Beziehung zu vervollständigen ist.

F. K.

WEHAGE. Ueber den Leitungswiderstand von Röhren. DINGL. J. CCLII, 89-96.

Im Engineering and Mining Journal XXXV, 66 beschreibt HAMILTON SMITH Versuche, welche er zur Bestimmung des Leitungswiderstandes von geraden cylindrischen Röhren angestellt hat, und zwar beziehen sich dieselben einerseits auf Röhren mit weiterem Durchmesser 277-656 mm und andererseits auf solche mit engerem Durchmesser 13-32 mm. Die ersteren waren genietete Eisenröhren, die letzteren zum grössten Theile gezogene schmiedeeiserne Röhren, ausserdem Glasröhren und eine Holzröhre.

Von wesentlicher Bedeutung für die Durchflusserscheinungen ist der mit dem Durchfluss des Wassers verbundene Druckhöhen-Verlust, d. h. diejenige Grösse h', um welche man die Druckhöhe vermindern muss, damit die Durchflussgeschwindigkeit durch die Formel:

$$u = c\sqrt{2g(h-h')}$$

dargestellt wird, wenn c die Contraction beim Eintritt in die Röhre bezeichnet. Dieser Druckhöhenverlust wird in Deutschland gewöhnlich durch die Formel

$$h' = \lambda \frac{l}{d} \frac{u^2}{2g}$$

dargestellt, in welcher l die Länge, d den Durchmesser der Röhre bezeichnet und λ ein sogenannter Widerstandscoefficient ist, welcher natürlich einerseits von der Beschaffenheit der Röhre, andererseits von der Geschwindigkeit des Wassers abhängt. Der Versuch, durch passende Wahl zweier nur von dem Grade der Rauheit der Röhrenwand abhängender Constanten α und β die aus den Experimenten von Hrn. SMITH hervorgehenden Werthe von λ in Uebereinstimmung mit der GRASHOF'schen Formel

$$\lambda = \alpha + \frac{\beta}{ud}$$

zu bringen hat, ein negatives Resultat ergeben. Hr. WEHAGE greift daher auf die WEISBACH'sche Formel

$$\lambda = \alpha + \frac{\beta}{\sqrt{u}}$$

zurück, dieselbe ergab ein besseres Resultat. α erwies sich als im Ganzen unabhängig von dem Durchmesser der Röhre, während β mit d abnahm, so dass angenähert

$$\beta = \left\{0{,}009 + \frac{0{,}00014}{d}\right\}$$

gesetzt werden konnte. Aus den Versuchen mit ziemlich glatten

Röhren ergab sich für α der Mittelwerth 0,0132, während natürlich für rauhere Röhren der Grösse α erheblich höhere Werthe zukommen. *F. K.*

H. Lamb. On the motion of a viscous fluid contained in a spherical vessel. Proc. Lond. Math. Soc. XV, 27-43.

Die allgemeinste Bewegung einer incompressiblen reibenden Flüssigkeit, die in einer festen Kugel enthalten ist, lässt sich durch Ausdrücke von wesentlich derselben Form darstellen, wie sie der Verfasser in einer früheren Arbeit aufgestellt hatte (sh. diese Berichte XXXVIII, 209, 1882); nur fällt in Folge der Incompressibilität der erste Term in dem Ausdruck für die Geschwindigkeit fort. Auch die Discussion unterscheidet sich in keinem wesentlichen Punkt von der früheren. Die allgemeinen Resultate werden speciell auf den Fall angewandt, dass die in der Kugel enthaltene Flüssigkeit ursprünglich wie ein starrer Körper um eine feste Axe rotirt. Nebenbei wird der folgende allgemeine Satz abgeleitet: Sind u, v, w die Geschwindigkeitscomponenten, ist ferner

$$2\xi = \frac{dw}{dy} - \frac{dv}{dz},\quad 2\eta = \frac{du}{dz} - \frac{dw}{dx},\quad 2\zeta = \frac{dv}{dx} - \frac{du}{dy}$$

und sind die Werthe von $xu+yv+zw$, so wie von $x\xi+y\eta+z\zeta$ für alle Punkte einer im Innern um den Drehungspunkt beschriebenen Kugel gegeben, so reicht das in Verbindung mit der Incompressibilitätsbedingung hin, um u, v, w selbst für den genannten Raum eindeutig zu bestimmen.

Nach derselben Methode wie für incompressible Flüssigkeiten wird das obige Problem weiter auch für elastische Flüssigkeiten behandelt. Als Randbedingung an der festen Kugelfläche wird hier wie im vorigen Falle angenommen, dass an derselben keine Bewegung stattfindet. Endlich sei noch bemerkt, dass zur Vergleichung die Lösung des analogen Problems für eine in einem Cylinder enthaltene incompressible oder elastische Flüssigkeit hinzugefügt ist unter der Annahme, dass die Bewegung in allen Querschnitten dieselbe ist. *Wn.*

E. WARBURG und J. SACHS. Ueber den Einfluss der Dichtigkeit auf die Viscosität tropfbarer Flüssigkeiten. WIED. Ann. XXII, 518-522; Cim. (3) XVII, 92; Naturf. XVII, 386; [J. chem. soc. XLVIII, 9; [J. de phys. (2) IV, 519-520.

Versuche, welche COULOMB mit einer in Wasser unter der Glocke einer Luftpumpe drehbaren Scheibe anstellte, ergaben, dass die Viscosität des Wassers unabhängig von dem Drucke sei. Hingegen hatte sich aus Untersuchungen der HHrn. WARBURG und VON BABO (WIED. Ann. XVII, 1882, 390) ergeben, dass die Viscosität der tropfbaren Kohlensäure mit wachsendem Drucke ganz beträchtlich zunähme. Im Hinblick auf die beträchtliche Compressibilität der Kohlensäure glaubte Hr. WARBURG annehmen zu dürfen, dass die Zunahme der Viscosität wesentlich mit der Zunahme der Dichtigkeit der Flüssigkeit Hand in Hand ginge. Um nun die Abhängigkeit der Viscosität wenig zusammendrückbarer Flüssigkeiten von dem Drucke zu bestimmen, käme es also darauf an, den letzteren innerhalb weiter Grenzen, etwa von 1 bis auf 100-150 Atmosphären, zu variiren. Dieser Bedingung genügte der bei Untersuchung der Kohlensäure verwendete Apparat. Hr. WARBURG veranlasste daher Hrn. SACHS mit demselben nach einigen zweckentsprechenden Aenderungen, bezüglich deren wir auf die Abhandlung selbst verweisen, einige Flüssigkeiten — Kohlensäure, Aether, Benzol und Wasser — zu untersuchen. Gemessen wurde die Durchflussmenge für verschiedene Capillaren und hieraus mit Hülfe von POISEUILLE's Gesetz, dessen Gültigkeit durch Vorversuche controlirt war, der Reibungsindex abgeleitet. Nennt man μ_0 den Reibungsindex für Atmosphärendruck, μ denjenigen nach Hinzufügung eines Ueberdruckes von p kg pro qc, so kann man unter Einführung einer unbekannten Grösse α vorläufig setzen

$$\mu = \mu_0(1+\alpha p);$$

führt man statt p die durch diesen Druck bewirkte Compression

$$s = pz,$$

ein, wo z die Zusammendrückbarkeit bezeichnet, und setzt weiter

$$\frac{\alpha}{z} = \beta,$$

so kann man schreiben

$$\mu = \mu_0(1+\beta z).$$

Die Versuche des Hrn. SACHS ergaben für die untersuchten Flüssigkeiten Werthe von β, die ungefähr von derselben Grössenordnung waren, so dass sich in der That die oben angegebene Vermuthung des Hrn. WARBURG bestätigt. Es ergab sich nämlich:

für	Kohlensäure	Aether	Benzol	Wasser
bei der Temperatur	25,1°	20°	20°	20°
$\alpha.10^6$	7470	730	930	−170
$z.10^6$	3040	173	91	45
$\beta = \alpha : z$	2,5	4,2	10,2	−3,8

Auf den eigenthümlichen Umstand, dass die Viscosität des Wassers im Gegensatz zu anderen Flüssigkeiten mit wachsendem Druck abnehme, ist Hr. WARBURG schon im Jahre 1881 durch Hrn. RÖNGTEN aufmerksam gemacht worden. *F. K.*

W. C. RÖNTGEN. Ueber den Einfluss des Druckes auf die Viscosität der Flüssigkeiten, speciell des Wassers. WIED. Ann. XXII, 510-518; [Cim. (3) XVII, 92; [Naturf. XVII, 386; [J. de phys. (2) IV, 519.

Der Verfasser bediente sich für seine Untersuchungen eines OERSTED'schen Piezometers MAGNUS'scher Construction, in dessen Innern frei eine Capillare aufgehängt war, welche unten in einer Kugel endigte, welche ihrerseits mit einer zweiten darunter befindlichen Kugel communicirte, die in eine 0,4 cm weite, 14 cm lange Glasröhre auslief. In dem unteren Theile des Piezometers befindet sich gut gereinigtes Quecksilber, darüber destillirtes, luftfreies Wasser. Denkt man sich nun, dass zu Anfang des Versuches das Quecksilber in dem Röhrenapparat höher steht als in dem Piezometer, so wird das Niveau desselben in der Röhre natürlich sinken und das Wasser durch die Capillare hindurch dem Quecksilber nachfliessen, und zwar mit einer Geschwindigkeit, die einer Druckdifferenz entspricht, wie sie durch den Niveauunterschied des Quecksilbers verringert um eine gleich hohe Wassersäule hervorgebracht wird. Bei den Versuchen lag im Anfange das Niveau des Quecksilbers in der oberen Kugel, und es wurden die Zeiten beobachtet, in welchen die Oberfläche des Quecksilbers das obere und untere Ende der zweiten Kugel passirte; man hatte also die Zeit bestimmt, in welcher eine das Volumen der unteren Kugel ausfüllende Wassermenge die Capillare durchflossen hatte. Der ganze Apparat befand sich in einem grossen, auf zwei Seiten mit Glasplatten verschlossenen Blechgefäss, das in einem nur zu Zwecken des Versuches betretenen Keller aufgestellt war; so dass auch während eines Versuches von längerer Dauer — etwa zwei Stunden — die Temperatur als constant angenommen werden konnte. Dieselbe wurde zu Anfang und zur Endzeit des Versuches gemessen.

Aus einigen als zuverlässig betrachteten Werthen, die sich bei gewöhnlichem Atmosphärendruck ergeben hatten, berechnete der Verfasser zunächst die Constante b und c der SLOTTE-schen Formel zwischen der Durchflusszeit z und der Versuchstemperatur t

$$(t+a)(z+b)=c,$$

in welcher von vorn herein $a=40$ und $b/c=66/21591$ zu setzen ist.

Die Benutzung des so gewonnenen Werthes der Constanten b ergab Resultate, welche in dem Falle gewöhnlichen Atmosphärendruckes recht genau übereinstimmten. In dem Falle jedoch, dass der Druck zwanzig und einige Atmosphären betrug, waren die nach der angegebenen Formel berechneten Werthe von z im Vergleich zu den Beobachtungszeiten entschieden zu gross. Indem der Verfasser die verschiedenen Umstände erwägt, welche diese Verminderung der Ausflusszeit hervorbringen können, gelangt er zu dem Resultat, dass der Hauptantheil in einer Verminderung der Viscosität seinen Grund haben müsse. *F. K.*

N. PETROFF. Ueber die Reibung gut geschmierter fester Körper. Journ. d. russ. phys.-chem. Ges. [2] XVI, 14-20†.

Vorläufiger Bericht über eine grosse Untersuchung, deren Resultate ausführlich 1885 erschienen sind. Der Verfasser betrachtet die Reibung gut geschmierter Axen als hydrodynamisches Problem, da er annimmt, dass das Schmieröl die festen Körper völlig trennt, sodass nur innere Reibung im Oel und zwei äussere Reibungen an den festen Oberflächen stattfinden. Bei Aufstellung und Integration der Differentialgleichung legt der Verfasser zwei Hypothesen zu Grunde:

1) Die Hypothese von NEWTON, nach welcher die innere Reibung in Flüssigkeiten proportional der ersten Potenz der relativen Geschwindigkeiten ist, und

2) die Hypothese, dass die Entfernung der Flüssigkeitstheilchen von den festen Oberflächen während der Bewegung constant bleibt.

Eine ausführliche Discussion unter Heranziehung der Versuche von O. E. MEYER, HIRN, COULOMB, BÖCKELBERG und TERSTON führt zur Ueberzeugung von der Richtigkeit obiger Hypothesen.

Die Theorie führt zu der Formel

$$f = \frac{\mu U}{\left(\varepsilon + \frac{\mu}{\lambda_1} + \frac{\mu}{\lambda_2}\right) p},$$

wo f der Reibungscoefficient für die beiden wohl geschmierten Oberflächen ist. Ferner sind: μ der innere, λ_1 und λ_2 die beiden äusseren Reibungscoefficienten des Oeles; U die relative Geschwindigkeit der festen Oberflächen, ε die mittlere Dicke der Oelschicht und p der mittlere Druck auf die Einheit der Berührungsfläche zwischen festem Körper und Oel.

Aus Versuchen von BÖCKELBERG wird gefolgert, dass

$$\mu/\lambda_1 + \mu/\lambda_2$$

sehr klein ist im Vergleich mit ε, so dass

$$f = \frac{\mu U}{\varepsilon p}$$

gesetzt werden kann.

Fernere Untersuchungen zeigten, dass

$$\varepsilon\sqrt{p} = \text{Const} = \varepsilon_0\sqrt{p_0}$$

ist. Auf diese Weise erklären sich die Widersprüche zwischen den Versuchen von HIRN (für Spermacet innerer Reib.-Coef. 0,32 bis 0,065) und TERSTON (dasselbe 0,004).

Die Grösse μ hängt von der Temperatur t ab nach der Formel

$$\mu = \frac{1}{a+bt+ct^2}.$$

Endgültig wird folgende Formel gefunden

$$c\left(\frac{U}{A\varDelta}\right)^2 F^3 + (b+2ct_0)\frac{U}{A\varDelta}F^2 + (a+bt_0+ct_0^2)F = \frac{U\sqrt{P}\sqrt{Q}}{\varepsilon_0\sqrt{p_0}}.$$

Hier ist F die Reibung zwischen einer Axe und den betreffenden Lagern, A das mechanische Wärmeäquivalent, $\varDelta$ die Leitungsfähigkeit der Axe; t_0 die äussere Temperatur; ε_0 und p_0 sind zwei beliebige zusammengehörige Werthe von ε und p; U die Geschwindigkeit der Axe, Q ihre Oberfläche und P der Gesammtdruck, welchen die Axe ausübt.

Jene Formel erklärt die verschiedensten Widersprüche, die in früheren Arbeiten enthalten waren.

Für Spermacet wird gefunden ($t = 20^0$ bis $84{,}2^0$ C.):

$$\mu = \frac{1}{117{,}5+4{,}847\,t+0{,}15859\,t^2};$$

für Olivenöl:

$$(t = 20^0 \text{ bis } 83{,}1^0 \text{ C.})$$

$$\mu = \frac{1}{55{,}96+0{,}7596\,t+0{,}11802\,t^2};$$

für Rübsamenöl:

$$(t = 20^0 \text{ bis } 71{,}95^0 \text{ C.}),$$

$$\mu = \frac{1}{53{,}23+0{,}5739\,t+0{,}10511\,t^2}.$$

Der Verfasser weist darauf hin, dass (später als er) BEAUCHAMP TOWER (Engineering Nr. 933) zu dem Resultate gelangt ist, dass die Zapfenreibung mehr den Gesetzen der Reibung von Flüssigkeiten, als der von festen Körpern folgt. *O. Chw.*

V. v. LANG. Apparat zur Demonstration der Reibung zwischen Luft und Wasser. ZS. f. Instrk. IV, 377-378; [Beibl. IX, 298.

Ein Wasserstrahl wird conaxial durch ein weiteres Glasrohr geschickt und dann durch ein engeres Rohr conaxial abgesaugt. Das weitere Rohr endigt in einem Kreuzstück, dessen einer Schenkel ein luftdicht eingesetztes Wassermanometer trägt, und dessen anderer Schenkel mit einem knieförmigen Rohr verbunden ist. Mit dem abwärts gerichteten, etwas weiteren Schenkel taucht das letztere in eine Seifenlösung. Die dadurch gebildeten Lamellen folgen der Luftbewegung, welche durch die in dem zuerst bezeichneten Rohre stattfindende Reibung zwischen Luft und Wasser entsteht. *F. K.*

P. de Heen. Détermination d'une relation empirique entre le coefficient de frottement intérieur des liquides et les variations que celui-ci éprouve avec la température. Bull. Ac. de Belg. (3) VII, 248-252; [Beibl. VIII, 862.

van der Mensbrugghe et Spring. Rapport sur ce travail. Ib. 230-231.

Der Verfasser will die Variation, welche der Coefficient der inneren Reibung einer Flüssigkeit durch eine gewisse Temperaturzunahme erfährt, als Function des fraglichen Coefficienten selbst darstellen. So soll, wenn F ein Reibungscoefficient für eine Temperatur, F_{20} derjenige bei einer um 20 Grad höheren Temperatur ist, das Verhältniss

$$\frac{F}{F_{20}} : \sqrt[5.5]{F}$$

für alle Flüssigkeiten denselben Werth haben. Wird statt der Temperaturzunahme von 20° irgend eine andere genommen, so ist statt des Exponenten 5.5 ein anderer zu wählen; dieser ist also selbst eine Function der Temperaturzunahme. Für eine grosse Reihe von Flüssigkeiten stimmt das nach dieser Anschauung berechnete Verhältniss $F:F_{20}$ mit den von Pribram und Handl beobachteten Werthen befriedigend überein. Eine Ausnahme machen diejenigen Flüssigkeiten, bei denen mit der Temperaturzunahme nicht unerhebliche Aenderungen in der Constitution verbunden sind, wie z. B. das Wasser und die Aldehyde.

F. K.

L. L. Vautier. De l'entrainement et du transport par les eaux courantes des vases, sables et grains. Assoc. Franc. Blois 1884, 86-97.

Die Sand- oder Schlammkörner werden als kugelig vorausgesetzt. Ist d ihr Durchmesser, v ihre Geschwindigkeit, D ihre Dichtigkeit, k eine Konstante, welche mit dem Widerstand R_1, den eine Flächeneinheit erleidet, durch die Formel $2gR_1 = kv^2$ zusammenhängt, so ist, wenn abkürzend

$$2\sqrt{\frac{gd(D-1)}{3k}} = v_1, \quad \frac{1}{D}\sqrt{\frac{3gk(D-1)}{d}} = N$$

gesetzt wird,

$$v = v_1 \frac{e^{Nt}-1}{e^{Nt}+1}$$

die ballistische Formel für die Geschwindigkeit, mit der sich ein Sandkörperchen bewegt, wenn es zur Zeit Null in Ruhe und von da ab der Schwere unterworfen war. Nach Dubuat ist k_1 für Wasser nahe $\frac{1}{2}$. D schwankt für die bekannten Sandarten etwa zwischen 1,5 und 2,5 und wird im Mittel gleich 2 genommen. Der Verfasser weist zunächst nach, dass die Werthe von v sich sehr rasch einer Grösse nähern, die vom Endwerth ($t = \infty$) um weniger als $\frac{1}{1000}$ verschieden ist. Diese Endwerthe sind bekanntlich klein, 0,0516 für $d = 0,1$ mm, 0,163 für $d = 1$ mm, 0,231 für $d = 2$ mm. Ein Sandkörnchen wird nun vom Wasser mit fortgerissen werden, wenn die Bewegung des Wassers eine aufwärts gerichtete Componente hat, welche diese Endgeschwindigkeit übersteigt. Hierauf gründet Hr. Vautier einige Betrachtungen über die Menge von Schlamm, Sand und Blöcken, welche erfahrungsmässig von strömendem Wasser transportirt werden.

Bde.

J. Thoulet. Expériences rélatives à la vitesse des courants d'eau on d'air, susceptibles de maintenir en suspension des grains minéraux. Ann. d. mines (8) V, 507 bis 530.

Ein Glasrohr vom Radius 6,75 (Einheit nicht angegeben, vermuthlich Centimeter) wird aufgestellt, Wasser von unten nach oben durchgedrückt und Kügelchen von Wachs mit Metallkern eingeführt; dann wird der Druck gemessen, der erforderlich ist, um diese Kügelchen gerade schwebend zu erhalten. Der Einfluss, den die Dichtigkeit der Kugeln, die Weite des Rohres und die Steigung des letzteren ausübt, wird in gesonderten Tabellen und Curventafeln niedergelegt und Anwendung davon auf das Problem gemacht, Gesteinstheile durch Schlämmung zu sortiren. Dann werden ähnliche Versuche mit einem Luftstrom beschrieben und tabulirt. *Bde.*

C. Decharme. Nouvelles expériences d'imitation des anneaux électro-chimiques par les courants d'eau continus. (Extrait.) C. R. XCVIII, 558-559; [Cim. (3) XVI, 117.

Der Verfasser lässt einen continuirlichen Flüssigkeitsstrom aus einer verticalen cylindrischen Röhre gegen eine horizontale, in ihrer ganzen Ausdehnung benetzte Platte von schwarzem Glas stossen, und bemerkt dabei vollständig feste Wellenringe, die nach Art der elektrochemischen Ringe angeordnet sind.

Um die mehrfachen Ringe nachzuahmen, bedient sich der Verfasser einer weiteren Röhre, deren unterer Verschluss mit mehreren cylindrischen Oeffnungen versehen ist.

Um endlich die von Hrn. Guébhard beobachteten Erscheinungen nachzuahmen, lässt der Verfasser die Flüssigkeit aus einer Röhre ausfliessen und lässt sie durch eine andere Röhre aufsaugen. *F. K.*

C. Decharme. Imitation, par les courants liquides ou gazeux, des phénomènes d'électricité et de magnétisme. J. de phys. (2) III, 482-496; Ann. chim. phys. (6) I, 558-573.

— — Forms of water falling on to a surface of Glass. Nature XXX, 568.

Der Verfasser beschreibt eine Reihe hydrodynamischer Experimente, die vollständig analog gewissen elektrischen und magnetischen Erscheinungen sind in Bezug auf mechanische, physikalische, chemische und selbst physiologische Wirkungen.

Eine Röhre, deren Oeffnung mit einer zur Achse der Röhre senkrechten Scheibe versehen ist, wird bis auf wenige Millimeter dem Boden eines Gefässes genähert; und dann ein Flüssigkeitsstrom durch die Röhre geschickt. Der Versuch, die Röhrenmündung von dem Gefässboden zu entfernen, erfährt einen deutlich merkbaren Widerstand, es findet also eine anziehende Wirkung statt. Ersetzt man die breite Mündung durch eine Oeffnung mit scharfem Rand, so verwandelt sich die Anziehung in Abstossung. Der Verfasser erblickt hierin eine Analogie zu einem Elektromagneten.

Hebt man nun die Röhre ein wenig auf, so entstehen Schwingungen, welche die Röhre in verticaler Richtung vollzieht; dieselben sind so schnell, dass ein deutlich wahrnehmbarer Ton von 217 Schwingungen hervorgebracht wird. Analogie: Bewegung eines Elektromagneten unter dem Einfluss regelmässig unterbrochener Ströme.

Hält man die Röhre mit der Hand fest, so bemerkt man in dem Moment, wo der Verschluss der Röhre geöffnet wird, einen deutlichen Rückstoss, und umgekehrt beim schnellen Schliessen des Hahnes einen Antrieb. Analogie: Die Erscheinungen bei einem Inductionsapparat und zwar derart, dass an die Stelle des Flüssigkeitsstromes ein Volta'scher Inductionsstrom, an die Stelle der Röhre der inducirte Faden tritt.

Um den gegenseitigen Einfluss mehrerer Ströme auf einander zu studiren, versieht der Verfasser die cylindrische Röhre mit einer Verzweigung, die mit jedem Theil in einer Kautschukröhre endigt. An die Enden der letzteren werden nun die verschiedenartig gestalteten Oeffnungen angesetzt und dann gegenübergegestellt.

Dass die einzelnen aufeinanderfolgenden Theile eines Flüssigkeitsstromes sich gerade so, wie man es von den elektrischen Strömen glaubt beweisen zu können, abstossen, folgert der Verfasser aus der folgenden Beobachtung. Wird an die Röhre eine kurze und dünne Kautschukröhre (Länge 0,12 m bis 0,25 m, innerer Durchmesser 0,004 m bis 0,005 m, Dicke 0,0015 m bis 0,002 m) gesetzt, so fühlt man, wenn man die Röhre am freien Ende oder irgend einem anderen Punkte anfasst, einen deutlich ausgesprochenen Rückstoss. Und so stark ist dieser Rückstoss, dass ein Gewicht von 140 g mit Leichtigkeit in die Höhe gehoben wird, wenn es vermittels einer Fadens an der vertical abwärts gerichteten Röhre befestigt wird, und dass ein Gewicht von 100 g sogar mit Leichtigkeit in die Höhe geschnellt wird. Will man die Röhre entfernen, so windet sie sich nach verschiedenen Richtungen (il serpente en divers sens) und wirft das Wasser nach allen Seiten. In Wasser getaucht, geräth sie in heftige Bewegung (frétille) und ist bestrebt, sich auf den Boden und die Wände des Gefässes zu stützen.

Die Kraftlinien, welche man mit elektrischen Strömen oder Magneten erhält, werden nachgeahmt, indem man sanft durch eine dünne Glasröhre gegen eine Platte bläst, die mit einer dünnen Schicht in Wasser eingerührter Mennige bedeckt ist. Ist die Spitze der Röhre einige Millimeter von der Platte entfernt, so erhält man concentrische Kreise, welche von neben einander gelagerten Partikelchen der Mennige gebildet werden. Bläst man die Luft durch zwei parallele Röhren, oder bläst man durch eine und saugt durch die andere, so erhält man Figuren, welche den Kraftlinien zweier gleichgerichteten oder entgegengesetzten elektrischen Ströme entsprechen.

Ein Bild der elektrischen Entladung gewinnt der Verfasser auf ähnliche Weise. So wird z. B. der sternförmige Funke (l'étincelle étoilée) genau nachgeahmt, indem man mittels einer festen Pipette die halbgetrocknete Mennige stark ansaugt. Bei der Nachahmung der Lichtenberg'schen Figuren entspricht ein Saugen der positiven, das Blasen der negativen Elektricität.

Die Anwendung des elektrischen Lichtes in verdünnten Gasen wird dadurch nachgeahmt, dass man eine Röhre, während das Wasser ausfliesst oder angesaugt wird, schnell in horizontaler Richtuug über die Platte mit der Mennigeschicht bewegt.

Eine Nachahmung der Erscheinung bei Geissler'schen Röhren wird dadurch erhalten, dass ein Heber mit einem kurzen Schenkel den Boden eines breiten Gefässes mit Wasser berührt. Hat sich allmählich das Niveau dem Boden bis auf wenige Millimeter genähert, so dringen Luftblasen in das Heberrohr ein. In dem

Maasse, als das Wasser ausfliesst, werden diese Blasen grösser und folgen schneller auf einander, und erlangen an einer gewissen Stelle eine solche Geschwindigkeit, dass sie scheinbar an ihrem Platze verharren, wie die Schichtungen des elektrischen Lichtes in Geissler'schen Röhren. Die Illusion wird noch durch den Umstand erhöht, dass das begleitende Geräusch ähnlich demjenigen in dem Inductionsapparat ist, welcher den elektrischen Strom liefert.

Die den elektrochemischen Erscheinungen entsprechenden Beobachtungen sind theils schon früher besprochen, theils in dem vorangehenden Referat, können also übergangen werden.

Was nun endlich die physiologischen Erscheinungen betrifft, so bedient sich der Verfasser dazu eines von ihm „Hydrodiapason" genannten Apparates. Der wesentliche Theil desselben ist ein U-förmig gekrümmtes Rohr von 0,50 m Länge und 0,006 m innerem Durchmesser. Die Enden sind umgebogen, so dass sie sich gegenüberstehen und fast berühren. In der Mitte ist das Rohr in einer Oeffnung durchbohrt, vermittels deren es mit dem Mundstück einer Röhre in Verbindung steht, durch welche Wasser zugeleitet werden kann. Wird jetzt der Apparat befestigt, so fühlt man beim Durchfliessen des Wassers Schwingungen; dieselben rufen, namentlich wenn der Apparat unter Wasser getaucht ist, ein Gefühl vollkommen ähnlich demjenigen hervor, das man bei Inductionsströmen geringer Intensität hat. In dem plötzlichen Stoss eines Flüssigkeitstrahles erblickt der Verfasser die analoge Erscheinung, welche bei der elektrischen Entladung auftritt. *F. K.*

E. Gelcich. Die Instrumente und Methoden zur Bestimmung der Schiffsgeschwindigkeit. ZS. f. Instrk. IV, 231-242, 274-282.

Der Verfasser bespricht die Hodometer zum Landgebrauch und deren Modifikationen, mit welchen zuerst Schiffsgeschwindigkeiten bestimmt wurden; sodann das gemeine Log, die Geschwindigkeitsmessung durch den hydrostatischen Druck, durch die Rotation einer nachgeschleppten Schraube, die Logs mit elektrischer Registrirung und einige andere neuere Instrumente. *Rz.*

Léchalas. Hydraulique fluviale. Paris: Baudry, Librairie polytechn. [Rev. scient. XXXIV, 505-506.

Nach der anerkennenden Besprechung an angegebener Stelle besteht das Werk aus drei Theilen, welche behandeln 1) Meteorologie und allgemeine Hydrologie. 2) Schifffahrt und Ueberschwemmungen der Hauptströme Frankreichs. 3) Die technischen Bedingungen einer grossen Entwickelung der Flussschifffahrt. Im ersten Abschnitt wird die Niederschlagsmenge in Frankreich besprochen und die Bedingungen ihres Abflusses untersucht, namentlich der Einfluss der Seen und Forsten. Die Umstände, welche im Lauf der Zeit ein Wachsen oder Abnehmen der Wasserläufe bewirkt haben, gelangen zur Besprechung. *F. K.*

Litteratur.

H. F. Barros. Nota sobre o emprego do parallelepipedo elementar. Teixeira J. VI, 96-98.

A. Liapunow. Ueber die Stabilität der ellipsoidischen Gleichgewichtsfiguren einer rotirenden Flüssigkeit. St. Petersburg, Russisch; [Fortschr. d. Math. XVI, 793.

F. Elgar. The Stability of Ships. Engineering XXXVIII, 367; Nature XXIX, 559-563.

— — The variation of stability with draught of water in ships. Proc. Roy. Soc. XXXVI, 434.

V. Daymard. Courbes nouvelles servant à mesurer la stabilité statique des navires sous toutes les inclinaisons possibles. C. R. XCVIII, 786.

— — Sur les courbes servant à la représentation et à la mesure de stabilité des navires. Ass. Franc. Blois I, 154. *F. K.*

F. Barattani. Sull'insegnamento dell'idrostatica. Annuario del R. Ist. Tecn. e della R. Scuola nautica „Grazioso Benincasa“ di Ancona. Ancona: tip. del Buon Pastore. 8⁰.

M. G. M. HILL. On some general equations which include the equations of hydrodynamics. Cambridge Proc. V, 23-24; Cambridge Trans. XIV, 1-29; [Fortschr. d. Math. XVI, 822-823; [Beibl. X, 380, 1884.

O. LUEGER. Steighöhe springender Strahlen. [DINGL. J. CCLV, 352.

O. REYNOLDS. Besprechung des Buches von J. J. THOMSEN: Eine Abhandlung über die Bewegung von Wirbelringen. [Nat. XXIX, 192; [Beibl. VIII, 672.

W. M. HICKS. Ueber die Bewegung einer Flüssigkeitsmasse unter Wirkung ihrer eigenen Anziehung, wenn ihre ursprüngliche Form ellipsoidisch ist. Proc. Cambr. Phil. Soc. IV, 309, 1883; [Beibl. VIII, 442.

A. P. STARKOFF. Zur Frage von der Oberfläche des kleinsten Widerstandes bei der Bewegung in einer incompressiblen Flüssigkeit. Odessa Denkschr. V, 49-136; [Fortschr. d. Math. XVI, 832. *Bde.*

BESANT's Hydromechanics. Cambridge 1883.

H. LAMB. Proof of a hydrodynamical theorem. Mess. (2) XIV, 87-92; [Fortschr. d. Math. XVI, 837.

G. QUINKE. On the Change in the Volumes and Refractive Indices of Fluids produced by Hydrostatic Pressure. Phil. Mag. (5) XVII, 65-68; [Cim. (3) XV, 85-86; Berl. Sitzber. 1883, April.

STABLES and WILSON. Viscosité. Phil. Mag. (5) XV, 406; [Journ. de phys. (2) III, 224, 183.

A. MARTIN EVANS. Solution of question 3873. Ed. Times XLI, 122; [Fortschr. d. Math. 844.

W. M. THORNTON. Solution of a problem. Ann. of Math. I, 140-141; [Fortschr. d. Math. XVI, 844.

DE CALIGNY. Recherches théoriques et experimentales sur les oscillations de l'eau. Bull. soc. philom. (7) VIII, 55.

— — Documents relatifs aux compresseurs à colonnes liquides oscillantes, employés pendant plusieurs années au percement du mont Cenis. C. R. XCVIII, 861.

D. Turazza. Intorno a due recenti ricerche idrometriche. Ven. Ist. Atti (6) II, 1609-1625; Fortschr. d. Math. XVI, 845. Technisch.

Ch. Hauvel. Condition d'un élément hélicoidal pour l'effet utile maximum d'un propulseur. C. R. XCIX, 750 bis 752.

Alb. Fournier. Nouvel appareil hydraulique propre à aspirer et à comprimer les gaz. Ass. Franc. Blois I, 151.

Ueber Neuerungen an Pumpen. Dingl. J. CCLI, 473-482; CCLII, 443-446.

Ueber Neuerungen an Pulsometern. Dingl. J. CCLI, 473.

Wasserrad von Petersen. Dingl. J. CCLII, 141; Scient. Am. L, 118.

H. Smith. Ueber das californische, sog. Hurdy-Gürdy Wasserrad. Dingl. J. CCLIV, 273-276.

Duponchels oberschlächtiges Wasserrad. Dingl. J. CCLIII, 440-447.

Ueber Neuerungen an Turbinen. Dingl. J. CCLII, 49-53.

R. Pictet. Les principaux résultats des expériences faites par l'Amirauté anglaise à Torquay sur son nouveau modèle de bateau rapide. *F. K.*

W. H. Lepenau's Apparat zur Bestimmung der Zähflüssigkeit von Oelen. [Dingl. J. CCLI, 33-34.

G. de Laval's Einrichtung an Schiffen zur Verminderung der Reibung gegen das Wasser. D. R. P. Kl. 65, Nr. 23884, 1882 u. Nr. 24097, 1883; [Dingl. J. CCLI, 189.

R. H. Thurston. The theory of turbines. J. Frankl. Inst. Januar 1884.

N. B. Clark. Bemerkung. Ebend. April.

N. Yagn's Strommotor. Dingl. J. CCLIV, 227.

Gustav Herrmann. Die graphische Theorie der Turbinen und Kreiselpumpen. Verh. d. V. z. Bef. d. Gew. 1884, 307-379, 521-580; [Dingl. J. CCLV, 351-352.

Perrin. Fortbewegung von Schiffen durch die Stromkraft des Fahrwassers. Génie civil 1883, III, 627; [Dingl. J. CCLIII, 228-229.

S. W. Barnaby. On Hydraulic Propulsion. Inst. of Civil Eng. 26. Feb.

de Caligny. Recherches théoriques et expérimentales sur les oscillations de l'eau et les machines hydrauliques à colonnes liquides oscillantes. Paris: J. Baudry, 1883; [Bull. soc. philom. (7) VIII, No. 2, 55-57.

Hamilton Smith. Ueber den Leitungswiderstand von Röhren gegen den Durchfluss von Wasser. Dingl. J. CCLII, 89-96; [Beibl. VIII, 687.

Berasategui. Imitation des phénomènes électriques et magnétiques par des phénomènes hydrodynamiques. La Nat. No. 581, 110.

R. Reiff. Erwiderung. ZS. f. Math. XXIX, hist.-litt. Abth. 121-122.

6. Aerodynamik.

J. L. Andreae. Das Boyle'sche Gesetz. Ein Vorlesungsversuch. Wied. Ann. XXII, 134-135†; Phil. Mag. (5) XVIII, 86.

In einer einseitig zugeschmolzenen Glasröhre, von $1^1/_2$ bis 2 mm innerem Durchmesser, ist mittelst eines Quecksilberfadens von 250 mm Länge ein gewisses Luftquantum eingeschlossen. In den beiden möglichen senkrechten Stellungen des Rohres steht dasselbe daher unter zwei um 500 mm verschiedenen Drucken und ändert dementsprechend sein Volumen. *Pt.*

E. H. AMAGAT. Résultats pour servir aux calculs des manomètres à gaz comprimés. C. R. XCIX, 1017-1019†; [Cim. (3) XVII, 178, 1885; Beibl. IX, 224-225*.

— — Rectification des résultalts numériques indiqués dans une communication précédente pour les calculs des manomètres à gaz comprimés. C. R. XCIX, 1153 bis 1154†; [Beibl. IX, 224-225*.

Bereit vor einigen Jahren hat der Verfasser die experimentelle Grundlage gelegt zur genauen Messung von Drucken von 20 bis 430 Atmosphären mittelst Gasmanometern, die Resultate aber nicht auf Normaldruck reducirt. Bei allen von ihm seither mit Stickstoffmanometern vorgenommenen Messungen hat er jedoch auch diesem Umstande Rechnung getragen. Die geringe Uebereinstimmung seiner Resultate mit denjenigen des Hrn. CAILLETET veranlasste ihn, die Versuche mit Luft und mit Stickstoff nochmals in geschlossenen Manometern zu wiederholen. Dies geschah unter besonders günstigen Umständen in einem der Thürme der Kirche zu Fourvières bei Lyon, woselbst er über eine Höhe von 65 m verfügen konnte. Die Beobachtungen bestätigten die früher von ihm gefundenen Zahlenwerthe, so dass die Differenz gegenüber den Werthen von CAILLETET bestehen bleibt. Das Minimum des Produktes *pv* tritt für Stickstoff bei 42 m und für Luft bei 45 m ein. Zur genauen Messung von Drucken bis zu 65 m können sowohl Luft als Stickstoff benutzt werden, letzterer bis zu Drucken von 430 Atmosphären. Für höhere Drucke müssen Wasserstoffmanometer verwendet werden, da bis zu den höchsten beobachteten Drucken die Produkte *pv* durch eine Gerade dargestellt werden konnten.

Die auf Normaldruck bezogenen Resultate sind nach den in der zweiten Note gegebenen Verbesserungen:

Drucke in Metern	Stickstoff *pv*	Luft *pv*
0,76	1,0000	1,0000
20,00	0,9930	0,9901
25,00	0,9919	0,9876
30,00	0,9908	0,9855

Drucke in Metern	Stickstoff pv	Luft pv
35,00	0,9899	0,9832
40,00	0,9896	0,9824
45,00	0,9895	0,9815
50,00	0,9897	0,9808
55,00	0,9902	0,9804
60,00	0,9908	0,9803
65,00	0,9913	0,9807

Pt.

L. C. Wolff. Ueber Apparate zur Messung von Druckänderungen. ZS. f. Instrk. IV, 50-54†.

Der Verfasser versucht zunächst im Prinzip einen Apparat zu konstruiren, welcher in jedem Augenblicke feststellt, ob eine Kraft (Dampfkraft) im Wachsen oder im Abnehmen begriffen ist. Zwei Kammern, die zum Theil mit Flüssigkeit gefüllt sind, können durch einen regulirbaren Hahn in Verbindung gesetzt werden. Auf der Flüssigkeit liegen zwei Schwimmer, die in fester Verbindung mit einem Wagebalken stehen. Die Bewegung des Wagebalkens wird auf einen Zeiger übertragen, der bei horizontaler Stellung des Wagebalkens auf den Nullpunkt der Theilung einsteht. Der Boden der Kammer k_2 kann sich unter dem Einflusse des von unten eintretenden Dampfdruckes heben oder senken. Lässt man den Dampf für kurze Zeit auf den Boden dieser Kammer wirken, so wird sich das Niveau der Flüssigkeit in k_1 heben, somit der Wagebalken sich bewegen und der Zeiger auf einem anderen Punkte der Skale einspielen. Da der Verbindungshahn einen langsamen Durchfluss der Flüssigkeit gestattet, so wird sich nach kurzer Zeit das Niveau in beiden Kammern ausgeglichen haben. Dann steht der Wagebalken wieder horizontal und der Zeiger wieder auf dem Nullpunkt der Skale. Setzt man den unter dem Boden befindlichen Raum wiederum für kurze Zeit mit dem Dampfkessel in Verbindung, so wird sich, je nachdem der Dampfdruck geringer oder stärker geworden ist, der Boden senken oder heben. In Folge dessen schlägt der Zeiger nochmals nach der entgegengesetzten oder gleichen Seite aus. Bleibt der Zeiger auf der Nullstellung stehen, so zeigt dies an, dass der Druck constant geblieben ist. Der Verfasser bemerkt ferner, wie man diesen Apparat event. auch als Druckregulator benützen könne. *Pt.*

J. Ducrue. Apparat zum Toricelli'schen Grundversuche mit Variirung des Druckes auf das untere Niveau. Flugblatt†.

Um die Abhängigkeit des Quecksilberstandes vom Luftdrucke und die Schwankungen beider Niveaux der Säule zu demonstriren, wird das Gefäss des Barometers durch einen Pfropfen geschlossen, in welchem oben ein Hahn eingesetzt ist, durch den Luft in das Gefäss gepresst bezw. aus demselben gesogen werden kann. *Pt.*

Physique sans appareils. Expérience sur la compression de l'air. La Nat. XII, 111-112†.

M. Léon Lesebre theilt folgendes Experiment mit, durch welches die Wirkung des Luftdruckes gezeigt werden kann. Ein dünnes Brettchen wird auf einen Tisch, mit dem einen Ende über dessen Kante vorstehend, gelegt und über den auf dem Tisch liegenden Theil ein grösseres Blatt Papier glatt aufgedrückt, so dass dasselbe keine Falte zeigt und möglichst gut anliegt. Führt man nun mit der Faust auf das vorstehende Ende einen kräftigen Schlag aus, so wird das Brettchen nicht herunterfallen, sondern unter Umständen sogar eher entzwei brechen. *Pt.*

Sebert et Hugoniot. Sur la propagation d'un ébranlement uniforme dans un gaz renfermé dans un tuyau cylindrique. C. R. XCVIII, 507-509†; Beibl. VIII, 560-561*.

Die Verfasser behandeln den Fall der Schallbewegung, wie er z. B. bei der Entladung von Geschützen vorkommt. Ein cylindrisches Rohr, dessen Querschnitt ω ist, sei mit einem Gase von dem ursprünglichen Druck p_0 und der Dichte δ_0 gefüllt und an einem Ende durch einen Kolben geschlossen, welchem die Geschwindigkeit V mitgetheilt wird; dann lautet die Differential-Gleichung der Bewegung:

$$\delta_0 \frac{d^2u}{dt^2} = -\frac{dp}{dx}$$

unter der Voraussetzung, dass x die Abscisse eines zur Axe senkrechten Querschnittes, u die entsprechende Verschiebung desselben während der Zeit t und p den entsprechenden Druck bezeichnet. Wird ferner

$$p = p_0 \varphi\left(\frac{du}{dx}\right),$$

d. h. als Function der Compression gesetzt, so ist

$$\delta_0 \frac{d^2u}{dt^2} = -p_0 \varphi'\left(\frac{du}{dx}\right)\frac{d^2u}{dx^2}.$$

Dieser Differentialgleichung genügt das Integral $u = Ax + Bt$; für $x = 0$ muss gelten $u = Vt = Bt$ oder $B = V$. Wird

$$A = -\frac{V}{a}$$

gesetzt, so wird

$$u = Vt - \frac{Vx}{a}.$$

Da für $x = at$, $u = 0$ wird, so muss a die Geschwindigkeit der Fortpflanzung sein.

Wird die Geschwindigkeit und die Compression, also auch der Druck in allen von der Erregung erreichten Punkten von $x = 0$ bis $x = \xi$ als constant angenommen, so hat man

$$p = P = p_0 \varphi\left(-\frac{v}{a}\right).$$

Die Bewegungsmenge dieser Schicht ist sodann

$$\int_0^\xi \omega \delta_0 \frac{du}{dt}\, dx = \delta_0 \omega a t V = \omega \int_0^t (P - p_0)\, dt$$

woraus sich ergiebt

$$a = \frac{p_0}{\delta_0 V}\left[\varphi\left(-\frac{V}{a}\right) - 1\right]u.$$

Unter Anwendung der bekannten Gleichung für adiabatische Zustandsänderung

$$p = p_0\left(1+\frac{du}{dx}\right)^m,$$

wo m das Verhältniss der specifischen Wärmen bedeutet, wird

$$a = \frac{p_0}{\delta_0 V}\left[\left(1-\frac{V}{a}\right)^{-m}-1\right].$$

Für $V=-\infty$ wird $a=0$ und für $V=0$

$$a = \sqrt{\frac{mp_0}{\delta_0}}.$$

Ferner ist ersichtlich, dass für 2 Werthe von V, die absolut genommen gleich sind, aber entgegengesetzes Vorzeichen haben, sich zwei Werthe von a ergeben, von denen der eine über, der andere unter $\sqrt{\frac{mp_0}{\delta_0}}$ liegt. Der erstere entspricht der Fortpflanzung einer verdichteten, der andere einer verdünnten Welle.

Pt.

K. Krajevitsch. Ueber die Fortpflanzungsgeschwindigkeit von Stössen in verdünnter Luft. Journ. d. russ. phys.-chem. Ges. XVI, [2] 307-310†.

A. Stoletoff. Bemerkung zu obiger Arbeit. Ibid. 407 bis 409†.

Eine kurze und eine lange Röhre haben gemeinsamen Anfang und Ende. Sie werden mit verdünnter Luft gefüllt und am Anfang wird ein Stoss erzeugt, entweder durch plötzliches Hereinlassen eines sehr kurzdauernden Luftstromes (4 Atmosphären Druck) oder durch Aufschlagen einer Bleikugel auf eine abschliessende gespannte elastische Wand. Am Ende befindet sich eine ebensolche Wand; die Differenz t der Ankunftszeiten der beiden durch die Röhren gehenden Wellen wird vermittelst eines Marey'schen Chronographen mit einer Genauigkeit von 0,0002 Secunden gemessen.

Resultate:	p	765	409	194	94,3	74,8	51,4	40,6
	t	2,71	2,74	2,85	2,97	3,16	3,53	3,71
	p	11,0	8,7	5,6	4,5	3,6		
	t	4,91	5,17	5,95	6,34	7,22.		

Unter p steht der Druck der Luft in den Röhren in Millimetern Quecksilber.

Unter t stehen die obigen Zeitdifferenzen. Mit wachsender Verdünnung der Luft sinkt also die Fortpflanzungsgeschwindigkeit ganz aussordentlich.

Hr. STOLETOFF macht darauf aufmerksam, dass diese Resultate gut übereinstimmen mit theoretischen Untersuchungen von HELMHOLTZ, KIRCHHOFF und RIEMANN und experimentellen von KUNDT, KAISER, MACH und SOMMER. Die von Hrn. KRAJEWITSCH aus seinen Versuchen in Betreff des BOYLE'schen Gesetzes gezogenen Folgerungen sind nicht haltbar. *O. Chw.*

V. v. LANG. Apparat zur Demonstration der Reibung zwischen Wasser und Luft. ZS. f. Instrk. IV, 377-378; Aus Phil. trans. CLXVI (2) 585.

Ein continuirlicher Wasserstrahl wird so durch ein verticales Glasrohr geleitet, dass er dessen Innenwand nicht berührt. Ein rechtwinklig angesetztes Querrohr saugt dann Luft an, was bequem sichtbar gemacht werden kann, indem man das abwärts gebogene Ende des Querrohrs vorübergehend in Seifenlösung taucht und das Wandern der entstehenden Seifenhäutchen beobachtet. *Bde.*

O. SCHUMANN. Ueber die Reibungsconstante von Gasen und Dämpfen und ihre Abhängigkeit von der Temperatur. Hab. Schr. der U. Tübingen†; WIED. Ann. XXIII, 353 bis 403†; [Cim. (3) XVIII, 75, 1885; Phil. Mag. (5) XVIII, 544; [J. de phys. (2) IV, 512-513; [SILL. J. (3) XXIX, 59.

Der Verfasser bezweckte ursprünglich, durch Untersuchung der Abhängigkeit der Transpirationsgeschwindigkeit von der Temperatur, die von LOTHAR MEYER und ihm 1881 für die Dämpfe einer grossen Reihe von Estern publicirten Transpirationsbeobachtungen zu vervollständigen. Er wandte die am besten theoretisch entwickelte Methode von MAXWELL auf Luft, Kohlensäure und eine Reihe von Dämpfen an. Zur Bestimmung der Reibung diente ein im wesentlichen mit den von Kundt und Warburg und von Puluj benutzten Reibungsapparaten übereinstimmender Apparat. Um die luftdichte Umhüllung des inneren Theiles war ein Mantel gelegt, der durch Wasserdampf bezw. Methylalkohol erwärmt werden konnte.

Das Trägheitsmoment der schwingenden Scheiben wurde nach zwei Methoden bestimmt, deren Resultate auf 0,001 übereinstimmten. Die Berechnung der Reibungsconstante geschah nach der bekannten Maxwell'schen Formel und ergab zunächst, dass die Resultate von den Dimensionen des Apparates nicht unabhängig waren. Die Differenz zwischen der Beobachtung und der Rechnung nahm mit der Temperatur zu und ist so gross, dass der genannte Umstand zur Erklärung nicht ausreicht, also angenommen werden muss, dass die Theorie noch zu unvollständig ist.

Die Beobachtungen konnten zunächst durch die empirische Formel

$$\eta = c\frac{\lambda}{\tau}(1 - Dy\tau\eta)$$

dargestellt werden, in welcher für η rechts in erster Annäherung $= c\frac{\lambda}{\tau}$ gesetzt werden kann; λ ist das logarithmische Decrement (nach Brigg), τ die Schwingungszeit, D der Abstand der inneren Flächen der festen und der beweglichen Scheibe, y eine von den Dimensionen des Apparates abhängige Constante (134). c wird nach der Maxwell'schen Formel berechnet.

Aus den Beobachtungsreihen II, III und IV folgt:

$$\eta_0 = 0{,}0001679.$$

Setzt man zur Bestimmung des Temperaturcoefficienten

$$\eta_t = 0{,}0001679(1 + \alpha t)^\beta,$$

wo α den Ausdehnungscoefficienten des Gases und β eine zu bestimmende Constante bedeuten, so ergibt sich, dass die Werthe von β von 0,8 bis auf 1,0 ansteigen, wenn die Temperatur von 14° bis 100° wächst.

Nach den Beobachtungen von Puluj folgt, dass β bei 13° 0,71, bei 19° 0,73 und bei 24,5° 0,75 ist. Die verschiedenen Versuchsanordnungen ergaben keinen Unterschied im Reibungscoefficienten, während nach den Untersuchungen von KUNDT und WARBURG kleinere Entfernungen der Scheiben auch kleinere Reibungscoefficienten ergaben.

Aus Beobachtungen von O. E. MEYER folgt

$$\eta_{19} = 0{,}0001979; \quad \eta_{82} = 0{,}0002283; \quad \beta = 0{,}73.$$

Vom Verfasser mit demselben Apparate angestellte neue Versuche, nach Ersetzung der Messingscheiben durch Glasscheiben, lieferten die Werthe:

$$\eta_{16} = 0{,}0001726; \quad \eta_{24.5} = 0{,}0001754; \quad \eta_{95} = 0{,}0002282,$$

die mit den von ihm mittelst des KUNDT' und WARBURG'schen Apparates erhaltenen ziemlich übereinstimmen.

Graphisch interpolirt ergeben sich folgende Werthe für die Abhängigkeit der Reibungsconstante von der Temperatur:

t	η	t	η
−2	0,0001667	50	0,0001957
0	0,0001679	60	0,0002022
10	0,0001724	70	0,0002087
20	0,0001780	80	0,0002153
30	0,0001836	90	0,0002220
40	0,0001896	100	0,0002290

Diese Zahlen sind beträchtlich kleiner als die bisher mittelst der MAXWELL' oder COULOMB'schen Methode erhaltenen und auch meist kleiner als die nach der GROSSMANN'schen Formel berechneten Werthe, die eine untere Grenze darstellen. Obschon diese Formel theoretisch mit abnehmender Scheibenentfernung den wahren Reibungscoefficienten nahe erreicht, so begründet doch der Verfasser, dass dieselbe in der Praxis zu grosse Werthe liefern könne.

Eine Zusammenstellung der durch Transpiration gefundenen Reibungscoefficienten ergiebt, dass die Differenzen zwischen den Resultaten verschiedener Beobachter bedeutend grösser sind als bei den aus den Schwingungsbeobachtungen gefolgerten Zahlen. Zum Theil liegt der Grund in der unvollständigen Theorie, zum Theil in der Nichterfüllung der Bedingungen (vollkommen cylindrische Röhren von kreisrundem Querschnitt, sehr kleine Druckdifferenzen bei dem Drucke einer Atmosphäre in der Röhre etc.). v. Obermayer hat hierauf besondere Rücksicht genommen; die von ihm erhaltenen Reibungscoefficienten sind kleiner, als alle früheren, stimmen bei gewöhnlicher Temperatur mit den vom Verfasser erhaltenen Werthen, sind aber bei hohen Temperaturen entschieden zu klein, was wohl in der Absorption der Gase seinen Grund haben dürfte. Setzt man die von Kayser aus den Beobachtungen von Chappuis und von ihm selbst berechnete Höhe und Dichte der absorbirten Luftschicht ein, so erhält man bei 100° eine gute Uebereinstimmung.

Der Verfasser sucht nun seine empirische Formel, welche die Abhängigkeit des Reibungscoefficienten von der Temperatur ausdrückt, möglichst der Gastheorie anzupassen, nach welcher

$$\eta_c = \frac{\pi}{8} \varrho \Omega_t l = \frac{\pi}{8} \Omega_0 (1+\alpha t)^{\frac{1}{2}} l,$$

wo ϱ die Dichte, Ω die Molekulargeschwindigkeit und l die Weglänge bedeutet.

Träte bei einer Erhöhung der Temperatur nur eine Aenderung der Moleculargeschwindigkeit auf, so müsste η mit $\sqrt{1+\alpha t}$ proportional wachsen; da dies nicht der Fall ist, so muss die Weglänge l von der Temperatur abhängig sein. Nun ist:

$$l = \frac{1}{\sqrt{2}} \frac{\lambda^3}{\pi \sigma^2},$$

wo λ^3 der Elementarwürfel ist, der nur eine einzige Molekel enthält. $\varrho \lambda^3 = m$ ist gleich dem Molekulargewicht, also bei constanter Dichte von der Temperatur unabhängig; σ bedeutet den Halbmesser der Wirkungssphäre. Es ist demnach:

$$\eta_t = \frac{m}{8\sqrt{2}\sigma^2} \Omega_0 (1+\alpha t)^{\frac{1}{2}},$$

und

$$\sigma = \sqrt{\frac{\sqrt{1+\alpha t}}{\eta_t} \cdot \frac{m}{8\sqrt{2}} \Omega_0}.$$

Bei vollkommenen Gasen ist ein weiterer Einfluss der Temperatur in σ zu suchen, σ muss mit steigender Temperatur abnehmen, so dass:

$$\sigma_t = \frac{\sigma_0}{(1+\gamma t)}$$

gesetzt werden muss.

Der Werth von γ berechnet sich aus den Beobachtungen zu

$$\gamma = 0{,}000802,$$

wenn $\Omega_0 = 44700$ cm, $m = MG$ gesetzt wird, M das Moleculargewicht der Luft (28,87) und G das Gewicht einer Wasserstoffmolekel bedeutet.

Die Temperaturfunction des Reibungscoefficienten wird alsdann

$$\eta_t = \eta_0(1+\alpha t)^{\frac{1}{2}}(1+\gamma t)^2,$$

wo $\alpha = 0{,}003665$. Diese Formel giebt eine recht gute Uebereinstimmung zwischen den beobachteten und den nach ihr berechneten Resultaten.

Für Kohlensäure ergaben sich nach der MAXWELL'schen Methode die Reibungscoefficienten:

$$\eta'_{12,8} = 0{,}000\,1475 \quad \text{und} \quad \eta'_{100} = 0{,}000\,2078.$$

Wie bei den Beobachtungen in Luft sind die Werthe kleiner als die von KUNDT und WARBURG und von PULUJ gefundenen. Wird $\alpha = 0{,}003701$ gesetzt, so ergiebt sich für den Verkleinerungscoefficienten der Wirkungssphäre $\gamma = 0{,}000\,889$, also nahe $\frac{1}{4}\alpha$, so dass der Reibungscoefficient nahe proportional der Temperatur ist. Der guten Uebereinstimmung der Resultate mit den nach der Transpirationsmethode erhaltenen zufolge, scheint das vom Verfasser aufgestellte Correctionsglied von der Natur des Mediums unabhängig zu sein.

Für Benzol findet Hr. SCHUMANN:

$$\eta_{19} = 0{,}00007723; \quad \eta_{70} = 0{,}0000\,9842; \quad \eta_{100} = 0{,}0001148;$$
$$\gamma = 0{,}00185 \quad \text{und} \quad \eta_0 = 0{,}00006894, \quad \text{wenn } \alpha = 0{,}004$$

gesetzt wird. PULUJ fand $\eta_{17} = 0{,}0000759$, während nach der Transpirationsmethode L. MEYER und SCHUMANN den jedenfalls zu grossen Werth $\eta_0 = 0{,}000\,188$ erhielten. Bei den Dämpfen spielen die Oberflächencondensationen jedenfalls noch eine grössere Rolle als bei Luft, so dass die nach der Transpirationsmethode sich ergebenden Zahlen nothwendig zu gross sind. Aus den Beobachtungen mit Ameisensäuremethylester folgt zunächst, dass auch für Dämpfe der Reibungscoefficient unabhängig vom Druck ist. Die Sättigung bewirkte dagegen eine Vergrösserung des Reibungscoefficienten:

In der folgenden Tabelle sind die Resultate zusammengestellt:

Name	η_0 Schwingung	η_t Schwingung	η_t Transpiration	t	Transpiration corr. 0,924 η'
Ameisensaures Methyl	0,00008380	0,0000982	0,0000177	32,3°	0,000164
Ameisensaures Isobutyl	7139	1134	172	97,9	159
Essigsaures Propyl	6855	1104	1605	100,9	148
Propionsaures Aethyl	7079	1128	155	98,3	143
Isobuttersaures Methyl	7011	1086	152	92,0	141
Essigsaures Isobutyl	7010	1176	155	116,3	143

Die Temperaturcoefficienten γ der Ester waren: 0,00174; 151; 167; 225; 109; 160, also nahe dieselben.

Die Temperaturen, bei denen die Transpirationsbeobachtungen ausgeführt wurden, correspondiren bei einem Druck von 760 mm Quecksilber.

Berechnet man die Weglänge $L = \eta / 0{,}318 \varrho \Omega$, und den Gesammtquerschnitt $Q = \frac{1}{4}\sqrt{2}\,L$ aller in 1 ccm enthaltenen Molekeln, so folgt:

Name	Ω	$L.10^9$	Q
Ameisensaures Methyl	32680	3906	45260
Ameisensaures Isobutyl	27640	3828	46190
Essigsaures Propyl	27680	3724	47470
Propionsaures Aethyl	27680	3787	46690
Isobuttersaures Methyl	27440	3627	48740
Essigsaures Isobutyl	26580	3815	46350

Unter Benutzung der Long'schen Beobachtungen der flüssigen Ester berechnet der Verfasser hierauf nach der Lorenz'schen Formel $(n^2+1)(n^2+2).1/d = \text{const.}$ die Brechungsindices, und, nach der von Stefan zwischen diesen und den Weglängen aufgestellten Beziehung, diese letzteren, wobei die Dichten der Dämpfe nach der von L. MEYER und dem Verfasser bereits früher angewandten Formel ermittelt wurden. Die Resultate sind in folgender Tabelle zusammengestellt:

Name	n flüssig	Dichte der Flüssigkeit	Dichte des Dampfes	n Dampf	t	$L\,10^9$
Methylformiat	1,3452	0,9738	0,002518	1,0010	32,3	3906
Methylisobutyrat	1,3824	0,8860	3615	1,0042	92,0	3627
Aethylpropionat	1,3866	0,8959	3550	1,0032	98,3	3787
Isobutylformiat	1,3884	0,8677	3555	1,0015	97,9	3828
Isobutylpropionat	1,3992	0,8732	4072	1,0018	136,8	
Propylvalerat	1,4036	0,8634	4304	1,0020	155,9	
Amylisobutyrat	1,4036	0,8553	4581	1,0021	168,8	

Wie PULUJ bereits gefunden, ist die STEFAN'sche Beziehung etwas zu modificiren, da durchgängig der Brechungscoefficient um so kleiner ausfällt, je grösser die Weglänge ist. Die chemische Constitution ist von grösserem Einfluss, als das Molekulargewicht. Da die Brechungsindices mit wachsendem Molekulargewicht nur wenig zunehmen, so scheinen in der That die Weglängen mit wachsendem Molekulargewicht sich rasch einer constanten Grenze zu nähern. Die von L. MEYER gegebene Formel für die Berechnung der Molekularvolumina der Ester scheint, der Vergleichung der Resultate mit den von KOPP bestimmten zu Folge, auf Dämpfe mit grossem Molekulargewicht nicht mehr anwendbar zu sein. *Pt.*

PAUL HOFFMANN. Ueber die Strömung der Luft durch Röhren von beliebiger Länge. WIED. Ann. XXI, 470-494†; [J. de phys. (2) IV, 512.

Für die Strömung der Gase sind zwei Gesetze aufgestellt, welche in gewissen Grenzen hinreichend mit der Erfahrung übereinstimmen und von denen das NAVIER'sche Gesetz nur für ganz kurze, das POISEUILLE-MEYER'sche für sehr lange Röhren gilt. Für mittlere Fälle ist man auf Annäherungen angewiesen. Der Verfasser sucht zunächst den experimentellen Nachweis zu führen, dass wenn für eine Röhre das POISEUILLE-MEYER'sche Gesetz nicht mehr gilt, der Grund hierfür in den Vorgängen am Ende und besonders am Anfang der Röhre zu suchen ist. Er liess trockene Luft durch eine Capillare in einen ausgepumpten Ballon einströmen und bestimmte die Zeit die nöthig war, damit im Ballon ein bestimmter Druck herrsche. Alsdann zerschnitt er die Capillare und fügte die einzelnen Stückchen durch übergekittete Glasröhrchen wieder aneinander, doch so, dass zwischen den einzelnen Stückchen noch etwa ein Raum von 1 mm blieb. Liess er durch die so geänderte Capillare Luft in den Ballon eintreten, so zeigte sich, dass eine längere Zeit nöthig war, um im Ballon denselben Druck hervorzurufen. Das Resultat weicht von dem von Guthrie gefundenen ab, welches in beiden Fällen die gleiche Transpirationszeit ergab.

Um zu einer Theorie der Erscheinungen zu gelangen, lässt der Verfasser das betreffende Gas durch eine Capillare aus einem Ballon in einen andern strömen und nimmt dann an, dass zwischen dem ersten Ballon und dem ersten Querschnitt der Röhre, ebenso zwischem dem letzten Querschnitt der Röhre und dem zweiten Ballon das Navier'sche Gesetz, für die Röhre selbst das Poiseuille-Meyer'sche Gesetz gelte. Dann erhält man die Gleicchungen:

$$vp = R^2 \pi \pi_1 \sqrt{C \operatorname{lognat} \frac{p_1}{\pi_1}};$$

$$vp = \frac{R^4 \pi g \varrho (\pi_1^2 - \pi_2^2)}{16 \eta l};$$

$$vp = R^2 \pi p_2 \sqrt{C \operatorname{lognat} \frac{\pi_2}{p_2}},$$

wo R der Radius der Capillare, p_1 die Höhe einer Quecksilbersäule, welche dem Druck im ersten Ballon das Gleichgewicht hält, π_1, π_2, p_2 die entsprechenden Grössen für den ersten und letzten Querschnitt der Röhre und den zweiten Ballon bedeuten. v ist das Volumen, welches unter der Druckhöhe p gemessen in der Zeiteinheit durchfliesst, g die beschleunigende Kraft der Schwere, ϱ die Dichte des Quecksilbers, l die Länge der Röhre, η die Reibungsconstante der Luft, $\pi = 3{,}1416$,

$$C = \frac{2 g \varrho\, 76 (1 + 0{,}003\,665\, \vartheta)}{0{,}001\,292\,77},$$

ϑ die Temperatur nach Celsius.

Aus diesen Gleichungen leitet der Verfasser die folgenden ab:

$$(1a.)\qquad \pi_1 = \frac{p_1\left[1-\frac{2(vp)^2}{R^4\pi^2Cp_1^2}\right]}{\left[e^{\frac{(vp)^2}{R^4\pi^2Cp_1^2}}-\frac{2(vp)^2}{R^4\pi^2Cp_1^2}\right]},$$

$$(1b.)\qquad vp = \frac{R^4\pi\varrho g(\pi_1^2-\pi_2^2)}{16\eta l},$$

$$(1c.)\qquad \pi_2 = p_2 e^{\frac{(vp)^2}{R^4\pi^2Cp_2^2}},$$

mittelst einer zweiten Annäherung ist hieraus der Werth vp mit hinreichender Genauigkeit zu ermitteln.

Der Verfasser stellt weiter noch eine empirische Formel auf. Trägt man nämlich die Länge der Röhre als Abscisse, die Transpirationszeit für ein gewisses Volumen als Ordinate auf, so ergibt das POISEUILLE-MEYER'sche Gesetz, das für eine lange Röhre gilt, eine gerade Linie. Dieser Linie muss sich die Curve, nach welcher das Verhältniss der Transpirationszeit zur Länge der Röhre sich in Wirklichkeit ändert, asymptotisch nähern. Ein Punkt der Curve wird dadurch bestimmt, dass für eine gewisse kleine Röhrenlänge die durchgehende Gasmenge ein Maximum wird, für diese Röhrenlänge wird das NAVIER'sche Gesetz gelten. Hierdurch ist zwar die Curve der Transpirationszeit noch nicht fest bestimmt. Nimmt man aber an, dass sie eine Hyperbel sei, so lässt sich ihre Gleichung aufstellen. Bezeichnet T die wirkliche, P die nach dem POISEUILLE-MEYER'schen, $\frac{V}{a}$ die nach dem NAVIER'schen Gesetz berechnete Transpirationszeit, l die Länge der Röhre, l_1 die Röhrenlänge für den Maximalausfluss, t die zu l_1 gehörige Transpirationszeit, so ist die Gleichung der Curve:

$$(T-t)^2-(P-A)^2 = \left(\frac{N}{a}-t\right)^2.$$

Ist l gegen l_1 sehr gross, so folgt hieraus

$$(2.)\qquad T = \sqrt{P^2+\frac{N^2}{a^2}}.$$

Wie aus den Versuchen hervorgeht ist aber die wahre Curve der Transpirationszeit keine Hyperbel. Die Versuche würden am besten dargestellt, wenn man setzte:

$$(3.)\qquad T = \sqrt{P^2 + \frac{N^2}{a^2 b^2}},$$

wo dann

$$b = \frac{l+4}{2l+4}.$$

Für constante Strömung gilt dann die Formel:

$$(4.)\qquad vp = \frac{1}{\sqrt{\frac{1}{P_1^2} + \frac{1}{(N_1 ab)^2}}},$$

wo

$$P_{\cdot} = \frac{R^4 \pi g \varrho (p_1^2 - p_2^2)}{16 \eta l},$$

$$N_1 = \frac{R^2 \pi (p_1 + p_2)}{2} \sqrt{\frac{C}{0{,}43429} \log \frac{2p_1}{p_1 + p_2}}.$$

Die Beobachtungen wurden nach drei verschiedenen Methoden angestellt. Nach der ersten wurde die Luft aus einem Ballon, in welchem sie unter constantem Drucke stand, in einen zweiten Ballon gepresst, welcher mit einer Wasserluftpumpe in Verbindung stand. Der Druck im ersten Ballon wurde dadurch constant erhalten, dass die überströmende Luft durch eine Mischung von Schwefelsäure mit Wasser, die aus einem Reservoir in den Ballon eintropfte, ersetzt wurde. Die Quantität der eingetretenen Menge von Schwefelsäure lieferte zugleich die Menge der in einer gewissen Zeit übergeströmten Luft. Die Vergleichung dieser Menge mit derjenigen, welche die letzte für constante Strömung aufgestellte Formel angiebt, liefert eine ziemlich gute Uebereinstimmung.

Nach der zweiten Methode wurde eine gleiche Menge Luft zunächst durch eine lange, dem Poiseuille'schen Gesetz genügende Capillare gepresst, dann durch die zu untersuchende Capillare. Auch hier liefert Theorie und Experiment eine befriedigende Uebereinstimmung. Nach einer dritten Methode wurden zahlreiche Versuche angestellt über die bei variabler Strömung eintretenden Verhältnisse. Die Luft strömte durch eine Capillare aus der Atmosphäre in einen luftleer gepumpten Ballon von gemessenem Inhalt und es wurde die Zeit gemessen, welche nöthig war um den Ballon zu füllen. Die nach Formel (3.) berechneten Transpirationszeiten stimmten recht gut mit den beobachteten überein. Zum Schlusse macht der Verfasser noch einige Bemerkungen über die von Hrn. O. E. MEYER und Hrn. HOUBA näher untersuchten ähnlichen Verhältnisse der Strömung des Wassers durch Röhren. *Pt.*

W. BRAUN. Schwingende Bewegung einer kreisförmigen Scheibe im widerstehenden Mittel. Jahresber. der k. Realsch. Augsburg 1883; Rep. d. Phys. XX, 771-787†; Beibl. VIII, 752-755*, IX, 294-296*.

Die drehenden Schwingungen von Hohl- und Vollkugeln und von Kreisscheiben um ihren Mittelpunkt sind mehrfach behandelt worden. Der Verfasser wendet die bekannten hydrodynamischen Differentialgleichungen auf den Fall der Bewegung einer dünnen Scheibe an, deren Mittelpunkt auf ihrer Symmetrieaxe horizontal schwingt. Der Widerstand des Mittels bei dieser Art der Bewegung besteht darin, dass die verdrängten Lufttheilchen seitlich gegen den Rand der Scheibe abfliessen, um die Lücken auszufüllen, welche die Scheibe hinter sich zurücklassen würde. Man kann annehmen, dass die Bewegung jedes Flüssigkeitstheilchens in einer Ebene erfolgt, die durch dasselbe und die Symmetrieaxe der Scheibe bestimmt ist, und dieselbe in eine radiale und eine senkrecht zur Scheibe stehende axiale Componente zerlegen. Wählt man die Ruhelage des Scheibenmittelpunktes als Ursprung, die Bewegungsrichtung desselben als X-Axe, und führt Cylindercoordinaten ein: $r=\sqrt{y^2+z^2}$, und ω als Winkel zwischen r und der XY-Horizontal-Ebene, so gelangt man zu folgenden Differentialgleichungen, wenn man berücksichtigt, dass die Bewegung von ω unabhängig, und daher die Winkelgeschwindigkeit $\frac{d\omega}{dt}=0$ angenommen werden kann:

$$(1.)\qquad \varrho\frac{\partial u}{\partial t}+\frac{\partial p}{\partial t}=\mu\left[\frac{\partial^2 u}{\partial x^2}+\frac{1}{r}\frac{\partial}{\partial r}\left(r\frac{\partial u}{\partial r}\right)+\frac{1}{r^2}\frac{\partial^2 u}{\partial \omega^2}\right],$$

$$(2.)\quad \varrho\frac{\partial q}{\partial t}+\frac{\partial \mathfrak{p}}{\partial r} = \mu\left[\frac{\partial^2 q}{\partial x^2}+\frac{\partial}{\partial x}\left(\frac{1}{r}\frac{\partial(qr)}{\partial r}\right)+\frac{1}{r^2}\frac{\partial^2 q}{\partial\omega^2}\right],$$

$$(3.)\quad 0 = \frac{\partial u}{\partial x}+\frac{1}{r}\frac{\partial(qr)}{\partial r}.$$

Hierin bedeutet q die radiale Geschwindigkeit, u die axiale, $\mathfrak{p}$ den hydrostatischen Druck, μ den Reibungscoefficienten und ϱ die Dichte. Eliminirt man zunächst $\mathfrak{p}$ und beachtet, dass nach Gleichung (3.) ur und $-qr$ die partiellen Differentialquotienten einer und derselben Function φ bezw. nach r und x sind, so erhält man schliesslich die Differentialgleichung vierter Ordnung:

$$(4.)\quad \varDelta\left(\varDelta\varphi-\frac{1}{\mu'}\frac{\partial\varphi}{\partial t}\right) = 0,$$

wo die Operation

$$\varDelta = \frac{\partial^2}{\partial x^2}+\frac{\partial^2}{\partial r^2}-\frac{1}{r}\frac{\partial}{\partial r}$$

und

$$\mu' = \frac{\mu}{\varrho}$$

ist.

Die Gleichung (4.) ist gelöst, wenn $\varphi = \varphi_1+\varphi_2$, und φ_1 und φ_2 die Integrale der Gleichungen

$$(5.)\quad \varDelta\varphi_1 = 0 \quad \text{und} \quad (6.)\quad \varDelta\varphi_2 = \frac{1}{\mu'}\frac{\partial\varphi}{\partial t}$$

darstellen.

Setzt man $\varphi_1 = \mathfrak{X}\mathfrak{R}e^{int}$, und analog $\varphi_2 = XRe^{int}$, so erhält man aus (5.) und (6.) Gleichungen für die 4 Constanten, die, in bekannter Weise vermittelst Exponential- bezw. Reihenfunctionen integrirt, die Werthe liefern:

$$(7.)\quad \mathfrak{X} = \mathfrak{A}e^{\mathfrak{a}x}+\mathfrak{B}e^{-\mathfrak{a}x},$$

$$(8.)\quad X = Ae^{ax}+Be^{-ax},$$

$$(9.)\quad \mathfrak{R} = r^2-\frac{\mathfrak{a}}{2.4}r^4+\frac{\mathfrak{a}^2}{2.4.4.6}r^6-\ldots.$$

$$(10.)\quad R_1 = r^2-\frac{a^2-m^2}{2.4}r^4+\frac{(a^2-m^2)^2}{2.4.4.6}r^6-\ldots$$

$\mathfrak{A}$, $\mathfrak{B}$, A, B, $\mathfrak{a}$ und a sind willkürliche Constanten und es ist

$$m^2 = \frac{in}{\mu'}.$$

Um zu einem zweiten particulären Integral von R zu gelangen setzt man:

$$R_2 = \mathfrak{R}_1 z,$$

wo z eine zu bestimmende Function von r ist.

Aus der Differentialgleichung für $\mathfrak{R}$ ergiebt sich dann:

$$z = \mathfrak{C} + \mathfrak{D} \int \frac{r}{\mathfrak{R}_1^2} dr,$$

so dass das allgemeine Integral

$$(11.) \qquad \mathfrak{R} = \mathfrak{R}_1 \left(\mathfrak{C} + \mathfrak{D} \int \frac{r}{\mathfrak{R}_1^2} dr \right)$$

und analog

$$(12.) \qquad R = R_1 \left(C + D \int \frac{r}{R_1^2} dr \right),$$

wo $\mathfrak{C}$, $\mathfrak{D}$, C und D willkürliche Constanten bedeuten.

Die Function φ soll die Bedingung erfüllen, dass für $r = 0$ und $r = \infty$ die Werthe von u und q endlich bleiben. Die erste Bedingung wird erfüllt, wenn $\mathfrak{D} = D = 0$. Die zweite Bedingung lässt sich nur für u, nicht aber für q erfüllen, d. h. die Integration gilt nur für eine unendlich grosse Scheibe, so dass eine Differenz zwischen der Theorie und dem Experiment auftreten muss.

Wenn $x = 0$, soll ferner die axiale Geschwindigkeit u der Flüssigkeit mit derjenigen der Scheibe übereinstimmen, also unabhängig von r sein. Dies ist nur dann möglich, wenn alle Glieder in φ, mit Ausnahme derer, welche r^2 enthalten, verschwinden; es muss also $a = 0$, $a^2 - m^2 = 0$, also $a = \pm m$ angenommen werden.

Für $x = \pm\infty$ sollen u und q verschwinden, für $x = +\infty$, muss also $A = 0$, für $x = -\infty$, muss $B = 0$ und stets $\mathfrak{A} = 0$ werden, so dass

$$(13.) \qquad \text{für positive } x\text{:} \quad \varphi = Br^2 e^{int - mx},$$

$$(14.) \qquad \text{für negative } x\text{:} \quad \varphi = Ar^2 e^{int + mx}.$$

Wenn $x = 0$, soll q endlich bleiben. Diese Bedingung ist weder für haftende, noch für gleitende Flüssigkeiten zu erfüllen; die Differenz zwischen Theorie und Experiment wird jedoch um so kleiner ausfallen, je kleiner die Scheibe ist.

Da

$$u = \frac{1}{r}\frac{\partial\varphi}{\partial r}$$

und

$$q = -\frac{1}{r}\frac{\partial\varphi}{\partial x},$$

so ergiebt sich, wenn man die hieraus und aus Gleichung (13.) folgenden Werthe von u und q in die Gleichung (1.) und (2.) einsetzt:

$$\frac{1}{r}\frac{\partial\mathfrak{p}}{\partial x} = 0 = \frac{1}{r}\frac{\partial\mathfrak{p}}{\partial r},$$

dass also $\mathfrak{p}$ von x und r unabhängig ist, und deshalb auch von t.

Die Bewegungsgleichung der Scheibe, auf welche die durch die Aufhängung bedingte richtende Kraft (Torsion bei unifilarer, die Schwerkraft bei bifilarer Aufhängung) und die die Bewegung hemmende innere Reibung der Luft wirken, lautet nun, wenn ξ die Ablenkung der Scheibe aus der Gleichgewichtslage, L das Drehungsmoment, W das Moment der Luftreibung und K das Trägheitsmoment der schwingenden Masse:

$$(15.)\qquad K\frac{d^2\xi}{dt^2} - W + L = 0.$$

Für unendlich kleine Bewegungen und eine grosse Entfernung γ des Scheibenmittelpunktes von der Drehungsaxe kann die Geschwindigkeit des Fluidums angenähert derjenigen des Scheibenmittelpunktes gleichgesetzt werden, so dass:

$$(16.)\qquad \gamma\frac{d\xi}{dt} = 2Be^{int} = 2Ae^{int}.$$

Der Druck parallel zur X-Axe, den das Elementarvolumen des Fluidums seitens der Scheibe erfährt ist, da der hydrostatische Druck, der ohne Einfluss auf die Bewegung ist, gleich 0 gesetzt werden kann

$$(17.)\qquad X_x = -\frac{2\mu}{r}\left(\frac{\partial^2\varphi}{\partial r\partial x}\right)x = 0.$$

Bezeichnet b den Scheibenradius und wird

$$\lambda = \sqrt{\frac{n}{2\mu'}} \quad \text{und} \quad \mu' = \frac{\mu}{\varrho}$$

gesetzt, so ergiebt eine einfache Rechnung für das Moment der Luftreibung auf der Vorder- und Hinterfläche der Scheiben:

$$(18.)\qquad W = -4\pi\mu b^2\gamma^2\lambda\left(\frac{\partial\xi}{\partial t}+\frac{1}{n}\frac{\partial^2\xi}{\partial t^2}\right).$$

Dieser Werth in Gleichung (21.) eingesetzt, giebt:

$$(19.)\qquad K'\frac{d^2\xi}{dt^2}+H\frac{d\xi}{dt}+L = 0,$$

wo

$$K' = \left(K+\frac{2\pi b^3\gamma^2\varrho}{\lambda}\right)$$

und

$$H = 4\pi\mu b^2\gamma^2\lambda$$

Das Integral der Gleichung (25.) ist aber bekanntlich

$$\xi = \xi_0 e^{-\delta t}\sin\frac{2\pi}{\tau},$$

wo

$$\delta = \frac{H}{2K'}$$

und

$$\frac{2\pi}{\tau} = \sqrt{\frac{L}{K'}-\delta^2}.$$

δ bedeutet das logarithmische Decrement pro Zeiteinheit und τ die Dauer einer ganzen Schwingung.

Aus dem Werthe δ ergiebt sich, da

$$n = \frac{2\pi}{\tau}$$

und

$$\lambda = \sqrt{\frac{\pi\varrho}{\tau\mu}},$$

nunmehr

$$(20.)\qquad \mu = \frac{K^2}{4\pi\varrho\tau b^4\gamma^4\left(\frac{\pi}{\delta\tau}-1\right)^2}.$$

Gewöhnlich ist 1 gegen $\frac{\pi}{\delta\tau}$ zu vernachlässigen, so dass

$$(21.)\qquad \delta = \sqrt{\frac{4\pi^3\mu\varrho b^4\gamma^4}{K^2\tau}}.$$

Wenn M die Masse der Scheibe, so ist:

$$K = M\gamma^2.$$

Bezeichnet M' die Masse der von der Scheibe verdrängten Luft, so ist ferner:

$$M' = d . b^2 \pi . \varrho,$$

wenn d die Dichte der Scheibe. Dann ist:

$$\frac{\tau}{2}\delta = \frac{k' M'}{M + k M'},$$

wo

$$k' = \frac{\pi}{d\lambda}$$

und

$$k = \frac{2}{d\lambda}.$$

Nach Stokes und O. E. Meyer ist für Kugeln vom Radius a

$$k' = \frac{9}{4\lambda a}\left(1 + \frac{1}{\lambda a}\right), \quad k = \tfrac{1}{2} + \frac{9}{4\lambda a}.$$

Der Coefficient H in der Differentialgleichung (19.) bedeutet den Widerstand, den die ganze Scheibe bei der Winkelgeschwindigkeit 1 erfährt. Daraus folgt für den Widerstand ν der Flächeneinheit:

$$\nu = 4\lambda\mu,$$

ein Werth, der umgekehrt proportional zur Schwingungsdauer ist. Daraus erklärt sich die Verschiedenheit der von Hrn. Bödecker gefundenen Werthe von denjenigen, welche die Hrn. Braun und Kurz für den specifischen Widerstand gefunden haben. Aus drei Versuchen Bödecker's, für welche die Schwingungsdauern angegeben sind, folgt (für quadratische Flächen):

$$\nu\sqrt{\tau} = 0{,}0098; \quad 0{,}0114; \quad 0{,}0106.$$

Aus dem Mittelwerthe ergiebt sich: $\mu = 0{,}002$, also zehnmal zu gross.

Die von den Hrn. Kurz und Braun mit kreisförmigen Cartons von 4,2 cm Radius erhaltenen Werthe lassen die Abhängigkeit der ν von der Schwingungsdauer τ nicht erkennen.

τ	ν	μ
5,75	0,0028	0,00075
2,13	0,0034	0,00041
12,24	0,0033	0,00220
5,85	0,0017	0,00028

Die Uebereinstimmung der Beobachtungen ist noch nicht genügend, obschon die für μ erhaltenen Resultate sich dem richtigen Werthe mehr annähern. Der Verfasser glaubt den Grund der Abweichungen dem Einflusse sehr geringer Temperaturänderungen zuschreiben zu sollen, da die geringsten Luftströmungen erhöhend auf das logarithmische Decrement einwirken, ein Umstand, der bei den obigen Beobachtungen noch nicht berücksichtigt worden war. *Pt.*

W. BRAUN. Die Abhängigkeit der Luftdämpfung von Temperaturschwankungen. Rep. d. Phys. XX, 822-824†; Beibl. IX, 296*.

Bereits GAUSS hat darauf aufmerksam gemacht, dass die sehr kleinen Werthe der logarithmischen Decremente immer nur bei bedecktem, die sehr grossen gewöhnlich nur bei heiterem Himmel eintreten. Dies bestätigt auch BÖDEKER, ohne jedoch eine Erklärung geben zu können. Der Verfasser sucht den Grund dieser Variation der Decremente in den unvermeidlichen, durch Strahlungseinflüsse herbeigeführten Temperaturänderungen welche Luftströme bedingen, die ihrerseits das Decrement vergrössern. Um dies nachzuweisen werden drei Beobachtungsreihen mitgetheilt. *Pt.*

GREENHILL. Curves of air resistance. Rep. Brit. Ass. Southport 1883, 656.

Nach Versuchen von KRUPP und von BASHFORTH werden Curven gezeichnet, deren Abscissen Geschwindigkeiten und deren Ordinaten Widerstände darstellen. Bei geringen Geschwindigkeiten war nach KRUPP die Curve eine Parabel, beim Uebersteigen der Schallgeschwindigkeit ging die Curve plötzlich in die Höhe und folgte einer zweiten Parabel, die um einen constanten

Werth über der ersten lag. BASHFORTH's Widerstandswerthe liegen höher als KRUPP's; bei 2800 Fuss in der Secunde geben erstere einen Druck von 6500 Pfund auf den Quadratfuss.

Bde.

M. CANTONE. Sull'Attrito del vapor d'acqua ad alte temperature. Atti R. Acc. dei Lincei Mem. XIX, 253-261†.

Um den Reibungcoefficienten des Wasserdampfes in der Nähe von 100° zu bestimmen, benutzt der Verfasser folgenden Apparat.

Der in einem grösseren Gefäss entwickelte Wasserdampf streicht durch eine Capillarröhre und gelangt in einen, im selben Gefässe befindlichen, auch ausserhalb von einem Dampfmantel umgebenen Raum; der austretende Dampf wird in einem Kühlrohr condensirt und das destillirte Wasser sammelt sich in einem Ballon. Der Ueberdruck im Innern des Siedeapparates wurde mit einem Quecksilbermanometer, die Temperatur des Dampfes mit einem in Glycerin eingetauchten Thermometer bestimmt, ausserdem befand sich noch ein Temperaturregulator nach BENOÎT im inneren Dampfraum. Aus der übergegangenen Wassermenge wurde das durch die Capillare gegangene Dampfvolumen ermittelt.

Zur Berechnung des Reibungscoefficienten erhält man aus der Formel von POISEUILLE

$$\eta = \frac{\pi}{8} \frac{p_a - p_e}{LV} r^4 \tau .$$

Das Volumen V bei mittlerem Druck berechnet der Verfasser aus dem Volumen des gesättigten Dampfes nach dem Gesetz von GAY-LUSSAC.

Zur Berechnung des Volumens des gesättigten Dampfes benutzt er die empirische Formel von ZEUNER:

$$\gamma = 0,6061 . H^{0,9393},$$

worin γ das spezifische Gewicht des gesättigten Dampfes bei H Atmosphären bedeutet.

Berücksichtigt man noch die Ausdehnung des Glases, und setzt man für das spec. Gew. des Quecksilbers 13,5959, für die

Schwere in Rom 980,39; nennt man ferner den Ausdehnungscoefficienten des Glases k, das Gewicht des destillirten Wassers P, so erhält man die Formel

$$\eta = 27{,}146 \frac{h_a^2 - h_e^2}{h_a^{0{,}0607} . L . P} r^4 \tau (1 + kt),$$

in cm, gr und sec. ausgedrückt.

Der Radius wurde aus dem Gewicht eines Quecksilberfadens bestimmt und fand sich

$r = 0{,}0238$ cm für die Capillare I.
- 0,0229 - - - - II.

Die Capillare I, welche von Anfang an im Apparat belassen wurde, gab hinreichend übereinstimmmende Werthe mit der anderen Röhre.

t ist die Temperatur im Innern des Siedapparates.

Die Capillare I liefert als Mitel $\eta = 0{,}000114 \pm 3$
- - II - - - $\eta = 0{,}000114 \pm 4$

Die für η erhaltenen Zahlen vergleicht der Verfasser noch mit den Beobachtungen von Kundt und Warburg bei 20° ($\eta = 0{,}0000975$), doch findet sich keine grosse Uebereinstimmung. Die für n aus der Formel $\eta = \eta_0 (1 - \alpha t)^n$ berechneten Zahlen bewegen sich zwischen 0,57 und 0,65.

Der Verfasser stellt endlich noch für eine Anzahl von Gasen, deren Reibungscoefficient bei verschiedenen Temperaturen untersucht worden ist, die Werthe von n zusammen, um zu zeigen, dass n um so grösser ausfällt, je grösser das Moleculargewicht ist. Für Gase mit mehr als drei Atomen gilt jedoch diese Regel nicht mehr allgemein. *Pt.*

Anneaux de fumée. La Nat. XII, 319-320†; [Beibl. IX, 7*.

Wird durch eine 2 bis 5 mm weite Röhre gegen eine befeuchtete Glasscheibe Tabakrauch geblasen, so erhält man sehr flüchtige Ringe; in einem geschlossenen Gefäss bei constantem Zuströmen des Rauches bleiben sie dagegen fest haften. Zu diesem Zwecke wird folgender Apparat vorgeschlagen, nach Analogie desjenigen, den M. Nicklès zur Analyse einer Kerzenflamme benutzt hat. Der Rauch wird durch ein Löthrohr in eine unten tubulirte Flasche eingesaugt, aus welcher Wasser ausfliesst. Er ergiesst sich dann in einem continuirlichen Strahle senkrecht zur Oberfläche des Wassers in das Gefäss, wobei sich mehrere concentrische Ringe bilden. Je stärker der Strom, um so grösser sind die Ringe, und je dichter die Schicht wird, welche sich auf der Oberfläche des Wassers ablagert, desto geringer wird die Anzahl der Ringe. Schliesslich ist nur noch ein einziger Ring oder vielmehr ein kleiner Wulst von einer Dicke von mehr als 15 mm zu bemerken. *Pt.*

JOHN RAE. Sandrippungen durch Wind. Beibl. VIII, 451†; Nat. XXIX, 357*.

Der Verfasser beobachtete bei Bundoran an der Westküste von Irland auf einer Düne Rippenbildungen durch die Wirkung der Seewinde. Die Rippungen bewegten sich vor dem Winde mit einer Geschwindigkeit von etwa einem Fuss in drei bis vier Minuten. Die Fortbewegung wurde erzeugt durch Ueberführung feiner Sandtheilchen von der Windseite nach der Seeseite.

Pt.

L. SER. Résultats d'expériences sur un nouveau système de ventilateur à force centrifuge. C. R. XCVIII, 783-786†.

Der Verfasser hat in einer früheren Abhandlung (1878) eine Theorie der Ventilatoren aufgestellt. Der Zweck der gegenwärtigen Arbeit ist die experimentelle Bestätigung der sich aus jener Theorie ergebenden drei Formeln:

$$E = m\frac{d}{g}\,\omega^2 r^2\left(1-\frac{r_0}{r}\frac{\cos\gamma}{\cos\Theta}\right);\quad Q=\mu\, 2\pi r_0^2\,\omega \operatorname{tg}\Theta;\quad T=\frac{1000\,QE}{\varrho},$$

wobei bezeichnet: E den hervorgebrachten Druck, bezw. Unterdruck in Metern, gemessen an einer Wasser-Säule,

Q das abgegebene Volumen in Kubikmetern pro Secunde,

r, r_0 bezw. äusseren, inneren Radius der Flügel,

ω die Winkelgeschwindigkeit,

γ den Winkel des äussersten Flügelementes mit dem Umfange des Kreises vom Radius r,

Θ den Winkel des der Axe zunächstliegenden Elementes mit dem Umfang des Kreises vom Radius r_0,

d die Dichte der Luft,

g die Beschleunigung der Schwere

m, μ, ϱ bezw. den manometrischen, volumetrischen und dynamischen Nutzeffect.

Die Versuche wurden angestellt hauptsächlich mit zwei Ventilatoren, die möglichst den Bedingungen der Theorie entsprachen und von denen der eine ein Druck-, der andere ein Saugventilator war. Der erstere bestand aus einer Kreisscheibe von einem Radius von 50 cm, auf welcher 32 gekrümmte Flügel aufsitzen. Die im Mittelpunkt der Scheibe aus der Atmosphäre aufgesaugte Luft wird durch die Rotation der Flügel in eine spiralförmige Kammer gedrängt, deren Ausströmungsrohr einen Querschnitt von 0,061 qm besitzt Aehnlich war auch der Saugventilator konstruirt. Der erhaltene Unterdruck wurde an mehreren Stellen des Saugraumes gemessen; als Mittel aus 300 nahe übereinstimmenden Beobachtungen ergab sich bei einer Geschwindigkeit von 300 Umdrehungen pro Minute,

$$E = 93{,}44 \text{ mm}.$$

Nach dem Verfasser sind die erhaltenen Resultate folgende:

1. Die Angaben der Theorie und die Resultate des Experimentes stimmen vollkommen mit einander überein.

2. Das Verhältniss der beobachteten Druckdifferenz E zu dem nach der Formel berechneten Druck E_1, welcher der Geschwindigkeit an der Peripherie der Flügel entspricht, variirte von 1,9 bis 2,4 je nach den Dimensionen des Ventilators.

3. Das Volumen der abgegebenen Luft ist sehr nahe gleich dem von der theoretischen Formel angezeigten. Der volumetrische Nutzeffect ist 94 bis 100 pCt.

4. Der dynamische Nutzeffect variirt von 0,604 bis 0,828 je nach dem Durchmesser und der Art der Construction.

Pt.

K. Müllenhoff. Die Grösse der Flugflächen. Arch. f. ges. Physiol. XXXV, 407-453.

Die bis jetzt über diesen Gegenstand angestellten Untersuchungen ergaben keine befriedigenden Resultate, hauptsächlich deswegen, weil das sehr umfangreiche Beobachtungsmaterial nicht mit dem richtigen Verständnisse behandelt und verarbeitet worden war, wie dies z. B. bei MOUILLARD (L'empire de l'air, Paris 81) der Fall. Dieser theilte alle Flugthiere nach der Art ihres Fluges auf Grund sorgfältiger Beobachtungen in 12 Klassen ein, konnte aber zwischen den aus der Beobachtung gefolgerten Resultaten und den in seinen Messungen gefundenen Grössen der Segelfläche F (der gesammten Unterfläche des Thieres) und der Grösse, resp. dem Gewichte P, sowie dem Quotienten $\frac{F}{P}$ keinen Zusammenhang finden. Aehnlich erging es DE LUCY, VON LENDENFELD, HARTING, MAREY, LEGEL und REICHEL.

In der vorliegenden Arbeit werden nun die früher gewonnenen Resultate auf ihre Zuverlässigkeit geprüft und nach einem einheitlichen Prinzip berechnet. Daneben sollte das Zahlenmaterial überhaupt noch vergrössert werden.

Folgendes sind die Grössen, welche gemessen wurden:

n = Anzahl der Flügelschläge pr. sec.

P = Gewicht des Thieres,

p = Gewicht der gesammten Flügelmuskulatur, als Maass der beim Fluge zur Verwendung kommenden Arbeit (nach PLATEAU und MAREY).

F = Segelfläche.

f = gesammte Fläche der beiden Flügel.

K = die Klafterweite.

b = die Länge der beiden Flügel.

h = die theoretische Flügellänge (die Entfernung des Druckmittelpunktes vom Drehpunkte).

Berechnet wurde die relative Grösse dieser Werthe, (jedoch mit Berücksichtigung ihrer Dimensionen im Unterschiede zu den früheren Arbeiten), nach den Formeln:

$$\frac{p}{P}; \quad \frac{F^{\frac{1}{2}}}{P^{\frac{1}{3}}}; \quad \frac{f^{\frac{1}{2}}}{P^{\frac{1}{3}}}; \quad \frac{K}{P^{\frac{1}{3}}}; \quad \frac{l}{P^{\frac{1}{3}}}, \quad \frac{h}{P^{\frac{1}{3}}},$$

also im Verhältniss zum Körpergewicht, dessen Einfluss bei den Untersuchungen festgestellt werden soll.

Zur Untersuchung kamen nur solche Thiere, welche frei lebten und bei voller Kraft getödtet wurden. F resp. f wurde dadurch bestimmt, dass man auf einem unter das ausgebreitete Thier gelegten Papiere die Conturen nachzeichnete und dann die erhaltene Fläche durch Zerlegen in parallele Streifen ausmass. Die Genauigkeit der Messungen wird auf $^1/_{100}$ angegeben.

Werden die Resultate der Messungen von MOUILLARD graphisch in der Weise aufgetragen, dass P durch die Ordinate und $\frac{F}{P}$ durch die Abscisse dargestellt wird, so liegen alle so erhaltenen Punkte innerhalb zweier in geringem Abstande von einander verlaufenden Curven, für welche gilt

$$yx^3 = \text{Const.} \quad \text{oder} \quad \frac{F^{\frac{1}{2}}}{P^{\frac{1}{3}}} = \text{const.} = \sigma,$$

die relative Grösse des Segelarreals oder die Segelgrösse, d. h. Segelvermögen. Dies σ schwankt somit zwischen den beiden Grenzen, die durch die angegebenen Curven bestimmt und von der Grösse des Thieres unabhängig sind. Nach dieser Grösse σ (resp. log σ, variirend von 0,2 bis 0,3) wird sodann eine Classification der fliegenden Thiere ausgeführt und mit den in der Natur am Fluge derselben direct beobachteten Thatsachen verglichen, wobei sich eine gute Uebereinstimmung herausstellt.

Aus einer graphischen Darstellung, in welcher die Schnelligkeit der Flügelbewegung nach Messung von MAREY mit dem Gewichte P zusammengestellt wird, findet MÜLLENHOFF analog früherem $nP^{\frac{1}{3}} = \text{const.}$ innerhalb gewisser enger, die nämliche Grössenordnung besitzenden Grenzen, d. h. n ist annähernd proportional zu $P^{\frac{1}{3}}$. Es wird daraus, sowie aus dem Ergebnisse der Untersuchungen über das Verhalten von σ gefolgert: Die Enden, (ebenso die Druckmittelpunkte) grosser und kleiner Thiere bewegen sich mit annähernd gleicher Geschwindigkeit, und diese wird zu 9,4 m per sec. berechnet.

Das Nämliche wird für das Product nl gefunden. *Pt.*

Ch. Renard et A. Krebs. L'Aérostat dirigeable electrique. La Nat. XII, 193-195†; Lum. El. XIII, 345. Weitere Quellen für dieselbe Mittheilung siehe die Zusammenstellung unter „Litteratur".

Am 9. Aug. 1884 gelang es den Hrn. Renard u. Krebs, mit ihrem elektrischen, lenkbaren Luftballon von Chalais-Meudon aufsteigend eine vollständige Schleife von ca. 7,6 km Länge zu beschreiben und nach dem Ausgangspunkt zurückzukehren. Die Dauer der Fahrt betrug 23 Minuten, die mittlere Geschwindigkeit 5,5 m = pr. sec. Der Ballon hat eine verlängerte, einer Cigarre nicht unähnliche Form und wiegt, bei einer Länge von 50 m, einem Durchmesser von 8,5 m und einem Volumen von 1864 kbm rund 1800 kg. Er wird durch eine am Vordertheile angebrachte Schraube von 7 m Durchmesser getrieben, zu deren Bewegung eine Batterie von 32 Elementen dient, welche eine Arbeit von 250 kgm zu leisten hat; die Lenkung geschieht durch ein am Hintertheile angebrachtes Steuer. *Pt.*

Jouets scientifiques pour 1885: Le petit ballon dirigeable de M. Lachambre. La Nat. XII, 59.

Ein auch zu Demonstrationszwecken geeignetes Spielzeug, das sich an die Construction der HHrn. Renard u. Krebs anschliesst, ist der kleine M. Lahcambre hergestellte Zimmerballon. Derselbe ist mit Wasserstoff gefüllt, lenkbar und mit einer Schraube versehen, zu deren Bewegung die Torsionskraft von Gummifäden verwendet wird. *Pt.*

Litteratur.

E. H. Amagat. Recherches sur la compressibilité des gaz. J. de Phys. (2) III, 370*; sh. diese Ber. XXXIX, (1) 272; [J. chem. Soc. XLVI, 145-146.

— — Mémoire sur la compressibilité de l'air et de l'acide carbonique de 1 à 8 atm. et de 30 à 300 atm. J. de Phys. (2) III, 370-371*; sh. d. Ber. XXXIX, (1) 272-274; [J. chem. soc. XLVI, 146.

K. KRAJEWITSCH. Eine neue Methode die Spannkraft der Gase zu bestimmen. J. d. russ. chem.-phys. Ges. XIV, 60-61; [Beibl. IX, 315-317; sh. diese Ber. XXXVIII, (1) 223-226*.

J. H. POYNTING. Elementare Methode zur Berechnung der Fortpflanzungsgeschwindigkeit von Wellen. Proc. Birm. Phil. Soc. IV, 55-60; Beibl. IX, 223-224*.

Anwendung der von RAYLEIGH in seiner Lehre vom Schall angegebenen Methode.

C. CLODIG. Della funzione del termometro come manometro nelle caldaje a vapore. [J. de Phys. (2) III, 222*.

J. BEGUIN. Suspension des poussières dans l'atmosphère. La Nat. XII, [2] 110*. *Pt.*

YVON VILLARCEAU. Exposé concernant les régulateurs isochrones à ailettes, rédigé en prenant pour base les notions les plus élémentaires de la science. Vendôme: impr. Lemercier et fils. 26 p. et planche.

A. FOURNIER. Un nouvel appareil hydraulique propre à aspirer et comprimer les gaz. Assoc. Franc. Blois 1884, 82-86.

P. BRAHAM. On the action of Currents of Air between Plates. Rep. Brit. Ass. Southport 1883, 447. *Bde.*

CL. RENARD et A. KREBS. Sur un aérostat dirigeable. C. R. XCIX, 316-320*; La Nat. 190-193*, 241*†, 586-587; Polyt. Notizbl. XXXIX, 282*; Naturf. XVII, 374, 443-444; Rev. Scient. XXXIV, 246-248; sh. das Referat p. 392.

DUPUY DE LÔME. Note sur les l'aérostats dirigeables. C. R. XCIX, 341-345*; La Nat. XII, [2] 207*.

HERVÉ MANGON. Note sur l'aérostat dirigeable de M. M. RENARD et KREBS. C. R. XCIX, 772-773*.

G. TISSANDIER. Ascensions aérostatiques du 7 août 1884. La Nat. XII, [2] 171†, 199*.

— — L'aérostat dirigeable électrique de M. M. CH. RENARD et KREBS. La Nat. 1884 II, 241-243. No. 590.

Ascension aérostatique de longue durée (11^h 25^m). La Nat. XII (2) 318.

G. Tissandier. L'aérostat dirigeable de M. M. Renard et Krebs. Expériences du 8 novembre 1884. La Nat. XII, [2] 374.

— — Sur la deuxième expérience de l'aérostat électrique à helice de M. M. Tissandier frères. C. R. XCIX, 530-532*; La Nat. XII, [2] 273-275*; Science III, 152 bis 155; Science 454; Science IV, 531-532.

Laussedat. Sur les tentatives effectuées à diverses époques pour la direction des aérostats. C. R. XCIX, 413-415.

Duroy de Bruignac. Sur la direction des aérostats. C. R. XCIX, 437*.

Victor Fatin. Navigation aérienne, appareils plus lourds que l'air. La Nat. XII, [2] 328*.

Errera. L'hydrogène liquide et les ballons. Rev. scient. XXXIV, 382. *Pt.*

Arsène-Olivier. Note sur un projet d'aérostat dirigeable par l'application des deux principes: „le plus léger que l'air", „le plus lourd que l'air". Paris: impr. Lahure. 24 S. 4°.

P. Bonin. Le Secret de la navigation aérienne avec exposé des théories nouvelles sur la direction. Bordeaux: imp. Ve. Riffaud. 2. éd. 40 S. 8°.

A. Duponchel. L'aérostat élastique automoteur. Rev. scient. 1884 I, 709-717.

Haton de la Goupillière. Rapport sur un travail de M. Piesse, relatif à la direction des ballons. Rev. des trav. scient. IV, No. 3, 143-144.

Bertrand. Possibilité de diriger les aérostats. La Nat. 1884, (2) 238, No. 589.

Histoire des ballons. [La Nat. 1884, (2) 416, No. 600; Sitzung d. Par. Akad. 1884, No. 24.

L. le Saint. Les Aérostats. Lille, Paris: Lefort. 2. éd. 72 S. 8°.

Horbaczewski. Das lenkbare Luftschiff von Renard und Krebs. Mitt. üb. Gegenst. d. Artill. u. Geniewes. 1884, H. 10.

Lösung des Problems der Lenkbarkeit des Luftballons. Milit.-Wochenbl. Nr. 77, 78. *Bde.*

Major BUCHHOLZ. Ueberblick über die bisherigen Versuche und die dabei gemachten Erfahrungen, die Luftschiffe mit Hülfe der Elektricität lenkbar zu machen. Elektrot. ZS. V, XI, 431*.

MECHARSKI. Projet de moteur à acide carbonique pour la navigation aérienne. Assoc. Franc. Blois I, 155.

Neuere Vorschläge für lenkbare Luftballons. DINGL. J. CCLIV, 20-27. *Pt.*

---

7. Cohäsion und Adhäsion.

a) Elasticität und Festigkeit.

Sir WILLIAM THOMSON. Steps towards a kinetic theory of matter. Opening address. Nature XXX, 417-421†; Rep. Brit. Ass. 1884; Science IV, 204-206; [Beibl. IX, 393; [Naturf. XVII, 379.

Die Rede, mit welcher Hr. THOMSON die Sitzungen der Section A der Brit. Ass. in Montreal eröffnete, giebt eine Uebersicht über seine Ansichten in Bezug auf die Constitution der Materie, Ansichten, welche durch die Publikationen des Verfassers seit 1867 bekannt gegeben sind. Anknüpfend an die kinetische Gastheorie, deren Verdienste um die Erkenntniss der verschiedensten Erscheinungen hervorgehoben werden, weist Hr. THOMSON auf die Voraussetzung vollkommen elastischer Atome hin, die dieser Theorie zu Grunde liegt. Daher müsse vor allen Dingen die Elasticität fester Körper erklärt werden. „Wenn wir aus elasticitätsloser Materie ein zusammengesetztes System relativ sich bewegender Theile machen könnten, welches kraft seiner

Bewegung das charakteristische Wesen eines elastischen Körpers zeigt, so wäre dies sicherlich, wenn nicht positiv ein Schritt in der kinetischen Theorie der Materie, so doch wenigstens ein Wegweiser, der die Strasse anzeigt, die, wie wir hoffen können, zu einer kinetischen Theorie der Materie führt". Von den verschiedenen Arten, wie dies bewerkstelligt werden kann, beschreibt Hr. Thomson genauer einen Mechanismus, der, wie er ohne Zufügung der Begründung ausführt, die Erscheinungen der Elasticität nachahmt. Derselbe besteht im wesentlichen aus einem Rhombus aus vier Gelenkstäben; um diese Stäbe als Axen dreht sich reibungslos je ein Schwungrad. „Man verbinde Millionen und abermals Millionen von Partikelchen durch Stabpaare wie die dieser Federwage, und wir haben eine Gruppe von Partikelchen, die einen elastischen festen Körper ausmachen". Ausserdem besitzt dieser Körper, wie weiter erzählt wird, die Eigenschaften der Faraday'schen magneto-optischen Rotation der Polarisationsebene des Lichtes. Zuletzt ersetzt der Verfasser die Schwungräder durch Flüssigkeitswirbel und geht damit auf die von ihm als Lieblingsidee gehegte Theorie der Wirbelatome über, auf die er schon 1867 durch die Helmholtz'sche Theorie der Flüssigkeitswirbel geführt war. „Als ein Schritt zur kinetischen Theorie der Materie hin ist es sicherlich äusserst interessant zu bemerken, dass in der Quasi-Elasticität, die wie die Elasticität eines Bandes aus Gummi elasticum aussieht, und welche wir in einem vibrirenden Rauchringe erblicken, der aus einer elliptischen Oeffnung getrieben wurde, oder in zwei Rauchringen, die kreisförmig waren, aber durch wechselseitige Collision die Gestalt eingebüsst haben, wir in Wirklichkeit eine virtuelle Elasticität in elasticitätsloser Materie haben, indem die virtuelle Elasticität von der Bewegung herstammt und durch die Erzeugung der Bewegung erzeugt ist." *Lp.*

H. Whiting. A new theory of cohesion applied to the thermodynamics of liquids and solids. Proc. Amer. Ac. of Sc. XIX, 352-431†.

Das Vorliegende ist nicht eine aus einem neuen Gedanken entwickelte Theorie; vielmehr werden alle Relationen durch besondere Argumentationen aus bekannten und wahrscheinlichen Umständen gemäss gewöhnlicher Betrachtungsweise gewonnen. Der Verfasser erklärt selbst, dass er nur hat zeigen wollen, dass seine einzige Hypothese einer Anziehung der Molecüle proportional der (−4)ten Potenz der Entfernung unwesentlich ist. Eigenthümlich ist auch, dass er die Dynamik der Molecülsysteme durch die Analogie mit einem Magneten ersetzt, sofern dessen Kraft ebenso aus Kräften eines Systems zusammengesetzt sei. Dagegen hält er für bewiesen, dass die Anziehung unpolarisirter Elemente mit bekannten Thatsachen unverträglich sei.

He.

H. RESAL. Physique mathématique. Électrodynamique, Capillarité, Chaleur, Électricité, Magnétisme, Élasticité. Paris: Gauthier-Villars VI u. 376 S. 4°.

Diese „Mathematische Physik“ besteht aus einer Sammlung einzelner Aufsätze, die der Verfasser in dem damals noch von ihm redigirten „Journal de Mathématiques pures et appliquées“ während der letzten Jahre hat erscheinen lassen, und über welche daher seiner Zeit in den betreffenden Capiteln dieser Berichte einzeln berichtet ist. Als Beweggrund für die Veröffentlichung dieser zum Theil schon vor vielen Jahren für Vorlesungen entstandenen Bearbeitungen führt der Verfasser seine Beobachtung an, dass die jüngeren französischen Mathematiker sich nicht mehr wie am Anfange des Jahrhunderts mit der mathematischen Physik beschäftigen; er wünsche daher, sie zu ihr zurückzuführen. Obschon in der Vorrede die Verdienste von nicht französischen Gelehrten (CLEBSCH, RIEMANN, CLAUSIUS, G. GREEN, W. THOMSON, J. THOMSON) anerkannt werden, unter denen seltsamer Weise GAUSS, F. NEUMANN, H. v. HELMHOLTZ, G. KIRCHHOFF, L. BOLTZMANN nicht genannt sind, so darf man darum in dem Buche selbst nicht etwa eine Reproduction der Gedanken dieser „Ausländer“ suchen wollen. *Lp.*

J. J. WEYRAUCH. Theorie elastischer Körper. Eine Einleitung zur mathematischen Physik und technischen Mechanik. Leipzig: B. G. Teubner, VIII u. 279 S. 8°†. [Beibl. XIII, 408; Deutsch. LZ. V, 1552; [Lit. CBl. 1884, 1788-9.

Der Gegenstand ist auf breiter Grundlage bearbeitet. Der Verfasser wollte „eine möglichst scharfe Entwickelung der allgemeinen Gesetze elastischer oder wirklicher Körper im Anschlusse einerseits an die elementaren Lehren der Mechanik und andererseits an die Anwendungsgebiete der Physik und Technik liefern". Es sind nicht nur bereits bekannte Arbeiten zu einem Lehrbuche zusammengefasst, sondern der Verfasser musste neue Untersuchungen ausführen, um eine systematische Darstellung zu erhalten. Specielle Beispiele sind nicht behandelt. *Lp.*

DUGUET. De la résistance des corps solides. Rev. d'Art. XXIII, 21-41, 115-130, 318-335, 498-516; XXIV, 138-151, 326-344, 517-544†. Als Separatabdruck ersch. Nancy: Berger-Levrault.

Die Artikel bilden die Fortsetzung derjenigen, die im Jahrg. 1883 dieser Berichte (1) p. 320 besprochen wurden. Das sechste Capitel über Compression, Zug und Biegung, mit welchem der erste Artikel beginnt, behandelt die scheinbare Elasticitätsgrenze für Compression, die symmetrische Compression der Umdrehungskörper, den Zug, die Deformation der Prismen, die Deformation der fasrigen und krystallinischen Körper, die nicht symmetrische Compression langer Stäbe. Das folgende Capitel (VII) ist den Deformationen und dem Widerstande der Hohlcylinder gewidmet. Die einzelnen Paragraphen sind betitelt: Kleine elastische Deformationen, Hauptkräfte. Das Umlegen von Reifen. Neue Form der Gleichgewichtsgleichungen, grösste tangentielle Kräfte. Elasticitätsgrenze oder elastischer Widerstand der Röhren. Allgemeine Betrachtungen über die Körper gleichen Widerstandes. Cylinder gleichen Widerstandes. Berechnung des elastischen Widerstandes eines Cylinders, der aus einer gegebenen Anzahl von Reifen und aus den Constructionselementen zusammengesetzt ist. Permanente Deformationen, Entwickelung der elastischen Kräfte. Elastischer Widerstand einer ursprünglich deformirten Röhre. Widerstand einer

Röhre, die einer wachsenden Dilatation unterworfen wird. Elastisches Gleichgewicht und Widerstand der Hohlkugel. Kugelförmige Böden der Kessel, Formeln für Hüllen geringer Dicke. Böden dicker Cylinder, Schlussstücke. Offene Cylinder. Grosse longitudinale Deformationen der Cylinder. Bruch und Reissen der Cylinder. *Lp.*

L. F. MENABREA. Sur la concordance de quelques méthodes générales pour déterminer les tensions dans un système de points réunis par des liens élastiques et sollicités par des forces extérieures en équilibre. C. R. XCVIII, 714-717†.

Die erste der zwei verglichenen Methoden, hier genannt die Methode von M. LÉVY, ist im wesentlichen das Princip der virtuellen Geschwindigkeiten nach gewöhnlicher Herleitung, die andere besteht darin, die bei der Dehnung der Bänder geleistete Arbeit zum Minimum zu machen, und führt zu übereinstimmendem Resultate. *He.*

W. HESS. Ueber die Biegung und Drillung eines unendlich dünnen elastischen Stabes, dessen eines Ende von einem Kräftepaar angegriffen wird. Math. Ann. XXXIII, 181-219†.

KIRCHHOFF hat darauf aufmerksam gemacht, dass die Bedingungen für das Gleichgewicht eines sehr dünnen elastischen Stabes, auf dessen eines Ende Kräfte einwirken, während das andere festgehalten wird, dieselbe Form besitzen wie die Gleichungen, welche die Bewegung eines um einen festen Punkt rotirenden starren Körpers definiren. Diese Bewegung ist aber analytisch von JACOBI in elliptischen Functionen, geometrisch von POINSOT durch das Rollen zweier Kegel auf einander dargestellt. Es bleibt übrig, die gewonnenen Resultate auf das Elasticitätsproblem zu übertragen; dies macht sich der Verfasser zur Aufgabe für den Fall, wo nur ein Kräftepaar wirkt. An die Stelle der drei Hauptträgheitsmomente treten die drei Hauptbiegungswiderstände und der Torsionswiderstand. Die Rechnung wird durchgeführt und der Reihe nach untersucht: die Krümmungsverhältnisse der einzelnen Querschnitte, die Ueberführung des geraden und ungedrillten Stabes in seine Gleichgewichtslage durch das Aufeinanderbiegen zweier windschiefen Flächen, die Krümmung des ganzen Stabes, spezielle Fälle hervorgerufen durch besondere Stellung des angreifenden Kräftepaares und durch besondere Wahl der drei Hauptwiderstände. Es ergeben sich eine grosse Anzahl sehr interessanter Sätze und Veranschaulichungen. *He.*

G. H. Halphen. Sur une courbe élastique. C. R. XCVIII, 422-425†; [Beibl. VIII, 451; J. éc. polyt. LIV, 183-250.

Hr. M. Lévy war bei der Untersuchung der Gleichgewichtsgestalt eines elastischen Kreisringes, der in seiner ganzen Länge einem überall normal zu ihm gerichteten gleichmässigen Drucke unterworfen ist, auf die Formeln geführt worden (C. R. XCVII, 694-697; diese Berichte XXXIX, (1) 1883, p. 295).

$$ds = \frac{r\,dr}{\sqrt{r^2-(Ar^4+Br^2+C)^2}},$$

$$d\Theta = \frac{Ar^4+Br^2+C}{\sqrt{r^2-(Ar^4+Br^2+C)^2}}\,\frac{dr}{r},$$

wo s den Bogen, r und Θ Polar-Coordinaten der elastischen Curve bedeuten, für welche Gleichgewicht stattfindet. Hr. Halphen bewirkt die Umkehrung dieser Formeln mit Hülfe der Weierstrass'schen Functionen $\wp u$ und σu; dadurch wird die Discussion der Lösung erleichtert. (Reproducirt im Traité des fonctions elliptiques von Halphen, T. II, cah. V, p. 192ff. 1888.) *Lp.*

H. Léauté. Sur l'équilibre et la déformation des pièces circulaires. Liouv. J. (3) X, 367-387†.

Die Arbeit schliesst sich an eine Abhandlung desselben Verfassers an (Application de la résistance des matériaux au calcul des pièces des machines, J. de l'Ec. Pol. Cah. LII), über deren Inhalt nach dem Auszuge in C. R. XCIV berichtet ist (diese Berichte XXXVIII, (1) 279). Gegenwärtig beschränkt sich die mathematische Untersuchung auf elastische Maschinentheile in der Gestalt von Kreisbogen. Unter der zulässigen Annahme, dass die auf das Stück einwirkenden äusseren Kräfte ebenso ausgewerthet werden können, als wenn das Stück nicht deformirt worden wäre, dass dagegen die Reactionen der Stützen von den Deformationen abhängen können, reduciren sich die Gleichgewichtsbedingungen auf drei gewöhnliche Gleichungen ersten Grades und sechs lineare Differentialgleichungen mit constanten Coefficienten, die man nach den üblichen Methoden integriren kann. Hierdurch sind die neun Unbekannten der Aufgabe bestimmt. Die Integrale schliessen sechs willkürliche Constanten ein. Theilt man das Stück in *n* Abschnitte, so gehen in die Lösung 6*n* Constanten ein, für die Hr. Léauté 6*n* Gleichungen aufstellt. Die Aufgabe der Elimination der 12 Constanten, die bei zwei zusammenstossenden Abschnitten auftreten, führt zu dem folgenden Lehrsatze, einer Verallgemeinerung des Clapeyron'schen Satzes über die drei aufeinander folgenden Momente in einem geraden Balken mit mehreren Zwischenräumen: Bei einem Kreisbogenstücke mit mehreren Stützen lassen sich die Reactionen eines beliebigen Stützpunktes immer vermittelst der Reactionen der beiden unmittelbar benachbarten Stützpunkte ausdrücken, und die so erhaltenen Relationen sind lineare Relationen.

Lp.

M. Lévy. Mémoire sur un nouveau cas intégrable du problème de l'élastique et l'une de ses applications. Resal J. X, 5-42†; Sep. Paris: Gauthier-Villars.

Ein Auszug dieser Arbeit war vom Verfasser in C. R. XCVII, 694-697 gegeben, worüber bereits (diese Ber. XXXIX, 295, 1883) berichtet wurde.

E. R.

Tresca. Etude sur les déformations géométriques, déterminées par l'écrasement d'un cylindre entre deux plans. C. R. IC, 104-111†; [Beibl. IX, 9.

Ein gerader Cylinder mit kreisförmiger Basis wird zwischen zwei Platten zusammengepresst. Während hierdurch die Höhe des Cylinders sich vermindert, wächst der Querschnitt der einzelnen Schichten; es geschieht dies aber, wie die Erfahrung lehrt, nicht mit jedem Querschnitt in gleichem Maasse, vielmehr werden die beiden Grundflächen des Cylinders an den pressenden Platten haften, und indem sie selbst hierdurch an der Ausdehnung gehindert werden, werden die ihnen näher liegenden Schichten weniger in die Breite gedehnt, als die ferner liegenden. Es wird deshalb die Grösse des Querschnittes eine Function seines Abstandes von einer der pressenden Platten sein. Diese zum Ausdruck zu bringen, ist das Ziel der vorliegenden Arbeit.

Schn.

H. Léauté. Calcul de l'arc de contact d'une bande métallique flexible enroulée suivant certaines conditions données, mais quelconques, sur un cylindre circulaire. C. R. XCVIII, 41-44†; [Beibl. VIII, 348.

Der Metallstreifen sei ursprünglich gerade, der Anfangspunkt eines rechtwinkligen Coordinatensystems befinde sich am Ende des Streifens und die Axe der ξ habe die Richtung der Kraft P, welche an diesem Ende wirkt; die positiven Richtungen von ξ und η seien so gewählt, dass die Punkte des Streifens, welche dem Anfangspunkte der Coordinaten benachbart sind, positive Coordinaten haben. Ferner sei E der longitudinale Elasticitätscoefficient, J das Trägheitsmoment des Streifenquerschnittes in Bezug auf die Biegungsaxe, ϱ der Krümmungsradius im betrachteten Punkte, σ bezeichne den Bogen der elastischen Curve, α den Winkel ihrer Tangente mit der ξ-Axe, und es werde gesetzt

$$\frac{EJ}{T} = a^2, \quad \cos\frac{\alpha_0}{2} = k;$$

dann ist

$$\eta = 2akk'\frac{\sin\mathrm{am}\frac{\sigma}{a}}{\Delta\mathrm{am}\frac{\sigma}{a}},$$

$$\xi = \sigma + 2a\left[k^2\frac{\sin\mathrm{am}\frac{\sigma}{a}\cos\mathrm{am}\frac{\sigma}{a}}{\Delta\mathrm{am}\frac{\sigma}{a}} - \int_0^{\frac{\sigma}{a}} \Delta^2\mathrm{am}\frac{\sigma}{a}\, d\left(\frac{\sigma}{a}\right)\right].$$

Diese Gleichungen würde man auch erhalten haben, wenn der Metallstreifen anfänglich nicht gerade, sondern kreisrund gewesen wäre, da dann nur in einer hier nicht wiedergegebenen Gleichung $\frac{1}{\varrho}-\frac{1}{\varrho_0}$ statt $\frac{1}{\varrho}$ zu setzen gewesen wäre.

Darauf wird die Methode angegeben, nach welcher man die Länge des Berührungsbogens berechnen kann, nachdem man die elastische Curve in erwähnter Weise erhalten hat.

E. R.

H. LÉAUTÉ. Relation entre la puissance et la résistance appliquées aux deux points d'attache d'un frein à lame, lorsqu'on tient compte de l'élasticité de la lame. C. R. XCVIII, 219-222†; [Beibl. VIII, 567.

In einer früheren Note (vgl. das vorangehende Referat) hatte Hr. LÉAUTÉ gezeigt, dass die Lösung der gestellten Aufgabe auf elliptische Functionen führt. Für eine vollkommen biegsame Platte würde der Modul der elliptischen Functionen gleich eins werden, und die Endformeln reduciren sich dann auf Exponentialgrössen. Die dadurch zu erzielende Vereinfachung, welche für die Praxis eine genügende Annäherung giebt, wird in der vorliegenden Note durchgeführt. Die Endformel ist:

$$P_1 = P_0 e^{fA_1}\left[1-\frac{f}{r}(EJ)^{\frac{1}{2}}\left(\frac{1}{P_0^{\frac{1}{2}}}+\frac{1}{P_1^{\frac{1}{2}}}\right)\right].$$

Hierin bedeuten P_1 und P_0 die in den Befestigungspunkten der Bremse wirkenden Kräfte, f den Reibungscoefficienten, A_1 den von der vollständig biegsamen Platte umspannten Bogen, r den Radius des Rades, E den Längen-Elasticitäts-Coefficienten, J das Trägheitsmoment eines Normalschnittes in Bezug auf die Biegungsaxe.

Lp.

H. LÉAUTÉ. Sur la position à attribuer à la fibre moyenne dans les pièces courbes. C. R. XCVIII, 1483 bis 1485†; [Rev. sc. 1884 I, 813-814.

Die mittlere Faser soll so definirt werden, dass für ein krummes Stück, auch wenn der Krümmungsradius der mittleren

Faser im Verhältniss zu den Dickendimensionen klein ist, die Rechnung analog ausgeführt werden kann, wie für ein gerades Stück. Dann muss man jedem Oberflächenelemente eines Normalschnittes einen Elasticitätscoefficienten zuschreiben, welcher, wenn alles Andere als gleich vorausgesetzt wird, umgekehrt proportional ist der Entfernung des Elementes von der polaren Geraden, welche dem betrachteten Schnitte entspricht. Für praktische Zwecke kann man sich mit einer Annäherung begnügen, und dann gelangt der Verfasser zu dem Theorem: „Wenn man die Formeln, welche für ein gerades Stück aufgestellt sind, auf einen Bogen von kleinem Krümmungsradius anwendet, ist es zweckmässig, als Definition des mittleren Faser nicht den Ort der Schwerpunkte oder der Elasticitätscentren (nach Bresse) der Normalschnitte zu nehmen, wie es gewöhnlich geschieht, sondern den Ort der Stossmittelpunkte dieser selben Schnitte entsprechend den symmetrischen Geraden der Polaren in Bezug auf die Elasticitätscentren“. Wenn man diesen Satz für ein gerades Stück specialisirt, erhält man die bekannte Definition.

E. R.

M. d'Ocagne. Étude géométrique de la distribution des efforts autour d'un point dans une poutre rectangulaire et dans un massif de terre. S. M. F. Bull. XII, 27-36†.

Aus den bekannten analytischen Ausdrücken für die auf ein Flächenelement ausgeübte Normal- und Tangentialkraft werden einfache geometrische Constructionen abgeleitet, aus denen neue Bemerkungen hinsichtlich des Gesetzes ihrer Vertheilung folgen. Hr. Collignon hat diese Art der Darstellung in seinen Cours de résistance des matériaux à l'École des Ponts et Chaussées aufgenommen.

Lp.

E. H. Amagat. Sur la valeur du coefficient de Poisson relative au caoutchouc. C. R. IC, 130-133†; [Beibl. VIII, 850; [Cim. (3) XVII, 72.

Man bezeichne den fraglichen Coefficienten mit σ, den der kubischen Zusammendrückbarkeit mit K, den der Verlängerung (den umgekehrten Elasticitätsmodul) mit α, zwei vom Körper abhängende Constanten mit λ und μ, so gelten die Relationen:

$$\sigma = \frac{\lambda}{2(\lambda+\mu)}, \quad K = 3\alpha(1-2\sigma), \quad \frac{1}{\alpha} = \mu\frac{3\lambda+2\mu}{\lambda+\mu};$$

für zwei verschiedene Körper also:

$$(1.) \qquad \frac{K}{K'} = \frac{\alpha(1-2\sigma)}{\alpha'(1-2\sigma')}.$$

In ein REGNAULT'sches Piezometer (mit zwei Oeffnungen) bringt Hr. AMAGAT zwei Kugeln von gleicher Grösse, eine von Kautschuk, die andere von Bronze, und wendet diese Anordnung als „Differentialapparat" an. Bei geringem, bloss äusserem Drucke steigt das Wasser in der Röhre an der Kautschukkugel ganz bedeutend, während das in der Röhre an der Bronzekugel sich kaum bewegt; α ist (für Kautschuk) eben sehr viel mal grösser als α' (für Bronze), direct bestimmt etwa 60 000 mal. Wurde dagegen gleichzeitig innerer und äusserer Druck angewandt, so sank in beiden Kugeln das Wasser, und, abgesehen von kleinen Unregelmässigkeiten beim Kautschuk, in beiden Röhren gleich stark. Aus der Gleichung (1.) folgert daher der Verfasser, dass $1-2\sigma$ sehr klein sein muss, damit das Product aus der sehr grossen Zahl $\frac{\alpha}{\alpha'(1-2\sigma')}$ und $1-2\sigma$ nahezu gleich 1 werden kann. Dasselbe ergiebt sich aus dem Werthe $K = 3\alpha(1-2\sigma)$. Mithin muss σ sehr nahe bei $\frac{1}{2}$ liegen. Wegen der Abweichung dieses Ergebnisses von den Versuchen von WERTHEIM, NACCARI BELLATI sollen noch weitere Versuche angestellt werden.

Lp.

W. VOIGT. Neue Bestimmungen der Elasticitäts-Constanten von Steinsalz und Flussspath. Berl. Sitzber. 1884, 989-1004†.

Diese Bestimmungen sind am Steinsalz von VOIGT 1876 und am Flussspath von KLANG 1881 gemacht und darüber resp. in POGG. Ann, Erg. VII, 1 und 177 und WIED. Ann. XII, 321 (sh. diese Berichte XXXI, 151 und XXXVII, 237) Rechenschaft gegeben worden. Sie werden jetzt erneuert, 1) weil, wie sich gezeigt hatte, eine weit genauere und mehr ins einzelne gehende Bestimmung der Dimensionen der Versuchsstücke nothwendig war, 2) weil DE SAINT VENANT die Unrichtigkeit der Formel von NEUMANN nachgewiesen hat. Die dafür von ihm aufgestellte Formel, welche durch Uebereinstimmung mit allen Beobachtungen bewährt ist, bezieht sich auf unkrystallinische Stoffe, ward aber von VOIGT in WIED. Ann. XVI, 273 (sh. diese Berichte, XXXVIII, 286) auf beliebig orientirte krystallinische Medien erweitert und auf gegenwärtige Untersuchung angewandt. Die jetzt erhaltenen Werthe der Elasticitäten des Steinsalzes sind:

$$E_w = 4{,}186 \text{ und } 0{,}2389,$$
$$E_q = 3{,}482 \text{ und } 0{,}2871;$$

für Flussspath sind sie:

$$E_w = 13{,}94 \text{ und } 0{,}07175,$$
$$E_g = 9{,}527 \text{ und } 0{,}1050.$$

Bei letzterem trat zu Tage, dass die Voraussetzung der POISSON'schen Formel $c = b$, nämlich gleiche Molecularwirkung in allen Richtungen, nicht erfüllt sein kann, die Molecüle des Flussspaths vielmehr stark polarisirt sein müssen. *He.*

P. GROTH. Ueber die Bestimmung der Elasticitätscoefficienten der Krystalle. (Nach einer Untersuchung des Hrn. Dr. H. BECKENKAMP). Münch. Ber. 1884, 280-285†; Beibl. IX, 375.

Es handelt sich um die Frage, ob in den pentagonalhemiedrischen und tetartoedrischen Krystallen eine Symmetrie der Spannungsverhältnisse nach den Dodekaederflächen stattfindet. Die Untersuchung ist, nachdem Versuche über Biegung von Alaunplatten wegen zu geringer Differenz der Elasticitäten zur Entscheidung nicht genügten, noch nicht geschlossen.

He.

V. PIERRE. Apparat zur Demonstration der Gesetze der Zugelasticität. WIED. Ann. XXII, 141; [Cim. (3) XVI, 151.

Auf einem Dreifussgestell steht eine verticale Säule; oben ist der zu untersuchende Draht eingeklemmt, unten zieht an ihm die Belastung mittels eines einarmigen Hebels, der Unterstützungspunkt dieses Hebels liegt in einem Kloben, der an der Säule auf und nieder geschoben werden kann. Die Auf- und Abbewegung dieses Klobens dient dazu, den Hebel bei jeder Spannung horizontal zu halten; um bequem zu sein, müsste sie durch eine Mikrometerschraube erfolgen, welche in der Figur nicht angegeben ist. Der Draht überträgt seine Verlängerung mittels eines angeklemmten Fadens auf eine kleine Rolle, die einen Zeiger dreht; der Zeiger schwebt vor einem getheilten Halbkreis. Indem man die Einklemmung in verschiedener Höhe vornimmt, kann man nachweisen, dass die Verlängerung der activen Drahtlänge proportional ist. *Bde.*

W. R. BROWNE. On the resistance of beams when strained beyond the elastic limit. Rep. Brit. Assoc. Southport 1883, 648-650.

Der Verfasser weist zunächst darauf hin, dass die gewöhnliche Theorie elastisch angestrengter Balken die stillschweigende Voraussetzung macht, der Widerstand jeder Faser sei derselbe, als ob sie gedehnt, bezw. gepresst würde, ohne mit den Nachbarfasern verwachsen zu sein, m. a. W., der „shearing stress" zwischen den übereinanderliegenden Fasern sei zu vernachlässigen. Diese Bedingung kann in hinreichender Annäherung erfüllt sein, so lange die Elasticitätsgrenze des Stoffes nicht überschritten wird; jenseits dieser Grenze gilt sie nicht mehr, weil dort die Dehnung der Fasern bedeutend, das Gleiten derselben aufeinander also merklich wird. Der Widerstand, den die Fasern diesem Gleiten leisten, verstärkt den Balken gegen Biegung, und es wird kurz dargethan, dass an diesem Widerstand diejenigen Fasern am meisten betheiligt sind, welche der neutralen nahe liegen. Daraus ergiebt sich die (von E. REYNOLDS bestätigte) Bemerkung, dass hohle Balken nicht unter allen Umständen das Zutrauen verdienen, welches man ihnen auf Grund der gewöhnlichen Elasticitätstheorie zu schenken pflegt. Die Eisenbahnverwaltungen haben den Versuch, hohle Axen einzuführen, bald aufgegeben. *Bde.*

F. Pfaff. Das Mesosklerometer, ein Instrument zur Bestimmung der mittleren Härte der Krystallflächen. Münch. Ber. 1884, 255-266†; [Beibl. IX, 82; ZS. f. Instrk. V, 90; Natf. XVIII, 28; Erlang. Ber. Juli 1883; [ZS. f. Kryst X, 531-532.

Dieses Instrument hat der Verfasser bereits in Erlang. Ber. 1883 Heft XV, 18-23, sh. diese Berichte XXXIX, (1) 314, beschrieben. Es besteht in einem diamantenen Bohrer und einer Vorrichtung, welche die Tiefe des Bohrloches anzeigt. Bei gleicher Tiefe gilt die Anzahl der Umdrehungen des Bohrers als Maass der Härte. Die mitgetheilten Resultate können nur als Beispiele dienen. Die Härte des Specksteins wird zur Einheit gewählt; dann war die des Kalkspaths auf der Endfläche = 3, auf der Rhomboederfläche = 8, auf der Säulenfläche = 27. *He.*

Tresca. Note sur l'écrouissage et la variation de la limite d'élasticité. C. R. IC, 351-355†; Beibl. IX, 10; Cim. (3) XVII, 72-73.

Die Ausführungen sind zu mannichfaltig zu einem umfassenden Bericht. U. A. werden zu beachtende Umstände besprochen, welche Unregelmässigkeiten in gewöhnlich angenommenen Gesetzen verursachen, insbesondere die localen Dehnungen, welche die Proportionalität der Theile ausgezogener Körperstücke aufheben, zuletzt die weit differirenden Elasticitäts- und Bruchcoefficienten von 4 Stoffen zusammengestellt, welche zeigen, dass beide zwar in gleichem Sinne, aber nicht proportional variiren. *He.*

G. J. Michaëlis. Ueber die Theorie der elastischen Nachwirkung. Versl. en Mededeel. Amsterdam (2) XX, 300-374; 1884; [Beibl. IX, 11.

Der Verfasser giebt eine eingehende mathematische Theorie der elastischen Nachwirkungen auf Grund der erweiterten Ansicht von W. WEBER, nach welcher bei Aufstellung einer Moleculartheorie der Elasticität auch Drehungsmomente der Molecüle zu berücksichtigen sind.

Er sieht dabei auch von der Vereinfachung WARBURG's ab, welcher die Theile eines Molecüls als homogen betrachtete. Unter den allgemeinsten Voraussetzungen berechnet er den Unterschied der Spannungen für

1) den Fall, dass die Molecüle in einer durch Deformation erzeugten Lage völlig im Gleichgewicht sind, und

2) für den Fall, dass der elastische Körper deformirt ist, die Molecüle aber noch nicht aus der früheren Gleichgewichtslage in die neue gedreht sind. Dieser Unterschied liefert die elastischen Nachwirkungen, und mit der Annahme, dass die Wirkungssphäre des einzelnen Molecüls anisotrop sei, ergiebt sich, dass die Nachwirkung der Deformation proportional wird. Die allgemeinen Ergebnisse werden dann auf Dilatation, Torsion und Biegung eines Cylinders angewendet und mit den Versuchen von KOHLRAUSCH und BRAUN verglichen. Der langsame Verlauf der Nachwirkungen wird mittels einer besonderen Hypothese erklärt, wonach der Drehungswiderstand der Molecüle von der Geschwindigkeit ihrer Rotation abhängt; dadurch kommt der Verfasser zu einer Formel, welche mit NEESEN's empirischer Formel übereinstimmt. CHWOLSON's Annahme, dass die Kohlenstoffmolecüle im Stahl ein Hinderniss für die freie Drehung der Eisenmolecüle bilden, wird herangezogen und verallgemeinert, wodurch die Verwandtschaft zwischen elastischer Nachwirkung und Coercitivkraft zu Tage tritt. Am Schluss wird der Einfluss der Nachwirkung auf elastische Schwingungen besprochen.

Bde.

TAMMEN. Ueber die elastische Nachwirkung in Drähten. Rep. d. Phys. XX, 413-417; [Beibl. VIII, 850.

Der Verfasser hält W. BRAUN und A. KURZ gegenüber die von ihm in seiner früheren Untersuchung (CARL's Rep. d. Phys. XVIII, 348-81) als (3) bezeichnete Zunahme des Decrements mit der Zeit aufrecht. Zwar haben BRAUN und KURZ diese Zunahme bei monatelanger Aufhängung nicht gefunden, aber nach Tammen ist die lange Aufhängungszeit an sich bedeutungslos, es kommt vielmehr darauf an, dass der Draht während der langen Zeit fortwährend nicht zu kleine Schwingungen macht.

Bde.

A. Kurz. Ueber die elastische Nachwirkung in Drähten. Replik. Repert. d. Phys. XX, 856-857†; [Beibl. IX, 297.

Der Artikel enthält 5 Berichtigungen der „Erwiderung von Tammen, XX, 413, auf die dritte „Mittheilung" Kurz, XVIII, 438 d. Zschr.

He.

L. Perard. Ueber die Torsion. Rev. univ. des mines (2) XV, 346-364, 1884; [Beibl. IX, 375†.

Die Arbeit enthält eine Besprechung der Erklärungen, welche P. N. Schmidt, Streintz und Tammen (Beibl. VI, 564-568, 1882) für die Wanderungen der Ruhelage einer unifilaren Drehwaage und für die Aenderungen des log. Decr. ihrer Schwingungen gegeben haben.

Der Verfasser stimmt den von Tammen aufgestellten Erklärungen bei und bemerkt, dass auch 5-35 mm dicke Stäbe von Eisen und Stahl dieselben Erscheinungen der elastischen Nachwirkung bei der Torsion zeigen, wie dünne Drähte. Die Ursache derselben ist die Faserstructur, welche die Stäbe während ihrer Anfertigung in den Oberflächenschichten erhalten. Durch einmalige Torsion können die Fasern eines Stabes ebenso fest aneinander gepresst werden, wie dies sonst durch Schweissen erreicht wird. Durch wiederholtes Hin- und Hertordiren lassen sich Knoten und Inflexionspunkte in den Fasern hervorbringen.

(Aus den Beibl. entnommen.) *Lübeck. (Bde.)*

Imperial standard wire gauge. Engineering XXXVII, 120†.

Es wird die von der Manufacturers-Association aufgestellte Aichungstabelle mitgetheilt, enthaltend die Länge, das Gewicht und die Bruchspannung von Eisendrähten.

He.

L. CLÉMANDOT. Sur la trempe de l'acier par compression. La Nature XII, 350†; Chem. CBl. (3) XVI, 364.

Nach dem Urtheile des Verfassers macht die Abkühlung unter beständigem Druck den Stahl absolut homogen und verhindert die nachfolgende Krystallisation. *He.*

L. POILLON. La trempe de l'acier par compression, procédé CLÉMANDOT. La Nature XII, 326†.

Ueber dies Härteverfahren werden einige nähere Angaben gemacht. CLÉMANDOT erwärmt den Stahl nur bis zum Kirschrothglühen und lässt ihn unter einem Druck von 10 bis 30 kg auf das Quadratmillimeter verkühlen. Im übrigen werden viele Betrachtungen über die innern Vorgänge angestellt, um der experimentellen Untersuchung Fragen zu stellen. *He.*

E. HARTIG. Ueber die Constanten der Zerreissungsfestigkeit und deren vergleichende Anordnung für verschiedene Materialien. Civiling. (2) XXX, 93-110†.

R. KROHN. Beitrag zur Frage der Werthziffern für Constructionsmaterialien. Civiling. (2) XXX, 359-382†.

Aus diesen hauptsächlich für die Technik Interesse bietenden Arbeiten sollen nur die von Hrn. HARTIG aufgestellten Definitionen hervorgehoben werden: „Bruchspannung" ist die höchste während des Zerreissungsversuchs überhaupt auftretende Spannung des Probestücks. „Bruchdehnung" ist die gesammte (zum Theil elastische, zum Theil bleibende) Verlängerung des Probestücks im Augenblicke der höchsten Anspannung. *Lp.*

G. CURIONI. Relazione sopra la memoria del signor Ing. Prof. Guidi „Sugli archi elastici." Torino Atti XIX, 266-267†.

Hr. GUIDI verwerthet die Methode, welche Hr. EDDY im ersten Theile (New constructions in Graphical Statics) seines

Buches „Researches in Graphical Statics" gegeben hat, in seiner Abhandlung, über deren Inhalt Hr. CURIONI einige Andeutungen macht und deren Druck dieser empfiehlt, weil sie eine für die Ingenieurwissenschaft wichtige Arbeit sei. Diesem Vorschlage entsprechend soll die Arbeit in den Torino Memorie erscheinen.

E. R.

H. FISCHER. Ueber Deutung und Genauigkeit von Festigkeitsdiagrammen. DINGL. J. CCLI, 337-343†, 385-392.

Es werden die den Deformationen fester Körper gewöhnlich untergelegten Molecularvorgänge nach einer dem Zwecke genügend detaillirten Hypothese auseinandergesetzt, die bei ihrer Bestimmung ins Auge zu fassenden Grössen und Merkmale entwickelt und ihre Darstellung durch Diagramme erläutert. *He.*

G. CURIONI. Sulla potenza congiuntiva longitudinale nelle travi sollecitate da forze perpendicolari ai loro assi. Torino Atti XIX, 498-514†.

Es handelt sich um die Gewinnung von Formeln, mit deren Hülfe man in Balken von constanter oder variabler Höhe, auf welche Kräfte senkrecht zu den Axen wirken, den Widerstand bestimmen kann, welchen das Material in bestimmten longitudinalen Oberflächen darbietet, damit längs dieser keine Risse erfolgen. *E. R.*

R. ESCHER. Ein neuer Weg zur CULMANN'schen Momentenfläche. Civiling. (2) XXX, 47-50†.

Die Momentenfläche, welche den Verlauf der Biegungsmomente an einem durch parallele Kräfte in Anspruch genommenen Balken darstellt, wird gewöhnlich vom Seilpolygon aus abgeleitet. Der Verfasser veröffentlicht einen Weg, der ihm directer und daher übersichtlicher erscheint. „Gegenüber der allbekannten Construction kommt kein Strich dazu und keiner davon. Der Unterschied liegt bloss in der Interpretation der zeichnerischen Operationen; nach meinen Erfahrungen wird die vorliegende leichter erfasst, weil sie homogener ist."

Lp.

P. W. Almquist. Ueber die graphische Bestimmung der Maximalmomente bei indirecter Belastung. Civiling. (2) XXX, 337-348†.

Die von Culmann herrührende Methode, das Maximalmoment eines gegebenen Querschnittes bei directer Belastung zu bestimmen, wird für indirecte Belastung verallgemeinert. Dadurch ergeben sich die folgenden Sätze: In jedem Querschnitte des Hauptträgers entsteht ein Maximalmoment in dem Augenblicke, wenn der Schnittpunkt seiner Verticale mit der Belastungsdiagonale des entsprechenden Secundärträgers von der einen nach der anderen Seite der Belastungsdiagonale des Hauptträgers übergeht. Diese Maximalmomente sind auch die einzigen möglichen und kommen nur in solchen Augenblicken vor, wenn eine Last einen Fachpunkt passirt hat. In jedem Querschnitte des Hauptträgers entsteht ein Minimalmoment in dem Augenblicke, wenn der Schnittpunkt seiner Verticale mit der Belastungsdiagonale des entsprechenden Secundärträgers übergeht. Diese Minimalmomente sind auch die einzigen möglichen und kommen nur in solchen Augenblicken vor, wenn eine Last einen Stützpunkt des Hauptträgers passirt. Wird ein Fachpunkt mit seiner regierenden Last besetzt, so entsteht ein Maximalmoment nicht nur in diesem Fachpunkte selbst, sondern auch in den Querschnitten eines grösseren oder kleineren Theiles der beiden nächstliegenden Felder. Die Maximalmomente sämmtlicher Querschnitte eines jeden Feldes entstehen theils bei den beiden Laststellungen, bei welchen die Endpunkte des Feldes mit ihren regierenden Lasten besetzt werden, und theils bei allen dazwischen vorkommenden Laststellungen, bei welchen eine andere Last auf dem einen oder dem anderen Endpunkte des Feldes steht.

Lp.

W. Kirpitscheff. Anwendung eines Satzes von Lord Rayleigh. Nachr. (Iswestija) des technol. Instit. in Petersb. 1883 bis 1884, 191-223†.

Es wird gezeigt, dass der von Lord Rayleigh als reprocical theorem (Statical theorem, Philosoph. Mag. Dec. 1874 und März 1875) bezeichnete Satz die Möglichkeit giebt, sehr einfach gewisse Fragen der Bau-Mechanik zu lösen, die sich auf die Festigkeit und Stabilität von Bauwerken beziehen. Der Satz wird bei Balkenconstructionen, elastischen Bögen u.s.w. angewandt.

O. Chw.

G. Pressprich. Zur Berechnung von Bogenfachwerken. Civiling. (2) XXX, 347-352†.

Ein sehr bequemes und einfaches Verfahren zur Bestimmung der grössten und kleinsten Spannungen in den einzelnen Theilen von Bogenfachwerksträgern ist die Anwendung von Influenz-Curven. Für die Aufzeichnung derselben werden einige Vereinfachungen angegeben. *Lp.*

E. Winkler. Theorie der Windverstrebungen in Brücken mit zwei Trägern. Civiling. (2) XXX, 111-130†.

Die Grundzüge einer allgemeinen Theorie der Windverstrebungen in Brücken mit zwei congruenten Hauptträgern werden als Beitrag zur Theorie einer speciellen Gattung von räumlichen Stabsystemen entwickelt. Die einzelnen Theile der Arbeit sind betitelt: 1) Symmetrische Belastung. 2) Allgemeine Behandlung der Construction mit einer Windverstrebung. 3) Allgemeine Behandlung der Construction mit zwei Windverstrebungen. 4) Behandlung anderer Fälle. 5) Gefährlichste Belastung. 6) Einfluss der Temperatur. 7) Anwendung. Ein späterer Artikel soll die Verwerthung der aufgestellten allgemeinen Regeln für einzelne bestimmte Fälle zeigen. *Lp.*

W. M. Thornton. On the strength of telegraph wires. Annals of Math. I, 34-39†.

Formeln zwischen Spannweite, Pfeil des Bogens, Winddruck, Gewicht und Stärke für aufgehängte Drähte. *Johnson.* (*Lp.*)

D. E. HUGHES. On the physical condition of iron and steel. Engineering XXXVII, 130†.

Der Verfasser erklärt die Weichheit des Eisens für proportional der Capacität für Magnetismus, die Härte der Coercitivkraft, beides dadurch definirt. Er hat einen hier beschriebenen Apparat construirt, um beides zu prüfen und giebt beispielsweise vier Resultate. *He.*

A. JONQUIÈRE. Mathematische Betrachtungen über den Bau der Bienenzellen. Naturf. Ges. Bern 1884, 71-80†.

Zu den Untersuchungen von K. MÜLLENHOFF, welche darthun, dass die hexagonalpyramidale Gestalt der Bienenzellen dem Minimum der Oberfläche und zugleich dem Gleichgewicht entspricht, fügt der Verfasser die Berechnung der kubischen Anordnung, und zeigt, dass diese in ersterer Eigenschaft hinter der wirklichen im Nachtheil steht; er deutet auf die Frage hin, ob die wirkliche der grössten Festigkeit entspricht. *He.*

JAMES C. BOOTH. A general method of toughening gold in the melting crucible. Chem. News L, 37.

Physikalisch interessant ist nur die Bemerkung, dass eine durch die Analyse nicht erkennbare Menge einer nicht definirten Verunreinigung (vermuthlich aus der Arsen-Antimongruppe) genügte, um 75000 Unzen Gold spröde zu machen. Die Verunreinigung liess sich durch Salpeterzusatz zum geschmolzenen Golde verschlacken. *Bde.*

W. E. H. JOBBINS. An investigation locating the strongest of the bronzes. J. Frankl. Inst. 1884, No. 700; [DINGL. J. CCLVIV, 377-382.

Die stärksten Bronzen sind nach dem in Nature XXX, 160 gegebenen Auszug Cu 57, Zn 49, Sn 1 und Cu 56, Zn 42, Sn 2. Dingler J. referirt auch über die von Thurston herrührende Bestimmungsmethode. *Bde.*

G. P. Manière de couper une ficelle avec les mains. La Nature XII, 352†; Beibl. IX, 284.

Der Faden wird so um die linke Hand geschlungen, dass er auf der inneren Handfläche die Gestalt eines Y hat, in dessen Centrum er sich bei schnellem Anziehen durchschneidet, ehe der Druck Zeit hat, sich bis zu den haltenden Fingern fortzupflanzen. *He.*

G. S. Turpin und A. W. Warrington. On the apparent viscosity of ice. Phil. Mag. (5) XVIII, 120-123†; [Cim. XVII, 81; J. de phys. (2) IV, 474.

Ausgehend von der Wahrnehmung, dass ein schwererer Kupferdraht, der auf einem schmelzenden Eisblock liegt, allmählich einsinkt, und sich über ihm das Eis wieder fest schliesst, dass aber bei einer Schnur der Vorgang nicht stattfindet, wird zunächst die Erklärung darin gefunden, dass die Schmelzwärme für das Eis unter dem Draht dem nach oben gedrängten Wasser entzogen wird, so dass dieses gefriert, dass aber zu deren Uebertragung eine sehr schnelle Leitung nothwendig ist. Dann werden Versuche angestellt über die Wärmeleitung von fünf Metallen und über den Einfluss des Gewichts, mit der Folgerung, dass hauptsächlich die Erniedrigung des Gefrierpunktes durch den Druck und nicht die Plasticität des Eises bei dem Vorgang wirksam ist. *He.*

M. de Brettes. Sur les lois de la perforation des plaques de blindage en fer forgé. C. R. IC, 692-695†.

Die Arbeit *T* in Tonnen und Metern, welche ein Geschoss von kreisförmigem Querschnitt vom Radius *R* auf das Quadratcentimeter einer schmiedeeisernen Platte von der Dicke *E* üben muss, um sie zu durchbohren, hat der Verfasser nach Tabellen von KRUPP in folgender Form dargestellt:

$$T = 0{,}073 E + 0{,}027 \frac{E^2}{2R}.$$

He.

JAMES BOTTOMLEY. On the change produced in the motion of an oscillating rod by a heavy ring surrounding it, and attached to it by elastic cords. Manch. Phil. Soc. Proc. XXIII, 1-3.

— — Note on a paper concerning the motion of an oscillating rod. Manch. Phil. Soc. Proc. XXIII, 128-129.

Die erste Note ist selbst nur ein Auszug aus einer grösseren Arbeit über die Aufgabe: Die Einwirkung eines schweren Ringes auf die vibrirende Bewegung eines elastischen Stabes zu ermitteln, der durch zwei Seile von geringer Elasticität an einem festen Balken hängt, wenn der Ring durch elastische Fäden mit dem Stabe verbunden ist. Die Lösung der Aufgabe hängt, wie ohne Beweis angegeben wird, von der linearen Differentialgleichung mit constanten Coefficienten ab:

$$\frac{d^4x}{dt^4} + A\frac{d^2x}{dt^2} + Bx = 0,$$

deren allgemeines Integral die Form hat:

$$x = P\cos pt + Q\cos qt + R\sin pt + S\sin qt$$

Die zweite Note beschäftigt sich näher mit der Bestimmung der vier Integrationsconstanten P, Q, R, S aus dem Anfangszustande.

Lp.

E. MERCADIER. Sur la vérification des lois des vibrations transversales des verges élastiques. C. R. XCVIII, 803 bis 805, 911-913; [Natf. XVII, 180; Beibl. VIII, 563, IX, 81.

— — Sur les lois des vibrations transversales des verges élastiques. J. de phys. (2) III, 189-194.

Ein Stahlstreifen wurde auf zwei Schnüre gelegt und durch einen Elektromagneten in Schwingungen versetzt. In drei Versuchsreihen hatte der Streifen verschiedene Dimensionen, und es wurde durch dieselben gefunden, dass die Zahl n der Schwingungen eines freien elastischen Streifens von der Länge l, der Breite l' und der Dicke e dargestellt werden kann durch die Formel

$$n = k\frac{e}{l^2},$$

indem k ein von l' unabhänger Coefficient ist. Für Stahl wird experimentell gefunden

(1.) $k = 5329503$ mm in einer Secunde.

Aus der Elasticitätstheorie ist bekannt

$$k = \frac{\lambda^2 a}{4\pi\sqrt{3}},$$

wenn a die Schallgeschwindigkeit in der Plattenmasse bedeutet, und λ die kleinste von Null verschiedene Wurzel der Gleichung $(e^{\lambda}+e^{-\lambda})\cos\lambda-2 = 0$ darstellt, d. h. $\lambda = 4{,}745$. Da für Stahl bei 15°

$a = 5134000$ mm in einer Secunde

ist, findet man theoretisch

(2.) $k = 5310866$.

Der Mittelwerth von (1.) und (2.) wird als der wahre Werth von k für Stahl angenommen

$$k = 5320184.$$

Man hat daher die Formel

$$n = 5320184\frac{e}{l^2}.$$

Bei zwei Eisen- und zwei Stahlstreifen von verschiedenen Dimensionen und verschiedener Herkunft wurde n beobachtet, und für dieselben Streifen wurde n nach der letzten Gleichung berechnet, wobei sich eine gute Uebereinstimmung zwischen den beobachteten und berechneten Werthen von n ergab. Folglich kann man Streifen (Stimmgabeln) herstellen, deren Schwingungszahl vorher bestimmt ist und bei welchen man eine der Dimensionen e oder l beliebig wählen kann, und die mathematische Theorie schwingender elastischer Streifen hat eine Bestätigung gefunden.

E. R.

W. J. IBBETSON. On the small free normal vibrations of a thin homogeneous and isotropic elastic shell, bounded by two confocal spheroids. Proc. Cambridge Phil. Soc. V, Part. II, 68-74.

Der Verfasser löst das Problem durch directe Anwendung krummliniger Coordinaten, was bisher noch nicht geschehen ist; er beschränkt sich dabei auf den Fall, dass die sphäroidische Schale so schwingt, dass ihre Oberfläche immer ein Sphäroid bleibt, welches zu ihrer ursprünglichen Form confocal ist. Dieser Fall ist der interessanteste, weil er die einzig mögliche Bewegungsart der Schale darstellt, welche keine Scheerkräfte bedingt. Es ist klar, dass während der ganzen Bewegung die zwei Systeme orthogonaler Flächen (Ebenen durch die Axe, und Hyperboloide mit einem oder mit zwei Fächern, je nachdem das Sphäroid ein abgeplattes oder ein verlängertes ist) immer die nämlichen bleiben.

Sind

$$\frac{x^2+y^2}{a^2}+\frac{z^2}{c^2} = 1,$$

$$\frac{x^2+y^2}{a^2+\varepsilon^2}+\frac{z^2}{c^2+\varepsilon} = 1$$

die Gleichungen der beiden Begrenzungsflächen, so ergeben sich für die beiden Fälle (wenn man a und c bei dem verlängerten Sphäroid mit c und a bei dem abgeplatteten vertauscht, und a immer grösser als c annimmt) die Schwingungszeiten

$$t_1 = \frac{8\pi a}{\beta^2}\sqrt{\frac{\varrho(1-\mu^2)}{q}\cdot\frac{\alpha^9(1+2\alpha^4)}{A_1}},$$

$$t_2 = \frac{8\pi a}{\beta^2}\sqrt{\frac{\varrho(1-\mu^2)}{q}\cdot\frac{\alpha^6(2+\alpha^4)}{A_2}},$$

wo q „YOUNG's Modul", μ das Verhältniss der Quercontraction zur Längendilatation, ϱ die Dichte,

$$\alpha = \frac{c}{a}, \quad \beta^2 = \frac{\varepsilon}{a^2}$$

und A_1 und A_2 Functionen von α allein sind. Hiernach stehen die Schwingungszeiten ähnlicher Schalen derselben Art in dem einfachen Verhältniss ihrer linearen Dimensionen.

Für $\alpha = 1$, $\beta^2 = 2\tau/a$ geht aus beiden Formeln die Schwingungsdauer für eine Kugelschale von der Dicke τ hervor.

L.

F. Steiner. Die Deformationsarbeit elastischer fester Körper, Flüssigkeiten und Gase. Dingl. J. CCLI, 289 bis 294†.

Durch Rechnung ergiebt sich: Die Deformationsarbeiten, welche nothwendig sind, um geometrisch ähnliche elastische Stabsysteme oder beliebig gekrümmte Stäbe so zu deformiren, dass sie ähnlich bleiben, verhalten sich wie die Volume bzw. Gewichte der Systeme. Die specifischen Spannungen in entsprechenden Punkten bleiben dieselben. Die deformirenden äussern Kräfte verhalten sich wie die Quadrate homologer Strecken. Die gleichen Gesetze hatte Kick für bleibende Deformation experimentell gefunden. Durch Rechnung findet man weiter ihre Gültigkeit für Flüssigkeiten und Gase, und es zeigt sich, dass die absoluten Temperaturen der Gase in entsprechenden Punkten gleich sein müssen. *He.*

W. Fränkel. Instrument zur selbstthätigen Aufzeichnung vorübergehender Dimensionsänderungen elastischer fester Körper. Dingl. J. CCLII, 234-238†.

Das hier beschriebene und im Ganzen und in einzelnen Theilen abgebildete Instrument zeichnet Diagramme, welche das Veränderungsgesetz der Inanspruchnahme eines Constructionstheiles während einer Zeit für eine veränderliche Belastung derart veranschaulichen, dass die Abscissen den Zeiten, die Ordinaten den stark vergrösserten Längenänderungen entsprechen. Markirung bestimmter Punkte geschieht durch einen Elektromagneten, der auch zur Auslösung und Arretirung des Werkes dient, die jedoch auch mit der Hand vollzogen werden kann. *He.*

BOURBOUZE. Soudure de l'aluminium. C. R. XCVIII, 1490 bis 1491; [Chem. CBl. XV, 748; [Arch. Pharm. CCXXIII, 200.

Aluminium kann mit seinesgleichen und mit anderen Metallen zusammen gelöthet werden, wenn man dasselbe vorher mit einer Legirung Zinn-Zink oder Zinn-Aluminium-Wismuth überzieht. Eine Legirung von 45 Zinn und 10 Aluminium gestattet nachherige Behandlung mit Hammer und Drehbank.

Bde.

E. P. BÖHME. Einfluss der chemischen Constitution auf die Schweissbarkeit des Eisens. Mittheil. der techn. Versuchsanstalt der Berliner Hochschule 1883, 70†; [Chem. CBl. XV, 462; [DINGL. J. CCLI, 71-77†.

Eine Anzahl von geschweissten Eisenstücken wurde auf ihre Festigkeit geprüft und chemisch analysirt. Es ergiebt sich, dass die moleculare Anordnung des Eisens von weit grösserem Einfluss auf die Schweisbarkeit ist als der Kohlenstoffgehalt. Es scheint ferner, dass die Schweissbarkeit durch Silicium befördert, durch Mangan vermindert wird, da das Silicium sich während der Schweissung oxydirt und den Hammerschlag löst, während Mangan ihn reducirt, ohne eine Schlacke zu bilden. Die Versuche sind der REISER'schen Ansicht günstig, wonach der chemische Bestand hauptsächlich insofern in Frage kommt, als er die Krystallisationstendenz beeinflusst. Flusseisen schweisst sich deshalb schlechter, weil es in der Hitze Neigung hat krystallinisch zu werden. *Bde.*

Litteratur.

CLEBSCH. Théorie de l'élasticité des corps solides. Traduite par Barré de SAINT-VENANT et FLAMANT. Paris: Gauthiers-Villars. XXII+932 p.

Sir F. J. BRAMWELL. Mechanical Science. Opening address. Nature XXX, 472-476†; Rep. Brit. Ass. 1884; [Chem. News L, 145.

Die Eröffnungsrede der Sitzungen von Section G. (technische Mechanik) zu Montreal führt die Beziehungen dieser siebenten Section zu den vorangehenden sechs in einer dem Zweck angemessenen Weise durch. *Lp.*

V. DWELSHAUSEN-DERY. Principes de la résistance des matériaux. (Deuxième partie du cours de Mécanique appliquée professé à l'Université de Liège). Liège: Desoer. 180 p.

Notes sur la mécanique appliquée. Résistance des matériaux. I. Elasticité. II. Extension et Contraction. III. Glissement. Bruxelles. Autogr. 32 p. *Bde.*

P. G. TAIT. Note on a plane strain. Edinb. Math. Soc. III, 42-45; [Beibl. IX, 558†; Fortschr. d. Math. XVII, 961†.

Die Deformation ist durch die Gleichungen definirt:

$$\xi = \frac{x\eta}{D}, \quad y = \frac{y^2-x^2}{2D}.$$

Lp.

JOUKOFFSKY. Die Ableitung der Grundformeln der Elasticitätstheorie. Mosk. Math. Sammlg. XI, 611-615, russisch. Vereinfachung KIRCHHOFF'scher Ableitungen.

A. P. GRUSINZEFF. Ueber den stationären Zustand eines isotropen elastischen Mediums. Chark. Ges. 97-121, russisch.

E. SANG. On some Properties of the line of simple flexure. Proc. Edinb. XII, 172-178.

N. LINDSKOG. Om elastiska skifvors böjningar. Stock. Oefv. XLI, No. 4, 61-88.

Vereinfachte Herleitung CLEBSCH'scher Formeln für die Beziehung zwischen der Tangentenfläche und den wirksamen Kräften bei einer dünnen homogenen elast. Scheibe.

J. B. BAILLE. Influence de la température sur la valeur du couple de torsion des fils. Assoc. Franc. Blois 1884.

Das Torsionsmoment soll sich für Aluminium und Silber um etwa $^1/_{100}$ pro Grad vermindern.

A. KURZ. Zwei Messungen mit dem Torsionspendel (Drehwage). EXNER Rep. XX, 89-90.

Zwei Schulversuche mit einer Analogie-Ableitung der Formeln für Torsionsmoment und Schwingungszeit der Drehwage. *Bde.*

W. SPRING. Ueber die vollkommene Elasticität der chemisch definirten festen Körper, eine neue Analogie zwischen den festen Körpern, den Flüssigkeiten und den Gasen. Bull. de l'Acad. royale d. Belg. (3) VI, Nr. 11, 1883; ZS. f. Instrk. IV, 395-396; [Chem. News IL, 70; Bull. soc. chim. 1883, 20. Dec.; Chem. Ber. XVI, 2723-8. *Rz.*

H. VITA. L'élasticité des solides. La Nat. XII, [1] 210.

P. LAURENT. Des freins hydrauliques à résistance constante et à matelas d'air. Rev. d'Artill. XXIII, 207-231.

K. R. KOCH. Elasticity of crystals of the regular system. J. chem. soc. XLVI, 1096; Aus Jahrb. f. Min. 1884, II, Ref. 156.

H. FISCHER. Experimentelle Untersuchungen der Zugfertigkeit und Zugelasticität von Metalldrähten. Civilingenieur 1884 Heft 6.

OPPERMANN. Die Widerstandsfähigkeit cylindrischer Gefässe gegen Flüssigkeitsdruck. GLASER's Ann. f. Gewerbe u. Bauw. Nr. 165.

ERNST MÜLLER. Festigkeit von verzinkten Eisen- und Stahldrähten. DINGL. J. CCLIII, 454-455.

— — Ueber die Festigkeit der Kettenfäden. DINGL. J. CCLI, 343-345; Allg. deutsch. polyt. Ztg. 1883, 474.

H. TRESCA. Das Behobeln der Metalle. Beibl. VIII, 565; Ann Sav. étrang. (2) XXVIII, 110, 1883, 110 p. *Bde.*

A. H. LEAHY. On the pulsations of spheres in an elastic medium. Proc. Cambridge V, 153; Trans. Cambr. XIV, 45-62.

Ausdehnung der BJERKNES'schen Untersuchungen auf Kugeln in einer elastischen Flüssigkeit. *Lp.*

E. MERCADIER. Études sur les lois des vibrations transversales des lames élastiques. Lum. Él. XII, 81-84.

O. MÜGGE. Beiträge zur Kenntniss der Cohäsionsverhältnisse einiger Mineralien. N. Jahrb. f. Min. 1884 I, 50-62; [ZS. f. Kryst. X, 295-296.

Die Bestimmung der Zähigkeit der Materialien.
CBl. der Bauverwalt. 1884, Nr. 45, 46.

H. GENAILLE. Graphiques de résistance des matériaux.
Assoc. Franc. Rouen 1883, 214.

P. M. PARSONS. On Manganese Bronze. Rep. Brit. Ass. Southport 1883, 378-387.

J. BAUSCHINGER. Untersuchungen über die Elasticität und Festigkeit von Fichten- und Kiefernbauhölzern. [DINGL. J. CCLII, 441-442; Mitth. a. d. Labor. d. techn. Hochsch. Münch. Heft 9.

W. LUDLOW. The Crushing Strength of Ice. Engineering XXXVII, 302.

KROPOTKINE. La plasticité de la glace. Rev. scient. XXXIII, 37-48; [Beibl. VIII, 351.

Enthält eine Zusammenstellung der verschiedenen Theorien, die Bewegung der Gletscher zu erklären; der Verfasser entscheidet sich auf Grund neuerer Versuche von BIANCONI, MOSELEY u. A. für die Theorie von FORBES, nach der das Eis ein vollkommen plastischer Körper ist. *Cn.*

HUPFELD. Schweissbarkeit des Bessemereisens.
Oesterr. ZS. XXXII, 5; B.- u. H.-Ztg. XLIII, 334-335; Chem. CBl. (3) XV, 830-831.

Untersuchungen über die Schweissbarkeit des Flusseisens.
DINGL. J. CCLII, 145-148.

---

b) Capillarität.

E. WIEDEMANN. Physikalisch-chemische Notizen. II.
LIEBIG's Ann. CCXXV, 263-4; [Ber. d. chem. Ges. XVII, 457].

SCHIFF uud THORPE-RÜCKER haben die kritische Temperatur aus den Capillaritätserscheinungen abzuleiten versucht mit der Annahme, dass bei ihr die Capillaritätsconstante α Null wird. Es folgt nun aus den Versuchen von WOLF und CLARKE, dass mit steigender Temperatur bei Wasser, Aether und schwefliger Säure der Meniskus erst concav, dann eben, dann convex ist und zwar unterhalb der kritischen Temperatur. Zur kritischen Temperatur ist erforderlich, dass die oberhalb und unterhalb der ursprünglichen freien Oberfläche gelegenen Theilchen gleiche Kräfte auf die Oberfläche üben. Darüber aber lehren die gewöhnlichen Capillaritätsversuche nichts, man kann also aus Capillaritätsversuchen nicht auf die kritische Temperatur schliessen. *Bde.*

A. M. WORTHINGTON. On a new capillary multiplier. Chem. News L, 257; [Phil. Mag. (5) XIX, 43. 1885; [J. de phys. (2) IV, 467-68.

Ein Platinstreifen wird aufgerollt (Dimensionen, Länge 50 cm, Breite 5 bis 6 cm) und die einzelnen Lagen der Rolle werden durch 2 mm dicke Glasstückchen von einander getrennt. Hängt man das durch Glühen gereinigte System an einem Wagebalken auf und lässt sein unteres Ende in eine Flüssigkeit tauchen, so kann man unter Berücksichtigung des Auftriebes aus der scheinbaren Aenderung seines Gewichts die capillar gehobene Flüssigkeitsmenge und aus dieser, da die Länge der Contactlinie bekannt ist, die Oberflächenspannung berechnen.

Bde.

A. M. WORTHINGTON. On the surface forces in fluids. Phil. Mag. XVIII, 334-64†; Proc. Roy. Soc. XXXVI, 351-53 (Abstract)†; [Cim. (3) XVII, 265; Beibl. IX, 299.

Der Verfasser giebt eine „statische“ Theorie der Oberflächenspannung d. h. er setzt nominelle abstossende Kräfte an die Stelle derjenigen Wirkungen, welche heutzutage in der Regel als auseinandertreibende Action der Wärme aufgefasst werden. Er schreibt also den Molecülen pro Flächeneinheit irgend einer durch einen Körper gelegten Ebene eine gewisse Cohäsion C und eine gewisse innere Abstossung E zu. Aus den Erscheinungen der Zerreissung schliesst er, dass C, wenn die Molecüle sich von einander entfernen, nur bis zu einem gewissen Abstande langsamer abnimmt als E, dass aber jenseits dieses Abstandes C anfängt, schneller abzunehmen als E. Auf dieser

Grundlage errichtet er eine Theorie, die in der Ausdrucksweise auf LAPLACE und POISSON zurückgeht, die aber POISSON gegenüber mathematisch einfacher ist und LAPLACE gegenüber die Existenz einer Oberflächenschicht von veränderlicher Dichte nicht bloss annimmt, sondern auch in allen Betrachtungen ausdrücklich berücksichtigt. Er weist zunächst die Existenz der Oberflächenschicht nach und zieht dann Berührungen zwischen Flüssigkeit und Flüssigkeit, zwischen einer Flüssigkeit und ihrem Dampf und zwischen einer Flüssigkeit und einem festen Körper in Betracht. Für eine Flüssigkeit, die ihren eigenen Dampf oder ein Gas berührt, ergiebt sich insbesondere, dass in der Nähe der Grenzfläche die Flüssigkeit verdünnt und das Gas verdichtet ist; an der Grenze selbst aber fallen die beiden Dichtigkeiten unterhalb einer gewissen Temperatur nicht zusammen. Unterhalb dieser Temperatur, die er für die kritische nimmt, zeigen sich also die charakteristischen Erscheinungen der Oberflächenspannung. Berührt ein fester Körper eine Flüssigkeit oder ein Gas, so gehen die Oberflächenkräfte merklich nur von dem festen Körper aus. Ist der zweite Körper ein Gas, so ist die Oberflächenkraft ein Druck, nicht wie gewöhnlich (?) angenommen wird, eine Spannung, so dass der feste Körper, er mag nun eine Flüssigkeit oder ein Gas berühren, von einer condensirten Schicht umgeben ist. Der Verfasser vergleicht dann seine Entwickelung mit der von LAPLACE und weist die Unterschiede zwischen beiden sowie ihre Berührungspunkte nach. *Bde.*

LE CONTE. Ueber die Horizontalbewegung schwimmender Körper und die Gültigkeit der von der Capillaritätstheorie gestellten Postulate. Am. J. of Sc. XXVII, Nr. 160, 307-315; [Beibl. VIII, 692†; [J. de phys. (2) IV, 93.

LE CONTE folgert aus Versuchen von SIMONS, dass die Voraussetzung constanter Oberflächenspannung nur solange zulässig sei, als der Durchmesser d der Röhren oder der Abstand d' der Platten verhältnissmässig klein sei. Mit wachsendem d resp. d' nimmt T, d. h. die von der Längeneinheit des Umfanges getragene Wassermenge, rasch ab, so ist z. B. für

$d = 0{,}012$ mm, $T = 0{,}0959$, $d = 1{,}250$ mm, $T = 0{,}0831$,
$d = 25{,}300$, $T = 0{,}0013$.

Befinden sich also in einer Flüssigkeit schwimmende Körper, so ist die Spannung in der zwischeu zweien derselben liegenden Schicht grösser als in jeder anderen Schicht, und wächst um so mehr, je näher die Körper durch eben diese Spannnung gebracht werden.

(Nach Beibl.) *F. K.*

E. MATHIEU. Suspension d'un liquide par un tube capillaire vertical et de révolution. J. de Phys. (2) III, 82 bis 86; [Beibl. VIII, 625.

— — Modification de la poussée d'un liquide par les forces capillaires. J. de Phys. (2) III, 86-92; [Beibl. VIII, 625.

— — Figures de gouttes d'un liquide au moment ou elles sont près de se détacher d'un tube capillaire, adapté au fond d'un vase. J. de Phys. (2) III, 203 bis 209.

Die drei Artikel sind Auszüge aus einem Lehrbuch der Capillaritätstheorie, welches der Verfasser 1883 bei Gauthier-Villars hat erscheinen lassen. Er geht aus von dem Satz, dass in der bekannten Gleichung

$$\frac{1}{R} + \frac{1}{R_1} = \frac{z-k}{a^2},$$

die Constante k für alle Oberflächen ein und derselben Flüssigkeit dieselbe sei; denn nur wenn man diese Annahme macht, ergiebt sich, dass das Gewicht einer Flüssigkeitssäule gleich dem Actionsunterschied ihrer beiden Endflächen ist. In der ersten Abhandlung wird dieser Satz auf einen homogenen Tropfen angewendet, der in einem verticalen Cylinder schwebt. Nimmt man an, dass beide Endflächen desselben die gleiche Krümmung haben, so wird, wie selbstverständlich, die resultirende Capillarwirkung Null; in Folge der Reibung aber krümmt sich die obere Grenzfläche stärker, die untere weniger stark. Eine Berechnung dieser Verhältnisse auf Grund der Annahme, dass beide Grenzflächen Kugelcalotten seien, führt auf eine unmögliche Folgerung. Es wird also noch die Viscosität der Flüssigkeit zu Hülfe genommen, und der Antheil, welchen diese Viscosität an der Herstellung des Gleichgewichts hat, berechnet.

In der zweiten Abhandlung wird der Auftrieb einer Flüssigkeit auf einen in ihr schwimmenden Revolutionskörper unter Berücksichtigung der capillaren Kräfte behandelt.

In der dritten wird die Tropfenform vermittels einer Reihenentwickelung in zweiter Annäherung berechnet. Es ergiebt sich dabei, dass zwei Flüssigkeiten geometrisch ähnliche Tropfen bilden, wenn die Krümmungsradien im tiefsten Punkt den Werthen von *a* proportional sind. Indem der Verfasser den Durchmesser des Strictionskreises annähernd gleich dem Durchmesser des Tropfrohrs nimmt, berechnet er für Wassertropfen, die an einer Röhre hängen, die nachstehende Beziehung zwischen Röhrendurchmesser und Gewicht.

Durchmesser	0,39	1,13	2,68	4,20 mm
Gewichte	7,72	21,07	44,18	69,26 mg.

Die Zahlen stimmen ziemlich gut mit den Messungsresultaten aus Dupré's Théorie mécanique de la chaleur. *Bde.*

B. Studer. Gewicht der Tropfen. Schweiz. W. f. Pharm. No. 14; [Arch. Pharm. CCXXII, 349†.

Der Verfasser hat in pharmazeutischem Interesse untersucht, wie weit das Tropfengewicht constant ist und dabei das nicht überraschende Resultat gefunden, dass es bei ein und derselben Flüssigkeit im Verhältniss von 1 : 4 variiren kann, je nachdem man die Tropfen aus einem Standgefäss, aus einem schmalwandigen Gläschen, aus einem Trofenzähler mit Kautschukansatz oder aus einem Patent-Tropfglas abfliessen lässt. *Bde.*

Van der Mensbrugghe. Deux expériences très instructives de capillarité. Bull. Belg. VIII, 179-180; [Beibl. IX, 157.

— — Les actions verticales exercées par les ménisques

capillaires des liquides. Bull. Belg. VIII, 326-337; [Beibl. IX, 157; Naturf. XVIII, 75.

Ein Korkstöpsel trägt unten einen Ballast, oben einen horizontalen Ring von Eisendraht, der auf zwei dünnen Drähten in einer Höhe 5-6 cm über dem Stöpsel gehalten wird und 7-8 cm Durchmesser hat. Die Belastung ist so abgemessen, dass der Stöpsel vertical steht und 3-4 mm aus dem Wasser hervorragt. Lässt man dann das System so tief eintauchen, dass der Eisendrahtring vollständig unter Wasser ist, so steigt er nicht wieder in die Höhe, sondern wird festgehalten, indem sich innerlich und äusserlich concave Menisken bilden. Die Wasseroberfläche muss rein sein, am besten lässt man sie überlaufen. Giesst man, während der Ring seine zweite Gleichgewichtsstellung hat, einige Tropfen Alkohol oder Terpentinöl auf die Wasserfläche, so steigt der Apparat manchmal in die Höhe.

Ein Ring von Kupferdraht, 1 mm dick, lässt sich, gut abgerieben, auf reinem Wasser zum Schwimmen bringen, wenn man ihn vorsichtig mit Hülfe einer langen Drahtgabel auflegt. Auch ein Platinring zeigt diese Eigenschaft, muss aber erheblich dünner sein.

In der zweiten Abhandlung werden diese Versuche noch einmal genauer beschrieben und darauf hingewiesen, dass der Effect der Capillarkräfte sich vergrössern lässt, wenn man statt des einfachen Drahtrings mehrere Drähte nimmt, von denen jeder einen entsprechenden Meniskus giebt, doch dürfen die Drähte einander nicht so nahe kommen, dass ihre Menisken sich gegenseitig stören. Mit 100 kleinen Drahtquadraten von je 1 cm Seite hat der Verfasser einen Auftrieb von 26 g überwinden können. Der Verfasser erinnert selbst an die Aehnlichkeit seines Apparats mit der von Lang'schen Capillaritätswage. *Bde.*

E. L. Trouessart. Expériences avec des bulles de savon. La Nature XII, [1] 250.

Seifenblasen lassen sich, ohne zu platzen, auf einem haarigen Teppich auffangen. Man kann sie durch Anblasen auf ihm umherrollen und kann sie sich stossen lassen, wobei sie elastisch von einander abprallen. Der Verfasser hält das für eine Anwendung des Boutigny'schen sphäroidalen Zustandes! *Bde.*

C. Schall. Die Anziehung gleichartiger Molecüle und das Gravitationsgesetz Newton's. Ber. d. chem. Ges. XVII, 2555-2577†; [Beibl. IX, 155†.

Der Verfasser wendet die Methode des Losreissens von Glasplatten von Flüssigkeiten an, um die Cohäsion der letzteren zu bestimmen. Ohne die Einwürfe zu wiederholen, welche schon früher gegen diese Methode erhoben sind, begnügen wir uns mit der Wiedergabe der Ergebnisse, welche der Verfasser erreicht zu haben meint (S. 2577).

1. „Die Kraft, welche Massen gleichartiger Molekeln zusammenhält, nimmt ab oder zu im geraden Verhältniss des Quadrats der spec. Gewichte und direct proportional der Masse der Molekeln.

2. Es ist wahrscheinlich, dass eine Veränderung der Constitution der Molekeln auch verändernd auf die Grösse jener Kraft einwirkt. Für zwei Flüssigkeiten bleibt das Verhältniss der Cohäsion wie der specifischen Gewichte bei Kochtemperaturen, welche verschiedenen, nicht zu weit entfernt liegenden Drucken entsprechen, sehr angenähert dasselbe.

4. Es ist wahrscheinlich, dass für die Adhäsion ebenfalls das Gesetz unter Nr. 1 und 2 gilt.

5. Die Steighöhe in Capillaren nimmt ab beim Erwärmen proportional dem Quadrate und der zweidrittelten Potenz der spez. Gewichte. Gewisse Substanzen (Wasser und Schwefel) folgen diesem Gesetze nicht.

6. Es ist wahrscheinlich, dass bei diesen Substanzen der Grund der Abweichung in einer Veränderung der Moleculargrösse liegt.“ *Lp.*

A. Kurz. Capillarconstante des Seifenwassers und anderer Flüssigkeiten. Rep. d. Phys. XX, 454-462†; [Beibl. VIII, 801.

Schulversuche, die auf Genauigkeit keinen Anspruch machen; es wird bemerkt, dass in der neunten Auflage der RÜHLMANN-schen Logarithmentafeln die Capillarconstanten für Wasser, Weingeist, Quecksilber und andere Flüssigkeiten verdoppelt werden müssen, wenn sie mit den Rechnungsresultaten des Verfassers annähernd stimmen sollen. *Bde.*

M. GOLDSTEIN und A. DAMSKI. Ueber die capillare Steighöhe von Lösungen. J. russ. Ges. XVI, [1] 642-43; [J. chem. soc. XLVIII, 115-6. 1885†.

Die Verfasser erklären VALSON's Angabe, wonach die Steighöhe der Lösungen ihren specifischen Gewichten umgekehrt proportional ist, für irrig; sie soll nur für Lösungen gelten, deren spec. Gew. sich wenig von dem des Wassers unterscheidet. Bei concentrirteren Lösungen, namentlich in engen Röhren, treten erhebliche Abweichungen auf. Bei KBr ist die Steighöhe nahe das arithmetische Mittel aus der für KCl und KJ. *Bde.*

QUET. Sur l'accord de l'expérience et de la théorie dans l'élévation de l'eau entres des plaques verticales, parallèles et mouillées. C. R. XCVIII, 87-90†; [Cim. (3) XV, 189; Beibl. VIII, 461.

Aus der LAPLACE'schen Capillartheorie zieht der Verfasser mehrere theoretische Folgerungen und zeigt die Uebereinstimmung eigener und vorgefundener Versuchsresultate mit denselben. *He.*

PETRUS BOULIN. L'action de l'huile sur les vagues. Rev. scient. XXXIII, 255.

Enthält die Notiz, dass die Arbeiter in Sodafabriken auf das Gemenge von Kochsalz und Schwefelsäure Oel giessen, um die Effervescenz der Chlorwasserstoffsäure zu beruhigen, wenn diese zu lebhaft wird. *Bde.*

A. W. Reinold and A. W. Rücker. Influence of an electric current on the thinning of a liquid film. Rep. Brit. Ass. 1884, 652-3; Phys. Soc. Lond. 1884, Dec. 13; [Chem. News L, 293; [Athenaeum 1884, II, 810; [J. de phys. (2) IV, 469; Lum. électr. XV, 30, XVI, 34; Phil. Mag. (5) XVIII, 282; Sill. J. XXIX, 334.

Der benutzte Strom hatte 0,5 bis 15 Microampère, die Häutchen bestanden aus Kaliseifenlösung oder aus Plateau's liquide glycérique. Durchleitung des Stroms in der Richtung von oben nach unten unterstützte das durch die Schwere eingeleitete Dünnerwerden der Häutchen, Durchleiten von unten nach oben wirkte ihm entgegen. Man kann demnach mittels des Stroms die Dicke der Häutchen bis zu einem gewissen Grade willkürlich abändern. *Bde.*

R. Schiff. Sulle costanti capillari dei liquidi al loro punto di ebollizione. Lincei Mem. (3) XVIII, 449-86†; Lieb. Ann. CCXXIII, 47-106; [Chem. Ber. XVII, 195-196; Gazz. chim. XIV, 272-336; [Nature XXX, 618; [Beibl. VIII, 457; [J. chem. soc. XLVI, 808-12.

— — Degli equivalenti capillari dei corpi semplici. Lincei Mem. (3) XIX, 388-449†; Gazz. chim. XIV, 368-447; [Beibl. IX, 559; [Chem. Ber. XVIII, 17-18; [J. chem. Soc. XLVIII, 717.

Die beiden Abhandlungen enthalten die eingehende Darstellung der Arbeiten des Verfassers, welche früher (vergl. diese Ber. XXXIX, (1) 327) auszugsweise angedeutet waren. Als Messapparat dient in der ersten ein einfaches U-Rohr, welches einen weiten und einen engen Schenkel hat, mit der zu untersuchenden Flüssigkeit gefüllt und dann im Dampf derselben Flüssigkeit aufgehängt wird. Die Niveau-Differenz der beiden Menisken wurde mit dem Kathetometer beobachtet und aus ihr die Steighöhe a^2 in einem Rohr von 1 mm Durchmesser auf Grundlage bekannter Formeln berechnet. 60 verschiedene Flüssigkeiten wurden untersucht und die Ergebnisse durch folgende Betrachtung zusammengefasst:

Der Verfasser führt eine neue Constante n ein, definirt durch die Gleichung

$$(1.)\quad n = \frac{a^2}{2v},$$

worin v das Molecularvolumen der untersuchten Substanz ist. Wenn nun in einem Molecül einem Kohlenstoffatom zwei Wasserstoffatome substituirt werden, oder wenn drei Atome Wasserstoff für ein Sauerstoff- oder sieben Atome Wasserstoff für ein Chloratom eingeführt werden, so ändert sich dadurch die Grösse n nicht. Der Verfasser schliesst also: in Bezug auf Capillarcohäsion ist, wenn die Aequivalenz durch ein Gleichheitszeichen versinnbildlicht wird:

$$C = 2H,\quad O = 3H,\quad Cl = 7H.$$

Nimmt man also ein beliebiges Molecül $C_xH_yO_zCl_u$, so ist dasselbe äquivalent mit $(2x+y+3z+7u)H$ und wenn man die Summe $2x+y+3z+7u$ kurz mit w bezeichnet, so gilt für dieses Molecül die Formel

$$(2.)\quad n = \frac{e^{6,483-0,01676\,w}}{w},$$

ganz einerlei wie das Molecül im Uebrigen constituirt ist. Für eine Reihe von 48 Stoffen stimmen die nach Gl. (2.) berechneten Werthe von n mit den beobachten, d. h. nach (1.) berechneten, theils vollständig, theils bis auf 3 pCt. überein. Man kann hiernach die Werthe von n graphisch als Function der Grössen w darstellen und die Curven benutzen, um zu irgend einem w das zugehörige n bequem zu finden. Schiff giebt diese Curven.

Als Nebenresultat wird eine Bestätigung der Bemerkung von de Heen erzielt, wonach die Steighöhen lineare Functionen der Temperatur sind. Den Temperaturpunkt, wo die Steighöhe 0 werden würde, nimmt Hr. Schiff für die kritische Temperatur der betreffenden Substanz, was nach E. Wiedemann nicht gerechtfertigt ist. (Vergl. oben E. Wiedemann.)

Es zeigten sich nun aber bei der ersten Untersuchung ein paar entschiedene Ausnahmen von dem in Gl. (2.) ausgesprochenen Gesetz. Der näheren Untersuchung dieser Fälle ist die zweite Abhandlung gewidmet. Den Versuch, die Abweichung aus Unreinheit des angewandten Materials zu erklären, lehnt der Verfasser ab, weil auf die Reinheit der Stoffe grosse Sorgfalt verwendet wurde. Er führt vielmehr die Hypothese ein, dass die capillarische Valenzzahl eines Elements nicht absolut constant sei, sondern unter Umständen von der Stellung des Atoms im Molecül abhänge. Und da er in der That mit einer geringen Anzahl von kleinziffrigen Valenzzahlen auskommt, um alle Erscheinungen zu erklären, hat diese Annahme eine gewisse Wahrscheinlichkeit.

Für die Beobachtungsreihe der zweiten Abhandlung wurde das U-Rohr durch zwei Hähne und ein Verbindungsstück mit Hahn zum Evacuiren eingerichtet und für die Beobachtung eine Art von Kathetometer mit zwei Fernrohren benutzt. Hiermit wurden 90 neue Substanzen untersucht. Es ergaben sich folgende Resultate.

$C = 2H$ und $O = 3H$ in den Hydrocarbüren aller Typen, in den primären und secundären Alkoholen, in sämmtlichen Aethern und Acetonen, sowie in den Aldehyden der fetten und der aromatischen Reihe. In den freien Säuren der Fettreihe aber, von der Essigsäure bis zur Valeriansäure, ergiebt sich regelmässig $C = 3H$. Ausserdem giebt es noch einzelne Körper, in denen Kohlenstoffatome mit Sauerstoff in Contact stehen (Beispiel Ameisensäure $H - COOH$ oder Anisol $C_6H_5 - O - CH_3$, wo der letzte Kohlenstoff diese Stellung hat). Derartige Kohlenstoffe treten mit der Aequivalenz $C = H$ auf. $O = 3H$ in den primären und secundären Alkoholen, in freien Säuren, in allen Aethern und Acetonen, sowie in den Aldehyden. In einzelnen seltenen Körpern aber ist ein Sauerstoffatom an zwei unter sich verkettete Kohlenstoffatome gebunden; von derartigen Körpern wurden 3, Epichlorhydrin, Carbol und Furfurol, untersucht und in diesen hat der eine Sauerstoff das Aequivalent Null.

$Cl = 7H$ in einer Reihe von 11 Chlorverbindungen, darunter Chloroform, CCl_4, Chloral und die Chloressigäther. In anderen Verbindungen aber, Aethylenchlorür, Trichloräthan u. s. w., wo die Chloratome über mehrere Kohlenstoffatome vertheilt sind, oder wo das Chlor sich in einer Seitengruppe des Benzols findet, ist $Cl = 6H$.

Ferner wurde festgestellt:

Br = 13H im allgemeinen, dagegen im freien Brom, im Aethylen- und Propylenbromür ist Br = 10,5 bis 11H.

J = 19H, bis dahin ohne Ausnahme.

N = Null in den primären Aminen, N = H in den secundären Aminen, N = 2H in den tertiären Aminen, den Nitrokörpern und den salpetersauren Aethern, N = 3H in den Cyanüren.

S = 5,5H aus 6 Körpern, Schwefelkohlenstoff eingeschlossen.

Phosphor endlich, von dem nur eine geringe Anzahl von Verbindungen untersucht werden konnte, scheint = 5H zu sein, wenn er dreiwerthig, und = 4H, wenn er fünfwerthig auftritt. Zum Schluss wird eine Tabelle der Werthe von a^2 und n für 90 Stoffe gegeben. *Bde.*

O. Rother. Ueber Capillaritätsbestimmungen von Salzlösungen und deren Gemischen. Wied. Ann. XXI, 576 bis 615; [J. chem. soc. XLVI, 1251; [J. de phys. (2) IV, 520.

Um die Unsicherheiten zu vermeiden, welche aus der mangelhaften Kreisform gewöhnlicher Capillar-Röhren hervorgehen, arbeitet der Verfasser von vorn herein mit Röhren von deutlich elliptischem Querschnitt. Da die Differentialgleichungen der capillaren Oberfläche sich für diesen Fall nicht integriren lassen, hilft er sich durch die Annahme, dass die Capillarfläche den elliptischen Cylinder, welchen das Rohr darstellt, in einer ebenen Curve schneidet; unter dieser Voraussetzung kennt er die Länge der tragenden Randlinien und berechnet daraus für die Steighöhe h

$$h = \frac{2Ea^2}{\pi\eta} - \tfrac{1}{3}\zeta,$$

hierin bedeutet E das elliptische Integral zweiter Gattung, wenn in den Legendre'schen Tafeln sin Θ = der Excentricität des elliptischen Querschnitts genommen wird, η die kleine Halbaxe, a^2 die Poisson'sche Constante, ζ die verticale Halbaxe des Ellipsoids, welches den Meniscus nach oben begrenzt. Da die Bogenlänge der Ellipse grösser ist, als die des Kreises von gleicher Fläche, ist auch die gehobene Säule im elliptischen Rohr grösser als die im kreisförmigen, weshalb vielleicht die gewöhnlichen Bestimmungen, welche Kreisform der Röhre voraussetzen, etwas zu grosse Werthe von a^2 ergeben.

Bei den Versuchen wurde h und ζ mit dem Kathetometer gemessen; ζ zeigte bei Salzlösungen keinen merklichen Unterschied gegen reines Wasser in der gleichen Röhre, wurde also, da $\frac{1}{3}\zeta$ ohnehin eine kleine Grösse ist, constant genommen. Die Dimensionen des Röhrenquerschnitts wurden durch Messung unter dem Mikroskop bestimmt, nachdem passende Stücke glatt von den Röhren abgesprengt waren. Alle Capillaritätsconstanten werden von der Versuchstemperatur auf 15° C. reducirt nach der Brunner-Frankenheim'schen Formel

$$a^2_{15} = a^2(1 \pm 0{,}029t).$$

Die Resultate sind in Tabellen niedergelegt und auf empirische Formeln gebracht; ist y die Anzahl von Salzäquivalenten, die in der Lösung auf 100 Theile Wasser kommen, so ist für

$$\begin{array}{ll} NaCl & a^2 = 14{,}694 - 0{,}3225y + 0{,}0257y^2 \\ KCl & a^2 = 14{,}719 - 0{,}4116y + 0{,}0402y^2 \\ Na_2SO_4 & a^2 = 14{,}723 - 0{,}7409y + 0{,}0686y^2 \\ K_2SO_4 & a^2 = 14{,}741 - 0{,}8713y + 0{,}1467y^2. \end{array}$$

Die Curven schneiden einander nicht; dem grösseren Aequivalentgewicht entspricht die steilere Curve. Berechnet man aus den a^2 die Gauss'sche Constante α, welche die wirkliche Cohäsion der Flüssigkeit darstellt, so findet man mit grosser Annäherung für

$$\begin{array}{ll} NaCl & \alpha = 7{,}357 + 0{,}1566y \\ KCl & \alpha = 7{,}357 + 0{,}1666y \\ Na_2SO_4 & \alpha = 7{,}357 + 0{,}1382y \\ K^2SO_4 & \alpha = 7{,}357 + 0{,}1595y, \end{array}$$

also lineare Ausdrücke.

Es werden dann Lösungsgemische betrachtet, bei deren Entstehung **keine** Contraction stattfindet; sind u_1 und u_2 zwei Verhältnisszahlen ($u_1 + u_2 = 1$), α_1 und α_2 die Cohäsionsgrössen für die Componenten des Gemisches, α die für das Gemisch, so ist nach Poisson und Volkmann zu erwarten, dass

$$\alpha = u_1^2\alpha_1 + 2u_1u_2\alpha_{12} + u_2^2\alpha_2$$

sei, wo α_{12} als Maass der Anziehung der ersten Lösung auf die zweite angesehen werden kann. Die Formel wird zunächst auf einfache Lösungen angewandt, indem dieselben als Gemische von Wasser mit wasserfreiem Salz gefasst werden; die Anwendung der Formel auf Lösungen der obigen vier Salze gibt für

NaCl	$\alpha_{12} = 9{,}836$,	$\alpha_2 = 20{,}70$
KCl	$\alpha_{12} = 9{,}283$,	$\alpha_2 = 15{,}967$
Na_2SO_4	$\alpha_{12} = 9{,}865$,	$\alpha_2 = 1{,}964$
K_2SO_4	$\alpha_{12} = 9{,}537$,	$\alpha_2 = 12{,}316$

Hierin würde α_{12} die Anziehung des Wassers auf die Salzmolecüle, α_2 die Cohäsion des wasserfreien Salzes bedeuten. Die Anwendung erscheint dem Referenten bedenklich, weil die Salze die Bedingung, dass bei ihrer Lösung keine Contraction eintrete, nicht erfüllen.

Dann werden Gemische aus je zwei Salzen untersucht; es findet sich, dass in der POISSON-VOLKMANN'schen Formel α_{12} sehr regelmässig und mit grosser Annäherung $= \frac{1}{2}(\alpha_1 + \alpha_2)$ wird, dass man sie also praktisch durch die einfachere Beziehung

$$\alpha = u_1 \alpha_1 + u_2 \alpha_2$$

ersetzen kann. In Bezug auf die Capillarität wären also alle untersuchten Lösungen nach BENDER's Ausdruck „correspondirend".

Bde.

J. TRAUBE. Capillaritätserscheinungen in Beziehung zur Constitution und zum Moleculargewicht. Ber. d. chem. Ges. XVII, 2294-2316; [Beibl. IX, 229; [Naturf. XVIII, 29-31; [Nat. XXXI, 204; [J. chem. soc. XLVIII, 116.

Der Verfasser hat sich durch die Arbeiten von SCHIFF überzeugt, dass die directe Untersuchung organischer Flüssigkeiten in Capillarröhren nur schwer zu einfachen Schlüssen führen würde und hat deshalb Capillaritätsversuche mit wässerigen Lösungen organischer Substanzen angestellt, wie schon VALSON und MUSCULUS vor ihm. Er findet die von MUSCULUS gegebene Eintheilung der Stoffe in active und inactive einigermaassen gerechtfertigt. Mehr als 30 der verschiedensten anorganischen Salze, ferner Kali und Ammoniak, starke Säuren, auch Weinsäure und Citronensäure, Harnstoff und Rohrzucker drückten die Steighöhe des Wassers in einer Capillare von 0,3416 mm Radius nur um ein geringes herab, höchstens um 5 bis 7 mm.

Die organischen Substanzen, welche diese Eigenschaft haben, sind bei gewöhnlicher Temperatur sämmtlich fest. Gegen 50 organische Flüssigkeiten dagegen veränderten die Steighöhe sehr bedeutend. Den Uebergang zwischen beiden Körperklassen vermitteln die mehrsäurigen Alkohole und Oxysäuren, sowie Chloressigsäuren und Verwandte. Aus den in Tabellen niedergelegten Versuchszahlen ergeben sich folgende Schlüsse.

1. Die Steighöhe der Lösung eines Körpers nimmt ab mit wachsender Concentration, die Abnahme ist nicht linear; stellt man die Steighöhe als Function der Concentration graphisch dar, so hat ihr erster Differentialquotient ein Maximum.

2. In einer homologen Reihe nehmen die Steighöhen ab mit wachsendem Moleculargewicht.

3. Isomere Körper auch von verwandter Constitution haben in gleich concentrirten Lösungen nicht nothwendig gleiche Steighöhe.

Auch findet der Verfasser den Schiff'schen Satz nicht bestätigt, dass für isomere Substanzen die Anzahl der gehobenen Molecüle annähernd die gleiche sei, dagegen ist ihm wahrscheinlich, dass in gleich concentrirten Lösungen verwandter Isomeren (wie auch homologer Körper) die Cohäsion der Lösung in directem Verhältniss zur Löslichkeit der Substanz steht. Die Atomverkettung übt nach Traube einen bedeutenden Einfluss auf die Steighöhe.

Eine Erhöhung der Steighöhe findet statt 1) beim Uebergang von der Reihe der Alkohole zu der Aldehydreihe und Fettsäurereihe, 2) von den Fettsäuren zu den Oxysäuren, 3) von den einsäurigen zu den zwei- und dreisäurigen Alkoholen, 4) von den normalen und Isoalkoholen zu den tertiären Alkoholen, 5) von den Estern der Ameisensäure zu den isomeren Estern der höheren Fettsäuren, 6) von den Verbindungen der Propylreihe zu den der Amylreihe.

Indem nun der Verfasser die Differenzen seiner Tabelle mit einander vergleicht, gelangt er zu einem Gesetz, welches er in den Worten ausspricht: Die Differenz der Quotienten aus Steighöhe und Moleculargewicht ist für die Lösungen je zweier Körper eine nur von der relativen Grösse der Concentrationen abhängige Constante. Dies Gesetz soll genauere Gültigkeit nur innerhalb engerer Grenzen beanspruchen, annähernd aber innerhalb der Concentrationsgrenzen gelten, innerhalb deren die Lösungen die grösste Activität besitzen. Der Satz wird später in folgende leichter verständliche Gleichung gefasst. Es seien h und h_1 die Steighöhen zweier verschieden concentrirten Lösungen derselben Substanz vom molecularen Gewicht m, H und H_1 die Steighöhen zweier entsprechend concentrirten Lösungen eines Körpers vom Moleculargewicht M, dann ist

$$\frac{h-h_1}{H-H_1} = \frac{m}{M}.$$

Zum Schluss wird auf die Brauchbarkeit der Steighöhenmessungen für Alkoholometrie und verwandte quantitative Probleme hingewiesen. *Bde.*

W. VON BEZOLD. Ueber eine neue Art von Cohäsionsfiguren. Münch. Sitzber. 1884, 355-365; [J. chem. soc. XLVIII, 335.

Die in der vorliegenden Abhandlung beschriebenen Cohäsionsfiguren werden erzeugt, indem ein Tropfen hektographischer Tinte vermittels einer Reisfeder auf Wasser gebracht wird. Ihr wesentliches und unterscheidendes Merkmal ist, dass sie im Wesentlichen ein Bild der Strömungen im Gefässe geben, dass sie also ganz wesentlich beeinflusst werden durch die Temperaturverhältnisse, unter denen sich das Gefäss befindet. „Ich hätte deshalb — sagt Hr. v. BEZOLD — der ganzen Abhandlung vielleicht auch den Titel geben können „über die Bewegungen in Wassermassen, welche allmäliger Erwärmung oder Abkühlung unterworfen sind.“

Bringt man einen Tropfen der fraglichen Tinte auf die Oberfläche, so zeigt sich, vorausgesetzt, dass das Wasser kälter ist als die Luft, folgendes. Es breitet sich die Flüssigkeit in strahliger Weise auf der Oberfläche des Wassers aus, während von der Mitte der Oberfläche aus ein Faden nach abwärts sinkt, der meist ein verdicktes Ende besitzt, und dem, besonders wenn die Schicht etwas mächtiger war, in der Umgebung des Centrums allmählich noch mehrere nachfolgen. Hat sich der centrale Faden bis zum Boden hinabgesenkt, so breitet sich das verdickte Ende wie ein Knopf am Boden aus und schiebt sich allmälig nach der wärmsten Seite der Wandung, um dort umbiegend wieder nach aufwärts zu steigen. Wie schon hervorgehoben, sind die Temperaturverhältnisse von ganz wesentlichem Einflusse. Denn ist zunächst das Wasser wärmer als die umgebende Luft, so bildet sich weder die strahlige Oberfläche noch der centrale Stamm, sondern der Farbstoff rinnt an der Oberfläche bis zum Rande des Glases, um dort als dünner Mantel abwärts zu steigen.

Ist aber das Wasser kühler als die umgebende Luft, die Wärmezufuhr aber einseitig, so rückt der absteigende centrale Stamm nach der kühleren Seite, die strahlige Figur wird deformirt, und zwar so, dass sie eine Symmetralaxe besitzt, welche in der Ebene der grössten und der geringsten Erwärmung liegt. Die kleinste Einseitigkeit in der Wärmezufuhr macht sich geltend; die Ein- und Ausstrahlung durch ein um mehrere Meter entferntes Fenster ist deutlich zu bemerken und die Strahlung eines mit Eiswasser gefüllten Glases ist noch auf mehrere Decimeter Entfernung zu erkennen. Hat sich bei gleichmässiger Zufuhr von Wärme der symmetrische Zustand gebildet, so genügt eine ganz kurze Berührung mit der Hand, um diesen Zustand zu stören.

Ist auch die Beschaffenheit der Farbe, welche zur Hervorbringung der Erscheinung benutzt wird, nicht ohne Einfluss auf dieselbe, so bleiben die Vorgänge im Grossen oder Ganzen doch dieselben, vor allem ihre enorme Empfindlichkeit gegen thermische Einflüsse, so dass sie sich zu Versuchen über Wärmestrahlung als empfindliches Thermoscop benutzen lassen, und besonders bei Vorlesungen in vielen Fällen mit Vortheil an die Stelle der Thermosäule treten können. *F. K.*

R. Weber. Die gyratorische Bewegung der festen Körper an der Oberfläche von Flüssigkeiten.
Schweiz. Natf. Ges. Luzern LXVII, 51; Arch. sc. phys. (3). XII, 510; Soc. Helv. sc. nat. C. R. LXVII, (Beilage zu sc. phys.) 48-59.

Der Verfasser hat die bekannten Gyrationsbewegungen, welche Kampher auf Wasser zeigt, an anderen Körpern untersucht und zwar an 41 Anilinsalzen und Theerfarbstoffen. Behufs deutlicher Beobachtung diente als Flüssigkeitsgefäss eine Glasplatte mit aufgekittetem Ring; die Vorgänge konnten dann mit Sonnenlicht in 40 maliger Vergrösserung auf einen Schirm projicirt und beobachtet werden. Es zeigte sich, dass ein continuirlicher Uebergang zwischen Gyration und Ausbreitung besteht, und zwar geben die vollständigen Krystalle eine kräftige Gyration, die bloss krystallinischen Körper zeigen gleichzeitig Gyration und Ausbreitung, die nicht krystallisirten bloss Ausbreitung. Zerstampft man die Krystalle von salzsaurem Anilin zu feinem Pulver, so gyriren die Pulvertheilchen, aber nur einen Augenblick; bei anderen Krystallen geht durch Zerstampfen die Gyration verloren und nur die Ausbreitung bleibt übrig. Da sonach die Krystallform von Einfluss auf die Gyration zu sein scheint, hat der Verfasser am Blutlaugensalz constatirt, dass die verschiedenen Seiten eines Krystalls verschiedene Löslichkeit besitzen, wie das auch F. Exner und Lavizzari gefunden haben. Ausserdem können verschiedene Stellen der Farbstoffkrystalle dadurch eine verschiedene Löslichkeit bekommen, dass einzelne Stellen minimale Harzüberzüge besitzen. Versuche mit verschiedenen Flüssigkeiten ergaben folgendes: Auf Wasser, worin sich die Substanzen stark lösen, kräftige und lange Bewegung. Bei Alkohol fallen die Körper ohne weiteres durch die Oberfläche; es kommt also keine Bewegung zu Stande. Bei Schwefeläther bleiben nur die kleinsten Theile auf der Oberfläche hängen und bewegen sich schwach, Löslichkeit gering. Bei Schwefelkohlenstoff, Benzol und Olivenöl ist keine Bewegung und keine oder fast keine Löslichkeit vorhanden. Die Gyration scheint also von zwei Bedingungen abzuhängen: Der Körper muss löslich sein und die Flüssigkeit muss eine hinreichende Oberflächenspannung haben, um den Körper zu tragen. Das „feste Grün“ der Fabriken löst sich in concentrirter Salzlösung viel weniger als in Wasser. Bei ihm sieht man, wie von dem Krystall sich kleine Theilchen loslösen und zwar mit fast explosiver Gewalt. Die Loslösung geschieht auf derjenigen Seite des Krystalls, welche bei der Bewegung die hintere ist; das abgelöste Theilchen fliegt nach hinten und die Reaction treibt den Krystall nach vorn. In diesem Abstossen der gelösten Theilchen liegt der Grund für die Gyrationsbewegungen.

Der Kampher hat die Eigenthümlichkeit, auch auf Quecksilber Gyrationsbewegungen zu machen, die freilich schwach und kurz sind. Für diesen Körper nimmt Hr. Weber an, dass er sich theils im Wasser löst, theils auf dem Wasser ausbreitet, und dass seine Bewegung aus der Reaction gegen diese Ausbreitung hervorgeht.

Die durch Ausbreitung entstehende Kampherschicht verdunstet; daher bleibt die Oberfläche stets reactionsfähig. Deckt man das Gefäss zu, so wird die Verdunstung gehindert, und die Bewegung nimmt ab. Auch auf Quecksilber wird die Bildung einer dünnen Kampherschicht angenommen. *Bde.*

A. Bartoli. Sulla coesistenza di formule empiriche diverse, ed in ispecie su quelle che contengono la costante capillare dei liquidi o la coesione dei solidi. Cim. (3) XVI, 83-90; Gazz. chim. XIV, 553-562, Atti Lincei Transunti VIII, 340-343, 359†; [Beibl. IX, 301-302; [J. chem. soc. XLVIII, 866.

Es sei a^2 die Capillaritätsconstante eines Körpers, c seine spezifische Wärme und d sein spezifisches Gewicht. Dann hat der Verfasser die empirische Relation $\frac{a^2}{cd}$ = const. aufgestellt, von er übrigens selbst sagt, dass sie kein physikalisches Gesetz ausdrücken, sondern nur eine empirische Annäherungsformel sein soll. Zu seinen früheren Beobachtungen, welche diese Formel bestätigen sollen, fügt er jetzt zwei neue Reihen von Zahlen, die er zusammen mit Stracciati bestimmt hat. Die erste bezieht sich auf 12 Kohlenwasserstoffe von der Formel $C_n H_{2n+2}$; die Werthe von $\frac{a^2}{cd}$ schwanken zwischen 17,16 und 18,98. Die zweite bezieht sich auf wässerige Glycerinlösungen, welche bei 0° die Dichtigkeit 1,24 bis 1,03 haben; $\frac{a^2}{cd}$ steigt mit wachsender Verdünnung von 14,3 bis 15,4. Ausser der obigen Formel stellt der Verfasser nun noch zwei neue auf. Es sei p das Atomgewicht, k der Coefficient der linearen Dilatation, d das spezifische Gewicht und β die Cohäsion pro Einheit der Fläche. Dann sollen für Metalle die beiden Formeln gelten:

$$\frac{\beta . p^4}{d^4} = \text{const.}, \quad \beta\left(\frac{p}{d}\right)^{\frac{2}{3}} p . k = \text{const.}$$

Dem Ref. scheint aus den angeführten Zahlen die behauptete Constanz nicht mit solcher Evidenz hervorzugehen, dass sich Schlüsse darauf gründen liessen. Für die aus den beiden vorstehenden Gleichungen offenbar hervorgehende Relation

$$\frac{k . d^{\frac{10}{3}}}{p^{\frac{7}{3}}} = \text{const.}$$

ergiebt sich aus den Zahlen des Verfassers keine Bestätigung, vielmehr schwanken die Werthe der angeblichen Constante zwischen Grenzen, die sich fast wie eins zu vier verhalten.

Bde.

L i t t e r a t u r.

v. Lang. Die Capillarwaage. ZS. f. Instrk. IV, 378.

Selbstreferat über seine Arbeit: „Die Capillarwaage“ aus Sitzber. d. Wiener Akad. LXXXVII, [1] 1883, 1060. *Rz.*

E. Mathieu. Théorie de la capillarité. Paris: Gauthier-Villars 1883, 199 p. [Beibl. VIII, 106.

M. G. Van der Mensbrugghe. De l'énergie potentielle des surfaces liquides. Ann. de l'Assoc. des ingénieurs sortis des écoles spéciales de Gand, VI, livr 1.

Lord Rayleigh. Ueber Laplace's Theorie der Capillarität. Repert. d. Phys. XX, 91-97, 98-102; Phil. Mag. (5) XVI, 1883.

A. M. Worthington. Ueber Dasselbe. Rep. d. Phys. XX, 98-102; übersetzt aus Phil. Mag. XVI, sh. diese Ber. XXXIX, 321. 1883.

BERTRAND. Loi des surfaces libres. Bull. d. l. Société belge de microscopie 1884, No. 10, 11.

SCHALL. Apparat für Cohäsionsbeobachtungen. Chem. Ber. XVII, 2555; [ZS. f. Instrk. V, 64.

E. P. CULVERWILL. On the probable explanation of the effect of oil in calming waves in a storm. Rep. Brit. Ass. Southport 1883, 443.

D. DIAKONOFF. Tropfenzustand der Flüssigkeiten und geschmolzener Körper. J. russ. chem. phys. Ges. XIV, 542-543; [Beibl. IX, 302.

J. PLATEAU. Einige Erscheinungen an dünnen Flüssigkeitsmembranen. Bull. de l'Acad. Roy. de Belg. (3) VI, 704-715, 1883; [Beibl. VIII, 623. *Bde.*

C. DREYER-BÜRKNER. Capillar-Thermometer. D. R. P. Nr. 23633, 22. Nov. 1882; ZS. f. Instrk. IV, 108. *Rz.*

Oil on troubled waters. Science IV, 502 (technisch).

The use of oil in subduing waters. Science IV, 559.

F. BASHFORTH. Ein Versuch, die Capillaritätstheorie zu bestätigen durch Vergleichung der theoretischen mit den gemessenen Formen von Flüssigkeitstropfen unter Hinzuziehung einer von J. C. ADAMS mitgetheilten Integrationsmethode, die theoretische Form solcher Tropfen zu bestimmen. Cambridge: University Press 1883, 4°. 56 p. u. 59 p. Taf.; [Beibl. VIII, 731.

A. M. WORTHINGTON. On a point in the theory of pendent drops.

PERRY. Bemerkungen dazu. Chem. News. L, 257.

E. REGÉCZY-NAGY. Strömung von Flüssigkeiten in Capillarröhren. Aus Mathem.-naturw. Berichte aus Ungarn I, 232, 1882/83; [Beibl. VIII, 462.

KROUCHKOLL. Sur la variation de la constante capillaire des surfaces eau-éther, eau-sulfure de carbone sous l'action d'une force électromotrice. J. de phys. (2) III, 303-307.

R. Blondlot. Influence à l'état électrique d'une surface liquide sur la tension maxima de la vapeur de ce liquide. Lum. Él. XIV, 431-432.

La cloche d'eau. La Nat. XII, (2) 159; [Beibl. VIII, 752.

Wissenschaftliche Spielereien. Kleiner Gasinjector für Seifenblasen. La Nature XII, 159-160; Beibl. VIII, 347.

Theophylactes Simocates. L'action de l'huile sur les vagues. Rev. scient. XXXIII, 192.

Enthält die Notiz, dass der genannte byzantinische Gelehrte aus dem 6. Jahrhundert die Wirkung des Oels auf die Wellen erwähnt. Das Werk, in dem dies geschieht, ist von F. Morel unter dem Titel: „Dialogue de Theophylactes Simocates sur diverses questions naturelles utiles et plaisantes et leurs solutions" ins französische übersetzt worden.

Hanns Freiherr von Jüptner. Ueber die Grösse des Nachfliessens bei Büretten. [Chem. CBl. (3) XV, 949-950; Oesterr. ZS. XXXII, 592-593. *Bde.*

---

c) Lösung.

W. W. J. Nicol. On equilibrium in salt-solutions. Phil. Mag. (5) XVII, 150-156†; [Cim. (3) XV, 89-90; [Chem. Ber. XVII, 97-98; [J. de phys. (2) IV, 239, 1885; [Chem. CBl. (3) XVI, 659.

— — Saturation of salt-solutions. Phil. Mag. (5) XVII, 537-550†; [Cim. (3) XVI, 264-265; [Beibl. VIII, 625; [J. chem. soc. XLVIII, 340.

Es seien MR und M_1R_1 zwei Salze mit verschiedenem Metall M und verschiedenem Säureradical R. x Molecüle von jedem werden in Wasser gelöst und die Lösungen vermischt; dann können, wenn $z < x$, in der Lösung vorhanden sein

$$(x-z)MR+(x-z)M_1R_1+zM_1R+zMR_1.$$

In extremen Fällen kann $z=0$ oder $=x$ werden. Ist das erste der Fall, so findet keine, ist das zweite der Fall, so findet vollständige Umsetzung statt. Ist M stark basisch und R_1 stark sauer, während M_1 und R schwach sind, so scheint nach Berthelot die vollständige Umsetzung Regel zu sein. Besitzen alle vier Bestandtheile starke Verwandtschaften, so ist wahrscheinlich, dass die vier möglichen Verbindungen alle vier in der Lösung enthalten sind, aber die thermochemischen Methoden reichen zur Lösung der Frage nicht vollständig aus. Hr. NICOL hält die volumetrische Methode für hinreichend zuverlässig. Er bestimmt die Molecularvolumina der vier Salze MR, MR_1, M_1R_1, M_1R, alle vier in entsprechenden Lösungen genommen. Nennen wir dieselben der Reihe nach a, b, c, d, so ist $a+c$ im allgemeinen von $b+d$ verschieden. Es wird nun das Molecularvolumen V der Lösung bestimmt, welche alle vier Radicale M, M_1, R, R_1 gleichzeitig enthält. V ist nie grösser als $a+c$ oder $b+d$. Ist nun $V < a+c < b+d$, so kann nach NICOL die Lösung kein $b+d$ enthalten, ist aber $V < b+d < a+c$, so kann sie kein $a+c$ enthalten. Vermittels dieses Schlusses wird wahrscheinlich gemacht, dass vollständige Wechselzersetzung eintritt zwischen Natronsalpeter und Chlorkalium, Salmiak und Natronsalpeter, Salmiak und Kalisalpeter, schwefelsaurem Ammon und chromsaurem Kali. Unvollständige Zersetzung tritt ein zwischen starken Lösungen von Salmiak einerseits und Kali oder Natronsalpeter andererseits.

Der Verfasser ist der Ansicht, die Tendenz, ein einziges Paar von Salzen herzustellen, müsse in allen Lösungen vorhanden sein, weil dadurch ein Zustand minimalen Volumens erreicht wird.

In der zweiten Abhandlung stellt der Verfasser zunächst den Satz auf: je grösser das Molecularvolumen eines Salzes, desto geringer ist die Anziehung seiner Molecüle aufeinander und desto grösser seine Löslichkeit. Als Beleg dafür mag angeführt werden die Thatsache, dass Verminderung des Molecularvolumens bei einem Salze Verminderung der Löslichkeit herbeiführt, auch wenn die chemische Constitution desselben sich nicht ändert. Natriumsulfat z. B. hat bei

	40°	110°	Schmelzpunkt
Das Molecularvolumen	53,35	53,31	53,96
Die Löslichkeit	48,8	42,5	46,4 bei 230°

Kalkspath mit dem grösseren Molecularvolumen löst sich leichter in verdünnten Säuren als Arragonit. Der Verfasser hat ferner Versuche über die Löslicheit von Chlornatrium, Chlorkalium, Natron- und Kalisalpeter angestellt. Diese dienen ihm aber weniger dazu, den obigen Satz zu bestätigen, als eine neue Beziehung aufzustellen, welche lautet: Es sei f das Molecularvolumen des festen Salzes, c dasjenige des Salzes in der concentrirten Lösung, v dasjenige des Salzes in der sehr verdünnten Lösung, dann ist $\frac{f-c}{f-v}\cdot sm$ für drei der vier genannten Salze nahe gleich 39, für Natronsalpeter aber gleich 66,6. Der Verfasser vermuthet, dass die Formel $\frac{f-c}{f-v} ms =$ const. allgemeinere Gültigkeit haben könnte. Der mechanische Sinn des Gedankenganges, der zu der Formel führt, ist dem Referenten nicht klar geworden.

Hr. NICOL geht dann zur Betrachtung von Lösungen zweier Salze über. Die Untersuchung gipfelt in dem Satze, dass in der Mehrheit der Fälle das Molecularvolumen der gesättigten Lösung von zwei Salzen gleich ist der Summe der Molecularvolumina, welche die einzelnen Salze in ihren gesättigten Lösungen haben. Ferner sind unter 42 Bestimmungen 30, wo die Löslichkeit des löslicheren Salzes durch die Anwesenheit des weniger löslichen Salzes stärker in die Höhe getrieben wird als die Löslichkeit des letzteren. In 12 Fällen wird die Löslichkeit des schwächeren Salzes durch die Beimischung des anderen herabgesetzt.

In der Regel aber steigt die Löslichkeit beider Salze. Zur Erklärung dieser Thatsachen nimmt der Verfasser an, dass die Molecüle des einen Salzes von denen des andern in der Regel nicht angezogen werden. Das zweite Salz bildet also für das erste ein neutrales Medium, welches den Lösungsraum vergrössert und die Molecüle des ersten am Zusammenkleben verhindert, ohne ihrer Beweglichkeit Abbruch zu thun. *Bde.*

W. W. J. NICOL. The Molecular Volumes of Salt-Solutions. — Part. II. Water of Crystallization. Phil. Mag. (5) XVIII, 179-193; [Chem. News IL, 37; Cim. (3) XVII, 88; Ber. chem. Ges. XVII, 458 u. XVII, 492-494; Beibl. IX, 303.

In einer früheren Arbeit war gezeigt, dass die Molecularvolumina von K und Na in gewissen Säureradicalen in Lösungen constant sind, unabhängig davon, wie sie zu Salzen verbunden sind, wenn nur die Lösungen hinreichend verdünnt sind, dass die Salzmolecüle keine merkliche Wirkung auf einander ausüben. Von diesem Satz wird eine Bestätigung und Erweiterung gegeben. Zunächst zeigt sich, dass das Krystallisationswasser ohne Einfluss auf das Molecularvolumen eines Salzes in Lösung ist, wie durch eine Zusammenstellung von 50 untersuchten Salzen, die mit erheblich verschiedenen Krystallisationswassern krystallisiren, nachgewiesen wird. Findet sich aber eine Aenderung des Molecularvolumens in der Lösung, so ist das ein Zeichen, dass Constitutionswasser vorhanden ist. Diese Frage wird geprüft durch Bestimmung der Volumenänderung bei Doppelzersetzungen. Finden nämlich zwei Reaktionen statt, von denen bei jeder eine bestimmte Menge Baryumsulfat gebildet und gleichzeitig eine entsprechende Menge eines Sulfates in ein Chlorid verwandelt wird, so muss die Volumenänderung in beiden Fällen im Allgemeinen dieselbe sein: hat aber eines der Sulfate Constitutionswasser und das andere nicht, so muss die Volumenänderung verschieden sein. Diese Volumenänderung zeigt sich in einem besonders construirten Apparat, der im Wesentlichen aus zwei aufrechtstehenden, durch eine Capillare verbundenen Glasgefässen von 50 und 35 cbcm Inhalt besteht, in welche oben Capillaren durch Schliffe eingesetzt werden können. Die Versuche ergeben eine ausgeprägte Differenz, wie die folgende Tabelle zeigt, wo die Wechselzersetzung zwischen $BaCl^2$ und den verschiedenen in zweiter Columne aufgeführten Salzen stattfindet:

		Ausdehnung		Differenzen
$BaCl^2$	Na^2SO^4	43,5	43,7	
-	K^2SO^4	43,9		
-	$CuSO^4$	37,7		−6,0
-	$ZnSO^4$	37,8		−5,9
-	$NiSO^4$	37,2		−6,5
-	$MnSO^4$	38,6		−5,1

Aus einem Vergleich mit früheren Versuchen ergiebt sich

als mittlere Differenz der Volumenänderung mit und ohne Constitutionswasser 6,35; woraus folgen würde, dass das Molecularvolumen des Constitutionswassers 24,4 ist, wenn das des Lösungswassers 18 ist. Es ergiebt sich also hiermit eine Methode, durch das Studium eines Salzes in Lösung Constitutionswasser zu erkennen. *Cn.*

F. GUTHRIE. On salt-solutions and attached water. Phys. Soc. London VI, 169-199†; Phil. Mag. (5) XVIII, 22, 105; [Chem. News IL, 213, 234; [Cim. (3) XVII, 78; [J. chem. soc. XLVIII, 337, 1885; [Beibl. IX, 13.

Die Abhandlung ist die achte des Verfassers über Kryohydrate. Er untersucht zunächst die Ammoniumgruppe. Aus Lösungen von reinem Ammoniak setzt sich bei dem unten angegebenen Procentgehalt bei den darunterstehenden Temperaturen reines Eis ab.

1	3	5	10	15	20,0 pCt. NH_3
−0,8	−3,2	−5,6	−12,8	−21,4	−43,4° C.

Eine Lösung mit 33,3 pCt. krystallisirt nicht bei −80° C., und der Verfasser hat das wahre Kryohydrat des Ammoniaks noch nicht gefunden.

Aethylamin in Lösungen bis zu 20 pCt. scheidet beim Abkühlen reines Eis aus; 20,64 pCt. liefern bei −13,9 ein Kryohydrat, 25procentige und stärkere Lösungen bilden Subkryohydrate und zwar

25,0	30,0	32,4	35	40,0	50,0 pCt. $NH_2C_2H_5$ bei
−9,5	−8,1	−8,0	−8,2	−10,1	−16,4° C.

Der eigentliche Bildungspunkt des Subkryohydrats liegt also bei −8,0°. Zwischen 13,9 und −8° ist jede Temperatur der Erstarrungspunkt für drei verschiedene Producte.

Diäthylaminlösungen bis zu 22 pCt. liefern reines Eis, 22,5±0,2 liefert ein Kryohydrat, 23 pCt. und stärkere ein Subkryohydrat.

Triäthylamin ist einer von den seltenen Körpern, die in kaltem Wasser stärker löslich sind als in heissem. Wie bei Gyps und Kalk, so nimmt der Verfasser auch beim Triäthylamin an, dass die Temperaturerhöhung ein in der Flüssigkeit gelöstes Kryohydrat zersetzt und dadurch die Löslichkeit vermindert. Bei niedriger Temperatur gebildete klare Lösungen trüben sich durch Abscheidung von Triäthylamin bei folgenden Temperaturen

1,96	5,0	10,0	20,0	50,0	90,0	94,5 pCt.	$N(C_2H_5)_3$
78,0	34,0	21,3	18,6	18,4	6,1	—7,0°C.	

99 pCt. Triäthylamin mit 1 pCt. Wasser bleiben bei allen Temperaturen klar, ebenso 99 pCt. Wasser und 1 pCt. Triäthylamin und schwächere Lösungen. Für Lösungen mittlerer Stärke ergeben sich daraus bei Temperaturwechsel eigenthümliche Schwankungen des Ansehens, worüber das Original nachzusehen ist. Kleine Glaskapseln, die 1 Theil Triaethylamin auf 20—25 Wasser enthalten, können als Fieberthermometer dienen, da sie sich bei einer Temperatur zwischen 36 und 40° trüben.

Der Verfasser hebt einen wesentlichen Unterschied zwischen Kryohydraten und Subkryohydraten hervor. Lösungen, welche nahezu die Kryohydratstärke haben, lassen beim Abkühlen Eis fallen, wenn sie schwächer, und Subkryohydrat, wenn sie stärker sind, nähern sich also der Stärke des Kryohydrats. Das gilt aber nur, solange die Lösung nicht stärker ist als das Subkryohydrat selbst. Ist sie stärker als dieses, so wird durch das Ausfallen des Subkryohydrats die Lösung immer concentrirter und nähert sich dem Zustande des wasserfreien gelösten Körpers oder vielleicht einem zweiten Subkryohydrat, von dem aber noch kein sicheres Beispiel bekannt ist.

Er wendet sich dann zu den Anilinsalzen. Diese lassen bei einer Temperatur, die wenig unter 0 liegt, ein Kryohydrat fallen und bei höherer Concentration das wasserfreie Anilinsalz. Salpetersaures und schwefelsaures Anilin geben, ehe sie das Kryohydrat bilden, auch noch Eis ab.

Zum Schluss folgt eine Betrachtung über unbegrenzte Löslichkeit. Trägt man die Temperaturen als Ordinaten und die Löslichkeiten als Abscissen auf, so erhält man oberhalb des Kryohydratpunktes Curven, die entweder nach oben oder nach unten gekrümmt sind, soweit die Erfahrung reicht. Dass die Krümmung der Curven aber beständig endlich sei, hält der Verfasser für unmöglich, weil sonst einer Temperatur zwei Löslichkeiten oder einer Löslichkeit zwei Temperaturen entsprechen würden. Die Curven müssen also Inflexionspunkte oder Asymptoten haben. Eine horizontale Asymptote würde bedeuten, dass bei einer bestimmten Temperatur das Salz unendliche Löslichkeit annimmt. Er hat dies Verhältniss in der That bei einem Gemisch aus Bleisalpeter und Kalisalpeter nachgewiesen. Der Salpeter wurde in geschlossenen Röhren trocken oder mit einem kleinen Wasserzusatz erhitzt, nach dem Schmelzen wieder abgekühlt und dann die Erstarrungstemperatur beobachtet. Die Erstarrungstemperaturen waren für

100	99,82	98,24 pCt. Salpeter
207°	203-4°	197° C.

Das Schmelzen erscheint also hier als auf continuirlichem Wege erreichte Grenze der Lösung. Bei 203° löst das Wasser schon eine ungeheure Menge Salpeter, die sich gegen 207° dem Unendlichen nähert. Reiner Salpeter zeigt eine entsprehende Asymptote bei 320° C.

Die eigenthümliche Curve, welche ihm zukommt, kann hier nicht reproducirt werden. Eine verwandte Erscheinung ist, dass manche Salze, z. B. essigsaures Kalium, sich durch Erwärmen aus dem Zustande der Lösung continuirlich in den Zustand wasserfreier Schmelzung überführen lassen. Ferner rechnet Hr. GUTHRIE hierhin die Thatsache, dass der Siedepunkt einer Flüssigkeit durch Beimischung einer kleinen Menge einer anderen Flüssigkeit erniedrigt wird. Zum Schluss folgen geologische Anwendungen; Gesteine, z. B. Obsidian, würden sich unter hohem Druck und bei hoher Temperatur mit Wasser unbegrenzt vermischen können. *Bde.*

FREDERICK GUTHRIE. On some thermal and volume changes attending mixture. Phil. Mag. (5) XVIII, 495-517†; [Cim. (3) XVII, 270-271; [J. chem. soc. XLVIII, 339†; [Natf. XVIII, 50.

Die in der vorstehenden Abhandlung erwähnte Eigenthümlichkeit des Triäthylamins wird hier weiter verfolgt; es findet sich, dass die Trennung einer flüssigen Lösung in zwei Componenten durch Temperaturerhöhung keine seltene Ausnahme, sondern eher die Regel ist. Diäthylamin, in welchem sie bei gewöhnlichem Druck nicht auftritt, zeigt sie unter höherem Druck im verschlossenen Glasrohr. Eine Lösung von 45,42 pCt. Diäthylamin und 54,58 Wasser trübt sich bei 134,5° und zerfällt bei längerem Stehen in zwei getrennte Schichten.

Eine Lösung von Aether in Wasser, in geschlossenem Rohr erhitzt, wird sichtbar milchig. Eine Lösung von Schwefelkohlenstoff in Alkohol thut dasselbe. Bei Bildung der Lösung findet Contraction statt.

Werden Alkohol, Schwefelkohlenstoff, Aether, Amylen, Chloroform und Benzol zu je zweien mit einander gemischt, so findet bei einigen Mischungen Contraction mit Wärmeentwickelung, bei anderen Ausdehnung mit Wärmebindung statt. Diese Verhältnisse werden näher untersucht und mit den Dampftensionen der Gemische in Beziehung gesetzt. Erwähnenswerth ist das Instrument, dessen Guthrie sich zur Bestimmung der Volumenänderung bedient. Dasselbe hat die Form eines Thermometers, dessen Gefäss in der Mitte eine enge Einschnürung besitzt. In die untere Hälfte wird die eine der zu untersuchenden Flüssigkeiten so weit gefüllt, dass sie gerade bis an die Einschnürung reicht, eventuell kann ein Theil des Raumes durch Quecksilber ausgefüllt werden; die zweite Flüssigkeit kommt in die obere Hälfte des Gefässes und reicht bis in das Capillarrohr. Zum Einfüllen dient ein Capillartrichter; die Mischung wird durch fünf- bis zehnmaliges Umstülpen bewirkt und die Volumenänderung am Stande der Flüssigkeit im Capillarrohr abgelesen. Wegen mancher Einzelheiten muss auf das Original verwiesen werden. Der Verfasser hat untersucht, ob die trübungsfähigen Flüssigkeitsgemische zur Calorimetrie dienen könnten; es zeigte sich aber, dass ihr Volumen auch beim Beginn der Trübung continuirlich zunimmt, so dass sie für den fraglichen Zweck nicht brauchbar sind.

Bde.

W. Alexejew. Versuch einer Theorie der Lösungen. J. d. russ. chem.-phys. Ges. 1883, [1] 526; [Chem. Ber. XVI. Ref. 38, 1883†; [Beibl. VIII, 279; [J. chem. soc. XLVIII, 340.

Der Verfasser nimmt in Lösungen nur eine rein physikalische Wechselwirkung zwischen den Bestandtheilen an. Lösungen unterscheiden sich qualitativ von chemischen Verbindungen und werden bloss unter dem Einfluss der Adhäsionskräfte gebildet. Typen ächter Lösungen sind ihm z. B. die Lösungen von Anilin und Phenol in Wasser, welche durch keinerlei Hydratbildung complicirt werden. Lösungen einer Flüssigkeit in einer anderen können als vollkommene Emulsionen aufgefasst werden. Die Lösung eines Gases in einer Flüssigkeit ist der Adhäsion des Gases an einem festen Körper vollkommen analog, der Unterschied beruht nur auf der grösseren Beweglichkeit der Flüssigkeitsmoleküle. Feste Körper können sich niemals in jedem Verhältniss mischen, besitzen überhaupt eine geringere Löslichkeit als Flüssigkeiten, „weil die Geschwindigkeit ihrer Moleküle unvergleichlich schneller ist als die der Flüssigkeitsmoleküle“.

Uebersättigte Lösungen existiren nur für leicht schmelzbare Körper. Unter Wasser schmelzen solche Körper immer niedriger als an der Luft und sind sie erst geschmolzen, so lassen sie sich bedeutend überkühlen. Uebersättigte Lösungen sind also aufzufassen als Lösungen des unterkühlten flüssigen Salzes, dessen Löslichkeit bedeutend grösser ist als die des festen. Ueber die Solidität dieser Schlüsse und ihrer Anwendungen hat Referent nach dem ihm zu Gebote stehenden Auszug kein rechtes Urtheil gewinnen können. *Bde.*

D. MENDELEJEW. Ueber das Verhältniss der Dichte von Salzlösungen zu den Moleculargewichten der gelösten Salze. J. d. russ. phys.-chem. Ges. 1884 [1] 184; [Chem. Ber. XVII, Ref. 155-157; [Beibl. VIII, 757.

— — Notiz über die Lösungen. Protok. d. russ. phys.-chem. Ges. 1884, 93; [Chem. Ber. XVII, Ref. 157; [Naturf. XVII, 483.

Schon KREMERS hat ausgesprochen, dass Lösungen, die in einer bestimmten Menge Wassers molekulare Mengen ähnlicher Salze enthalten, um so dichter sind, je grösser das Aequivalent des im Salz enthaltenen Metalles ist.

Mendelejew zeigt, dass der Satz nicht ganz richtig ist, dass vielmehr die Dichte der Lösung um so grösser wird, je grösser das Molekulargewicht des ganzen Salzes ist. Dieser Satz wird nachgewiesen an den Chlorüren und Bromüren einer Reihe von Metallen. Führt man statt der Molekulargewichte des Salzes die Aequivalentgewichte des Metalles oder auch des Salzes ein, so wird die Regelmässigkeit der Zahlenreihen gestört. Der Verfasser will den Zusammenhang noch genauer untersuchen und stellt vorläufig folgende Formel auf: Ist M das Molekulargewicht einer Verbindung, wird die Zusammensetzung einer Lösung ausgedrückt durch $n.M+100H_2O$, ist D die Dichte der Lösung, so ist

$$\left(\frac{n}{D-D_0}\right)^k = A+Bn;$$

A und B sind Constanten, k ist $= 1$ oder sehr nahe $= 1$.

In der zweiten Abhandlung benutzt Mendelejew die Zahlen von Grassi über die Zusammendrückbarkeit von Salzlösungen, um aus der Volumenveränderung, die beim Lösen entsteht, den Druck zu berechnen, welcher erforderlich wäre, um diese Volumenänderung herzustellen. Er findet, dass für jedes Molekül Chlornatrium, welches sich in 100 Molekülen Wasser löst, ein Druck von 120 Atmosphären erforderlich ist, einerlei wie gross die Concentration sei. Auch für Calciumchlorid ergiebt sich ein von der Concentration unabhängiger Druck, der nahe so gross ist wie der für Chlornatrium. Kann also der Druck als Maass des Lösungsbestrebens dienen, so ist dieses Bestreben für die Molecüle, welche in eine bereits theilweise gesättigte Lösung eintreten, noch ebenso gross wie für die ersten Moleküle, welche in das reine Wasser eintraten. *Bde.*

F. M. Raoult. Die Wirkung des Wassers auf Doppelsalze. C. R. IC, 914-916; [J. chem. soc. XLVIII, 122; [Chem. CBl. (3) XVI, 97.

Es handelt sich um diejenigen Doppelsalze, die zwei oder mehr Moleküle derselben Säure enthalten, die also durch Aneinanderlagerung zweier einfachen Salze entstanden gedacht werden können. Für diese bestimmt Raoult 1) die Gefrierpunktserniedrigung *a*, welche ein Molekül des Doppelsalzes in 100 g Wasser hervorbringt, 2) die Summe *s* der Gefrierpunktserniedrigungen, welche die beiden Substanzen einzeln hervorbringen würden. Bei 7 Schwefelsäuresalzen, darunter sämmtliche Alaune, ist der Unterschied zwischen *a* und *s* sehr gering. Es ist daraus zu schliessen, dass diese Doppelsalze durch das Wasser vollständig zersetzt werden und dass ihre Constituenten in der Lösung einfach gemengt sind. Dem entspricht die geringe Wärmetönung bei der Bildung der Alaune aus ihren Componenten. Ebenso verhalten sich die Doppelchloride von Kaliummagnesium und Kaliumkupfer.

Bei den Doppelsalzen $2(AmCl)+HgCl_2$, $2(NaCl)+PtCl_4$, $2(KJ)+HgJ_2$, $2(KCy)+HgCy_2$, $KCy+AgCy$ dagegen ist *a* um 25 bis 45 pCt. kleiner als *s*. Es ist also zu schliessen, dass diese wenigstens zum Theil als wirkliche Doppelsalze gelöst sind. Welcher Antheil unzersetzt geblieben ist, das lässt sich berechnen, wenn man die a priori wahrscheinliche Annahme macht, dass die Gefrierpunktserniedrigung eines unzersetzten Doppelsalzes ebenso gross sein würde wie die eines beliebigen Kaliumsalzes, welches die gleiche Anzahl von Metallatomen im Molekül enthält. Mit dieser Annahme findet RAOULT, dass von den folgenden Doppelsalzen in sehr verdünnter Lösung die darunterstehenden Antheile zersetzt sind.

$KCy+AgCy$,	$2(KCy)+HgCy_2$,	$2(KJ)+HgJ_2$
0,00	0,38	0,38
$2(AmCl)+HgCl_2$,	$2(NaCl)+PtCl_4$	$2(KCl)+MgCl_2$
0,59	0,26	1,00

Wie das letztgenannte Salz verhalten sich Chlorüre und Sulfate von ähnlichem Typus, ferner die Alaune. Die Stabilität des Kaliumsilbercyanürs in Lösung ist auch anderweitig nachgewiesen; die übrigen Ergebnisse sind nach den thermochemischen Daten ganz wahrscheinlich. *Bde.*

C. BENDER. Studien über Salzlösungen. WIED. Ann. XXII, 179-203; [J. de phys. (2) IV, 510-511; Chem. CBl. (3) XVI, 722;

[Cim. (3) XVI, 153-154; J. chem. soc. XLVI, 143-144 u. XLVIII, 12; Lum. Él. XIII, 148-149.

Der Verfasser bezeichnet die Concentration einer Lösung, indem er angiebt, wie viel Grammmoleküle in 1 Liter der Lösung enthalten sind. Sind A und B zwei Lösungen von Salzen, ist k_a eine Constante der ersten, k_b dieselbe Constante der zweiten, giesst man a Volumina A mit b Volumina B zusammen, so dass das Gemisch $aA+bB$ entsteht und bestimmt die entsprechende Constante k des Gemisches, so ist diese bekanntlich eine Function von k_a und k_b, ohne im Allgemeinen $\frac{ak_a+bk_b}{a+b}$ zu sein. Es giebt aber Lösungen, bei denen die Beziehung $k=\frac{ak_a+bk_b}{a+b}$ gerade zutrifft, und solche Lösungen nennt der Verfasser correspondirende. Es handelt sich für ihn darum, solche correspondirende Lösungen aufzufinden, zunächst für Chloride der leichten Metalle. Zu dem Ende wählt er für die Constante k erstens dis Dichtigkeit d, zweitens den Ausdehnungscoefficienten α zwischen 15 und 25°, drittens das elektrische Leitungsvermögen, bestimmt diese drei Grössen erstens für Lösungen von NaCl allein, zweitens für Lösungen von KCl allein, drittens für ein Gemisch welches uNaCl+xKCl enthält. Es ergiebt sich

a) Lösungen eines und desselben Salzes sind nur dann correspondirend, wenn sie gleiche Concentration haben. Sonst tritt immer beim Mischen Contraction und Erhöhung des Ausdehnungscoefficienten über das arithmetische Mittel ein.

b) Mischungen von NaCl mit KCl und ähnliche:

Im Allgemeinen tritt beim Mischen Contraction und Erhöhung des Ausdehnungscoefficienten ein. Es correspondiren aber für d und α

$$NaCl_\mu \text{ mit } KCl_\mu, \quad \tfrac{1}{2}(BaCl_2)_\mu, \quad NH_4Cl_{\frac{3}{2}\mu}, \quad LiCl_{\frac{4}{3}\mu},$$

wo die Marke μ etc. die Anzahl der im Liter Lösung enthaltenen Grammmoleküle anzeigt.

Die Correspondenz ist für die Dichtigkeit weniger sicher nachgewiesen, als für den Ausdehnungscoefficienten, weil erstere weniger variirt, wenn die Lösungen verdünnt sind.

Für das elektrische Leitungsvermögen correspondirt

$NaCl_\mu$ mit $KCl\frac{3}{4}\mu$, $NH_4Cl\frac{3}{4}\mu$, $\frac{1}{2}(BaCl_2)_\mu$.

Der Verfasser zieht den Schluss, dass in correspondirenden Lösungen die Moleculzahlen der gelösten Salze in einem einfachen Verhältniss stehen. *Bde.*

J. L. Andreae. Die Löslichkeit fester Körper in Wasser bei verschiedenen Temperaturen. Kolbe's J. XXIX, 456 bis 477†; [Chem. CBl. (3) XV, 600; Chem. Ber. XVII, Ref. 397-399; Beibl. VIII, 757; J. chem. soc. XLVI, 1090.

Der Verfasser stellt die Löslichkeitsbestimmungen für die allergebräuchlichsten Kalium- und Natriumsalze zusammen, zeigt, dass die Abweichungen zwischen den Zahlen der verschiedenen Beobachter bis zu 4 pCt. gehen, und geht darauf aus, an die Stelle der bisherigen unzuverlässigen Resultate solche von grösserer Sicherheit zu setzen. Die Fehlerquellen sieht er erstens in der Bereitung der Lösung. Sättigt man das Wasser bei höherer Temperatur, so erhält man übersättigte Lösungen; schüttelt man bei der Versuchstemperatur, so wird die Sättigung leicht unvollständig. Genügende Bürgschaft bietet nur 1—1½ stündiges unaufhörliches Schütteln. Zweitens Unsicherheit der Temperaturbestimmung; kann durch moderne Thermostaten eliminirt werden. Drittens darf der Salzgehalt der gesättigten Lösung nicht durch Auskochen der Wassers bestimmt werden, weil Salz mitgerissen wird. Viertens ist auf die Reinheit der Stoffe zu achten. Als Thermostaten benutzt er ein sorgfältig construirtes Wasserbad; das Wasser wird mit dem Salz in eine dicht verschlossene Versuchsflasche gefüllt und die Flasche durch einen Motor zweimal in der Secunde um eine horizontale Axe gedreht, so dass die Durchschüttelung sehr vollständig ist. Bei der ersten Versuchsmethode findet das Umschütteln bei der gewünschten constanten Temperatur statt; bei der zweiten Versuchsreihe wird erst in höherer Temperatur, und dann noch 1½ Stunden lang bei der gewünschten Temperatur geschüttelt. Noch eine dritte Methode ist benutzt worden, welche darauf beruht, dass die Temperaturausdehnung der Lösung durch die

Contraction des mehrgelösten Salzes compensirt wird, so lange während einer Wärmezufuhr noch überschüssiges Salz vorhanden ist. Erwärmt man daher eine Lösung mit überschüssigem Salz unter fortwährendem Schütteln, so ist ihr scheinbarer Ausdehnungscoefficient sehr klein, solange noch festes Salz gelöst wird, und wächst rapid, sobald die Sättigung eingetreten ist. Die plötzliche Zunahme der Ausdehnung wird mit Hülfe eines passend angebrachten Capillarröhrchens wahrgenommen, und die Temperatur, bei der sie eintritt, ist diejenige, bei der die Lösung gerade gesättigt ist. Zur Bestimmung des in der Lösung enthaltenen Salzes wird das Wasser nicht bei Siedehitze, sondern bei etwa 95° durch einen langsamen Luftstrom entfernt; die letzten Wasserreste verdampfen im Luftbad. Die Resultate sind, wenn s die Zahl von Grammen bezeichnet, welche in 100 g Wasser gelöst werden:

1. Chlornatrium. Von 0 bis 4° ist s constant $= 35{,}630$, darüber $s = 35{,}63+0{,}007889(t-4)+0{,}0003113(t-4)^2$.

2. Chlorkalium. $s = 29{,}33+0{,}3206(t-4)-0{,}000577(t-4)^2$.

3. Kaliumsulfat. Die Löslichkeitscurve kehrt von 0 bis 10° der Temperaturaxe ihre convexe, über 10° ihre concave Seite zu. Bei 0° ist $s = 7{,}354$, bei 4° $= 8{,}096$, bei und über 10°

$$s = 9{,}219+0{,}19404(t-10)-0{,}0003083(t-10)^2.$$

4. Kaliumnitrat. (5mal umkrystallisirter Salpeter)

$$\log s = 1{,}20399+0{,}019886(t-4)-0{,}000882(t-4)^2.$$

Die wahrscheinlichen Fehler der Formeln mögen auf etwa $\frac{2}{1000}$ zu veranschlagen sein. Bei Kaliumnitrat ergab ein Versuch nach der dritten Methode als Sättigungstemperatur für einen bestimmten Gehalt 35,90°, während nach den beiden ersten Methoden diese Temperatur 35,82° sein würde. Die geringe Differenz von etwa $\frac{2}{1000}$ lässt schliessen, dass die Löslichkeit des Salpeters unabhängig ist vom Ueberschuss des angewandten Salzs.

Bde.

A. Étard. Sur les courbes de solubilité des sels.

C. R. XCVIII, 993-996†; [Rev. scient. 1884 I, 571; Arch. sc. phys. (3) XI, 618-620; Chem. CBl. (3) XV, 465-466; Chem. Ber. XVII,

Ref. 247; Beibl. VIII, 463; Naturf. XVII, 318; J. chem. soc. XLVI, 807-808.

A. ÉTARD. Sur la solubilité des sels. C. R. XCVIII, 1276-79†; [Beibl. VIII, 567; Chem. CBl. XV, 515-516; Arch. sc. phys. (3) XI, 618-620; J. chem. soc. XLVI, 887-888.

— — Sur la solubilité de quelques sels halogènes. C. R. XCVIII, 1432-34†; [Rev. scient. 1884 I, 162-163; Chem. Ber. XVII, Ref. 44; Chem. CBl. (3) XV, 581-582; Beibl. VIII, 801; J. chem. soc. XLVI, 860-861.

Der Verfasser drückt die Löslichkeit aus, indem er angiebt, wieviel wasserfreies Salz in 100 Theilen der Lösung enthalten ist. Bei 30 Chloriden, Bromiden und Jodiden zeigt sich, dass die Löslichkeit stets für ziemlich erhebliche Intervalle eine lineare Function der Temperatur ist. Bei gewissen Temperaturen beginnt aber eine Störung dieses Verhältnisses einzutreten, die Löslichkeitscurve krümmt sich, was darauf deutet, dass das Salz einen neuen Gleichgewichtszustand annimmt. Bei weiterer Temperaturerhöhung, wenn dieser Gleichgewichtszustand erreicht ist, geht die Curve wieder in eine Gerade über. Bildet ein Salz eine grössere Anzahl von Hydraten, so kann seine Löslichkeitscurve aus mehreren geraden Stücken bestehen, die durch krumme Stücke mit einander verbunden sind. Der Verfasser hat ausser seinen eigenen Versuchen auch noch ältere von GAY-LUSSAC, MAUMENÉ, KREMERS und anderen auf die obige Definition der Löslichkeit umgerechnet und dieselben durch Beobachtungen bei tiefer Temperatur ergänzt. Für Chlornatrium gilt zwischen 0 und 100° die Formel $s = 26{,}4 + 0{,}0248t$; ÉTARD findet diese bestätigt bis zu 160°; da aber das Chlornatrium unter 0° ein Hydrat $NaCl + 2H_2O$ bildet, erwartete er unter 0° eine Störung der Linearität zu finden. Dieselbe tritt in der That ein. Die Löslichkeitscurve des Kochsalzes krümmt sich bei etwa —10° und zwar mit der concaven Seite nach unten.

Das Bromnatrium folgt von —20 bis +40° der Formel $s = 40 + 0{,}1746t$; zwischen 40 und 50° liegt eine Krümmung und zwischen 50 und 150° gilt die Gleichung $s = 52{,}3 + 0{,}0125t$.

Für Jodnatrium und Bromkalium bestätigt der Verfasser die

Angaben von KREMERS gegenüber denen von DE COPPET. Auch die Löslichkeitscurve des Chlorcalciums folgt von —18 bis +6° der Formel $s = 32+0,2148t$, zwischen 6 und 48° wird die Curve S-förmig und von 50-170° hat sie die Gleichung

$$s = 54,5+0,0755t.$$

Hr. ÉTARD stellt sich vor, dass die normalen geradlinigen Löslichkeitscurven eine zunehmende Dissociation durch Wasserverlust anzeigen. Er findet keinen Widerspruch zwischen dieser Ansicht und der Thatsache, dass in der Lösung eine grosse Menge Wasser disponibel ist, denn in einer gesättigten Lösung wird alles Wasser „utilisirt". Dies soll dadurch bewiesen werden, dass eine gesättigte Chlorcalciumlösung Chlorcobalt blau und Chlornickel gelb färbt, ferner dass sie Chlorbarium und Chlorstrontium vollständig aus ihren Wasserlösungen ausfällt, dass sie also wie ein wasserentziehendes Agens wirkt. *Bde.*

L. HENRY. Sur la solubilité dans la série oxalique. C. R. XCIX, 1157-1160; [J. chem. soc. XLVIII, 335; [Bull. soc. chim. XLIII, 615; [Beibl. IX, 159; [Chem. CBl. (3) XVI, 117.

Die Löslichkeiten in der Oxalsäurereihe zeigen eine eigenthümliche Unregelmässigkeit. 100 Theile Wasser lösen

Oxalsäure CO(OH)—CO(OH)	5,3-10,2
Malonsäure CO(OH)—CH^2—CO(OH)	139
Bernsteinsäure (normal) CO(OH)—$(CH_2)_2$—CO(OH)	4 - 5
Pyroweinsäure CO(OH)—$(CH_2)_3$—CO(OH)	83

u. s. w.

Die nähere Besichtigung zeigt, dass alle die Säuren leicht löslich sind, welche eine ungerade, und dass diejenigen schwer löslich sind, welche eine gerade Zahl von Kohlenstoffatomen enthalten. Damit stimmt, dass Pimelinsäure als leicht löslich, Korksäure und Sebacinsäure als schwer löslich gelten. Die Oxalsäurereihe zerfällt demnach in zwei scharf geschiedene Abtheilungen, je nachdem die Zahl der Kohlenstoffatome, oder was dasselbe sagt, die Zahl der Gruppen CH_2 im Molekül gerade oder ungerade ist. *Bde.*

EDM. BOURGOIN. Sur la solubilité de l'iodure mercurique dans l'eau et dans l'alcool. Ann. chim. phys. (6) III, 429 bis 432†; [Chem. Ber. XVIII, Ref. 20; [J. de Pharm. (5) V, 1884, Dec.; [Bull. soc. chim. Paris XLII, 620; [J. chem. soc. XLVIII, 350; [Chem. CBl. (3) XVI, 82; [Arch. Pharm. CCXXIII, 206.

Bei gewöhnlicher Temperatur löst ein Liter Wasser 0,04 HgJ_2. Zusatz von 10 pCt. Alkohol verdoppelt die Löslichkeit, absoluter Alkohol löst 11,86 g. Die Löslichkeit steigt mit der Temperatur; sämmtliche Lösungen sind farblos. *Bde.*

J. BEWAD. Notiz zur Löslichkeit des kohlensauren Lithiums in Wasser. Journ. d. russ. phys.-chem. Ges. 1884 (1) 591; Chem. Ber. XVII, Ref. 406†.

100 Theile Wasser lösen folgende Mengen von Li_2CO_3

bei	0°	1,539	Theile	bei	50°	1,81	Theile
-	10°	1,406	-	-	75°	0,866	-
-	20°	1,329	-	-	100°	0,728	-

und bei 102°, je nachdem 1/4 oder 1 Stunde lang gekocht wird, 0,796 oder 0,955 Theile. *Bde.*

LECOQ DE BOISBAUDRAN. Sur la solubilité du prussiate de gallium. Rectification à une Note antérieure. C. R. XCIX, 526; [Chem. Ber. XVII, Ref. 508.

Enthält eine berichtigende Bemerkung zu dem früheren Aufsatze des Verfassers in C. R. 1882 juin, p. 1627.

G. CHANCEL et F. PARMENTIER. Sur quelques réactions du sulfure de carbone et sur la solubilité de ce corps dans l'eau. C. R. XCIX, 892-894; [Beibl. IX, 87; [Bull. soc. chim. XLIII, 610.

Die Verfasser haben die Löslichkeit des Schwefelkohlenstoffs in Wasser aus der Menge des kohlensauren Baryts berechnet, welche entsteht, wenn man die Lösung mit Barytwasser behandelt. Ein Liter Lösung enthält

bei	3,4	15,8	30,1	41,0° C.
	2,00	1,81	1,53	1,05 g

Bde.

W. A. Tilden. On some phenomena of solution illustrated by the case of sodium sulphate. Rep. Brit. Ass. 1884, 675; Nature XXX, 551.

Der Verfasser zieht aus Messungen der Lösungswärme bei Temperaturen bis über 100° den nicht neuen Schluss, dass schwefelsaures Natron über 33 bis 34° sich allerdings noch zum Theil hydrirt löst, dass aber bei steigender Temperatur die Hydrirung abnimmt und dass über 100° wasserfreies Na_2SO_4 gelöst ist. Die berechneten Wassergehalte wurden durch eine (nicht abgedruckte) Curve als Functionen der Temperatur dargestellt. *Bde.*

E. Bohlig. Löslichkeit des Glases. ZS. f. anal. Chem. XXIII, 518-519†; [Chem. Ber. XVIII, Ref. 3-4; Arch. d. Pharm. CCXXIII, 108.

Eine Sendung von Kochfläschchen etc. erwies sich so löslich, dass 100 cbcm kochenden Wassers in 2 sec kieselsaures Alkali genug aus dem Glase aufnahmen, um $\frac{1}{100}$ cbcm normaler Oxalsäurelösung zu neutralisiren, und das ad infinitum.

Bde.

H. Ritthausen. Ueber die Löslichkeit von Pflanzen-Proteïnkörpern in salzsäurehaltigem Wasser. Kolbe's J. XXIX, 360-365; [Chem. Ber. XVII, 330-331.

Die Eiweisskörper der Leguminosensamen lösen sich leicht in Wasser mit einem Zusatz von 2—3 cbcm Salzsäure vom specifischen Gewicht 1,126 pro 100 g Substanz, lassen sich durch Neutralisirung mittels Kali- oder Natronlauge unverändert niederschlagen und lösen sich dann sowohl in Kalilauge wie in Salzsäurewasser, aber auch in 5procentiger Salzlösung. *Bde.*

F. B. GUTHRIE. Note on the solubility of certain salts in fused nitrate of soda. Chem. News L, 282†; [Chem. CBl. (3) XVI, 135.

Die zu untersuchenden Salze wurden in geschmolzenen Salpeter eingetragen und nach theilweisem Erstarren wurde der Rest der Flüssigkeit abgegossen und auf seinen Gehalt untersucht. Er enthielt in Procenten:

Bariumsulfat	2,6	Calciumsulfat	1,477
Bariumchromat	0,205	Calciumchromat	0,547
Bariumcarbonat	0,916	Calciumcarbonat	0,294
Strontiumsulfat	1,875	Bleisulfat	6,82
Strontiumchromat	2,133	Bleichromat	0,245
Strontiumcarbonat	0,69		

Kohlensaures Blei zersetzte sich. *Bde.*

D. TOMMASI. Ueber die wasserentziehende Wirkung der Salze. C. R. IC, 37-38; [Beibl. VIII, 791.

Nach GRIMAUX wird die Coagulation colloider Substanzen durch Salze begünstigt, weil die letzteren Wasser entziehen. Nach TOMMASI ist das nicht immer der Fall. Kupferoxydhydrat, unter Wasser erwärmt, verwandelt sich in schwarzes Oxyd bei 77°; in 5procentiger Sodalösung findet die Umwandlung schon bei 50° statt, in 10procentiger Chlorkaliumlösung bei 71°, in Natronlösung bei 83-84°, in Chlorcalcium-, Mangansulfat- und Zuckerlösung (sämmtlich 10procentig) bleibt das Hydrat bei 100° unzersetzt. Eine Lösung von Mangansulfat soll schon wirken, wenn sie nur 0,3 pCt. enthält. *Bde.*

J. THOULET. Attraction s'éxerçant entre les corps en dissolution et les corps solides immergés. C. R. XCIX, 1072-72†; [J. chem. soc. XLVIII, 476; [Beibl. IX, 234; [Chem. Ber. XVIII [2] 43; [Chem. CBl. (3) XVI, 49; [Naturf. XVIII, 64.

Taucht man in eine Salzlösung einen festen Körper, der dieselbe nicht chemisch afficirt, so wird die Lösung schwächer.

Der Satz wurde durch Eintauchen von Marmor, Kaolin und Quarz in Lösungen von Kochsalz und Chlorbaryum constatirt. Der Salzgehalt der Lösung nahm um etwa 3 bis 15 pro Mille ab. Dem Anscheine nach wird also das Salz durch den festen Körper angezogen und an seiner Oberfläche aufgehäuft. Diese Ansicht bestätigt der Verfasser durch folgende Versuche: 1. Bestimmt man das specifische Gewicht eines Marmorstücks in concentrirter Pottaschelösnng, so findet man es immer zu gross. 2. Aus Quarz, Glas und Marmor werden grosse Körner von 0,9 mm und kleine von 0,15 mm Durchmesser hergestellt. Bringt man die Körner in eine Lösung schwerer Salze, welche ungefähr das gleiche specifische Gewicht hat wie die genannten Stoffe, so ist es bei Quarz und Glas nicht möglich, die kleinen und die grossen Körner gleichzeitig zum Schwimmen zu bringen; die kleinen sinken noch, während die grossen schon steigen, zum Beweise, dass die Körper mit einer Schicht belastet sind, die ihrer Oberfläche ungefähr proportional ist. Die Marmorkörner dagegen schwimmen alle gleichzeitig, weil sie porös sind, das Verhältniss zwischen Oberfläche und Masse also bei den kleinen dasselbe ist wie bei den grossen. Entsprechend dem Quarz verhält sich dichter Lignit in schwerer Salzlösung, während in Schwefelsäure alle Körner desselben gleichzeitig schwimmen. In Zusammenhang mit dieser Erscheinung stehen offenbar Phänomene wie die Entsalzung und Reinigung des Wassers durch den Boden und die Absorption von Salzen durch Tierkohle, ferner die Thatsache, dass Theilchen, die in reinem Wasser sehr lange suspendirt bleiben, bei Zutritt von Salzen schnell zu Boden sinken (Schlamm an den Flussmündungen). *Bde.*

H. Gerstmann. Zur Lehre vom Strömen nichthomogener Flüssigkeiten durch capillare Röhren.

Diss. Halle 1884; [Tagbl. Naturforscherverﬁs. Berlin 1886, 407-410; [Chem. CBl. (3) XVII, 785; [Natw. Rundsch. I, 439.

Im Anschluss an zwei Beobachtungen von Quincke und Duclaux und verwandte Beobachtungen anderer Forscher untersucht der Verfasser das Verhalten eines Flüssigkeitsgemisches, welches durch ein System von capillaren Räumen fliesst. Er liess verschiedene Lösungen durch eine Thonzelle von 2 mm Wanddicke strömen. a) Kochsalzlösung: Die durchgegangene Lösung ist zu Anfang erheblich schwächer als sie vor der Filtration war, ihre Concentration steigt dann, geht über die ursprüngliche Concentration der Flüssigkeit hinaus und nimmt hierauf allmählich wieder ab, bis der Titer der ursprünglichen Lösung nahe erreicht ist. Der Verfasser schliesst, dass sich die Porenkanäle des Thons erst mit einer Schicht von Salz, dann mit einer Schicht von Wasser überziehen und dass innerhalb dieser Wasserschicht schliesslich die unveränderte Flüssigkeit strömt. b) verdünnter Alkohol: Wird in den Apparat eine concentrirtere Alkohollösung gegossen, so ist das Filtrat zuerst verdünnt, nachher steigt seine Concentration, geht über den Anfangswerth hinaus und kehrt von einem Maximum zu dem Anfangswerth zurück. Ist aber die eingegossene Lösung verdünnt, so findet das umgekehrte statt; das Filtrat wird anfangs concentrirter, dann nimmt sein Gehalt ab, sinkt unter den Gehalt der eingegossenen Lösung und erreicht ein Minimum, von dem er wieder zur ursprünglichen Höhe ansteigt. Der Verfasser schliesst: Wenn eine Alkohollösung durch capillare Räume strömt, so bilden sich an deren Wänden zwei Schichten, die eine von Alkohol, die andere von Wasser. Ist die Lösung ziemlich concentrirt, so liegt die Alkoholschicht der Röhrenwand zunächst; ist die Lösung schwach, so liegt die Wasserschicht der Wand an. Es ist ihm nicht gelungen, eine Lösung von mittlerer Stärke unverändert durch das Filter gehen zu lassen. Sandfilter zeigen, wenn auch undeutlicher, ein ähnliches Verhalten wie die Thonfilter. Um die Schichtenbildung zu erklären, nimmt er an, dass die capillare Attraction der Röhrenwand je nach der Natur des Körpers verschieden schnell mit der Entfernung abnimmt.

Bde.

CAILLETET. Amalgamation. Soc. franç. de Phys. 4. Apr. 1884; [Beibl. VIII, 830†.

Platin und Aluminium amalgamiren sich in Quecksilbersalzlösungen nur, wenn der Strom stark genug ist, um Wasserstoffentwickelung zu liefern. Das amalgamirte Aluminium giebt mit Platin in verdünnter Säure ein Element, welches Wasser zersetzt. Dabei wird das Amalgam zerstört und Thonerde gebildet.

Bde.

KROUCHKOLL. Ueber die Amalgamirung des Platins, Aluminiums und Eisens. J. de phys. (2) III, 139†; [ZS. f. Instrk. IV, 287-8†; [Beibl. VIII, 655.

Reinigt man das Platin durch Kochen mit Salpetersäure und Glühen, so amalgamirt es sich beim Eintauchen in Quecksilber und sieht ähnlich wie Zinn aus; Eisen bleibt unverändert, Aluminium oxydirt sich bloss. Eisen und Aluminium amalgamiren sich dagegen, wenn man sie gegen Quecksilber als Kathoden bei der Wasserzersetzung benutzt und dann mit ihrem Wasserstoffüberzug in das Quecksilber taucht. Das Aluminiumamalgam oxydirt sich an der Luft sofort. *Bde.*

Litteratur.

W. OSTWALD. Löslichkeit des Weinsteins in verdünnten Säuren. Siehe unter 3. Molecularphysik.

HUGO DE VRIES. Ueber die Anziehung zwischen gelösten Stoffen und Wasser in verdünnten Lösungen. Verslagen en Mededeelingen der kon. Akad. v. Wetensch. Amsterdam XIX, 314; C. R. XCVII, 1083, 1883, Auszug des Verfassers; [Beibl. VIII, 282.

L. SCHISCHKOW. Betrachtungen über die Bedeutung der Lösungen. J. d. russ. phys.-chem. Ges. 1884, 187; [Chem. Ber. XVII, Ref. 154-155; [Beibl. VIII, 457.

W. A. TILDEN and W. A. SHENSTONE. Solubility of salts in water at high temperatures. J. chem. soc. XLVI, 254; diese Ber. XXXIX, 334, 1883.

CHEVREUL. Observations à propos de la Communication

de M. FOUSSEREAU, sur la dissolution progressive des alcalis du verre dans l'eau. C. R. XCIX, 82.

TH. MABEN. Löslichkeit des Kalks in Wasser bei verschiedenen Temperaturen. [J. chem. soc. XLVI, 891-892; [Chem. CBl. (3) XV, 418; [Polyt. Notbl. XXXIX, 312; [Beibl. VIII, 464; diese Ber. XXXIX, 339, 1883.

W. W. J. NICOL. Theory of solution. Rep. Brit. Ass. 1884; [Chem. Ber. XVIII, 149-154; [Proc. Edinburgh XIII, 27-29; [Nature XXX, 552.

Resumé, enthält nichts Neues gegenüber den Referaten dies. Ber. XXXIX, 116 u. 329, 1883.

E. PAUCHON. Maximum solubility of sodium sulphate. [Chem. CBl. XV, 161; [J. chem. soc. XLVI, 556; diese Ber. XXXIX, 338, 1883.

(E. PÉLIGOT.) Löslichkeit des Schwefelkohlenstoffes in Wasser. Ann. indust. 1884 II, 546; [DINGL. J. CCLIV, 399-400; [Beibl. IX, 88.

W. W. J. NICOL. Pseudosolution and true solution. Chem. News L, 124; [J. chem. soc. XLVIII, 115.

CH. SOREL. Die Concentrationsverschiedenheiten einer ursprünglich gleichmässigen Lösung durch Temperaturverschiedenheiten. Arch. sc. phys. (3) XII, 615; [Natf. XVIII, 105.

KONOVALOFF. Ueber Flüssigkeitslösungen, die durch Destillation nicht zu trennen sind. Chem. Ber. XVII, 153; Bull. soc. chim. XLIV, 32.

W. L. GOODWIN and D. H. MARSHALL. On the physical constants of solutions. Rep. Brit. Ass. 1884, 679-680.

A. LIDOFF. Ueber die Löslichkeit des Anilins in einer Lösung von Anilinsalz. J. d. russ. phys.-chem. Ges. XV, 364, 1883; [Beibl. VIII, 179.

R. RIETH. Formeln, um das Verhältniss zu ermitteln, in welchem zwei Lösungen von bekanntem Procentgehalte gemischt werden müssen, um eine Lösung von bestimmtem anderweiten Procentgehalte zu erzielen. Chem. CBl. (3) XV, 54-55.

F. STROHMER. Gehaltsbestimmung reiner wässeriger Glycerinauflösung etc. Monatsh. für Chem. V, 55-62; [Beibl. VIII, 496.

KARL REUSS. Ueber die Dichten der Lösungen von reinem und von käuflichem Aluminiumsulfat sowie über die Löslichkeitsgrenze von Alaun in Aluminiumsulfatlösung. Ber. d. chem. Ges. XVII, 2888-2892; [Beibl. IX, 309.

LIDOW. Ueber die Löslichkeit des Seidenfibroins in einigen organischen Säuren. Russ. phys.-chem. Ges. 1884, 280; CBl. f. Textilind. 1884, 556; Chem. CBl. (3) XV, 831-832.

Bde.

---

d) Emulsion und Suspension.

OLIVER J. LODGE and J. W. CLARK. On the phenomena exhibited by dusty air in the neighbourhood of strongly illuminated bodies. Proc. Phys. Soc. Lond. VI, 1; Phil. Mag. (5) XVII, 214-239†; [Nature XXIX, 610-13; Chem. News IL, 78; [Naturf. XVII, 170; [Beibl. VIII, 814; [J. de phys. (2) IV, 240.

Bekanntlich hat TYNDALL entdeckt, dass heisse Körper in einer staubigen Atmosphäre an ihrer Oberfläche einen staubfreien Raum besitzen, der durch die aufsteigende Luftströmung schlierenförmig in die Höhe gezogen wird. TYNDALL dachte zunächst an Verbrennung des Staubes durch die Hitze, FRANKLAND an Verdunstung desselben, Lord RAYLEIGH zeigte, dass nicht bloss heisse, sondern auch kalte Körper eine staubfreie Schicht haben, und dass diese von ihrer Unterfläche schlierenförmig abströmt. Die Verfasser kamen zu dem Resultat, dass ein fester Körper in einer staubreichen Atmosphäre im allgemeinen einen Mantel von staubfreier Luft hat und dass die Schlieren eben nur Theile dieses Mantels sind, welche von Convectionsströmen mitgenommen werden. Zur näheren Untersuchung construirten sie eine Staubkammer mit Glaswänden; dieselbe wurde mit Rauch von Tabak, Magnesium etc. gefüllt, ein Stab oder dicker Draht eingeführt, das Ganze intensiv beleuchtet und der Stab beobachtet, indem man von einem Ende desselben über ihn hinwegblickte. Zunächst wird ein Kohlenstab bei gewöhnlicher Temperatur eingeführt. Im Augenblick, wo man die Beleuchtung zutreten lässt, sieht man die Staubpartikelchen in unmittelbarem Contact mit der Kohle. Sofort nach Beginn der Beleuchtung aber bildet sich rings um den Kohlenstab ein staubfreier dunkler Mantel. Derselbe ist auf derjenigen Seite, wo das Licht auftrifft, stärker entwickelt, ist aber rings um den ganzen Stab deutlich wahrnehmbar. Alsbald setzt ein nach oben gehender Convectionsstrom ein und verlängert den staubfreien Mantel nach oben zu einer staubfreien Ebene. Grösse und Gestalt des festen Körpers hat nur insofern Einfluss auf die Erscheinung, als die Convectionsströme afficirt werden; äusserst dünne Glasblättchen aber zeigen keinen dunklen Mantel; sie absorbiren vielleicht nicht genug Strahlung. (Zufällig wurde bemerkt, dass diese dünnen Glasblättchen unmittelbar nach der Herstellung aneinander adhäriren, was sie nach einigen Stunden nicht mehr thun). Modifikationen der Oberfläche des Stabes zeigten wenig Einfluss. Wurde statt des Stabes ein geschwärztes Thermometer eingesetzt, so fand sich, dass der staubfreie Mantel erschien, wenn das Thermometer durch die Strahlung der Lichtquelle um 1°, dass er deutlich wurde, wenn es um 2° über die Temperatur der Umgebung erwärmt war. Irgendwie durch Strahlung, Elektricität etc. erwärmte Stäbe zeigen einen sehr starken Mantel. Wird ein Stab von —21° C. eingeführt, so sieht man in der Mitte des abwärts gehenden Convectionsstromes bald eine staubfreie Ebene und allmählich umgiebt sich die untere Hälfte des Stabes mit einem dünnen dunklen Mantel. Ist die Temperatur des Stabes so weit gestiegen, dass die Convectionsströme aufhören, so bildet der Rest der schwarzen Ebene mit diesem Mantel einen schlecht definirten staubfreien Raum, der sich um den Stab herumzieht, und erst, wenn die Convectionsströme anfangen aufwärts zu steigen, bildet sich der normale Mantel. Metalle aller Art, Kalkspath, Papier, Salze, Kohlenstäbe mit Flüssigkeiten getränkt, Eis liefern im wesentlichen dieselben Resultate. Verdunstungsfähige Stäbe scheinen beim Erwärmen eine Art von Abstossung auf die Staubtheilchen zu üben, vermöge deren der Mantel dicker wird. Ein Phosphorstab zeigt in feuchter Luft, wo er selbst stark raucht, keinen

Mantel, wenn die feuchte Luft fremden Staub enthält. Wird aber die Luft getrocknet, so zeigt er bei niedriger Temperatur den Mantel, bei höherer, wo er wieder stark raucht, nicht. In Wasserstoff ist der Mantel nahe $1\frac{1}{2}$mal so dick wie in Luft und dreimal so dick wie in Kohlensäure oder Ammoniak. Durch Verdünnung der Luft auf $\frac{1}{20}$ Atmosphäre verdickt sich der Mantel auf etwa das siebenfache. Wird feiner Staub nicht in Luft, sondern in Wasser aufgerührt, so zeigt sich auch da unter entsprechenden Umständen der staubfreie Mantel, fein aber deutlich. Die schliessliche Erklärung der Verfasser ist folgende: Staub hat beständig die Tendenz sich abzusetzen; in der Nähe eines warmen Körpers erwärmen sich die dem Körper zunächst anliegenden Gasschichten und üben dadurch auf die benachbarten Staubtheilchen eine zurückdrängende Wirkung, welche mit der Neesen'schen Radiometerwirkung verwandt ist. Das Zurückdrängen müsste ein Ende nehmen, wenn der Zustand des Gases in der Nähe des warmen festen Körpers stationär würde; aber die Convectionsströme sorgen dafür, dass das nicht eintreten kann.

Bde.

Edm. W. Serrel jun. and O. J. Lodge. Dust-free spaces. Nature XXX, 53-54.

Serrel wünscht bei der Erklärung obiger Erscheinung mehr Nachdruck darauf zu legen, dass das einzelne schwebende Staubtheilchen in der Nähe eines wärmestrahlenden Körpers sich mit einer Schicht erwärmter Luft umgiebt, wodurch es Tendenz bekommt, in die Höhe zu steigen. Er ist auch nicht befriedigt von der Erklärung des dunklen Raumes unterhalb kalter Körper. Lodge's Antwort bringt nichts Neues von Erheblichkeit.

Bde.

J. Aitken. On the formation of small clear spaces in dusty air. Transact. Roy. Soc. Edingburgh XXXII, 239†; [Proc. Roy. Soc. Edingburgh XII, 440; [Nature XXIX, 322-24; Naturf. XVI, 118; [Beibl. VIII, 639.

Hr. AITKEN verfährt mit primitiveren Apparaten und schwächerer Beleuchtung ganz ähnlich wie LODGE und CLARK, benutzt aber statt der Stäbe Hohlkörper, deren Inneres mit warmem oder kaltem Wasser gefüllt werden kann. Er erklärt und beweist zunächst, dass der staubfreie Raum auf der Unterseite eines kalten Körpers ganz einfach eine Wirkung der Schwere ist. Er entsteht dadurch, dass die Staubtheilchen die Tendenz haben, nach unten zu fallen, und dass die Oberseite des festen Körpers die Unterseite vor der Ansammlung von Staubtheilchen schützt. Ein interessantes Experiment schien dieser Erklärung zu widersprechen. Wassernebel zeigte in der Nähe einer sehr kalten vertikalen Oberfläche einen deutlichen staubfreien Mantel. Die Beobachtung mit dem Vergrösserungsglase wies aber nach, dass die Wassertheilchen nicht durch Abstossung von der Oberfläche fern gehalten wurden, sondern dass sie sich in den dunklen Raum hineinbewegten und dort zu Grunde gingen, sie verdunsteten, weil die kalte Oberfläche dem dunklen Raum allen Wasserdampf entzogen hatte. Sie war in der That mit Eis bedeckt. Hier handelt es sich also um einen besonderen dunklen Raum, der durch Verdunstung gebildet war. Die Wirkung, welche eine Erwärmung des festen Körpers ausübt, beschreibt AITKEN ganz ähnlich wie LODGE und CLARK, zeigt aber, dass zu ihrer Entstehung mehrere Ursachen beitragen können, nämlich ausser den Convectionswirkungen der Schwere 1) Die abstossende Wirkung der erwärmten Oberfläche, 2) Verdunstung oder auch Zersplitterung der Staubtheilchen. Wegen der Einzelheiten, die sich schwer ausziehen lassen, muss auf das Original verwiesen werden. Unter anderm wird die Neigung der Staubtheilchen, sich von warmen zu kalten Körpern hinzubewegen, zur Construction eines thermischen Filters benutzt: Staubige Luft wird durch den Zwischenraum zwischen zwei concentrischen Röhren geleitet, von denen die äussere mit Dampf umgeben, die innere durch Wasser kalt gehalten ist. Der Staub setzt sich auf der kalten Fläche ab; die Luft wird filtrirt, und zwar vollständig bei einer Länge des Rohrs von 35 cm, selbst dann, wenn der Zwischenraum zwischen den beiden Röhren 3 mm dick ist. AITKEN betrachtet nun die augenscheinlich vorhandene Abstossung warmer Oberflächen gegen den Staub etwas näher. Zunächst führt er in seinen Staubkasten ein Glasrohr ein, welches an seinem Ende mit einem Gypspfropfen verschlossen ist. Die äussere Oberfläche dieses Gypses steht vertical. Wird bei gewöhnlicher Temperatur Kohlensäure oder Wasserstoff in das Glasrohr geleitet, so diffundiren diese Gase durch den Gyps in die Staubkammer. Ist das eingeleitete Gas Kohlensäure, so zeigt sich an der Oberfläche des Gypses kein staubfreier Mantel; ist es aber Wasserstoff, so entsteht ein solcher. Aitken schliesst: Ist in der Luft ein Strom eines fremden Gases vorhanden, so bewegen sich die Staubtheilchen an der Grenze beider Gase in der Richtung, in welcher die Molecüle des stärker diffundirenden Gases gehen. Die radiometrische Erklärung des staubfreien Raumes genügt ihm nicht, weil die Staubtheilchen der warmen Oberfläche so nahe sind, dass sie mehr durch Leitung als durch Strahlung erwärmt werden. An die Stelle derselben setzt er daher folgende: In der Nähe eines warmen Körpers haben wir erstens warme Luft, die ihm unmittelbar anliegt und zweitens kalte. Beide diffundiren in einander; die warme Luft aber diffundirt stärker, die Staubtheilchen werden also von der warmen Seite her einer stärkeren molecularen Strömung ausgesetzt und fortgetrieben. Ein Versuch beweist, dass wenigstens die Strahlung keinen merklichen Einfluss auf das Phänomen hat: Eine stark strahlende Russfläche erzeugt keinen grösseren dunklen Raum, als eine polirte Silberfläche von minimaler Strahlung. Die scheinbare Anziehung kalter Körper gegen den Staub erklärt sich nach demselben Princip daraus, dass die Diffusionsströme, welche vom kalten Körper ausgehen, schwächer sind als diejenigen, welche aus der umgebenden warmen Luft zu ihm hingehen. *Bde.*

Bottomley. Curious phenomenon. Nature XXX, 634†.

Zwei Paraffinkerzen wurden angezündet, hierauf ausgeblasen auf einen Kamin gestellt und blieben 10 Tage sich selbst überlassen. Nachher fand sich, dass die Dochte mit Excrescenzen von angesammeltem Staub überzogen waren. Der Staub stand in haarähnlichen Büscheln von den Dochten ab, ähnlich wie Eisenfeile von einem Magnet. Der Verfasser deutet auf die Möglichkeit einer elektrischen Anziehung, ohne eine bestimmte Erklärung zu geben. *Bde.*

O. LODGE. Wirkung der Electricität auf staubige Luft. Nature, 24. April † (nach einem Vortrag in der Royal Dublin Soc.), Naturf. XVII, 238†.

In der Luft suspendirter Staub klebt durch elektrische Anziehung zusammen, wenn er in ein elektrisches Feld kommt, und fällt dann leicht zu Boden. Ist das elektrische Feld stark, so werden die Staubtheilchen nach den elektrisirten Wänden des einschliessenden Raumes hingetrieben. Nebel- und Rauchtheilchen verhalten sich ebenso wie feste Staubkörnchen. Terpentinrauch fliesst zu Flocken zusammen, die bis 1 Zoll lang werden. Ein ganzes Zimmer lässt sich schnell mit einer kleinen HOLTZ-schen Maschine von Rauch befreien. Hypothetische Anwendungen auf Gewitter werden gemacht. *Bde.*

L i t t e r a t u r.

Lord RAYLEIGH. Ueber die dunkle Ebene, welche sich über einem heissen Draht in staubiger Luft bildet. J. de phys. (2) III, 103-4; (Aus Proc. Roy. Soc. XXXIV, 414-418. 1882).

---

e) Diffusion.

P. DE HEEN. Détermination à l'aide d'un appareil nouveau du coefficient de diffusion des sels en solution et des variations que cette quantité éprouve avec la température. Bull. Ac. Royale de Belgique VIII, 219 bis 255†; [Naturf. XVII, 445; Beibl. IX, 88.

Der Verfasser geht darauf aus, die Diffusionsconstante auf eine Art zu bestimmen, welche sich direct an ihre Definition lehnt. Er will eine Flüssigkeitsschicht herstellen, die unbeweglich ist, und auf deren beiden Seiten zwei vollständig homogene

Lösungen von verschiedener Concentration vorhanden sind, während die Diffusion ihre Homogeneität beständig zu stören strebt. Als Diffusionsgefäss benutzt er daher einen sehr flachen Cylinder von 10 cm Durchmesser und 5 mm Höhe; die untere Fläche desselben ist geschlossen, auf der oberen stehen 5 röhrenförmige tubuli von 4,5 mm Höhe und zusammen 2,7 qcm Querschnitt. Das Gefäss wird mit einer Salzlösung gefüllt; dann wird eine kleine Glocke darüber gesetzt, die am unteren Rande 5 Ausflussöffnungen und oben ein Loch für die entweichende Luft hat. Die 5 tubuli bleiben offen. Das ganze System wird in horizontaler Lage in einen grösseren Wasserbehälter eingesenkt, das Wasser dringt sehr sanft durch die 5 Ausflussöffnungen ein und berührt die Salzlösung an den 5 tubuli. Die Diffusion beginnt dort, und so wie das Salz in das Wasser über den tubulis eintritt, fliesst es durch die 5 Ausflussöffnungen der Glocke wieder ab, weil eben durch seine Anwesenheit das specifische Gewicht des Wassers erhöht wird. Es wird angenommen, 1) dass die Lösung immer im Innern des Cylinders merklich homogen bleibt, weil die Diffusion durch die 5 tubuli so langsam vor sich geht, dass die Diffusion im Innern des Cylinders die kleinen Salzverluste bequem ersetzt, 2) dass der stationäre Zustand in den tubulis sich sehr schnell herstellt. Die eigentlichen Diffusionsgefässe sind also die tubuli, welche unter sich homogene Salzlösung, über sich reines Wasser haben. Unter dieser Voraussetzung werden die Formeln für den Apparat berechnet und für 10procentige Lösungen die Diffusionscoefficienten bei 24° C. bestimmt. Der Bequemlichkeit wegen wird dabei der Tag als Zeiteinheit benutzt und der Diffusionscoefficient definirt als die Menge des Salzes in Grammen, welche in einem Tag durch eine flüssige Schicht von 1 qcm Basis und 1 cm Dicke diffundirt, wenn die Salzmengen, welche in 1 cbcm der Lösung zu beiden Seiten der Schicht enthalten sind, um 1 g differiren. Es findet sich für

$BaCl_2$	$SrCl_2$	$ZnCl_2$	$CaCl_2$	$MgCl_2$
0,971	0,832	0,773	0,880	0,870

Es zeigt sich, dass die Diffusionscoefficienten k von der Concentration der angewandten Lösung sehr wenig abhängen. Ferner wurden Bestimmungen bei verschiedener Temperatur ausgeführt (Wasserbad) und ergaben das bemerkenswerthe Resultat:

für	$MgSO_4$	$k = 0,734(1-0,0119t)$
-	KNO_3	$k = 2,65\ (1-0,0127t)$
-	$NaCl$	$k = 2,35\ (1-0,0121t)$
-	Na_2HPhO_4	$k = 1,780(1-0,0128t)$
-	K_2CO_3	$k = 1,405(1-0,0127t)$

Es scheint demnach, dass die verschiedenen Salze alle nahe denselben Temperaturcoefficienten haben. Referent vermuthet übrigens, dass die Minuszeichen Druckfehler sind. Die Unabhängigkeit der Temperaturcoefficienten von der Natur des Salzes deutet an, dass die Diffusion wesentlich auf der Bewegung der Wassermoleküle beruht. Zum Schluss werden die Coefficienten k mit den Reibungscoefficienten und mit dem elektrischen Leitungsvermögen der Lösung in Beziehung gesetzt. *Bde.*

Boltzmann. Zur Theorie der Gasdiffusion. Wien. Ber. LXXXVII, [2] 835-860, 1883/84.

Fortsetzung der früheren Abhandlung des Verfassers in Wien. Ber. XXXVI, [2] 63-99, und rein mathematisch wie diese. Die allgemeinen Ergebnisse der ersten Abhandlung, welche unter der Voraussetzung abgeleitet waren, dass die Moleküle der betrachteten Gase verschiedene Massen besitzen, waren sehr verwickelt. In der vorliegenden Abhandlung wird zunächst die vereinfachende Annahme eingeführt, dass die diffundirenden Moleküle gleiche Massen haben; dann wird die weitere Specialisirung hinzugefügt, dass die diffundirenden Moleküle nicht bloss gleiche Massen sondern auch gleiche Durchmesser haben. In diesem einfachsten Fall nehmen die Formeln eine Gestalt an, die sich zur numerischen Berechnung eignet. Durch einen kurzen Auszug lässt sich der Gang der Rechnung nicht genügend deutlich machen. *Bde.*

G. Kirchhoff. Zur Theorie der Diffusion von Gasen durch eine poröse Wand. Wied. Ann. (2) XXI, 563-576; [Cim. (3) XV, 176-177; [J. de phys. (2) IV, 518-519.

Hr. Kirchhoff geht von den allgemeinen Gleichungen aus, die Hr. Stefan (Wien. Ber. LXIII, p. 63) für die Diffusion zweier Gase durch eine poröse Wand aufgestellt hat. Er wendet diese Gleichungen zunächst auf die Diffusion eines Gases durch ein Diaphragma an, eine Aufgabe, die mit dem folgenden bekannten Problem der Wärmeleitung übereinstimmt: Es ist die Temperatur in einem von zwei parallelen Ebenen begrenzten Körper zu bestimmen, falls durch diese Ebenen, denen eine verschiedene äussere Leitungsfähigkeit zukommt, Wärme an eine Umgebung von der Temperatur Null ausgestrahlt wird. Die allgemeine Lösung dieser Aufgabe wird durchgeführt und daraus eine für eine specielle Versuchsbedingung hinreichende Näherung abgeleitet. Die genäherte Lösung, die so gedeutet werden kann, dass der Vorgang der Diffusion als ein stationärer zu betrachten ist, wird alsdann auf die gleichzeitige Diffusion zweier Gase ausgedehnt. *Wn.*

G. Hansemann. Ueber die Diffusion von Gasen durch eine poröse Wand. Wied. Ann. XXI, 545-562; [Cim. (3) XV, 176-177; [J. de phys. (2) IV, 518; [J. chem Soc. XLVI, 1251-1252.

Die Versuche wurden unternommen, um die Stefan'schen Grundlagen der Diffusionstheorie zu prüfen. Kirchhoff (siehe das vorstehende Referat) hat aus Stefan's Differentialgleichungen folgende Integrale abgeleitet: Enthalten zwei durch ein Diffusionsdiaphragma getrennte Kammern A' und A'' ein und dasselbe Gas, welches in A' unter dem Druck P', in A'' unter P'' steht, werden die Anfangswerthe durch die Marke 0 bezeichnet, ist V' das Volumen von A', V'' das von A'', und setzt man abkürzend

$$\frac{1}{V'} + \frac{1}{V''} = \frac{1}{V},$$

ist ferner $\varDelta$ die Länge des cylinderförmigen Diaphragmas, t die Zeit, so ist angenähert

$$P'-P'' = (P'_0-P''_0)e^{-\frac{k}{V\varDelta}t},$$

wo k der Diffusionscoefficient des Gases gegen das Diaphragma.

Der Verfasser hat zunächst die Grösse k in diesen Gleichungen für Wasserstoff und Sauerstoff sehr sorgfältig bestimmt. Sein Apparat besteht in der Hauptsache aus zwei Kammern A' und A'', die durch einen „Diffusionshahn“, d. h. einen Hahn, dessen Bohrung mit Gips gefüllt ist, zu einer festgesetzten Zeit in Verbindung gesetzt werden können. Als Nebenapparate dienen 1) eine Rührvorrichtung, von aussen mittels eines Magnets betrieben, 2) Zuleitungs- und Manometerröhren, 3) die Vorrichtung zur Druckmessung. Diese besteht aus einer Wellblechplatte von Stahl, welche in die untere Wand einer jeden Kammer eingesetzt ist und ihre Bewegungen mittels eines feinen Stahlbandes auf je einen Spiegel überträgt, der an einer kurzen, horizontalen Uhrfeder befestigt ist. Die Spiegelablesungen werden mittels der Manometer auf Quecksilberdrucke umgerechnet, und die Constanten des Apparates: Volumen der Kammern, Volumen der Hohlräume im Gypspfropf, werden nach volumetrischen Principien bestimmt. Bei den Versuchen wird zu Anfang A'' leer gepumpt, A' bei nahe atmosphärischen Druck mit Gas gefüllt. Es ergab sich für

$$\text{Wasserstoff} \quad k = 27,78$$
$$\text{Sauerstoff} \quad k = 8,59,$$

beides auf cm und Minuten als Einheiten bezogen. Die Werthe blieben bis 40 und 120 Minuten lang constant, die Messung bestätigt also die exponentielle Form der Gleichung.

Füllt man nun aber beide Kammern, die eine mit Wasserstoff, die andere mit Sauerstoff, und lässt die Gase von gleichem Anfangsdruck aus gegen einander diffundiren, so sollte nach STEFAN-KIRCHHOFF zwischen ihren einzelnen Diffusionsconstanten, die nunmehr k_1 (für H_2) und k_2 (für O_2) heissen mögen, und ihrem Diffussionscoefffcienten gegeneinander, der jetzt k sei, eine gesetzmässige Beziehung bestehen, die in den ziemlich verwickelten Gleichungen (21.), (28.) und (30.) der KIRCHHOFF'schen Abhandlung ausgesprochen ist. Berechnet man nach diesen Formeln und nach HANSEMANN's weiteren Messungen k, so ergiebt sich für

t =	0	3	9	35	104	Minuten
$760k$ =	3314	3289	3196	2812	2634	

Erstens also ist k nicht constant; zweitens ergiebt sich aus LOSCHMIDT's directen Messungen zwischen Wasserstoff und Sauerstoff $k = 49{,}43$, was mehr als zehnmal so viel ist, wie der grösste Werth von k aus den vorstehenden Zahlen. Die auf STEFAN's Theorie gegründeten Gleichungen bestätigen sich also nicht; wahrscheinlich ist eine in ihnen enthaltene Annahme unrichtig, die Annahme nämlich, dass die Diffusion der Gase gegeneinander in den kleinen Poren des Gypses gerade so vor sich gehe, wie in grossen Räumen. Die Widerstände, welche die Gase in den Poren finden, sind vermuthlich viel grösser als STEFAN sie voraussetzte. *Bde.*

A. WINKELMANN. Ueber die Diffusion von Gasen und Dämpfen. I und II. WIED. Ann. XXII, 1-31, 152-161; [Cim. (3) XVI, 141-143; [J. de phys. (2) IV, 514-517; [J. chem. soc. XLVIII, 10.

Man denke sich an das untere Ende eines grossen Probirglases conaxial ein kleineres Probirglas angeschmolzen; in dies kleinere Probirglas wird ein Röhrchen eingesetzt, welches oben in das grössere hineinragt; das Röhrchen enthält unten eine kleine Menge Wasser, Alkohol oder Aether; über seine obere Mündung wird ein Strom von Luft, Kohlensäure oder Wasserstoff getrieben. Dann verdunstet die Flüssigkeit und ihre Dämpfe diffundiren nach dem dampfleeren Gasstrom hin. Ist der Zustand stationär geworden, so verdampft unten so viel, wie oben herausdiffundirt, indem man also die Abnahme der Flüssigkeitssäule mit dem Kathetometer misst, erhält man ein Urtheil über die Menge des diffundirten Dampfes. Dabei kann das kleinere Probirglas in Wasser eingetaucht und somit die Temperatur der Flüssigkeit constant gehalten und gemessen werde.

Der Verfasser hat seine Versuche angestellt, um in erster Linie die Diffusionsformel von O. E. MEYER (Kinetische Theorie der Gase, 1877, p. 173) zu prüfen, welche einen nicht constanten Diffusionscoefficienten ergiebt, in zweiter Linie die Formel von

STEFAN (Wiener Ber. LXV, 323, 1872) mit constantem Diffusionscoefficienten.

Beim Vergleich sind ausdrücklich die Annahmen zu Grunde gelegt: 1) die in der Zeiteinheit durchtretende Dampfmenge ist dem Diffusionscoefficienten proportional, 2) der Druck des Dampfes an der Flüssigkeitsoberfläche ist von der Natur des Gases, in welchem die Verdampfung stattfindet, unabhängig. Der Diffusionscoefffcient sei mit D bezeichnet, ein Strich oben diene als Marke für Wasser, eine unten angehängte 1 für Wasserstoff, 2 für Luft, 3 für Kohlensäure. Dann lassen sich die Werthe von $\frac{D'_1}{D'_2}$ u. s. w. aus MEYER's Formel berechnen; unter verschiedenen Verhältnissen ergiebt sich:

	berechnet	beobachtet
$\frac{D'_1}{D'_3}$	3,76	4,78
	0,80	5,42
$\frac{D'_1}{D'_2}$	3,03	3,22
	0,71	3,44

Die Erscheinung weicht also von der MEYER'schen Theorie sehr beträchtlich ab.

Besser, aber auch noch nicht genügend stimmen die Beobachtungen mit der STEFAN'schen Theorie. Bei Wasserdampf stehen einander folgende Werthe gegenüber:

	D'_1	D'_2	D'_3
berechnet	0,738	0,179	0,230
beobachtet	0,536	0,113	0,167

Bei Aether ergiebt sich in Uebereinstimmung mit STEFAN, dass der Quotient Verdunstungszeit durch mittlere Höhe der Diffusionsschicht constant ist, Alkohol verhält sich ähnlich wie Wasser, aber die Abweichung ist kleiner.

Für Wasser und Alkohol bestätigt sich die Bemerkung von v. OBERMAYER, dass der Diffusionscoefficient mit abnehmendem Gefälle im Diffusionsrohr zunimmt; Aether zeigt dasselbe in geringerem Grade, wenn er in Wasserstoff diffundirt. WINKELMANN sucht die Erklärung darin, dass die Dichte des Dampfes an der Oberfläche der Flüssigkeit mit dem Sinken des Flüssigkeitsniveaus zunimmt, und dass dadurch die Verdunstungsgeschwindigkeit der Oberfläche vermindert wird. M. a. W. die Verhältnisse in den Diffusionsröhren sind während der Beobachtungszeit nicht stationär; dies mahnt zu vorsichtiger Benutzung der Beobachtungsresultate.

In der zweiten Mittheilung wird diese Unregelmässigkeit näher untersucht. Ist *t* die Steigzeit, *h* der mittlere Abstand des Flüssigkeitsniveaus vom oberen Rande der Röhre, so erweist sich für Wasser *t/h* nicht constant, sondern nimmt mit wachsendem *h* ab aber langsamer. Es nähern sich also die Diffusionscoefficienten mit der Zeit einem Grenzwerth, der als wahrer Werth derselben aufzufassen ist. Die in der ersten Abhandlung berechneten Werthe der Diffusionsconstanten sind demnach etwas zu gross, doch ist die Correction nicht so bedeutend, dass an der Nichtübereinstimmung der Erfahrung mit Meyer's Formel etwas wesentliches geändert wird. Stefan's Formel liefert Diffusionscoefficienten, die der Erfahrung gegenüber noch etwas zu gross sind, wenn man Winkelmann's eigene Zahlen für die moleculare Weglänge in sie einführt; mit den etwas kleineren Zahlen von Puluj (Beibl. III, 463, 1879) dagegen erhält man für Wasserdampf in Wasserstoff und Luft gut stimmende Zahlen, für Wasserdampf in Kohlensäure aber ist der berechnete Coefficient noch um 16-18 pCt. zu gross. *Bde.*

A. Winkelmann. Ueber die Diffusion homologer Ester in Luft, Wasserstoff und Kohlensäure. Wied. Ann. XXII, 203-227; [Cim. (3) XVII, 162-163; [J. de phys. (2) IV, 517; [Chem. CBl. (3) XVI, 771; Naturf. XVIII, 19 und XIX, 4-6.

L. Meyer hat erst allein (Wied. Ann. VII, 479, 1879), dann mit Schumann zusammen (Wied. Ann. XIII, (1) 1881) Gasreibungscoefficienten aus Transpirationsversuchen bestimmt; die zweite der Arbeiten bezieht sich auf homologe Ester. Winkelmann hat daraus Veranlassung genommen, nach seiner Methode (siehe das vorstehende Referat) die Stefan'schen Diffusionsconstanten homologer Ester und aus diesen die Reibungscoefficienten der Gase zu bestimmen.

Die Untersuchung erstreckt sich auf 22 Verbindungen von Ameisensäure, Essig-, Propion-, Butter-, Isobutter- und Valeriansäure mit Methyl, Aethyl, Propyl, Butyl und Amyl. Die moleculare Weglänge der Ameisensäure, nach der STEFAN'schen Formel berechnet, ergiebt sich zu

287.10^{-8}	277.10^{-8}	246.20^{-8}
für Luft	Wasserstoff	Kohlensäure

bei 46,2° C. und 76 cm Druck, während MEYER und SCHUMANN aus ihren Transpirationsversuchen bei 54,4° C und 76 cm Druck 583.10^{-8} finden. Der Unterschied ist viel zu gross, als dass er sich aus der Temperaturdifferenz erklären liesse. Aehnliches zeigt sich bei andern Dämpfen; für Propionäthyl z. B. findet WINKELMANN bei 90,3° im Mittel $\lambda = 268.10^{-8}$, MEYER-SCHUMANN 520.10^{-8}. Die Unterschiede deuten auf Mängel der Theorie.

Desshalb hat der Verfasser noch die Reibungscoefficienten, welche PULUJ aus Schwingungsbeobachtungen bestimmte (Wien. Ber. LXXVIII, [2] 279, 1878) mit den v. OBERMAYER'schen Werthen der Diffusionsconstanten (Wien. Ber. LXXIII, [2] 1876) verglichen, indem er aus beiden Beobachtungssätzen die mittlere Weglänge der Molecüle von Aether, Wasser, Alkohol, Schwefelkohlenstoff und Benzol berechnete. Die Uebereinstimmung ist besser; die mit 10^8 multiplicirten Zahlen sind für diese Körper der Reihe nach

aus v. OBERMEYER	197	562	273	255	190
aus PULUJ	220	580	330	290	220.

Der Verfasser kehrt dann zu den Estern zurück; reduzirt man die für diese erhaltenen Diffusionsconstanten unter der Voraussetzung, dass *D* proportional dem Quadrat der absoluten Temperatur sei, so erhält man ziemlich constante Werthe; zugleich nehmen die *D* mit wachsendem Molekulargewicht ab, und zwar so, dass nahezu das Product aus Diffusionscoefficient und Dampfdichte constant bleibt. Diese annähernde Regelmässigkeit gilt aber nur für die Ester, das entsprechende Product für Wasser-, Alkohol- und Aetherdampf weicht weit ab. In der Esterreihe nehmen die aus der Diffusion berechneten Weglängen mit wachsendem Molekulargewicht ab, von 220,5.20⁻⁸ für $C_3H_6O_2$ bis 94,8.10⁻⁸ für $C_9H_{18}O_2$.

Die nähere Untersuchung der Zahlen mit Rücksicht auf O. E. Meyer's Thorie zeigt, dass für jedes CH_2 nicht das Molekularvolumen, sondern der Molekularquerschnitt um eine nahezu constante Grösse zunimmt. Der Verfasser schliesst daraus, dass man sich die Estermoleküle nicht kugelförmig, sondern plattenförmig aus ihren Atomen aufgebaut zu denken hat. *Bde.*

J. J. Hood. On the rate of chemical absorption of gases with regard to their interdiffusion. Phil. Mag. (5) XVII, 352†; [Cim. (3) XVI, 251-252; [Chem. CBl. (3) XV, 585-588; [Naturf. XVII, 241; [Beibl. VIII, 628; [J. de phys. (2) IV, 241; [J. chem. soc. XLVIII, 341.

Ein geschlossenes Gefäss enthalte zwei Gase *A* und *B* in homogener Mischung. Könnte man die Gefässwände so einrichten, dass nur die Moleküle des Gases *A* nach aussen hindurchgingen, ohne zurückzukehren, so würde die Geschwindigkeit, womit *A* aus dem Gefäss verschwindet, ein Maass für die Geschwindigkeit abgeben, womit *A* in *B* diffundirt. Die ideale Bedingung, dass nur die Moleküle *A* durch die Wand dringen und nicht zurückkehren, lässt sich nicht erfüllen, aber man kann sich ihr wenigstens entfernt nähern, indem man ein Gas wählt, welches von einer ausserhalb der Gefässwand angebrachten Flüssigkeit etc. absorbirt wird. Der Verfasser hat das mit einem eigens eingerichteten Absorptionsapparat, für dessen Construction auf das Original verwiesen werden muss, gethan. Als active Gase *A* dienten dabei CO_2, SH_2, Cl, SO_2, als neutrale Beimengungen Luft und Wasserstoff, als absorbirendes Mittel fungirte Kalilauge. Es ergab sich, wie zu erwarten, dass die sämmtlichen Gase *A* aus Wasserstoff schneller herausdiffundirten als aus Luft. Dagegen bestätigte sich die fernere Erwartung nicht, dass das leichtere Gas *A* schneller herausdiffundiren würde als das schwerere; SH_2 diffundirte zwar schneller als CO_2, und SO_2 schneller als Cl_2, und der Unterschied war in Wasserstoff merklicher als in Luft, aber SO_2 und Cl_2 diffundirten aus beiden neutralen Mitteln erheblich schneller als CO_2 und SH_2. Der Grund dieses Verhaltens konnte vorläufig nicht aufgeklärt werden.

Bde.

L. Troost. Sur la perméabilité de l'argent pour le gaz oxygène. C. R. XCVIII, 1427-1429†; [Rev. scient. 1884 I, 764; Chem. CBl. (3) XV, 562; Dingl. J. CCLIII, 391; Kolbe's J. XXX, 134-135; Naturf. XVII, 296; Beibl. VIII, 756.

Ein silbernes Rohr wird auf die Temperatur des siedenden Cadmiums gebracht, auswendig mit Sauerstoff umspült, inwendig evacuirt. Rohre von geringer Wanddicke werden dabei im Inneren durch eine kräftige Platinspirale unterstützt. Der Sauerstoff dringt durch das Silber. Beträgt die Wanddicke $^1/_2$ mm, so geht in der Stunde durch den qm Wand $3^1/_3$ l Sauerstoff. Ist das Rohr von atmosphärischer Luft umspült, so geht 1,64 l durch. Leitet man statt zu evacuiren einen Kohlensäurestrom durch das Rohr, so bekommt man, wenn auswendig reiner Sauerstoff ist, 0,835, wenn Luft, 0,64 l pro Stunde und qm; Kohlenoxid und Stickstoff gehen nur in ganz minimalen Mengen durch die Wand. *Bde.*

A. Bartoli. Sulla permeabilità del vetro ai gas. Lincei Mem. (3) VIII, 337-340†; Trans. VII, 337; Cim. (3) XVI, 78-82; [J. de phys. (2) IV, 356-357; [J. chem. soc. XLVIII, 869; Beibl. IX, 18.

Der Verfasser hat zwei Glasröhren (Wanddicke 1 bis 0,7 mm) auswendig vergoldet, im Innern der einen Wasserstoff, im Innern der andern Sauerstoff entwickelt und dann untersucht, ob durch die Gasentwickelung im Innern der Röhren eine elektromotorische Differenz zwischen beiden Aussenflächen entsteht, wie es der Fall sein müsste, wenn die Gase in das Gold eindrängen. Er schätzt die Empfindlichkeit seines Messapparates auf $\frac{1}{1000000}$ Daniell, ein Eindringen von 3.10^{-9} mgr Wasserstoff in den Quadratmeter Gold hätte merklich werden müssen, es zeigte sich aber kein Effekt bei einem Druck des Wasserstoffs von 20 und des Sauerstoffs von 4-8 Atmosphären. Er schlägt weitere Versuche mit höherem Druck und sehr dünnen Glaswänden vor. *Bde.*

Litteratur.

H. DE VRIES. Ein Vorlesungsversuch über Diffusion. Maandbl. voor Naturwet. XI, 118-126; [Beibl. IX, 160.

CH. ROBERTS. On a case of rapid diffusion of molten metals. Rep. Brit. Ass. Southport 1883, 409 u. 464; [J. de phys. (2) III, 416; Diese Ber. XXXIX, 353.

J. D. R. SCHEFFER. Diffusionsversuche an einigen organischen und unorganischen Verbindungen. [Naturf. XVII, 133; Diese Ber. XXXIX, 349, 1883.

LISSER u. BENECKE. Diffusionsapparat. Beibl. IX, 236.

J. C. VAN BEEK. Sur la filtration des liquides à travers les membranes fibreuses. Arch. Néerl. XIX, 241-270†.

E. N. VON REGÉCZY. Beiträge zur Lehre der Diffusion von Eiweisslösungen. PFLÜGER's Arch. XXXIV, 431-449; [Chem. CBl. (3) XV, 728; Chem. Ber. XVIII, Ref. 81; Beibl. IX, 378.

Von wesentlich physiologischem Interesse; ebenso das folgende. *Bde.*

J. W. RUNEBERG. Zur Filtrationsfrage. PFLÜGER's Arch. XXXV, 54-67.

KUNKEL. Ueber Elektrodiffusion oder kataphorische Wirkung des elektrischen Stroms. Würzb. Sitzber. 1884, 83-84. *Bde.*

---

f) Absorption.

H. KAYSER. Ueber die Verdichtung der Kohlensäure an blanken Glasflächen. WIED. Ann. XXI, 495-98†; [Cim. (3) XV, 173-4; Phys. Ges. Berlin 1884, 5-6; Naturf. XVII, 126; DINGL. J. CCLII, 438-9.

R. BUNSEN. Ueber die langsame Verdichtung der Kohlensäure an blanken Glasflächen und KAYSER's Einwürfe dagegen. WIED. Ann. XXII, 145-152†; [Cim. (3) XVI, 152-153; Ann. chim. phys. (6) III, 407; [Naturf. XVII, 276, XVIII, 179-181; [Chem. Ber. XVIII, [2] 249.

H. KAYSER. Ueber die Verdichtung der Kohlensäure

an Glasflächen und ihre Diffusion durch Fettschichten. WIED. Ann. XXIII, 416-426†; [Cim. (3) XVIII, 96; [J. chem. soc. XLVIII, 214. [Vergl. hierzu die Abhandlung von BUNSEN in WIED. Ann. XX, 545-60 (diese Berichte XXXIX, (1) 366. 1883) welche inzwischen in Phil. Mag. (5) XVII, 161 übersetzt und in Cim. (3) XV, 182-3, J. chem. soc. XLVI, 146-7 referirt wurde.]

In der ersten Abhandlung erklärt KAYSER das Verschwinden der Kohlensäure bei den Versuchen BUNSEN's durch die Anwesenheit von mit Fett gedichteten Schliffstücken. Durch das Fett diffundirt Kohlensäure aus dem Apparat heraus, Luft hinein; die Kohlensäure diffundirt schneller, daher die von BUNSEN beobachtete Volumveränderung von langer Dauer. Um diese Erklärung zu prüfen, stellte der Verfasser zwei übrigens gleiche Apparate nebeneinander, von denen der eine zugeschmolzen, der andere durch drei mit Fett gedichtete Schliffe verschlossen wurde. Beide waren auf Dichtigkeit geprüft und mit CO_2 gefüllt. In dem zugeschmolzenen Apparat verminderte sich die Gasmenge in 47 Tagen nicht merklich, in dem gedichteten fand fortwährende Abnahme des Gasvolumens von 110,73 auf 108,29 ccm (reducirt) statt. Zugleich drangen, wie die Analyse zeigte, in den 47 Tagen 0,37 ccm Luft in den Apparat, so dass also thatsächlich 2,81 ccm CO_2 gegen 0,37 ccm Luft durch das Fett diffundirt waren.

In der zweiten Abhandlung erklärt BUNSEN den Einwand KAYSER's für unzulässig. Erstens verschwindet bei KAYSER unter übertriebener Fettanwendung nur die kleine Menge von 2,8 ccm, während bei BUNSEN das Volumen in 110 Tagen von 80,172 auf 47,163 herabging; zweitens zeigt das Verschwinden der Kohlensäure in BUNSEN's Versuchen nicht diejenige Abhängigkeit vom Druck, welche nothwendig vorhanden sein müsste, wenn es auf Diffusion beruhte. Nach KAYSER wäre aus BUNSEN's Versuchen zu schliessen, dass die Diffusion der Kohlensäure durch Fett mit steigender Temperatur zunimmt, vom Druck aber wenig beeinflusst wird. Um diese Deutung zurückzuweisen, stellt BUNSEN einen neuen Versuch an: Ein weites, unten offenes, oben ausgezogenes Verbrennungsrohr wird oben mit Glasfäden beschickt, sorgfältig mit trockener Luft gespült und dann mit reiner CO_2

gefüllt, oben zugeschmolzen und mit dem unteren Ende in Quecksilber getaucht. 31 Tage lang ging der Druck fortwährend von 709,3 auf 629,3 mm herab. Der Apparat ohne Fett gab also dieselben Resultate, wie der frühere mit Fett, und Bunsen hält seinen früheren Schluss völlig aufrecht.

In der dritten Abhandlung zieht Kayser folgende Möglichkeit in Betracht, um für den Widerspruch zwischen den Erfahrungen Bunsen's und denen anderer Beobachter eine Erklärung zu finden: Bunsen spült seinen Apparat erst mit trockener Luft aus und verdrängt dann die Luft durch Kohlensäure; dabei bleiben zunächst die aus der Luft adsorbirten Schichten am Glase hängen; es könnte sein, dass die Kohlensäure nur langsam die verdichtete Luft verdrängt, und da jene stärker absorbirt wird, könnte hieraus sich eine lange dauernde Volumveränderung ergeben. Um diese Frage aufzuklären, beschickte Kayser eine Röhre mit Glasstücken, leitete 24 Minuten lang trockene Luft von 200° C. durch, dann 20 Minuten lang trockene kalte Luft, dann 6 Stunden Kohlensäure. Die Nachadsorption dauerte 15 Tage, erreichte aber bei 10 qm Glasoberfläche nur 2,5 ccm. Seine früheren Versuche ergaben keine Nachadsorption, wenn die Luftschichten vom Glase durch Erhitzen und Auspumpen vollständig entfernt waren. Er construirte nun einen neuen Apparat, in dem eine Kugel mit Thüringer Glaswolle gefüllt (Oberfläche etwa 3 qm) drei Tage lang erhitzt und ausgepumpt und dann mit CO_2 gefüllt wurde. Die erste Versuchsreihe dauerte bei gewöhnlicher Temperatur und 660 mm Druck 40 Tage; sie ergab aber, dass das Volumen der CO_2 schon nach zwei Stunden seinen constanten Endwerth angenommen hatte. Dann wurde der Druck in der Kugel auf 1084,8 mm gebracht; dabei verschwand 1,1 cm, und zwar war das Volumen nach einem halben Tag wieder constant. Dann wurde der frühere Druck wieder hergestellt und die Kugel mit Eis umgeben; durch die Druckveränderung löst sich sofort ein Antheil des adsorbirten Gases ab, durch die Abkühlung wird die Adsorption in höchstens einem halben Tag um 0,2 cm vermehrt. Wurde der Druck wieder in die Höhe getrieben, so stieg die Adsorption bei 0° entsprechend.

In allen Fällen hatte das reducirte Volumen der CO_2 seinen Minimalwerth in wenigen Stunden erreicht. Die Adsorption ist also in kurzer Zeit vollendet, wenn die Glasflächen gasfrei sind; die verdichtete Gasmenge nimmt mit dem Drucke zu, mit steigender Temperatur ab; sind aber die Glasflächen schon vorher mit Adsorptionsschichten überzogen, so dringt die Kohlensäure langsam in diese ein. Schliesslich wird auf die Möglichkeit hingewiesen, dass das von BUNSEN benutzte Glas von der Kohlensäure chemisch angegriffen werde, und der Einwurf, den BUNSEN wegen der Grösse der verschwindenden Kohlensäuremenge erhebt, wird damit widerlegt, dass KAYSER nicht die Absicht hatte, die ganze Volumenveränderung BUNSEN's für eine Diffusionserscheinung zu erklären, sondern nur den letzten, lange dauernden Theil derselben. Die Gasmengen aber, welche bei BUNSEN noch im zweiten und dritten Jahre verschwinden, stimmen der Grössenordnung nach sehr gut mit den KAYSER'schen Diffusionszahlen überein. *Bde.*

P. HAUTEFEUILLE et PERREY. Sur le rochage de l'or et de l'argent dans la vapeur de phosphore. C. R. XCVIII, 1378-79†; [Beibl. VIII, 629; Chem. CBl. (3) XV. 518 bis 519; Chem. Ber. XVII, 311.

Gold und Silber absorbiren Phosphordampf bei einer Temperatur, die ein wenig unter ihrem Schmelzpunkte liegt, behalten ihn bei stärkerer Erhitzung und im Wasserstoffstrom in Occlusion und spratzen beim Abkühlen, Gold bei 4-500°, Silber in der Nähe von 360°. Auch Blei spratzt mit Phosphor, aber kaum merklich. Geschmolzenes Arsensilber entlässt beim Festwerden plötzlich Arsen. *Bde.*

FR. C. G. MÜLLER. Neue Experimentaluntersuchungen über den Gasgehalt von Eisen und Stahl. Stahl und Eisen 1884, Februar; [Chem. CBl. (3) XV, 463-4, 478†; Beibl. VIII, 756; Berg- u. Hüttenmänn. ZS. 1884, Heft 14-17.

Eisen und Stahl jeder Art absorbiren geschmolzen grosse Mengen von Gasen, am meisten Wasserstoff, weniger Kohlenoxid,

Kohlensäure und Stickstoff. Die Gase werden theilweise erst nach dem Festwerden abgeschieden. In Folge dessen zeigen die Eisensorten die Erscheinungen des Spratzens und Steigens. Das Spratzen entsteht, wenn die Gasblasen in dem noch flüssigen Innern des Metalls auftreten und entweichen, wobei sie in der Erstarrungskruste kleine Kanäle offen halten und aus diesen flüssige Theile empor schleudern. Das Steigen entsteht, wenn die Gasblasen aus dem Innern nicht mehr entweichen, sondern zähflüssiges Eisen durch Löcher in der Erstarrungsdecke in wurmförmigen Massen empordrücken. Die Bedingungen der Erscheinung werden von technischen Gesichtspunkten aus untersucht. Der Verfasser ist der Ansicht, dass Wasserstoff und Stickstoff vom Eisen fester gebunden (legirt) werden als Kohlenoxid, welches blos absorbirt werde. *Bde.*

J. Böhm. Verhalten der vegetabilischen Gewebe, der Stärke und Holzkohle gegen Gase. Biederm. CBl. 1884, 316-19; J. chem. soc. XLVI, 1250.

Die ersten Antheile des Gases, welches die Luftpumpe aus Kork und Tannenholz zieht, enthalten nach dem Verfasser 6 bis 12 pCt. Sauerstoff mehr als atmosphärische Luft. Dagegen sollen Hobelspähne von beiden Stoffen weder Wasserstoff noch Sauerstoff merklich absorbiren. Kohlendioxid wird in Quantitäten absorbirt, die mit dem Betrag des vorhandenen Wasserdampfes variiren. Stärke absorbirt am meisten Kohlendioxid bei vollkommener Trockenheit, und das Gas lässt sich mit der Luftpumpe nicht, wohl aber durch Eintauchen in Wasser vollständig entfernen. Bezüglich der Holzkohle sind die meisten Versuchsresultate schon bekannt. Absorbirter Stickstoff wird aus vorher frisch geglühtem Kohlenpulver durch Kochen mit Wasser vollständig ausgetrieben, Sauerstoff nur theilweise. *Bde.*

P. SCHUTZENBERGER. Sur quelques phénomènes d'occlusion. C. R. XCVIII, 1520-1523†; [Chem. CBl. (3) XV, 588-589; Naturf. XVII, 306.

Sauerstoff, der aus Kaliumchlorat und Braunstein hergestellt wird, riecht bekanntlich leicht nach Chlor und behält auch nach sorgfältiger Waschung und wochenlangem Aufbewahren noch eine Spur oder eine „Ahnung“ von diesem Geruch. Er giebt aber dann mit den feinsten Chloranzeigern keine Reaction; lässt man ihn indessen durch ein glühendes Platinrohr streichen, so bekommt man eine geringe aber deutliche Chlorreaction. Das Chlor befindet sich also in diesem Sauerstoff in einem besonderen noch unbestimmten Zustande, den Verfasser als Occlusion bezeichnet. Chromsaures Blei, welches an feuchter Luft geschmolzen gehalten wird, occludirt eine minimale Menge von Wasser, die bei beginnender Rothglut wieder fortgeht. Fein vertheiltes Kupferoxyd nimmt Sauerstoff auf und zwar wahrscheinlich nicht durch Bildung eines Superoxyds, wenn man es unter diesem Gase glüht und erkalten lässt.

Bde.

Litteratur.

A. TSCHIRIKOW. Absorption des Wasserstoffs. Sc. Amer. XLVIII, 84. 1883; [Beibl. VIII, 629.

F. H. STORER und D. S. LEWIS. Versuche über die Occlusion von Gasen durch Coaks. Am. Chem. J. IV, 409. 1883; [Beibl. VIII, 110.

G. GORE. Merkwürdige Absorption. [J. chem. soc. XLVI, 655; [diese Berichte XXXIX, (1) 364. 1883.

PELLIZZARI. Ueber die Absorption von Ammoniak durch organische Körper. L'Orosi VII, 192; [Arch. d. Pharm. CCXXII, 676.

E. W. R. Pfeiffer. Ueber die Verdichtung von Gasen durch feste Körper unter hohen Drucken mit Berücksichtigung der Temperatur. Inaug.-Diss. 41 pp. Erlangen.

Berthelot und Guntz. Ueber die Absorption von Chlor durch Kohle und dessen Verbindung mit Wasserstoff. Siehe Cap. 21 B, chemische Quellen der Wärme.

Zweiter Abschnitt.

Akustik.

8. Physikalische Akustik.

WEAD. Experiments on the energy absorbed by organ-pipes in producing sound. Science IV, 298.

Kurze Notiz über einen Vortrag vor der physikalischen Section der amerikanischen Naturforscherversammlung. Es ist nur zu entnehmen, dass Zungenpfeifen einen weit grösseren Theil der zugeführten Energie in Schall umsetzen als Lippenpfeifen und dass von zwei Pfeifen gleicher Gestalt aber verschiedener Höhe die kleinere bei gleicher Energiezufuhr den lauteren Ton giebt. Ist eine Pfeife 16 halbe Töne höher als die andere, so bedarf die erstere nur der halben Energiezufuhr, um einen ebenso lauten Ton zu geben, wie die zweite. (Gilt offenbar nur innerhalb gewisser Grenzen der Tonhöhe. Ref.)

Bde.

F. NEESEN. Ueber die Querrippen bei den KUNDT'schen Staubfiguren. Verh. Phys. Ges. Berlin, 1884, 14-15.

Der Verfasser vermuthet die Ursache der Querrippen in sehr hohen, für gewöhnlich unhörbaren Obertönen. Um die Erklärung zu prüfen, hat er eine Stimmgabel von 100 Schwingungen gegen eine Kautschukmembran schlagen lassen, die als Verschluss einer mit Korkmehl beschickten Röhre diente. Bei diesen und anderen tiefen Tönen entstehen die Querrippen leicht; wenn die Resonanz intensiv ist, springen die Korktheile von der Röhrenwand in die Höhe und bilden Querwände in ziemlich regelmässigen Abständen; aus den Querwänden heraus werden sie nach beiden Seiten fort- und zur Röhrenwand zurückgeschleudert. Dabei werden die Querrippen umgebogen, was zum Theil von der Schwere herrührt.

Eine bestimmte Entscheidung über den obigen Erklärungsversuch liess sich nicht treffen, weil es an Gelegenheit zur Vergleichung von Röhren verschiedener Tonhöhe fehlte. *Bde.*

R. Weber. Sirène électrique. Soc. Helv. sc. nat. C. R. de la LXVII. session 1884, 28-42; Schweiz. Natf. Ges. Luzern LXVII, 50; J. de phys. (2) III, 535; Wied. Ann. XXIV, 671-680; [Cim. (3) XVIII, 182; Lum. él. XVI, 337-343; [Natf. XVIII, 94; [ZS. f. Instrk. V, 136.

In der einfachsten Form setzt sich die von R. Weber construirte elektrische Sirene, wie folgt, zusammen. Ein gezahntes Rad *R* kann auf einer Axe *A* rotiren. Auf dem Rand des Rades liegt eine Feder *L* auf, deren eines Ende an einem Metalldraht befestigt ist, und deren anderes Ende abwechselnd einen Zahn des Rades und einen mit isolirender Substanz angefüllten Zwischenraum trifft. Ein elektrischer Strom geht von einer Batterie durch ein Telephon, die Axe *A*, das Rad und durch die Feder zur Batterie zurück. Rotirt also das Rad, so wird der Strom abwechselnd geöffnet und geschlossen und dementsprechend die Platte des Telephons in Schwingung versetzt. Die Höhe des Tons ist proportional der Zahl der Zähne des Rades und der Rotationsgeschwindigkeit; die Intensität hängt von der Stromstärke und den Constanten des Telephons ab. Der vollständige Apparat besteht aus mehreren Rädern, von denen jedes eine Batterie erfordert, wenn alle zusammen benützt werden sollen. Mit demselben gelingt es, die Helmholtz'sche Differenz- und Additionstöne durch das Telephon zu demonstriren. *Cn.*

L. Chr. Th. Heuser. Ueber die Querschwingungen von Röhren. Inaug. Diss. Marburg 1884, 34 S. 8°.

Der Verfasser hat durch eine Experimentaluntersuchung die Frage beantwortet, ob die Röhren beim Querschwingen dieselben Gesetze befolgen wie die Stäbe. Nachdem er in Glasröhren die Knotenpunkte durch eingeführten trockenen Quarzsand, durch hineingebrachte Flüssigkeit und durch aufgesetzte Drahtreiterchen sichtbar gemacht hatte, welche letzteren sich bei passender Einrichtung nach den Knotenstellen hin bewegen, ist er bei dieser letzten Methode stehen geblieben, weil sie einerseits sehr genaue Bestimmungen lieferte, andererseits auch bei undurchsichtigen Metallröhren anwendbar blieb. Um die Röhren in Schwingungen zu versetzen, wendete er ein sogenanntes Streichstäbchen an, welches er an einem Ende derselben ankittete. Die Untersuchung wurde beschränkt auf Stäbe mit zwei freien Enden, sodass immer an den Enden Schwingungsbäuche lagen; das Material der untersuchten Stäbe war Messing und Glas, ihre Länge ungefähr ein Meter oder 1,5 m; die Töne wurden bis zum fünften Oberton erzeugt. Die Endergebnisse fasst der Verfasser in folgende Sätze zusammen: 1) Bei einer Röhre, auch wenn sie mit einer beliebigen Flüssigkeit gefüllt ist, liegen die Schwingungsknoten für denselben Oberton an derselben Stelle wie bei einem Stab von gleicher Länge. 2) Röhren liefern bedeutend höhere Töne als Stäbe von denselben Dimensionen. 3) Bei Voraussetzung gleicher Wandstärke liefern dickere Röhren höhere Töne; sind dagegen die Durchmesser zweier Röhren gleich, so giebt diejenige mit der schwächeren Wandung den höheren Ton. 4) Der Werth des ε ist bei den Röhren derselbe wie bei den Stäben. 5) Wenn die Röhren ganz mit einer Flüssigkeit gefüllt werden, so wird die Tonhöhe derselben erniedrigt, und zwar durch eine specifisch schwerere Flüssigkeit mehr als durch eine leichtere. *Lp.*

A. J. HIPKINS. Observations on the Harmonics of a String struck at one-eighth of its Length. Proc. Roy. Soc. XXXVII, 363-367; Proc. Birm. Phil. Soc. XXXVII, 363-367; Beibl. IX, 313.

Der Verfasser untersucht die Obertöne einer stählernen Pianofortesaite von 1,17 mm Durchmesser, welche den Ton C mit 135,2 Schwingungen giebt. Die Breite, in der man den Steg verschieben kann, ohne dass der Oberton aufhört, ergiebt sich für den zweiten Oberton zu 0,85 Zoll, für den dritten 0,65 Zoll. Durch leichtes Berühren der schwingenden Saite an einem theoretischen Knotenpunkt gelingt es, die Obertöne bis zum neunzehnten deutlich zu hören. Nach v. Helmholtz werden im Allgemeinen beim Pianoforte die Saiten in $\frac{1}{7}$ bis $\frac{1}{9}$ ihrer Länge angeschlagen, und es soll das den Vortheil haben, dass die 7. und 9. Partialtöne verschwinden oder sehr schwach werden. Nach dem Verfasser ist das nicht der Fall, und er hört sowohl den 7. und 9., als auch den 8. und 16. Oberton sehr gut und kräftig. Dass der 8. Oberton nicht verschwand, hatte vermuthlich seinen Grund darin, dass der Hammer keine scharfe Kante hatte, sondern eine Oberfläche wie der gewöhnliche Pianofortehammer, dessen Schlag sich auf beiden Seiten des beabsichtigten Knotenpunktes ausbreitet. *Cn.*

A. Elsas. Zur Theorie der erzwungenen Schwingungen gespannter Saiten. Wied. Ann. XXIII, 173-201; [Cim. (3) XVII, 161-162.

Es werden die Melde'schen Versuche über Saiten- und Fadenschwingungen mathematisch behandelt, u. A. wird auch die Lösung für den Fall gegeben, wo eine Saite in Transversalschwingungen versetzt wird, wenn dem einen Endpunkt derselben eine periodische Bewegung in der Richtung ihrer Ruhelage mitgetheilt wird. — Um auch bei constanter Spannung des Fadens die Periode der Erregung und dadurch die Schwingungsformen variiren zu können, wird der folgende Apparat vorgeschlagen: Auf der Axe einer Sirene wird ein kleines etwas excentrisches Rad befestigt, und an dem Träger des Zählwerkes mit zwei Schrauben ein Träger für ein Hebelchen angebracht, dessen conisch zugespitzte Axe in zwei den Träger durchsetzenden stählernen Schrauben ruht, und welches mit sehr geringer Reibung beweglich ist. Der Hebel ist in der Verticalebene drehbar und hat einen verticalen Arm, welcher das excentrische Rädchen berührt, einen horizontalen, an welchem der zu erregende Faden befestigt wird. Die Spannung des Fadens erhält den Hebel in der angegebenen Lage, wenn die Sirene stillsteht, und führt ihn bei Rotation der Sirene in dieselbe zurück, wenn das mit rotirende excentrische Rad ihm periodisch eine kleine Drehung ertheilt. Der Apparat eignet sich namentlich zur Demonstration der MERSENNE'schen Gesetze. Um auch transversale Schwingungen eines Fadens durch longitudinale Erregung hervorzurufen, dient ein anderer einfacher Apparat, der gleichfalls an der Sirene angebracht wird, und im Wesentlichen aus einem Stahlstäbchen besteht, in dessen einem Ende der zu erregende Faden befestigt wird, während es in der Mitte durch passend tordirte Drähte in einer solchen Lage gehalten wird, dass es durch das Anfangs erwähnte excentrische Rad in oscillatorische Schwingungen geräth.

Cn.

Lord RAYLEIGH. On the Circulation of Air observed in KUNDT's Tubes and on some Allied Acoustical Problems. Transact. Roy. Soc. CLXXV, 1-21; [Beibl. VIII, 289.

Es werden 3 Probleme aus der Akustik analytisch für einen zweidimensionalen Raum zum ersten Male behandelt. Die ersten zwei beziehen sich auf von FARADAY (Phil. Trans. 1831, 299) beobachtete Erscheinungen. Die Flüssigkeit wird als incompressibel betrachtet und zunächst der Einfluss des Bodens auf stationäre Wasserwellen untersucht. FARADAY fand, dass feiner über den Boden ausgestreuter Sand sich an den Bäuchen anzusammeln strebt; das ist in Uebereinstimmung mit der gegebenen Theorie, wenn wir annehmen, dass die Bewegung des Sandes durch die dem Boden nächst liegende Schicht allein controllirt wird. In einem Versuch mit Wasser würde die Dicke dieser wirksamen Schicht nur 0,0135 cm zu betragen haben. Der zweite untersuchte Fall, in dem gleichfalls die Flüssigkeit als incompressibel vorausgesetzt wird, behandelt die Bewegung, welche in der angrenzenden Flüssigkeit durch die Bewegung einer biegsamen Platte hervorgebracht wird; und der dritte Fall bezieht sich auf die Luftströmungen in KUNDT'schen Röhren; hier wird die Compressibilität der Flüssigkeit berücksichtigt, da angenommen wird, dass die Bewegung annähernd in einer einzigen Dimension stattfindet. Die Lösung in erster Annäherung ist eine Anwendung der von KIRCHHOFF (POGG. Ann. CXXXIV, 1868) gegebenen correspondirenden Lösung für einen Rotationskörper mit Vernachlässigung der auf Wärmeentwicklung und Wärmeleitung bezüglichen Glieder. *Cn.*

F. MELDE. Akustische Experimentaluntersuchungen.

WIED. Ann. XXI, 452-470; [J. de phys. (2) III, 547-548; Cim. (3) XV, 172.

Aus den mannigfachen früheren Versuchen des Verfassers mit Fäden, die durch Befestigung an einer tönenden Stimmgabelzinke in Schwingungen versetzt werden, ergiebt sich, dass am Gabelende niemals ein Knoten angenommen werden darf, so dass, bei Messungen von Halbwellenlängen schwingender Fäden, die an der Gabel liegende erste Strecke unberücksichtigt zu lassen ist. Es werden neue Versuche angestellt, in denen die erregende Gabel den Faden nicht am Ende, sondern an irgend einem zwischen den beiden festen Enden gelegenen Punkte in Schwingung versetzt. Ist der Verbindungspunkt von Gabel und Faden der Mittelpunkt des letzteren, so ergeben sich die folgenden Gesetze: 1) Der Faden nimmt beiderseits zur Mitte nur symmetrische Bewegungen und Formen an. 2) In die Mitte des Fadens kommt nie ein Knoten zu liegen, so dass alle Obertöne des Fadens von gerader Ordnungszahl ausgeschlossen sind. 3) Der Faden kann immer als aus zwei Stücken bestehend angesehen werden, von denen jedes Stück so schwingt, als ob das andere nicht vorhanden wäre. — Verändert man die Spannung des Fadens so, dass die Knoten näher an die Berührungsstelle mit der Gabel heranrücken und sich zum Entstehen eines Obertons von gerader Ordnung in einem Knoten vereinigen müssten, so tritt das nicht ein, sondern es tritt eine Discontinuität in der Schwingungsform, vom Verfasser Uebergangsform genannt, auf, bis bei weiter in demselben Sinne veränderter Spannung der nächste ungerade Oberton einsetzt. — Ist die Gabel nicht mit dem Mittelpunkt, sondern mit einem andern Punkte des Fadens in Verbindung, so gelten die Gesetze: 4) Wenn ein Faden irgend eine Partialschwingung zu geben im Stande ist, so wird diese von einer mit dem Faden unisono schwingenden Gabel eingeleitet, wenn der Angriffspunkt der Gabel am Faden einem Schwingungsmaximum der betreffenden Partialschwingung entspricht. 5) Die Partialschwingungen können auch erregt werden, wenn die Gabel an einer Stelle angreift, die nicht zu nahe an einem Knoten der herauszubringenden Partialschwingung liegt. 6) Liegt der Angriffspunkt der Gabel nicht in der Mitte des Fadens, so sind die Uebergangsformen immer zur Mitte unsymmetrisch. 7) Zwischen zwei benachbarten Eigenschwingungen eines Fadens sind unzählig viele Uebergangsformen möglich, da jeder Aenderung der Erregungsstelle ein anderes System von Uebergängen entspricht.

Um Saiten, Fäden und Membranen zu erregen, werden verschiedene Arten von Unterbrechern besprochen, und einige neue Methoden angegeben, darunter ein Unterbrecher, den der Verfasser Cylinderunterbrecher nennt; er erlaubt die Schwingungszahl eines schwingenden Blechcylinders durch Eingiessen von Wasser beliebig zu verändern, so dass sie der Schwingungszahl eines Obertones der zu erregenden Gabel gleich wird. Es gelingt durch den erwähnten Unterbrecher, bis 4 m lange Drähte und Fäden in vollkommen regelmässige stehende Schwingungen zu ersetzen. *Cn.*

A. ELSAS. Ueber einen neuen Fadenschwingungs-Apparat. ZS. f. Instrk. IV, 333-338, Phil. Mag. (5) XIX, 48-55; [Cim. (3) XVIII, 83; [J. de phys. (2) V, 383.

Bemerkungen hierzu. ZS. f. Instrk. IV, 418.

Zur Demonstration der Schwingungen gespannter Saiten dient ausser dem Monochord der MELDE'schen Fadenschwingungs-Apparat. Der Apparat des Verfassers vereinigt die Vorzüge beider. Das eine Ende der Saite läuft über eine Rolle und ist mit einer Wagschale beschwert. Das andere Ende ist an einem starren Hebel befestigt, der mit geringer Reibung um eine zur Saite rechtwinklige Axe drehbar ist. Diesem Hebel werden periodische Stösse ertheilt durch ein Rad, welches excentrisch an der Axe einer Sirene befestigt ist. Die Saite geräth in Schwingungen, wenn die Periode der Erregung einem ihrer Eigentöne entspricht. Auffallend war, wie leicht es in diesen Fällen wurde, die Rotationsgeschwindigkeit der Sirene constant zu erhalten.

Die Mersenne'schen Gesetze über die Abhängigkeit des Grundtones von Länge, Spannung und Masse der Saite lassen sich mit grosser Sicherheit an dem Apparate demonstriren. *Rz.*

A. Lehnebach. Ein Apparat zur Erzeugung stehender Wellen an Fäden. Wied. Ann. (2) XXIII, 157-159; Cim. (3) XVII, 160.

Die Stimmgabel des von Hrn. Melde zu gleichem Zwecke angegebenen Apparates ist durch einen Stromunterbrecher in der Form eines Wagner'schen Hammers ersetzt. Durch Aenderung der Spannung des Fadens gelingt es, die Anzahl der sehr deutlich hervortretenden schwingenden Abtheilungen zu variiren.

Lp.

Kittler. Tönen eines Electromagneten. Electrotechn. ZS. V, 38-39.

Ein zu Vorlesungszwecken dienender Elektromagnet tönt laut unter dem Einfluss der periodischen Stromschwankungen einer Schuckert'schen Flachringmaschine. Die Schwingungszahlen sind der Tourenzahl der Dynamomaschine proportional.

Bde.

W. Himstedt. Ueber Lissajous'sche Curven. Arch. d. Math. u. Phys. LXX, 337-369; [Beibl. VIII, 344.

Es werden die Lissajous'schen Curven analytisch untersucht, bezüglich der Construction, Lage ihrer Doppelpunkte und Tangenten; es wird der Ausdruck für die Geschwindigkeit des oscillirenden Punktes hergeleitet, die Krümmung der Curven, Quadratur und Rectifikation untersucht. Eine Arbeit von W. BRAUN, die Singularitäten der LISSAJOUS'schen Stimmgabelcurven, (Dissert.) behandelt zum Theil dieselben Fragen und wurde dem Verfasser erst nach Vollendung seiner Arbeit bekannt.

Cn.

R. F. Una esperienza da lezione. Cim. (3) XVI, 160.

An eine horizontal ausgespannte Klaviersaite, deren Spannung verändert werden kann, wird vertical eine Karte mit Wachs festgeklebt, in der sich ein horizontaler Schlitz befindet; möglichst nahe derselben wird vor dem Schlitz vertical eine zweite Saite ausgespannt: dieselbe wird durch den Schlitz passend beleuchtet und man erhält beim Schwingen der Saiten auf einem entfernt aufgestellten Schirm die LISSAJOUS'schen Curven schwarz auf weissem Grunde.

Cn.

D. J. BLAIKLEY. Experiments on the Velocity of Sound in Air. Phil. Mag. (5) XVIII, 328-334; Phys. Soc. London VI, 228; [Engineering XXXVII, 553; Beibl. IX, 501; Cim. (3) XVII, 264; J. de phys. (2) IV, 284.

Der Verfasser hat seine Versuche vom Jahre 1883 fortgesetzt und kommt zu dem Resultate: In glatten Röhren ist die Schallgeschwindigkeit proportional r^{-1} und $n^{-\frac{1}{2}}$, wenn r der Radius der Röhre und n die Schwingungszahl des Tones bedeutet; die Geschwindigkeit in freier Luft für Tonwellen von schwacher Intensität ist bei 0° 331,676 m; für das Verhältniss der specifischen Wärmen ergiebt sich daraus 1,4036. *Cn.*

J. J. WEYRAUCH. Einfache Ableitung der Schallgeschwindigkeit. WIED. Ann. XXIII, 147-150; [Cim. (3) XVII, 158-159.

Die Schallgeschwindigkeit in flüssigen und isotropen festen Körpern wird mit Rücksicht auf Temperaturänderungen hergeleitet, wenn die Longitudinalschwingungen lediglich von Spannungen normal zu den Wellenflächen herrühren. Für die Fortpflanzungsgeschwindigkeit c wird erhalten

$$c = \sqrt{-gv^2 \frac{\delta p}{\delta v}},$$

in welcher Gleichung p den Druck, welcher nicht nach allen Richtungen gleich gross zu sein braucht, v das specifische Volumen bedeutet und der Quotient einer adiabatischen Zustandänderung entspricht, da bei der raschen Aufeinanderfolge der Schwingungen während einer derselben für das schwingende Theilchen weder Wärmezufuhr noch Wärmeentziehung von aussen in Betracht kommt. Obige Gleichung geht für Gase in

$$c = \sqrt{kgpv} = \sqrt{kgRT}$$

über. Bezüglich der entsprechenden Gleichung für Dämpfe und tropfbare Flüssigkeiten wird auf des Verfassers Buch „Theorie elastischer Körper", Abschnitt XII verwiesen. Die oben gemachte Voraussetzung über die Longitudinalschwingungen trifft bei festen Körpern nicht zu. Die Gleichung kann aber für feste Körper angewendet werden, wenn die Dilatation eines zwischen zwei unendlich benachbarten Wellenflächen liegenden prismatischen Körperelements lediglich von einer Aenderung λ seiner anfänglichen Länge l herrührt, so dass die Dilatation

$$u = \frac{dv}{v} = \frac{d\lambda}{l}, \quad \frac{\delta p}{\delta v} = \frac{\delta p}{\delta \lambda} \frac{l}{v}$$

ist. Es wird gefunden

$$c = \sqrt{\frac{k}{\mu} E}, \quad k = \frac{c_p}{c_l}$$

oder bei genauerer Ableitung

$$c = \sqrt{\frac{6k}{5\mu} E},$$

wenn k das Verhältniss der specifischen Wärmen bei constantem Drucke und bei konstantem Volumen bedeutet. *E. R.*

F. Beyme. Die Fortpflanzungsgeschwindigkeit des Schalls in gesättigten Dämpfen. Dissertation Zürich 1884; [Beibl. IX, 503.

Der Verfasser geht von der Zeuner'schen Gleichung für die adiabatische Ausdehnung des Wasserdampfes $pv^n =$ const. aus, wo $n = 1{,}135$ für den den gesättigten, $= 1{,}333$ für den überhitzten Dampf sein soll, und versucht experimentell die Frage zu entscheiden, ob bei der Fortpflanzung des Schalls in gesättigten Dämpfen die eintretenden Druckänderungen eine Condensation herbeiführen oder nicht. Die Versuche sind nach einer Knotenmethode angestellt, bei welcher die Einstellung kleiner magnetischer Stahlscheibchen, die mit Coconfäden an einem Neusilberdraht aufgehängt sind, in verschiedenen Stellen einer breiten Glasröhre, in der ein Ton wie bei der Kundt'schen Methode erzeugt wird, beobachtet wird. Die Wellenröhre war von einem andern Rohr umgeben, um durch Spülung die Temperatur constant halten zu können. Es werden die Dämpfe von Aethyläther, Schwefelkohlenstoff, Chloroform, Benzol und Wasser untersucht; die berechneten Werthe für das Verhältniss der spezifischen Wärmen fallen bis zu 10 pCt. verschieden aus, wenn man zur Berechnung die theoretische Dampfdichte (k_0), oder die nach Herwig's Formel $\Delta = \delta \,.\, 0{,}595 \sqrt{T}$ berechnete (k_1), oder die von Wüllner und Grotian gefundene (k_2) verwendet, und die Formel benutzt: $k = \dfrac{w^2 . 1{,}405\,\delta}{64{,}38^2(1+\alpha t)}$, wo w die mittlere halbe Wellenlänge, 1,405 das Verhältniss der specifischen Wärmen für Luft, 64,38 die halbe Wellenlänge des benutzten Tones in Luft und δ eine von den drei Dampfdichten bedeutet. Bezeichnet t die Temperatur, z die Zahl der gemessenen Wellen, so ergiebt sich die Tabelle:

Aethyläther

t	z	k_0	k_1	k_2
3	6	1,062	1,050	1,016
20,5	22	1,044	1,065	1,031
35	19	1,012	1,057	1,024
46	6	0,998	1,061	1,027
	Mittel	1,029	1,058	1,025

Chloroform

t	z	k_0	k_1	k_2
22,1	23	1,156	1,181	1,092
46	10	1,119	1,198	1,110
78	10	1,071	1,194	1,104
	Mittel	1,115	1,118	1,102

Schwefelkohlenstoff

t	z	k_0	k_1	k_2
3	8	1,239	1,225	1,178
17,5	8	1,241	1,259	1,210
35	8	1,201	1,254	1,206
67	8	1,161	1,274	1,225
		1,2105	1,253	1,205

Benzol

t	z	k_0	k_1	k_2
15,5	6	1,202	1,215	—
35	17	1,168	1,220	—
		1,185	1,218	
		Wasser		
78	3	1,269	1,414	1,274

Aus den Versuchen wird vom Verfasser nur der Schluss gezogen, dass sich die adiabatischen Curven der gesättigten Dämpfe, nach denen sich bei den von einem sehr hohen Tone 1255 Schwingungen) erzeugten Schallwellen Druck und Volumen ändern, durch die Gleichung $pv^n = \text{const.}$ darstellen lassen, worin n nicht erheblich von dem Verhältniss der specifischen Wärmen der überhitzten Dämpfe abweicht. *Cn.*

NEYRENEUF. Sur la transmission du son par les gaz. C. R. XCVIII, 980-982 u. 1264-1265; J. de phys. (2) III, 209; [Rev. scient. 1884 I, 570; Cim. (3) XVI, 130-131 u. 138; Beibl. VIII, 695 u. 696.

Der Verfasser hat seine Versuche über die Durchlässigkeit der verschiedenen Gase für den Schall fortgesetzt. Bei Luft, Stickoxyd und Kohlenwasserstoff fand sich entsprechend der nahe gleichen Dichtigkeit kein Unterschied. Beim Stickoxydul ergab sich für das Verhältniss der Entfernungen der Schallquelle, für die eben noch eine Wirkung auf die empfindliche Flamme zu constatiren war, 1,32; beim Ammoniak 1,45, im Mittel 1,45 statt 1,42; die Differenz wird durch beigemengte Luft erklärt. Jede beigemengte Substanz, welche die Dichtigkeit des zu untersuchenden Gases ändert, wie Leuchtgas, ändert auch die Durchlässigkeit erheblich. Dämpfe von Aether-Schwefelkohlenstoff und Petroleum ändern sie im entgegengesetzten Sinne. Die Wirkung von Rauch und suspendirten Theilchen ist verschieden: Phosphor und Salmiakrauch ändern die Durchlässigkeit wenig, wenn nicht die Dicke der Gasschicht sehr erheblich oder der Rauch sehr dicht ist; ähnlich verhält sich der Rauch von Harzen, während gewöhnlicher Rauch die Tonstärke sehr stark schwächt.

Bei dem Experiment mit den conjugirten Spiegeln wird gezeigt, dass eine dicke Schicht Watte weder Richtung noch Intensität der passirenden Schallstrahlen merklich ändert. Auch 2 Schichten Watte hintereinander haben noch geringere Wirkung als ein dünnes Blatt Papier. *Cn.*

M. CORSEPIUS. Fortpflanzung des Schalls in Resonanzböden. Centrztg. f. Opt. u. Mech. V, 229; [Beibl. IX, 237.

An einem geigenähnlichen Apparat mit einer Saite, die sich am Hals beliebig vertikal oder horizontal erregen lässt, ist am Steg oben und seitlich je ein eisernes Plättchen angebracht, denen man einen Elektromagneten vertikal oder horizontal gegenüberstellen kann. Schaltet man in den Stromkreis des Elektromagneten ein Telephon ein, so hört man einen starken Ton, wenn die Streichrichtung mit der Lage des Elektromagneten übereinstimmt, einen schwachen, wenn die beiden Richtungen auf einander senkrecht stehen, so dass sich demonstriren lässt, dass die Schallwellen von einer schwingenden Saite aus in einen mittönenden Körper, wie z. B. den Resonanzboden bei Seiteninstrumenten, sich in der Schwingungsebene der Saite fortpflanzen. *Cn.*

K. VIERORDT. Die Bestimmung der Schallstärken des Schallpendels. WIED. Ann. XXI, 509-513; [Naturf. XVII, 176; [Cim. (3) XV, 174.

Um die Schallstärke eines Schallpendels zu bestimmen, d. i. den Exponenten ε der OBERBECK'schen Formel

$$\varepsilon = \frac{\lg \frac{P}{p}}{\lg \frac{H}{h}},$$

werden zwei vollständig gleiche Schallpendel verwandt; einmal lässt man beide Hämmer genau gleichzeitig durch dieselbe Fallhöhe auf ihre schwingungsfähigen Platten auffallen; dann wird zweitens dem Pendel des einen Apparates eine solche Elevation gegeben, dass der durch das Aufschlagen seines Hammers entstehende Schall dieselbe Stärke hat wie der Schall des Doppelpendels; dann ist

$$\varepsilon = \frac{\lg 2}{\lg \frac{H}{h}},$$

wo H und h den Sinus der Elevationswinkel ausdrücken. Bei 6 Versuchen mit veränderten Elevationen variirte ε nur von 0,601—0,633; dies ist mit dem vom Verfasser in einer früheren Arbeit (Wied. Ann. XVIII, 471) gefundenen Resultat in Uebereinstimmung. *Cn.*

A. G. Compton. On a method of obtaining autographic records of the free vibrations of a tuning-fork, and on the autographic recording of beats. Sill. J. XXVII, 444-452; [J. de phys. (2) IV, 93-94.

Durch drei in elektrischen Stromkreisen befindliche Platinspitzen werden auf einem Streifen Papier, der auf einem durch ein Uhrwerk unter den Platinspitzen fortbewegten Metallrad aufliegt, drei simultane elektrochemische Aufzeichnungen gemacht; die eine, durch ein Chronometer erzeugt, giebt Secunden an, die zweite entsteht durch einen Stromschluss, der jedesmal bei einer Umdrehung einer Sirene, die mit der zu untersuchenden Stimmgabel nahe den gleichen Ton giebt, eintritt; die dritte entsteht durch den Stromschluss einer zweiten Batterie bei jeder Schwebung, welche der Stimmgabelton mit dem Sirenenton macht, und die durch einen Helmholtz'schen Resonator auf eine Membran übertragen wird. Die Details der Methode müssen in der Abhandlung selbst nachgesehen werden. Die Stimmgabel schwingt vollständig frei, und um ihre Schwingungszahl zu finden, ist nur eine Abzählung an den autographischen Aufzeichnungen erforderlich. Mit einer König'schen Vocalstimmgabel wurden 12 Versuche angestellt, in denen die Zahl der Schwebungen von $1\frac{1}{2}$ bis 6 in der Secunde variirte; die gefundenen Schwingungszahlen lagen zwischen 340,66 und 341,33. *Cn.*

Lord Rayleigh. Acoustical Observations V. Phil. Mag. (5) XVII, 188-194; [J. de phys. (2) III, 548-549, IV, 240; Beibl. VIII, 693; [Cim. (3) XV, 184.

In dem zweiten Theil seiner akustischen Beobachtungen hatte Lord Rayleigh gezeigt, dass eine empfindliche Flamme, in deren Nähe stationäre Tonwellen erzeugt werden, nur dann flackert, wenn der Brenner in einem Schwingungsbauch gelegen ist, dagegen in Ruhe bleibt, wenn der Brenner in einem Knoten liegt; dasselbe lässt sich durch stroboskopische Beobachtung eines Strahls von Phosphorrauch, der aus einem ausgezogenen Glasrohr strömt, beobachten, wenn die Tonwellen von einer Stimmgabel erregt werden und wenn man gewisse Vorsichtsmassregeln beobachtet. Befindet sich die Ausflussöffnung in der Symmetrieebene zwischen den Zinken der Gabel, so ist keine Wirkung auf den Rauchstrahl zu beobachten. Die Empfindlichkeit der Rauchstrahlen für mässige Tonhöhen wird erheblich erhöht, wenn man sie quer vor der Oeffnung Helmholtz'scher Resonatoren oder passend ausgesuchter weithalsiger Flaschen vorbeiführt. Schwebungen lassen sich auf diese Weise gut demonstriren. Es genügt auch ein Luftstrom ohne Rauch vor einer brennenden Kerze, um die Erscheinungen sichtbar zu machen. Bei sehr hohen Tönen versagt aber die Methode auch bei Anwendung von Resonatoren, während bei Schwingungen in der Gegend von 250 sich eine Empfindlichkeit erzielen lässt, welche die des Ohres fast erreicht. — Von hinten beleuchtete, durch Kalipermanganat gefärbte Flüssigkeitsstrahlen zeigten das Maximum der Empfindlichkeit für Töne von Stimmgabeln, die 20-50 Schwingungen in der Secunde ausführten; der Druck, unter welchem die Flüssigkeit ausströmt, muss für verschiedene hohe Töne passend variirt werden und die Beobachtung ist am besten eine stroboskopische. Die gefärbte Linie im Flüssigkeitsstrahl wird wellig aussehen, und es ist am vortheilhaftesten, die Sehlinie senkrecht zu der Ebene der Biegungen zu stellen; diese Ebene wird durch leichte Einkerbungen der Ausflussöffnung an zwei gegenüberliegenden Stellen stabiler gemacht.

Dass Wasserstrahlen für tiefere, Rauchstrahlen für höhere

Töne das Maximum der Empfindlichkeit zeigen, liegt nicht an der grösseren Dichtigkeit, sondern an der geringeren Zähigkeit des Wassers. Der Verfasser stellt Versuche an, um den Einfluss der Zähigkeit klarzulegen, und es ergiebt sich, dass, wenn z. B. ein Strahl warmen Wassers von 84° C. bei einem Druck, der grösser als $\frac{1}{4}$ Zoll ist, schon nicht mehr ohne Flackern den Boden erreicht, ein Strahl von einer Mischung von Wasser und Alkohol in gleichen Verhältnissen erst bei einem Druck von 20 bis 30 Zoll zu flackern beginnt. Fehler, die bei dem erwärmten Wasser durch Convectionsströme hervorgebracht sein könnten, sind in anderen Versuchen mit kaltem Wasser und Mischungen mit Alkohol bei Zimmertemperatur, die ein analoges Resultat geben, ausgeschlossen. *Cn.*

A. Israileff. Apparat zur genauen Bestimmung von Schwingungszahlen. Journ. d. russ. phys.-chem. Ges. XVI [2], 1-7†; [Beibl. IX, 21.

Der Apparat (prämiirt in Moskau, Wien, Philadelphia und Paris) besteht aus zwei Theilen.

A. 56 Stimmgabeln haben bei 15° C. Schwingungszahlen von 440 bis 880 (*a*); je zwei benachbarte unterscheiden sich also um 8 Schwingungen.

B. Ein Pendel besteht aus einer schweren Kugel über welcher sich sofort die horizontale Stahlaxe befindet (s. Abbildung l. c. p. 2); die Enden der Axe bilden zwei Prismenschneiden, analog wie beim Waagebalken. Unterhalb der Kugel bildet ein dünner Stab die Verlängerung des Pendels. Das untere Ende des Stabes trägt ein leicht bewegliches Metallplättchen, dessen äusserste Spitze während der Bewegung des Pendels einen horizontal gespannten Draht hörbar streift. Das Pendel ist oberhalb der Axe verlängert und zwar als Maassstab, der in 8 Theile getheilt ist; jeder Theil bildet eine Scala mit 50 Strichen. An diesem Maassstab lässt sich ein Laufgewicht verschieben.

Benutzung. Man sucht diejenige Stimmgabel auf, welche zusammen mit dem zu untersuchenden tönenden Körper die geringste Anzahl von Stössen (Schwebungen) giebt und verschiebt das Laufgewicht so, dass die Schwebungen genau mit den Schwingungen des Pendels zusammenfallen. Die an der Scala neben dem Laufgewicht abgelesene Zahl ist zur Schwingungszahl der Stimmgabel hinzuzufügen oder von derselben abzuziehen, je nachdem, ob man die tiefere oder höhere von den zwei Stimmgabeln benutzt hat, welche mit dem zu messenden Ton die geringste Zahl von Schwebungen geben. Von diesen beiden Gabeln (zwischen ihnen befindet sich der zu messende Ton) nimmt man wieder diejenige, welche die geringere Zahl von Schwebungen ergiebt.

Liegt der zu untersuchende Ton ausserhalb jener 56 Stimmgabeln, so sind einige Hülfsstimmgabeln zu benutzen, welche so gestimmt werden, dass sie die Octave jenes Tones angeben. Die Schwingungszahlen der Hülfsgabeln werden auf die obige Weise bestimmt. Eine Collection von 9 Stimmgabeln (bei 15° C. 864, 872, 880, 881, 882, 883, 884, 888 und 896 Schwingungen) ergeben bei verschiedener Combination paarweise genommen $^1/_2$ bis 12 Schwebungen in der Secunde.

Der Verfasser (russ. Geistlicher) benutzt seine Apparate, um Stimmgabeln, Glocken u. s. w. zu stimmen, wobei ein hoher Grad von Tonreinheit erreicht wird. *O. Chw.*

Fr. Fuchs. Eine einfache Vorrichtung zur Herstellung einer schwingenden Flamme. ZS. f. Instrk. IV, 317.

Das Leuchtgas, welches die Flamme speist, strömt durch einen engen Spalt zwischen zwei Membranen. Diese gerathen in tönende Schwingungen, wodurch der Gasstrom in Stösse zerlegt wird. *Rz.*

V. Pierre. Apparat zur Veranschaulichung des Entstehens einer Longitudinalwelle. Wied. Ann. XXII, 142; Cim. (3) XVI, 152.

Zwischen einer Coulisse können sich Streifen von weissem Bein parallel zu sich selbst verschieben und so das Entstehen einer Longitudinalwelle anschaulich machen. Hinter ihnen sind um eine Axe senkrecht zu ihnen 9 cylindrische Blechtrommeln angebracht, von denen eine auf der Axe fest aufsitzt, die andere bei der Bewegung von ihr mitgenommen werden durch Vorsprünge, die so angebracht sind, dass zwischen je 2 und 2 auf einander folgenden Trommeln $^1/_8$ der Trommelperipherie liegt. Die Anfangs erwähnten Streifen werden durch Stifte, die in bei allen Trommeln gleichmässig geneigten Schlitzen sitzen, mitgenommen und führen eine nach dem Sinusgesetz hin- und hergehende Bewegung aus. *Cn.*

G. BERENDT. Ueber klingenden Sand. ZS. d. dtsch. geol. Ges. Berlin, 1883, XXXV, 864-866; [Naturf. 1884, 240.

Die Mittheilung wird hier bloss kurz erwähnt wegen der Beziehung zu eigenthümlichen Naturtönen, welche ihr, die Akustik oder deren Verhältniss zur Musik wenigstens indirect berührendes Analogon in der klingenden Memmonssäule finden. — „Der Quarzsand des jurassischen Gebirges auf Bornholm giebt bei jedem Schritt, namentlich bei etwas träger schleifender Bewegung, einen schrillen kreischenden Ton von sich“ [1]. — Dasselbe hat BERENDT „auf der kurischen Nehrung und am samländischen Strande Ostpreussens oft gehört“. Das Geräusch ist oft so stark, „dass Begleiter sich die Ohren zuhielten und selbst das Tosen der Brandung das pfeifende Kreischen nicht ganz zu übertönen vermochte“ — während schon am nächsten Tag es an derselben Stelle ganz fehlen konnte. Es ward auch bei Colberg, Danzig, Heringsdorf etc. beobachtet, und ist kein geologisches Kennzeichen, sondern durch Trockenheit, vielleicht auch zerriebenen Salzüberzug der doch wohl eigenthümlich gelagerten Sandkörner bedingt. *Hh.*

R. T. GLAZEBROOK. On a Method of Measuring the Electrical Capacity of a Condenser, and on the Determination by Electrical observations of the Period of

[1]) MEYN, geognost. Beschreibung der Insel Sylt.

a Tuning-fork. Phil. Mag. (5) XVIII, 98-105; [Cim. (3) XVII, 80-81; Beibl. VIII, 841.

Der Verfasser macht einige Capacitätsmessungen mit der von J. J. THOMSON (Phil. Trans. III, 1883) angegebenen Modifikation der von MAXWELL (II § 776) gegebenen Methode. Der Condensator wird durch einen Stimmgabelunterbrecher von bekannter Schwingungszahl abwechselnd geladen und entladen; es zeigt sich, dass keine merkliche Aenderung in der gemessenen Capacität des Condensators durch Aenderung der Ladungszeit zu beobachten ist; die Capacität schwankte in fünf Messungen mit vier Stimmgabeln von C_{16} bis C_{128} zwischen 0,3299 und 0,3304 Mikrofarad. Umgekehrt kann man die Methode benutzen, um aus der bekannten Capacität und den bekannten Widerständen die Schwingungszahl der Stimmgabel berechnen.

Cn.

Litteratur.

W. J. IBBETSON. On the small free normal vibrations of a thin homogeneous and isotropic elastic Shell, bounded by two confocal Spheroids. Proc. Cambridge Phil. Soc. V, 68. Siehe unter Elasticität.

E. MERCADIER. Sur la vérification des lois des vibrations transversales des verges élastiques. C. R. XCVIII, 803-805; [Rev. sc. (3) VII, 473. Sh. p. 417 dieses Bandes.

— — Sur la vérification des lois des vibrations transversales des verges élastiques 2. note. C. R. XCVIII, 911 bis 913; [Cim. (3) XVI, 127. Der Bericht findet sich p. 417.

ROB. GERHARDT. Die Rohrflöte, ein Pfeifenregister der Orgel. Halle. Inauguraldiss. 35 p.

E. SEMMOLA. Intorno ai suoni eccitati in una lamina o in una corda attraversate dalle frequenti scariche laceranti di una macchina elettrica. Atti dei Lincei Mem. (3) XV.

V. DVORAK. Elektroakustische Versuche. ZS. f. Elektrot. Wien 1884, 2. Jahrg. Heft 2.

W. PREECE. Thermophon. DINGL. J. CCLIII, 200-201; Beibl. VIII, 729.

In einer am einen Ende durch einen Kork verschlossenen, am andern in einen Schallbecher auslaufenden Glasröhre wird ein Ton erregt durch das Durchleiten von intermittirenden Strömen durch eine in der Röhre angebrachte 5 cm. lange Spirale von möglichst dünnem Platindraht. *Cn.*

A. BERGERET. L'ocarina. La Nat. No. 577, 45-46.

CARTER MOFFAT. Ammoniaphone. [Athenaeum Nr. 2936, 155.

R. MAURITIUS. Ueber die experimentelle Zusammensetzung von Schwingungen. Progr. G. Coburg. Siehe unter Mechanik.

JOS. RITZ. Untersuchung über die Zusammensetzung der Klänge der Streichinstrumente. Erlangen. Inaugural-Diss. VIII+88 p.

H. K. MÜLLER. Resonanzschwingungen gespannter Saiten. Prog. Gymn. Fulda. 32 p. 4°.

TITO MARTINI. Dei suoni prodotti dall'efflusso dei liquidi. Atti Ist. Ven. (2) VI, 1883; [J. de phys. (2) III, 218; Rivista sc. industr. XVI, 3-9.

NEESEN. Demonstration von Apparaten. Verh. d. phys. Ges. Berlin 1884 III, 6-7.

Elektrische Stimmgabel und ABAKANOWICZ'sches Läutewerk.

Vorkehrungen gegen das Tönen der Telegraphendrähte und gegen die Blitzgefahr. Elektrot. Rundsch. Nr. 8; Halle a./S. 1883.

BOURSEUL's Photophon. Centrztg. f. Opt. u. Mech. 1884, Heft 17.

Ueber einige Anomalien bei der Hörbarkeit von Schallsignalen. Ann. d. Hydr. XII, 143-145.

SANTTER LEMONNIER et CO. Notice sur les phares electriques et les signaux sonores. Paris: Chaix, 1884.

Bde.

CH. K. WEAD. Ueber die Intensität des Schalles. Repert. d. Phys. XX, 66-80; SILL. J. (3) XXVI. Sept. Schon 1883 berichtet.

C. BAUS. Beiträge zur experimentellen Akustik. WIED. Ann. XXIII, 150-156; Cim. (3) XVII, 160.

Die Arbeit enthält einige Winke und Bemerkungen zu verschiedenen Versuchen aus der Akustik. *Cn.*

H. RIGOLLOT und A. CHAVANON. Projection akustischer Phänomene. J. d. Phys. 1883, 553; [ZS. f. Instrk. IV, 173-174. *Rz.*

A. DUBOSCQ. Universalstativ für Stimmgabeln zur Darstellung der Schwingungsbewegungen. Beibl. VIII, 355; Aus Mondes (3) VI, 229, 1883.

A. OBERBEK. Telephon und Mikrophon in akustischer Beziehung. Centrztg. f. Opt. u. Mech. 1884, Heft 18.

S. PROVENZALI. Ueber die Anziehung und Abstossung schwingender Körper. Beibl. VIII, 559; Aus Atti Acc. Pont. 1, 1883. *Bde.*

SILVANUS P. THOMPSON. Soundmills. Nature XXIX, 363 bis 364.

Enthält eine Besprechung und Wiedergabe der DVORÀK'schen Versuche mit den (CROOKES'schen Radiometern ähnlich construirten) Tonmühlen, die in der ZS. f. Instrk. III, Heft 4 beschrieben sind. *Cn.*

R. FELICI. Expérience de cours. Cim. (3) XVI, 160; [J. de Phys. (2) IV, 557-558.

A. ISRAILEFF. Appareil acoustique pour la mesure exacte du nombre de vibrations. Aus J. d. russ. chem.-phys. Ges. (2) XVI, 1-8. 1884; [J. de Phys. (2) IV, 588-589.

---

9. Physiologische Akustik.

A. Physiologische Erzeugung des Schalles.

F. FUCHS. Kleine akustische Versuche. WIED. Ann. XXI, 513-516; J. de phys. (2) III, 548; Phil. Mag. (5) XVII, 410-412; [Cim. (3) XV, 174-175.

Versieht man einen kleinen Kautschukschlauch mit einem in den Gehörgang passenden Ansatzstück von Glas oder Horn, bringt dasselbe in das Ohr und das andere Ende des Schlauches in den Mund, giebt dann dem Mund die Stellung um einen bestimmten Vokal aussprechen zu können, so gelingt es sehr gut, die Resonanztöne der Mundhöhle zu beobachten, wenn man nach einander von den höchsten Tönen anfangend die Tasten eines Klaviers anschlägt. Stimmt der Eigenton der Mundhöhle z. B. mit b'' überein, so erregt ein Partialton der folgenden Saitenklänge die Resonanz in maximo: b', dis', b, fis, dis, B, Gis, Fis, Dis. — Verschiebt man unter einer stark gespannten dünnen Stahlsaite von dem einen Ende her einen Steg so lange, bis das zwischen ihm und jenem Ende liegende Saitenstück l_1, in der Mitte angerissen, die Resonanz der Mundhöhle möglichst kräftig erregt; führt dann den Stiel einer tönenden Stimmgabel von der Schwingungszahl s vom Stege her über die Saite bis zu dem Punkte, der bei der Berührung das zwischen ihm und dem Stege liegende Saitenstück l_2 zum Mittönen bringt, so ergiebt sich die Schwingungszahl des Eigentons der Mundhöhle

$$= \frac{l_2}{l_1} s;$$

in einem Versuch des Verfassers mit einer Stimmgabel von 444,5 Schwingungen = 925 (nahe b''). — Es gelingt auch mit Hülfe des wie erwähnt angebrachten Kautschukschlauchs oder mit Hülfe eines QUINCKE'schen Interferenzrohres zu zeigen, wie der Klang einer fremden Stimme durch die Resonanz der eigenen Mundhöhle je nach der Stellung, die man ihr giebt, abgeändert werden kann. *Cn.*

GRASHEY. Ueber Aphasie und ihre Beziehungen zur Wahrnehmung. Phys. med. Ges. Würzburg 1884, IX. (WESTPHAL's Archiv f. Psychiatrie).

Ein 27jähriger Mann erlitt durch Sturz von einer Treppe im Winter 1883 Fractur der Schädelbasis. Neben den gewöhnlichen Folgeerscheinungen zeigten sich starke Kopfcongestionen. Im Frühling 1884 wurde er auf die Irrenabtheilung des Würzburger Juliusspitales verbracht. Im November 1884 erscheint der Kranke kräftig und blühend, ist aber rechts leicht gelähmt, riecht und schmeckt ungenügend, sieht auf dem rechten Auge so gut wie Nichts und ist auf dem rechten Ohre fast ganz taub. Ferner leidet er an einer eigenthümlichen Sprachstörung. Gegenstände, welche er vollkommen richtig erkennt, weiss er nicht zu benennen. Namentlich mangeln ihm Hauptwörter, in zweiter Linie Eigenschaftswörter, in dritter Zeitwörter. Dagegen spricht er vorgesagte Bezeichnungen richtig nach und findet auch die ihnen entsprechenden Dinge. Lesen und Schreiben geht ganz gut; Letzteres dient ihm sogar zur Aushülfe des Sprachmangels, indem er das, was ihm Schwierigkeiten macht, niederschreibt und abliest. In der Unterhaltung weiss er dies so zu machen, dass er mit dem rechten Zeigefinger in die linke Hohlhand schreibt und jeden gezogenen Buchstaben sofort nachspricht. — Man könnte annehmen, dass die Hirncentra für Klangbilder (A), Objectbilder (B), Schriftsymbole (C), sprachliche Bewegungsvorstellungen (D) und Schreibbewegungsvorstellungen (E) einzeln für sich erhalten seien; dass dagegen die Verbindungsbahn zwischen A und B nur einseitige Leitung von A nach B gestatte, nicht aber umgekehrt von B nach A; dass ferner AD, AD, AE, BE ungestört, BD aber unterbrochen wäre — was Alles freilich höchst complicirt und doch eigentlich keine Erklärung ist. Bei genauerer Untersuchung fand sich, dass die Centren für Klang- wie Object-Bilder und Symbole keineswegs unberührt, sondern namhaft angegriffen seien, denn der Kranke beherrscht alle drei bloss sehr kurze Zeit und vergisst das eine, sobald ihm ein anderes geboten wird. Ebendeshalb kann er nicht in zeitlicher Folge mehrere solche als Ganzes percipiren oder combiniren. Nicht einmal ein Wort aus einzeln langsam vorgesagten Buchstaben vermag er zusammenzusetzen. Demnach dürfte die Sache so liegen: „Alle Klangbilder und Schriftsymbole werden successive wahrgenommen im Gegensatz zu den Objectbildern, welche unter gewöhnlichen Verhältnissen nahezu momentan wahrgenommen werden. Die einzelnen Theile der Klangbilder entsprechen den einzelnen Theilen der zugehörigen Symbole und umgekehrt; die einzelnen Theile eines Objectbildes aber entsprechen nicht den einzelnen Theilen des zugehörigen Klangbildes oder des zugehörigen Symboles". — Ein nur kurz im Bewusstsein vorhandenes Klangbild ruft das zugehörige Objectbild momentan hervor, was umgekehrt unmöglich ist, weil die Klangbilder successive entstehen. Erleichtert wird jedoch letzteres, wenn jenes durch längeres Betrachten einige Zeit aufrecht erhalten bleibt. Nacheinander entstandene Theile eines Klangbildes verschwinden freilich sehr schnell wieder; dagegen haften diejenigen eines Symboles länger. Daher kann, was ohne Hülfe unaussprechbar erscheint, beim Niederschreiben abgelesen werden. — Es giebt Fälle von Aphasie, welche nicht auf Functionsunfähigkeit der Centren oder Leitungsunvermögen der Verbindungsbahnen beruhen, sondern auf Verminderung der Dauer der Sinneseindrücke und dadurch bedingter Störung der Wahrnehmung und Association. *Hh.*

G. H. Schneider. Die Sprachentwickelung beim Kinde. Westermann's illustr. d. Monatshefte 1884, Septb., 825-831.

Das Schreien der Kinder ist nicht bloss mittelbar als Zeichen von Bedürfnissen, sondern direct wegen der Beziehung zur Athmung und Muskelkraft zum Leben nothwendig. Nach dem Schreilaut uä entstehen die Urlaute ma, am, pa, ap, ta, at, indem die Kehlkopf-, Mund- und Zungenmuskeln ererbte Uebungen ausführen. Dann folgen ha, hu, ör, rö, gö, ob, om, kö. Alle Lautäusserungen des ersten Lebensjahres geschehen ohne Verständniss unabsichtlich. Ebendies sind die ersten Reactionen auf gehörte Laute und gesehene Bewegungen. Die beginnende Nachahmung setzt voraus richtige Auffassung und treue Wiedergabe, wozu bestimmte Organe nöthig sind. Taubgeborne Kinder machen die gesehenen Bewegungen, blindgeborene die gehörten Laute besser nach, als normal entwickelte. Die Nervenbahnen zwischen Gehör- und Sprach-Centren werden mehr gebraucht, weil früher gangbar, als diejenigen zwischen Sprechen und Sehen. Die Vokale werden zuerst erkannt, die Consonanten viel später und noch später nachgebildet. Die Lippenlaute, deren zugehörige Bewegungen gesehen werden, gelingen schneller und besser, als die unsichtbar hervorgebrachten Zungen- und Kehl-Laute. Freiwillig werden Worte vom Kinde leichter gesprochen, als auf Befehl; ja letzterer, unverständig forcirt, veranlasst leicht Stottern. Nachahmung von Thierlauten oder Geräuschen bildet eine wichtige Phase der Sprachentwicklung. Gleichsilbige Wörter werden am leichtesten nachgesprochen, weil das Kind überhaupt die Silben zu verdoppeln liebt. Letzteres findet sich auch in der Sprache von Naturvölkern. — Die Consonanten g, k, ch, sch, st werden oft im dritten Jahre noch schwer nachgesprochen, ausgelassen, oder mit anderen vertauscht, was für die sprachliche Ausbildung nicht übersehen werden darf. — Nach Preyer entfaltet sich das Verständniss für Gehörtes viel früher, als das Vermögen, die Vorstellungen in Worte zu kleiden, denn jener Act setzt diesen voraus. Im 14.—16. Monat verbindet das Kind das Wort mit der entsprechenden Person, diese mit Fingern bezeichnend auf die Frage: „Wo ist Papa oder Mama?“ Im 21. bis 23. Monat werden verschiedene Anweisungen ausgeführt und bestimmte Empfindungen selbständig bezeichnet (z. B.: „heiss“!). — Der Satz als Gedankenform wird anfangs durch Ein Wort: Substantiv, Verbum, Adjectiv ersetzt. Dann gelingen biverbale Combinationen. — Wenn gewisse Laute verschiedenen Stimmungen des Kindes entsprechen, — mämä angenehm, nana, verlangend, atta beim Verschwinden oder Fortgehen —, so liegen vielleicht ererbte Reste einer alten Gefühlsprache vor. — Baldsprechende Kinder werden nicht immer die gescheidtesten, sondern oft umgekehrt, weil bei jenen zwar das Gehirn am schnellsten wächst aber auch am frühsten in der Entwicklung stillsteht. — Das zuletzt Erlernte, die Bildung ganzer Worte geht bei Erkrankung der Sprachorgane zuerst verloren, die primäre interjectionelle Sprache bleibt am längsten erhalten, denn Aphatische sprechen bei Verlust der Willenssprache vorgesprochene Wörter nach. *Hh.*

Bettelheim. Entstehuug des zweiten Tones in der Carotis. ZS. f. klin. Med. VI, 6; Schmidt's (Winter) Jahrb. d. ges. Medicin 1884, VI, 244.

Der zweite Ton in der Carotis stammt nicht ausschliesslich, vielleicht nicht einmal hauptsächlich von den Semilunarklappen, sondern kommt mit Hülfe des zweiten Lungenarterientones zu Stande, wie schon Weil behauptet hatte. Bei Aorten-Insufficienz wird er von den Pulmonalarterienklappen aus in der Carotis fortgepflanzt. *Hh.*

H. Kronecker. Das elektrische Muskelgeräusch bei willkürlicher Bewegung. Verh. d. phys. Ges. Berlin, Sitzg. v. 8. Juni 1883; 1884, II, 51.

Das Contractionsgeräusch der Armmuskeln hört man bei ins Ohr gestecktem Finger nach Wollaston ähnlich dem fernen Wagenrollen über Pflaster. v. Helmholtz bestimmte 1865 die Schwingungszahl des Muskeltones zu 18—20 in 1 sec., conform einem auf demselben Resonanzbrett befestigten federnden Blättchen. Den Ton der stromunterbrechenden Stimmgabel hört man im Muskel, wenn ihn direct oder seinen Nerven die elektrischen Stösse treffen, dagegen den tiefen natürlichen Muskelton, wenn das Rückenmark gereizt wird. Zum Nachweis der die willkürliche Bewegung begleitenden Muskelstromschwankungen benützte D. Wedensky Telephone, an denen Bernstein und Schoenlein 1881 das Tönen von Kaninchenmuskeln bei Strychninkrampf oder Nervenelektrisirung vernahmen. W. hörte das telephonische Hauchegeräusch auch an unversehrten Menschenmuskeln, wenn zwei in den Musc. biceps brachii gesteckte Nähnadeln mit dem Telephondraht verbunden wurden, und der Vorderarm gebeugt ward. Bei längerer angestrengter Beugung erlischt das allmälig schwächer werdende Hauchen. Das tiefe

Hauchegeräusch von unbestimmbarer Tonhöhe unterscheidet sich sehr vom Rasseln der auscultirten, durch 20 Inductionsschläge in 1 sec. tetanisirten Muskel. Das Hauchen ertönt auch an mechanisch oder chemisch gereizten Frosch- und Kaninchen-Muskeln, ferner bei Reizung des Muskelnerven, durch etwa 2000 Stösse in 1 sec., während 800 in gleicher Zeit einen Ton auslösen. *Hh.*

E. Dombrowski. Der Würgfalke (Falco lanarius L.) Eine monographische Studie. „Natur-"Halle 1884, XXXVI, 424.

Hierher gehört: Der Laut des Würgfalken ist zweifach. Beim Stossen auf Feinde, wie den Uhu, oder im Kampf mit seinesgleichen bringt er einen hellen Schrei, einzeln oder „keckernd" hervor; ähnlich auch wohl zur Paarzeit, in Zorn oder Angst bei Bedrohung seines Horstes. Wenn man ihn streichelt, lässt er dagegen ein eigenthümliches Zwitschern hören, an das des Uhu erinnernd. *Hh.*

W. Wurm. Einige Bemerkungen zu meinem Aufsatze über die deutschen Waldhühner in den Jahrgängen 1879-81 des „Zool.-G." Zoologischer Garten, Frankfurt 1884, IV, 115-123.

Hieher gehört Einiges über Hörfähigkeit und Stimme der Auerhähne. — Am Processus auricularis maxillae inferioris inseriren sich drei Muskeln, worunter am bekanntesten der Musc. digastricus. Beim Oeffnen des Schnabels hebt jener Fortsatz den Boden des Gehörganges, so dass beim Balzen durch Compression die Hörfähigkeit der Vögel beschränkt werden kann, zumal unter Mitwirkung der schwellbaren Succulenz der Gehörganghäute.

Als Beleg wird angeführt, dass Kronprinz Rudolf von Oesterreich bei Sonnenschein und mangelnder Deckung Kackelhähne erfolgreich ansprang. Morphologisch ist wohl jener Fortsatz Umbildung des Processus spinosus mallei, wenn Os quadratum als solche des Ambosses und Os articulare als diejenige des Hammers angesprochen werden darf. *Hh.*

SACHSE-Meerane. Der Lockruf des Spechtes. Natur 1884, XXIV, 288.

Ein Vogelkundiger behauptet, das trommelnde Geräusch, mit welchem der Specht lockt, rühre nicht vom „Hämmern eines Baumzacken" her, sondern sei ein „Kehlenton des Vogels". Man höre es nämlich auch beim Fluge desselben, jedoch nur zur Paarungszeit, nie im Spätsommer, wo das Thier doch auch fast beständig die Rinde dürrer Aeste bearbeite. *Hh.*

A. AMSLER. Flammen-Mikrophon. Riv. scient. industr. 1881, XIII, 384-386; Beibl. 1884, VIII, 670.

Der Klang der menschlichen Stimme, welche gegen eine schwach gespannte Kautschukmembran spricht, versetzt diese in Schwingungen, welche sich auf das dahinter einströmende Gas übertragen. In dessen, durch die Pulsationen mit veränderten Widerständen ausgestattete, Flamme ragen zwei unter sich parallele Platindrähte als Elektroden eines Stromes von zwanzig kleinen Zellen, in welchen ein Telephon eingeschaltet ist. Der negative Poldraht wird mit Salzlösung benetzt erhalten. *Hh.*

J. G. WALLENTIN. Wanderungen durch die internationale Elektricitäts-Ausstellung in Wien im Jahre 1883. Humboldt 1884, II, 41-59.

Hierher gehören folgende Gegenstände: Das Audiometer von HUGHES zur Messung der Feinheit des Gehöres. Auf einer horizontalen getheilten Stange sind drei Inductionsdrahtrollen *a*, *b*, *c* angebracht, *a* und *c* an dem Ende, *b*, gleich *a* 100 m Draht haltend, dazwischen verschiebbar, während *c* nur 1 m Draht führt und im entgegengesetztem Sinne als *a* und *b* gewickelt ist. *a* und *c*, ein Mikrophon und eine Uhr liegen im Stromkreis einer constanten Batterie, während *b* mit einem Telephon verbunden ist. Durch Verschiebung der letzteren Rolle macht man ihre entgegengesetzte Beeinflussung gleich; rechts wie links von diesem Neutralpunkt giebt das Telephon hörbare

Zeichen. — 2. Der mikrophonische Transmitter von Dr. BOUDET, eine Glasröhre mit sechs kleinen Kohlenkugeln, deren Contact mittels einer Schraube variirt werden kann. — 3. Das Sphygmophon (früher beschrieben). — 4. Das Myophon, zur Untersuchung der Muskelgeräusche. Ein drehbares Kohlenrädchen berührt ein Kohlenplättchen, das auf der Mitte einer Membran klebt, während anderseits gegenüber ein an den Muskel zu legender Knopf aufsitzt. Eine kleine Batterie nimmt ausser diesen Stücken ein Telephon in den Stromkreis, das die Widerstandsänderungen einführenden Muskelbewegungen hörbar macht. — 5. WHEATSTONE'sche Brücke, von BOUDET zur Messung der Gehörschärfe angewandt. — 6. Radiophonische Apparate MERCADIER's; vorwaltend von theoretisch-geschichtlicher Bedeutung. — 7. Das Telephon von Prof. D'ARSONVAL und GOLOUBITZKI. Jenes, nur 125 g schwer und mit einem Widerstand von 20 Ohm, functionirt ungemein klar und kräftig. An diesem wird die Maximalschwingung der Membran erzeugt, indem zwei Magnete rechtwinklig gekreuzt sind und jeder Eisenkern eine mit der andern auf Spannung verbundene Rolle besitzt. — 8. Der magnetisch regulirte mikrophonische Transmitter von D'ARSONVAL und PAUL BERT. Von vier Kohlenstäbchen sind zwei auf Quantität, zwei auf Spannung verbunden, theilweis bedeckt von einer Blechplatte, auf welche der Magnet wirkt. Steht derselbe weit ab, so sind die Töne sehr stark, aber von unreiner Articulation; steht er nah, so sind sie schwächer aber scharf articulirt. — 9. Der singende Condensator von POLLARD und GARNIER, dessen rasch wechselnde Entladungen zur Musiktransmission dienen sollen. — 10. Phonophor von Dr. WREDEN. Ein Hebel schwebt horizontal über einer Platte von Kork oder Ebonit, dessen eines Ende trägt ein Gegengewicht, das des längeren Hebelarmes ein zum Contact bestimmtes Kohlenstäbchen. Das Uebergewicht von $^1/_5$ bis 1 g variirt den Contact und hiermit die Empfindlichkeit. Angewendet ist das Instrument als Phonophor-Planchette, Phonophordose und in Phonophorstationen. — 11. AMADEO GENTILLI's Glossograph (schon beschrieben). — HIPP's Mikrotelephon. — 13. Telephon-Auditorien. Die k. k.

Hofoper und der Concertsaal des Rollschuhclubs, dann auch die Musikhalle eines Prater-Etablissement, ferner die Musik eines nahen Restaurant geben hier die Töne ab. *Hh.*

B. Wahrnehmung des Schalles.

E. Brücke. Ueber die Wahrnehmung der Geräusche. Wien. Ber. 1884, XC, [3] 199-230; Exner's Rep. 1885, XXI, 155 bis 181; [Beibl. IX, 392. 1885; [Naturf. XVIII, 157-160.

Hr. Sigmund Exner[1]) kommt bei Erörterung der Frage, welcher Theil des Gehörorganes für Geräusche bestimmt sei, zur Annahme, dass diese ebenso gut wie die Töne in der Schnecke vernommen würden. Am Savart'schen Rad blieb (für Seebeck) eine bestimmte Tonempfindung, nachdem die Anzahl der Zähne auf drei vermindert worden war. Exner konnte an zwei nacheinander mit variablem Intervall überschlagenden elektrischen Funken neben dem Geräusche sichere Tonerhöhung constatiren. Den Einwurf der bei deutlichen Geräuschen ungemein kleinen Ausweichungen des Trommelfelles bekämpfte er durch die Angabe, dass die Gehörempfindungen nicht bloss von der Amplitude, sondern auch von der Plötzlichkeit des Anreissens und Ausweichens abhängen. Hr. v. Helmholtz schliesst sich dieser Auffassung an[2]). Den anderthalb Seiten langen Abdruck aus dem Originalwerk lassen wir unter Verweisung auf dasselbe hier weg. Werden Geräusche wie Töne mit denselben Nerven vernommen, so muss subjectiv Empfindungsverwandtschaft bestehen zwischen Geräuschen und Tönen ebensowohl von langen als kurzen Wellen. Kanonenschuss, Gewehrfeuer, Zündkapseldetonation, Knall der elektrischen Funken sind Geräusche von der Tiefe zur Höhe steigend, verschieden gestimmte Schneckenzonen erregend. Feiner noch sind diese Unterschiede zu verfolgen an dem oft den Tönen verglichenen Percussionsschall. Dem Geräusche fehlt allerdings ein die Höhe bestimmender Grund-

---

[1]) Pflüger's Arch. d. Physiol. 1876, XIII, 228.

[2]) Lehre von den Ton-Empfindungen. 1877, IV. Aufl. (Math. Beilage XI, [Schwingung der Membr. basilaris].)

ton. Doch hängt jene ab von der Stimmung des hauptsächlich erregten Centralgebildes, welche um so schärfer hervortritt, je weniger wegen grossen Abstandes der Schallquelle andre Nerven gereizt werden. Dies zeigt sich auch im, freilich auch durchs Echo modificirten, verschiedenen Tongeräusch des Donners. Höhere Explosivgeräusche sind musikalisch minder distinkt, weil die Entfernung nur kleinere Variationen zulässt. Auch wegen directer, oft schmerzhafter Reizung des Ohres sind hier Vergleiche schwieriger. An tieferen Tönen wirkt wohl ferner die längere Dauer der Schwingungen günstig. Sowohl das Austönen der Ohrgebilde als das der Luftschwingungen hat aber Einfluss. An Koenig's Flammen-Apparaten wurden die zulang nachschwingenden Kautschukhäute durch Glimmerplättchen ersetzt, welche mit Heftpflaster an die Ränder eines in dickem Holze ausgebohrten Trichters geklebt waren. Zur Dämpfung diente ein aufgekittetes dünnes Fichtenholzstäbchen. Der Halbmesser der schwingungsfähigen Glimmerplatte ist 35 mm. An dieselbe schlagen die Schallwellen der Luft ohne Trichter direct auf. Einmaliges Händeklatschen rief als einfache Welle Eine Zuckung der Flamme hervor. Ebenso war es meist mit verpuffenden Knallgasblasen. Demnach sind die secundären Wellen, wenn überhaupt vorhanden, ausserordentlich schwach. Dass indes solche durch gleichzeitige kräftigere Einflüsse unmerkbar gemacht werden, beweist folgende Erfahrung. Bei anfänglicher Benützung von Koenig's acustischer Trommel wurde der Ton einer Pfeife von 1056 Schwingungen (C_5(?)) dauernd unterhalten. Detonationen von Zündhütchen für Zimmerpistolen gaben hierbei nur eine Zacke; stets aber mehrere, als der musikalische Ton wegblieb. Die primäre Detonationswelle hatte eine Schwingungsdauer, sicher kleiner als $^1/_{528}$ sec., vielleicht sogar unter $^1/_{1056}$, weil eine zweite Zacke von einer Secundärwelle herrühren konnte. Bei starken Detonationen in geschlossenen Räumen machen Schallreflexe in secundären Zacken sich geltend, ohne dass der Schall direct beeinflusst würde. An dem Apparate mit gedämpfter Glimmerplatte wurden zuvörderst geprüft die Knalle einer Art von Windbüchse. Dicke Bleiröhren, 33 mm weit, 7,5 mm wandstark, 0,32—1,06 m lang. Nahe beim Boden war seitwärts eine Messingröhre aufgelöthet, welche durch einen dicken Gummischlauch comprimirte Luft nach Bedürfniss zuführte. Die Mündung der Bleiröhre wurde durch einen umgelegten Eisenring verstärkt und mit einem gefetteten Kautschukpfropfen verschlossen. Diesen warf die eingepresste Luft puffend heraus. Das starke Geräusch erschien den Herren Brücke, Exner und v. Fleischl immer mit einer Art von Klang begleitet; an der Flamme traten mehrere Zacken von abnehmender Höhe auf. Den höchsten Ton gab die kürzeste, den tiefsten die längste Röhre. Vermuthlich wurde die Schallwelle hinten und vorn mehrmal reflectirt. Verstopfte man die Röhre mit Baumwolle, so wurde der akustische Effect so gut wie vernichtet. Wahrscheinlich werden auch in Kanonen- und Gewehrläufen beim Abschiessen secundäre Fluctuationen erzeugt, welche den tieferen Ton des groben Geschützes mehr bedingen, als die Dimension der primären Welle. Die tiefgestimmten Elemente der Ohrschnecke werden nicht bloss absolut, sondern auch relativ stärker erregt, als durch den Flintenschuss. Der Einfluss begrenzter Höhlungen auf tönenden Nachhall ist längst an den Resonatoren erprobt. In grosser Entfernung von der Schallquelle verschwindet allerdings der Einfluss der secundären Luftwellen, während der Charakter des tiefen Tones doch dem Kanonenschuss erhalten bleibt. Indess hängt in den Sinnesorganen der sensible Eindruck nicht allein ab von der Reizstärke, sondern auch von der Dauer. Deshalb kommt bei Momentangeräuschen weniger als die Amplitude der einzelnen Welle die Summe der lebendigen Kräfte in Betracht, welche als Resultante mehrerer Schwingungen ans Ohr gelangt. So wirkt die secundäre Vibration, einzeln in grösserem Abstand unmerklich, über denselben hin am Gesammteffect mit, diesen möglicher Weise am Gehörnerv erst über den Schwellenwerth hebend. Dem Tone des Schusses fehlt zur scharfen musikalischen Bestimmung die zeitliche Dauer; ausserdem werden vom übermässig starken Impuls in der Nähe alle Schneckenfasern zugleich gereizt. Die Geräusche von den Kinderknarren, Hammerschlägen, Stampfwerken sind ähnlich zu beurtheilen. Den Einfluss der Schallwellenlänge auf die Eigenthümlichkeit der Gehörempfindung kann man weder mittels Luftstössen noch starken Explosivknallen feststellen, sehr gut aber an Seifenblasen gefüllt mit Gemenge von Wasserstoff und atmosphärischer Luft. An einen Kautschukschlauch wurde ein Messingröhrchen gesteckt, dessen enge Mündung ein concaves Scheibchen von 14 mm Durchmesser umgab. Unmittelbar dahinter lag der Hahn, damit das explodirende Gasgemisch recht beschränkt war. Unabhängig von der Stärke des Knalles zerplatzten grössere Blasen mit tieferem („dumpferem") Tone. Nachschwingungen der umgebenden Luft sind theoretisch nicht erwartbar. Empirisch wurde am Spiegel stets nur eine Welle nachgewiesen. Seltene Ausnahmen beeinträchtigen das Hauptergebniss nicht, weil der akustische Unterschied grosser und kleiner Blasen fortbestand bei einfachen Wellen mit gar keinen oder sehr schwachen Nachschwingungen. Der Charakter des Lautes ward sicher bedingt durch theilweise Erregung einzelner Acusticusfasern. Durch langsame Folge von Luftstössen, einzeln hohe Explosivgeräusche gebend, erhält man keinen tiefen Ton[1]). Brächte eine regelmässige Reihe von Luftstössen einen bestimmten Ton hervor, so müsste der einer elektrischen Stimmgabel gehört werden, wenn sie in schnell einander folgenden Funken einen Strom unterbricht. Exner vernahm nichts dergleichen. v. Helmholtz, an der Doppelsirene tiefe Töne hervorbringend, fand erst bei achtzig Stössen in 1 Sec. den Grundton zur akustischen Geltung gelangt, während vorher der erste Oktavenoberton am stärksten hervortrat. Dies blieb auch bei grösster Erzeugungsstärke so. Am Savart'schen Schallstab werden bei 8-16 Stössen, welche im Verhältniss zur ganzen Schwingungsperiode äusserst kurz sind, nur Obertöne aufgefasst. Der Eindruck jeder einzelnen Erschütterung auf die Gehörelemente ist äusserst kurz und mehr noch viel zu schwach, um selbst bei übereinstimmender Spannung eine Empfindung hervorzurufen; jedenfalls dauert die Nachwirkung nicht bis zu späteren Impulsen, deren Zusammentritt sich

---

1) Savart, Ann. d. chim. et phys. XLVII, 74.

über den Schwellenwerth hinaus steigern müsste. Einzelne hohe Explosionen, in Zwischenräumen sich zeitlich folgend, hört man als Geräusch, weil die hochgestimmten mitschwingenden Theile des Innenrohrs zu rasch abklingen. An Savart's Zahnrad kommt es nach Melde[1]) nicht bloss zu trockenen Schlägen der festen Materialien, sondern auch zu Stössen der verdrängten Luft. Wahrscheinlich spielt die Resonanz vieler irgendwie berührter Gegenstände mit. Brücke experimente mit einem Rade aus Ebonit mit dem Halbmesser 106 mm, an dessen abgeschrägte Zähne eine kurze Fischbeinschiene stiess. Bei langsamer Drehung trat Knarren und ein schwacher tiefer Grundton auf, bei schnellerem ein schriller hoher Klang. Der musikalische Charakter verschwand aber ganz, als mit Filz ringsherum gedämpft wurde. Umgekehrt musste jener durch kräftig resonirende Körper verstärkt werden. Eine cylindrische Pappschachtel, 954 mm lang, 204 mm weit, wurde mit dem durch Leim gefestigten Rande an die Zähne des Rades gelegt. Die Töne wurden sonor unter zutretendem Knarren. Zur Tonentstehung darf der Einzelimpuls im Verhältniss zur Schwingperiode nicht zu kurz sein. Zur Beseitigung der Resonanz des Apparates wurde eine Schnarre oder Ratsche aus Hartgummi auf der Drehbank mit scharfen steilen Zähnen gefertigt, 12 in der Peripherie, deren Durchmesser[2]) 37 mm maass. Gestell und Feder aus Buchenholz waren 17 mm breit, 87 mm lang. An dem der Handhabe entgegengesetzten Federende war ein Reisstrohhalm angesetzt, der in vorübergeführtes berusstes Papier schrieb. Der Daumen wurde an die Feder nahe ihrem vorderen Ende gelegt, der Faden möglichst gleichmässig schnell abgezogen, und die Russschicht während 0,5 Sec. mit der Halmspitze berührt, die Zeichnung aber mit Schellack fixirt. Unter 200 Impulsen (in 1 Sec.) erschien kein Ton, wohl aber höher hinauf ein kreischender, nach H. Sigm. Exner ähnlich dem Schreie eines Aras. Er dauerte an bis 600 Vibrationen in 1 Sec., ging aber bei noch grösserer Beschleunigung in hohes Pfeifen über. „Trockene Schläge“ er-

---

[1]) Akustik. Internat. wiss. Biblioth. LVI, 348.

[2]) Im Originale steht: „Der Durchmesser des Radius“. (S. 171.)

scheinen nur für hohe Töne direct tonerzeugend; bei mittleren und tiefen spielen Resonanzschwingungen eine erheblich mitwirkende Rolle. Jene „trockenen Schläge" sind überall nichts anderes „als von Nachschwingungen möglichst frei gedachte rasch verlaufende Impulse, welche durch das Anstossen des Zahnes an ein Hinderniss entstehen, sich der umgebenden Luft mittheilen und so ans Ohr gelangen." — Zur weiteren Erforschung dieser Verhältnisse wurde der Draht eines BELL'schen Telephons in einem entlegenen Zimmer mit der Secundärspirale eines Schlitteninductors verküpft. Bei dessen Erregung hörte man Geräusch wie Froschquaken, und das Instrument dicht ans Ohr legend einen Ton, der zwar tief, doch aber zu hoch lag, um Grundton zu sein einer von der Knarrperiode hervorgebrachten Schwingungsreihe, vielmehr vielleicht aus mehreren Obertönen zusammengesetzt ist. Die gegebenen kurzen Impulse können „wegen ihrer geringen Wellenlänge" die tiefst gestimmten Elemente des Gehörorganes nicht erregen; die hochgestimmten aber gerathen nicht in dauernde Schwingungen, weil die Eindrücke zu rasch ausklingen, um sich verstärken zu können. Die zwischenliegenden Nervenparthien können vielleicht mitvibriren, „wenn ihre Schwingungszahlen Multipla der Schwingungszahlen des Wellenzuges sind." Dass der Ton nicht gehört wird, wenn man das Telephon in freier Hand hält, könnte liegen in der hier zu schwachen Anregung der Mitschwingung der Holzstücke des Instrumentes und deren Abgabe an die Kopfknochen. Endlich kommen bei der Ohranlage des Telephons wohl auch stehende Schwingungen in Betracht im äusseren Gehörgang. Als der WAGNER'sche Unterbrechungshammer durch ein Blitzrad ersetzt wurde, erschien mit beschleunigter Drehung desselben ein immer höherer Ton, dem Singen einer Stechmücke vergleichbar oder dem Pfeifen an einem Grashalm. Um die Schwingung der Telephonplatte zu verlangsamen, wurde eine solche aus dickerem Blech geschnitten und, schwach concav gehämmert, mittels Gummiringen und leicht angezogenen Schrauben befestigt. Der Erfolg war unvollständig. Als aber bloss eine Schraube angezogen und ein rechteckiges Eisenblech 252 mm breit, 361 mm lang eingespannt ward, wurde ein deutlicher Ton noch im zweiten Zimmer gehört. Schloss man den primären Stromkreis mit der Hand, so vernahm man am Telephon den Oeffnungsschlag stärker als den Schliessungsschlag; wonach die Dauer der Inductionsströme nicht verschwindet gegen die Zeit, welche die Telephonplatte zu einer Schwingung braucht. Die telephonische Uebertragung der Töne von Koenig'schen hölzernen Labialpfeifen geschah für einzelne Höhen mit verschiedenem Glück, indem die Klangfarbe in der Tiefe beträchtlich litt. „Die vom Geber erzeugten Luftwellen stimmen mit denjenigen, welche den Empfänger erregen, weder in Rücksicht auf die Amplitude noch auch in Rücksicht auf den zeitlichen Verlauf der einzelnen Welle überein." Die Annahme, dass zur Auffassung der Geräusche eigene Einrichtungen oder nervöse Elemente im Gehörorgan vorhanden sein, ist überflüssig, weil keine wesentliche Verschiedenheit zwischen Ton- und Geräusch-Empfindung besteht. Töne werden gehört, wenn einzelne Schneckenfasern dauernd und gleichmässig erregt werden; Geräusche, wenn die Erregung derselben Nerven sehr kurz dauert, unregelmässig ist, zwischen einzelnen Faserzügen überspringt, oder sehr viele zugleich, rasch nacheinander, oft wechselnd trifft. Deshalb giebt es zwischen den Empfindungen der Geräusche und Töne keine scharfe Grenze, sondern bloss Uebergänge. Was wir empfinden würden, wenn alle Nervenfasern einer Schneckenzone, breiter als ein dem einzelnen Ton entsprechendes Gebiet, regelmässig, dauernd und gleichzeitig erregt würden, wissen wir nicht, weil alle Mittel, welche wir zu jenem Zwecke anwenden könnten, allerlei combinatorische Nebenerscheinungen im Gefolge haben. Die verschiedene Qualität der Geräusche hängt davon ab, ob vorwiegend hoch oder tief gestimmte Hörelemente gereizt werden. Die ist individuell, indem das nämliche akustische Ereigniss den Einen als Geräusch, den Anderen als Ton anspricht. Zu weit auseinder gerückte Einzelwellen geben keinen Ton, selbst wenn der Abstand von der unteren Tongrenze klein ist. Kurzdauernde Einzelimpulse sind unfähig, Gebilde von viel grösserer Schwingungszeit zu bewegen, wenn die Uebertragung auf feste Körper durch Flüssigkeit geschehen soll. Die Qualität des Geräusches richtet sich nur nach der Wellenlänge, solange die Geräuschbestandtheile einzeln hörbar sind. Fliessen sie bei Annäherung der Stösse ineinander, so erzeugt der schnelle Wechsel in der Erregungsstärke Kreischen. Aus wechselnder Stärkung und Schwächung kurzer nachfolgender Impulse entsteht kein Ton, wenn nicht Einzeleindrücke da sind, welche die tiefgestimmten Nerven-Elemente in Bewegung bringen. Jeder Einzelimpuls hat eine Grenze, unterhalb deren er nicht mehr zur Tonbildung verwendbar ist. Auch die continuirlichen Geräusche bedürfen nicht besonderer Nerven. Das Rauschen ist eine Summe kleiner Explosivgeräusche mit untermischten Reibungsgeräuschen. Im Zischen folgen höhere Einzelgeräusche rasch aufeinander. Hauchen und Wehen werden veranlasst durch schwache unregelmässige Bewegungen an einander geriebener Luftschichten. Die Vielartigkeit dieser Empfindungen ist erklärlich aus der verschiedenen Wellenlänge und Amplitude der Einzelimpulse, den Graden ihrer Unregelmässigkeit, der schnelleren oder langsameren Aufeinanderfolge, den secundären Resonanzwellen. Demumgeachtet und obwohl im Allgemeinen gezeigt ist, dass Momentangeräusche, aus denen auch die complicirtesten derartigen Erscheinungen zusammengesetzt sind, durch momentane Erregung von mehr oder weniger tonhörenden Nerven vernommen werden, wäre es nicht undenkbar, dass Nerven für ausschliessliche Geräuschempfindung vorhanden seien, sofern deren Einbettung in das ihre pheripheren Ausläufer empfangende Gewebe sie unfähig machte, Einzelimpulse zu summiren, weil ihre Enden vollständige akustische Dämpfung besitzen und in der Umgebung nichts nachschwingt. Zwischen den Zellen des inneren Epithels der Schnecke endigen Acusticusfasern, welche nach ihrer Lage kaum durch bestimmte Töne in entsprechende Sonderschwingungen versetzt werden können. Wohl aber müssen sonst empfundene starke Töne in ihnen das unbestimmte Gefühl des Geräusches auslösen. Freilich reagirt auch der tonangebende Nerv auf die einzelne Tonwelle relativ schwach und erscheint erst durch Summation der einzelnen Stosswirkungen ein kräftiger akustischer Effect. (Exner.

Urbantschitsch[1]) — wenn aber jene hypothetischen Geräuschnerven auch dem Nebelhorn und der Dampfeife gegenüber schweigen, dürfte man wohl annehmen, dass ihre Wirkung im Centralorgan von der vorwaltenden Erregung der tonempfindenden Nerven bedeckt und dem Bewusstsein verhüllt wird. Diese Centren könnten die Eigenschaft der tonempfindenden Nerven, Wellen verschiedener Schwingungsdauer zu distinguiren, nicht besitzen, müssen also bei gleicher Erregbarkeit auf jeden Anspruch mit einerlei Empfindung antworten, oder bei ungleicher Erregbarkeit den Zustand der erregbarsten Gebilde stets aus dem Gesammtgefühle hervorstechen lassen. „Was den Geräuschen gemeinsam sei, in welchen die Erregung dieser Nerven als Gehörsempfindung auftreten soll“, wäre kaum zu sagen.

Hh.

Allard. Hörweite der Nebelsignale. Ann. des ponts et chaussées; „Humboldt“ 1884, VI, 225.

Bei den im besonderen Interesse des französischen Küstenschutzdienstes angestellten Versuchen wurden unter Berücksichtigung einflussreicher Umstände, namentlich des Windes nach Richtung wie Stärke, der Art der Tonerzeugung, der Lage der Schallöffnung folgende Ergebnisse erzielt, wobei die drei jeder Schallquelle beigesetzten Zahlen beziehentlich die akustisch-mechanische Arbeit T in kgm, die Secundenschwingzahl n, und die Hörweite x in m bedeutet. 98 kg schwere Glocke 0,33, 800; 1890; Glocke, 227 kg wiegend, 1,44, 600, 3040; Nebelhorn 2,5, 650, 3370; Dampfpfeife 37,5, 1500, 4900; Dampftrompete 300, 450, 7960; Sirene mit comprimirter Luft 1200, 400, 9440. — Die Luft schwächt bei hoher Durchsichtigkeit den Schall am meisten, während der Nebel trefflich leitet. Die hohe atmosphärisch-akustische Absorption beeinflusst beträchtlich das mathematische Gesetz der verkehrten Schallabnahme mit dem Quadrat der Entfernung. Für 1 km Abstand wird das Verhältniss der

---

[1]) Pflüger's Arch. d. Physiol. XXV, 323.

ursprünglichen und geschwächten Tonstärke zu 0,473, und als Formel der mittleren Hörweite

$$\log \frac{T}{nx^2} = 0{,}325\,x + 5{,}442$$

angegeben. *Hh.*

E. Panchon. Die Grenze des menschlichen Gehöres.

Humboldt 1884, I, 26.

Der höchste, an einer Dampfsirene nach Cagnard-Latour hörbare Ton macht 7200 Schwingungen „in der Minute“ [1]. Einerseits eingespannte Metallstangen wurden mit einem Tuch gerieben, das mit Colophonium bestreut war. Die Länge, bei welcher die Stange den höchsten hörbaren Ton giebt, erscheint von der Dicke unabhängig und bei Silber (0,995) Kupfer (1) Stahl (1,002) proportional der Schallgeschwindigkeit im Materiale. Die sensible Gasflamme reagirt noch auf Töne, welche weit jenseits der Grenze menschlicher Hörbarkeit liegen. Dies ist auch an Galton's Hydrogenpfeife constatirbar, mittels deren das Gehör der Insekten geprüft werden soll. Die Wasserstofftöne sind 13mal höher, als die unter gleichen Umständen mit Luft erzeugten. Eine $3^1/_2$ mm lange, 1 mm weite Pfeife Galton's giebt einen Ton von 312000 Schwingungen und mittels eines verschiebbaren Stimmkolbens will man noch höher hinaufkommen.

Hh.

J. Delsaulx. Ueber die Theorie der Combinationstöne.

Ann. Soc. Scient. Brux. 1884, 25-44; [Beibl. IX, 565.

In der Helmholtz'schen Theorie der Combinationstöne findet sich ein Punkt, welcher in Bezug auf seine Berechtigung angefochten werden kann. Helmholtz betrachtet nämlich den Druck, welcher auf den in Bewegung befindlichen Punkt durch die stetige Einwirkung der erregenden Geschwindigkeiten ausgeübt wird, als proportional mit der Summe dieser letzteren. Dagegen kommt Verdet in dem Studium der Resonanzerscheinungen, welche bekanntlich die grösste Analogie mit denjenigen der

[1] Augenscheinlich ein Druckfehler für: „in der Secunde“.

34*

Combinationstöne haben und aus denselben Ursachen hervorgehen, zu einem wesentlich anderen Resultate. Er findet nämlich, dass dieser Druck gleich ist dem Ueberschuss (algebraisch genommen) der Summe der erregenden Geschwindigkeiten über die eigene Geschwindigkeit des beweglichen Punktes. Dieses Verdet'sche Prinzip legt der Verfasser auch der Theorie der Combinationstöne zu Grunde und berechnet seinen modificirenden Einfluss auf die Helmholtz'schen Ergebnisse. Dabei zeigt sich, dass deren wesentlicher Theil nicht alterirt wird. Dagegen verschwindet aus der Reihe der dem schwingenden Punkte theoretisch zugeschriebenen einfachen Bewegungen diejenige, in Bezug auf welche Helmholtz selbst, um mit den Beobachtungen in Einklang zu bleiben, anzunehmen sich genöthigt sah, dass sie physikalisch zu vernachlässigen sei. Ausserdem bringt das Verdet'sche Princip in die Tonreihe einige transitorische Gruppen von Tönen hinein, welche nur am Anfange der Erscheinung wahrnehmbar sind, und welche die Helmhotz'sche Analyse nicht liefert. Vielleicht setzen diese Ergebnisse einen geschickten Experimentator in den Stand, die Sätze von Verdet und Helmholtz direct gegen einander abzuschätzen. Die Rechnung lässt sich im Auszuge nicht mittheilen. Beiläufig ergiebt dieselbe auch die Resonanzformeln als speciellen Fall des hier behandelten Problems (wenn nämlich die Verrückungen so klein sind, dass ihre Quadrate vernachlässigt werden können). Diese Formeln ergeben die Schwingungszahlen und Intensitäten der resonirenden Töne und des transitorischen Resonanztones. Dagegen findet sich der Eigenton des Punktes nicht unter diesen Tönen, was ganz mit der physikalischen Theorie des Akkordes im Einklang ist. Sind dagegen die Verrückungen grösser, so tritt neben den Tönen, von welchen soeben die Sprache war, erstens eine ganze Reihe vorübergehender Töne auf, und alsdann drei Arten dauernder Töne, nämlich die ersten Obertöne, die Differenztöne und die Summationstöne der erregenden Töne.

(Aus den Beibl. entnommen.) *Auerbach. (Bde.)*

Fr. Fuchs. Ueber einige Telephonversuche. II. Das Trommelfell als Telephonplatte. ZS. f. Instrk. IV, 411-12; [Beibl. IX, 314.

Die primäre Spirale eines Inductionsapparates ist durch Elemente und ein Mikrophon geschlossen. Das eine Ende der secundären Spirale ist mit einer Elektrode verbunden, welche von einem isolirenden Rohre umgeben ins Ohr gesteckt wird. Der Beobachter stellt sich auf einen Isolirschemel und ladet seinen Körper durch Berührung des einen Poles einer Säule. Das elektrische Trommelfell schwingt dann, wenn die Elektrode im Gehörgang abwechselnd entgegengesetzte Ladungen erhält, giebt also die Schwingungen des Mikrophons wieder. *Rz.*

Schwerhörigkeit der Kinder. Gesundheit 1884, IV, 62.

Dr. Gellé in Paris fand geringe Gehörweite der Kinder bei 20-25 pCt. Daran knüpft sich die Bestimmung, dass in Schulen Kinder mit 5 m Hörweite in den vorderen Bänken sitzen müssen, solche mit 3 m auf der ersten, und weit entfernt vom Lehrer bloss solche placirt werden sollen, welche wenigstens bei 20 m noch gut hören. Die schlecht hörenden Schüler möchten sonst mit Unrecht als unaufmerksam und träge bezeichnet werden. — (Ueber Weill's einschlägige Beiträge wurde berichtet.) *Hh.*

A. Eitelberg. Resultate der Wägungen menschlicher Gehörknöchelchen. Monatsschr. f. Sprachheilk. 1884, Nr. 5; Arch. Ohrenheilk. XXII, 165-6. 1884; CBl. f. d. med. Wiss. 1884, 565.

	Fötal 7-8 Monat	erste Lebenswoche	6 Jahr u. höher
Hammer	0, 01 g	0,017	0, 02
Amboss	0,007-0,015 g		0,025
Steigbügel	durchschnittlich 0,002		

Aus Messungen an den Gehörknöchelchen von 30 Individuen. *Bde.*

Lucae. Zur Lehre und Behandlung der subjektiven Gehörsempfindungen. Arch. f. Phys. 1884, 301-304; Verh. d. physiol. Ges. Berl. 1884, 14. März.

Es wird für bestimmte Fälle, in denen keine äussere Affektion oder Erkrankung der Theile des Ohres vorzuliegen scheint und doch continuirlich hohes oder tiefes Tönen oder ein hohes oder tiefes Geräusch empfunden wird, als Behandlung vorgeschlagen, das betreffende Ohr längere Zeit (1-5 Min.) hindurch Stimmgabeltönen auszusetzen, welche in der Skale von dem subjektiv empfundenen Ton oder Geräusch weit entfernt liegen. In mehreren Fällen, worunter ein Fall von Taubheit nach Mumps trat ein allmähliches Schwinden der subjectiven Gehörsempfindungen ein, während der neue Ton als lauter Nachklang eine Zeitlang im Ohr erhalten blieb. In einigen Fällen, worunter auch der erwähnte Fall von Taubheit, nahm nach wenigen Sitzungen die stark herabgesetzte Hörweite für Flüstersprache auf mehrere Meter zu. *Cn.*

A. J. Ellis assisted by A. J. Hipkins. Tonometrical Observations on some existing Non-harmonic Musical Scales. Proc. Roy. Soc. XXXVII, 368-385; [Beibl. IX, 713.

Die Abhandlung enthält die Bestimmung der nicht harmonischen Skalen vieler südlichen Länder (Arabien bis Japan); die Tonhöhen sind mit einem Satz von 100 Stimmgabeln verglichen. Die Resultate werden in Schwingungszahlen angegeben und es wird eine Tabelle berechnet, nach der sie in gleichmässig temperirte Halbtöne umgerechnet werden können. *Cn.*

H. Fischer-Sigwart. Die grüne Eidechse (Lacerta viridis). Nach Beobachtungen in der Gefangenschaft. Vortrag in d. natf. Ges. zu Aarau; Natur 1884, XX, 229.

Hierher gehört nur die Beobachtung, dass lebende Thiere, insbesondere Insekten, meist erst dann von der Eidechse beachtet wurden, wenn sie Geräusche hervorbrachten. So wurden Maikäfer tagsüber selten und bloss im Nothfalle berücksichtigt. Als sie aber Abends ihr tiefes Summsen ertönen liessen, wurden schleunigst sämmtliche in wilder Jagd gefangen und aufgefressen. Aehnlich erging es mit zahllosen Bremsen. Auch das Geräusch, das hüpfende Heuschrecken, Maulwurf- oder Feldgrillen erzeugen, wirkt in solcher Weise. *Hh.*

O. BOECK. Referat über das Thema „Womit hören die Insekten?" Naturwissenschaftl. Ver. zu Magdeburg 1884, XV, 1-8.

Es wird berichtet über die bekannten Forschungen VON SIEBOLD'S, LEYDIG'S, HENSEN'S, SCHMIDT'S, GRABER'S. Die Anatomie der betreffenden Sinnesorgane ist erläutert an „Grylloden und Locustinen". Die an diesen Thieren vorgefundenen Endverzweigungen der Nerven erscheinen specifisch, doch nach GRABER'S Amputationsversuchen nicht für die Schallempfindung allein maassgebend. Auch wurden die „Stifte führenden Endschläuche" an nicht tonerzeugenden Insekten und ausser Verbindung mit trommelfellähnlichen Einrichtungen getroffen. Immerhin aber dürften die Chordotonalorgane akustische Bedeutung besitzen, denn sie liegen nahe der Haut, vor Innenbewegungen sehr geschützt, und sind durch besondere Bänder verschiedener Spannung fähig. Sie kommen übrigens an den mannigfaltigsten Leibestheilen vor, theils mit, theils ohne tympanale Bildungen. — Ueber GRABER'S physiologisch-akustische Versuche an blatta germ., coccinella etc. wurde schon früher Mittheilung gemacht. Nicht nur allgemeine Erregbarkeit für Schallreize scheint vielen Insekten eigen, sondern auch Unterscheidungsvermögen für Stärke und Höhe der Töne. Vielleicht ist die Gesammtkörperdecke von tympanaler Beschaffenheit. Akustische Centralorgane möchten auch die Bauchganglien sein. *Hh.*

Litteratur.

JULIUS HEY. Deutscher Gesangs Unterricht. Lehrbuch des sprachlichen und gesanglichen Vortrages. I. Sprachlicher Theil. Mainz: Schott's Söhne, 1884. (Bericht darüber in der Allg. Zeitung, München, 27. Febr. 1884, Beilage, Nr. 58.)

L. BROWNE and E. BEHNKE. Voice, Song, and Speech. Sampson Low & Co.; [Athenaeum 1884 I, 705, No. 2953.

C. LUNN. Artistic Voice in Speech and in Song. London. 40 S. 8°.

W. H. STONE. Voice, Song and Speech. London 1883; Nature XXIX, 570.

J. SCHNEIDER. Ueber einige Forschungen auf dem phonetischen Gebiete. Progr. R. S. Altenburg.

LUNIN. Stimmbildung nach Zerstörung des einen Stimmbandes. Petersburger med. Wochenschr. N. F. I, 17.

DUNOYER. Transitorische toxische Aphasie. Gazette de Paris N. 39.

D. J. KOSCHLAKOFF. Die künstliche Reproduction und graphische Darstellung der Stimme und ihrer Anomalien. (Vorl. Mitth.) PFLÜGER's Arch. XXXIV, 38-66.

A. GUTZMANN. Ueber Sprachstörungen und ihre Bekämpfung durch die Schule. Herausg. auf Veranlassung d. med. pädagog. Vereins zu Berlin 1884, Staude 37 p. 8°. [„Natur“. Halle 1884, XXVI, 310.

W. KAISER. Die Thiersprache in der menschlichen Rede. (Ein Beitrag zur Naturgeschichte der Sprache.) „Humboldt“. 1884, II, 64-67.

GRÖDEL. Entstehung des singenden, diastolischen Distanzgeräusches am Ostium aorticum. Berl. klin. Wochenschr. 1884, Nr. 16.

N. WEDENSKI. Phénomènes téléphoniques dans le cour. Bull. acad. St. Petersburg XXIX, 289-291.

C. V. BOYS. The Ear a Barometer. Nature XXIX, 333 bis 334. RAYLEIGH und andere dazu ebend. 356.

Aug. Lucae. Entstehung und Behandlung der subjektiven Gehörempfindungen. Berlin: Enslin, 53 p. Dubois Arch. III, 301. Sh. p. 534.

D. B. Roosa St. John. Die Wirkung von Geräuschen auf kranke und gesunde Ohren. ZS. f. Ohrenheilk. XIII, 102.

Ball, A. Brayton. Ueber die akustischen Phänomene bei der Bewegung von Flüssigkeiten in Röhren. New-York Record, XXV, 15. (April).

Schwartze. Excision des Trommelfelles und der Gehörknöchelchen. Tageblatt Naturfvers. Magdeburg, 1884, p. 300.

Behandlung der chronischen Bewegungsstörungen im schallleitenden Apparate des Gehörorganes. Arch. f. Ohrenheilk. XXI, H. 1, p. 84.

Michael. Das Ohrensausen. Dtsch. Medicinalztg. 10 (Separat-Abdruck.)

Politzer. Instrument für Schwerhörige. Wien. med. Wochenschrift XXXV, 22.

G. Setterblad. Hyperästhesie des Nerv. acustic. Hygiea XLVI, 10; Svenska läkaresällsk. förh. p. 169.

Weakes Edwards. Ueber verschiedene Arten subjektiver Gehörempfindungen und ihre besondere Behandlung. An. des mal. de l'oreille et du larynx. X, 5. Nov., 298.

Salomonsen. Ueber Aetiologie der Taubstummheit und die Erziehung der Taubstummen, besonders in Dänemark. Ibid. p. 304.

G. Brunner. Zur diagnostischen Verwerthung des Verhältnisses zwischen Luft- und Knochenleitung, sowie die quantitativ veränderte Perception der hohen gegenüber den tiefen Tönen. ZS. f. Ohrenheilk. XIII, H. 4, p. 263.

Clarke. Uebung des Gehöres bei Taubstummen. Transact. of the amer. otolog. Soc. III, H. 3, p. 304.

Ladreit de Lacharrière. Ueber die verschiedenen Arten subjektiver Geräusche und ihre Behandlung. An. des mal. de l'oreille et du larynx. X, 214.

Burkhardt-Merian. Hörprüfungen. Schweizer Correspondenzblatt XIV, H. 17, p. 431.

Haupt. Die Schallwahrnehmung bei der Auscultation. Aerztl. Intellgzbl. München 1884 (2. Sept.) Nr. 36, p. 395-398.

G. Curioni. Relazione sulla Memoria dell'ing. Guidi „Sugli archi acustici". Atti di Torini XIX.

Ph. Lussana. Sur l'audition colorée. Arch. ital. de biol. IV, fasc. 3. *Bde.*

FSC
www.fsc.org
MIX
Papier | Fördert
gute Waldnutzung
FSC® C083411

Kolibri 360 GmbH
Ferdinand-Jühlke-Straße 7
99095 Erfurt, Deutschland
produktsicherheit@kolibri360.de